U0225404

蔬菜作物卷（下）

朱德蔚　王德槟　李锡香　主编

中国作物
及其野生近缘植物

董玉琛　刘　旭　总主编

中国农业出版社

图书在版编目（CIP）数据

中国作物及其野生近缘植物. 蔬菜作物卷/董玉琛, 刘旭主编; 朱德蔚, 王德槟, 李锡香分册主编. —北京: 中国农业出版社, 2008.5
ISBN 978-7-109-12588-9

Ⅰ. 中…　Ⅱ. ①董…②刘…③朱…④王…⑤李…
Ⅲ. ①作物－种质资源－简介－中国②蔬菜－种质资源－简介－中国　Ⅳ. S329.2　S630.24

中国版本图书馆 CIP 数据核字（2008）第 046444 号

责任设计：王家璜
责任校对：陈晓红　周丽芳
责任印制：叶京标　石新丹

中国农业出版社出版
（北京市朝阳区农展馆北路 2 号）
（邮政编码　100125）
责任编辑　孟令洋　赵立山

中国农业出版社印刷厂印刷　新华书店北京发行所发行
2008 年 7 月第 1 版　2008 年 7 月北京第 1 次印刷

开本：787mm × 1092mm　1/16　印张：86　插页：10
字数：2000 千字　印数：1~2 000 册
定价：290.00 元（上、下册）
（凡本版图书出现印刷、装订错误，请向出版社发行部调换）

Vol. VEGETABLE CROPS (Part 2)

Editors: Zhu Dewei   Wang Debin   Li Xixiang

CROPS AND THEIR WILD RELATIVES IN CHINA

Editors in chief: Dong Yuchen   Liu Xu

■ China Agriculture Press

内 容 提 要

　　本书是《中国作物及其野生近缘植物》系列专著之一，分为导论和各论两大部分。导论部分论述了作物的种类、植物学、细胞学和农艺学分类，以及起源演化的理论。各论部分共五十一章，第一章概述了蔬菜作物在国民经济中的重要地位，世界和中国的生产与供应概况，蔬菜的种类以及中国蔬菜种质资源的特点等。第二章至第五十一章分别叙述了萝卜、大白菜、芥菜、结球甘蓝、花椰菜、番茄、茄子、辣椒、黄瓜、冬瓜、南瓜、西瓜、甜瓜、菜豆、豇豆、姜、山药、韭菜、大蒜、洋葱、菠菜、莴苣、芹菜、莲、茭白、黄花菜、竹笋、食用蕈菌等50种主要或常用蔬菜作物的生产意义和生产概况，植物学特征与生物学特性及其多样性，起源、传播和分布，植物学和栽培学分类以及包括野生近缘种在内的自交不亲和、雄性不育、抗病虫、抗逆、优质、特异、适宜加工或其他用途的各种类型种质资源，并择要地介绍了各章蔬菜作物种质资源的细胞学、分子生物学等有关方面的研究与种质资源的创新利用。

　　本书具有较强的科学性、理论性、新颖性、实用性和前瞻性，既较系统地总结了前人的实践经验和研究成果，也吸收了近年现代生物技术快速发展所取得的研究进展；它既为蔬菜作物的起源、分类与各种类型的种质资源研究提供了丰富的资料，也为蔬菜种质的改良和创新提供了理论依据和实践经验。它既是一部基础理论性较强的专著，也是一部较为实用的工具书。

　　本书适合蔬菜种质资源、遗传育种、生物技术和生物多样性工作者，以及有关大专院校师生阅读与参考。

Abstract

　　This book is one of the series of monograph entitled *Chinese Crops and Their Wild Relatives*. It was divided into introduction and contents. The introduction described the plant species, botany, cytology, agronomic classification, origin and evolution. The content was subdivided into fifty-one chapters. The first chapter outlines the important position of vegetable crops in national economy in China, vegetable production and supply in both China and the world, vegetable species, and characteristics of vegetable germplasm etc., in China. And the chapters from the second to the fifty first stated the production significance and production status of fifty species of vegetable crops of radish, Chinese cabbage, musturd, cabbage, cauliflower, tomato, eggplant, pepper, cucumber, wax gourd, pumpkin, water melon, melon, kidney bean, asparagus bean, ginger, yam, Chinese chive, Walsh onion, onion, spinach, asparagus lettuce, celery, lotus water bamboo, day lily, bamboo shoot, edible fungi etc., their botanical and biological characteristics, origin, dissemination and distribution, botanical taxonomy and cultivation classification, self-incompatibility, male sterility, disease and insect pest resistance, stress tolerance in elite and special germplasm and their wild relatives suitable for processing and other uses. It also introduced cytology, tissue culture, molecular biology, germplasm enhancement and utilization and the related research.

　　This book provided scientific, theoretic, novel, practical and perspective information and systematically summarized the experiences and achievements accumulated by our predecessors and simultaneously absorbed biological progresses made rapidly in recent years. It not only provided rich information on origin, taxonomy, research on various germplasms but also furnished the information about theoretical foundation and practical experiences for vegetable germplasm improvement and enhancement. It is a theoretical monograph and also a practical reference book. The book fits for the scientific workers specialized in the research on vegetable germplasm, genetics and breeding, biotechnology and also for college teachers and students as reference material.

目 录

前言

Contents

Preface

第二十七章

菜　豆

第一节　概　　述

菜豆（*Phaseolus vulgaris* L.）、多花菜豆（*P. coccineus* L.）（红花菜豆）、菜豆（*P. lunatus* L.）（利马豆）及宽叶菜豆（*P. acutifolius* A. Gary var. *latifolius* G. Freem.）（尖叶菜豆）等 4 个栽培种，多以嫩荚或豆粒供食，均为豆科（Leguminosae），菜豆族（Phaseoleae）菜豆属（Phaseolus）一年生或多年生草本植物。菜豆又称四季豆、玉豆、敏豆、芸豆、扁豆等，一年生草本植物，植株蔓生缠绕或矮生直立生长。染色体 $2n=2x=22$，它既是蔬菜作物，又是粮食作物，其嫩荚既可鲜食又可加工速冻和制罐。其粮用普通菜豆的干籽粒可作粮食，其中大籽粒菜豆亦可加工制罐作蔬菜用。在一些发展中国家如热带非洲和南美洲，菜豆是人们食物中蛋白质和热量的重要来源，也是除玉米、木薯等主作物外，提供碳水化合物的重要补充作物。在非洲和拉丁美洲的很多地区菜豆的嫩梢和嫩叶也被食用。菜豆的营养成分：每 100g 菜豆鲜嫩荚的食用部分占 96%，含水分 90g、蛋白质 2~3g、脂肪 0.4g、膳食纤维 1.5g、碳水化合物 4.2g、胡萝卜素 210μg、维生素 C 6mg、维生素 E 1.24mg、钙 123mg、铁 1.5mg 和磷 51mg。每 100g 干籽粒中含蛋白质22~24g，钙、磷、铁分别为 137mg、368mg、9.3mg，胡萝卜素 11μg，维生素 C 1mg（《食物成分表》，1991）。菜豆籽粒蛋白质含有 8 种人体所需的氨基酸，其中赖氨酸、亮氨酸和精氨酸的含量较高。

菜豆又称利马豆、棉豆、荷包豆、皇帝豆、玉豆，一年生或多年生草本植物，植株缠绕或直立，染色体 $2n=2x=22$，以鲜嫩或干籽粒食用，每 100g 嫩豆粒或干籽粒分别含蛋白质 8.4g 和 22~25g。磷、铁、钙的含量较高，其蛋白质中含有人体容易吸收的氨基酸，其中尤以赖氨酸、亮氨酸的含量较高。其深色种子中含氰氨酸，有毒，需用水煮沸，再换清水煮食。

多花菜豆又称红花菜豆、大白芸豆、龙爪豆、看花豆，为多年生缠绕和直立植物，一般都作为一年生栽培。染色体同上述 2 个栽培种。其嫩荚嫩豆粒可作蔬菜，干籽可作粮食。因其花大而鲜艳，故也可作观赏植物，在中美洲有些地方花还被用来供食。其嫩荚含蛋白质 7.4%~17%、碳水化合物 65%，蛋白质中所含氨基酸尤以赖氨酸、亮氨酸含量较高。

宽叶菜豆为矮生或半直立一年生植物，主要食用其干籽粒，成熟干种子含蛋白质22%，碳水化合物60%。

菜豆属作物分布在世界的热带、亚热带和温带的广大地区，其中菜豆（P. vulgaris）的重要性在豆类中仅次于大豆。据联合国粮农组织的统计（FAO，2001）全世界作为蔬菜用菜豆的种植面积共68.2万hm²，总产量470.6万t，平均产量6 902kg/hm²。亚洲面积最大，总产量也最高，其次是欧洲。但单位面积平均产量欧洲最高。世界上种植面积大的国家依次为印度、中国、土耳其、印度尼西亚、美国。总产量高低依次为中国、土耳其、印度、西班牙、埃及；平均单产高低依次为科威特、奥地利、波兰、苏里南、秘鲁。粮用普通菜豆种植面积最大的也是亚洲，总产量也最高，但单位面积产量却以欧洲和中、北美洲最高。种植面积大的国家依次为印度、巴西、缅甸、墨西哥、中国。总产量高的国家也是上述诸国；单产高的国家依次为爱尔兰、荷兰、利比亚、莫尔多瓦、埃及。

世界上保存菜豆种质资源较多的国家除了哥伦比亚和中国以外，尚有美国、墨西哥、英国、土耳其、俄罗斯等国。

中国是菜豆（P. vulgaris）的次生起源中心，以嫩荚供食的软（嫩荚）菜豆是在中国变异形成的，因此软荚菜豆在中国种植相当广泛，种质资源尤其丰富，南北方都有分布，不仅在露地，还可在保护地进行栽培。地方品种主要分布在东北三省和华北的山东、山西、河北省以及陕西、四川、湖北等省。目前已保存嫩荚菜豆种质资源有3 482份。

对菜豆种质资源的研究就世界而言，已从园艺性状鉴定、抗病性鉴定进入到分子生物学研究。但在中国尚停留在外部形态的园艺性状鉴定和少数病害（炭疽病、枯萎病、锈病）的鉴定上，和发达国家相比尚存在较大的差距。

多花菜豆的原产地中南美洲也是目前种植多花菜豆面积较大的地区，如阿根廷、墨西哥、危地马拉等，另外，英国、美国种植面积也较大。中国以云南、贵州、四川省栽培较广。

莱豆原是非洲湿润多雨森林地区的一种主要食用豆类作物。但现在主要分布在南美、中美和美国、加拿大的南部，也是亚洲热带地区的一种重要作物。中国主要在广东、福建、江西、台湾省和上海市等地栽培。

宽叶菜豆在世界上种植地区有限，主要在高温和降雨量少的北美洲西南和非洲种植，中国尚无栽培。

第二节　菜豆的起源、传播与分布

一、菜豆的起源

关于菜豆的起源过去有亚洲起源学说和美洲起源学说两种见解。目前根据考古学考证，野生资源考察、野生种和栽培种之间的关系等方面的研究，两种观点已经趋向一致，即菜豆（P. vulgaris）栽培种起源于中、南美洲。据报道秘鲁Callejon de Huaylas的菜豆放射性碳探测年代距今已有7 700多年，除了秘鲁，在智利、阿根廷、墨西哥等地也发现了菜豆的残存物，包括种子、荚的碎片和植株等。最古老的残存物是在安第斯山脉发掘的，距今大约 10 000～8 000 年（Huachichocana 等，1980）考古学发现的菜豆种子，与现今栽培的菜豆种子十分相似。有证据表明 *P. vulgaris* 的驯化也发生在巴西和阿根廷的北部，*P. aborigineus* 就是它近代残存的野生型，还有菜豆属的野生种 *P. polystachyus*。野生型菜豆植株均为蔓性，生长势弱，蔓较细，叶片小而深褐，成熟较晚，耐低温，耐普通花叶病毒和炭疽病。野生型菜豆种子小而多，具有硬实性。种子硬实性是由于种皮不透水而产生的一种休眠特性，如今的栽培菜豆仍有少数种子会有这种现象，虽然栽培菜豆并不需要这种硬实性。野生种的豆荚小，纤维素含量高，成熟豆荚容易开裂，对光周期反应敏感，要求短日照。这些在自然选择中形成的特性有利于他们在恶劣的自然条件下生存和繁衍后代。现代的野生菜豆是古老野生菜豆的后代，栽培菜豆是从野生菜豆进化而来。驯化的结果，分枝减少，而花数和荚数增加，种子增大，但每荚种粒数减少。嫩荚菜豆豆荚的开裂性减弱荚壁的纤维减少，荚肉增厚。普通菜豆种子水分的渗透性增加，种子硬度减少。光周期反应出现了很多生态类型（Vincent E. Rubatzky and Mas yamagucbi，1996）。但菜豆（*P. vulgaris*）栽培种的起源中心是南美洲还是中美洲，是墨西哥还是安第斯山脉一带目前尚无定论。Gepts（1984）曾报道的在墨西哥、哥伦比亚和安第斯山 3 个不同的分隔地区有 3 个野生类型。国际热带农业中心（CIAT）的学者 D. G. Debouk（1988）经考察后在此基础上提出菜豆在美洲有 3 个起源中心的设想：即中美洲起源中心、北安第斯山中心和南安第斯山中心。在这 3 个隔离地区发现了菜豆的野生种类型、菜豆栽培种的祖先和菜豆的变种及菜豆属的其他种。据此认为，在 3 个分隔地区发现的 3 个不同的野生类型，以后在不同地区分别被驯化为 3 个不同的栽培类型。Singh 等（1991）指出，普通菜豆有 2 个明显的基因库，一个是安第斯中心，另一个是中美（中美和墨西哥），大多数食嫩荚的菜豆看似有着原产地安第斯和来自中美组的基因渗入。

嫩荚用菜豆和粮用的普通菜豆均为 *P. vulgaris*，但它们在果荚的构成上有显著的不同，嫩荚菜豆的内果皮很肥厚，是主要的食用部分不会发生羊皮状的膜，中果皮的细胞壁不易增厚硬化，并且纵走在背缝线和腹缝线的维管束也不发达。而普通菜豆正相反，其内果皮很薄且随着果荚的长大，会形成一层革质膜，中果皮的细胞壁也会加厚变硬，缝线处的维管束发达，使整个果荚不堪食用。可见食荚菜豆和普通菜豆是两种不同的类型。

苏联植物学和遗传学家 H. И. 瓦维洛夫和 П. 茹可夫斯基都认为嫩荚菜豆这种变异类型是在中国产生的，是古代中国农民选种者经由长期选择的结果。H. N. 瓦维洛夫认为果荚失去纤维是一种隐性性状，是由普通菜豆产生了失去荚壁上硬质层的基因突变而形成的。在一些文献中可以看到食荚菜豆的学名被称作 *P. valgaris. L. var. chinensis*，这与该变种是在中国变异形成的不无关系。因此中国是普通菜豆的次生起源中心，是食嫩荚菜豆的变异中心。至于这种变异发生的年代现在已难以考证。一般的说法认为菜豆是在 16世纪传入中国，在《本草纲目》（李时珍，1551—1578）中已有关于该菜豆种的记载。在美国，过去嫩荚菜豆一直被称作 String bean（有筋豆或多纤维豆），而现在却被称做 Snap bean（咔嚓豆）。"咔嚓"意指在烹调前将脆嫩豆荚折成段所发出的声音。而美国第一个圆荚菜豆是在 1865 年公布的，第一个无纤维的品种是 1870 年育成的，至今只有 100 多年的历史。

　　如果从 16 世纪中叶算起，那么菜豆在中国的栽培历史已有约 400 多年。根据文献记载，中国将菜豆传入日本是由归化禅师隐元于 1654 年带去的，而隐元豆的性状是"荚扁形、无纤维，……"（日人西贞夫），说明隐元豆即嫩荚菜豆，那么嫩荚菜豆在中国栽培已有 300 多年历史，比欧美国家要早 200 多年。

　　多花菜豆原产中南美洲。据报道，从墨西哥的德哈康谷地的洞穴中发掘出公元前约 2200 年多花菜豆栽培种的种子（Kaplan，1965），说明多花菜豆在该地被驯化。在墨西哥和危地马拉海拔 1 800m 以上的高原地区，目前仍有野生种类型分布。

　　菜豆也起源于中南美洲。有较多的证据证明，小粒型菜豆起源于墨西哥，大粒型起源于秘鲁。在秘鲁的洞穴中发现了公元前 6000—前 5000 年菜豆种子的遗迹，在墨西哥也发现了公元前 500—前 300 年菜豆的遗迹，并于距今 4500 年前和 1400～1800 年前分别在秘鲁和墨西哥驯化了大粒种子和小粒种子的菜豆。

　　宽叶菜豆也起源于中南美洲，中美洲是其原始起源中心，5000 年前在墨西哥被驯化栽培。

二、菜豆的传播与分布

　　关于菜豆如何传到世界各地，比较一致的看法是在 1492 年哥伦布发现美洲新大陆后，菜豆属的 2 个最主要的种菜豆和莱豆得到广泛传播。在此之前菜豆在美洲已广泛种植。当哥伦布登上美洲大陆时，那里的土著居民已在栽培菜豆。西班牙贩卖奴隶的大帆船携带菜豆和莱豆从南美洲到非洲，并携带菜豆横渡太平洋到菲律宾，其后又随着贸易路线传到内地。菜豆于 16 世纪初传播到欧洲，16 世纪和 17 世纪在欧洲迅速传播，并同时传播到亚洲的一些国家，菜豆就是在 16 世纪传入中国的，并于 1654 年由隐元禅师把菜豆带到日本。多花菜豆也是在 16 世纪传入欧洲，16 世纪中传到日本，何时传入中国不详。据称，中国云南有 100 多年的栽培历史。宽叶菜豆在墨西哥被驯化后向中部和南部传播。

　　现在菜豆已在美洲、欧洲、亚洲、非洲广泛栽培。全世界种植普通菜豆的国家至少有 115 个（FAO 年鉴）。非洲以乌干达、卢旺达、坦桑尼亚和布隆迪种植面积较大。亚洲则以印度、中国、黎巴嫩、印度尼西亚种植较多。美洲种植面积大的国家有巴西、墨西哥、阿根廷、危地马拉和美国。欧洲各国种植面积都不大，但平均单产较高。全世界种植食嫩豆荚和嫩豆粒菜豆的国家约有 90 个。其中亚洲国家种植面积最大，其次是欧洲，然后是美洲，最后是非洲。亚洲以印度、中国、土耳其、以色列、泰国种植面积较大；欧洲是意大利、马其顿、西班牙、法国；美洲是美国、苏里南；非洲是埃及。

　　菜豆喜欢温暖的气候，中国大部分地区处在温带，因此全国从南到北都可种植菜豆。普通菜豆以收获种子为目的，种植面积较大的地区一般在种子成熟期气候干燥凉爽，像西南各省的高原地区，山西、陕西北部、黑龙江、内蒙古、河北张家口地区等，现全国搜集到的种质资源为 3 810 份。食荚菜豆的分布则更为广泛，种质资源数在全国位居各类蔬菜的第一位，甚至超过中国最重要的蔬菜大白菜，但主要是在东北、华北和西南地区。据中国农业科学院蔬菜花卉研究所品种资源研究室 1995 年的不完全统计，上述 3 个地区所搜集到的种质资源数共计为 2 701 份，约占菜豆入库总数 3 244 份的 81.4%，其中华北占 28.1%，西南占 27.3%，东北占 26%。华北地区的山东省、河北省，东北地区的黑龙江省、吉林省，西南地区的云、贵、川各省都有非常丰富的菜豆品种和类型。除上述地区外湖北省神农架及三峡地区也分布有丰富的菜豆种质资源。1985—1990 年国家组织对神农架及三峡地区的考察表明，菜豆资源分布的最高地区可达海拔 2 800m 以上，当然绝大部分还是分布在海拔 1 000～2 000m 的范围。

第三节　菜豆属的分类

一、植物学分类

菜豆为豆科（Leguminosae），蝶形花亚科（Papilionoideae），菜豆族（*Phaseoleae*），菜豆属（*Phaseolus*）植物。最初人们认为菜豆属有很多种，约有 100 多种至 200 种。经过植物学、分类学家研究认为，许多菜豆属的种应划规为豇豆属，经过多年争论，这种看法趋于一致，现已将原属菜豆的小豆、饭豆、绿豆、黑吉豆、娥豆划归豇豆属，1970 年 Verdcourt 最后确定了菜豆属范围。目前菜豆属植物有人认为有 30 个种（J. Smatt，1990，表 27 - 1）。也有人认为有 56 个种（D. G. Debouck，1988，表 27 - 2），但菜豆属栽培种主要有 4 个，即菜豆（*P. vulgaris* L.），多花菜豆（*P. coccineus* L.）；菜豆（*P. lunatus* L.）；宽叶菜豆（*P. acutifolius* A. Gray）。遗憾的是菜豆属 4 个栽培种以下亚种水平的植物学分类并无看法一致的定论。有的学者把食嫩荚的菜用菜豆作为粮用普通菜豆的变种来看待，他们的学名分别是 *P. vnlgaris* 和 *P. vulgaris* var. *chinesis*，也有的分类学家把蔓生和矮生菜豆作为 2 个变种来处理，但通常只把矮生菜豆作为变种，其学名为 *P. vulgaris* var. *humilis* Alef.。

表 27 - 1　菜豆属 *Phaseolus* 的种（1）

Genus *Phaseolus* L.

 Section *Phaseolus*

  1. *Phaseolus vulgaris* L.

   var. *vulgaris*

   var. *aborigineus*（Burk.）Baudet

  2. *Phaseolus coccineus* L.

   ssp. *coccineus*

   ssp. *obvallanus*（Schlecht.）Marechal，Mascherpa & Stainier

   ssp. *formosus*（H. B. K.）Marechal，Mascherpa & Stainier

   ssp. *polyanthus*（Greenman）Marechal，Mascherpa & Stainier

  3. *Phaseolus glabellus* Piper

  4. *Phaseolus augustii* Harms

  5. *Phaseolus acutifolius* A. Gray

   var. *acutifolius*

   var. *latifolius* Freeman

  6. *Phaseolus filiformis* Bentham

  7. *Phaseolus angustissimus* A. Gray

  8. *Phaseolus wrightii* A Gray

  9. *Phaseolus grayanus* Woot. & Standley

  10. *Phaseolus polystachyus*（L.）Britt, Sterns & Pogg

（续）

           var. *polystachyus*

           var. *sinuatus*（Nutt.）Marechal，Mascherpa & Stainier

    11. *Phaseolus pedicellatus* Bentham

    12. *Phaseolus oaxacanus* Rose

    13. *Phaseolus polymorphus* S. Watson

    14. *Phaseolus microcarpus* Mart.

    15. *Phaseolus anisotrichus* Schlecht. /ssp. *incisus* Piper

    16. *Phaseolus ritensis* Jones

    17. *Phaseolus lunatus* L.

       var. *lunatus*

       var. *silvester* Baudet

    18. *Phaseolus tuerckheimii* Donn. Smith

    19. *Phaseolus brevicalyx* Micheli

    20. *Phaseolus Pachyrrhizoides* Harms

    21. *Phaseolus sonorensis* Standley

    22. *Phaseolus xanthotrichus* Piper

    23. *Phaseolus micranthus* Hooker & Arn.

Section *Alepidocalyx*（Piper）Marechal，Mascherpa & Stainier

    24. *Phaseolus parvulus* Greene

    25. *Phaseolus amblyosepalus*（Piper）Morton

Section *Minkelersia*（Mart. & Galeotti）Marechal，Mascherpa & Stainer

    26. *Phaseolus galactoides*（Mart. & Galeotti）Marechal，Mascherpa & Stainier

    27. *Phaseolus nelsonii* Marechal，Mascherpa & Stainier

    28. *Phaseolus pluriflorus* Marechal，Mascherpa & Stainier

    29. *Phaseolus vulcanicus*（Piper）Marechal，Mascherpa & Stainer

    30. *Phaseolus chacoensis* Hassler

注：引自《Grain legumes》，1990。

表 27 - 2 菜豆属 *Phaseolus* 的种（2）

    Tentative list of Phaseolus sensu stricto species（including the three sections Phaseolus, Alepidocalyx, Minkelersia）. The center where each species had its primary divesitication is indicated：

M = Mesoamerican, N = North Andean, A = South Andean

P. *acutifolius*	M	P. *oaxacanus*	M
P. *amabilis*	M	P. *oligospermus*	M
P. *amblyosepalus*	M	P. *ovatifolius*	M
P. *angustissimus*	M	P. *pachyrrhizoides*	S
P. *anisotrichus*	M	P. *palmeri*	M
p. *augusti*	S	P. *parvulus*	M
P. *brevicalyx*	M	P. *pauciflorus*	M
P. *chiapasanus*	M	P. *pedicellatus*	M
P. *coccineus*	M, N ?	P. *plagiocylix*	M
P. *esperanzae*	M	P. *pluriflorus*	M
P. *falciformis*	M	P. *polyanthus*	M, N
P. *filiformis*	M	P. *polymorphus*	M
P. *floribundus*	M	P. *polystachyus*	M ?
P. *foliaceus*	M	P. *ritensis*	M
P. *glabellus*	M	P. *salicifolius*	M
P. *glaucocarpus*	M	P. *scabrellus*	M

（续）

P. grayanus	M	*P. schaffneri*	M，N
P. griseus	M	*P. sempervirens*	M
P. jaliscanus	M	*P. sinuatus*	M？
P. leiospalus	M	*P. smilacifolius*	M？
P. lunatus	M，N，S	*P. sonorensis*	M
P. macrolepis	M	*P. striatus*	M
P. metcalfei	M	*P. tuerckheimii*	M
P. micranthus	M	*P. venosus*	M
P. microcarpus	M	*P. vulcanicus*	M
P. minimiflorus	M	*P. vulgaris*	M，N，S
P. neglectus	M	*P. wrightii*	M
P. nelsonii	M	*P. xanthotrichus*	M

注：引自《Genetic Resources of phaseolus Bean》，1998。

至于菜豆属的其他栽培种以下的分类也有不同看法。莱豆（*P. lunatus.* L.）有人将它分为小粒种（*P. lunatus* L.）和大粒种（*P. Limensis* Macf.）。但也有人认为大小粒应为一个种，而应在种以下分为 5 个类型：①扁平利马豆（*Macrocarpus*），②柳叶雪豆（*Salicis*），③丛生雪豆（*Lunatus*），④丛生大粒利马豆（*Limenanus*），⑤马铃薯型利马豆（*Salanoides*）。对多花菜豆（*P. coccineus* L.）的分类也有不同见解。CIAT 通常将多花菜豆分为 2 个亚种，即红花亚种（*P. coccineus* ssp. *coccineus*）和白花亚种（*P. coccineus* ssp. *polynthus*）。还有人根据生长习性、花色、种皮色的不同将多花菜豆分为 3 个变种：红花矮生变种（*P. coccineus* var. *rubronanus* L. H. Bailey）白花矮生变种（*P. coccieus* var. *albonanus* L. H. Bailey）和白花、白籽蔓生变种（*P. coccineus* var. *albus* L. H. Bailey）。原国际遗传资源委员会（IBPGR）将多花菜豆分为 8 个亚种。其主要根据是花的颜色：①红花亚种；②紫花小苞片稀毛亚种；③红花小苞片稠毛亚种；④白花（浅紫花）长小苞片亚种；⑤红花长花梗亚种；⑥红花小苞片亚种；⑦深红花萼片光滑亚种；⑧旗瓣和龙骨瓣深紫，翼瓣白色，长花梗亚种。至于宽叶菜豆（*P. acutifolius*）在中国没有栽培，对其植物学分类也无报道。

二、栽培学分类

（一）根据植株类型分类

栽培菜豆的植株类型一般可分为蔓生、半蔓生和矮生 3 种。但实际上其生长类型还可分得更细。据英国剑桥大学 M. Evans 称在剑桥鉴定的 *P. vulgaris* 5 000 份材料中可以分为无限攀缘、无限半攀缘、矮生无限型、多节有限型和矮生有限型 5 种类型。周长久等在《现代蔬菜育种学》中引用 C. L. A. Leakey 1988 年关于对菜豆的表型描述，将菜豆无限生长类型又归纳为无限生长、植株攀缘，无限生长、匍匐不缠绕，无限丛生、弱缠绕，无限丛生、主茎和分枝生长一致，无限丛生、直立、不缠绕等 5 种类型。有限生长中又归纳为有限生长、株型开展，有限生长、不整齐丛生、主茎和侧枝有明显缠绕趋势，有限丛生、主茎壮，有限生长、多节直立丛生，有限丛生植株开展，有限生长节数少等 6 种植株类型。也即共有 11 种植株类型。

国际热带农业中心（CIAT）将该中心保存的菜豆资源分为以下 4 种类型，Ⅰ型：有限型、茎顶为花序，开花后其主茎不再产生新节；Ⅱ型：无限型，茎顶为分生组织，开花后其主茎仍继续产生新节，下部节位着生直立分枝，与直立主茎构成紧密的株冠；Ⅲ型：茎顶为分生组织，开花后，其主茎仍产生新节，下部节位着生较多的匍匐分枝，与匍匐主茎爬地蔓生，有较弱的缠绕力；Ⅳ型：无限型，茎顶为分生组织，开花后主茎继续产生新节，分枝不多，但缠绕极强，需支架。上述 4 型，Ⅰ 为矮生，Ⅱ、Ⅲ 为半蔓生，Ⅳ 为蔓生。

中国一般将菜豆简单地分为无限生长蔓生型，直立有限生长型和介于二者之间的半蔓生型，至于半蔓生是有限生长还是无限生长则未明确说明。笔者认为半蔓生菜豆是有限生长类型。据笔者在从事菜豆种质资源的园艺学性状鉴定时，曾观察到株高达 2m 以上有缠绕力的蔓生菜豆植株有的顶芽即为花芽，属有限生长，植株不会继续产生新节不断长高，应属半蔓生类型，但需搭架。在半蔓生类型中有的株高在 1m 以下无需搭架，如东北长春的花支架和吉林早白羊角均不超过 1m，而山东省枣庄的半架芸豆株高 1.9m，则必须搭架。另外笔者还观察到半蔓生丛生和半蔓生匍匐等类型。因此中国菜豆根据植株生长习性分类的话，至少可以分为蔓生无限生长、半蔓生缠绕有限生长、半蔓生丛生、半蔓生匍匐和矮生直立有限生长 5 种植株类型。但由于半蔓生品种资源很少，因此往往被人们忽略。

多花菜豆的植株类型有蔓生缠绕型和矮生型，中国主要栽培蔓生类型；菜豆有蔓生型和矮生型 2 种；宽叶菜豆所有的栽培品种都是矮生无限型（Smartt，1969）。

（二）根据花色分类

菜豆的花有白、浅红（粉）和紫色。紫色又分深紫红、紫、浅紫。有些人称菜豆有黄色花，根据笔者的观察，白花菜豆盛花之后会慢慢变黄最后萎蔫脱落，并非是黄色花。多花菜豆只有白花和红花 2 种，国际热带农业中心（CIAT）将多花菜豆分为红花和白花 2 个亚种，其主要根据就是花的颜色。原国际遗传资源委员会（IPBGR）将多花菜豆分为 8 个亚种，其主要根据也是花的颜色。至于菜豆的花色较为一致的描述均为旗瓣为淡绿色，翼瓣和龙骨瓣为白色。

（三）根据种子的形状和颜色分类

种子颜色和形状对食用干豆粒的普通菜豆更有意义。有些国家甚至根据菜豆种子的皮色来选择自己喜欢吃的种粒，巴西、墨西哥、萨尔瓦多和委内瑞拉喜欢黑色；哥伦比亚和洪都拉斯喜欢红色，秘鲁爱黄色，智利钟情白色。菜豆有许多名称，有些则和种子的颜色、形状有关。菜豆的英文名称有 Kidney bean 意为肾形或腰子豆；Navy 藏青色，Pinto 有杂色斑点的，Wax 蜡黄色的。M. Evans 称菜豆种子有 5 个颜色组，即白色、黑色、红色、黄褐色和褐色，还有，在这些底色上再加上各种斑点条纹图案的杂色。其实菜豆种皮的颜色远不止于 5 个颜色组。例如还有紫色、绿色、灰色、蓝色、粉色等。菜豆种子的形状也是多种多样的，大体上有肾形、圆形、椭圆形、筒形、方形和不规则形。多花菜豆的种子有白色、黑色、紫底黑花纹或黑底紫花纹斑。种子形状有宽肾形或宽椭圆形。菜豆种子有白色、褐色或有花斑，种子椭圆形、肾形等。菜豆种以下的分类中，通常认为有 4 个组群，其主要的不同是种子的颜色和大小。①爪哇豆，种子中等，浅红到红到黑；②红色仰光豆，种子小，浅红，饱满，偶尔有紫色斑点；③白色仰光豆，又称白色缅甸豆，又叫小白粒，种子饱满，似小菜豆种子；④利马豆，种子大粒，白色。根据种子的颜色、形状可将菜豆属内的几个栽培种分成很多类型。

（四）根据荚的性状分类

根据菜豆荚纤维的多少可将菜豆分为 3 个类型：①无筋（或少纤维）型，不受温度影响，多数食荚菜豆属此类型。②不完全有筋形，在高温条件下，纤维变多，粮菜兼用型当属此类。③荚的纤维多，且不受温度的影响，粮用普通菜豆属此类。多花菜豆其荚嫩时可食用，老熟后纤维变多，只能食用籽粒，相当于菜豆的 2 型。至于菜豆则均为硬荚种，主食豆粒，相当于菜豆的 3 型。

嫩荚菜豆的颜色和形状均很丰富，王素等综合嫩荚的形状和颜色曾将中国嫩荚菜豆划分为 6 个品种群：①扁荚品种群：嫩荚扁条形，包括长扁荚，短扁荚、宽扁荚、窄扁荚。②圆棍荚品种群：嫩荚圆棍形较直，较短。荚肉较厚、色绿或淡绿，是适于加工速冻或制罐的原料。③厚肉荚品种群：荚较长，呈长圆棍形，肉厚、品质佳，色浅绿或白绿。④花荚（斑条彩色荚）品种群：荚底色浅绿或黄绿色，带有红色或紫色条（斑）纹，纤维极少，即使晚收，豆粒已较鼓，但豆荚品质仍佳。⑤紫荚品种群：荚壳含有花青素，呈紫红色或绛紫色，加热后色素分解，颜色消失。⑥黄荚品种群：荚形或扁或圆棍形，色蜡黄，花白色，此类品种较少，部分引自国外。

早在 20 世纪 60 年代前期周祥鳞等在研究了山西省的菜豆种质资源后，提出以茎的生长习性、花的颜色、荚的形状和颜色等 9 种植物学性状，对食荚菜豆进行分类。笔者认为作为嫩荚菜豆的分类可去掉荚的品质（软、硬）一项，因食荚菜豆均为软荚种，而荚的颜色应增加绿白色和紫色。修改后的检索表可用于中国食荚菜豆的分类和检索，如下所示：

A1 蔓生型

    B1 花白色

        C1 绿色荚

            D1 大荚型

                E1 荚扁条形

                  F1 单色种

                      G1 大粒种（肾形，圆形、筒形）

                      G2 中粒种（肾形，圆形、筒形）

                      G3 小粒种（肾形，圆形、筒形）

                  F2 复色种（以下同 F1）

                E2 荚圆棍形（以下同 E1）

                E3 荚念珠形（种粒处突出，以下同 E1）

            D2 中荚型（以下同 D1）

            D3 小荚型（以下同 D1）

        C2 浅绿色荚（以下同 C1）

　　　　　　　　C3 绿白色荚（以下同 C1）

　　　　　　　　C4 斑条彩色荚（以下同 C1）

　　　　　　　　C5 紫色荚（以下同 C1）

　　　　　　　　C6 黄色荚（以下同 C1）

　　　　　　B2 花浅紫色（以下同 B1）

　　　　　　B3 花紫色（以下同 B1）

　　　　A2 半蔓生型（以下同 A1）

　　　　A3 矮生型（以下同 A1）

（五）根据用途分类

　　将用途和其他性状结合的 Hedrik 分类目前仍较普遍。笔者将其有关资料修改后表示为菜豆的用途分类（2004，在渡边 1969 年的基础上修改）：

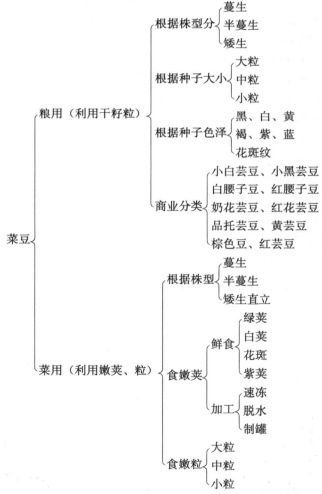

　　美国加利福尼亚大学蔬菜系的资深教授 Vincent E. Rubatzky 和 Mas yamaguchi 近来

根据用途将菜豆分为以下几个组：

French bean：绿色、黄色、紫色肉质嫩荚和未成熟的嫩种子一起被食用，其荚没有纤维和羊皮纸膜。

Haricot field bean：荚含有纤维，但嫩荚仍可食用。

Haricot：可食用嫩种子，荚壁和缝线均有纤维，通常不食用荚。

Dry（field）bean：食用干籽粒，荚有筋和纤维，有明显的羊皮纸膜，不堪食用。

（六）其他分类

1. 根据光周期反应分类 根据菜豆对光周期的反应可将菜豆分为对光周期非常敏感型，对光周期反应迟钝型（不敏感型）和中度敏感型。一般报道均认为菜豆虽为短日照植物，但很多品种对短日照并不敏感，在长日照条件仍能正常开花结荚，故称其为中性。美国康奈尔大学教授 D. H. Wallace 经研究认为"中性的"提法并不科学，他认为应按"敏感"和"不敏感"来区分菜豆品种材料对光周期不同的反应。国际热带农业中心（CIAT）的 White 和 Caing 对 4 196 份菜豆进行了光周期反应的试验，通过人工 18h 光照转变为 12.5h 的自然光照来测定其光周期反应。结果为约 60% 的基因型为光周期敏感型，40% 为光周期中度敏感型。光周期中度敏感型的基因型出现在热带低地和温带地区。高度敏感的基因型多起源于海拔 1 500m 以上的热带地区，他们认为菜豆的光周期反应由单基因控制。

笔者 1992 年曾对来自中国华北、东北的 63 个食荚菜豆品种进行光周期反应试验。最后的结果是光周期不敏感的品种为 33 个，占全部资源材料的 52%；其余 30 个品种为中度敏感型，占全部材料的 48%。由以上 2 个试验可以看出，来自不同地区的菜豆基因型对光周期的反应是不同的。中国来自西南高原地区的材料有些是对光周期敏感的类型，在长日照下不开花或只开花不结荚。

2. 根据豆荚熟性分类 根据豆荚的熟性可将菜豆分为早、中、晚熟 3 类。在中国温带地区从播种至采收嫩荚 60d 以下的为早熟品种，60d 以上至 70d 以下的为中熟品种，70d 以上的为晚熟品种。中国现有的食荚菜豆种质资源材料，按早、中、晚熟分类分其所占比例分别为 26%、40% 和 34%。

多花菜豆早熟种从播种至采收嫩荚不足 80d；中熟种 80d 以上至 90 多 d；晚熟种要到 100d 以上。

菜豆的早熟种从播种至采收嫩豆粒约 100～120d，中熟种 120～150d（至采收老熟豆粒 140～150d），晚熟品种 150d 以上（至采收老熟豆粒 180d 以上）。

第四节　菜豆的形态特征与生物学特性

一、形态特征

（一）根

菜豆的根系较发达，但再生能力弱，其成株的主根可深入到地下 80cm，侧根可扩展到 60～80cm 宽，其主要吸收根群分布在地下 15～40cm 的土层里。菜豆的根瘤不很发达，开花结荚期是根瘤菌形成的高峰。多花菜豆的根系圆锥形，主根粗壮发达，侧根多，入土较浅，多集中在 10～30cm 表土层内。在热带多雨气候条件下，主根和侧根易膨大增粗，形成肉质多汁块根，但在中国温带特别是高寒地区栽培一般不形成明显块根。多花菜豆的根瘤菌固氮能力也较弱。菜豆的根系发达，蔓生菜豆具有贮藏淀粉的粗大主根，入土较深，矮生菜豆根为纤维状，入土较浅。

（二）茎

菜豆属栽培种的茎有蔓生缠绕无限生长型、矮生直立有限生长型、矮生丛生无限生长型、半蔓生缠绕有限生长型、半蔓生匍匐无限生长型，对于菜豆来讲以上类型都存在，这在分类一节已有叙述。无限生长蔓生型植株可达 2～4m 高，如栽培条件适宜，茎顶分生组织可不断分生，主茎不断伸长。蔓生茎呈左旋缠绕。矮生直立有限生长型，株高约40～50cm，主茎长至 6～9 节后，生长点分化为花芽，此后不再继续伸长。中国菜豆遗传资源主要包括上述 2 种类型，半蔓生类型的品种很少，其中多属缠绕有限生长型，有些品种株高可达 2m，有的则不足 1m。菜豆幼茎的颜色有绿、淡紫和紫 3 种颜色，到成株时仅有绿和紫 2 种（图 27 - 1）。多花菜豆的茎粗壮、多汁，披白或棕色短茸毛，株高可达 2～5m，根据株型，多花菜豆有蔓生缠绕无限生长型和矮生有限生长型，但也有人提到多花菜豆有半蔓生类型。中国的多花菜豆以蔓生无限生长型为主，少见矮生直立型。茎的颜色有绿和紫 2 种。菜豆的茎分为蔓生攀缘无限生长型，矮生直立有限生长型，前者为一年生或多年生，株高可达 2～4m，后者为一年生，株高不足 1m，根为纤维状。宽叶菜豆在中国少有栽培，据称，所有的栽培品种都是矮生无限型（Smartt，1969）。但也有人称有直立和蔓生缠绕 2 种。

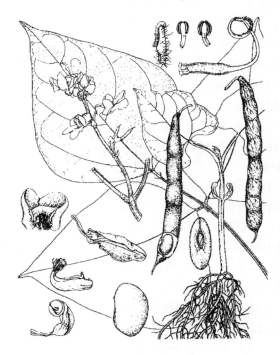

图 27 - 1　菜　豆
（引自 J. Smartt, 1990）

（三）叶

菜豆的子叶出土，第 1、2 片真叶为对生单叶，心脏形，第 3 片以后为互生，复叶，由 3 片小叶组成，小叶阔卵形、菱形或心脏形。复叶叶柄较长，基部有 2 片舌状小托叶，叶绿色，叶面和叶柄具茸毛。多花菜豆子叶不出土，其三出复叶互生。基部有 2 片对生小叶，但非对称。复叶叶柄长，小叶卵圆形或阔菱形。菜豆在第一对真叶之后为三出复叶，三出复叶的小叶为卵圆形、不规则菱形和披针形，基部有小三角形托叶，叶绿色。

（四）花

　　菜豆、多花菜豆和莱豆均为腋生的总状花序，它们的花都是蝶形花，多花菜豆的花最大，莱豆的花最小。花冠均由旗瓣、翼瓣、龙骨瓣组成，龙骨瓣弯曲。菜豆花冠的颜色有白、紫红、紫、粉红等多种；多花菜豆只有红、白2种；莱豆花旗瓣浅灰色，翼瓣白色。3种菜豆属植物的柱头都顺龙骨瓣卷曲在它里面，雄蕊10枚，9合1离。菜豆为典型的自花授粉作物，其天然杂交率为0.2%～10%，常随外界环境温度的变化而异。在一般情况下自然杂交率在4%以下，因此不同品种在进行繁种时应间隔一定距离。原种田应在100m以上，良种田在50m以上，生产种子田也应有10～20m的间隔。不同品种间种植玉米等高秆作物可起到隔离作用。多花菜豆为常异交作物，其异交率为30%～40%。莱豆虽为自花授粉作物，但也有18%～20%的自然杂交率。多花菜豆和莱豆繁种时的隔离距离，要远远大于菜豆。

（五）果荚

　　菜豆属栽培种的果实均为荚果，菜豆荚的形状、大小、颜色有很多变异类型。形状有长短扁条形，长短圆棍形，长条形，念珠形以及若干介于中间状态的形状。长短也有较大差别，有的可长达30cm以上，短的可不足10cm，绝大部分在10～20cm之间。荚的颜色从白至浅绿到深绿可分为多个颜色级别，另有紫、黄和荚面具红色或紫色斑纹的花荚类型。多花菜豆的荚较菜豆宽大、饱满、荚面着生茸毛，较粗糙，荚略扁，稍弯，荚长10～30cm，长者可达40cm以上，宽约2cm（图27-2）。莱豆荚果扁平，多弯曲为镰刀状，荚果长约5～12cm，宽约1.5～2.5cm，大莱豆荚果偏长、宽，小莱豆则短、窄，硬荚种，待嫩豆粒可食用时荚已变硬，革质化。宽叶菜豆的荚较小，圆筒形。

图 27 - 2　多花菜豆
（引自 J. Smartt，1990）

（六）种子

　　菜豆属植物的种子无论形状、颜色还是大小其类型都非常丰富。以菜豆种为例，粮用普通菜豆种按种子形状和大小可分为，肾粒型、大粒型、中粒型和小粒型 4 个类型。软荚种的种子也有大小、形状、色泽的不同。比较典型的形状有肾形、筒形、椭圆形、卵圆形。色泽有单色的黑、白、黄、红、褐、灰、蓝、紫，复色为不同底色上有深色的条或斑纹。菜豆种子的千粒重为150～800g。多花菜豆的种子较大，多为宽肾形或宽椭圆形，种皮有白色或紫色、黄褐色上有紫或黑色斑纹，千粒重可达 800～1 500g。莱豆的种子，按其大小可分为大粒种和小粒种，两者种子差异较大，前者千粒重可达 1 200～1 300g，后者只有 500～600g。莱豆种子形状为扁肾形或扁椭圆形，颜色有乳白、黄褐、紫红或白、褐色底上有紫或黑色斑条纹。莱豆种子的特点是从种脐向外至缝线有明显放射状的条纹（图 27 - 3）。而宽叶莱豆的种子为长短柱形，种子小，千粒重只有10～50g，种皮颜色有白、黄、褐、紫及花斑纹等。

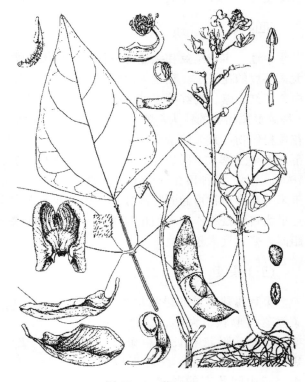

图 27 - 3　莱　豆
（引自 J. Smartt，1990）

二、对环境条件的要求

菜豆属中的菜豆，其栽培种是一年生的，多花菜豆的栽培种是多年生的，作一年生栽培。莱豆栽培种是多年生或一年生的，但作一年生栽培。而野生型的 *P. coccineus* 和 *P. lunatus* 都是多年生的。*P. vulgaris* 的野生型有一年生和多年生，仅 *P. acutifolius* 是一年生。

上述 4 个菜豆属栽培种的野生祖先其生存环境条件是不同的，温暖的温带环境最适合 *P. vulgaris* 生长，它生长在海拔 500～1 800m 的生态过渡地带。热带和亚热带地区可以找到 *P. lunatus*，*P. coccineus* 的野生型，生长在海拔大约 1 800m 的危地马拉潮湿寒冷的高原。而 *P. acutifocius* 生长在干旱的半沙漠环境（Mackie，1943；Miranda，1974）。因此 4 个栽培种对外界环境条件也有着不同的需求。

（一）温度

菜豆喜温暖不耐高温和霜冻。种子发芽的温度范围是 20～30℃。菜豆的幼苗对温度的变化非常敏感，0℃时受冻害。在 18～25℃ 的适宜温度范围内，昼夜温差大，有利于同化产物的积累。气温低于 15℃ 或高于 30℃，易出现不完全开花现象，35℃以上的高温花粉发芽力显著降低，不育花粉数量显著增加，落花落荚数也增加。温度的高低对根瘤菌也有影响，根据崛氏（1968）的试验，当地温 25～28℃时根瘤生长良好。多花菜豆则较喜冷凉，适宜温度为 12～17℃，夏季在高温地区常只开花不结荚，当气温超过 25℃，籽粒形成困难，不能结荚。多花菜豆虽喜冷凉，但对霜冻也是敏感的。在中国的云贵高原，多花菜豆生长良好。热带地区 1 500m 以上的高原，多花菜豆能正常生长。菜豆对温度的要求则更为严格。它起源热带美洲，喜欢温暖湿润的气候。月平均温度 27℃最适宜其生长，对霜冻敏感，高温干旱会引起落花落荚。宽叶菜豆则偏爱高温、低湿气候，在 35℃以上仍可坐荚，这是其他菜豆达不到的。

（二）光照

菜豆属的栽培种均为短日照植物，因为它们原产于热带。但随着它们在世界各地的传播，这种属性也发生了变化。特别是菜豆多数品种都已经变为对光周期不敏感或中度敏感了。中度敏感品种在长日照条件下植株变高，开花期略迟。也有极少数品种如来自中国云贵高原的品种引到北方种植，植株会变得茂盛，有的不开花或开花后不结荚，它们属于对光周期反应敏感的类型。多数多花菜豆是对光周期反应敏感类型，只有在短日照条件下才能正常开花结荚，仅有少数品种对光周期反应不敏感。菜豆起源于热带美洲，因此长期在这些地区栽培的品种，对光周期反应敏感，是典型的短日照类型，但大多数在其他地区长期栽培的品种是不敏感类型。宽叶菜豆也是短日照植物。

菜豆表现喜光，对光照强度要求较高，光饱和点为 25 000～40 000 lx，补偿点为 1 500lx。当光照强度过弱时，植株徒长、叶片数减少，植株的同化能力下降，开花结荚减少，并且易落花落荚。多花菜豆对光照强度要求不严格，较菜豆耐阴。菜豆也是对光照强度要求不高的作物，属耐阴性较好的一类。

（三）水分

菜豆根系较发达，侧根多，比较耐旱而不耐涝。种子发芽时需吸足水分。植株生长适宜的田间持水量为最大田间持水量 60%～70%。菜豆开花结荚时对水分要求严格，其适宜的空气相对湿度为 65%～80%。在菜豆花粉形成期，如土壤干旱空气湿度又低时，则花粉发育不良，导致花和豆荚数减少；结荚期如天气干旱，加之高温，则嫩荚生长缓慢，豆荚的中果皮很快硬化、内果皮变薄，品质降低。反之，开花时遇大雨，土壤和空气湿度过大时也会影响到花粉发芽，过多的水分会降低雌蕊柱头上黏液的浓度，使雌蕊不能正常授粉而增加落花落荚，降低产量，而且容易引起病害的发生。

多花菜豆的产地多为多雨冷凉地区，要求全生育期有比较充足均匀的水分。菜豆则适于高温多湿地区种植，且对湿度的适应范围比较广，大致能适应 500～650mm 的年降雨量范围，说明它较耐旱也较耐涝。小粒种比大粒种更耐干旱。宽叶菜豆主要种植在高温半沙漠地区，因此也较耐干旱。

（四）土壤与营养

菜豆适应在土层深厚、松软、腐殖质多且排水良好的土壤中栽培。在沙壤土、壤土和一般黏土里都能生长，但不能在低湿地和重黏土中栽培。菜豆栽培适宜的土壤 pH 为 5.3～7.0，这种中性到微酸性土壤，也适于根瘤菌的活动。菜豆对营养元素的吸收量，以氮、钾为多，磷较少。从土壤中吸收氮、磷、钾的比例为 2.5：1：2.0，此外还要吸收一定量的钙素。菜豆生育初期茎叶生长时便吸收较多的氮、钾，随着开花和豆荚的发育，对氮、钾的吸收量渐增。植株茎中的氮、钾也随着生长中心的变化转移至花荚中去。对磷的吸收量虽较氮、钾为少，但磷对植株的生长、花芽分化、开花结荚和种子发育都有影响。且据测定，磷在荚内含量较高，所以在菜豆生育期间施足磷肥也很重要。菜豆在嫩荚迅速伸长时，还要吸收大量的钙，在施肥上也应注意。菜豆对土壤中过量的硼表现敏感。

多花菜豆和菜豆相同的是对养分的需求以氮、钾比较多，对磷则较少。氮、磷、钾的比例是 3：2：4。多花菜豆适宜在土层深厚、有机质丰富的肥沃土壤上种植，土质最好是壤土或轻黏土，而不适于重黏土和排水不良的土壤，适宜的土壤 pH 为 6～7。在 pH 小于 6 的酸性土壤上根瘤菌的活动将受到抑制，施肥的效果也将降低。

菜豆适于在各种土壤中生长，但以腐殖质丰富、肥沃，排水良好的壤土和沙壤土为宜。在重黏土壤条件下生长不良，最适宜的土壤 pH 为 6～6.5。菜豆对含盐土壤有一定的耐性。

第五节　菜豆的种质资源

一、概况

菜豆属植物的栽培种对世界农业做出了贡献。由于该属 4 个栽培种的起源地不同和传播后在不同地区形成的适应性，这些种无论是在炎热的热带和亚热带地区还是温暖的温带环境，不管是潮湿寒冷的高原气候还是干旱的半沙漠环境都能找到它们的踪影。而它们极其广泛的分布，又促成其拥有丰富的种质资源，尤其是菜豆，其种质资源尤为丰富。世界上菜豆属种质资源保存最多的单位是设在哥伦比亚的国际热带农业中心（CIAT），已搜集到菜豆属种质资源共 41 061 份，其中菜豆栽培种 35 516 份，野生种 434 份。据原国际遗传资源委员会（IBPGR）1989 年资料，全世界 30 多个国家保存菜豆种质资源共 105 266 份，野生资源共 6 084 份。多花菜豆全世界 13 个国家保存栽培种共 3 628 份，野生种共 213 份，主要保存在哥伦比亚的 CIAT，有 1 508 份。全世界菜豆种质资源（不包括中国）共 11 400 份，有 21 份野生资源。中国农业科学院蔬菜花卉研究所迄今为止保存的嫩荚菜豆种质资源有 3 482 份，中国农业科学院原作物品种资源研究所保存的普通菜豆资源有 3 810 份。多花菜豆种质资源由中国农业科学院上述 2 个研究所保存，共计有 254 份。中国两个研究所搜集和保存的菜豆种质资源分别为 58 份和 32 份。

对于菜豆属作物种质资源的研究以国际热带农业中心（CTAT）进行得比较系统。除了对所有保存的菜豆种质资源进行了农艺性状鉴定，对大部分资源进行了抗病虫性、抗逆性及生物固氮能力的系统研究外，还对菜豆属作物的遗传特性及属内各种之间的遗传关系进行了研究。CIAT 自 1967 年成立以来，其国家农业研究项目已公布了 500 个菜豆品种，其中 318 个是在拉丁美洲国家，182 个在非洲国家。英国对菜豆属作物的起源、进化和分类进行的研究较多。美国菜豆育种进行时间较长，于140年前育出第一个无筋（纤维）品种，并由Bill Zaumeyer（美国农业部）于1958年实现了品种改良的突破——育成了第一个加工用菜豆品种。结合品种改良他们对种子特性、植株特性、抗病虫性、对不良环境的耐性、对栽培措施的反应进行了研究。对菜豆表现型和基因型研究也取得了进展，许多性状已确定了基因符号，迄今已绘制出9个基因连锁图，进一步为菜豆育种工作提供了遗传学基础。对多花菜豆和菜豆的研究以国际热带农业中心（CIAT）进行得较多。

中国对菜豆属种质资源的研究还处在起步阶段，仅限于对农艺性状的鉴定、营养品质的分析和有限的几种病害的鉴定工作。育种工作开始的时间更短，仅有20多年，育出的品种也屈指可数。对多花菜豆的研究更少，对菜豆的研究在中国尚属空白。宽叶菜豆在中国尚无栽培，也无研究。

二、抗病种质资源

对菜豆抗病性研究比较有进展的组织和国家有国际热带农业中心（CIAT）、欧共体的一些国家和美国。在世界范围内菜豆的病害很多，不同的国家侧重的病害也有不同。比较重要的病害有锈病、病毒病、炭疽病、疫病、角斑病、根腐病、枯萎病等。CIAT菜豆的遗传资源改良工作包括了对特殊性状的改良，其中比较重要的工作是抗病育种。他们已获得了1 000多个抗病品系和抗病高产、适应性强的品种如Dor60、Bat76、花75等。根据近期国外的报道，在拉丁美洲进行的一些试验，选出了一些抗病的种质资源。如在巴西试验的非黑色品种Ouro除了产量高以外，还抗菜豆角斑病、锈病和细菌性疫病。黑色品种以Rio Tibagi和Milionario1732表现最好（Araujoetal，1989）。20世纪90年代初发表的高山型品种Alpine，抗锈病的US38～42、52～57、59～61、68～70等生理小种，并中抗炭疽病，其加工品质亦可接受（Kelly et al，1992）。欧洲一些比较发达的国家对菜豆种质资源抗病性的研究也较重视，如法国由全国农业研究中心作物遗传和改良站对菜豆进行抗病育种的结果，主要病害炭疽病在那里已很少发生。因为早年他们已从墨西哥的野生菜豆资源中引进了2个抗炭疽病的基因，此后通过转育，商业品种中几乎都具有这2个抗病基因。中国于20世纪60年代从法国引进的矮生菜豆——法国嫩荚，由于早熟、抗病、丰产而在全国推广，生产上应用多年。此后于80年代由中国农业科学院蔬菜花卉研究所从法国引进并试验成功的蔓生菜豆——超长，也在全国特别是北方广大地区推广，至今仍是一些大城市蔬菜市场上的一个重要品种。由于其抗病、植株衰老的慢，因此延长了采收期。荷兰也是生产嫩荚菜豆的主要国家，那里的病害主要是菜豆晕斑病（*Pseudomonas phaseolicola*）和细菌性疫病（*Xanthomonas phaseolc*），还有病毒病BYMV（黄化花叶病毒病）和BCMV（普通病毒病）。他们用来自多花菜豆的选系IVT7620作为抗源获得了抗BYMV（黄化花叶病毒病）和BCMV（普通病毒病）的材料。荷兰还与国际热带农业中心（CIAT）进行合作研究，将选出的抗病毒材料与CIAT共享。这个材料还抗炭疽病、锈病和晕斑病。

欧洲另一个嫩荚菜豆的重要生产国是意大利，该国菜豆的主要病害是疫病和病毒病，并由萨来尔诺蔬菜栽培研究所进行菜豆抗病育种，早在1976年他们即推广了具有抗病性的5个籽粒用的普通菜豆品种。中国于20世纪80年代自意大利引进的矮生嫩荚菜豆

GY20‐3‐1 经抗病性鉴定，其苗期和田间成株抗枯萎病，耐炭疽病，可作抗病亲本或直接利用。保加利亚菜豆的主要病害是晕斑病和细菌性疫病，马里察蔬菜研究所已育出扎拉、普罗夫迪夫、A‐78 和尼克斯等品种，还选出了兼抗菜豆晕斑病 2 个生理小种和普通花叶病毒的品种 Opeo‸（奥雷奥尔）。英国的菜豆品种协调育种计划已对细菌性疫病和 BCMV（普通病毒病）和 BYMV（黄化花叶病毒病）进行了研究，育出许多抗病的商业品种。早在 20 世纪 60 年代中国自英国引进的矮生菜豆——Fullcrop（66‐13、英国菜豆），由中国农业科学院蔬菜花卉研究所试验选出，曾在 60～80 年代在全国推广。美国是世界上抗病育种规模大、范围广的国家。美国的菜豆病害很多，主要有病毒病、根腐病、锈病、白霉病、灰霉病、褐斑病和孔环枯萎病（*Pseudomonas syringae* pv. *phaseolicola*）等。美国对蔬菜种质资源的抗病性鉴定，除了有些资源保存单位单独进行以外，多由育种单位结合抗病育种进行。美国的菜豆育种由公立机构和私人单位 2 部分组成。公立单位有农业部下属的研究所和一些州立的大学。私营单位多为种子公司。在贝尔兹维尔的农业研究中心育出了抗锈病的材料 M235、M309 和抗锈病的品种 BARC‐RR‐1。康奈尔大学杰尼瓦农业试验站进行的菜豆抗病育种，其育种目标是抗根腐、褐斑、白霉、灰霉等病害，已获得了很多抗上述病害的品系。该站资深蔬菜病毒专家 R. Provvidenti 教授研究了菜豆病毒病的诸多问题，指出仅菜豆种就有 30 余种由各种不同传媒引起的病毒病，并研究了它们的遗传关系。发现存在于菜豆品种 Robust、Great Northern 1 中的抗病基因属隐性遗传，而存在于品种 Gorbett、Refugee 中的抗病基因属显性遗传。并指出克服黄化花叶病毒（BYMV）的主要方法是将菜豆与红花菜豆进行种间杂交，美国菜豆品种对花叶病毒病的抗性主要来自 U. S No. 5 Rufgee。美国大多数食嫩荚菜豆品种带有抗 BCMV 的显性基因 I，现正在进行将 I 基因与另外的抗病基因 $bc‐1^2$、$b‐c‐2^2$、$bc‐3$ 结合起来的工作，以使这些品种具有抗多种病毒病的广谱性抗性。威斯康星育种品系 RRR‐46 和 RRR‐36 抗腐霉菌丝囊霉菌和根腐病（由 *Aphanomyces euteiches* f. sp. *phaseoli* 引起）。由 *Pseudomonas syringae* pv. *phaseolicola* 的生理小种 2 引起的孔环枯萎病在美国一些地区也十分流行，因此他们育出了抗该病的育种系 Nebras ka HB‐76‐1（19），还从国外引进了抗源 Noorinbee（87）和 RH‐13（40）。有些地区的褐斑病比较严重，而种质材料 Wis BBSR‐130（42）和 WBBSR‐17 和 WBBSR‐28（44）分别为高抗和中抗材料。在美国还存在一些兼抗几种病害的菜豆品种。如美国农业部在波多黎各公布的种质材料 PR‐190，在华盛顿普罗塞公布的 BARC‐1 抗锈病的大多数流行株系。另一个育种品系 US-DA‐3 也抗锈病病菌的生理小种、炭疽病（Are 基因）、黄瓜花叶病毒（CMV）的菜豆株系和 CTV（曲顶病毒）及 BYMV 的一些株系。Rogers 兄弟公司推广的品种 Resisto 对锈病菌的几个生理小种具有较强的耐性。威斯康星育种品系 BBSR‐130 抗锈病和 4 种其他病害。

1987 年公布的品种 Mayflower 携带一个显性敏感基因 I，对所有菜豆普通花叶马铃薯 Y 病毒表现抗病，并抗炭疽病的 r 和 β 株系，抗具敏感坏死斑的锈病株系，并且耐孔环枯萎病（*Pseadomonas Syringae* pv. *Phaseolicola*）的密歇根分离菌和菜豆角斑病，还耐臭氧（Kelly et al，1989）。

中国从 20 世纪 80 年代中期开始对搜集入库的食荚菜豆进行苗期抗病性鉴定。鉴定的病害有菜豆枯萎病（*Fusarium oxysporum*）、炭疽病和锈病，对 2 463 份种质材料进行了苗期抗枯萎病、炭疽病鉴定。鉴定结果：抗枯萎病的种质材料 174 份，抗炭疽病的种质材料 99 份。经苗期重复鉴定和田间种植鉴定抗 2 种病害而且农艺性状也表现较好的有拉马尼瑞、GY20‐3‐1、红花皮、黄家雀蛋、大花碗、大花 2 号、晚芸豆、原 50、原 54、沙克沙、红豆宽等。对 1 059 份种质材料进行苗期接种锈病鉴定结果，439 份表现抗病，有 162 份材料表现高抗。表现免疫的种质材料有嫩绿豆角、加拿大芸豆、紫小胖、扁结豆子、蔓生兰菜豆、固原黑子梅豆、肉壳花脸豆，表现高抗的有新秀 1 号、P40、P t 46 等。

三、抗虫种质资源

1968 年 H. S. Gentry 在墨西哥的 Arcellia 海拔约 850m 处搜集到抗菜豆象鼻虫（*Guerrero subfasciatus*）的野生菜豆种子，后于 1986 年在美国威斯康星大学进行的研究表明，这一种质材料含有一种叫 arcelin 的物质。后来的研究证明该物质是一种蛋白质，它能阻碍象鼻虫的消化。为了提高菜豆的抗虫性，国际热带农业中心（CIAT）已将 arcelin 基因整合到 160 个试验系中，所有的品系都表现了较稳定的抗虫性（Cunningham，1993）。

四、抗逆种质资源

相对于对抗病性的研究来说，对菜豆种质资源抗不良环境的研究较少，但越来越多的人认识到不良环境对豆类作物产量的影响很大，因此开始重视菜豆等对耐高、低温，对过多或过少的水分、土壤酸碱度以及空气污染等逆境的耐性研究。

美国康奈尔大学教授 M. H. Dickson 对菜豆的耐热和耐冷性进行了研究，发现耐热和耐冷是相关联的，耐热的品种往往表现耐冷（1992）。经耐热试验发现品种 California Red 很耐热，能在高温下栽培，在高于 36℃ 的条件下仍有较高的坐荚率。另外，通过耐冷试验发现品系 PI165426、NY‐161，NY‐590 较耐冷。Silbernagel 公布了一个耐热的育种系 5BP‐7。

中国农业大学的沈征言等（1991 年）通过耐热性试验认为 PI271998 和 85CT‐49762 是具有耐热基因型菜豆。

美国爱达荷的研究表明 Viva Pink 品种的固氮能力很强，它的一个亲本是来自墨西哥固氮能力很强的野生材料（PI203958）。Viva Pink 还有着很高的收获指数。在美国的西弗吉尼亚由 Benepal 筛选出抗臭氧的品种 Eagle。

五、优异种质资源

中国是食荚菜豆的变异中心，因此食荚菜豆的种质资源非常丰富，到目前为止已搜集到 3 482 份，列各类蔬菜之冠。这些食荚菜豆资源大部分是在中国土生土长的地方品种，其中不乏产量高、品质佳和对不良环境有耐性的优良品种。近二三十年来许多科研单位根据生产的需要进一步开展了品种选育研究，同时也加强了从国外引进新品种的工作。因此已拥有不少新育成的和从国外引进的优良种质资源材料。以下分别介绍他们的主要特性。

在中国的华北地区有一种蔓生菜豆品种，嫩荚绿白色，品质良好，即使荚老熟，荚壳的纤维也很少。比较有代表性的品种是山东诸城老来少。其花白色稍带紫红，嫩荚近圆棍形略扁，长 15～20cm，淡绿色，商品荚采收时逐渐变白，外观似老，但食用时鲜嫩，品质佳。种子近肾形，种皮棕色。早熟，适宜春秋两季栽培，一般产量为 22 500kg/hm²。与该品种类似，在生产上应用的优良品种有河北省的七寸白、保丰 1 号（图 27-4）、山西的白不老、辽宁的九粒白等。东北地区栽培历史悠久的花皮类型品种荚多宽扁形，浅绿或以白绿色为底色的荚上布有紫或红色条纹，荚壁和背腹线处极少纤维，或几乎没有，嫩荚产量并不高，但品质非常好，颇受当地消费者欢迎。这类品种东北的吉林省最多，具代表性的有：早花皮、吉早花架豆、红花皮、吉林紫花皮（图 27-5）、双阳大花皮、紫花大马掌，黑龙江的大花 2 号和吉林大马掌（图 27-6）。还有一类和上述菜豆类似的品种，也是在东北地区的黑龙江、吉林省栽培的地方品种统称为油豆角，这类品种荚扁而宽，荚面光亮，像是荚内含有较多的油分，故名油豆角。这一类品种豆粒较大，荚面凸起，荚壁纤维极少，或几乎没有，缝线处纤维也少。植株有蔓生和矮生两种类型，黑龙江省的早油豆和地油豆为矮生类型。大多数为蔓生型，有大油豆、一点红油豆、八月绿架油豆、花生米江东宽、五常大油豆、一棵树油豆、将军油豆（图 27-7）。新育成的品种有龙油豆 1 号、2号。吉林省油豆角品种有小油豆、黑挤豆、榆树油豆、黑油豆、灰油豆、白油豆、双丰大油豆、黄籽江东宽、紫花架油豆。另一种菜豆类型是荚较长，可达 18cm 以上，荚壁和缝线处纤维较少，形状为近圆棍形，荚色白绿、浅绿、绿。这类品种有 12 号玉豆、广州双青玉豆（图 27-8）、青岛黑九粒、云丰 623、春丰 4 号、双丰 2 号（图 27-9）、候马七寸莲、潍坊白粒。另外还有贵阳青棒豆、白棒豆等。扁形豆荚也有不少优良品种，较有代表性的蔓生品种有碧丰（图 27-10）、丰收 1 号、冀芸 3 号、新选 8 寸等，矮生品种有冀芸2 号、地豆王等。另一种为圆棍形荚类型，此类型菜豆有蔓生，也有矮生，嫩荚为圆棍形，荚不长，多不超过 15cm，宽厚各 1cm，荚壳纤维较少，缝线处有纤维。这种类型菜豆是加工制罐或速冻的理想原料，特别是白花白籽的品种更佳。该类型的代表品种蔓生的有白籽四季豆、白花四季豆（图 27-11）、78-209、白籽长箕、成都红花青壳四季豆。矮生的有供给者、推广者、81-6、姑苏早地四季豆、矮早 18 等。

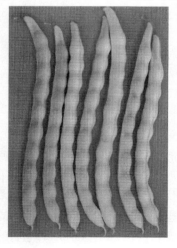
图 27-4　保丰 1 号

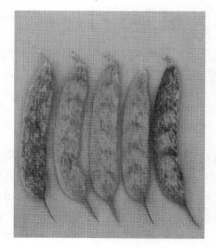
图 27-5　吉林紫花皮

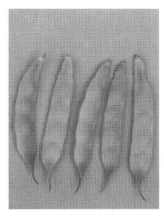

图 27-6 吉林大马掌

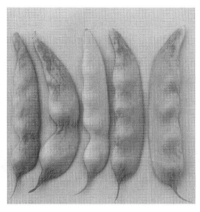

图 27-7 将军油豆

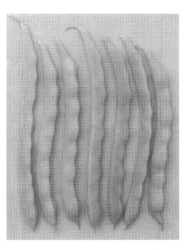

图 27-8 广州双青玉豆

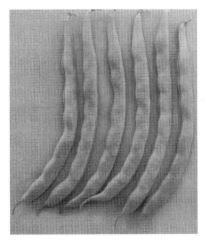

图 27-9 双丰2号

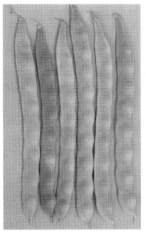

图 27-10 碧 丰

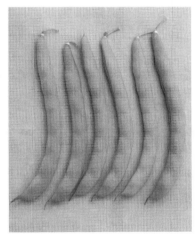

图 27-11 白花四季豆

从国外引种的菜豆品种中,有些表现优良,在生产上大面积推广。如自荷兰引进的菜豆品种在生产上大面积推广的有 Selke,由中国农业科学院蔬菜花卉研究所等单位试验选出,审定后取名为碧丰,因荚长而绿,农民又称它为绿龙。

在多花菜豆中最主要的品种是大白芸豆,是分布在云南、四川、西藏甘孜地区栽培多年的地方品种。植株蔓生,可高达 10m 以上,花冠白色,每花序结荚 3～4 个,荚长约 12cm,扁荚弯成剑形,每荚有种子 3～4 粒,白色,千粒重 1 064g,成株根部有膨大的块状肉质根。晚熟,全生育期 210d。耐寒、耐旱能力较强,较抗病毒病、炭疽病和根腐病。种子粒大、皮薄、质地细软、品质优良,主食豆粒,做汤或主食。豆粒产量 1 500～3 000 kg/hm^2。是内销和外贸出口的重要品种。另有中白芸豆,半蔓,单产豆粒 3 000kg/hm^2。红花多花菜豆有朔州红花菜豆,鲜荚产量可达 12 300kg/hm^2。

菜豆的优异种质资源主要分布在中国的华东和华中地区。以江西省的白玉豆、红玉豆和花玉豆最为有名，它们是早年从福建引进的，在当地栽培已有 100 多年的历史，3 个品种均为蔓生，株高 3m 以上，白玉豆和花玉豆花冠白色，红玉豆浅紫色。荚壁纤维多，主要食用嫩豆粒。其种子分别为白色、紫红色布有网状白色斑纹和白色布有红色网状斑纹。种子均味鲜美、品质佳。耐旱、耐贮藏，抗病虫害能力强，白玉豆和红玉豆还耐热，产量以白玉豆最高，干籽粒可达 3 750～5 250kg/hm²。产量较低的红玉豆亦可达 3 000～3 750kg/hm²。白玉豆和红玉豆为中熟品种，花玉豆为晚熟品种。另外，上海的白籽菜豆品质也非常好。

六、特殊种质资源

在中国食荚菜豆丰富的种质资源中有一种较特殊的类型，其嫩荚为紫色，但经烹调后荚内所含花青素分解，嫩荚变为绿色。该类型最具代表性的品种叫秋紫豆，是陕西省地方品种，已推广至北方广大地区种植。植株蔓生，其茎、花、嫩荚均为紫色，叶脉也为紫色。嫩荚长 20～25cm，扁条形，肉厚，纤维少，品质好，味道鲜。耐寒、耐旱、耐贫瘠，抗逆性强，较抗炭疽病。喜凉爽气候，中国西北地区白天气温高，夜晚冷凉最适合其生长。适于夏季播种秋季栽培，单产 30 000～45 000kg/hm²，与该品种类似的还有河北省的锅里变和山西省的太原紫豆角（紫莲豆）等（图 27 - 12）。

另一较特殊菜豆类型为中国农业科学院蔬菜花卉研究所于 20 世纪 80 年代从法国引进蔓生品种中选出的超长四季豆（图 27 - 13），该品种与众不同的特点是嫩豆荚特别长，一般可达 25cm，长者可达 30cm 以上。荚长圆条形，稍弯曲，类似长豇豆的嫩荚，市场上常被消费者称为"蛇豆"，但种子不多，7～8 粒，因此种子间隔较大，嫩荚断面近圆形，宽约 1.2cm，厚约 1.4cm。嫩荚纤维少，肉厚，味甜，品质佳。该品种较耐热，生长后期仍保持绿色枝叶不早衰，可延长生长期，提高后期产量。在生产上推广的品种中，极少与其类似，个别类似品种，据分析其来源是相同的。

图 27 - 12　紫豆角　　　　　　　　　图 27 - 13　超长四季豆

第六节　菜豆种质资源研究与创新

中国菜豆种质资源的研究迄今主要是对园艺性状和几种主要病害（炭疽病、枯萎病、锈病）的抗病性进行了鉴定，但对分子技术方面的研究开展得较少，而欧美等发达国家已在形态性状研究的基础上，开始应用分子技术进行研究。

一、分子标记与遗传连锁图谱

分子标记与遗传连锁图谱构建是菜豆种质资源研究与创新的基础性工作。当目标基因被鉴定，并且具有用于该性状筛选的可靠 PCR 标记，就可以通过标记辅助选择（MAS）所需要的性状。

（一）抗病、虫分子标记

1. 炭疽病　经鉴定菜豆抗炭疽病的基因超过 10 个，Geffroy 等鉴别了与 6 个独立显性基因连锁的标记（Co‑1，Co‑2，Co‑4，Co‑5，Co‑6，Co‑9）（Geffroy et al.，1999；Mendoza et al.，2000；Vallejo and Kelly，2001，2002；Young and Kelly，1996，1997；Young et al.，1998）。其中 Co‑1 位于 B1 连锁群；Co‑2 位于 B11 连锁群；Co‑4 位于 B8 连锁群；Co‑6 位于 B7 连锁群；Co‑9 位于 B4 连锁群（Geffroy et al.，1999；Gepts，1999；Miklas et al.，2000）。

2. 锈病（*Uromyces appendiculatus*）　锈病菌高度易变，选择转化的抗性比较容易，Miklas 等（1993）首次利用 NIL 群体和 DNA 分池方法获得了与 Ur‑4 基因连锁的标记。育种上正在利用的另外两个抗性基因是 Ur‑5 和 Ur‑9；Ur‑5 基因有一个 SCAR 标记可用（Melotto and Kelly，1998）。

3. 普通花叶病毒（BCMV）　菜豆对普通花叶病毒的抗性由一系列多等位基因位点控制（Drijfhout，1978）。B2 连锁群上的显性基因 Ⅰ 对其他 3 个隐性 bc 位点相互独立（Gepts，1999）。bc‑3 基因位于 B6 连锁群（Johnson et al.，1997；Gepts，1999；Miklas et al.，2000a）；bc‑12 基因位于 B3 连锁群（Miklas et al.，2000b）。非转化 bc‑u 等位基因也位于 B3 连锁群，但与 bc‑12 连锁不紧密（Strausbaugh et al.，1999）。这种不紧密的连锁对抗性育种非常有利，因为很多株系转化 bc 基因的完全表达需要 bc‑u 的参与（Drijfhout，1978；Kelly et al.，1995）。

4. 金黄花叶病毒（BGYMV）　这一菜豆病害在热带美洲非常严重，利用共显性 RAPD 标记辅助选择方法对抗 BGYMV 基因 bgm‑1 成功地进行了选择（Urrea et al.，1996），国际热带农业中心（CIAT）又将该标记转化为 SCAR 标记。除了主效基因之外，Miklas 等（1996）鉴定了两个 QTL 它们可以解释 60% 的表型变异，其中一个 QTL 位于 B7 连锁群，靠近 Asp（种皮光泽）和 Phs（菜豆蛋白）位点，这一区域包含抗普通细菌性疫病（common bacterial blight，CBB）、白霉病（Sclerotinia sclerotiorum）和炭疽病基因或 QTL（Nodari et al.，1993；Geffroy，1997；Miklas et al.，2000，2001）。

5. 细菌性疫病 (*Xanthomonas axonopodis* pv. *Phaseoli*，即CBB) 菜豆细菌性疫病是世界范围的重要病害之一。菜豆对这一病害的抗病性最初是通过与宽叶菜豆 (*P. acutifolius*) 的种间杂交引入的 (Scott and Michaels，1992)、(Jung et al.，1996) 报道，该病的 QTL 可以解释表型变异的 14%～34%；Tar'an (2002) 则将对 CBB 的抗性与生长习性分别按照单个主效基因绘制连锁图。

6. 马铃薯跳甲 (*Empoasca fabae*) 马铃薯跳甲是北美地区露地菜豆的重要害虫，与其紧密相关的另一个叶甲 (*E. kraemeri*) 在拉丁美洲危害严重。国际热带农业中心 (CIAT) 经长期轮回选择培育的抗 *E. kraemeri* 株系也抗马铃薯跳甲 (*E. fabae*) (Schaafsma et al.，1998)。用一个适于温带气候的抗两种跳甲的株系与一个感虫品种杂交，培育了重组自交系群体，对两种跳甲的抗性进行了鉴定，结果显示，一些形态标记和分子标记与抗性位点连锁 (Murray et al.，2001)。

(二) 遗传连锁图谱

菜豆的抗病性、抗逆性、品质、驯化性状等，没有一个群体可在这些性状上同时都发生分离 (Gepts，1998)。因此，这些基因在遗传连锁图谱上的定位来自不同的分离群体。为了解决不同群体、不同连锁图共享标记数目少的问题，可利用核心作图群体的有限标记铆定连锁群。

Freyre et al. (1998) 选择了一个核心作图群体，它是来自于 BAT93 和 Jalo EEP558 (BJ) 的重组自交群体，这两个亲本分别来自中美洲和安第斯基因库 (Nodari et al.，1992；McClean et al.，2002)，这个重组自交群体在 RFLP 和其他标记上表现很高水平的多样性，并且在多种抗病性上表现分离 (Nodari et al.，1993；Geffroy et al.，1999)。对于每个连锁群，来自不同连锁图的至少 2 个 (或者更多) 标记用于 BJ 群体作图，不同连锁图包括美国加州戴维斯连锁图 (Nodari et al.，1993；Freyre et al.，1998)，巴黎连锁图 (Adam-Blondon et al.，1994)，佛罗里达连锁图 (Vallejos et al.，1992) 和内布拉斯加—威斯康星连锁图 (Jung et al.，1996，1997—1999)。前 3 个连锁图是基于 RFLP 标记，最后 1 个是基于 RAPD 标记。

该核心综合连锁图的长度约 1 200cM (Gepts，1999)，包含 550 个标记，有 RFLP、RAPD、SCAR、同工酶和种子蛋白质标记。如果考虑其他相关连锁图的标记，至少有 1 000 个标记，平均标记距离为 1～2cM (Freyre et al.，1998；Gepts，1999)。通过连锁群 B7 上的 Phs (phaseolin) 位点验证 (Llaca and Gepts，1996)，遗传与物理距离的平均关系是 500 kb/cM。

标记与生化基因符号的解释参考：Bassett，1996；Tables 4 and 5 in Gepts，1999，原始图谱参考：Vallejos et al.，1992；Nodari et al.，1993；Adam-Blondon et al.，1994。

Co 和 R_{VI} 是抗炭疽病位点 (Geffroy，1997；Geffroy et al.，1999，2000；Kelly and Young，1996；Young et al.，1998；Vallejo and Kelly，2002)；Ur 是抗锈病位点 (Kelly et al.，1996；Miklas et al.，2002)，包括叶毛基因 Pu-a (Jung et al.，1998)；R3 是细菌性褐斑病位点 (Crute and Pink，1996)；bc-12 和 bc-3 是抗 BCMV 的显性基因 (No-

dari et al. ，1993；Johnson et al. ，1997；Miklas et al. ，2000；Melotto et al. ，1996）；
［AI-Arl-Lec］是编码 Arcelin -植物血凝素- α-淀粉酶多基因家族的主要位点；fin，Ppd，
St 分别是有限生长、光周期敏感和荚缝线形成基因（Koinange et al. ，1996）；B、［C-
R］、G、P、和 rk 种子颜色基因；Ana、Ane、Bip、L、T 和 Z 是种子斑纹基因（Mc-
Clean et al. ，2002）；Asp 使种皮光泽基因（Arndt and Gepts，1989；Gepts，1999）；blu
是隐性蓝色花基因；dgs 是深绿皱叶基因（Beltra′n et al. ，2002）；Fr 是雄性不育恢复基
因（He et al. ，1995）；Sgou 是控制豆荚横切面基因，Ms－8 是雄性不育基因（Adam-
Blondon et al. ，1994）。每个连锁群的右边方框内是 QTL，ANT＝炭疽病；APP＝灌装
菜豆形态；ASB＝灰茎疫病；BGMV＝菜豆普通花叶病毒；CBB＝普通细菌疫病抗性；
DF＝到开花的日数，DM＝到成熟的日数，DO＝种子休眠，FRR＝镰刀根腐病；FW＝镰
刀枯萎病；HB＝halo blight；HI＝收获指数；HT＝高度；L5＝第五节间的长度；
LDG＝抗倒伏性；NM＝主茎节数；NN＝根瘤数；NP＝荚数；PD＝光周期诱导的开花延
迟；PL＝荚长；SW＝种子重；WB＝web blight；WM＝白霉病。很多基因的位置都是大
约的，因为他们不是用 BJ 群体直接作图。

在研究菜豆种质资源的起源、进化中，需要区分野生和驯化性状，野生与驯化可以通
过许多性状加以区分。它们在驯化期间和之后被选择，最终适应栽培环境、满足人类的生
活需求。区分野生与驯化的两个最重要性状是种子休眠和种荚成熟后种子散落与否。其他
性状包括：驯化后具有更紧凑的生长习性，其极端类型为有限生长的矮生菜豆；光周期不
敏感，可在包括温带的不同纬度条件下栽培；新的豆荚类型；新的种子颜色；更大的籽
粒等。

许多驯化性状的遗传都利用 Midas×G12873 的重组自交系群体进行研究。Midas 是
一个食荚菜豆品种，黄荚（有蜡粉）、具有菜豆蛋白（phaseolin）和安第斯基因库典型的
同工酶标记。G12873 是一个中美洲野生菜豆，具有单一的菜豆蛋白类型，这表明它区别
于驯化基因。该群体分别在哥伦比亚（短日照）和美国加州的夏季（长日照）等不同光周
期条件下进行了性状鉴定。结果表明，驯化性状的遗传通常由主基因或主 QTL（R2＞
30%）控制（节间长度和收获指数例外）。很多性状的一半表型变异由遗传控制，说明这
些性状的遗传力较强。此外，控制这些性状的很多基因都是连锁的或至少集中在几个连锁
群上（B1 - B3，B7）。最新研究结果明确了不同种子颜色及其类型的遗传控制（Beninger
et al. ，2000）。P 基因是决定种皮有色或无色（白色）的基本基因，asp 是使种皮变暗的
基因，两者都位于 B7 连锁群上。颜色修饰基因 B 与菜豆抗普通花叶病毒基因Ⅰ紧密连
锁，位于 B2 连锁群。

二、转基因研究

转基因是蔬菜种质资源创新的重要手段。豆科作物，特别是其中的大粒种类型转基因
相对比较困难。现阶段应用的方法主要有基因枪轰击法和浓杆菌介导转化法。通过基因抢
技术获得菜豆稳定遗传转化的报道有：通过电子放电介导的粒子加速技术获得了转基因菜
豆，其转化植株的再生率为 0.03%（Russell et al. ，1993）；（Aragão，1996）利用高压
氦装置轰击胚生轴转移 DNA 获得了再生转基因菜豆，转基因植株的再生频率平均达

0.9%；Kim 等（1996）利用金粒轰击胚生组织顶芽获得转基因菜豆植株（*P. vulgaris* cv. Goldstar）；Aragão et al.（2002）再次利用基因抢技术将对除草剂"glufosinate"有耐性的 bar 基因转移到菜豆品种 Carioca 和 Olathe，有 0.5% 的再生植株（To）抗除草剂，有性繁殖之后（T1），有 2 株具有耐性，这些植株在温室和田间试验中都表现抗除草剂，已用于巴西菜豆育种中。

用基因枪轰击法转基因，转化频率和转化植株的再生率都很低，一般只有 5% 的外植体形成转基因种子，大多数顶芽都是嵌合体，包括转化和未转化两部分。因此，越来越多的人认为，脓杆菌介导转基因的精确性和产生低拷贝或单拷贝的趋势显示了直接基因转移技术的明显优势。Dillen et al.（1997）是首位利用脓杆菌介导法将 *P. vulgaris* 的基因转移到 *P. acutifolius* 中，并提供了转基因遗传到后代的证据。

为了鉴定和利用特异基因，引入有用的基因，拓宽菜豆的遗传基础，De Clercq 等建立了改良的 *P. acutifolius* 脓杆菌转化方法。他们对存在于野生普通菜豆的 arcelins 种子贮藏蛋白基因进行了研究。用 arcelin - 5 基因转化拟南芥（*A. thaliana*）和 *P. acutifolius*，转基因植株种子的 arcelin - 5 分别达到总蛋白含量的 15% 和 25%。Arcelin - 5 基因的这种高效表达是因为基因经修饰包含额外的蛋氨酸密码子。Arcelin - 5 的晶体结构已被确定，6 个修饰的 arcelin - 5 基因已被构建，每个包括 3~5 个额外蛋氨酸密码子。其中的 4 个能在拟南芥中产生稳定的蛋白质，累积水平达到未修饰 arcelin - 5 的表达水平。构建的基因之一（包含 4 个蛋氨酸残基）被转化引入 *P. acutifolius*，产生了 10 个独立株系，他们都表现稳定的蛋白积累，类似于未修饰 arcelin - 5（De Clercq et al.，2002）。豆类种子的含硫氨基酸，如蛋氨酸，含量较低。这种修饰 arcelin - 5 蛋白的高水平积累期望可增加种子蛋氨酸水平，进而改进营养平衡。

三、功能基因组研究

在细胞学上，菜豆是 n=11 的二倍体，没有多倍化现象。在发育的某些阶段，像叶枕这样的组织内会出现多线染色体。菜豆的单倍体基因组大小为 450~650 MBp（Bennett and Leitch，1995），与水稻相当（340~560 MBp，Bennett et al.，2000），在经济作物中被认为是基因组最小的作物。

法国进行了菜豆抗炭疽病的遗传和分子研究（Geffroy et al.，1998，1999，2000），发现菜豆在病原菌的选择压力下抗病基因的进化。菜豆与病原菌 *C. lindemuthianum* 之间的相互作用构成了很好的研究抗病基因进化分子机理的模式系统，这是因为：存在多样性的且充分鉴定的菜豆基因库；发现了很多特异抗病基因；在植株多样性中心水平上存在真菌和寄主间的共进化现象。对抗病基因族的鉴定，以代表菜豆两类主要基因库的 BAT93（美洲中部）和 Jalo EEP558（安第斯山脉）进行杂交，从中建立重组自交系群体，研究专一抗病基因和抗病 QTL 的基因组分布。这个重组自交系群体也正被用作构建高密度遗传连锁图，已鉴定了 7 个专一抗病基因（4 个来自安第斯山脉，3 个来自美洲中部），定位到 4 个基因位点（Geffroy et al.，1999）。对于抗炭疽病两个不同株系的部分抗性鉴定了 10 个基因组区域（Geffroy et al.，2000），其中 4 个 QTL 与专一抗病基因位置相同。因此，这些 QTL 可能与专一抗病基因具有相同的结构和功能。同时，也观察到了 QTL 与防卫基因的共座位。抗炭疽病、抗其他病原菌和 QTL 的聚类，抗病基因类似物的聚类（RGA），都提供证据表明，抗病位点在遗传和分子水平上都是复杂的。在连锁图 B4 上鉴定了一个特别复杂的位点，称作 B4 抗病基因族，其中包含：2 个来自安第斯山脉和 1 个来自美洲中部的抗病基因；1 个核苷酸结合位点的 RGA 家族（PRLJ1 家族）；2 个安第斯山脉和美洲中部起源的 QTL。安第斯山脉和美洲中部起源的抗病基因共座位表明，这个位点在两个基因库分离之前就已经存在。测序结果表明，B4 抗病基因族的抗病基因编码属于核苷结合位点——富含亮氨酸重复（NBS-LRR）类抗病蛋白的抗病因子。这是在植物中已鉴定的一类普遍存在的抗病基因。目前，来自 BAT93 和 Jalo EEP558，位于 B4 抗病基因族的 30 个 NBS‐LRR 编码抗病基因被完全测序。没有检测到与安第斯山脉和美洲中部相关的抗病基因分子信号。因此，从进化过程看是由较小的分子变化所致。另外，一个单核型内的家族成员间不比另一个单核型内的家族成员更相似。因此，进化的协调没有导致一个特定单核型内序列的同一化。

四、菜豆种质资源创新

（一）耐寒性

加拿大萨斯喀彻温大学作物改良中心（CDC/USS）进行了菜豆耐寒性研究。他们鉴定了两个种（*Phaseolus filiformis* and *P. angustissimus*），这两个种在苗期能够耐零下温度。将它们与其他菜豆进行种间杂交转育耐寒性。在培育早熟以防止冻害的品种方面，他们采取通过增强在冷凉土壤中的发芽力以延长生长期。在低温条件下发芽能力提高的一些系已被鉴定，并建立了多亲杂交的分离群体。

（二）低磷条件下的固氮能力

在热带非洲和拉丁美洲，菜豆共生固氮常常受到低磷、干旱和盐碱的限制。法国农业科学院（INRA）对菜豆在低磷环境条件下根瘤菌的共生固氮进行了研究。尽管菜豆被认为是固氮能力较差的豆科作物，但是在拉丁美洲发现了高固氮系。它们通过增加对氧气的渗透性，可以在低磷条件下充分表现其固氮潜力。细胞学观察表明，根瘤渗透性的变异是由于根瘤内皮层细胞进行可逆的、渗透收缩调节，细微的调整固氮过程所致。据此对低磷条件下控制固氮的基因进行了研究，筛选了高磷利用率和高固氮能力的株系，然后与栽培品种进行广泛的杂交，并利用其中的组合之一 BAT477（高磷利用率和高固氮能力）× DOR364（非常适应中美和加勒比海地区，并且耐菜豆花叶病），通过多年的田间试验，获得了 20 个重组自交系（F_8）。与此同时，对这些系进行了 RAPD、SCAR 和 SSR 标记分析，并且在古巴和墨西哥的不同地点观察了它们在干旱条件下的表现。最后利用该群体构建了一张遗传连锁图，并鉴定了一套影响高磷利用率和高固氮能力的 QTL（数量性状位点）。

（王　素　徐兆生）

主要参考文献

陈世儒主译 .（Mark. Bassett 主编）. 1994. 蔬菜作物育种学 . 重庆：西南师范大学出版社

蒋先明 . 1989. 各种蔬菜 . 见：中国农业百科全书 . 蔬菜卷 . 北京：农业出版社

龙静宜等 . 1989. 食用豆类作物 . 北京：科学出版社

N. W. 西蒙兹著 . 赵伟钧等译 . 1987. 作物进化 . 北京：农业出版社

郑卓杰 . 1997. 中国食用豆类学 . 北京：中国农业出版社

周长久等 . 1995. 现代蔬菜育种学 . 北京：科学技术文献出版社

中国农学会遗传资源学会 . 1994. 中国作物遗传资源 . 北京：中国农业出版社

中国农业科学院蔬菜花卉研究所 . 2001. 中国蔬菜品种志（下卷）. 北京：中国农业科技出版社

中国农业科学院蔬菜花卉研究所 . 1987. 中国蔬菜栽培学 . 北京：农业出版社

Guy Henry & Willem Janssen. 1992. Snap Beans in the Developing world. Colombia

J. Smatt . 1990. Grain legumes：evolution and genetic resources. Great Britain at the University Press Cambridge

Paul Gepts. 1988. Genetic. Resources of phaseolus Beans. Netherlands

Ratikanta Maiti. 1997. Phaseolus Spp. Bean Science Inc. U. S. A：Science Publishers

Vincent，E. Rubatzky. 1996. World vegetables Principles，Production，and Nutritive Values. Priuted in the United states of America

Broughton W. J. , G. Hern andez, M. Blair, S. Beebe, P. Gepts, J. Vanderleyden. 2003. Beans (*Phaseolus* spp.) -model food legumes. Plant and Soil. 252：55～128

Kelly J. D. , P. Gepts, P. N. Miklas, D. P. Coyne. 2003. Tagging and mapping of genes and QTL and molecular marker-assisted selection for traits of economic importance in bean and cowpea. Field Crops Research. 82（2003）：135～154

长 豇 豆

第一节 概 述

豇豆是豆科（Leguminosae）菜豆族（Phasealeae）豇豆属（*Vigna* L.）植物的一个种，学名 *Vigna unguiculata*（L.）Walp.，又称豇豆、豆角、黑脐豆、饭豆等。为一年生草本植物，直立或蔓生，染色体数为 2n＝2x＝22。以其干籽或嫩荚供食（依品种而定）。长豇豆则属于 *Vigna unguiculata* 中的一个亚种 [ssp. *sesquipedalis*（L.）Verdc.]，主要以嫩荚供食，又称菜用豇豆。

干豇豆（籽粒）是人类植物蛋白的重要来源之一。一般作为蔬菜鲜食的豆荚其可食部分占 97%，含水量 90.1%，含蛋白质 2.2%、脂肪 0.3%、膳食纤维 4.3%、碳水化合物 7.3%，并含有多种维生素及钙、磷、铁等矿物质（《中国食物成分表》，2004）。其氨基酸组成中赖氨酸、色氨酸含量较高，可弥补其他谷物的营养缺陷，而胰蛋白酶抑制素、血球凝集素少，不像其他豆类蛋白食用后易引起肠胃胀气。长豇豆的秸秆营养价值亦很高，是优质的家畜饲料。长豇豆种子可入药，性味甘平无毒，具有健脾胃、补肾益精的功效，可治脾胃虚弱、泻痢、呕吐、消渴等疾病；长豇豆叶可治淋症；豆壳具镇痛、消肿，根有健脾益气、消食等功效。

豇豆耐热、耐瘠薄，适应性广，广为世界各地种植。据统计，全世界豇豆种植面积达 900 万 hm²，总产量达 250 万 t（含籽粒用豇豆），主要产在尼日利亚等非洲地区，中国、印度、菲律宾、澳大利亚、欧美各国均广泛种植。长豇豆则主要产在亚洲地区，尤以中国最多，约 32.2 万 hm²（FAO，2001）。

目前全世界收集的豇豆种质资源约有 2.8 万份，野生种质资源约 8 500 份，主要保存在尼日利亚的国际热带农业研究所（IITA）。此外，印度的 Nbpgr、印度尼西亚的 Bogov、菲律宾的 Los Banos、美国佐治亚州也都有大量种质资源的保存。中国长豇豆种资资源的收集工作自 1978 年开始，至 1995 年已收集长豇豆种资资源 1 642 份，并初步开展了相关研究，其分布以华南地区最多，约占 37.5%，华北、西南和华东地区次之，分别占 19.8%，18.0% 和 15.1% 左右。西北、东北地区最少，约占 4.8%，4.6%（戚春章，1995）。

第二节 长豇豆的起源与分布

20 世纪，Wight（1970）因在印度发现有原始习性的豇豆，据此认为普通豇豆起源于印度。苏联学者瓦维洛夫（Н. И. Вавилов，1935、1939）认为豇豆 *Vigna sinensis* Endl.［*Vigna unguiculata*（L.）Walp. ssp. *unguiculata*（L.）Verdc.］起源于印度，非洲是次生起源中心。最近出版的《Cowpea》（《普通豇豆》）说明，发现大量的野生豇豆亚种分布在非洲，因此认为豇豆起源于非洲。野生亚种 *Vigna dekindtiana* 和 *menseusis* 的荚很短、荚面表面粗糙，开裂性强，种子小，吸水性差，广泛分布于非洲。野生型往往出现在起源地，野生亚种应属栽培豇豆的祖先。研究还发现非洲存在普通豇豆亚种 ssp. *unguiculata* 以及由野生型 ssp. *dekindtiana* 驯化的证据（王佩芝等，1986；王素，1989）。但是，豇豆最初的驯化又在何处？说法不一，埃塞俄比亚、中非、中南非、西非等地分别为不同学者认为是豇豆的驯化中心。

根据国际热带农业研究所（IITA）对 1 万余份豇豆种质资源的研究，来自尼日利亚、尼日尔、加纳等西非国家豇豆的多样性比东非要多，有大量的野生种和古老栽培种。同时考古发现了加纳公元前 1450—前 1400 年的豇豆残留物，表明西非应该是豇豆最初的驯化中心。公元前 1500—前 1000 年豇豆从东非经海路传入印度，由于豇豆的栽培组群有很大的变异性，此后产生了 ssp. *cylindrica*（短荚豇豆）和 ssp. *sesquipedalis*（长豇豆），印度成为次生起源中心。

栽培豇豆可能经古丝绸之路由印度传播到东南亚和远东。何时传入中国尚无确切考证。N. W. 西蒙兹所著《植物进化》（1987）中指出豇豆可能于公元前 1000 年传入远东地区（主要指中国），那么引入中国应该有 3 000 多年了。公元 3 世纪初张楫所撰《广雅》已有关于豇豆的记载。公元 601 年隋朝陆法言所著《唐韵》中也有豇豆的记载。由于中国长豇豆变异性很大，种质资源丰富，栽培也很广泛，因此不少学者认为中国是豇豆的次生起源中心之一。1979 年在中国云南西北部发现分布很广的野生豇豆 *V. vaxillata*（L.）Benth，因此也有学者认为中国可能也是豇豆的起源中心之一。豇豆还从印度向西传入伊朗和阿拉伯地区，公元前 3 世纪自西亚经希腊传入欧洲。16 世纪由西班牙人带入美洲的西印度群岛，18 世纪初扩展到美国南部（图 28 - 1）。

经过几千年的传播，豇豆已广泛分布在非洲、亚洲、美洲等地区，由于豇豆起源于热带，生长需要较高温度，因此，主要分布在热带、亚热带和温带地区，一直延伸到北纬 45°地区。其中尤以发展中国家栽培最多，非洲约占世界种植面积 90%，产量约占的 2/3（干籽）。其次是北美洲与中美洲（以巴西为多），亚洲位居第三，欧洲再次，大洋洲最少。从不同种类来看，食用嫩荚的长豇豆又以亚洲（尤其是东南亚和中国）种植面积最广，其他各大洲则以食其干籽、作粮用或饲用为主。

在中国供作粮用或饲用豇豆多为普通豇豆，很少有单作栽培，大多与玉米、高粱、棉花等间套作，分布范围很广，主要分布在黄河流域及南方各省份，尤以四川、湖北、湖南、河北、安徽、山东等省为多。而菜用的长豇豆则是中国的主要栽培蔬菜之一，随着市场经济的发展，由于其栽培技术较简易，营养价值高，又较适宜贮运、加工，除春夏或夏

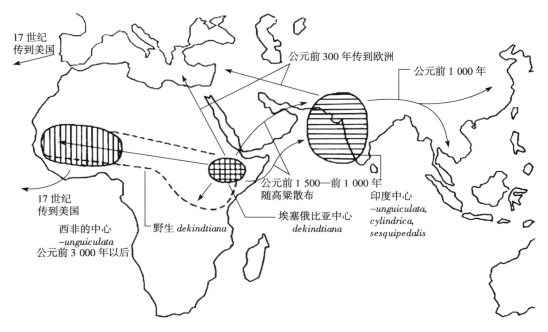

图 28-1　豇豆属的起源和传播
（引自《作物进化》，1987）

秋进行露地栽培外，又可在北方进行大棚栽培，也可在南方进行南菜北运的秋冬栽培以及夏季的高山栽培，而且经济效益较高，因此近年来生产发展较快。

第三节　长豇豆的分类

豇豆属豆科（Leguminosae），蝶形花亚科（Papilionideae），菜豆族（Phaseoleae），豇豆属（*Vigna* Savi.），豇豆种［*Vigna unguiculata*（L.）Walp.］。

有关豇豆的分类，不同的学者有各自的标准，并产生不同的分类方法，尤其是从栽培角度的分类，分类方法较多。

一、植物学分类

Bailey（1949）早先提出将豇豆分为 3 个种：*Vigna sinensis* Endl.——普通豇豆；*Vigna cylindrica* Skeels——短荚豇豆；*Vigna sesquipedalis*——长豇豆。但许多学者认为上述 3 个种之间无明显区别，相互间易杂交结实，应视为一个种，即为豇豆种 *Vigna unguiculata*（L.）Walp.，对种内的分级则有不同意见。Verbcourt（1970）将豇豆种 *V. unguiculata* 分成 5 个亚种，其中有 3 个栽培亚种，2 个野生亚种。3 个栽培亚种分别为：

1. 普通豇豆［ssp. *unguiculata*（L.）Verdc.（*V. sinensis* Endl.）］　是变异最多、分布最广的栽培亚种，英文称 cowpea（豇豆），非洲、东南亚（印度等）、东亚（中国

等)、南美（巴西等）各地广泛种植。株型有直立、半直立、半蔓生和蔓生等多种类型。果荚圆形，长 10～30cm，荚壳偏硬，呈新月形或线形，幼荚挺直向上、随着籽粒灌浆而逐渐下垂。种子扁圆、近肾形，粒色有白、橙、红、紫、黑、花脸、双色等等。主要供作粮用、饲用，茎蔓可作饲料或绿肥，少数品种荚果较软，可作菜用（图 28-2）。

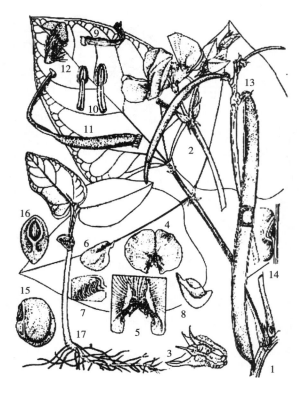

图 28-2　普通豇豆

1. 枝和叶　2. 花序　3. 花萼　4. 旗瓣　5. 旗瓣基部详图　6. 翼瓣
7. 翼瓣（凹处详图）　8. 龙骨瓣　9. 雄蕊　10. 花药　11. 雌蕊　12. 柱头
13. 带荚的花序　14. 种子附着在荚壁上　15. 种子侧面　16. 种子及种脐　17. 幼苗

（引自《中国作物遗传资源》，1994）

2. 短荚豇豆［ssp. *cylindrica*.（L.）Van Eselt. ex Verdc.（*V. cylindrica*（L.）Skeels）］　英文称 catjang bean，株型多为半蔓生（铺散），也有蔓性生长。其茎、叶、花等性状与普通豇豆相似，但植株较矮小，豆荚短小、长约 7～12cm，且挺直向上生长，种子小呈圆柱形。主要收其干籽或茎秆作饲草。短荚豇豆耐旱、耐瘠薄，主要分布在东非、印度和斯里兰卡等东南亚一带，中国种植较少，广西自治区、云南省一带有分布（图 28-3）。

3. 长荚豇豆［ssp. *sesquipedalis*（L.）Verdc.（*V. sesquipedalis*（L.）Fruw.）］英文名 yard-long bean、asparagus bean。植株多为蔓性，果荚肉厚、柔嫩，主要作为蔬菜食用。荚长 30～100cm，种子在荚内排列较稀疏，花大于其他亚种，坐果后，荚呈下垂伸长，是与其他亚种最明显的区别。种子多肾形或肾状变形，籽粒较大，种皮色多样，嫩荚色也十分丰富多样（图 28 - 4）。

图 28 - 3　短荚豇豆

（引自《中国作物遗传资源》，1994）

图 28 - 4　长荚豇豆

（引自《中国作物遗传资源》，1994）

还有一个古老的原始栽培豇豆组群 cv. gr. *textilis*，品种很少，西非有栽培，其花梗长 50cm 以上，主要利用其长而粗壮的花梗剥制纤维。

此外，两个野生豇豆亚种，即 ssp. *dekindtiana* 和 ssp. *mensensis*，两个亚种的豆荚短小、荚面粗糙、容易开裂，种子小，吸水性差，是栽培豇豆的祖先，主要分布在非洲。

上述的分类原则被较多采用，主要依据豆荚的长短、质地、食用部位（食荚或食籽粒）及荚的生长方式（上举或下垂）来区分。之后有些学者如 Westphal（1974）认为：栽培豇豆 3 个亚种之间易于杂交，除豆荚形态与着生有差别之外其他无明显区别，应把 3 个亚种归为 1 个亚种。1978 年，Marechal 采用并发展了 Westphal 的观点，将 3 个亚种归为 *Vigna unguiculata*（L.）Walp. 下的 1 个亚种，即 ssp. *unguiculata*，把 3 个栽培亚种重新命名为 3 个栽培组群，即 cv. gr. *unguicuiata*，cv. gr. *biflora*，cv. gr. *sesquipedalis*。另一古老栽培亚种也归为其中的一个品种群，即 cv. gr. *Textilis*。此外，把两个野生亚种归为一个亚种 ssp. *dekindtiana*，以两个变种 var. *pubeseus* 与 var. *protracta* 来区分。

但是，无论怎样进行分类，其 4 个栽培豇豆亚种（或 4 个栽培组群）和 2 个野生豇豆亚种（或 2 个变种）之间杂交都可孕，这对育种者来说，可利用各个种（或亚种、变种）的品种优异性状进行相互的杂交，对选育新品种十分有利。

二、栽培学分类

栽培长豇豆类型十分丰富，许多学者依据长豇豆某种特征（或特性）或园艺性状作为划分标准，形成了多种分类方法，最常见的有：

1. 依茎蔓生长特性分类　可分为蔓生型（无限生长型）、半蔓型（匍匐型）、矮生型（直立型）。蔓生型长豇豆品种最多，其主蔓明显，生长势强、无限生长，气候适宜时可长至5～10m。有1～3个侧蔓、生长势不及主蔓，栽培上为控制田间枝叶密度，常采取主蔓第一花序下侧蔓全摘除，上部侧蔓则留一花芽后打顶，例如之豇28-2等。

匍匐型长豇豆主侧蔓生长势都较旺，栽培上常采取不断打顶，促进多分叉，靠新侧枝上的花序结荚，其豆荚通常较短，例如五月鲜、紫秋豇等。此类型长豇豆，茎的缠绕能力较弱栽培上一般不搭架，多采取匍匐栽培，但也可行搭架爬蔓栽培。

矮生型长豇豆品种极少，其主蔓伸长到一定高度（30～50cm）时，即似退化状，蔓变细弱，少数矮生豇豆顶芽呈自封顶。由于主蔓短缩，近基部花序可结荚，但随着主蔓变细弱而呈无效花序，栽培上此时多采用打顶来防止营养的无为消耗。侧蔓一般有2～5条不等，也可开花结荚，例如美国无蔓豇等。

2. 依品种的熟性分类　常分为早熟种、中熟种与晚熟种。品种的熟性通常依生育期长短来划分，但生育期因不同地区、不同播种期有较大变化。笔者认为按第一花序着生节位来确定熟性，则更为准确。长江流域露地春播，主蔓第4节以下节位有花序、并首先开花结荚的品种称为早熟种，适宜保护地栽培或露地早熟栽培。例如之豇特早30、之豇28-2（《中国蔬菜品种志》中被归为中早熟品种）等。第5～7节上有花序的称为中熟种，一般茎蔓生长势较旺，分叉也多，丰产性较好。例如张塘豇、宁豇系列等。第8节以上有花序、分叉多，又上结荚占产量中较大比例的品种为晚熟种，此类品种多用于夏秋季的晚熟栽培，往往对光周期反应较敏感，需短日照。例如紫秋豇、北京豇等。

此外还有几种分类方法。如李曙轩（1954）根据种子形态、颜色及其他性状将中国豇豆分为：三角豇豆、黑豇豆、红豇豆、黄豇豆、红麻豇豆、白豇豆、黑眼豆、红眼豆、黑花眼豆、红花眼豆等。又如王素（1989）根据荚形、荚色将中国长豇豆分为6个品种群，即绿荚、浅绿荚、绿白荚、花荚、紫荚和盘曲条品种群。此外，也有学者依照对光照的不同反应，将豇豆分为短日照、中日照和长日照3种类型。上述分类从栽培角度讲有一定意义，特别是对育种工作者或引种者在选择种质材料时有实用价值。

中国不同地区由于消费习惯不同对长豇豆荚色各有特殊要求，其市场价格也相差很大。同样对籽粒颜色也有不同要求，黑籽类型品种熟食需即食，否则其汤色易变灰暗，如红咀燕等。因此有不少地区喜食红籽（之豇28-2）、白籽（台湾白籽）等其他籽粒颜色的品种。速冻豇豆加工时，因需进行烫漂，故不宜用黑籽品种。

第四节　长豇豆的形态特征与生物学特性

一、形态特征

1. 根　长豇豆主根明显，入土深达80～100cm，侧根也可达80cm，根系主要分布在15～30cm表层土壤，发达的根系有利于长豇豆耐旱、耐涝。长豇豆根易木栓化，再生能力弱，但胚轴上可产生不定根，栽培上多采用直播。根部具根瘤，由根瘤菌共生形成，根瘤菌有专一性，慢生型长豇豆，在苗期根瘤生长缓慢。邹学校（1989）报道长豇豆固氮酶活性与根瘤重和根瘤数呈正相关，相关系数分别为0.56**与0.39**。根瘤重对固氮能力影响更大，根瘤的大小比根瘤数量更能反映品种的固氮能力。与其他豆类作物相比，长豇豆根系上的根瘤不甚发达，但其固氮能力较强，有报道，长豇豆每公顷固氮量达 75.0～225.0kg，超过蚕豆、豌豆、绿豆和菜豆等。

2. 茎 豇豆的茎主要分为蔓生、半蔓生、矮生 3 种基本类型。菜用长豇豆以蔓生型为主，矮生型、半蔓生型多为短荚豇豆和普通豇豆。在已征集的中国长豇豆种质资源（以下称观察种质资源）中蔓生型占 87.0%。通常茎多圆形，茎面有纵向槽纹，表面粗糙或光滑，其茎蔓以逆时针旋转攀缠，人工辅助缠绕上架时应特别注意其方向性。茎有绿色、紫色或节基带紫红色的绿茎。茎上有节，无卷须，节上着生叶片，基部有两托叶，茎节叶腋间可出生侧芽或花芽。蔓性豇豆最初 3 个节间短缩，节间长约 3～5cm，自第 4 节开始抽伸，第 8 节之后节间大都在 20cm 以上。矮生豇豆主蔓更短缩，第 10 节以下节间在 1.0～5.0cm，当节间长超过 6.0cm 时，茎蔓变细弱，抽伸的花序也多为无效花序。

3. 叶 长豇豆为双子叶植物，发芽时下胚轴延伸，子叶出土，当真叶展开时，子叶随即脱落，幼苗即进入异养阶段。长豇豆第一对真叶为对生单叶，呈近心脏形，顶部钝尖，之后长出的真叶多为 3 片小叶组成的三出复叶（少有五出叶），互生，叶面光滑，叶柄长约 5～25cm，无毛，有凹槽，基部有两片 1～2cm 的小托叶。复叶的小叶基部有菱形小梗，叶片全缘，中心小叶呈矛形，因品种或生长期不同而异，其长宽之比也有所不同，通常为 7～17：5～10，两边小叶略偏心生长。

4. 花 长豇豆花为蝶形花，总状花序，花梗从叶腋中伸出，长 5～50cm 不等，一般长为 20～30cm，品种间有差异，发育健壮的花序易结荚。花朵着生在花梗顶部的花序轴上，左右互生，由于花序轴很短，相邻两花发育速度基本相同，开花几乎同时，又紧邻相对，似对生状态。通常可连续开花 3 对左右，但只有近基部的 1～2 对花能结荚，因豆荚发育中大量消耗了养分，之后的花蕾基本不再发育。在豆荚采收后期，若植株生长良好，原老花序顶部仍会继续生长，花蕾又会逐渐发育成形，约在第 6d 之后，可进行第二次开花结荚，前后两次开花之间约相隔 20～30d；也有些品种则从叶腋间直接抽生或从抽伸的分枝上长出 1 至数条新花序，并开花结荚，构成第二次产量高峰。长豇豆的花朵较大，宽 1.5～2.0cm，其龙骨瓣呈弓形弯曲。雄蕊为（9＋1）二体雄蕊，雌蕊的花柱细长，紧贴龙骨花瓣呈弓形，柱头倾斜，下方生有茸毛，顶部有短喙。花器有蜜腺，能引诱昆虫，故长豇豆虽属自花授粉作物，但仍有 2%～5% 的杂交率。

长豇豆花通常清晨即开，中午前后闭合，期间雌蕊自行授粉，开花后 8～9h 完成受精过程。杂交育种时需取开花前一天的母本花蕾行人工去雄，待第二天开花时选取父本盛开之花朵的花粉授粉杂交。开花当天下午花朵闭合、凋萎，开花次日受精子房伸长，枯萎花瓣脱落。充分发育的豇豆花蕾有淡绿色与绿色两种，蕾色与荚色有关联，例如绿色花蕾品种的豆荚，荚色或荚的底色为绿色，这一性状可作为品种早期鉴定的标志。

长豇豆花色有紫、黄、白等基本色及其中间色，品种间有较大差异。

5. 荚果与种子 长豇豆在开花授粉后即长出果荚，一般每花序同时结 1～2 条豆荚，生长势好的品种，随后还可再结 1～2 条荚。自开花至采收一般需经 9～15d（随温度升高而减少），至豆荚老熟则需 23d 以上。短荚豇豆和普通豇豆的荚型较小，为短圆棍、扁圆棍形，荚稍弯曲，顶端钝圆；而菜用长豇豆的荚形有扁圆、圆条，旋曲、弯圆条等，其中又以圆条荚型为最多，商品性好，约占千余份观察种质资源中的 66.0%。荚横宽×荚纵宽为 0.42～1.1cm×0.4～1.0cm，单荚重从 5.0～31.0g，其中 15.0g 以上的材料约占 1/4。超过 25.0g 的仅占 0.4%。荚的长度和重量与品种有关，它不仅关系到商品质量，也是构成豇豆产量的重要因素。

长豇豆果荚颜色十分丰富，有深绿、绿、浅绿、黄绿、白、紫、红、杂色等，其中深绿、浅绿（包括黄绿）色为栽培品种中的主要荚色，约占千份观察种质资源的 86.0%。各地消费习惯不同，对荚色的要求也有较大差异。

长豇豆果荚中的籽粒一般不超过 24 粒。由于受环境等因素影响（气候与虫咬等），部分籽粒在发育过程中生长停止，平均每荚只有 15 粒，人工杂交的结实率平均只有其 20%～30%。

长豇豆种子无胚乳，形状有圆、短肾、长肾、近椭圆等类型。种皮多光滑，有棕、褐、红、黑、白、土黄、杂花色等，是区分品种的重要指标之一。长豇豆种脐多白色，短荚豇豆多具红脐环或为紫红色。种子千粒重通常为 12～15g，种粒大小与豆荚重无直接关系。

二、对环境条件的要求

1. 温度　长豇豆喜温、耐热。种子发芽的最低温度为 10～12℃，播种时土壤温度应稳定保持在 10℃以上，气温在 15℃以上。最适宜土温为 25～30℃，30～35℃出苗最快，但幼苗（上胚轴）易徒长。植株适宜的生长温度为 20～30℃，气温低于 10℃生长缓慢，几乎停止，5℃以下植株受伤害，遇霜冻，茎叶即因冻伤而干枯死亡。品种间耐低温能力的差异，表现在叶绿素形成与光合作用能力上。有许多品种遇 15℃以下低温会影响幼嫩叶叶绿素的形成，叶片展大时便会出现不同程度的黄化现象，但对叶片的大小无明显影响（可与花叶病毒相区别），严重的黄叶则会导致减产。此类品种不宜进行早熟保护地栽培。极早熟品种往往较耐低温弱光，例如之豇特早 30 等。在 35℃高温下，豇豆仍能生长结荚，但受精不良、荚内籽粒少，甚至出现空籽荚，其商品性与产量也下降。品种间耐热性也有差异。长豇豆从播种至开花有效积温需 1 315.0～1 420.0℃，全生育期则需 2 124.0～2 208.0℃（谢成章，1979）。

2. 光照　长豇豆属于短日照作物，缩短光照可降低花序着生节位，提早开花结荚。在长期的人工选择过程中，长豇豆对光照的适应性形成了两大类型：一类对短光照要求较严，只有在短日照条件下才会开花结荚，在长日照条件下只长茎蔓，近似徒长状态；因此南方地区栽培的部分蔓生晚熟长豇豆品种，在北方长日照地区引种时就要特别注意。另一类品种对光照反应不敏感，多为目前生产上栽培范围较广、种植较多的长豇豆品种。育种工作者在选育品种过程中，通过春、秋两季不同光照条件下反复筛选，育成的品种往往具有中光性，不仅春、秋季能种植，也可在南、北方栽培。但是光照对豇豆的影响依然存在，常可以发现同一品种在不同年份，即使播种时期相近，仍会出现第一花序节位忽高忽低的现象，这与当时的气候条件变化有关，确切原因尚有待进一步研究。

长豇豆喜强光照，充足的光照有利花序的抽伸、果荚的着生与发育。过度的遮阴对长豇豆花序的抽伸与坐荚有明显的不利影响。

3. 水分　长豇豆主根深，根系发达，吸水能力强，而叶面蒸腾又较小，因此比较耐干旱。张小虎（1996）采用株高、单株荚数、籽粒产量3个性状的抗旱指数来比较几种食用豆类的抗旱性，结果表明豇豆抗旱性仅次于绿豆，强于豌豆、菜豆、红小豆，且认为选择上述3性状作为抗旱性鉴定比较准确可靠。研究还表明，不同品种的抗旱能力有差异。杨玲等（1996）应用压力—容积曲线技术进行抗旱性研究，结果表明豇豆的抗旱性是靠叶片较强的渗透调节来维持其膨压，因此比大豆抗旱。

长豇豆不同生育期对水分的要求不同，发芽期需吸收种子重量60％的水分才能发芽，播种后若水分过多、土壤中空气缺乏则极易造成烂种。幼苗生长期间为促使深扎根、防徒长，一般不宜浇水；进入开花结荚期需要充足水分，应保持土壤湿润状态，但过多的水分也会引起徒长，并引发落花落荚和病害的发生。干旱同样会引起植株生长不良、落花落荚或条荚发育不良。长豇豆在年降雨量420～4 100mm的地区，均可选择适宜的品种进行种植。此外，肖春英（1986）等采用解剖学研究豇豆的营养器官，认为豇豆根茎维管束系统发达，茎髓部也发达，且叶片组织疏松，有利空气贮存和运输，从而决定了其耐渍性较强，但品种间是否有差异，尚待进一步研究。

4. 土壤与营养　长豇豆根系发达、根瘤菌固氮能力较强，因此较耐瘠薄土壤。长豇豆能在沙质壤土、壤土，或黏质壤土等土质上生长，其中尤以沙质壤土最佳。适宜的土壤pH值为5.0～7.5，在偏酸性的红黄壤土或偏碱性的海涂围垦土壤中仍能较好地生长，其适应范围较广，但过酸、过碱的土壤不利根瘤菌生长。

长豇豆不宜重茬栽培，重茬会增加病虫害，一般需间隔2～3年。但通过大量施用有机肥，改善土壤中各种养分和微生物平衡，可以减轻重茬栽培的影响。

长豇豆对N、P、K的需要量均较大，由于长豇豆幼苗期根瘤尚未形成或形成少，固氮能力弱，又值花芽分化形成关键时期，故在施足基肥的基础上，于抽蔓前（2～3片三出叶）追施少量氮肥对其此后的生长发育十分重要。长豇豆商品嫩荚由于分次采收，故需持续吸取大量营养，在进入采收期后应陆续追肥2～3次，并宜适当提高P、K的比例，适宜的N、P、K比例为1∶1∶1或1∶2∶1。采收期叶面喷施速效化肥（KH_2PO_4），可防止叶片早衰，有利于坐荚与果荚的发育。

第五节　长豇豆的种质资源

一、概况

豇豆蛋白质含量高，且耐旱、耐热，栽培利用广泛，各国研究者都十分重视其种质资源的征集、评价和研究工作。国际植物遗传资源委员会（IBPGR）、国际热带农业研究所（IITA）、印度的国家遗传资源委员会（NBPGR）、印度尼西亚的Bogor、菲律宾的Los Banos、菲律宾大学及国家植物实验室、美国佐治亚州南方地区植物引种站及密歇根州的豇豆研究计划总部等约15个国家或地区的研究机构对豇豆的种质资源进行了较为系统的研究。中国农业科学院原品种资源研究所、中国农业科学院蔬菜花卉研究所及浙江省农业科学院园艺研究所等研究机构也开展了较为系统的豇豆（包括长豇豆）种质资源研究。

据笔者了解，目前从世界26个国家搜集掌握的豇豆种质资源共有27 530份以上，还有 8 500 余份野生种质资源。设在尼日利亚伊巴丹（Ibadam）的国际热带农业研究所（IITA）保存得最多，其登记的种质资源有 13 270 份，经整理保存的有 11 800 份，另有野生种质资源 200 份（未包括中国的种质资源）。1989 年统计保存豇豆种质资源较多的国家，有美国（4 205 份）、巴西（2 293 份）、印度（1 766 份、野生种质资源 25 份）、菲律宾（1 457 份）、印度尼西亚（3 930 份）。中国曾于 1957、1958 年开展过种质资源征集工作，之后工作停顿。1978 年中国农业科学院品种资源研究所组织各省（区、市）科研单位，开展全国性豇豆种质资源征集与园艺性状鉴定工作，据笔者了解该所至 1990 年共搜集到普通豇豆种质资源 1 920 份（包括国内种质资源 1 851 份）。

至今已搜集、鉴定、保存并进入国家农作物种质资源长期库的长豇豆种质资源共有 1 708 份，其数量位居入库蔬菜种质资源中第五位，仅次于菜豆、萝卜、番茄、辣椒，这足以说明长豇豆种质资源之丰富以及在中国蔬菜种植业中的地位。

二、抗病种质资源

豇豆的主要病害有病毒病（蚜虫传花叶病毒 CABMV、黑眼豇豆花叶病毒 BLCMV、黄瓜花叶病毒 CMV，豇豆花叶病毒 CDMV）、锈病（*Uromyces vignae* Barclay syn. *U. vignae-sinensis* Miura）、煤霉病 [*Pseudocercospora cruenta*（Sacc.）Deighton，异名 *Cercospora vignae* F. et E.]、枯萎病 [*Fusarium oxysporum* Schl. f. sp. *tracheiphlium*（E. F. Smith）Snyd. et Hans] 等。豇豆疫病（*phytophthora vignae* Purss）、炭疽病 [*Colletotrichum truncatum*（Schw.）Andrus & Moore]、白粉病（*Erysiphe polygoni* DC.）、线虫（*Meloidogyne incognita* Chitwool）等也时有发生。病害已成为豇豆高产、稳产的主要影响因子。

国际热带农业研究所（IITA）选育出 IT845‐2246 品系不仅抗豇豆黄化花叶病毒（CYMV）而且抗炭疽病、叶斑病、豇豆蚜虫、象鼻虫、根结线虫等病害，并具有早熟性。还选育出兼抗蚜虫传播的豇豆花叶病毒（CABMV）与豇豆黄化病毒（CYMV）两种病毒的豇豆品种 IT860‐880。塞内加尔农业研究所（ISRA）选育出 Mouride 与 Melakh 对寄生性杂草、象鼻虫、细菌性疫病（*phytophthora vignae* Purss）和豇豆蚜虫传播花叶病毒（CABMV）具有一定的抗性。巴西选育的 BR17 GURgueia 抗黄瓜花叶病毒（CMV）。

曾经严重影响国内长豇豆生产的黑眼豇豆花叶病毒（BLCMV）由于 20 世纪 80 年代初浙江省农业科学院园艺研究所育成高抗此病毒的之豇 28‐2 而控制了病毒病的流行。1993—1995 该所与院病毒研究室对上千份长豇豆种质资源进行了人工接种鉴定，发现 222、353、505、587、593 等 5 份种质材料高抗黑眼豇豆花叶病毒（BLCMV）。

1979—1980 年间中国农业科学院原品种资源研究所对豇豆（籽粒用）种质资源进行了田间鉴定，鉴定结果表现抗病毒的材料有吉林红豇豆、北京花豇豆、河南糙豇豆、吉林豇豆、吉林白豇豆、北京大红豇豆等。

1996—1999 年间浙江省农业科学院园艺研究所与植物保护研究所对上千份长豇豆种质资源进行人工接种鉴定，其中 97、278、279、499、481、571 等 20 份种质材料对锈病表现高抗。曾永三等（2003）研究，益农红仁特长豆角对锈病具免疫功能，金山长豆表现高抗。赵秀锡（1999）的研究指出豇豆的抗锈病性状，苗期人工接种鉴定结果与成株抗病性具有不一致性，应以成株鉴定为主。

1958 年 Purss 发现 California Blackeyes 品种对枯萎病免疫，并经抗枯萎病筛选研究发现猪肠豆和珠燕两品种对枯萎病高抗。印度选育的 Pusa Komal 品种，抗细菌性枯萎病。此后，何希树（1989）研究发现屯溪早白、大青条豇豆对枯萎病高抗。1990 年黄健坤等研究了豇豆对疫病的抗性，结果在参试品种中未发现抗病或免疫的种质材料，仅有抗病 2 号品种抗性稍好，另外他也证实确有一些抗枯萎病的品种（猪肠豆、珠燕等）。

近年，由浙江省农业科学院园艺研究所、植物保护研究所对长豇豆进行煤霉病抗性鉴定，发现郊县秋豆角、连江白根豆等 15 份种质资源具有免疫功能。笔者育成的秋豇 512、秋豇 17 对煤霉病也具有很高的抗性。

三、抗虫种质资源

蚜虫、豆野螟及豆象是目前长豇豆生产上最主要的虫害，造成的损失十分严重。蚜虫是病毒病传播的主要媒介，一般造成减产 5%～10%，较严重时可减产 40%～50%；豆野螟蛀食花及嫩荚，不仅造成减产，而且使被蛀食的豆荚失去商品性；豆象可使干籽重量损失 25%～100%，如在非洲因豆象吞食而损失的豇豆产量估计在 25% 左右。

1975 年，国际热带农业研究所（IITA）筛选出抗豆象品种 TVu2027，之后又选育出 IT81D‐1057 等 7 个抗豆象、优质的品系及多抗的 82D‐716 品系。但尚未见报道长豇豆有抗豆象的品种。据报道，Fery（1979）发现"Ala963·8"为荚壁抗豆象，认为可采用荚粒比来衡量荚壁对豆象的抗性，荚粒比［（荚重－粒重）/粒重］高者则抗性强。此外，20 世纪 70 年代美国专家哈·斯·金特里在墨西哥发现一种原始豆类植物含有一种新蛋白质——阿赛林能阻碍虫体的消化，现已转入到商业品种中。

1976 年印度 Chavi 选出 6 个高抗蚜虫的豇豆品种。1987 年文礼章报道了 Macfor（1984）在肯尼亚发现 TVU‐310、408‐P‐2 两品种具有抗蚜性；1990 年文礼章根据取食量多少筛选出燕带红、珠江白、三尺红、四季青等为蚜虫取食量最少品种。1991 年王晓玲对 500 份豇豆种质资源进行了抗蚜虫鉴定，未发现免疫品种，高抗蚜虫品种仅有 1 0661，抗蚜虫品种有 4 份，并发现蔓性品种对蚜虫的抗性较强，矮生的抗性较差。近年，Jeff 报道了加利福尼亚大学从非洲的豇豆材料中筛选出 IT97K‐556‐6 与 UCR779 两份抗蚜虫的材料，但指出抗虫性有一定的地域性和生化专一性，如在非洲的抗蚜虫种质资源在美国却变成了敏感品种。此外，有研究认为豇豆品种的总酚含量、总类黄酮含量、总糖含量和氨基酸含量等与豇豆的抗蚜性有关。

长豇豆因食用豆荚，在抗虫品种的选育中需要考虑抗虫性与品质的关系。

2005 年 Jeff 报道了 Califomia Blackeye No5、Mississoppi silver、Calossus 等品种具有抗线虫特性，并受 RK 基因控制，国际热带农业研究所（IITA）的 IT844‐2049、IT84S‐2246 抗线虫（*Meloidogyne incognita* 和 *M. Javanica*），具有 RK 显性等位基因控制或与 RK 基因连锁的另一对基因控制。

近年，利用优异的豇豆种质资源综合培育具早熟、农艺性状优良、抗病虫害的豇豆新品种的育种研究受到许多研究单位的重视。如国际热带农业研究所（IITA）选育的

IT84S-2246 不仅早熟，且抗病毒病、炭疽病、叶斑病和蚜虫、豆象、根结线虫等。塞内加尔农业研究所（ISRA）选育的 Mouride 和 Melark 对豇豆 Strega 寄生性杂草、豆象、细菌性疫病、豇豆蚜传花叶病毒具有一定的抗性。肯尼亚选育的 Maechakos 66 与 Katumani80 可适应 1 000～1 600m 高海拔，且有一定抗旱性。美国蔬菜实验室选育的 Bettergro Blackeye 具高抗豆象、高产、优质、开花期与成熟期一致的特点；CB46、CB88 具有抗青枯病和根结线虫病等抗性。美国加利福尼亚大学还选出抗当地生物型蚜虫的品种 TVu8016、TVu8381。国内有浙江省农业科学院培育的长豇豆秋豇 512、秋豇 17 品种抗蚜虫及其传播的豇豆花叶病毒等。

四、抗逆种质资源

豇豆具耐干旱、耐酸碱等抗逆性，其抗旱性次于绿豆，高于豌豆、菜豆、红小豆。但品种间有差异。张小虎（1996）对 429 份长豇豆种质资源进行了抗旱性鉴定，结果有 26 份属高抗，35 份属抗旱品种。

朱志华等（1990）鉴定 785 份豇豆的耐盐性，发现狸豇豆、豇豆、花豇豆、豇小豆、大花豇豆、黑豇豆和红豇豆等 7 份材料发芽期耐盐（1 级），较耐盐的（2 级）有 76 份。而苗期耐盐（1 级）材料未发现，较耐盐（2 级）的仅有白豇豆和爬豆 2 份。同时对耐盐性与其相关性状进行了分析，结果表明与粒色、花色相关系数分别为 0.810 6**、0.724**，即随粒色和花色色泽的加深其耐盐性也随之提高。

当夜温高于 20℃时豇豆花粉发育与授粉会受到影响（Nielsea，1992）。豇豆花芽发育耐热性受一对主效隐性基因控制，结荚耐热性受单显性基因控制（Marto，1992），耐热性较强的种质资源有尼日尔的 TN88-63 和 Vital。

五、优异种质资源

除抗病、抗逆种质资源之外，很多园艺性状如植株生长习性、分枝、初花序（荚）节位、成熟期、节成性、生长势、适应性、叶片的大小及其光合作用功能、豆荚的观感、口感及营养品质（蛋白质、糖、纤维素、维生素等）和籽粒的品质等与生产有密切关联，筛选不同园农艺性状的优异种质资源对于长豇豆育种和生产具有重要价值。

1. 矮蔓种质资源 矮生长豇豆可不搭架，既省架材又省人工，适宜进行简易保护地栽培。但综合性状较好的矮生长豇豆种质资源较少，近年引进的美国无蔓豇虽具有结荚前植株直立、豆荚长 35～40cm、嫩荚品质尚可等优点，但晚熟、对病毒病抗性差、产量低。国际热带农业研究所（IITA）育成的 IT81D-1228-13、-14、-15 三个矮蔓型品种，鲜荚产量达到 15～18t/hm²。美国从印度育成的 750 系中选出的 750-1、750-2 两个抗细菌性斑点病的矮蔓型品种，鲜荚产量可达 25～28t/hm²。

2. 极早熟种质资源 对千余份中国长豇豆种质资源进行鉴定与评价的结果，发现国家农作物种质资源库入库编号 7E579、635、639 和湘白皮等几份极早熟种质。这些种质都具有第一花序节位低、抽申早的特点，从而为植株早结果、多抽生花序创造了条件。但早熟品种易早衰，且产量不一定高，故在育种时还必须考虑兼顾其他优良性状。

3. 长荚型种质资源 在上述鉴定中，入库编号为 7E72、535 和张 28 三份种质荚长超过 70cm。种质资源中有百粒重超过 19.0g 的大粒种，但大都豆荚较短，不适宜作鲜食的长豇豆栽培。

4. 营养品质优异的种质资源　在上述鉴定的 542 份种质资源中，嫩荚蛋白质含量超过 4.0% 的高蛋白质品种有国家农作物种质资源库入库编号 7E184、377、569－2、801、913、1012 等 6 份；可溶性糖含量超过 3.0% 的有 7E165、1657、1662 以及之豇 28－2 等 4 份。粗纤维含量低于 0.70% 的有入库编号 7E66、353、444、827、847、1050、1057 等 7 份。

第六节　长豇豆种质资源研究利用与创新

一、豇豆的染色体及其核型研究

何凤仙等（1986）对鳝鱼骨长豇豆品种进行核型研究，绘制了核型模式图，证实长豇豆染色体数为 2n=22，分类属 1B 核型，即对称性核型（表 28－1）。

表 28-1　长豇豆（鳝鱼骨）染色体长度、臂比和类型

染色体编号	染色体实际长度（μm） 全长=长臂+短臂	相对长度 （%）	臂比值	类型
1	2.76=1.61+1.15	13.57	1.40	m*
2	2.37=1.46+0.91	11.65	1.60	m*
3	2.18=1.27+0.91	10.71	1.40	m
4	2.04=1.23+0.81	10.02	1.52	m
5	1.88=1.15+0.73	9.24	1.58	m
6	1.73=1.02+0.71	8.50	1.44	m
7	1.66=0.99+0.67	8.16	1.48	m
8	1.58=0.94+0.65	7.81	1.45	m
9	1.48=0.85+0.63	7.27	1.35	m
10	1.43=0.84+0.59	7.03	1.42	m
11	1.23=0.76+0.47	6.04	1.62	m

注：总长度为 20.35μm；＊为随体染色体，随体计入染色体臂长和全长。

郑素秋（1987）在观察豆科蔬菜染色体带型中，认为豇豆属 2B 型。他们所观察到的染色体长度、臂比值、核型上都有差异，可能与取材或观察时机不同有关。据《中国主要经济植物基因组染色体图谱》（2003）介绍，长豇豆染色体数 2n=2x=22，核型分类为 2A（表 28－2）。

表 28-2　长豇豆（绿荚豇豆）染色体相对长度、臂比和类型

序号	相对长度% (S+L=T)			相对长度 系数	着丝粒指数 %	臂　比	类　型
1	6.267	7.005	13.272	1.460	47.222	1.125	m
2	4.793	5.530	10.323	1.135	46.360	1.161	m
3	4.240	6.083	10.323	1.135	41.071	1.439	m
4	4.055	5.899	9.954	1.095	40.797	1.455	m
5	3.871	4.240	8.111	0.892	47.723	1.095	m

（续）

序号	相对长度% (S+L=T)			相对长度 系数	着丝粒指数 %	臂 比	类 型
6	4.240	4.608	8.848	0.973	47.913	1.087	m
7	4.055	4.332	8.387	0.923	48.357	1.068	m
8	3.687	3.871	7.558	0.831	48.810	1.050	m
9	3.687	3.779	7.465	0.821	49.390	1.025	m
10	2.304	4.977	7.281	0.801	31.373	2.200	sm
11	4.055	4.424	8.479	0.933	47.801	1.093	m

注：染色体数目：$2n=2x=22$；最长染色体/最短染色体：1.8；核型公式：$20m+2sm$；臂比>2 的染色体的比例%：0.09；核型分类：2A；核型不对称系数：54.75；臂指数：44；染色体相对长度组成：$2L+6M_2+14M_1$。

朴铁夫（1995）对短豇豆细胞染色体做过观察，其染色体同样为 $2n=2x=22$，属对称核型，与长豇豆相似，均为中部着丝点。上述研究进一步证实了长豇豆的细胞染色体组成，其染色体数为 $2n=2x=22$，短豇豆具有同样的染色体数，故可与长豇豆相互授粉、并结实。

二、同工酶技术在豇豆生长发育研究、种质亲缘关系分析和抗性鉴定中的应用

同工酶技术作为一种分析手段已广泛应用于农作物起源、分类、亲缘关系等分析、鉴定和遗传育种、生长发育、抗性、生理等研究领域。对用于豇豆作物的研究国外报道较多，国内则较少，运用的范围也较窄。彭永康（1994）的研究表明同工酶谱带减少与对长豇豆幼苗低温伤害呈明显相关性，可用于检测幼苗受寒害的程度。这是否可以用于鉴定种质材料或品种的抗寒能力的强弱，需要进一步研究证实。高平平等（1997）、陈禅友等（1999）利用同工酶的活性来研究豆类种子的活力。何生根等（2002）则研究豇豆种子萌发过程中 PAO 的变化。刘厚诚（1997）用同工酶活性来研究氮、钾营养对豇豆产量、品质的影响。何生根（2001）虽研究表明多铵氧化酶（PAO）的活性下降与豇豆叶片衰老相关，但是否可用于鉴定种质资源的早衰或晚衰仍需要进一步探索。

刘厚诚等（2003）研究对缺磷敏感程度不同的长豇豆品种的叶片和根系 SOD（超氧化物歧化酶）、CAT（过氧化氢酶）、POD（过氧化物酶）活性及 MDA（丙二醛）含量在缺磷情况下的变化，结果表明对缺磷不敏感的品种的全展嫩叶的抗氧化酶活性升高或升幅较大，而对缺磷敏感的品种这些抗氧化酶的活性则下降或升幅较小。缺磷情况下两类品种根系的 SOD 和 POD 活性均升高，并按品种敏感度升高而上升的幅度增加。

张渭章等（1999）首次利用豇豆抗煤霉病的品系 QR 和其感病的等位基因 QS 为材料，研究抗病性与 POD、PAL、SOD 三种酶活性的关系，在接种煤霉病菌后 24h 和 72h（POD 则在 24h 和 96h）出现两个活性反应高峰，第一个活性高峰感病品种比抗病品种高，第二个活性高峰则抗病品种高于感病品种。

曾永三等（2003）报道了豇豆抗锈病与几丁质酶和-1，3 葡聚糖酶活性的关系。抗病品种几丁质酶比活性的变化率出现高峰早，感病品种高峰出现迟；免疫和高抗品种的-1，3 葡聚糖酶比活性呈上升趋势，中抗和感病品种的酶比活性呈下降趋势。他们（2003）还

研究了品种的抗锈病性与苯丙氨酸解氨酶（PAL）、过氧化氢酶（CAT）比活性有密切关系，PAL（苯丙氨酸解氨酶）的比活性与品种抗性呈正相关，CAT 的比活性则为免疫、抗性品种降低，感病品种上升。

胡志辉等（2002）研究几个长豇豆品种种苗胚的过氧化氢酶（CAT）、-淀粉酶（-AMY）的同工酶酶谱，检出 12 个酶带和 7 个多样性位点，认为可以用电泳法进行品种鉴定，但有一定的局限性。

上述研究对品种选育或栽培措施的应用有一定参考价值。

三、分子标记技术在豇豆种质亲缘关系分析、连锁图谱构建和性状分子标记中的应用

近年许多研究者采用 AFLP、RAPD 技术研究豇豆的遗传变异、亲缘关系及构建其遗传图谱等。

Li 等（2001）利用微卫星分子标记来区分 90 份来源相同、形态学差异很大的栽培豇豆品种的遗传相似性，并据此建立了这些栽培种的系统发生树，大致反应了其亲缘关系的远近。

Coulibaly 等（2002）对 117 个豇豆种（包括栽培种、一年生野生种和多年生野生种）的遗传变异和遗传关系进行了 AFLP 分析，发现豇豆一年生野生种比栽培种具有更大的遗传变异，两者之间存在着相当的基因流。由于发现东非野生豇豆的多样性高于西非，故推测东非可能是野生豇豆的起源地。与此同时，还进一步通过 AFLP 技术证实豇豆栽培种起源于北非，而不可能是东非和西非。

Nkongolo 等（2003）根据 RAPD 共有条带的多少来决定不同地方品种间的亲缘关系，并构建了系统发育树。分子标记分析表明地区和类型内部的差异可以解释豇豆遗传变异的 96%，且在不同的豇豆群体之间存在着相当的基因流。

Tosti 等（2002）采用 RAPD、AFLP 和 SAMPL 技术来研究豇豆不同地方品种的遗传多态性以及特定区域不同地方品种之间的变异水平，结果表明，SAMPL、AFLP 的效率和灵敏度比 RAPD 技术好，并发现不同地方品种之间的遗传相似性很低，因此建议各地方品种应在原栽培地进行种质保存。

Ouedraogo 等（2001）采用 AFLP 和 BSA 技术找到 9 个和豇豆抗 Striga gesnerioides（一种寄生性杂草）性状紧密连锁的分子标记，且确定其中两个分子标记位于豇豆遗传图谱的 LG1 上。2002 年，Ouedraogo 等进一步利用 AFLP 技术找到 12 个和豇豆抗 Striga gesnerioides 生理小种 1 基因紧密连锁的分子标记，并且确定连锁最紧密的 3 个分子标记位于 LG6 上，其抗性基因以等位基因的形式存在。

Ubi 等（2000）利用 RAPD 技术构建了豇豆的遗传图谱，此图谱包括 80 个分子标记，覆盖了 669.8cM 图距，分为 12 个连锁群，标记间平均图距为 9.9cM。并且将和豇豆一些数量性状（开花期、成熟期、荚长、叶长、叶宽等）连锁的分子标记在此图谱上进行了定位。Kelly 等（2003）在 Ubi 等人的基础上构建了更为完整的豇豆遗传图谱，共有 11 个连锁群，400 个分子标记覆盖了 2 670cM 的图距。此外 Kelly 等还将与抗虫、抗病、种子大小和颜色、荚色等相关的一些基因在遗传图谱中进行了定位。

　　Ouedraogo 等（2002）采用 AFLP 技术，结合前人找到的 AFLP、RFLP、RAPD 和生化标记，构建了较为完善的豇豆遗传图谱。此图谱由 11 个连锁群组成，共 421 个标记，覆盖了 2 670cM 图距，分子标记间的平均图距为 6.43cM。此外，对与豇豆抗逆性状、抗性基因（如抗 Striga gesnerioides 生理小种 1 和 3、CPMV、CPSMV、B1CMV、SBMV、青枯病、根结线虫等）连锁的分子标记在图谱上进行了定位，为今后的豇豆分子标记辅助育种和抗性的基因克隆打下了基础。

四、豇豆的原生质体培养与遗传转化研究

　　范惠琴等（1992）首次报道了长豇豆原生质体培养研究，先从无菌培养的豇豆实生苗取下胚轴经诱导培养，再经多次继代培养、分离（游离）获纯化的原生质体，再在改良培养基上培养 48h 后开始第一次分裂，通过逐步降低渗透压，再培养 6～7 周后获得多细胞团和小愈伤组织，但是在之后转移到 11 种不同激素配比的培养基中培养，虽有不同程度的生长，但均未获得再生植株。

　　李学宝（1993）利用未成熟子叶分离原生质，经原生质体培养形成小愈伤组织再经多次更换培养基和继代培养，最终获得具有真叶的小植株。

　　李学宝等（1994）继续开展了豇豆原生质体遗传转化的研究。他们采用豇豆下胚轴为材料，研究了农杆菌介导和 PEG 介导的外源 DNA 转移到豇豆细胞的条件，认为融合培养基（FM）的 pH 值、Ca^{2+} 浓度、质粒 DNA 浓度及启动子类型对 PEG 转化影响较大，还研究了其他影响转化的因素，最终获得了外源基因稳定表达的转化愈伤组织，但尚未见获得转基因豇豆成株的报道。

　　林栖凤等（1997）利用转基因（红树基因）技术培育耐盐的豇豆，仅获得变异的愈伤组织。

五、豇豆种质资源创新

　　20 世纪 70 年代末，长豇豆花叶病毒病广泛发生，许多省份出现严重减产甚至绝产的局面。80 年代初，浙江省农业科学院应用两个不抗黑眼豇豆花叶病毒病（BLCMV）的亲本（红咀燕及杭州青皮豇）育成之豇 28-2 新品种，以其苗期高抗黑眼豇豆花叶病毒病（BLCMV）、早熟、丰产、适应性广、品质佳而被全国各地广泛引种种植，大大地缓解了夏秋蔬菜淡季的供应。直至今日，该品种仍为全国主栽品种之一。

　　继之豇 28-2 之后，又利用另外两个不抗病毒病的亲本（红咀燕和紫血豇）育成了秋豇 512、秋豇 17 两个对黑眼豇豆花叶病毒病（BLCMV）免疫（邱敬萍，1994），兼抗煤霉病（林美琛，1995），其他园艺性状也较优良的秋季专用型长豇豆优异新品种。此后又育成了紫秋豇 6 号，同时将秋豇 512、紫秋豇 6 号这两个品种的抗性陆续转育到其他材料中，并育成了一批兼抗黑眼豇豆花叶病毒病（BLCMV）、煤霉病及锈病的蔓生长豇豆新材料。另外还育成了兼抗多种病害、园艺性状优良的矮蔓长豇豆新品种之豇矮蔓 1 号。

（汪雁峰　汪宝根）

主要参考文献

龙静宜等.1989.食用豆类作物.北京：科技出版社

王佩芝等.1986.豇豆类型及研究概况.世界农业.（4）：40～42

郑卓杰.1997.中国食用豆类学.北京.中国农业出版社

崇绪晓.2002.食用豆类高产栽培与食品加工.北京：中国农业科技出版社

中国农学会遗传资源学会主编.1994.中国作物遗传资源.北京：中国农业出版社

王素.1989.豇豆的起源分类与遗传资源.中国蔬菜.（6）：49～52

谢文华等.1989.长豇豆根瘤生长特性及共生固氮关系.园艺学报（4）：286～292

Omueti，谢崇贵（译）.1987.菜用豇豆成熟荚的生化成分及其特性.园艺学文摘.（5）：38

黄敏通等.1995.长豇豆种子采收期、后熟期与发芽率的关系.长江蔬菜.（2）：36～37

李跃华.2000.长豇豆留种田采收适期研究.北方园艺.（2）：3～4

叶自新.1989.豆类蔬菜的光周期反应及其应用.中国蔬菜.（2）：47～50

戚春章.1995.蔬菜种质资源研究论文集（1986—1995）.北京：中国农业科学院蔬菜花卉研究所

汪雁峰等.1997.千份豇豆种质资源十大农艺性状的鉴定与分析.中国蔬菜.（2）：15～18

王素.1986.豇豆产量组成性状的遗传和通经分析.中国蔬菜.（3）：15～17

陈禅友等.1993.豇豆经济性状与产量的灰色关联度分析.长江蔬菜.（6）：29～30

张渭章等.1994.长豇豆资源的遗传距离估测和聚类分析.园艺学报.（2）：180～184

叶志彪等.1987.豇豆数量性状的遗传及相关研究.园艺学报.（4）：257～264

汪雁峰等.1993.长豇豆荚色的遗传及其与花蕾瓣和籽粒色泽的关系.中国蔬菜.（3）：22～24

张衍荣等.1997.长豇豆锈病抗性遗传研究.中国蔬菜.（6）：10～12

郭景荣等.1986.南京地区豇豆蚜传花叶病毒的鉴定.豆科植物病毒论文集

张渭章等.1992.豇豆重要性状的遗传及育种.中国蔬菜.（1）：50～53

刘厚城等.2003.缺磷胁迫下长豇豆幼苗膜脂过氧化及保护酶活性的变化.园艺学报.（2）：215～217

余舰斌等.1997.豇豆品种资源对黑眼豇豆病毒抗性鉴定初探.浙江农业科学.（3）：133～134

王汉荣、张渭章等.2000.豇豆品种（系）对豇豆锈病的抗性鉴定及评价研究.中国农学通报.（20）：
　　33～34

赵秀娟等.1999.长豇豆锈病苗期抗性鉴定及抗原筛选初报.广东农业科学.（6）：28～32

黄健坤.1990.豇豆苗期对疫病抗性鉴定方法研究初报.中国蔬菜.（3）：15～17

林美琛.1995.长豇豆品种对豇豆煤霉病抗性鉴定研究.作物品种资源.（4）：36～37

朱志华等.1990.蚕豆和豇豆品种耐盐性鉴定初报.作物品种资源.（4）：29～30

文礼章.1987.国外豆蚜研究概述.植物保护.（4）：47～49

文礼章等.1990.豆蚜在不同豇豆品种上的相对取舍量研究.植物保护学报.（1）：41～45

郑素秋.1987.豆科蔬菜染色体带型组织型的研究.长江蔬菜.（3）：7～9

高荣歧等.1992.长豇豆胚和胚乳的发育和营养物质积累.植物学报.（4）：271～277

何生根等.2002.豇豆种子萌发过程中多胺氧化酶活性的变化及其影响因素.园艺学报.（2）：153～157

何生根.2001.豇豆叶片衰老过程中多胺氧化酶活性的变化.植物生理学通讯.（5）：403～406

商宏俐.1992.豇豆组织培养繁殖研究.中国蔬菜.（1）：8～10

李学宝.1993. 豇豆原生质培养中体细胞胚胎发生和植株再生. 植物学报.（8）：632～636

邱敬萍等.1994. 豇豆品种（系）对黑眼豇豆花叶病毒的抗性. 长江蔬菜.（1）：31～32

Fery，R. L. In singh，S. R. and Rachie. K. O.（Ed.）.1985. Cowpea research，Production and utilization. 25～62

Fery R. L. and Dukes，P. D..1977. Hortscience. 12：454～456

MakC.，and Yap T. C..1980. Theor. Appl. Genet. 56：233～239

Patel P. N..1982. Phytopathol. 72：460～462

Patel R. N. and Hall A. E..1986. Crop Sci..26：207

Taiwo M. A. et al..1981. Inheritance of resistance to blackeye cowpea mosaic virus in vigna unguiculta. J. Hered. 72：433～434

Woolly J. N..1976. Mathods and preliminary results. Trop. Grain Legum Bull. 4：13～14

Gillaspie A. G. Jr，Mitchell S. E.，Stuart G. W. et al..1999. RT-PCR method for detecting cowpea mottle carom virus in Vigna germ plasm. Plant Disease. 83：639～643

Li C. D.，Fatokun C.，A.，，Ubi B. et al..2001. Determining genetic similarities and relationships among cowpea breeding lines and cultivars by microsatellite markers. Crop Science. 41：189～197

Ouedraogo J. T.，Maheshwari V/，Berner D. K. et al..2001. Identification of AFLP markers linked to resistance of cowpea（*Vigna unguiculata* L.）to parasitism by Striga gesnerioides. Theoretical and Applied Genetics. 102：1029～1036

Ouedraogo J. T.，Tignegre J. B.，Timko M. P. et al..2002. AFLP markers linked to resistance against Striga gesnerioides race 1 in cowpea（*Vigna unguiculata*）. Genome. 45：787～793

Pasquet R. S..1999. Genetic relationships among subspecies of *Vigna unguiculata*（L.）Walp. based on allozyme variation. Theoretical and Applied Genetics. 98：1104～1119

Coulibaly S.，Pasquet R. S.，Papa R. et al..2002. AFLP analysis of the phenetic organization and genetic diversity of *Vigna unguiculata* L. Walp. reveals extensive gene flow between wild and domesticated types. Theoretical and Applied Genetics. 104：358～366

Ubi B. E.，Mignouna H.，Thottappilly G..2000. Construction of a genetic linkage map and QTL analysis using a recombinant inbred population derived from an intersubspecific cross of cowpea［*Vigna unguiculata*（L.）Walp.］. Breeding Science. 50：161～172

Kelly J. D.，Gepts P.，Miklas P. N.，Coyne D. P..2003. Tagging and mapping of genes and QTL and molecular marker-assisted selection for traits of economic importance in bean and cowpea. Field Crops Research. 82：135～154

Ouedraogo J. T.，Gowda B. S.，Jean M. et al..2002. An improved genetic linkage map for cowpea（*Vigna unguiculata* L.）Combining AFLP，RFLP，RAPD，biochemical markers，and biological resistance traits. Genome. 45：175～188

Nkongolo K. K..2003. Genetic characterization of Malawian cowpea［*Vigna unguiculata*（L.）Walp］landraces：diversity and gene flow among accessions. Euphytica. 129：219～228

Tosti N.，Negri V..2002. Efficiency of three PCR-based markers in assessing genetic variation among cowpea（*Vigna unguiculata* subsp *unguiculata*）landraces. Genome. 45：268～275

Van Le Bui，Cruz de Carvalho，Maria H. et al..2002. Direct whole plant regeneration of cowpea［*Vigna unguiculata*（L.）Walp］from cotyledonary node thin cell layer explants. Journal of Plant Physiology. 159：1255～1258

第二十九章

姜

第一节　概　　述

姜（*Zingiber officinale* Rosc.）古称薑，别名生姜、黄姜，为姜科（Zingiberaceae）姜属（*Zingiber*）能形成地下肉质根茎的栽培种，为多年生草本植物，多作一年生栽培，其食用器官为肉质根茎。染色体 2n＝2x＝22。

姜营养丰富，据中国疾病预防控制中心营养与食品安全所（《中国食物成分表》，2002）分析，每 100g 鲜姜含碳水化合物 10.3g、脂肪 0.6g、蛋白质 1.3g、粗纤维 2.7g、胡萝卜素 0.17mg、硫胺素 0.02mg、核黄素 0.03mg、尼克酸 0.8mg、抗坏血酸 4mg、钙 27mg、磷 25mg，钾 295 mg，铁 1.4mg。这些都是维持人体健康必不可少的养分。

姜具有芳香浓郁的辛辣风味，是人们所喜食的重要调味佐料和蔬菜，也是药用和工业加工原料。姜的辣味成分为姜辣素，即姜酚（$C_{17}H_{26}O_4$）、姜烯酚（$C_{17}H_{24}O_{13}$）、姜酮（$C_{11}H_{14}O_3$），姜酚和姜烯酚为油状液体，姜酮是一种结晶。姜的挥发油成分是姜醇、姜烯、水芹烯、莰烯、姜烯酮、龙脑、柠檬醛、树脂等。由于姜具有特殊的辛辣味，有除腥、去膻、去臭之功效，因而为烹调必备之调料。姜亦可加工制成姜干、姜粉、姜汁、糖姜片、姜油、姜酒、姜醋、酱渍姜等多种食品。随着国民经济和对外贸易的发展，姜不仅限于国内销售，其加工产品还大量出口日本、美国及东南亚一些国家和地区，在国际市场上享有盛誉。

姜性温、味辛，入肺、脾二经，而干姜则可入心、肺、脾、胃四经，有解毒、散寒、温胃、发汗、止呕、止咳、祛风等功能，是医药上良好的健胃、祛寒和发汗剂。由此可见，姜是集蔬菜、调味品、食品加工原料和药用为一体的多用途蔬菜作物。

随着国民经济的发展，中国各地姜的种植面积迅速扩大，据各地最近粗略统计（2005），目前全国姜的栽培面积已达 20 多万 hm^2，仅山东省种植面积就达到了 4.0 万 hm^2。目前，姜的生产正逐步向规模化发展，并形成了许多重要的产区，如山东省的莱芜市、安徽的铜陵市等都是非常著名的商品姜生产基地，其产品远销国内外。同时，因姜具有易栽培、产量较高、用途多、效益好等特点，发展姜的生产已成为农民致富的重要途径。

目前姜广泛种植在世界热带、亚热带地区，中国和印度是姜的主要产地，其产品具有较浓的芳香味，辛辣味稍淡。除此之外，巴西、牙买加、尼日利亚也有较大的种植面积，但肉质根茎的辣味较中国的浓，芳香味稍淡，质量高的多用于出口。

目前中国种植的姜多为地方品种，由于姜的繁殖器官为肉质根状茎，难于保存，致使姜的种质资源研究也比较薄弱。据笔者（2004）初步统计，中国大约有地方品种 40 余个，最近已在全国各地征集到 30 余份，并对其进行了植物学特征、适应性等方面的初步调查；印度约有地方品种 50 余个；其他地区姜的种质资源尚未见报道。

第二节　姜的起源、传播与分布

一、姜的起源

据目前的研究，姜的起源有以下三种学说或推论。

（一）东南亚起源说

苏联著名农学家和遗传学家瓦维洛夫（Н. И. Вавилов）于 20 世纪 20 年代提出的"作物起源中心学说"，将姜的起源归入印度—马来亚中心，包括印度、缅甸、马来半岛、爪哇、加里曼丹及菲律宾等整个东南亚地区，Burkill（1935）认为，印度与马来半岛等地可能是姜的原产地。

（二）中国云贵及西部高原地区起源说

李璠（1984）在其所著的《中国栽培植物发展史》一书中指出：地理上的原因对于栽培植物起源中心的影响是不可忽视的。在古时候，中国西南部高原有茂盛的原始森林和广阔的草原，可以相信中国西部广大高原可能是中国栽培植物的故乡。同时，在植物学论据方面李璠提出在中国南方山区分布有一种所谓球姜，在西藏亚热带（东部）林区也分布有姜科的野生植物，似姜而辛辣味较淡，全株可以食用，它很可能就是栽培姜的野生原始种。因此认为，姜的原产地应在云贵高原和中国西部广大高原地区。

（三）中国长江流域、黄河流域起源说

中国科学院华南植物研究所吴德邻（1985）研究认为，姜的起源地可能是中国古代的黄河和长江流域之间的地区，主要论据是：①从历史资料考证，《论语·乡党篇》（公元前 5—前 4 世纪）中有"食不厌精，脍不厌细，……不撤姜食，不多食。"，《管子·地员篇》（公元前 5—前 3 世纪）中有"群药安生，姜与桔梗、小辛、大蒙"的记载，表明在春秋战国时代姜就常供食用和药用了。而文献史料表明，春秋战国以前，中国与印度、印度尼西亚等均无交往，不可能由这些国家输入。②从文物考证，在湖北江陵楚墓曾出土过外形完整的姜；湖南长沙马王堆 1 号汉墓出土物中有姜，其文物的历史都在张骞出使西域之前，也在中国与印度交往之前。③从语源学考证，Tackholm（1956）认为 Zingiber 这个字极有可能是波斯商人将中国话"姜"（居音切）加上本民族的土话"bil"而成的。

另外，印度学者 Mary Conley（1999）也认为姜起源于东南亚或中国的东南部地区。

据上述分析以及印度等国家的观点，姜的起源范围应在亚洲的热带及亚热带地区，很有可能起源于中国南方的长江流域和云贵高原。

二、姜在中国的栽培历史

中国自古栽培姜，从湖北江陵战国墓葬和湖南长沙马王堆汉墓葬（西汉初期）中发现完整的出土姜块，表明从战国时代已用姜作为陪葬品。西汉司马迁著《史记·货殖传》（公元前 1 世纪前期）有"千畦姜韭，其人与千户侯等"、"江南出姜桂"、"蜀亦沃野，地饶姜"等记载，表明姜当时已有较高的经济价值。西汉《别录》说"姜生犍为（四川）山谷及荆州、扬州"。上述的发现和记载还表明，早在公元前 1 世纪以前，姜已有较大面积的种植，其栽培史至少已有 2 500 年以上。

北方栽培姜的历史较晚。据考证，明代时各府州县地方志中仅有少数物产卷中有姜的记载。清代北方的姜栽培已相当普遍，如乾隆年间安徽霍山县、山东兖州府宁阳县等所需姜主要贩自南方，道光末年有人开始引种试种，到了光绪年间，所生产的姜产品不仅可以自给，而且可以供应邻近各县。山东省《莱芜县志》（1922）记载，清朝宣统年间已把姜作为课税对象，可见当时姜的栽培已相当普遍。姜的种植自南方向北方发展与其本身的经济价值有关，说明种姜不但可以满足人民生活的需要，还可获得较多的经济效益。

三、姜的传播与分布

公元 1 世纪，亚洲在与其他洲的交往中，通过贸易把姜带到地中海地区，传入欧洲。公元 11 世纪，英格兰人对姜就已经很熟悉了。西班牙人征服西印度群岛和墨西哥以后，由西班牙人把姜带到牙买加并在那里发展起来。

姜传入日本的年代不清。近年来，日本对姜需求量逐年增加，其产品主要从中国山东等地输入。

姜主要分布在亚洲和非洲的热带、亚热带地区，以中国、印度、日本、牙买加、尼日利亚、塞拉利昂等为主要产姜国家，而欧美栽培较少。中国除东北、西北寒冷地区以外，几乎全国各地都有种植，但南方以广东、四川、浙江、安徽、湖南等省种植较多，北方则以山东省种植面积最大。

第三节　姜的分类

一、植物学分类

目前，世界上姜科（Zingiberaceae）植物约有 52 属，1 377 种，主要分布于热带、亚热带地区，印度和马来西亚所拥有的种类尤为丰富。热带亚洲有 46 属，约 1 300 种。中国的姜科植物有 22 属，209 种，主要分布于南方，特别是云南资源更为丰富。其中姜属（Zingiber）植物约有 50 余种，中国栽培的主要有姜（Z. officinale Rosc.）和襄荷

［*Z. mioga*（Thunb.）Rosc.］，通常作蔬食、调味、加工及药用。姜属中的另一些种如珊瑚姜（*Z. corallinum*）、红姜球（*Z. zerumbet*）、梭穗姜（*Z. laoticum*）以及其他属如姜花属（*Hedychium*）中的一些种，则多作为花卉用于观赏，近年在日本和东南亚一带发展很快。此外山姜属（*Alpinia*）的一些种则多作为草药用于民间的保健和医疗。

二、栽培学分类

（一）按生物学特性分类

根据姜植物学特征及生长习性，可将其分为疏苗型和密苗型两种。

1. 疏苗型　植株高大，生长势强，株高 80～90cm，高者可达 100cm 以上。叶片大而厚，叶色深绿，茎秆粗壮，分枝数较少，通常每株可具 8～12 枚，排列较稀疏。根茎姜球数目少，但较肥大，多呈单层排列，姜球上节数少，节间较稀，根茎外形美观，商品质量优良，丰产性好，产量高，其代表品种如广东疏轮大肉姜、山东莱芜大姜、滕州大姜等。

2. 密苗型　植株生长势较强，株高 65～80cm。叶翠绿色，叶片稍薄，分枝性强，分枝数多，排列紧密，每株分枝 10～15 枚，生长旺盛时可达 20 枚以上。根茎姜球数较多，但姜球较小，节数多，节间短，姜球多呈双层或多层排列，根茎品质好，产量较高。其代表品种如山东莱芜片姜、广东密轮细肉姜、浙江临平红爪姜、江西兴国姜、陕西城固黄姜等。

（二）按产品用途分类

按照姜的根茎或植株的用途可分为食用药用型、食用加工型和观赏型 3 种。

1. 食用、药用型　中国栽培的姜绝大多数为食、药兼用型品种，其中多数品种以食用（包括蔬食和调味）为主，兼供药用。属于这一类型的姜品种有：莱芜大姜、莱芜片姜、安丘大姜、临平红爪姜、铜陵白姜、兴国姜、抚州姜、枣阳姜、长沙红爪姜、台湾黄姜等。少数品种以药用为主，兼供食用，如湖南黄心姜、湖南鸡爪姜等。

2. 食用、加工型　这类品种一般以嫩姜鲜食，老姜作调料。除蔬食以外，还可以加工，其中尤以腌制、糖渍和酱渍品较多。作为加工原料要求根茎色泽较淡，纤维少，肉质细嫩，含水量较高、质脆、辛香味浓、辣味淡。适于加工用的品种主要有广州大肉姜、浙江红爪姜、来凤姜、福建竹姜、遵义大白姜等。采用适于嫩姜加工的品种，加工后其产品色香味俱佳，品质好。如采用一般食用型姜，通过提前采收幼嫩根茎亦可加工制成糖姜片及酱姜等食品，但其产品质量稍差。

3. 观赏型　这一类型主要以叶片上的美丽斑纹、花朵的颜色和形态以及花的芳香或植株的优美姿态供人们欣赏。属于姜科、姜属的观赏姜有珊瑚姜（*Z. corallinum*）、红姜球（*Z. zerumbet*）、梭穗姜（*Z. laoticum*）以及莱舍姜（别名纹叶姜）、花姜（别名球姜或姜花）、斑叶茗姜、壮姜、恒春姜、河口姜等。主要分布在中国台湾省及东南亚一些地区。此外，姜科中还有许多其他属的极具观赏价值的姜。这些观赏型姜均为多年生、具芳香的草本植物，主要分布于热带。

第四节　姜的形态特征与生物学特性

一、形态特征

姜植株直立，开展度较小，具多次分枝，其形态特征如图 29-1 所示。

（一）根

包括纤维根和肉质根两种。姜播种后先从幼芽基部发生数条纤细的不定根，称为纤维根或称初生根。出苗后根长约 5～7cm 时，先端有少量根毛，20d 后长至 10～15cm 时，根毛已较前发达。此后，随着幼苗的生长，纤维根数逐渐增多，并在其上发生许多细小的侧根，形成姜的主要吸收根系。当植株进入旺盛生长期后，此时，在姜母和子姜的下部节上，还可发生若干条肉质不定根，其形状短而粗，乳白色，长 10～25cm，粗约 0.5cm，其上一般不发生侧根，根毛也少，具有吸收和支持功能，可食用。

姜为浅根性作物，根系分枝少、不甚发达，大部分根分布在土壤 30cm 以内的耕层中，只有少量的根可伸入土壤下层，因此，吸收水肥能力较弱，对肥水条件要求比较严格。

图 29-1　姜的植株形态
（引自张振贤等，2005）

（二）茎

姜的茎包括地上茎和地下茎。

1. 地上茎　由根茎节上的芽发育而成。芽的外部形态为近似卵圆形的鳞芽，上细下粗，外面为几层肉质鳞片所包，鳞片淡黄色并有光泽，具保护作用，可防寒和防止水分散失等。芽的中央是幼嫩的茎尖，旁边的突起物是叶原基。随着芽的生长形成幼茎，并逐渐伸长，形成茎枝。地上茎直立，茎外为叶鞘所包被。茎端被包在顶部嫩叶鞘中，呈不裸露状态。

姜的苗期以主茎生长为主。立秋前后，约有 3～4 枚幼嫩分枝，俗称"三股杈"，之后进入发棵期便开始大量发生分枝，在生长旺盛时，每 5～6d 便可增加一枚分枝。此后，气温逐渐降低，生长中心随之转移到根茎，发生的分枝也便逐渐减少。姜分枝的多少因品种特性和栽培条件而异，在同样的栽培条件下，疏苗型品种分枝数较少，茎粗壮；密苗型品种则分枝性强，分枝数较多。对同一品种来说，在土质肥沃、肥水充足、管理精细的条件下分枝较多；相反，在土质瘠薄、缺水少肥、管理粗放的条件下，则分枝数少。

2. 根茎 姜的地下茎为根状茎，既是食用器官，又是繁殖器官。其形态为不规则掌状，由若干个长卵圆形的姜球组成，初姜球称作姜母，一般姜球较小，其上约具有 7～10 节，节间短而密。次姜球较大，节间较稀。

姜播种后，在适宜的环境条件下，姜块上的腋芽便可萌发抽生新苗，首先发生的姜苗称主茎，随着主茎的生长，其基部逐渐膨大，形成初姜球，称为"姜母"，姜母两侧的腋芽可继续萌发并长出 2～4 个姜苗，即为一次分枝，随着一次分枝的生长，其基部渐渐膨大，形成一次姜球，称为"子姜"。子姜上的腋芽，可再发生新苗，即为二次分枝，其基部也可再膨大生长，形成二次姜球，称为"孙姜"，在条件适宜时可继续发生第三、第四次姜球……直至收获。北方霜期到来较早，生长期较短，一般可发生 3～4 次姜球，最后萌发的嫩芽，往往由于天气已经变冷而未能长出分枝，就直接积累养分而膨大成为姜球，俗称为"闷芽子"，"闷芽子"在产量构成中也起一定作用。南方霜期到来较晚，生长期较长，一般可发生 4～5 次姜球。如此便形成了一个由姜母和多次发生的姜球组成的完整根茎。由于姜球是由主茎和各个分枝的基部膨大而形成的，因此，在正常情况下，根茎产量与分枝数呈显著正相关关系，即分枝越多，姜球数越多，姜块越大，产量也越高。

不同品种其根状茎的颜色有明显的区别，这也是品种重要特征的表现，一般根状茎的颜色有金黄色、黄色、淡黄色、米黄色、微红色、黄白色和乳白色等颜色。鲜姜和老姜的颜色也不尽相同，如黄色根状茎其刚收获的鲜姜呈鲜黄或淡黄色，姜球上部的鳞片及地上茎基部的鳞叶多呈淡红色，但经贮藏以后，根茎表皮老化，则变为土黄色。

（三）叶

叶为单叶，互生，在茎上排成两列，披针形，扁平，叶背主脉稍微隆起。叶片绿色或深绿色，具有横出平行脉，但与主脉成一定角度。其功能叶一般长 20～28cm、宽 2～3cm。叶片下部为绿色叶鞘，狭长而抱茎，起支持和保护作用，并具有一定的光合能力。叶鞘与叶片相连处有一膜状突出物，即叶舌，叶舌的内侧是出叶孔，新生叶片皆从出叶孔抽生出来，新叶较细小，捲成圆筒形，叶色较淡，随着幼叶的生长，叶色逐渐变绿，叶片也逐渐展平。

（四）花

作为蔬菜栽培的生姜通常不开花，只有在特殊年份才偶尔出现花蕾（图 29 - 2），一般认为，在温度、光照适宜条件下，生长期较易出现花蕾，所以南方的花蕾出现几率较北方为高。如南亚地区偶尔会出现花蕾、继而开花，其花序穗状，花茎直立，高约 20～30cm，花穗长 5～7.5cm，由叠生苞片组成，苞片边缘黄色，每个苞片都包着一个单

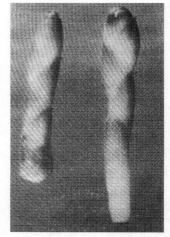

图 29 - 2　姜的花蕾
（引自赵德婉等，1996）

生的绿色或紫色小花，花瓣紫色或红色，有雄蕊6枚，雌蕊1枚。

在马来西亚、日本九州只有在生长发育特别好的情况下，才能有极少数植株出现花蕾，但因当时温度已开始下降，故也不能开花。在塑料大棚里虽然能够开花，但很少结实。中国于北纬25°以北地区栽培姜时一般不开花。可近年在浙江南部温暖地区偶尔也有开花的。个别年份，在山东等地大面积姜田里，有时也可见到极少数花蕾或姜花。

二、生物学特性

（一）生育周期

姜为无性繁殖作物，其繁殖器官为根茎。根茎无自然休眠期，收获之后遇到适宜的环境条件便可发芽。其生育周期可以分为发芽期，幼苗期，旺盛生长期前期、后期和根茎休眠（指强迫休眠）期5个时期（图29-3）。

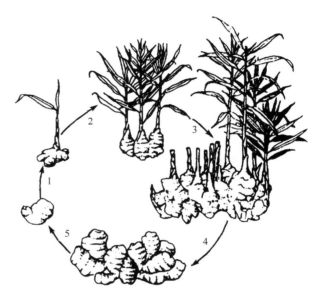

图29-3　姜生育周期示意图
1.发芽期　2.幼苗期　3～4.旺盛生长期　5.休眠期
（引自赵德婉，1996）

1. 发芽期　从种姜幼芽萌动到第一片姜叶展开为发芽期，约需40～50d。发芽期主要养分依靠种姜供给，苗高8～12cm时，第一片姜叶便开始展开，此后姜苗开始进行光合作用制造养分，标志发芽期结束。发芽期幼苗生长量虽然很小，却是为后期植株生长打基础的重要时期，因此，在栽培上必须注意精选姜种，培育壮芽，加强发芽期的管理，为其创造适宜的发芽条件，保证顺利出苗，并使苗全苗旺。

2. 幼苗期　从第一片叶展开到具有两个较大的侧枝，与主枝形成"三股杈"时是幼苗期结束的标志，约需65～75d。幼苗期以主茎生长和发根为主，生长速度较慢，生长量仍然较小，该期生长量约占全期总生长量的7.83%，在栽培管理上前期应着重提高地温，促进发根，清除杂草，进行遮荫，培育好壮苗，后期应降低地温、保证水分供应。

3. 旺盛生长前期和后期　从"三股杈"直到收获，为旺盛生长期，约需70～75d。这一时期生长速度加快，形成大量枝、叶，地下部根茎迅速膨大。此期按其生长中心的变化又可分为两段，第一段为旺盛生长前期，或称发棵期，以茎叶生长为主；第二段为旺盛生长后期，此时生长中心已转移到根茎，叶片制造的养分，主要输送到根茎中积累起来，因此，此时是产品器官形成的主要时期，应促进养分制造、运输和积累，结合浇水和追肥进行培土，为根茎快速膨大创造有利的条件。

4. 根茎休眠期　一般在低温或初霜到来时，姜便进入强迫休眠期，须及时收获贮藏。在贮藏过程中，温度需保持13℃左右，并需保持较高的湿度。

（二）对环境条件的要求

1. 温度　姜喜温暖，不耐寒冷和霜冻，也不耐炎热。不同生长时期对温度的要求也不尽相同。发芽适温为 22～25℃。幼苗期和发棵期生长的适宜温度为 25～30℃。温度超过 35℃或低于 17℃，则光合作用降低。根茎旺盛生长期，要求保持一定的昼夜温差，昼夜温度在 25℃/18℃左右，有利于养分积累和根茎生长。当温度降至 15℃以下时植株便停止生长。贮藏适宜温度为 13℃。

2. 光照　过去认为，姜耐阴而不耐强光。笔者最近研究（1999）表明，姜具有喜光而耐阴的特性。饱和光强为 44 000～49 500lx。光补偿点为 1 500lx。与其他多种蔬菜相比，其光补偿点较低，说明姜具有较耐阴的特性。在大田密植的情况下，群体光合作用所需求的光强度比单叶明显高，为了使群体中、下层也能得到较好的光照，自然光强在 60 500～71 500lx 范围时，对群体生长比较有利。姜对日照长短的要求不甚严格，一般较长的日照有利于提高产量，如果缩短日照时间则将在一定程度上降低产量，李曙轩（1964）的研究也证实了这一点。

3. 水分　姜为浅根性作物，既不耐旱，也不耐涝。在南方，雨水较多，排水不及时，常会造成土壤积水，影响姜根系发育，所以如遇连续阴雨天气，应及时清沟排水。不同生育时期需水量有所不同，幼苗期需水量虽小，但苗期正处在高温干旱季节，土壤蒸发量大，应及时补充水分。进入旺盛生长期后，生长速度加快，需要较多的水分，应足量供水。姜在产品器官形成期土壤相对含水量以 80％为最好。

4. 土壤与营养　姜对土壤的适应性较广，对土壤质地的要求不甚严格，不论在沙壤土、轻壤土、中壤土或者重壤土上都能正常生长。但以土层深厚、土质松软、有机质丰富、通气而排水良好的壤土最为适宜。

姜分枝数多，叶面积指数大（6～9），生长期长，所以需肥量较大。但因姜根系不发达，吸肥能力较弱，故对养分要求比较严格。据研究，姜形成 1 000kg 产品所吸肥量较马铃薯、黄瓜、茄子等都多，属于需肥量较多的作物。姜在不同生长时期对矿质营养的吸收量有所不同。幼苗期吸收量少，该期对氮、磷、钾的吸收量占全期总吸收量的 12.25％；旺盛生长时期对氮、磷、钾的吸收量，占全期总吸收量的 87.75％，约为幼苗期的 7 倍左右。从吸收强度来看，幼苗期每株每天吸收氮、磷、钾量不足 15mg；盛长前期（发棵期）吸收强度最大，平均每株每天吸收氮磷钾量达 55.5mg；旺盛生长后期（根茎膨大期），也是姜产量形成的关键时期，吸收强度仍然保持较高水平，每株每天吸收氮、磷、钾 29～35mg。由此可以看出，进入旺盛生长期后，加强肥水管理，防止植株脱肥早衰，对姜增产具有重要意义。姜要求营养全面，除需要大量的氮、磷、钾、钙、镁等元素外，还需要锌、硼等多种微量元素，如果缺少某种元素，不仅会影响植株的生长和产量，而且会影响根茎的营养品质。

第五节　姜的种质资源

中国自古栽培姜，种质资源比较丰富，地方品种颇多，通常多以地名或根茎的颜色或姜芽的颜色取名。这些地方品种都是在当地的自然条件下，经过人们长期的选择、驯化和培育而成，一般均具有较强的适应性和良好的丰产性，有的还具有独特的品质。

一、优异种质资源

（一）食用、药用型

属于这一类型的生姜主要供食用和药用，部分也可以进行加工，一般具有肉质细嫩、辛香味浓、品质优良、耐贮耐运和丰产性好等特点。主要优异种质资源如下：

1. 莱芜片姜　莱芜市地方品种，为山东省名产蔬菜之一。近年来，华北各省、市均相继引种试种。该品种植株生长势较强，株高 70～80cm，高者可达 100cm 以上，叶披针形，功能叶长 18～22cm，宽 2～2.5cm，叶色翠绿，分枝性强，一般每株具有 10～15 枚分枝，多者可达 20 枚以上，属密苗类型。根茎黄皮黄肉，姜球数多且排列紧密，节间较短。姜球上部鳞片呈淡红色，姜球为黄色。根茎肉质细嫩，辛香味浓，品质优良，耐贮耐运，丰产性好。单株根茎重 300～400g，重者可达 1 000g 左右。

该品种对栽培条件较敏感，如气候适宜、肥水充足、管理精细，则发生分枝多，根茎各次姜球也多，常成双层或多层排列，姜块肥大，称为"马蹄姜"。如在土壤瘠薄、管理粗放的条件下，则植株分枝少，地下部姜球亦少，多呈单层排列，姜块较瘦小，称为"扇面姜"。当地 5 月上旬播种，10 月中、下旬收获，生长期约为 150d。产量 30 000kg/hm² 左右，高产田可达 52 500kg/ hm² 以上。

2. 莱芜大姜　莱芜市地方品种，为山东省著名特产。莱芜市及附近各县、市普遍种植，目前，国内南北各地也在引种试种，栽培面积逐渐扩大。该品种植株高大，生长势强，株高 75～90cm，叶片大而肥厚，叶长 20～25cm，宽 2.2～3cm，叶色深绿，茎秆粗壮，分枝较少，一般每株具 8～12 枚分枝，多者可达 15 枚以上，属疏苗类型。根茎姜球数较少，但姜球肥大，节少而稀，多为单层排列，生长旺盛时亦成双层或多层排列，根茎外形美观，姜球色泽为黄色、鲜亮，辛香味浓，商品质量好，丰产性好。一般单株根茎重 400～450g，在保护栽培条件下，单株根茎重可达 1 000g 以上，产量 30 000～37 500kg/ hm²，高产田可达 52 500～60 000kg/ hm²，设施栽培可达 75 000kg/ hm² 以上。近年来，由于该品种出口销路好，颇受群众欢迎，种植面积不断扩大。

3. 陕西城固黄姜　陕西省城固县地方品种，栽培历史悠久，现主要分布在城固县滑水两岸，产品主销西安、宝鸡等大、中城市。该品种株高 70～80cm，每株分枝约 12～15 枚，最多可达 30 枚以上。叶宽披针形，深绿色，长约 25cm，宽 3.0cm。根茎肥大，外皮光滑，鲜姜黄皮黄肉，姜球顶部鳞片呈粉红色，老姜表皮黄褐色。纤维细，姜汁稠，水分少，味辛辣，品质好，一般单株根茎重 300～400g，最大可达 900g，产量 30 000kg/ hm²，高产田可达 37 500～45 000kg/ hm²。

4. 江西抚州姜　为江西省临川及东乡县地方品种，现抚州地区各县均有栽培。该品种植株直立，株高约 70cm，茎圆形，叶片青绿色，长 20cm 左右，宽 2.5cm。根茎表皮光滑，淡黄色，肉黄白色，嫩芽浅紫红色，纤维较多，辛辣味强。早熟，生长期 150d 左右，该品种性喜阴湿温暖，不耐寒冷与酷热。当地 4 月下旬播种，9 月下旬至 10 月下旬采收，单株重 400g 左右，产量 27 000～30 000kg/ hm²。

5. 广州密轮细肉姜　广东省广州市地方品种，主要分布在广州北郊、从化一带。株高 60～80cm，叶披针形，青绿色，叶长 15～20cm，宽 2～2.5cm，分枝力强，分枝较多，姜球较小，呈双层排列。根茎皮、肉皆为淡黄色，肉质致密，纤维较多，辛辣味稍浓，一般单株根茎重 700～1 500g，间作产量 12 000～15 000kg/ hm²。该品种生长期 150～180d，抗旱和抗病力较强，喜阴凉，适于间作，忌土壤过湿。当地 2～3 月播种，7～8 月收获嫩姜，10 月以后收老姜。

6. 黄爪姜　浙江省余杭县临平地方品种，栽培历史悠久。该品种植株茎秆稍细，株高 60～65cm，开展度 40～50cm，每株分枝 13～17 枚，叶深绿色，长 22～24cm，宽 2.8～3cm。根茎中等大小，姜球较小，节间较短，排列紧密。姜皮淡黄色，芽不带红色，故名黄爪姜。根茎肉质致密，辛辣味较浓，植株抗病性较强，唯产量稍低，单株根茎重 250～400g。当地 4 月下旬播种，6 月下旬收挖种姜（姜母），8 月初收获嫩姜，11 月上旬收获老姜，产量 15 000～18 000kg/ hm²。

7. 江西兴国九山姜　江西省兴国县地方品种，是江西名特产蔬菜之一，为兴国县留龙乡九山村古老的地方品种，现全县均有种植。该品种株高 70～90cm，分枝较多，茎粗 1.2cm，茎秆基部稍带紫色并具特殊香味。叶披针形，绿色，叶长 25cm，宽 3cm。花似蘘荷，有不整齐花被，雄蕊 6 枚，雌蕊 1 枚，但极少开花。根茎肥大，姜球呈双行排列，皮浅黄色，肉黄白色，嫩芽淡紫红色，纤维少，质地脆嫩，辛辣味中等，品质优良，耐贮运。当地 4 月上、中旬播种，6 月初收取种姜（姜母），10～12 月采收鲜姜。对立冬前收获的姜，当地习惯称为"子姜"，立冬后收获的姜称"冬姜"，入窖贮藏后称"窖姜"，窖藏 2 年以上则称"陈年老姜"。子姜和冬姜主要作蔬菜及调味品用，窖姜和陈年老姜除食用外，主要作药用。以九山姜为原料加工制作的酱菜、五味姜、甘姜、白糖姜片、脱水姜片、香辣粉等食品，深受消费者欢迎。

8. 张良姜　为河南省鲁山县张良镇地方品种。植株生长势强，根茎芳香、味浓而持久，纤维细，含水量少，耐贮耐运，产量较高，一般产量 37 500kg/ hm² 左右，相传汉代曾列为贡品。

9. 湖南黄心姜　主要分布在湖南省新邵县。该品种株型紧凑，分枝力较强。根茎皮、肉皆为淡黄色或黄白色，肉质细密，含水量较少，辛辣味强，单株根茎重 1 000g 左右。适应性一般。适于制干姜或作药用。

10. 湖南鸡爪姜　主要分布在湖南省郴州和耒阳县等地。该品种植株较矮，分枝多，根系较发达。因根茎形似鸡爪，故名鸡爪姜，单个姜球似竹根，节间短而密，含水量少，肉质致密，辛辣味轻，耐贮藏，抗病性强。单株根茎较小，不甚肥大，产量不高，主要作药用。

（二）食用、加工型

属于这一类型的生姜既可食用、又可加工，一般具有纤维素少、质地细嫩、品质优良、产量较高等特点。主要优异种质资源有：

1. 疏轮大肉姜　广东省地方品种，在当地普遍栽培，多进行间作套种。植株长势较强，株高 80～85cm，分枝力强，叶深绿色，分枝较少，茎秆粗 1.2～1.5cm。根茎淡黄色、较细，肉黄白色，嫩芽为粉红色，姜球呈单层排列，纤维较少，质地细嫩，辛味不烈，外形美观，品质优良。适于作调味品及糖渍之用，加工的糖姜是广东的出口特产。产量较高，单株根茎重 1 000～2 000g，但抗病性稍差。当地 2～3 月种植，7～8 月采收嫩姜，10 月至次年 2 月均可收获老姜。其根茎可在田间越冬。

2. 红爪姜（别名大杆黄）　为浙江省嘉兴市新丰及余杭县临平和小林一带地方品种，当地普遍栽培。植株生长势强，株高 65～80cm，开展度 45～55cm。叶披针形，互生，浓绿色，长 22～25cm，宽约 3cm。植株分枝力强，每株分枝 22～26 枚，茎粗 1cm 左右。根茎肥大，姜球数多，根茎宽 23～28cm，高 10～13cm，节间稍长，皮黄色，肉质蜡黄，芽带红色，故名红爪。根茎纤维少，辛辣味稍浓，品质优良。嫩姜可腌渍或糖渍，老姜可作调味香料。单株根茎重 400～500g，重者可达 1 000g 以上。产量 18 000～22 500 kg/hm²，高产者可达 30 000kg/hm²。喜温暖湿润，不耐寒冷干旱，抗病性稍弱，当地 4 月下旬至 5 月上旬播种，11 月上、中旬收获。为提早上市或进行加工，也可于 8 月上旬收获嫩姜。

3. 安徽铜陵白姜　安徽省地方品种，当地著名特产。该品种植株生长势强，株高 70～90cm，高者达 100cm 以上。叶窄披针形，深绿色，姜块肥大，鲜姜呈乳白色至淡黄色，嫩芽粉红色，外形美观，纤维少，肉质细嫩，辛香味浓，辣味适中，品质优，适于腌渍和糖渍。当地 4 月下旬至 5 月上旬种植播种，10 月下旬收获。单株根茎重 300～500g，产量 22 500～37 500kg/hm²。

4. 安徽舒城姜　安徽省舒城县地方品种，栽培历史悠久，据舒城县志记载，唐朝即有栽培。植株生长势强，株高约 80cm，茎粗，分枝 10～12 个，茎枝丛生角度小。叶披针形，长约 20cm，宽约 2.5cm，深绿色。根茎肥大，表面光滑，宽约 3.2cm，高约 5.5cm，皮肉均黄色，嫩芽粉红色，单株根茎重 400～500g，产量 22 500～30 000kg/hm²。产品肉质松脆，辣香味浓，纤维少，品质佳，可广泛用于调味品，适宜加工。该种生长期长，有较强的适应性，表现较耐热、耐旱，但不耐涝。当地立夏前后播种，10 月下旬收获。

5. 江西黄老门姜　江西省九江县黄老门乡地方品种，栽培历史悠久。该品种植株直立，株高 80cm 左右，分枝较多，茎粗 1cm 左右。叶披针形，深绿色，长 25cm，宽 2～3cm。根茎姜球排列较紧密，但不甚规则，皮薄，淡黄色，肉黄白色，嫩芽淡紫红色，质地较细，纤维少，辛香味浓，辣味稍强，品质好，耐贮藏。当地 4 月下旬至 5 月上旬播种，10 月中、下旬收获，产量 22 500～30 000kg/hm²。

6. 遵义大白姜　贵州省遵义市及湄潭一带地方品种。根茎肥大，表皮光滑，姜皮、姜肉皆为黄白色，富含水分，纤维少，质地脆嫩，辛味淡，品质优良，嫩姜宜炒食或加工糖渍。单株根茎重 350～400g，大者可达 500g 以上，产量 22 500～30 000kg/hm²。

7. 来凤姜　湖北省来凤县地方品种，又称凤头姜，栽培历史悠久，主要分布在鄂西自治州的来凤、恩施等县市。植株较矮、叶披针形，绿色。根茎黄白色，嫩芽处鳞片为紫红色，姜块表面光滑，肉质脆细，纤维少，辛辣味较浓，香味清纯，含水量较高，品质良好，适于蜜饯加工，但不耐贮藏。中晚熟，当地 4 月下旬至 5 月上旬播种，10 月下旬至

11 月初收获，产量 22 500～30 000kg/hm²。

8. 枣阳姜 湖北省枣阳县地方品种。根茎鲜黄色，姜球呈不规则排列，辛辣味较浓，品质良好，可作调料，亦可作腌渍原料。单株根茎重 300～400g，大者可达 500g 左右，产量 37 500～45 000kg/hm²。该品种畏强光，生长期间需搭荫障，当地 4 月上旬催芽，5 月上旬播种，10 月下旬收获。

9. 玉林圆肉姜 广西自治区地方品种，全区各地均有栽植，尤以玉林地区各县栽培较多。植株较矮，株高 50～60cm，分枝较多，茎粗 1cm，叶青绿色，长 20～25cm，宽 3.0～3.5cm。根茎皮淡黄色，肉黄白色，芽紫红色，肉质细嫩，辛香味浓，辣味较淡，品质佳，较早熟，不耐湿，较抗旱，抗病能力较强，耐贮、耐运。当地 2 月中、下旬播种，8 月中旬以后开始收获嫩姜，9～10 月收获。生长期 180～230d，产量较高，单根茎株重 500～800g，最重可达 2kg 以上。

10. 福建红芽姜 该品种主要分布于福建省。植株生长势强，分枝较多。根茎皮淡黄色，肉质蜡黄色、芽淡红色，叶鞘基部鳞片亦为淡红色，根茎纤维少，质地嫩，风味良好。单株根茎重 500g 左右。

11. 四川竹根姜 四川省地方品种，主要分布在川东一带，川西南亦有种植。植株高 70～80cm，叶披针形，绿色。根茎为不规则掌状，表皮浅黄色，嫩芽及姜球顶部鳞片呈紫红色，肉质脆嫩，纤维少，品质优，适宜作软化栽培，即进行嫩姜栽培。不耐旱、不耐涝、抗病性较强，产量较高，单株根茎重 250～500g，产量 37 500kg/hm² 左右。

12. 绵阳姜 四川省绵阳市地方品种。植株较高大，株高 75～100cm，分枝性强。叶披针形，长 27cm 左右，宽 3.0～3.5cm，绿色。根茎为不规则掌状，淡黄色，纤维少，质地脆嫩，品质优良。单株根茎重 500g 左右。当地 4 月上旬播种，8 月下旬至 11 月收获，生长期 130～190d。产量 30 000～37 500kg/hm²。

13. 台湾姜 台湾省的宜兰、南投、云林、嘉义、台南、高雄、台东、花莲等县、市都有栽培，其中宜兰、南投等地以生产嫩姜较多，台东、嘉义、云林和花莲等地则以栽培老姜为主。主要栽培品种有生番姜（南洋姜）、竹姜、粉姜、水姜、黄姜等。

此外，还有四川省的泸州白姜、成都二黄姜，浙江省永康县的五指岩姜，辽宁省的丹东白姜等也都具有植株生长势强，高产优质等特点。

二、姜的近缘植物

姜的近缘植物主要是姜属的其他植物，其中有以花苞和叶为产品的种类，如姜属的襄荷［*Zingiber mioga*（Thunb.）Rosc.］；有以叶片上美丽斑纹、花朵颜色、花的芳香或植株优美姿态供观赏的种类如珊瑚姜（*Zingiber corallinum*）、红姜球（*Z. zerumbet*）、梭穗姜（*Z. laoticum*）等。这些供观赏的近缘植物主要分布在我国台湾省及东南亚一些地区。此外，还有莱舍姜（别名纹叶姜）、花姜（别名球姜或姜花）、斑叶茗姜、壮姜、恒春姜、河口姜等。

（一）襄荷

属姜科、姜属、多年生草本植物，多作为蔬菜或观赏植物零星栽培，染色体数 6n＝

72。有黄花和白花两个类型。黄花类型食用嫩芽、嫩茎和花穗，味芳香微甘，可凉拌或炒食，也可以酱、盐渍。白花类型根茎、花序均可入药。原产中国，在中国南方不少省份的山谷阴湿处有野生种存在，江苏省栽培较多。

襄荷根为须根系，株高 60～100cm，叶互生，长椭圆形，先端尖，叶面光滑，叶背无毛。叶长 30～35cm，宽约 10cm。地下茎匍匐生长，其上抽生肉质根，并发生大量须根，部分肉质根顶端肥大成小球状。从地下茎节上抽紫红色嫩芽，见光后渐成绿色，叶鞘紫色，紧裹嫩芽，叶鞘散开后茎叶生长，花轴伸出，花密集成穗状，花蕾称襄荷子，由紫红色的鳞片包被。花有大小 3 瓣，淡黄色。蒴果，倒卵圆形，成熟时 3 裂，果皮鲜红色。种子圆球形，黑色。生长适温 20～25℃。适宜的光照为约 28 000lx。适合中性或微酸性土壤。襄荷虽能开花结实，但种子发芽率低，生长缓慢。一般多采用地下茎分割繁殖，当年只有少量产品收获。第二、三年产量较高，之后地下茎错杂重叠，生长势渐弱，应适时进行更新。

（二）珊瑚姜

姜科、姜属、多年生草本植物。茎秆直立，株高 150～180cm，叶披针形，从根茎中抽生穗状花序，直立棒状，整个花序 40～50cm，由革质卵形，呈覆瓦状排列的苞片所覆盖。花期 7～8 月，果期 9～12 月，从花期到果期苞片由暗红变为火红色，整个花期持续近半年，一丛植株可抽花序 8～14 枚，似丛丛火红的珊瑚，极具观赏价值，是极好的园林布置材料和插花配材。

此外，姜属中供观赏的种类还有红姜球（Z. zerumbet）、梭穗姜（Z. laoticum）、黄斑姜（Z. flavo）、阳荷（Z. striolatum，花初开淡红色，后变为淡紫红色）、紫色姜（Z. purpureum）等。

第六节　姜种质资源研究与创新

一、脱毒培养和离体快繁

姜为无性繁殖作物，在历年的生产过程中未曾经过有性的世代交替。其繁殖特性给姜的品种改良和更新换代带来了困难。生产上使用的品种其生活力、抗性、产量和品质有逐渐下降的趋势。据研究，病毒病侵染是姜生活力下降的主要原因，通过对病叶的生物学和血清学鉴定，侵染姜的病毒为黄瓜花叶病毒（CMV）和烟草花叶病毒（TMV）。在姜的主要产区，病毒病较重，造成植株叶片出现系统花叶、褪绿、皱缩等。据检测，姜叶片的平均带毒率为 21.1%～36.2%，最高可达 42.5%。由于病毒长期在体内积累，随着繁殖代数的增多，病原物的数量越来越多，植株受害越来越重，使姜的优良性状退化，生长减弱，导致大幅度减产和品质下降，抗逆性降低，并导致姜瘟病［Pseudomonas solanacearum（Smith）Smith］日趋严重和大面积流行。因此，进行姜的脱毒培养和快繁技术研究，对于改善姜的生长状况、增加产量、改善品质、提高抗病和抗逆性具有重要的意义。

（一）姜茎尖脱毒培养和离体快繁现状

1977 年 Hosoki 和 Sagawa 首次报道了姜组织培养的研究结果，在基本培养基中，接种的姜初生芽既不生根，也不长芽，用附加 1mg/L 的 BA 的 MS 培养基对姜初生芽（由种姜长出的芽）培养 2～3 个月，每个初生芽平均出芽 5.6 个，在含有 1mg/L 的 BA（6-苄基氨基嘌呤）的培养基中继代培养，则可产生更多的不定芽；而附加 1mg/L BA ＋ 1mg/L NAA（萘乙酸），芽发生得很少，根系十分发达。MS 培养基＋ 2mg/L KT 适合初生芽的增殖培养，每个外植体培养 4 周后可增殖 7.7 个芽；在继代培养中，MS＋2％蔗糖＋2mg/L KT（激动素）＋2mg/L NAA 或 2mg/L IBA（吲哚丁酸）有利于芽的生长，4 周后每个外植体产生 6.3～7.0 个芽，MS＋2％蔗糖＋3mg/L BA＋0.5mg/L NAA 或 MS＋2％蔗糖＋1mg/L KT ＋ 1mg/L NAA 适于根的生长（Sharma and Singh，1997）。

种姜在 MS（＋0.8％琼脂）上发芽，长至 10～15mm 时，切取带 2 个叶原基（0.1～0.2mm）的分生组织，培养 4 周后芽的数量将增加 16 倍，并且再生苗在表型和生产力上无明显变异（Bhagyalakshmi and Singh，1988）；利用茎尖培养得到小块茎，在室温下放置沙床 2 个月后，80％小块茎能生根发芽（Sharma and Singh，1995）。据 Inden 等（1988）报道，姜茎尖培养快繁体系，一年能产生 750 万株以上的植株。

近年来，中国姜器官（茎尖、叶片、根状茎等）离体培养和脱毒快繁研究逐渐受到重视。山东省莱芜市农业科学研究所、中国农业大学、中国农业科学院蔬菜花卉研究所、中国药科大学生物技术实验室等单位利用根状茎尖和叶片进行脱毒快繁技术研究，并将有关组培快繁技术应用于生产，起到了增产增收的作用。

国内姜组织培养大都是通过茎尖培养，首先诱导愈伤组织，然后诱导芽的分化，最后生根成苗。程序复杂。在国内的相关研究中，芽的诱导率一般较低，而且不同的研究者的研究结果不尽相同（初代培养出芽 1～4 个/初生芽，继代培养出芽 2～12 个/继代芽）。现有的关于姜组织培养的研究主要是基于 MS 培养基的 BA、NAA、KT、IBA 和 pp333 的浓度的调整（徐燕等，2002；郭启高，1999；唐玉明，2002；宣朴 2004；周逊等，2004）。

（二）茎尖脱毒技术

病毒侵入植株体内，随着输导组织运输到植株的各个部位，使植株全身带毒，但各部位的带毒数量明显不同，一般生长点部位带毒很少或不带毒，因此，利用茎尖离体培养方法可成功地培养出脱毒苗。

茎尖脱毒培养的主要技术环节包括，将处理好的姜块置于花盆内，用 50％的多菌灵 800 倍液浸泡处理，然后置于 25℃左右的温度下进行培养，当芽长到 1～2cm 时取 1cm 的茎尖用 0.1％ $HgCl_2$ 灭菌 7min 后，用无菌水冲洗 3～5 次，然后将灭菌的芽段在解剖镜下剥离茎尖，并用目镜测微尺测量其大小，当茎尖剥离只剩下 1～2 个叶原基时迅速切取 0.1～0.3mm 的茎尖接种到预先配制好的培养基上，每瓶接种 1 个外植体。培养基宜选用 MS，在 25℃和相对湿度（RH）85％的条件下进行脱毒培养，培养出的幼苗最高脱毒率可达到 92％。由于其脱毒效果非常好，故此项技术在生产已广泛应用，并取得了良好的效果。

姜脱毒后，在植物学特征、生理特性等方面都发生了明显变化，具体表现在，脱毒姜分枝、发苗级数增加，分枝数增加 15%，姜球数也相应增加。营养生长健壮，茎粗、株高、生物学产量和经济产量都明显增加。蒸腾速率、光合速率、叶绿素均有不同程度的增加。特别是产量，较对照增加约 50%。抗病性也有大幅度提高，发病率明显下降，甚至不得病。

（三）脱毒种姜的良繁体系

1. 脱毒姜种的保存　主要有常温保存和低温保存。常温保存通常在组织培养条件下，温度保持在 26℃ 左右，每天 12h 的光照，光照强度 3 800～4 400lx，基本培养基为 MS，通过添加生长抑制物质高效唑［（E）- （对-氯苯基）- 2 - （1，2，4 -三唑-1 -基）- 4，4 -1 -戊烯-3 醇］，控制外植体的生长，延长继代培养时间。低温保存是指在 8～16℃，光照1 650lx 左右的条件下保存试管苗，2～6 个月后，试管苗成活率仍在 85% 以上，保存效果较好。

2. 脱毒苗繁育技术体系　脱毒姜苗繁育的技术体系包括从脱毒试管苗至各级各代脱毒种的生产方法、程序、条件、检测及管理，基本同一般的组织培养程序。

二、氧化酶（VDE）的分子克隆

姜在其系统发育过程中形成了喜光而耐阴的特性，但姜的苗期由于根系发育不良，光照强时生长常受到不利的影响，对此姜也形成了自身的保护机制，如具有叶黄素循环、保护酶，如超氧化物歧化酶（superoxide dismutase，SOD）、过氧化物（peroxidase，POD）、过氧氢酶（catalase，CAT）、谷胱甘肽还原酶（glutathione reductase，GR），叶绿素荧光发射等，其中叶黄素循环是排散过多光能的主要形式。叶黄素循环组分包括紫黄质（violaxanthin，V）、花药黄质（antheraxanthin，A）和玉米黄质（zeaxanthin，Z）。当光能过剩时，姜将吸收的过剩光能以热能的形式排散掉，其主要原理是，在强光下由于紫黄质脱环氧化酶（violaxanthin de-epoxidase，VDE）的作用 V 脱环氧形成 A，再进一步脱环氧形成 Z，即 V→A→Z，将过剩光能转变成热能耗散掉。当没有过剩光能时，即在弱光或暗处 Z 受玉米黄质环氧化酶（zeaxanthin epoxidase，ZE）作用发生环氧化反应转变成 A，再进一步环氧化形成 V，即 Z→A→V。因此 VDE 在防御光强对光合机构的破坏中起重要的作用。VDE 活性受 pH、抗坏血酸（AsA）、温度等影响，其中 AsA 作为VDE 酶的底物之一，对 VDE 活性有一定的影响。

为了进一步研究姜适应强光的分子机制，黄金丽，张振贤（2005）利用 RT - PCR 和5′，3′ cDNA 末端迅速扩增（RACE）的分子生物学方法克隆出了姜的 VDE 基因（GVDE），并在基因文库中登录（登录号为：AY876286），该基因包括 1431bp 的开放阅读框架，编码 476 个氨基酸的多肽，分子量为 53.7kD。

Northern blotting 表明，GVDE 主要在叶中表达，而很少在根和茎中表达。在强光条件下，随着照光时间的延长，GVDE 的 mRNA 水平逐渐增加，特别是在强光下 2h 后表达更加明显（图 29 - 4、29 - 5）。

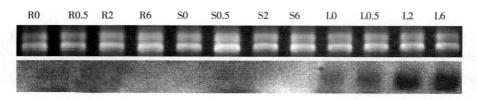

图 29-4　强光下不同照光时间生姜 GVDE 的各组织的特异表达
（引自黄金丽，张振贤，2005）

上栏：在 66 000lxPFD 下，根（R）、茎（S）和叶（L）的照光时间 0，0.5，2，6h

中栏：根、茎、叶中 15μg total RNA 显示同量的表达

下栏：Northern bloting 结果

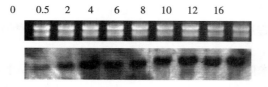

图 29-5　强光下 GVDE 基因的增强表达
（引自黄金丽，张振贤等，2005）

上栏：生姜叶片不同强光（66 000lx）照射时间

（0，0.5，2，4，6，8，10，12，16h）；

中栏：15μg total RNA of leaves in loading；

下栏：Northern bloting 结果

该基因的功能一旦得到验证，将为耐强光的种质资源创新提供一些理论依据。

三、姜的种质资源创新

由于很难用常规的方法对姜种质资源进行创新，目前，中国农业大学蔬菜系利用姜原生质体培养、体细胞突变体筛选（如辐射育种、化学诱变等）、体细胞融合等方法，试图对生姜进行种质创新，并取得了初步的结果。利用四川竹根姜为试材，培养成苗后，取样消毒后剥离茎尖，在加有 1.0 mg/L 2，4-D 和 0.2 mg/LKT，并含有一半 NH_4NO_3 浓度的 MS 琼脂培养基上诱导胚性愈伤，在液体培养基上继续培养后迅速建立了分散性较好的悬浮系，在酶液混合物（4.0mg/L cellulose，1.0mg/L macerozyme，0.1mg/L pectolaze，11％ mannitol，0.5％ $CaCl_2$ and 0.1％ MES）27℃条件下上温育 12～14h 分离出原生质体，开始在含有 1.0 mg/L 2，4-D 和 0.2 mg/L KT 的 MS 液体培养基上培养，原

图 29-6　姜原生质体再生植株
（引自郭英华、张振贤，2005）

生质体形一定大小成愈伤组织（1.5cm²）后转移到固体的 MS 培养基（MS ＋ 0.2 mg/L 2，4‑D ＋ 5.0 mg/L BA ＋ 3‰ sucrose ＋ 0.7‰ agar），体细胞晶体胚在不含植物激素的 MS 培养基上长出茎叶，在加有 2.0mg/L BA and 0.6mg/L NAA 的固体 MS 培养基上生根长成完整的植株（图 29‑6），姜突变体筛选工作进展顺利，体细胞融合工作也获得初步结果，可望在不久的将来创造出姜的新种质，并将有新体细胞杂种和抗病突变体的品种问世。

（张振贤）

主要参考文献

中国农业百科全书蔬菜卷编委会.1992.蔬菜卷.北京：农业出版社

中国科学院昆明植物研究所.1977.云南植物志（第八卷）.北京：科学出版社

中国科学院昆明植物研究所.1996.西双版纳高等植物名录.昆明：云南民族出版社

中国科学院植物研究所主编.1985.中国植物志（第十六卷第二分册）.北京：科学出版社

高江云等.2002.国产姜科植物观赏特性评价及优良种类筛选.园艺学报.29（2）：158～162

陈忠毅.1989.姜科花卉的瑰丽风采.花卉.（5）：20～21

吴德邻.陈忠毅.1988.极有开发前途的野姜科花卉资源.植物杂志.（2）：24～25

清水茂监修,阿部定夫等.1977.野菜园艺大词典.日本：东京株式会社

H. N. 瓦维洛夫（董玉琛译）.1982.主要栽培植物的世界起源中心.北京：农业出版社

李璠.1984.中国栽培植物的发展史.北京：科学出版社

盛成桂等.1979.植物的"驯服".上海：上海科学技术出版社

杨恭毅.1984.杨氏园艺植物大名典（2卷）.台北：杨青造圈企业有限公司社

吴德邻.1999.姜科植物地理.见：路安民主编.种子植物科属地理.北京：科学出版社

广州蔬菜品种志编写组.1974.广州蔬菜品种志.上海：上海人民出版社

重庆市农业局等.1961.重庆蔬菜品种志.重庆：重庆人民出版社

赵德婉主编.2002.姜优质丰产栽培—原理与技术.北京：中国农业出版社

李曙轩等.1964.姜根状茎形成的研究.园艺学报.1（2）：160～167

李承泳,盖树鹏,王玉华.2002.莱芜姜根状茎再生植株的研究.山东农业科学.（1）：16～17

高山林,卞云云,陈柏君.1999.姜组织培养脱病毒快繁和高产栽培.中国蔬菜.（3）：40～41

冯英,薛庆中.2002.姜脱菌快繁研究进展.植物学通报.19（4）：439～443

黄菊辉.1995.姜种质资源的离体繁殖和保存.中国农业科学.28（2）：24～30

赵德婉,张振贤等.1995.姜群体光合特性的研究.园艺学报.22（4）：359～362

艾希珍等.1997.施肥水平对姜生长及产量的影响.中国蔬菜.（5）：7～9

张振贤,郭延奎等.1999.遮荫对姜叶片显微结构和叶绿体超微结构的影响.园艺学报.（2）：345～349

王绍辉,张振贤.1998.遮荫对姜生长及产量的影响.中国蔬菜.（5）：5

高山林,卞云云,陈柏君.生姜组织培养脱病毒、快繁和高产栽培.中国蔬菜.（3）：40～41

郭启高,宋明,梁国鲁.1999.生姜脱菌及离体快繁研究.西南农业大学学报.21（2）：137～139

唐玉明，李兴莲，任道群，姚万春．2002. 不同方法处理对生姜组织培养的影响．西南农业学报．15：
    （4）

郭英华、关秋竹、张振贤．2005. 四川"竹根姜"胚性细胞悬浮系的建立与植株再生．园艺学报．35
    （5）：905～907

Kress W. J. . 1990. The phylogeny and classification of the Zingiberaceaes. Ann. Mo. Bot. Gard. 77：698～
    721

Wu T. L. , Wu Q. G. , Chen Z. Y. . 1996. Proceedings of the second symposium on family Zingiberaceae.
    Guangxhou：Zhongshan University Press

Hosoki T. and Sagawa Y. . 1977. Clonal propagation of ginger（*Zingiber offcinal* Rosc.) through tissue
    culture. Hortscience, 12（5）：451～452

Sharma T. R. and Singh B. M. . 1997. High-frequency in vitro multiplication of disease-free *Zingiber offi-
    cinale* Rosc. Plant Cell Reprts. 17：68～72

Inden H. , Asahira T. , Hirano A. . 1988. Micropropagation of ginger. Acta Horticulturae. 230：177～184

Sharma T. R. , Singh B. M. . 1995. Invitro microrhizome production in *Zingiber officinale* Rosc. Plant Cell
    Reports. 15：274～277

Bhagyalakshmi，Singh N. S. . 1998. Meristem cultureand micropropagation of variety of ginger（*Zingiber
    officinale* Rosc.) with a high yield of oleoresin. Journal of Horticultural Science. 63（2）：321～327

Yinghua Guo，Zhenxian Zhang. 2005. Establishment and plant regeneration of somatic embryogenic cell
    suspension cultures of the *Zingiber officinale* Rosc. . Sciencea Horticulturae. 107：90～96

Jinli Huang , Zhenxian Zhang. 2007. Molecular cloning and characteristics analysis of violaxanthin de-ep-
    oxidase（VDE）in *Zingiber officinale*. Plant Science. 172（2）：228～235

Yinghua Guo，Zhenxian Zhang. 2007. Plant regeneration from embryogenic suspension - derived protoplasts
    of giner（*Zingiber officinale* Rosc.) . Plant cell tissue and organ culture. Volume 89，Numbers 2～3/
    May，151～157

第三十章

芋

第一节 概　述

芋〔*Colocasia esculenta*（L.）Schott〕，别名芋艿、毛芋，是天南星科（Araceae）芋属（*Colocasia*）多年生宿根性草本植物，是芋属植物的主要栽培种。染色体数有 2n＝2x＝28（二倍体）和 2n＝3x＝42（三倍体）。

芋的地下球茎肥大呈圆形或椭圆形，为主要食用部位，俗称芋头。芋球茎营养丰富，富含淀粉、蛋白质和某些矿物质，脂肪含量低。其淀粉含量甚至高于马铃薯，是其他许多块根、块茎类作物不能相比的。据分析，每 100g 芋球茎可食部分含蛋白质 2.2g，碳水化合物 17.5g，脂肪 0.1g，钙 19mg，磷 51mg，铁 0.6mg（孔庆东等，2005）。芋头淀粉的可消化性达 97%（Gopalan 等，1977），是制作儿童食品的理想原料。此外，芋球茎尚含多种维生素和一种重要物质多聚糖（占 4.9%），能增强人体的免疫机能，有清热解毒、健脾强身、滋补身体的作用（宋元林等，1998）。芋的叶片和叶柄还含有大量的胡萝卜素。

在非洲、西印度、太平洋和亚洲地区的发展中国家，芋的球茎是人们主食淀粉的来源之一，在许多国家还常将其制作成快餐食品。因各个国家民族文化背景和饮食习惯的不同，除了食用芋的球茎外，有的还将芋的叶、叶柄、走茎，甚至花序用作蔬菜。芋球茎也是淀粉和酒精的生产原料。叶柄还是良好的牲畜饲料。

芋是一种世界性的粮食兼蔬菜作物，抗逆性强、适应性广，主要种植在农耕区稻田和旱地，某些芋的类型特别适于不宜耕种的地区栽培，如沼泽地、山地和贫瘠地等。据 2005 年联合国粮食与农业组织（FAO）生产年鉴统计，在世界范围内，芋的种植面积达 183 万 hm^2，其中非洲占 89.7%，亚洲占 7.4%。中国播种面积为 92 450hm^2，年总产量 1 634.86万 t。1995 年，中国的年播种面积和总产量分别为 82 919hm^2 和 1 353.69 万 t。近 10 年来，中国芋的播种面积和年总产量都有逐年稳步递增的趋势，但每年增加的幅度不大。

中国芋种质资源极为丰富，大多分布在长江流域以南的云南、福建和广东等地。在国家种质武汉水生蔬菜资源圃中已收集并保存的芋种质资源有 300 多份。

第二节 芋的起源与分布

芋原产中国、印度东北部、缅甸和中南半岛的热带湿润低洼地区，现在世界各地均有栽培，尤以非洲、亚洲及太平洋诸岛栽培较多。在中国，芋的栽培历史悠久。早在战国时（公元前 4 世纪），《管子》轻重甲篇中就有了芋的记载。西汉《氾胜之书》（约公元前 32 年至 7 年）更详细记载了种芋的方法。根据现有的古文献资料分析，唐宋时芋已在中国南方普遍栽培，重点产区有四川、广东、台湾和浙江等地，这与现代芋的种质资源分布基本相吻合（李庆典，2004）。

一、芋的起源

对于芋的具体起源地的研究报道较多。德·康道尔（De Candole，1886）认为芋起源于印度、马来半岛。Brukill（1935）与瓦维洛夫（Н. И. Вавилов，1945—1950，1966）认为芋起源于印度，同时瓦维洛夫认为芋也起源于中国。张东晓等（1998）对中国芋的进化与分类做了初步研究，认为中国西南部可能是紫芋（*Colocasia tonoimo* Nokai）的起源地，该处有野生类型发现，中国和日本两国的许多品种可能有共同的起源。Coates 等（1988）通过核型分析认为，印度、东南亚至少是芋起源地之一，并推测，在芋东传至玻利尼西亚之后，芋在亚洲和新几内亚岛开始驯化。Matthews（1990，1991）对同样的试材进行核糖体 DNA 分析后认为，芋应起源于亚洲，由于在印度尼西亚发现了可能为芋近缘种的 *C. gracilis* 材料，因而也有可能是起源中心，驯化过程可能在较大的区域内完成。芋无论在基因型水平还是在表型上都表现出极丰富的多态性，表明它们的驯化过程是在地理条件上相互隔离、彼此独立的区域内完成的。*C. esculenta* var. *aquatilis* 自然分布在印度北部、澳大利亚和巴布亚新几内亚，被认为可能是栽培芋的祖先。

二、芋的分布

芋的多样性极其丰富，它主要生长于热带、亚热带地区，世界现存种质 1 万多份。芋在中国的南北各地均有栽培，其中以珠江流域最多，长江流域次之，华北地区栽培面积不大。中国生产面积较大的省份主要有福建、云南、广东、四川和浙江。就品种分布来说，魁芋多产于高温多湿的珠江流域，而长江流域、华北地区主要生产多子芋和多头芋。

云南省地处南亚热带北缘，气候温和，雨量充沛，自然环境复杂多样，是中国芋种质资源最丰富、栽培面积较大的地区，全省大部分地区几乎都有芋的栽培，并分布有芋的野生近缘种、半栽培种和各类栽培品种。福建省也是中国芋的主要分布和栽培区，全省有 33 个芋品种（魏文麟等，1988），这些品种包括叶柄用芋变种，球茎用芋变种的魁芋、多子芋、多头芋类型中的各种副型。广西壮族自治区芋的种质资源也较为丰富，栽培面积较大，主要以槟榔芋为主。著名槟榔芋品种荔浦芋每年的栽培面积在 3 000hm² 以上，产量超过 8 万 t（余中，2005）。四川省芋的种质类型也较多，有多子芋、魁芋、多头芋以及叶柄用芋等，而栽培较为普遍的是叶柄为紫色的多子芋。在山东省目前尚未发现有野生类型，栽培品种主要是旱芋类型的多子芋。2003 年山东省芋的栽培面积已达 30 000hm²，其中莱阳市种植面积最大，随着出口量增加，已发展到 6 667hm²，年出口"冻芋仔"3 000 多 t，约占全国芋仔出口总量的 50% 以上（何启伟，1998）。浙江、江苏、安徽、江西、湖南、湖北等省芋的种质资源类型较少，栽培品种类型多为多子芋，较少栽培魁芋和多头芋（黄新芳等，2005）。此外，在新疆维吾尔自治区干旱地区，则多种植旱芋类型中的多子芋，如莱阳毛芋头等。

第三节 芋的分类

一、植物学分类

许多学者先后开展了天南星科芋属植物的分类及其有关研究工作，但一直存在争议。熊泽三郎等（1956）曾报道了关于日本芋品种的分类；张东晓等（1988）曾研究了中国栽培芋的种的分类。据《中国植物志·第十三卷》（第二分册）记载，芋属（*Colocasia*）共分为 11 个种（李恒，1979），中国有其中的 8 个种，分别为假芋（*C. fallax* Schott）、芋（*C. esculenta* Schott）、野芋（*C. antiquorum* Schott）、紫芋（*C. tonoimo* Nokai）、红头芋（*C. kotoensis* Hayata）、大野芋 [*C. gigantea* (Blume) Hook. f.]、台芋（*C. formosana* Hayata）和红芋（*C. konischii* Hayata）。除红芋为台湾省特有种外，其他 7 个种均在我国内地有分布，特别是云南省及其邻近地区分布较为集中。张东晓等（1998）认为将长附属器芋作为野芋种（*C. antiquorum* Schott）是不可取的。另外，紫芋是一个种或仅仅是芋的一个类型有待进一步研究。张东晓还根据染色体数目、花器性状及球茎分蘖习性，提出芋植物学变种的分类，即长附属器变种和短附属器芋类型，短附属器芋类型中又可分为多头芋变种、二倍体魁芋变种、三倍体多子芋变种。1998 年李恒等将野芋订正为芋的变种（*C. esculenta* var. *antiquorum*），将紫芋归并至芋种中，即 *C. esculenta* "Tonoimo"，而台芋、红于和红头芋 3 个种则合并为山芋（*C. konishii* Hayata）。近年来，李恒和龙春林等（1993，1999，2000，2001，2003，2004，2006）先后报道了在云南发现芋属的 7 个新种，并分别命名为异色芋（*C. heterochroma* H. Li et Z. X. Wei）、贡山芋（*C. gaoligongensis* H. Li et C. L. Long）、龚氏芋（*C. gongii* C. L. Long et H. Li）、李氏香芋（*C. lihengiae* C. L. Long et K. M. Liu）、花叶芋（*C. bicolor* C. L. Long et L. M. Cao）、毛叶芋（*C. menglaensis* J. T. Yin et H. Li）、云南芋（*C. yunnanensis* C. L. Long et X. Z. Cai）（蔡秀珍，2005；Cai et al.，2006）。

由中国科学院昆明植物研究所主持完成的国家自然科学基金项目"世界芋属植物的种质资源保存与分类订正"，在种类归并和多个新种发现的基础上，通过形态学和经典分类学、细胞学、分子生物学等方面的研究，最终订正了世界芋属植物种类，共计有 13 个种和 2 个变种，其中中国有 11 个种和 2 个变种，即芋、大野芋、山芋、假芋、异色芋、贡山芋、龚山芋、李氏香芋、花叶芋、勐腊芋（蔡秀珍，2005）。野芋种被订正为芋种的变种（*C. esculenta* var. *antiquorum* Hubb. et Rehder），紫秆芋种被订正为李氏香芋的变种，即紫杆芋（*C. lihengiae* var. *nigra*）。蔡秀珍综合芋属植物的形态学、植物地理学和分子生物学资料，提出可将芋划分为 3 组，大野芋由于其特殊的系统地位可提升为一个单种组，异色芋和花叶芋构成独立的一组，其他种则组成另一组。

二、栽培学分类

(一) 芋种分类检索表

　　张志 (1984) 提出芋 [C. esculenta (L.) Schott] 的园艺学分类系统：首先按产品的器官分为叶柄用和球茎用两个变种。球茎用变种再按产品的母芋和子芋的生长习性分为魁芋、多子芋、多头芋三个类型。每一类型再根据叶柄和芋的颜色分为若干副型。而多子芋应按生态习性分为水芋、旱芋、水旱芋三个副型，多头芋则无此区分。张谷曼等 (1984) 认为芋可分为 4 类：魁芋类、魁子兼用芋类、多子芋类及多头芋类。刘佩瑛 (1987) 根据张志的分类系统提出了芋的分类检索表。黄新芳对张志、刘佩瑛提出的园艺分类法中的多子芋类型和多头芋类型进行修正，澄清了多子芋和多头芋中红紫柄品种群，将原来多子芋中的红紫柄品种重新分为红紫柄品种群和乌绿柄品种群，将多头芋中的红紫柄品种群更改为乌绿柄品种群。蔡克华 (1995) 提出："如在张志的分类法中再增加一个花芋变种似更全面"。普迎冬等 (1999) 根据蔡克华和魏文麟的观点，将调查的芋头类型分为叶用芋变种、茎用芋变种和花用芋变种 (var. inflorescens) 三大类。

　　李庆典在广泛收集的 150 多份芋种质资源中，选择其中 49 份有代表性的材料进行 RAPD 分析。结果表明：两份食用花茎的红芋类遗传距离虽较远，但被聚为一种，与叶用芋类的亲缘关系较近。因此，在综合前人研究结果的基础上，李庆典依据芋不同的主食器官，参考芋民族植物学的调查结果，将云南红芋一类主食花茎的芋作为花茎用芋变种，与叶用芋变种和球茎用芋变种组成芋种下 3 个变种的园艺学分类系统，并编制了芋种 (中国芋属植物主要栽培种) 下的类型及副型园艺学分类检索表。

芋 [Colocasia esculenta (L.) Schott] 种下变种、类型及副型园艺学分类检索表

1. 芋属植物中能形成地下球茎，叶片长在 20cm 以上，叶柄绿色或紫色，长于叶片 ……………
  ……………………………………………………… 芋种 [Colocasia esculenta (L.) Schott]
  2. 以无涩味的叶和叶柄为食用产品，叶柄肥大，球茎不发达或品质劣 ……………………………
    …………………………………………………… 叶用芋变种 (var. petiolatus Chang)
    3. 适于水田或湿地栽培……………………………………………………… 叶用水芋类型
    3. 适于旱地栽培……………………………………………………………… 叶用旱芋类型
  2. 以发达的球茎为产品，叶片及叶柄涩味重 …………………… 球茎用芋变种 (var. cormosus Chang)
    3. 母芋硕大，子芋少而小，母芋重大于子芋总产量 ………………………………… 魁芋类型
      4. 球茎具匍匐茎 ……………………………………………………… 匍匐茎魁芋副型
      4. 球茎不具匍匐茎 ……………………………………………………… 粗魁芋副型
    3. 母芋不发达，子芋大而多，子芋总重量远大于母芋重量 ………………………… 多子芋类型
      4. 生长在浅水田中 ……………………………………………………… 多子水芋副型
      4. 生长在旱田中 ………………………………………………………… 多子旱芋副型
      4. 生长在低湿地及半干旱田中 ………………………………………… 多子水旱芋副型
    3. 母芋与子芋大小无明显差别，互相密接呈块状……………………………………… 多头芋类型

4. 母芋与子芋基部连接 ·· 部分连接副型

4. 母芋与子芋密不可分 ·· 全部连接副型

2. 球茎不发达，母芋可抽生数根花茎，花茎肥嫩，红色或绿色，佛焰苞黄色，以花茎为食用产品 ······
··· 花茎用芋变种（var. *inflorescens*）

3. 叶柄细长，淡红色；叶片较小近三角形，花茎红色·············· 红芋类型

3. 叶柄细长，绿白色；叶片较小近三角形，花茎绿白色·············· 绿白类型

（二）中国芋的主栽品种类型

生产上中国芋 [*Colocasia esculenta*（L.）Schott] 的品种主要分为叶用芋、茎用芋和花用芋三种类型。主要栽培品种有 60 余个。

1. 叶柄用芋（var. *petiolatus* Chang）（图 30-1） 以无涩味或涩味淡的叶柄为产品，球茎不发达或品质低劣，不能食用，一般植株较小。属水芋类型的有广东省的红柄芋、云南省的元江弯根芋等；属旱芋类型的有四川省的武隆叶菜芋等。

2. 球茎用芋（var. *cormosus* Chang） 以肥大球茎为产品，依母芋、子芋发达程度及子芋着生习性分以下类型：

图 30-1 叶柄用芋
（武汉市蔬菜科学研究所，柯卫东）

（1）魁芋类型（图 30-2） 母芋大，重量可达 1.5～2kg，占球茎总重 1/2 以上，品质优于子芋，粉质，香味浓。喜高温，多在中国南部栽培。其中包括：匍匐茎魁芋，母芋肥大，品质好，母芋上长出匍匐茎，顶端的子芋不能食用，仅作繁殖用，如四川省的宜宾串根芋等；长魁芋，母芋长圆筒形，子芋具长柄或短柄，可食用，如福建筒芋（长柄）、福建竹芋（短柄）等；粗魁芋，母芋椭圆形，子芋无明显的柄，如面芋品种群中的福建白面芋、台湾面芋、糯米芋，以及槟榔芋品种群中的广西荔浦芋、红槟榔心、台湾槟榔芋等。

（2）多子芋类型（图 30-3） 子芋多，无柄，易分离，产量和品质超过母芋，一般为黏质。其中有：水芋，如宜昌白荷芋（属绿柄品种群）、宜昌红荷芋（属紫柄品种群）等；旱芋，如上海白梗芋、广州白芽芋、福建青梗无娘芋、成都红嘴芋（属绿柄品种群）。广东红芽芋、福建红梗无娘芋、台湾乌播芋、济阳红芋（属紫柄品种群）等；水旱芋，如长沙白荷芋（属绿柄品种群）、长沙乌荷芋（属紫柄品种

图 30-2 球茎用芋——魁芋
（武汉市蔬菜科学研究所，柯卫东）

群）等。

图 30 - 3　球茎用芋——多子芋

（武汉市蔬菜科学研究所，柯卫东）

1. 白芽　2. 红芽

（3）多头芋类型（图 30 - 4）　球茎丛生，母芋、子芋、孙芋无明显差别，相互密接重叠成整块，质地介于粉质与黏质之间。一般为旱芋，如广东九面芋、江西新余狗头芋（属绿柄品种群）、福建长脚九头芋、四川莲花芋（属紫柄品种群）等。

3. 花用芋类（var. *inflorescens*）（图 30 - 5）　为云南省特有品种类型，以采收花和花序为主，而块茎含纤维多，麻口，一般不食用。子芋与多子芋类相似，但子芋数量明显少。如开花芋和甜弯根等。

图 30 - 4　球茎用芋——多头芋

（武汉市蔬菜科学研究所，柯卫东）

图 30 - 5　花用芋

（武汉市蔬菜科学研究所，柯卫东）

三、野生近缘种

在云南省南部热带地区，仍保留有芋的野生近缘种。普迎冬等（1999）报道，在云南省盈江县芒允乡海拔 600m 的林下发现一株株高 42cm 的盈江野芋，匍匐茎非常发达，每根匍匐茎的顶端都形成小芋头，有的已定根生长，匍匐茎的长短不一，长的可达 112cm，短的只有 18cm，粗度 0.2～0.5cm。李庆典（2004）报道，在云南省的滇西南地区也已发现芋的野生近缘种和其他多种类型，在芋的遗传多样性上具有重要研究价值。另外，野生近缘种类型在云南省的金平、河口以及西双版纳等地也有分布。普迎冬（1999）曾调查过云南省芋的种质资源及其分布，发现云南有芋的野生近缘种、半栽培种。

1. 大野芋（*Colocasia gigantea* Hook. f. ）　又名水芋、山野芋、滴水芋、大芋荷等，分布于云南省南部和东南部，生长于海拔 100～1 100m 的沟谷密林或石灰岩下湿地或林下石缝中，在广西、湖南、贵州、广东等省（自治区）有栽培（吴征镒、李恒，1979）。大野芋具丛生的长圆状心形叶，叶色碧绿。被长而粗壮的淡绿色叶柄盾状撑起，叶柄具白粉，株型优美，不经改造即可作为观赏植物加以开发。其叶可做饲料，叶柄可作蔬菜食用，其根茎可入药，有解毒、消肿、祛痰、镇痛之功效，但仅局限在少数民族地区使用（李延辉等，1996；龙春林等，2005）。

2. 李氏香芋（*C. lihengiae* C. L. Long et K. M. Liu）　俗称野芋头，是龙春林等于 2001 年报道发现的一个芋属新种。目前，此种植物的分布区范围很小，仅见于云南省南部和西南部的少数地段。李氏香芋植物体美观，可供庭园栽培观赏或作室内观叶植物（龙春林，2004）。

3. 异色芋（*C. heterochroma* H. Li et Z. X. Wei）　是李恒等（1993）报道发现的一个芋属新种，分布于云南省西南部等热带地区，生长在高温高湿的常绿阔叶林林缘。张石宝等（1997）在昆明栽培环境下对其生物学特性进行了观察，结果表明：异色芋的一年生植株不开花，根茎也不产生分枝；二年生植株开花率为 73.6%，根茎平均分枝 3.6 条，在昆明异色芋生育期约 260d。异色芋作为观赏植物开发具有广阔的前景。

4. 龚氏芋（*C. gongii* C. L. Long et H. Li）　龙春林、李恒于 2000 年报道，生长于热带山地的沟边阴湿处，目前仅发现在云南省西南部有分布。龚氏芋不像芋属其他大多数种类一样簇生或成片生长，而是常常以独立个体的形式存在于生境中。它的主茎直立，不产生子芋，但形成少数走茎。其植物体高大，主茎（类似于母芋）富含淀粉，大者可高达 1m、直径可达 30cm，重量常常超过 10kg，在当地主要用作饲料。龚氏芋是培养高产芋的优良种质资源。

第四节　芋的形态特征与生物学特性

一、形态特征（图 30-6）

（一）根

芋的根为白色肉质纤维根，着生于母芋与子芋下部节上。芋头的根系属于浅根系，大部分根群分布在距土表 25cm 以内的土层中。根毛较少，这是在水生环境下形成的一种特殊的适应性。不耐干旱，吸水力弱。但芋头肉质不定根上生出的侧根系可以代替根毛进行养分、水分的吸收。

（二）茎

芋的茎缩短成地下球茎，球茎形态各异，有球、卵圆、卵、椭圆、棒状、圆柱等形状。芋球茎的大小，即纵径和横径的差异也很大，在《中国蔬菜品种资源目录》（第二册）收集的 224 份芋材料中，母芋球茎的最大纵径为 21cm，最小为 4.8cm，最大横径达 16.3cm，最小仅 4.3cm。球茎节上有棕色鳞片毛，为叶鞘痕迹。茎上具叶痕环，节上均有腋芽，能发育成新的球茎，少数品种可形成匍匐茎，顶端膨大成球茎。球茎的解剖结构是由基本组织薄壁细胞构成，有皮层与髓部，其中有分散的维管束，导管很大，与叶片导管相连，直抵气孔、水孔附近，这是在沼泽地环境下系统发育的结果。

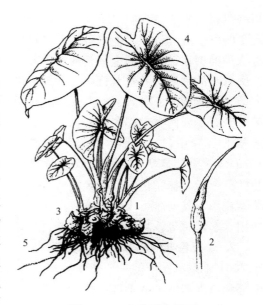

图 30 - 6　芋的形态特征
1. 植株　2. 肉穗花序　3. 茎　4. 叶　5. 根系
（《中国水生蔬菜品种资源》，2005）

球茎的顶芽可长出新株，腋芽隐生，如果顶芽受损，则由强壮的腋芽代替长出新株。芋芽颜色有白色和淡红色两种基本类型。球茎长出新株后，节上的腋芽可萌发长成小芋，称作子芋，播种时的种球茎则称为母芋。如果条件合适，子芋上的芽还能形成孙芋、曾孙芋等。

（三）叶

芋的叶互生，叶片盾形、卵形或箭头形，先端渐尖。叶片大小因品种而异。叶表面有密集的乳突，可蓄空气，形成气垫，并可使水形成水滴，不会沾湿叶面。叶片由表皮、叶肉和叶脉 3 部分组成。

芋的叶柄长 40～180cm，直立或披展，下部膨大成鞘，包在短缩茎的周围，中部有槽。叶柄有绿色、红色、紫色或黑紫色，因品种不同而异，常作为品种分类的依据。叶片与叶柄有明显的气腔，木质部不发达，叶片大而脆弱，叶柄长而中空，不耐风害。

（四）花、果

芋通常不开花，只有栽培在华南一带的部分品种可以开花，在温带地区栽培的品种很少开花。常见开花的芋头品种有福建紫蹄芋、福建红芽芋等。

芋的花包于佛焰苞中，形成肉穗花序，自上而下分别为附属器、雄花序、中质花序及雌花序。芋的花大多为白色，少数为粉红色，属异性花。萼片一般 4 枚，花瓣多为长椭圆形，异花授粉，很少结籽。

芋的果实为浆果。种子一般不用于生产繁殖，因为其发芽率低，植株生长势较弱，栽植当年不能形成肥大的球茎，而且性状变异较大。

二、生育周期及对环境条件的要求

芋的生长发育周期可分为发芽期、幼苗期和球茎形成期。从播种到第一片叶展平称为发芽期；从第一片叶展平到第 4 片叶展开称为幼苗期；从第 4 片叶展平开始即进入球茎形成期（赵冰，2000）。

（一）温度

芋属喜温蔬菜，生长适温 25～30℃，20℃以下生长缓慢。在 13～15℃时，球茎开始发芽。生长期要求 20℃以上温度，以 27～30℃为最好，但不能超过 35℃。不同类型的芋对温度要求不同，多子芋能适应较低温度。魁芋要求高温，并需较长的生长季节，以使球茎充分长大。所以魁芋多产于高温多湿的珠江流域，而长江流域、华北地区多产多子芋和多头芋。

（二）水分

芋喜湿，不耐干旱，无论水芋还是旱芋在生长发育过程中均需要湿润的环境，不仅要求土壤湿润，而且要求较高的空气相对湿度，尤其在植株生长盛期，母芋逐渐膨大、子芋逐步形成时，需要较多的水分供给。

（三）光照

芋对光照要求不严，在散射光下仍能生长。但充足的光照有利于芋植株良好的生长，短日照可促进多数品种的球茎膨大。

（四）土壤与营养

芋适宜生长在有机质丰富、土层深厚的壤土或黏土上。适宜的土壤 pH 为 5.5～7.0，土壤过酸或过碱均会影响芋球茎的形成和膨大。芋是喜肥蔬菜，氮、钾充足时易获高产。

第五节　芋的种质资源

一、概况

中国国家种质武汉水生蔬菜资源圃从 20 世纪 80 年代初开始收集芋种质资源，并加以保存，截止 2003 年，该圃已收集并保存了全国各地的芋种及其野生近缘种种质资源 350 份，是中国目前保存芋种质资源数量和类型较为丰富的单位，几乎涵盖了芋种质资源的各种类型。其中最多的是多子芋，约占 82.9%，其他各种类型仅占 17.1%。中国芋种质资源类型较丰富的省份是云南、福建、广东及四川。

目前，芋种质资源的保护方法主要有原地保存和异地保存两种途径。由澳大利亚政府（AusAID）资助并由国际植物遗传资源研究所（IPGRI）和斐济南太平洋大学参与、南太平洋委员会执行的 Taro Gen 项目，旨在完成这一地区的芋遗传资源的描述和保存，为当地提供抗芋疫病的品种。现已基本完成太平洋岛国 2 000 余份芋种质资源的收集保存工作，包括巴布亚新几内亚 859 份，其中有 400 份材料被选用进行由国际植物遗传资源研究所（IPGRI）和澳大利亚国际农业研究中心（ACIAR）项目资助的 DNA 指纹图谱分析，并从中选出可以代表该地区遗传多样性的核心种质 200～250 份。该项目还完成了芋形态性状描述数据的制定工作，并开展了芋不同保存方法的研究，提出了国家和地区性收集芋种质资源的适宜保存方法。

二、抗病种质资源

芋的病害主要有疫病（*Phytophthora colocasiae* Racib.）等。目前，其抗病性主要基于田间的表现进行评价，其系统的抗病性鉴定工作还开展得较少，已获得一些抗疫病的种质。

1. 太仓龙头芋　江苏省太仓市地方品种，栽培历史悠久。株高 110～120cm，分蘗 5～7 个。叶盾形，叶面光滑，绿色，叶背灰绿色，叶脉绿色略带蓝紫色，脉中心红紫色。叶柄绿色，上部近叶片处红紫色，叶鞘绿色。母芋近圆形，单个重 220～227g。子芋椭圆形，单株有子芋 6～7 个，孙芋 3～5 个，单株子芋及孙芋重 130～230g。球茎皮深褐色，肉白色。单株产量 350～500g。晚熟，生育期 210d。耐湿、耐贮，不耐旱，对芋疫病抗性强。母芋及子芋肉质均细而致密，味香，品质好。

2. 南通白梗芋　江苏省南通市地方品种，栽培历史悠久。植株直立，株高 130～145cm，开展度 70～90cm，分蘗 6～7 个。叶盾形，全缘，叶面平滑，绿色，叶背灰绿色，叶脉绿带蓝紫色，脉中心浅绿色。叶柄圆管状，绿色，近叶片处红紫色。母芋扁圆形，皮浅褐色，肉白色，纵径 5.0～6.8cm，横径 7.2～9.4cm，单个重 190～320g。子芋椭圆形，皮褐色，肉白色，纵径 5.9～6.8cm，横径 3.9～4.2cm，单个重 46～55g，单株有子芋 8～12 个，孙芋 9～18 个，曾孙芋 6～13 个，玄孙芋 1～5 个，单株子、孙芋共重 650～900g。中熟，生育期 200d。耐湿、耐贮、不耐旱，对芋疫病抗性较强。子芋肉质松软，品质中等，适熟食。

3. 沛县毛芋头　江苏省沛县地方品种，栽培历史悠久。株高 120～140cm，分蘗 6～7 个。叶盾形，绿色，叶面平滑，叶背灰绿色，叶脉绿色，脉中心浅绿色，长 48～53cm，宽 32～36cm。叶柄绿色，上部略带紫色，叶鞘绿色。母芋扁圆形，纵径 5.0～6.5cm，横径 7.4～8.2cm，单个重 200～270g。子芋扁椭圆形，纵径 4.7～6.1cm，横径 3.4～4.2cm，单个重 28～40g。单株有子芋 7～9 个，孙芋 18～32 个，曾孙芋 5～11 个，单株子、孙芋重 360～650g。球茎皮浅褐色，肉白色。晚熟，生育期 200d。耐湿、耐贮、不耐旱，对芋疫病抗性较强。子芋肉质致密，味香，品质好，适熟食。

三、抗逆种质资源

芋种质资源的抗逆性还没有形成系统、完善的评价方法，下列对抗逆种质资源的叙述主要以中国各地地方品种在田间抗逆性方面的综合表现为依据。

（一）耐寒种质资源

连城观音芋（洋芋荷）属叶柄用芋变种，为福建省连城县地方品种。分蘗性强。叶卵状盾形，叶柄青白色，单叶柄重 300g 左右。地下球茎圆柱形。早熟，从定植至采收 60d。属旱芋。耐寒性强，抗病性强。主食叶柄，涩味少，纤维少，品质一般。球茎质艮不宜食用。

此外，较耐低温的地方品种还有云南红芋等。

（二）耐热种质资源

在芋的地方品种中，表现耐热性强的种质资源较多。主要有莱阳长子芋、泰安芋头、安徽红心芋、安徽白橄榄毛芋、安徽狗头芋、上海白梗芋芳、上海红梗芋芳、温州早白芋、浙江水芋、绍兴白梗水芋、杭州白梗小种芋、杭州白梗大种芋、浙江红芽芋、临海大芋、仙居大芋、宜春牛脚乌、湖北绛荷芋、十堰青秆芋、通山多子芋、泉州香蕉芋、龙海白芋、帽合槟榔芋、吉首广菜等，其特征特性不再作详细介绍。

（三）耐旱种质资源

1. 浙江姜芋 浙江省地方品种，栽培历史悠久。分蘖性弱。叶盾形，叶柄深绿色带紫红色。母芋和子芋结成块，难分开。肉白色，嫩芽紫红色。晚熟。属旱芋，耐热，耐干旱，抗病性强。球茎质粉，品质优，耐贮藏。

2. 仙居大芋 浙江省仙居地方品种，栽培历史悠久。分蘖性中等。母芋圆球形，子芋长圆锥形。肉白色，嫩芽浅红色。晚熟。属旱芋，耐热，较耐旱，不耐寒，耐涝性弱，抗病性强。母芋质粉，品质好，耐贮藏。

3. 杭州白梗大种芋 浙江省绍兴地方品种。分蘖中等。母芋球形，子芋多，肉白色，芽白色。早熟。属旱芋，耐热，较耐旱，不耐涝，抗病性强。子芋质黏，品质中等。不耐久贮。母芋质硬，味劣，一般不食用。

4. 莱阳圆子芋 山东莱阳市地方品种。叶片近心脏形，叶面蜡质较多。叶柄上部绿色，下部淡紫褐色。母芋近圆球形，子芋卵圆形或短圆锥形，表皮浅棕褐色，肉白色。中熟。属旱芋，较耐旱。子芋粉质型，香味浓，品质好。

另外，耐旱性较强的品种还有浙江红花芋，其特性见抗腐败病种质。

（四）耐涝种质资源

太仓紫梗芋：江苏太仓市地方品种，栽培历史悠久。叶盾形，深绿色，叶背灰绿色，叶脉绿色，略带蓝紫色，脉中心红紫色，叶柄紫红色。母芋扁圆形，子芋椭圆形。球茎皮浅褐色，肉白色。晚熟。耐湿，不耐旱，对芋疫病抗性较强。子芋肉质较松，黏，味香，品质中等，适熟食。

另外，耐涝性较强的品种还有南通白梗芋、安徽白橄榄毛芋、狗头芋、安徽红心芋、泰安芋头、太仓龙头芋等。

四、优异种质资源

目前中国栽培的大量芋头品种均属于球茎用芋变种，少量为叶柄用芋和花用芋变种。球茎用芋变种中的魁芋类的母芋个体大，占球茎总重量的一半以上，品质和风味明显优于子芋，粉质，香味浓郁；多子芋的产量构成基本为子芋，且品质优于母芋，多为黏质型，其优异种质大多品质优良、早熟、高产；多头芋类型一般为旱芋，其球茎丛生，母芋、子芋和孙芋间相互密接重叠成整块，质地介于粉质和黏质之间，爽口。

（一）球茎用芋

1. 福鼎芋（福鼎山前槟榔芋）　福建省福鼎县山前村早期从广西引入，后经选育而成。植株高 160cm，开展度 100～120cm，分蘖性中等。叶片盾形，长 60cm，宽 45cm，深绿色，叶面蜡粉少，叶心有紫红色点。叶柄肥厚，长 130cm，宽 5cm，厚 2.5cm，浅绿色。母芋长圆筒形，纵径 33cm，横径 13cm，皮棕黄色，肉白色有紫红色槟榔花斑，单个母芋重 1.5～2.0kg。子芋长椭圆形，单株子芋数 15 个。单株产量 2.7kg。晚熟，从播种至采收 240d。属旱芋。耐热、耐贮运。肉质疏松，淀粉含量高达 27%，煮熟香气浓郁，品质极佳。适熟食或加工制粉。为福建省传统出口产品。

2. 荔浦芋（荔浦槟榔芋）　广西壮族自治区地方品种。株高 150cm，开展度 100～120cm。叶近心脏形，长 55cm，宽 47cm，青绿色，蜡粉多。叶柄长 120cm，横径 4cm，叶柄上部紫红色，下部青绿色。母芋椭圆形，长 27cm，横径 13cm，皮黄褐色，肉质灰白色，有明显的紫红色槟榔纹。每株有子芋 10 多个。单个母芋重 2.5kg。晚熟，从定植至采收 250d。为旱芋。耐热性、耐旱性、抗病性中等，耐涝性强，耐贮运。肉质粉，香气浓，口感好，品质极佳，曾为历代皇朝贡品和传统出口产品。

3. 广州槟榔芋（香芋）　广东省广州市地方品种。植株高大，叶簇直立生长。叶片阔卵形，先端较尖，长约 22cm，宽约 18cm，深绿色，较软薄，叶缘紫红色。球茎椭圆形，皮深褐色，肉白色，带紫红色斑纹。母芋大，每株子芋 6～10 个，单株产量约 3kg。晚熟，生长期 240～280d。耐旱力稍差。耐贮藏性强。香味浓，品质优。可熟食、干制及制罐头。

4. 奉化芋艿头　浙江省奉化县地方品种。植株生长势旺，株高 130～150cm，分蘖性弱。叶淡绿色，盾形，表面光滑。叶柄基部淡紫红色，中上部淡绿色。母芋圆形，长 13cm，横径 12cm，重 500～800g。单株有子芋 12～16 个，长 6～8cm，横径 4～5cm，卵形或近圆形，单个重 45g，孙芋较少。肉乳白色，芽红色。单株球茎重 1.2～1.6kg。晚熟，生长期 200d。属旱芋。耐热、耐肥，不耐干旱，怕涝渍，抗病性强。质粉糯，有香味，耐贮藏。

5. 丽水香芋（竹庄芋、红芋头）　浙江省丽水地区地方品种。植株高大，生长势强，株高 100～140cm，叶丛直立，紧凑。叶盾形，先端较尖，绿色，叶脉浅紫色。母芋大，长椭圆形，纵径 18～25cm，横径 13～16cm，皮深褐色，肉白色带红色斑纹。子芋节间较长，有细的长柄，呈长棒槌状，纵径 15～20cm，横径 2～3cm，单株有子芋 6～10 个，单株产量 1.5～2.5kg。晚熟，生长期 210～230d。耐肥，贮藏性好，但耐旱性差。母芋肥大，香味浓，品质极好，可熟食、干制及制罐头。子芋产量低，一般只作种用。

6. 安徽红心芋（紫秆红心芋）　安徽省南部地方品种。株高 100～150cm，开展度 85～90cm，分蘖性强。叶片盾形，深绿色，叶脉紫带绿色。叶柄青紫色。母芋近圆形，纵径 12～16cm，横径 14～18cm，单个重 550～600g。子芋 10～20 个，纵径 5～15cm，横径 5.5～6.7cm，单个重 50～100g。外皮棕褐色，肉白色，单株产量 0.75～1.5kg。中熟，从定植到采收 180d。属旱芋。耐热、耐肥、耐涝、耐贮藏，耐旱性中等，抗病性强。皮薄，含水量少，淀粉多，香气浓，品质好。

7. 南平狗头芋（九头芋） 福建省南平市地方品种。植株高 59cm，开展度 72～82cm，分蘖性强。叶片盾形，绿色。整个地下球茎似狗头状，单株子芋数 12 个，子芋各环生在母芋的上方，紧密连在一起，单株球茎重 2.0kg。晚熟，生长期 280d。属水芋。耐热性强，抗病虫，耐贮运。叶梗、花梗和球茎均可食用。球茎质糯，品质好。

8. 上饶早芋 江西省上饶市地方品种。植株高 140cm，开展度 65～75cm，分蘖性强。叶片盾形，绿色，蜡粉中等。叶柄浅绿色。母芋长圆形，纵径 11cm，横径 9.5cm，单个重 400～600g。子芋近圆形，纵径 6cm，横径 5cm，皮棕褐色，肉白色，单个重 50～100g。单株子芋数 28 个左右。单株产量 1.5～2.0kg。早熟，从定植至始收 150d 左右。属旱芋。耐热性、耐涝性强，不太耐旱，耐贮藏，抗病性强。肉质粉，香味浓，品质好。

9. 江西棕色芋 江西省地方品种。植株高 160cm，分蘖性弱。叶片盾形，深绿色，蜡粉少。叶柄青绿色，上部紫红色。母芋近圆形，纵径 16cm，横径 15cm，单个重 1.5～2.0kg。子芋长圆形，纵径 10cm，横径 5cm，皮棕褐色，肉白色，单个重 50～75g。单株有子芋 7～10 个，单株产量 2.0～2.5kg。中熟，从定植至采收 180d。属旱芋。耐热性及耐湿性较强。肉质带糯性，柔软，含淀粉多，略带香甜味，品质佳。

（二）叶柄用芋

1. 武隆菜芋 重庆市武隆县地方品种。株高约 100cm，开展度约 90cm。叶片心脏形，叶面平滑，绿色，叶背灰白色，叶缘微波状。叶柄长约 80cm。球茎小而少，圆柱形，外皮深褐色。从定植至始收 110d。抗逆性强，不择土，抗病性强，收获期长，产量较高。以嫩叶柄供食，质地细嫩，纤维少，品质较好。老叶可作饲料。

2. 吉首广菜 湖南省湘西土家族苗族自治州吉首市地方品种。植株丛生，株高 80cm，开展度 60cm。叶片腹面绿色，背面淡绿色，卵状盾形，长 38cm，宽 35cm。叶柄长 73cm，粗 5cm，表皮淡绿色，肉白色。单个叶柄重 165g，单株叶柄数 6～10 枚，重 1kg。晚熟，多年生，年生育期 220d 左右，以球茎越冬。耐热、耐阴，较耐旱，抗病虫能力强。含水量大，不耐贮藏。叶柄肉质疏松，脆嫩。

（三）花用芋

云南红芋：云南省特产品种，栽培历史悠久。植株直立，株高 110cm 左右，开展度 43～65cm。根弦状，淡红色。叶盾形，腹面绿色，背面粉红色。叶柄肉质，基部粗，上端细。叶初放时为紫红色，继而变为灰绿色，最后变为绿色。母芋硕大，圆形，一般 10 节，4 节以上的腋芽亦能萌生新株，成为多头母芋。子芋着生于母芋的中下部，一般少而小，形状不一。母芋上能抽生 5～9 根花茎。花茎肥嫩，紫红色，高 50～100cm。从播种至始收花茎约 140d。属旱芋。喜肥、耐肥，较耐低温。球茎、叶柄和花茎均可食用，而以花茎的风味最佳，故多以采收花茎为主要栽培目的。

第六节 芋种质资源研究与创新

一、细胞学研究

（一）核型分析

芋的早期遗传变异研究主要集中在形态和核型的变异上，芋的染色体基数 x＝14，存在着二倍体和三倍体。张谷曼等（1984）对中国主要芋品种的染色体数目进行了观察，发现在所观察的品种中魁芋类为二倍体（2n＝2x＝28），魁子兼用芋类、多子芋及多头芋类均为三倍体（2n＝3x＝42），多倍性与芋的地理分布和垂直分布有关。中国南部各省为二倍体与三倍体芋的分布区，而中部及华北地区则为三倍体芋的分布区。三倍体芋的比例随着海拔高度而增加。利容千等（1989）报道了 2 个芋染色体的核型研究：白杨芋：2n＝2x＝28＝20m（4AST）＋8sm，核型为 1A 型；糯芋：2n＝2x＝28＝16m（4AST）＋12sm，核型为 2B 型。以上 2 个品种的染色体组成基本相同，但染色体的长度比、相对长度和核型类型都有差异。

曹利民等（2004）对中国 8 种（包括 1 变种）芋属（*Colocasia* Schott）植物的体细胞染色体数目和其中 5 个种的核型进行了研究。结果分别为：异色芋（*C. heterochroma* H. Li et Z. X. Wei）：2n ＝2x ＝28＝18m ＋10sm；龚氏芋（*C. gongii* C. L. Long et H. Li）：2n ＝2x ＝28＝18m（4SAT ）＋10sm（4SAT）；贡山芋（*C. gaoligongensis* H. Li et C. L. Long）：2n ＝2x ＝28＝24m ＋4sm；李氏香芋（*C. lihengiae* C. L. Long et K. M. Liu）：2n ＝2x ＝28＝18m（1SAT ）＋6sm ＋4st；花叶芋（*C. bicolor* C. L. Long et L. M. Cao）：2n＝28；紫秆芋（*C. lihengiae* C. L. Long et K. M. Liu var. *nigra* C. L. Long ）：2n ＝3x ＝42；大野芋 [*C. gigantea*（Bmume）Hook. f.]：2n ＝2x ＝28 ＝22m＋4sm ＋2st；山芋（*C. konishii* Hayata）：2n ＝28。除李氏香芋、龚氏芋、大野芋和山芋外，其余染色体数目均为首次报道。在核型方面，异色芋、龚氏芋、李氏香芋、贡山芋的核型均为首次报道。

（二）超微结构研究

Grayum（1984，1985，1986）对天南星科系统及其花粉在被子植物演化中的意义做了较深入的工作，研究发现等属中有两种类型的花粉：外壁具刺型和条纹型。杨雪等（2003）通过光镜和扫描电子显微镜观察了芋属 6 个种、1 个变种、1 个品种的花粉形态，其中贡山芋、龚氏芋、李氏香芋、花叶芋 4 个种为首次报道。研究结果表明：该属花粉为圆球形，无萌发孔，外壁纹饰分为两类：大野芋外壁光滑无刺，其余各种均具刺，可见大野芋种比较特殊。而 *C. esculenta* 和 *C. esculenta* var. *antiquorum* 的纹饰相近，孢粉学证据支持把野芋（*C. antiquorum*）作为芋（*C. esculenta*）的变种处理。蔡秀珍等（2005）利用扫描电镜首次观察了天南星科花叶芋（*C. bicolor*）的花器官发生过程，研究了中国产芋属 5 种植物的叶表皮特征，其中花叶芋（*C. bicolor*）、异色芋（*C. heterochroma*）、李氏香芋（*C. lihengiae*）和大野芋（*C. gigantea*）4 个种为首次报道。研究表明：无论是表皮细胞垂周壁式样，还是表皮细胞附属物特征和气孔器特征，所观察的 5 种芋属植物叶表皮电镜扫描特征均具一致性，其共同特征是主要的，反映了芋属是一个亲缘关系极为亲近的自然类群。

二、分子生物学研究

除了细胞学方面的研究外，关于芋的遗传多样性评价和系统发育关系方面，多集中在生化和分子水平上进行研究。

Lebot 和 Aradhya（1991）对从亚太地区 20 多个国家和地区收集的 2 000 多份芋种质材料进行了 12 种酶系的同工酶分析。从不同酶酶型的地理分布看，整个太平洋地区，仅 3 种酶型就占了该地区现有种质的 52%（巴布亚新几内亚）至 100%（夏威夷），亚洲芋的遗传变异比大洋洲的要大。他们认为印度尼西亚可能是芋的起源地，但在此项研究中仅包括了一份中国种质材料。Lebot 和 Irwin 等人（1998）分别用同工酶和 RAPD 技术揭示了大洋洲地区芋品种狭窄的遗传背景。沈镝等（2000）以 48 份云南省产的芋种质为试材，分别进行了 5 种同工酶、AFLP（荧光标记检测法）和 RAPD 分析，揭示了芋在生化水平和 DNA 水平上的遗传变异，较全面地反映了云南芋种质资源丰富的遗传多样性。

陈文炳等（1997）检测了 168 份中国芋种质资源材料的酯酶同工酶，聚类分析表明：在栽培芋中福建密芋品种群与其他类型间亲缘关系较远，野生芋中的 3 个类型与栽培芋各类型的亲缘关系均较远，野生芋各类型之间的亲缘关系也较远。野生芋中除类型ⅩⅢ和类型ⅩⅤ外，其他各类型与栽培芋各类型的亲缘关系均较远。Isshiki S.（1998）等用同工酶分析方法对日本芋品种进行了分类，Viet Xuan Nguyen 等（1998）对 84 份各种芋种质材料 [*Colocasia esculenta*（L.）Schott、*C. gigantea* Hook、*Alocasia macrorrhiza*、*A. odora*、*Xanthosoma sagittifolium*（L.）Schott 和 *X. violaceum* Schott] 进行了酯酶同工酶以及聚类分析，发现芋种质独立分成一个类群，大野芋 *C. gigantea* 与 *Alocasia* 的亲缘关系比芋种的关系要近。来自云南的种质材料与其他不同地区的种质共有一些酶带，表明云南地区在芋进化过程中占据着重要的位置。

陈丽平（2004）对海芋属和芋属的 49 份芋种质材料进行了形态学观察以及 RAPD 分子标记检测和聚类分析，结果显示，海芋属的两份种质材料与其余 47 份种质材料明显分为两类，芋属种质材料的分类结果基本与按植物学性状的初步分类结果相符。其亲缘关系为：花茎用芋类与叶用芋类最近，然后依次为红芽芋类、魁芋类、紫芋类、绿白芋类，且聚类结果支持芋种下增加一类主食花茎（如云南红芋）的变种，即花茎用芋变种。

Matsuda M.（2002）等用 RFLP 技术分析了中国各地（包括台湾省）以及日本和越南的 227 份芋种质材料的 rDNA，其分类结果与同工酶分析基本一致。从不同带型的地理分布可以推测芋传入日本的两条途径：一条是从中国，另一条可能是从东南亚。

Tanimoto 和 Matsumoto（1986）分析了日本芋品种过氧化物酶和酯酶同工酶酶谱的特性，认为根据带型不同，可把同工酶作为品种分类的简便方法，但不能区别二倍体与三倍体品种。Makoto Tahara（1999）对 59 份中国云南省和尼泊尔芋种质材料进行 13 种同工酶分析，结果表明：上述种质材料的地域性差异显著，三倍体芋的形成与地域因素无关。芋形态特征的多样性与同工酶酶谱没有必然联系（Hammon 和 Van Sloten，1989）。这一结果也进一步表明同工酶分析不能区分芋的二倍体和三倍体。

三、芋种质资源创新

（一）种内杂交

芋是以无性繁殖为主的作物，在自然条件下很少开花，花期一般在 8～9 月份，华南地区也有在 2～4 月份能开花的。陆绍春等（1988）研究表明：采用赤霉素浸泡种芋，并结合短日照（8～10h），植株开花率可达 40％。芋开花后结实率很低，辛红婵等（1989）认为：这主要是因为同一花序中胚珠的发育有较大差异，未成熟的胚珠及无极性化的胚珠不能产生正常发育的雌配子，因此不能进行正常的授粉受精作用。这给芋的杂交育种带来很大的困难。尽管如此，芋仍能通过杂交获得杂交种。Otsuka 等（1995）曾从两个二倍体芋杂交后代获得三倍体，并解释说三倍体芋可由未减数配子与一正常减数的配子受精而产生，从而为三倍体的形成机制提供了证据。

龙春林等（2005）通过诱导大野芋种子产生丛生芽，建成了快繁无性系，并成功地实现了种子的离体保存。这对于进一步保存和利用芋的野生近缘种，进行芋的品种改良和种质创新，提高食用芋的生长量和抗逆性等具有较大意义。

（二）远缘杂交

Hiromichi-Yoshino 等（1998）曾在尼泊尔收集到一株芋属和海芋属的杂种植株。为了证实在自然条件下属间杂交发生的可能性，他们做了芋（*C. esculenta* Schott）和海芋属一个种 *Alocasia brisbanensis* 的属间杂交，获得大量的杂交种子，但只有少数种子发芽，并仅获得一个单株。通过 RAPD 分析，认为此属间杂种是由芋的未减数雌配子与海芋的正常花粉杂交而成。Okada 等（1989）曾通过人工杂交获得了芋与大野芋的种间杂种。以上研究表明：芋的属间、种间、种内杂交是可能的，这也为芋可通过远缘杂交育种来创新种质提供了依据（黄新芳，2005）。

（三）辐射诱变

近年来，山东省莱阳农学院等单位用辐射等方法诱发变异，经过培育和选优，选育出一批既高产、品质又较好的新品种。如李储学（1993）用 ^{60}Co－γ 射线照射未萌动的种芋，选育出鲁芋头 1 号；还有其他新选育的一系列品种，如科王 1 号、莱芋 3 号、莱芋 4 号、8520 等。进一步丰富了山东省芋的种质资源。

（四）原生质体融合

韩青梅等（1994）曾分离出芋叶片和叶柄的原生质体，并可使约 6.2％原生体通过化学途径发生融合，经培养后获得愈伤组织，但尚未诱导出芽体。

（沈　镝）

主要参考文献

蔡秀珍，刘克明，龙春林．2004．芋属 5 种植物叶表皮特征的扫描电镜观察．湖南师范大学自然科学学报．27（4）：66～72

蔡秀珍，龙春林，刘克明．2005．花叶芋（天南星科）的花器官发生（英文）．云南植物研究．27（2）：193～203

蔡秀珍．2005．芋属的分子系统学研究．湖南师范大学硕士毕业论文

蔡克华．1995．云南特产蔬菜——红芋．长江蔬菜．（5）：20～21

曹利民，龙春林．2004．中国芋属植物染色体数目及 5 个种的核型报道．云南植物研究．26（3）：310～316

陈丽平．2004．芋种质资源遗传多样性 RAPD 分析．湖南农业大学硕士论文

陈文炳，张谷曼．1997．中国芋酯酶同工酶类型及品种群分类．福建农业大学学报．26（4）：421～426

黄新芳，柯卫东，叶元英等．2005．中国芋种质资源研究进展．植物遗传资源学报．6（1）：119～123

孔庆东．2005．中国水生蔬菜品种资源．武汉：湖北科学技术出版社，101

李恒，魏兆祥．1993．芋属新种——异色芋．云南植物研究．15（1）：16～17

李庆典，杨永平，李颖，周清明．2004．中国芋种质资源的遗传多样性及分类研究．湖南农业大学学报（自然科学版）．30（5）：24～428

李庆典，李颖，周清明．2004．芋本草学考证与食疗价值．中药材．27（11）：74～876

李庆典．2004．芋（*Colocasia esculenta*）民族植物学研究及遗传多样性分子评价．湖南农业大学博士学位论文

李锡香，沈镝，朱德蔚，周明德，Eyzaguirre P. B．Aya W. C．．1999．云南芋遗传资源的同功酶多样性研究．见：中国园艺学会编．中国园艺学会成立 70 周年纪念优秀论文选编．北京：中国科学技术出版社，373～377

龙春林，程治英，蔡秀珍．2005．大野芋种子形成丛生芽的微繁殖．云南植物研究．27（3）：327～330

普迎冬，杨永平，许建初等．1999．云南芋头种质资源及利用．作物品种资源．（1）：1～4

沈镝，朱德蔚，李锡香等．2003．云南芋种质资源的 RAPD 分析．植物遗传资源学报．4（1）：27～31

宋元林等．1988．马铃薯　姜　山药　芋．北京：科学技术文献出版社

魏文麟，林碧峰，林峰．1988．福建省的芋种质资源．福建果树．（1）：41

徐道东，赵章忠，王统正等．1996．薯芋类蔬菜栽培技术．上海：上海科学技术出版社

杨雪，王红，龙春林．2003．国产芋属花粉形态．云南植物研究．25（5）：603～608

余中．2005．驰名中外的荔浦芋．广西地方志，（1）：55

张东晓，张谷曼．1998．中国芋（*Colocasia* spp.）进化与分类的初步研究．见：中国芋头民族植物学与遗传多样性研究——芋头遗传资源保护和利用专题讨论会交流论文

张谷曼，杨振华．1984．中国芋的染色体数目研究．园艺学报．11（3）：187～190

张志．1984．芋的园艺学分类初探．中国蔬菜．（1）：30～32

赵冰．2000．薯芋类蔬菜高产优质栽培技术．北京：中国林业出版社

Cao LM．，Long CL．．2003．*Colocasia bicolor*（Araceae），a new species from Yunnan，China［J］．Annales Botanici Fennici，40（4）：283～286

Cai XZ. , Long CL. , Liu KM. . 2006. *Colocasia yunnanensis* (Araceae), a new species from Yunnan, China. Annales Botanici Fennici, 43 (2): 139~142

Coates D. J. , Yen D. E. and Gaffey P. M. . 1988. Chromosome variation in taro, *Colocasia*: implications for origin in the Pacific. Cytologia, 53: 551~560

Emma S. Mace and Ian D. Godwin. . 2002. Development and characterization of polymorphic microsatellite markers in taro (*Colocasia esculenta*). Genome, 45: 823~832

Hammon S. and Van Sloten. D. H. . 1989. Characterisation and evaluation of okra. In: The use of plant genetic resources. Eds: A. H. D. Brown, O. H. Frankel. D. R. Marshall and J. T. Williams. Cambridge University Press, 173~196

Isshiki S. , Nakamura N. , Tashiro Y. et al. . 1998. Classification of the cultivars of Japanese taro [*Colocasia esculenta* (L.) Schott] by isozyme analyses. Journal of the Japanese Society for Horticultural Science, 67 (4): 521~525

Li H. , Long CL. . 1999. A new species of *Colocasia* (Araceae) from Mts. Gaoligong, China. Fedd Report, 110 (5~6): 423~426

Li Xixiang, Shen Di, Zhu Dewei, et al. . 2000. Analyses of correlation between ethnobotany and genetic diversity of taro in China. D. Zhu, P. B. Eyzaguirre, M. Zhou, L. Sears and G. Liu (eds): 2000. Ethnobotany and genetic diversity of Asia taro: focus on China. Proceedings of the Symposium on Ethnobotanical and Genetic Study of Taro in China: Approaches for the Conservation and use of Taro Genetic Resources. 10~12 November 1998 - Laiyang Agricultural College, Laiyang, Shandong, China. International Plant Genetic Resources Institute. Rome.

Long CL. , Li H. . 2000. *Colocasia gongii* (Araceae), a new species from Yunnan, China. Fedd Report, 111 (7~8): 559~560

Long CL. and Ke - Ming Liu. . 2001. *Colocasia lihengiae* (Araceae: Colocasieae), a new species from Yunnan, China. Bot. Bull. Acad. Sin. , 42: 313~317

Makoto Tahara, Viet Xuan Nguyen, Hiromichi Yoshino. 1999. Isozyme analyses of Asian diploid and triploid taro, *Colocasia esculenta* (L.) Schott. Aroideana, Vol. 22: 72~78

Matsuda M. , Nawata E. . 2002. Geographical distribution of ribosomal DNA variation in taro, *Colocasia esculenta* (L.) Schott, in eastern Asia. Euphytica, 128 (2): 165~172

Matthews P. E. . 1991. A possible tropical wildtype taro: *Colocasia esculenta* var. *aquatilis*. Indo - Pacific Prehistory Bulletin, 11: 69~81

Matthews P. E. . In Press. Aroids and the Austronesians. In: From Southeast Asia to Oceania: Ethnobiological viewpoint. Ed: T. A. Akimichi. Heibonsha, Tokyo.

Matthews P. J. . 1990. The origins, dispersal and domestication of taro. Ph. D. Thesis. Australian National University, Canberra

Mayo SJ. , Bogner J. , Boyce PC. . 1997. The genera of Araceae [M] . Kew: Royal Botanic Garden. Belgium: Continental Printing

Viet Xuan Nguyen, Hiromichi Yoshino et al. . 1998. Phylogenetic analyses of taro [*Colocasia esculenta* (L.) Schott] and related species based on esterase isozyme. Scientific Reports of the Faculty of Agriculture Okayama University, Vol. 87: 133~139

Yin J T. , Li H. , Xu Z F. . 2004. *Colocasia menglaensis* (Araceae), a new species from southern Yunnan, China. Annales Botanici Fennici, 41: 223~226

第三十一章

魔 芋

第一节 概 述

魔芋又名磨芋，为天南星科（Araceae）魔芋属（*Amorphophallus* Blume）多年生草本植物，古名蒟蒻。染色体数 2n＝2x＝28、26，2n＝3x＝39。

一、魔芋的用途

魔芋是唯一能供大量提取葡甘聚糖（glucomannan，KGM）的作物，球茎含量达 60％（干基）。葡甘聚糖以葡萄糖和甘露糖残基的摩尔比 1∶1.6 左右，通过 β（1→4）糖苷键聚合而成，主链上每 32～80 个糖残基 C-3 位上存在由 β（1→3）糖苷键组成的支键，主键上大约每 19 个糖残基上有 1 个以酯键结合的乙酰基。分子质量为 20 万～200 万 u。

葡甘聚糖为植物胶，假塑性液体，具有增稠性、稳定性、成膜性、胶凝性等特性。中国自古用碱脱去 KGM 键上的乙酰基，便可凝胶成"魔芋豆腐"供食。现日本和中国均以此进行了产业化生产。利用其他特性还在食品、冷饮、甜食、粮食及肉类加工等方面广泛作为添加剂应用。中医药主要利用其球茎所含的生物碱，而卫生保健则主要利用其葡甘聚糖的功效。葡甘聚糖经酯化、醚化、交联、接枝共聚等改性后，在工业上可用于生产无污染的涂料、油田压裂剂及在污水处理等许多领域应用。

魔芋在中国用于中医药的历史悠久，成书于汉末约公元前 50 年的《名医别录》已有记载。魔芋的球茎作为中医药，其性寒、味辛、有毒，主要功能为消肿、攻毒，主治痈疮、肿毒、结块、毒蛇咬伤等症，多作外用。内服须久煎。

中国、日本等国家的营养和公共卫生专家对魔芋的保健、医疗作用做了许多临床试验，结论为魔芋葡甘聚糖属水溶性半纤维素，其突出的营养保健功能在于能发挥膳食纤维对营养不平衡的调节作用，它与白菜、芹菜等所含非水溶性纤维进入人体后原形排出者不同，它能参与人体的代谢作用及影响肠道菌相，向有利于健康的方向发展。经华西医科大学公共卫生学院张茂玉等的研究，确认魔芋精粉主要的保健医疗功能有预防和治疗便秘、调节脂质代谢、降低血液胆固醇及甘油三酯水平，预防高血脂症，改善糖代谢，用作糖尿病人的辅助药物及用于缓慢减肥等。

二、魔芋的世界分布和产业现状

魔芋只分布于亚洲及非洲，大洋洲仅有 1 个种，北美洲、拉丁美洲、欧洲等均未分布，在这些地区仅植物园标本区有引进魔芋植物。

根据李恒（1998 年）的整理和修订，中国魔芋属植物共 21 种，并参考 Wilbert Hetterscheid 和 Stephan Intenbach 在 Aroideana 第十九卷（1996）所发表的全球考察搜集和整理的魔芋属植物共 163 种及其分布地区，将魔芋在全球分布列于表 31-1。魔芋属种质资源的分布主要在亚洲的中南半岛和中国秦岭以南及东南亚和南亚印度等地，共 125 种，约占魔芋属 163 种的 77%，非洲有 37 种，约占 23%。

表 31-1　魔芋属（*Amorphophallus*）**种**（species）**的分布区域**

（李　恒，1998 年）

区　域	种数	区域种数占总种数 163 的百分率	区域累计种数占总种数的百分率
泰国	28		
中国	21	中国及中南半岛共 70 种，约占 43%	
越南	13		
缅甸	6		
老挝	2		
印度	11		中国、中南半岛、南亚共 83 种，约占 51%
尼泊尔	1	南亚共 13 种，约占 8%	
不丹	1		
印度尼西亚	18		
马来西亚	12	东南亚共 42 种，约占 25.7%	亚洲共 125 种，约占 76.7%
菲律宾	9		
加里曼丹	3		
非洲大陆	33		
马达加斯加岛	4		
大洋洲（澳大利亚）	1	非洲、大洋洲 38 种，约占 23.3%	

注：有些种分布于几个地区的，均计入主区内。

魔芋属的分布有一特点，即除了 4 个种表现了明显的广泛地理范围分布外，很多种均表现高度的地区分布特有性，前者如 *A. paeoniifolius*（疣柄魔芋）是从马达加斯加向东至波利尼西亚，现代分布遍于印度、中南半岛、中国和东南亚；*A. muelleri* 从泰国中部向南经苏门答腊、爪哇到努沙登加拉群岛（印度尼西亚）；*A. abyssinicus* 在非洲有广泛的分布；*A. konjac*（花魔芋）则从喜马拉雅山分布到中南半岛、日本、菲律宾，中国从最南方起向北跨越秦岭，分布到了陕西、宁夏、甘肃 N35°的地方，在日本更达 N36°，成为魔芋自然分布的北界。*A. konjac*（花魔芋 ）则成为中国的主栽种和日本的唯一栽培种。

魔芋属是天南星科植物中分布区域较小者，且种（species）的地区分布局限性很大，其地区特化种多，亲缘关系较近的种常出现在相邻地区。迄至目前，人为干预其自然分布所起的作用很小。魔芋为无性繁殖，各地孕育的种都很难适应人为的远地调种迁移，因此，魔芋产业的形成基本上是以本地区自然分布的种为基础。如印度虽分布有 11 个种，但能食用且有经济价值者只有疣柄魔芋，故至今只栽培疣柄魔芋，其淀粉含量达 20%～40%（干基），多作蔬菜食用，目前虽有商品，但未形成独立的产业，更未参与国际贸易。

日本只有 *A. konjac*（花魔芋）一个种，据传是在 5 世纪从中国经朝鲜传入。该种是魔芋属最优质的种，含葡甘聚糖（KGM）可达 59%（干基），日本充分利用该种，在 13 世纪末首建"蒟蒻同业公会"，成为魔芋凝胶食品走向产业化的开端。到 18 世纪，其栽培、加工、商贸已逐渐配套，19 世纪已成为独立产业。至第二次世界大战前夕（1934 年）鲜芋产量增到 5.51 万 t，第二次世界大战后，日本经济萧条，农村经济靠魔芋与烟草支撑才摆脱困境。1967 年产量猛增至历史最高水平，达 13.12 万 t，以后稳产在 8.7 万 t，直至 20 世纪 90 年代的 10 万 t，约制成精粉 1 万～1.2 万 t（峰值），但 2001 年为 0.72 万 t。现栽培主产区集中在群马县，产量约占全国的 80%，主要栽培从 20 世纪 70 年代起陆续由花魔芋杂交育种所选育出来的 3 个新品种——榛名黑、赤城大玉、妙义丰。然而日本种植规模近年来有所下降，1999 年统计栽培面积为 6 458hm²，收获面积 3 484hm²（扣除留种及失产面积），单产 17 970kg/hm²，总产 62 600t。日本魔芋产业结构和中国魔芋产业相似。

　　非洲（含马达加斯加）虽拥有魔芋属 37 个种的野生种质资源，且分布于塞内加尔和苏丹的 *A. aphyllus* Hutch 及分布于中非、科特迪瓦的 *A. harmandii* Engl. Et Grhrm 均属可食用魔芋，但因生态环境遭破坏，已不适于喜阴、忌高温干旱的魔芋生长，至今未开发利用。中南半岛的缅甸、越南和东南亚的印度尼西亚、菲律宾等地域，虽拥有较丰富的魔芋种质资源，且有些种属葡甘聚糖型，能作凝胶食品，但直到 20 世纪 90 年代由于受市场的刺激才开始挖收野生种质资源的球茎上市，并开始栽培魔芋。目前，已能生产干芋片和魔芋精粉及少量凝胶食品进入国际市场。

　　中国不但在公元前就以魔芋入药，且晋·左思（250—306）所著《蜀都赋》中记载："蒟，草也，其根（球茎）名蒟头，大者如斗，其肌正白，可以灰汁煮，则凝成，可以苦酒（醋）淹食之，蜀人珍焉"。说明当时已知用魔芋球茎加碱煮成凝胶（即为如今所称的"魔芋豆腐"）供食。可是在此后的 17 个世纪里，均停留在农民房前屋后零星栽培以供自食的水平上，直到 20 世纪 80 年代初期，由于日本魔芋严重减产，到中国收购魔芋干片而刺激了外贸部门和相关企业的参与，加之科研单位也开始进行了相应的研究，从而促使中国魔芋产业于 20 世纪 80 年代中期开始形成。1986 年西南农业大学与前航天部 7317 研究所合作研制的 MJJO-Ⅰ型魔芋精粉机问世，突破了魔芋主产商品——魔芋精粉自主制造的难关。1997 年中国园艺学会魔芋协会成立之后，十分注重产品质量的提高和种植的稳定发展，经 20 余年的努力，使中国魔芋产业得以不断发展。

　　中国有 21 个种的丰富种质资源，主栽种花魔芋（*A. konjac* K. Koch）和白魔芋（*A. albus* Liu et Chen）更有较大面积的适生地带，根据《中国魔芋种植区划》（杨代明、刘佩瑛，1990）所述，目前在"准"热带湿润气候魔芋特适种植区的雅鲁藏布江下游河谷及滇南热区等地尚未很好开发利用起来；而发展较多的则是在温暖湿润最适魔芋种植区的云贵高原（包括鄂西山地、川南高原）、四川省盆周山地及南岭山地（包括武陵山脉的湘西部分、罗霄山脉、武夷山脉），还有属于秦巴山地适宜魔芋种植区的大巴山主崤以北、鄂西北山地。

　　山区农民种植魔芋多与粮食作物玉米、高粱和经济林木杜仲、漆树、果树等间套作，种植面积及单产无法准确统计，估测全国种植面积约 4 万 hm²，除留种外，产商品芋约 20 万 t，制成魔芋精粉约 1 万 t。由于魔芋的价格高于粮食作物，加之近年落实退耕还林政策，魔芋作为间套作物在山区发展种植，不但有利于生态的恢复，而且对山区农民的脱贫致富起到重要作用。

第二节 魔芋属植物的起源进化与传播

一、魔芋属植物的原始类型及其进化途径

（一）从植物形态判断

植物的保卫组织发达者为原始类型，如疣柄魔芋（*A. paeoniifolius*）其叶柄具硬皮及蜡粉、长满粗硬毛刺，为原始类型；地下茎保持长条形根茎或成念珠状球茎及畸形块茎者为原始类型，如 *A. hayi*、*A. arnautovii*、*A. glossophyllus*、*A. coaetaneus* 及 *A. pingbianensis* 等（图 31-1、图 31-2、图 31-3）。

图 31-1 *A. hayi* 的根状地下茎
（Hettercheid W. 等，1996）

图 31-2 *A. arnautovii* 的链状球茎
（Hettercheid W. 等，1996）

图 31-3 *A. glossophyllus* 的地下茎
（Hettercheid W. 等，1996）

（二）从细胞学考察

染色体倍性为二倍体者属原始类型，多倍体为进化类型；对称核型者通常为原始类型，而不对称者，通常是派生或具特化性状的属进化类型；染色体为小型以及其染色体组DNA含量低者为原始类型，染色体为大型及其染色体组DNA含量高者为进化类型。

Chauham K. P. S. 及 Brandham P. E. （1985）对17个魔芋种作了核型研究，并研究了13个种基数染色体组（x）的DNA含量，见表31-2。

表31-2　魔芋不同种染色体组的DNA含量

（Chauham K. P. S. 及 Brandham P. E. ，1985）

种　　名	来源	2n	2个染色体组的 平均DNA含量（pg）	1个染色体组的 DNA含量（pg）
A. prainii	As	28	7.54	3.77
A. dubius	As	28	8.02	4.01
A. paeoniifolius	As	28	8.42	4.21
A. sutepensis	As	26	12.33	6.16
A. bulbifer	As	39	18.57	6.19
A. oncophyllus	As	39	19.43	6.47
A. lambii	As	26	15.27	7.63
A. abyssinicus	Af	26	21.46	10.73
A. goetzei	Af	26	22.64	11.32
A. commutatus	As	26	23.49	11.74
A. laxiflorus	Af	26	23.52	11.76
A. hildebrandtii	Af	26	25.63	12.81
A. johnsonii	Af	26	31.67	15.83

注：As——亚洲区系；Af——非洲区系。

1. 魔芋属植物的进化途径　Chauham K. P. S. 等（1985）提出了 $x=13$ 的种是从 $x=14$ 的祖先演化而来。在所研究的3个 $x=14$ 的种中，A. prainii（产泰国、缅甸）与其他2个种不同，但却与 A. konjac 在形态上有密切的关系，而且它们的染色体形态甚为相似，仅是 A. konjac 少了一对染色体而已。此外，$2n=28$ 者染色体小，DNA含量少，为原始类型，从而认为是由 A. prainii 丢失1对染色体而形成 $2n=26$ 的魔芋，A. konjac 是其中之一，即 $2n=2x=28$ 的种比 $2n=2x=26$ 为更原始的类型。

Chum 发现（1985），天南星科植物存在染色体数目变异，并以缺失为多，此现象与该科植物的进化密切相关。其后，Jos 研究认为，A. commutatus Engl（$2n=26$）可能系由形态极为相似的 A. campanulatus Blume（$2n=28$）丢失1对染色体而来。魔芋为无性繁殖植物，染色体变异后，很容易保存下来。从而可以认为，魔芋属的染色体进化途径是 $x=14$（$2n=28$）→ $x=13$（$2n=26$）→ $x=13$（$2n=3x=39$）。

2. 亚洲种与非洲种的比较　亚洲种群中的 $2n=28$ 的3个种染色体均最小，DNA含量也最少；$2n=26$ 的 A. sutepensis、A. variabilis、A. konjac、A. lambii 及 A. kerrii（产泰国）等在进化的过程中仍保持了染色体很小的特点，特别是 A. kerrii 的核型是 Chauhan 等所见到过的魔芋属中核型最对称的种，即最为原始的种；亚洲的 A. bulbifer 及 A. oncophyllus 虽为三倍体，但其染色体DNA含量仍较少。相反，非洲种群中的5个

2n＝26 的种，其染色体大小及染色体 DNA 含量均大幅度超过亚洲种群（见表 31 - 2）。因此认为，非洲种更为进化，亚洲种较为原始。

二、魔芋属植物的起源中心及起源时期

星川清亲所著《栽培植物的起源与传播》（1978）中记载了"魔芋原产于印度、锡金等地"，但也有说魔芋原产于中南半岛。根据魔芋属植物系统发育过程及种质资源的分布，结合生态地理，笔者试作如下分析探讨。

（一）从魔芋个体发育的特征、特性追溯系统发育的生态环境判断起源中心

个体发育的特征、特性必然反映系统发育起源中心的生态环境因素给它的"烙印"，从而可追溯起源中心的生态环境，认定其起源中心。

1. 魔芋属植物个体发育中所表现的主要生物学特征特性

（1）温度　最适生长温度为 25℃，高于 30℃或低于 20℃其光合效率下降，高于 35℃即遭高温致害，低于 15℃停止生长，低于 0℃球茎受冻害。一般气温下降到 15℃以下，植株即倒苗，但有敏锐的积温反应，不同的种只要满足其积温要求后，即使环境温度不低于 15℃，也会倒苗。倒苗的同时地下部根群死亡，球茎进入生理深休眠期。从萌芽出土到倒苗约半年，球茎休眠 3 个月以上，约需半年后才重新开始萌芽生长。

（2）湿度　最适空气相对湿度为 80％～90％，土壤湿度为田间最大持水量的 70％～80％。不是湿度很高的土壤。

（3）日照　忌强烈日光直射，喜 30％～90％的荫蔽度，在漫射光环境中能良好生长。

（4）种子的发育　春末至夏季开花结子，秋季"种子"成熟。但经有性交配的胚胎，在发育前期却转向形成为小球茎，重达 0.5g，比一般种子大若干倍，并贮藏丰富的营养物质，是一种适应干旱逆境，延续物种的"预适应性"的生物学特征、特性。

（5）根系发育　魔芋根系结构反映了魔芋特别喜欢富含有机质和空气流通的土壤，森林土壤最具备这种条件，而不是排水不良，更不是沼泽湿泞土壤。

2. 从推测原产中心的生态环境认定原产地　从上述魔芋属植物的重要生物学特征、特性，可以推测在它漫长的系统发育的生态环境里，一年中必然有半年是温暖（25℃左右）湿润，而非高温（35℃以上）干旱；具适当荫蔽而非直接强烈日光照射的环境让其充分生长；其后则有一段不适合它生长的环境，如低温、干旱、强烈日照等环境因素，强制它进入生理深休眠。

（二）从魔芋属植物的分布地区分析其起源中心

1. 东南亚及赤道附近热带诸岛　以印度尼西亚为例，属热带雨林气候，常年炎热多雨，在森林覆盖下，具遮荫降温条件，能适合魔芋生长。若系统发育在这种生态环境里，应有可能形成为多年生常绿植物，而不会出现如现有魔芋植物的生物学特征特性——受干旱、低温等因素所胁迫，形成植株倒苗、球茎休眠以及种子转化为小球茎等逆境预适应性性状。因此，东南亚热带不可能是魔芋的起源地。

2. 非洲　非洲的干旱、酷热和强烈日照的生态环境与形成魔芋生物学特征特性所要

求的生境相反，因此它也不会是魔芋的原产中心。

3. 印度东北部、中南半岛北部、中国云南南部　该区域地处近北回归线的热带，日照、热量充足，年均温接近 25℃。在天南星科植物发生的晚白垩纪，气温比现在高，亚热带比现在偏北近 10°(N)，当时这一地域实际上仍处于热带气候范畴。至晚第三纪，大陆季风环流体系形成，由于印度是低压区，印度洋尤其是孟加拉湾的气流控制着印度东北部，并向东控制着缅甸、泰国、老挝、越南和中国云南省南部，形成突出的半年湿、半年干的气候特点，每年 5～10 月，多雨、温暖而不酷热，空气及土壤湿润，10 月至次年 4月，日照强烈，空气干燥，土壤干涸，在此气候条件下，漫长的系统发育过程形成魔芋属植物在每年 5～9 月充分生长，10 月倒苗，在土中留下球茎进入休眠，以低营养及低水分消耗度过旱季逆境，使物种得以延续。按现存魔芋的生物学特征特性及其与生态环境的关系，星川清新（1978）所称魔芋原产于印度或中南半岛是符合实际的，但他未能阐明其理论根据，也未明确其具体的起源地。

（三）从拥有魔芋属的原始种和基因型的丰富性认定起源中心

1. 中南半岛和中国云南省南部　中南半岛和中国南部（以云南省南部为主）地域紧密相连，共有魔芋属植物 70 种，占全球 163 个魔芋种的 43%，基因型极为丰富：有呈条状根茎及堆砌许多畸形或球状块茎为一体、产于越南和中国云南省的原始类型 $A.\,hayi$ 和 $A.\,arnautovii$、$A.\,glossophyllus$（李恒、龙春林，1998）、$A.\,coaetaneus$（Skubatz H.，1990）及 $A.\,pingbianensis$；有产于泰国、缅甸 $2n=28$ 的原始类型 $A.\,prainii$ 和中国云南省南部及中南半岛广泛分布的 $A.\,paeoniifolius$；有产于泰国 $2n=26$ 中核型最对称的最原始种 $A.\,herii$ 和原始的 $A.\,sutepensis$；也有进化类型 $2n=3x=39$ 的 $A.\,bulbifer$ 和 $2n=26$ 的 $A.\,yuloensis$，二者均具珠芽。中国云南省南部有 10 个特有种，多属原始类型或具有一些原始性状。

2. 东南亚和非洲　此二地域的魔芋种没有最原始的类型，一般属比较进化的类型。

3. 印度　印度原属冈瓦纳古陆，大约在新生代始新世中期才与亚洲大陆并合，当时可能在中南半岛和中国云南省南部已出现了魔芋属植物。印度仅有魔芋属的 11 个种。其中，有原始类型 $2n=28$ 的 $A.\,dubius$ 和 $A.\,paeoniifolius$，但后者为印度和亚洲各地广泛分布的种；有 $2n=26$ 的 $A.\,abyssinicus$ 和 $A.\,commutatus$ 及 $2n=3x=39$ 的 $A.\,bulbifer$ 等则属进化类型。

在上述 4 个地区中，中南半岛和中国云南省南部比印度拥有更丰富的魔芋基因型和更多、更重要的原始类型。因此，从拥有基因型的丰富程度、特别是有最原始的类型和其他原始类型的存在以及适合于孕育魔芋的生态环境条件判断，可以认为魔芋的起源中心在亚洲中南半岛偏北部和中国云南省南部北纬 16°～24°地带，其始祖种为热带森林下层的草本植物。

（四）魔芋属植物的起源时期

德国 Alfred Wegener（1924）提出地球陆块分裂漂移学说。地球上的联合古陆约在中生代中期北美洲和欧洲就已分裂，白垩纪中期，南美洲与非洲分裂，但并无有效天然屏障，也无明显的植物区系。到晚白垩纪，气候由亚热带气候转变为暖和温带气候，被子植物大爆发，陆块分开漂移，但在冈瓦纳古陆分裂之前，植物已扩展到整个大陆，随着北美洲与欧洲分离，南美洲与亚洲分离，引起两个分开的植物区系范围的发展。

李恒研究（1986、1988）认为天南星科的原始类群在晚白垩纪时起源于亚洲大陆南缘，热带亚洲是属的多样化中心，热带美洲是种的分化中心。

魔芋属为天南星科 105 个属中仅集中于旧世界的属，未随美洲陆块分离而散布到新世界，可证魔芋属较天南星科其他属发生的时期更晚，其起源时期可能在第三纪始新世。

三、魔芋属植物的传播及分化中心

印度与亚洲陆块并合后，其北缘和中国西藏南缘构成了喜马拉雅山脉，亚洲和印度之间的植物区系交流可以通行，亚洲中南半岛和中国云南省南部起源的魔芋属植物通过横断山脉、喜马拉雅山脉首先扩散到印度东北部边境地区和喜马拉雅山脉南坡，进而通过沿海森林茂密的山地伸入南部的热带高地，但德干高原的干、热环境成为林下草本魔芋属植物的生态障碍而难以留居。

魔芋从印度传播到非洲，可能是通过喜马拉雅山脉南坡的不丹、尼泊尔、阿萨姆、西姆拉至克什米尔、阿富汗，并从非洲东北部进入非洲，主要分布于非洲东部、南部，次为中部，西部较少。撒哈拉沙漠及热带沙漠气候和热带草原气候造成非洲的生态环境与魔芋起源地差异较大，成为继续传播的生态环境障碍。

魔芋属植物从原产地中南半岛向南传播，通行无阻，由马来西亚向南进入马来群岛（东南亚）。地质资料证明（李恒，1986），马来群岛是亚洲大陆的一部分，直至更新世才中断。其中，苏门答腊、爪哇、帝汶在一定程度上是横断山脉的延续，从而较顺利地传播到东南亚各岛屿直至赤道附近，成为魔芋属分布的南界。

魔芋属植物从云南省扩散到中国西南的广西、四川、贵州，翻越秦岭北上到陕西、甘肃、宁夏，向东则扩散到广东、福建、台湾等山地，再到菲律宾。全长江流域均有分布，进而传播到朝鲜和日本，已超过了 N36°的地区，成为魔芋属分布的北界。

这就形成了魔芋在全球的分布格局。但其分布中心仍是由印度、中南半岛到东南亚，是其起源地的延伸扩展。在这个分布中心里，由于长期的气候变迁，如冰川的出现，低温、干旱或酷热的袭击及自然杂交引变及突变，经过人类的选择以及人为对魔芋适生生态环境的破坏和干预，因此在分布中心里演化出许多新生种，至今已达 126 个种，约占全球总数的 77%。所以，此分布中心同时也是分化中心。

在这个分布、分化中心里，孕育了一个适应性范围最广，并能耐较低温的种 A. konjac（花魔芋），它从喜马拉雅山区分布到中南半岛，再到中国的甘肃及日本，从 N10°~36°以北，海拔 600~2 500m 地方均生长良好。此外，还孕育了能与魔芋原产地生境不相符合的干热生境的 A. bulbifer（珠芽魔芋）和 A. paoeniifolius（疣柄魔芋）。

魔芋从亚洲传入非洲的时期可能较晚，在地跨南纬和北纬各 30°的非洲，在与原产地生长期间温暖、湿润、多荫蔽的生境迥然不同的条件下，魔芋逐渐分化出适应非洲大陆条件的 32 个种，它们能在热带草原气候下的稀疏草原、灌丛或森林边缘的坡地，甚至在水蚀石灰岩相当暴露的地区生存，从而成为能适应干、热生境的新种群。但是非洲的魔芋种群仍较单一，未能构成一个分化中心。

第三节　中国魔芋植物的分类

魔芋在植物学分类上属于天南星科（Araceae）魔芋属（*Amorphophallus* Blume）植物。魔芋有很多个种，近年随着生产和科学技术的需求和发展，中国又陆续发现了一些魔芋的新种，并对中国魔芋属植物的学名进行了订正。

一、中国魔芋属新增加的种

《中国植物志》（天南星科）1979 年出版之后，中国魔芋（原文写作磨芋）属又增加了 13 个种（加"＊"者为中国特有种）。

1. 东京魔芋　*A. tonkinensis* Engl. et Gehrm. In Engl. Pflanz.，48（4，23C）：109，1911。产中国云南省东南部和越南。

2. 勐海魔芋　*A. kachinensis* Engl. et Genrm. In Engl. Pflanz. 48（4，23C）：91，1911 [*A. bananensis* H. Li，Journ. Wuhan Bot. Resear.，6（3）：209～211，1988]。产中国云南省、缅甸、泰国、老挝。

3. 西盟魔芋　*A. krausei* Engl.，Pflanzenr.，48（4、23C）：94，1911 [*A. ximengensis* H. Li，Journ. Wuhan Bot. Resear.，6（3）：212～214，1988]。产中国云南省西部、缅甸、泰国北部。

4. 田阳魔芋　*A. corrugatus* N. E. Brown，Kew Bull.，（6）：269，1912。产中国广西和云南、泰国、缅甸。

5. ＊白魔芋　*A. albus* P. Y. Liu et J. F. Chen，J. SW. Agri. college，6（1）67～69，1984。产中国四川省南部和云南省北部。

6. 结节魔芋　*A. pingbianensis* H. Li. et C. L. Long，Aroideana，11（1）：4～6，1986。产中国云南省东南部和越南北部。

7. ＊桂平魔芋　*A. coaetaneus* S. Y. Liu et S. J. Wei，Guihaia，6（3）：183～186，1986。产中国广西壮族自治区。

8. ＊攸乐魔芋　*A. yuloensis* H. Li，Journ. Wuhan Bot. Resear.，6（3）：211～212，1988。产中国云南省南部。

9. ＊矮魔芋　*A. nanus* H. Li et C. L. Long，Aroideana，11（1）：8～9，1988。产中国云省南东南部。

10. 红河魔芋　*A. hayi* W. Hett. Blumea 39：258，1994。产中国云南省东南部、越南北部。

11. 滇越魔芋　*A. arnautovii* W. Hett. Blumea，39：245，1994。产中国云南省东南部、越南东部和中部。

12. ＊香魔芋　*A. odoratus* W. Hett et H. Li，Blumea，39：365，1994。产中国香港特区。

13. ＊曾君魔芋　*A. zengii* C. L. Long et H. Li. 产中国滇南。

　　迄今中国魔芋可能还有未曾记载过的，有些还因其缺乏花器或营养器官的标本，一时仍难以肯定，所以要澄清中国魔芋属的分类问题，还需要一个较长的时间。

二、中国魔芋学名的订正

　　李恒 1998 年对《中国植物志》（1979）中魔芋属植物的学名作了如下的订正（表 31 - 3）。

表 31 - 3　中国魔芋属植物学名的订正
（李　恒，1998）

原《中国植物志》中的学名	订正后的学名
硬毛魔芋 A. hirtus N. E. Brown	*密毛魔芋 A. hirtus N. E. Brown
白毛魔芋 A. niimurai Yamamoto	*台湾魔芋 A. henryi N. E. Brown
疏毛魔芋 A. sinensis Belvel	东亚魔芋 A. kiusianus （Makino） Mikino
灰斑魔芋 A. micro - appendiculatus Engler	疣柄魔芋 A. paeoniifolius （Dennst.） Nicolson**
疣柄魔芋 A. virosus N. E. Brown	疣柄魔芋 A. paeoniifolius Nicolson
大魔芋　A. gigantiflorus Hayata	疣柄魔芋 A. paeoniifolius Nicolson
天心壶　A. bankokensis Gagnep	疣柄魔芋 A. paeoniifolius Nicolson
湄公魔芋 A. mekongensis Engl. et Gehem.（中国不产）	
滇魔芋　A. yunnanensis Engl.	滇魔芋 A. yunnanensis Engler**
南蛇棒　A. dunnii Tutcher	南蛇棒　A. dunnii Tutcher**
梗序魔芋 A. stipitatus Engl.	*梗序魔芋 A. stipitatus Engl.（?）
蛇枪头　A. mellii Engl.	*蛇枪头　A. mellii Engler
野魔芋　A. variabilis auct. H. Li	东亚魔芋　A. kiusianus （Makino） Mikino
东川魔芋 A. mairei Leveille	魔芋（花魔芋）A. konjac K. Coch**
魔芋 A. rivieri Durieu ex Carriere	魔芋（花魔芋）A. konjac K. Coch
台湾魔芋 A. henryi N. E. Brown	*台湾魔芋 A. henryi N. E. Brown
香港魔芋 A. oncophyllus Prain（中国不产，原中文名称不妥）	
珠芽魔芋 A. bulbifer auct. H. Li	攸乐魔芋 A. yuloensis H. Li**

　　注：＊中国特有种；＊＊云南分布。此表未从原作用"磨"字。

三、中国魔芋属植物检索表

中国魔芋属植物分种检索表
（李　恒、龙春林，1998）

1. 花序柄长于或短于佛焰苞。
　　2. 根茎伸长，木质或为块茎组成的连体，不每年换头；常绿草木，一叶可生存 2～3 年。
　　　3. 根茎伸长，平卧。
　　　　4. 根茎分枝，25cm 长，粗 5cm；肉穗花序远长于佛焰苞；附属器纤细，长 20～38cm ……………………………………………………………………… 1. 红河魔芋 A. hayi
　　　　4. 根茎念珠状。
　　　　　5. 叶片无珠芽；花序柄绿色无斑块；肉穗花序等长或稍长于佛焰苞，长约 10～15cm ……………………………………………………………… 2. 结节魔芋 A. pingbianensis
　　　　　5. 叶片中央和一次裂片分叉处有珠芽；花序柄亮绿色有灰色斑块；肉穗花序长于佛焰苞，肉穗花序长 10～12cm；佛焰苞长 6～12cm …………………… 3. 桂平魔芋 A. coaetaneus

3. 根茎扁球形，宿存，数个组成连体；肉穗花序（11～19.5cm）远长于佛焰苞（7～11.5cm）；附属器狭圆锥形，长 8～13cm ‥‥‥‥‥‥‥‥‥‥‥‥‥‥‥‥‥‥‥‥ 4. 滇越魔芋 A. arnautovii
2. 块茎扁球形，花时无叶。
　　6. 肉穗花序明显长于或等于佛焰苞。
　　　　7. 肉穗花序明显长于佛焰苞；附属器紫色，长圆锥形；佛焰苞漏斗形，舟状。
　　　　　　8. 附属器被密毛，长 25～37cm ‥‥‥‥‥‥‥‥‥‥ 5. 密毛魔芋 A. hirtus
　　　　　　8. 附属器无毛，长 20～35cm ‥‥‥‥‥‥‥‥‥‥‥ 6. 花魔芋 A. konjac
　　　　7. 附属器近等长于佛焰苞。
　　　　　　9. 佛焰苞漏斗状，先端长渐尖，反折；肉穗花序长圆锥形，不存在中性花序。
　　　　　　　　10. 附属器无毛，黄色，长 5.5～8cm ‥‥‥‥‥‥ 7. 蛇枪头 A. mellii
　　　　　　　　10. 附属器黑色或暗紫色，具绿色斑点，无毛或具少数长毛 ‥‥‥ 8. 东亚魔芋 A. kiusianus
　　　　　　9. 佛焰苞舟状，先端锐尖，下弯，不反折；肉穗花序圆柱形，雌、雄花序之间有一段中性花序。
　　　　　　　　11. 叶柄和花序柄绿色或有灰色斑块，较短，长 30～40cm；中性花序长 1cm，白色‥‥‥‥‥‥‥‥‥‥‥‥‥‥‥‥‥‥‥‥‥‥‥ 9. 白魔芋 A. albus
　　　　　　　　11. 叶柄和花序柄绿色具暗绿色长圆形斑块，长 70cm；中性花序白色，长达 8cm 以上 ‥‥‥‥‥‥‥‥‥‥‥‥‥‥‥‥‥‥‥‥ 10. 西盟魔芋 A. krausei
　　6. 肉穗花序短于佛焰苞；佛焰苞舟状；附属器短圆锥形、卵形、圆柱形。
　　　　12. 叶片具珠芽；叶面和花序绿色无斑块；佛焰苞舟状，肉红色；附属器短圆锥状，长 1.5～2.8cm ‥‥‥‥‥‥‥‥‥‥‥‥‥‥‥‥‥ 11. 攸乐魔芋 A. yuloensis
　　　　12. 叶片无珠芽；叶柄和花序绿色或灰色具斑块。
　　　　　　13. 附属器光滑无疣皱。
　　　　　　　　14. 附属器短圆锥形、圆柱形，先端截平，长 7.5～8.5cm，表面具脑状皱纹 ‥‥‥‥‥‥‥‥‥‥‥‥‥‥‥‥‥‥‥‥‥ 12. 田阳魔芋 A. corrugatus
　　　　　　　　14. 附属器短圆锥形、卵形，长 3cm，表面具纵沟 ‥‥‥ 13. 勐海魔芋 A. kachinensis
　　　　　　13. 附属器表面光滑无皱。
　　　　　　　15. 附属器密生疣刺，具胡萝卜香气，长 8～12cm ‥‥‥ 14. 香魔芋 A. odoratus
　　　　　　　15. 附属器光滑无疣刺。
　　　　　　　　16. 附属器青紫色，短圆锥形，长 3.8～5cm，直径 1.5～2.5cm ‥ 15. 滇魔芋 A. yunnanensis
　　　　　　　　17. 附属器灰白色，狭圆锥形，长 6cm，直径 2cm ‥‥‥ 16. 东京魔芋 A. tonkinensis
　　　　　　　　17. 附属器黄色，长卵形，长 4.5～14cm，直径 1.5～6cm ‥‥‥ 17. 南蛇棒 A. dunnii
1. 花序柄明显短于佛焰苞。
　　18. 佛焰苞斜钟形，先端渐尖，展开并反折；附属器暗紫色、黄色，长于 16cm。
　　　　19. 佛焰苞与附属器近等长；附属器粗壮，长 16cm，粗 3.5～4.5cm ‥‥‥ 18. 矮魔芋 A. nanus
　　　　19. 附属器（9～23cm）明显短于肉穗花序（20～45cm），附属器细长，达 15cm ‥‥‥‥‥‥‥‥‥‥‥‥‥‥‥‥‥‥‥‥‥‥‥ 19. 台湾魔芋 A. henryi
　　18. 佛焰苞非斜钟形。
　　　　20. 花序柄具疣刺；肉穗花序无柄；佛焰苞檐部展开成荷叶状，边沿波状；附属器呈不规则的球状圆锥形，长 20cm，直径 22cm ‥‥‥‥‥‥ 20. 疣柄魔芋 A. paeoniifolius
　　　　20. 花序柄（长 3.5cm）光滑；肉穗花序具柄（长 2cm）；佛焰苞长圆形，舟状，长 12cm，宽 4～4.5cm；附属器圆锥状，长 5cm，直径 1.2cm ‥‥‥‥‥ 21. 梗序魔芋 A. stipitatus
（注：此表未从原作用"磨"字）

第四节　魔芋的形态特征与生物学特性

魔芋为热带森林下层所孕育的多年生草本植物，作为一年生球茎作物栽培，其特征和特性反映了系统发育环境形成的印迹。

一、形态特征

魔芋植株的地下部由变态短缩的球状肉质块茎（即球茎）及其上端发出的根状茎、弦状根和须根构成。魔芋为单子叶植物，其地上部由球茎顶芽发生的一个粗壮叶柄及多次分裂的复叶构成（图31-4）。4龄以上的球茎可能从其顶芽抽出花茎及佛焰花，能结果而不抽叶。

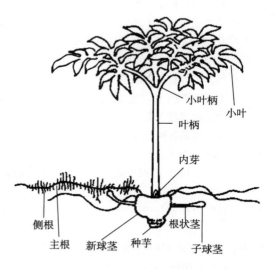

图31-4　魔芋全株图
（《最新こんにゃく全书》，日本平成3年，山贺一郎绘）

（一）根

魔芋的根为不定根组成。由种球茎顶端生长点的薄壁分生细胞分化形成肉质弦状不定根，其上发生须根（侧根）及根毛，须根与弦状根基本成直角。魔芋种球茎的顶芽萌发时，其基部（即种球茎的顶部）开始形成新球茎，所以这些弦状根也就集中在新球茎的颈部及肩部而形成浅根系。弦状根长约30cm，最长可达1m，水平状分布于10cm左右土壤表层。生长期中，根系不断代谢，老根枯死，新根继续发生。在产地，7月以后新根增长逐渐减少，8月中旬以后，根的生长显著减弱，球茎接近成熟时，弦状根首先衰退，近球茎端转为褐色而枯萎并从离层处与球茎脱离。魔芋根系结构造成吸收力不强与其系统发育中森林下层水分来源丰富有关。此外，魔芋根系没有"破坏性"细胞间隙，根内空气通道狭小，土壤含水量、通气性和土温变化等对根的生长都有直接影响（野村精一等，日本平成3年）。

（二）茎

魔芋的生长周期结束时植株枯萎死亡，唯有茎保留成为延续生长，孕育芽、根、叶、花、果等再生的器官。

1. 球茎的外部形态　球茎圆球形或扁圆、长圆形，皮黄至褐色，肉白色，有些种肉色偏黄。顶芽肥大，花魔芋为粉红色，白魔芋为白色。顶芽为叶芽者称"叶芽球茎"，为花芽者称"花芽球茎"，花芽较叶芽稍肥大。在顶端外围有一叶迹圈，即上个生长周期叶柄从离层脱落的痕迹。在此圈内形成稍下凹的窝称为芽窝，窝内的节非常密集，节上的芽似芽眼。整个球茎的上端虽不能见明显的节，但可见节上芽眼在球茎上明显呈螺旋状排列。球茎上端有较多的根状茎和不定根的脱落痕迹，在底部（少数在侧面）有残留的脐痕，即与种球茎脱离的痕迹，如图 31 - 5。不同年龄（1～4 年）的球茎逐渐从长圆形变成扁圆形。

图 31 - 5　球茎上端的芽窝和密集的芽眼及摘下的根状茎
（《最新こんにゃく全书》，日本平成 3 年，山贺一郎绘）

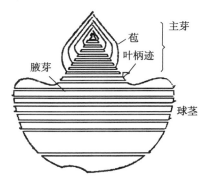

图 31 - 6　魔芋球茎结构模式图
（《魔芋科学》，1990）

2. 球茎的内部结构　在魔芋球茎结构模式图（图 31 - 6）中可见顶芽在球茎顶端中心，包括一个叶芽及其在密集的节上分化的 8～12 片鳞片叶包裹着叶芽，顶叶芽将继续分化成一个具粗壮叶柄及其叶片的复叶。鳞片叶外有一圈叶柄迹。外面无鳞片叶的节上有腋芽，以上部分构成为主芽，新球茎为主芽密集的节间伸长肥大而成。主芽向下便是球茎上端密集的节及其腋芽。腋芽可分化萌发为球茎的分枝即根状茎，还可以从节上分化出根。从球茎中部以下，节间距增大，球茎下端没有节及分生能力，不能长出侧枝和根。

球茎外部结构与其相一致的内部解剖结构相对应。刘佩瑛等（1986）切片观察，球茎纵剖面上部为分生组织，下部为贮藏组织，中部为过渡区域。上部分生组织分化形成新球茎、不定根和根状茎等。魔芋新球茎是由种球茎顶芽生长锥基部分化的形成层进行初生生长，而没有维管形成层引起的次生生长，其膨大几乎完全依靠异常分生组织的分裂活动。新球茎的维管组织呈横向与斜向分布，随着节上不定根的发生，其维管组织几乎连成一圈，球茎上端的维管组织排列较为整齐，而偏中下端由于种球茎的维管组织保留并延伸至新球茎，并与不定根的维管组织联系和交叉而使维管组织排列无序，呈现各种弯曲。

成熟球茎的横剖面可见表皮的叠生木栓组织即周皮，其内是约有 20 层细胞的皮层，其薄壁细胞含少量淀粉，还有少量含晶细胞。再内是薄皮贮藏组织，有两类细胞：一类是普通薄壁细胞，主要内含物是大量淀粉；另一类是异细胞（idioblast）或称囊状细胞，内含魔芋葡甘聚糖晶体，又可称含晶细胞，圆球形或椭圆形，直径达 0.2～0.6mm，比普通细胞大 5～10 倍以上，无规则地、均匀地分布于整个薄壁组织中。在显微镜下可见到异细胞周围被很多普通细胞紧紧包裹着，在电镜下见到表面构成网状结构，其中的葡甘聚糖呈晶体状、半透明，在偏振光下，呈现双折射特性。此外，还有针晶细胞及体积更大的黏液细胞及黏液腔等（图 31 - 7）。

3. 根状茎的形态　一般从二年生起，球茎达到一定大小，积累了较丰富的营养物质后，其侧芽开始发育并伸长为根状茎或称走茎，俗称芋鞭。种和品种不同，发生根状茎的数量相差较大。如白魔芋能从一个球茎上发生十余条根状茎，长度 10～15cm，在肥沃土壤中，生长势旺盛者，长度能达 20～25cm，直径 1～2.5cm；而花魔芋一般只有 5 条左右，长度 8～15cm，直径 1～2cm；田阳魔芋则少有根状茎发生。由于球茎上端的节和芽最密集而中部次之，根状茎一般从球茎的上端发生（也从中部发生）。根状茎具有顶芽和节以及节上的侧芽。中国的白魔芋和花魔芋一般在根状茎顶端仅稍膨大，而日本的花魔芋在顶端8～14节可膨大成小球茎，且可自然脱离母球茎。根状茎当年一般不发芽出土形成新株，而成为下一年的良好繁殖材料。

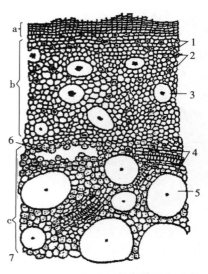

图 31 - 7　魔芋球茎横剖面

a. 周皮（叠生木栓组织）　b. 皮层　c. 贮藏薄壁组织

1. 星晶细胞　2. 针晶细胞　3、5. 葡甘聚糖细胞（含晶细胞）

4. 红色单宁细胞　6. 黏液腔　7. 黏液细胞

（《魔芋科学》，若林正道 1957 绘，1990）

（三）叶

　　魔芋叶为一大型复叶，通常一年中只发生一片叶。一般叶柄长 30～80cm，叶片由起输导组织作用的圆柱状叶柄支撑并与球茎相连。叶的再生力弱，叶片一旦受到创伤便失去了进行光合作用的器官，偶有从腋芽形成第二片叶从叶柄基部开裂处伸出，但较小，难以代替损伤了的叶。魔芋叶柄粗壮、中空，表面光滑或粗糙具疣，底色一般绿色或粉红色，上有深绿、墨绿、暗紫褐色或白色斑纹，形状各异，为区别不同种或品种的标志之一。叶片通常三全裂，裂片羽状分裂或二次羽状分裂，或二歧分裂后再羽状分裂，小裂片略呈长圆形而尖锐，基部下延与叶轴联成翅状，全缘，长 4～14cm，宽 2～6cm。叶片栅栏组织细胞间隙大，叶肉组织具大径叶绿细胞，为阴生植物的叶结构特征。各级分裂的叶片均无离层，仅在叶柄与球茎相连处具离层，所以叶柄倒伏脱落为全株性。从种子繁殖第一年起，随年龄增长，叶片分裂方式呈规律性变化，一般 4 年以后叶形稳定（图 31 - 8）。

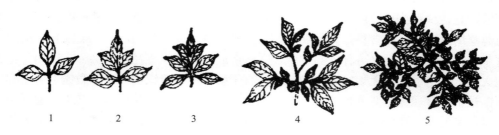

图 31 - 8　不同年龄魔芋叶形变化

1、2. 一年生球茎的叶　3、4. 二年生球茎的叶　5. 三年生球茎的叶

（《魔芋栽培新技术》，何家庆，2000）

（四）花

从播种起，花魔芋经 4 年，白魔芋经 3 年，其顶芽可能分化为花芽。花魔芋的花芽在秋收时已分化完全，其形状比叶芽肥大，能明显分辨花芽球茎及叶芽球茎，而白魔芋直到春季播栽时花芽尚未分化完全，外形难与叶芽区分，花株开花比花魔芋迟 1 个多月。

魔芋的花为佛焰花，由佛焰苞、肉穗花序、花葶组成（图 31-9）。魔芋花为裸花，虫媒，单性同株，花在花序轴上呈螺旋状排列，是较为原始构造的花序。

图 31-9 魔芋的佛焰花
(Hettercheid W. 等, 1996)

1. 佛焰苞 宽卵圆形或长圆形，不同的种有暗紫色或绿色、乳白色等多种色泽及花纹，基部漏斗形或钟形，席卷，里面下部多疣或具线形凸起，檐部稍展开，有多种形状及色彩，开花后凋萎脱落或宿存。

2. 肉穗花序 直立，长于、等于或短于佛焰苞，下部为雌花序，上接可育雄花序，最上为附属器，个别种如白魔芋在可育雄花序之下有一段中性花序。未受粉之前雌、雄花序多为白色，受粉后渐转为褐色。附属器的粗度和长度、形状及色泽多样。雄花有雄蕊 1、3、4、5、6 个，雄蕊短，花药近无柄，药室室孔顶生或稍偏，常两孔汇合成横裂缝。花粉为球形。雌蕊有心皮 1、3、4，子房近球形或倒卵形，有 1、2、3、4 室，每室有倒生胚珠 1 粒，着生于基底，花柱延长或短缩，柱头多样，一般头状，2～4 裂或不裂。

魔芋的花为雌蕊先熟型，雌花比雄花早熟 1～2d，且雌花受精的时间短，同株的雄花开花时，雌花已不能受粉受精。因此，若只有一株开花，便不能获得"种子"，但若有多株同时同地开花，由于各株开花时间有先有后，便可能异株授粉受精而获得"种子"。魔芋开花时放出各种臭味，授粉媒介为甲虫和粪蝇，还有长形吊脚蜂，特别是绿色的粪蜂。

3. 花葶 连接佛焰花和球茎，起支撑和输导作用，相当于植株上的叶柄，色泽和形状均与叶柄相似。

4. 魔芋花序发放奇异气味及发热的组织 Kite-GC 和 Hetterschild-WLA（1997）以荷兰植物园所栽 18 种（species）魔芋的花序所发放的气味分析表明，有些种放出的腐尸气味主要成分为二甲基寡硫醚（dimethyloligosulfides）。不同的种由不同的一、二种化合物控制，如二甲胺、异己酸、4-甲氧基苯乙基醇、乙酸乙酯等共同控制。若气味中含有二甲基寡硫醚就会吸引腐尸昆虫。不同的种和花序部位发出的不同气味所吸引的昆虫也不同，但一般为腐尸甲虫及粪蝇。Weryszko-Chmielewska 和 Stpiczyń-ska（1995）报道，魔芋花序的附属器发放气味最浓，次为雄蕊和佛焰苞的上端，再次为佛焰苞的中部，而基部不能发放气味（表 31-4）。

表 31 - 4　花魔芋花序发放气味和热及其腺组织的组织化学定位

花序部位	气味的发放量		放热	在表皮细胞及其表面出现分泌液
	Vogel S. 研究	Stpiczyńska 等研究		
附属器	+	+++	+	+
雄　花	-	++	++	+
佛焰苞上段	-	+	++	+
佛焰苞中段	-	+	+	+
佛焰苞下段	-	-	+	+

注：+表示发放量。

　　魔芋花序在临近开花及开花期间放热。Hetterscheid 等报道（1996），开花当天附属器放热温度可比环境温度高 13℃。Yafuso（1993）等认为天南星科植物花序放热是强化所分泌气味物质的扩散。Skubatz（1996）等报道，花魔芋开花时花序的不同部位放热量不同，雄花和佛焰苞顶端的温度可达 24℃，而附属器为 22℃。由呼吸引起放热有其相适应的内部结构，放热部位的细胞间隙很大，利于热的发散。

（五）果实与种子

　　魔芋果实为浆果，椭圆形，初期为绿色，成熟时转为橘红色或蓝色。

　　果实中的"种子"在形态上是一个典型的无性器官——小球茎。赵蕾、刘佩瑛（1987）对魔芋胚胎学研究表明，雄配子体和雌配子体及八核胚囊的形成和双受精等过程均正常，但在合子发育不久后即转入单极发育，不再形成子叶、胚根和胚芽而分化发育成球茎原始体，并在珠孔端形成生长点，表面细胞分化形成叠生木栓取代珠被，有的魔芋其木栓层厚，形成硬壳。胚乳的养分被消耗而逐渐消失。在子房壁内形成完整的小球茎，可能是由未成形的胚轴变态发育而来，实质上仍是一个有性器官。每株 1 花序，每花序约有成熟"种子"200 粒，单粒平均重约 0.25g，由鸟类啄食果实时自然传播（图 31 - 10）。

图 31 - 10　魔芋的果实与"种子"
（张盛林摄）

二、生长发育周期

　　生长周期是指作物从播种到产品成熟收获的时期，生活周期是指作物从种子萌发到下一代种子成熟的周期（《英汉农业大辞典》，1990）。许多一、二年生种子植物的生长周期和生活周期是一致的。而魔芋为多年生草本，春季播种后，秋季植株倒伏，地下球茎成熟，完成第一个生长周期；第二年春季栽种球茎，秋季植株倒伏，收获其二年生球茎，如此经过 4 个生长周期后才能开花结籽完成其生活周期。

（一）生长周期

1. 植株的来源　魔芋植株是从位于叶芽球茎顶端中空叶柄基部中心的顶芽分化、生长而来。在产地，春季球茎休眠期结束后，约 4 月初其顶芽生长锥的分生细胞活跃起来，向上分化叶原基，进而形成叶柄轴及其复叶；向下分化形成原形成层，进行初生生长，形成新球茎。同时，位于鳞片基部球茎节上的一些薄壁细胞发生分裂，分化出根。至此，构成魔芋植株地上部和地下部的各器官均已启动了分化并正在继续生长。在魔芋植株形成上还有一个比较特殊的现象就是当顶芽生长锥分生组织向上分化生长叶柄轴和复叶的同时，生长锥在其周围又开始为下一年分化鳞片，当芽萌动之后约 1 个月，上端已分化出裂叶轴和小裂叶，并继续向成熟组织生长，当叶长到 3cm 时，新球茎顶芽下端生长锥周围的鳞片已出现 4 片。此后，在植株地上部和地下部均进入旺盛生长期后，生长锥的活动便缓慢下来，直到 11 月植株倒苗，收获的新球茎进入休眠期，完成了生长周期时，也只见到有 6～8 片鳞叶。

由于该新球茎顶芽的位置是围在叶柄基部中央，日本学者的有关著作（《最新こんにゃく全书》，日本平成 3 年；《魔芋科学》，1990 等）称它为内芽，而此内芽在已分化好了次年的鳞片的基础上，翌春芽萌动后又如上述过程，分化、生长下一代新的叶、球茎和根，故日本的有关著作描述"魔芋的内芽即为次年的主芽，分化建成次年的植株"（图 31-11）。如此年复一年，经过 4～5 个生长周期后，顶芽分化为花芽而封顶不再长出叶和新球茎，仅有花序开花结籽而结束其生活周期。

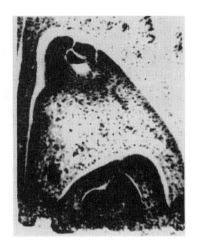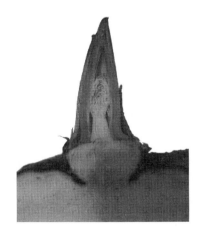

上端为正在分化的叶，
下端为顶芽的生长锥

从上而下示鳞片、叶、
新球茎、生长锥、种球茎

图 31-11 魔芋叶芽分化和生长
（左为孙远明摄，右为张盛林摄）
（《花魔芋球茎休眠特性的研究》，1998）

2. 生长周期的分期

（1）种球茎衰减期 在产地，叶芽球茎休眠期从 11 月到次年 3 月，约经 5 个月。休眠结束后，当温度回升到 14℃，叶芽开始萌动，3～4 月栽种后，种球茎所含营养物质迅速分解供鳞片伸长、发根、萌芽、出叶及新球茎形成所需，约 2 个月后在 7 月初时，种球茎枯竭脱落，完成新老球茎的最终交替，俗称"换头"。

（2）叶和球茎迅速生长期　从 7 月初到 8 月初，约经 1 个月，叶面积达峰值，球茎葡甘聚糖增加 110％，含量达 50.9％（干基），淀粉含量增加约 8 倍，已达稳定峰值 10.9％。

（3）球茎继续膨大充实期　从 8 月到 9 月底，持续约 2 个月，净同化率达最高，光合产物大量运转积累到球茎中。此期球茎鲜重及干物质重分别占全生育期的 63％ 及 50％，葡甘聚糖及干物质含量已分别稳定在 55％ 和 10％ 左右。此期是决定魔芋产量形成及品质优劣的关键时期。

（4）球茎成熟休眠期　此期从 9 月底到 10 月底。干物质增长速度陡降，叶逐渐枯黄至倒伏，球茎已成熟并进入休眠期。

（二）生活周期

魔芋从播种起经 4～5 个生长周期便可由营养生长转化为生殖生长，完成生活周期。此"转化"的表现是花芽形成，其机理与植株的生理生化基础特别是与内源激素的关系既密切又较复杂，至今仍未很明确。但从形态发育上，孙远明等（1995）观察到花芽分化和萌发的过程与叶芽不同，4 月时，当内芽生长锥萌动后向上分化叶轴和裂叶时，生长锥的分生组织便向转化为花芽的方向活动。先分化了约 5 片鳞片，接着就分化花器（图 31-12），到当年 8 月时花器分化已完成，球茎进入休眠后，花器不再生长。因花芽萌动所需温度较叶芽低，翌春比叶芽提前萌发，4 月下旬至 5 月上旬即可开花，夏季结籽后，球茎衰竭而结束其生活周期。魔芋不同的

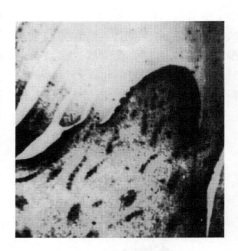

图 31-12　魔芋花芽的分化
（孙远明等，1995）

种，其花芽分化和生长的时间不完全一致，如白魔芋（*A. albus*）在秋收后，球茎顶芽只能见到鳞片，要待春暖后才开始分化花器，因此开花期比花魔芋（*A. konjac*）要晚 1 个月以上。

三、魔芋属植物形态及生长习性的多样性

（一）植株

1. 大型植株　*A. titanum* 球茎纵径 40cm，横径 65cm，重 75kg；叶柄长 5m，基部直径 20～30cm，冠径 7m；花序柄长 30～70cm，花序长达 2.5m，附属器长 1.5m；果穗长度可达 150cm，佛焰苞长 160cm。花序之大为天南星科植物之冠，且为世界最大的单花序，雌花和果穗之大为全属之冠。冠径之大仅有 *A. gigas* 可比（图 31-13）。

A. gigas 球茎重 70kg，叶柄长 3～4m，花序长达 4.36m，花序柄也达 2～3.5m，肉穗花序长 1.5m，为本属第二大型种，但花序长尚未超过 *A. titanum*，如图 31-14、图 31-15。

图 31-13 *A. titanum* 的花

(Hettercheid W.，1996)

图 31-14 *A. gigas* 的花

(Hettercheid W.，1996)

图 31-15 *A. gigas* 的植株

(Hettercheid W.，1996)

图 31-16 *A. albus* 的植株

（张盛林摄）

2. 小型植株 *A. albus* Liu et Chen 球茎直径 10cm；叶柄长 40cm，基部粗 2cm，冠径 40cm；花序柄长 30cm，肉穗花序长 10cm，佛焰苞长 11cm，宽 30cm，如图 31-16。

其他，如 *A. yuloensis* H. Li 及 *A. yunnanensis* 等也属小型植株类型。

魔芋属其他种的植株大小居上述大型植株与小型植株之间，小部分偏于大型或小型种。

（二）花器

　　魔芋佛焰花的佛焰苞及附属器的形态和色彩特别丰富：如 *A. eichleri* 的花器小巧秀丽，其佛焰苞檐部反卷如花边，色深紫，附属器高出佛焰苞，长圆锥形，中部凸凹不平，似一小虾，如图 31 - 17；*A. ankarana* 的佛焰苞管部宽松包围花序，檐部敞开再拗曲收缩，又敞开，似收腰花裙，边缘皱折，形态美妙，如图 31 - 18；*A. titanum* 的花器硕大，佛焰苞钟状，宽三角形，长 160cm，檐部展开成环形，边缘以许多小钝三角形分裂形成折襞，脉纹粗壮发育而突起，佛焰苞深紫褐色，花器十分壮观美丽，如图 31 - 19。

图 31 - 17　*A. eichleri* 的花	图 31 - 18　*A. ankarana* 的花	图 31 - 19　*A. titanum* 的花
（Hettercheid W.，1996）	（Hettercheid W.，1996）	（Hettercheid W.，1996）

（三）珠芽

　　魔芋属中有少数种能在叶部形成珠芽，如中国特有种 *A. coaetaneus* Liu et Wei（桂平魔芋）在叶片中央及 I 次裂片分歧处形成小球茎，即珠芽，如图 31 - 20。*A. bulbifer* 也能在小叶片上面或叶柄分歧处形成珠芽 1 个或几个；*A. angulatus* 在老叶柄里面产生内生株芽，如图 31 - 21。

图 31 - 20　魔芋叶柄 I 次分歧处的珠芽	图 31 - 21　叶柄内生珠芽
（引自《最新こんにゃく全书》，日本平成 3 年）	（Hettercheid W.，1996）

（四）叶

魔芋叶与同科其他芋不同，一株魔芋在一个生长周期内只长 1 片复叶。在产地，一般 6 月展叶，10 月倒伏死亡，生长期中没有叶的更新替换。但有少数种如 *A. arnautovii* 的叶能在植株上坚持 3 年不倒伏，成为常绿植物。中国特有的 *A. pingbianensis* Li et Long 也为常绿植物。

（五）花叶出现的关系

一般魔芋顶端优势极强，只要顶芽分化成为花芽，则其下的叶芽均不能长出，一般称为"花叶不见面"。但有少数种如 *A. arnautovii* 及 *C. coaetaneus* 等却能先出叶后出花，或先开花后出叶。非洲马达加斯加的种中，花、叶在同一季节出现，一般花先于叶，亚洲的种一般叶先于花，如图31-22。

图 31 - 22　花叶"见面"植株（张盛林摄）

（六）球茎的生长习性

魔芋一般每年栽种一次，种芋为新株及新球茎提供营养后自我萎缩脱落，称为"换头"。但有少数种为常绿，其地下根茎连年继续生长而不"换头"。如 *A. hayi* 的根茎呈长条形；中国的结节魔芋（*A. pinbianensis*）也属此类，根茎连年继续生长，呈念珠状；滇越魔芋（*A. arnautovii*）的根茎呈扁球形，组成连体，三者均不"换头"。

（七）球茎内含物葡甘聚糖

非洲和印度种的球茎一般不含葡甘聚糖。印度普遍利用的为疣柄魔芋（*A. paeoniifolius*），其球茎内含物主要为淀粉，只有亚洲中南半岛和中国原产并扩散到日本、东南亚的花魔芋（*A. konjac*）为首的许多种才含不同数量和质量的葡甘聚糖。

四、开花受粉特性和调控

（一）开花受粉特性

魔芋开花受粉特性如下：

1. 雌蕊早熟　魔芋均为雌雄蕊同花序而异花，一般同一花序的雌蕊比雄蕊早熟 1～2d，柱头表面充满黏液，最适受精的时间只有 1d，特别是空气湿度低、温度高时。当雄蕊散放花粉时同株雌蕊已失去授粉受精能力，因此魔芋均为同株不育。

2. 花期不遇　魔芋属不同种植物的开花期相差很远，可从 3 月至 9 月先后开花。根据张盛林等（1998）的观察，4 个不同的种开花期相距 1～2 个月（表 31 - 5）。

表 31 - 5　不同魔芋的开花习性

（张盛林等，1998）

种　名	花芽萌动时要求的温度（℃）	开花时要求的温度（℃）	花粉散出时要求的空气湿度（%）	花　期（年·月·日）	单株自交结实率（%）
白魔芋（金阳）	>18	>25	>65	92.5.29～6.12	0
白魔芋（屏山）	>18	>25	>65	93.6.1～6.20	0
花魔芋（万源）	>15	>20	>80	92.4.20～5.10 93.4.27～5.15	0
田阳魔芋	>16	>22	>75	93.4.5～4.13	0
疣柄魔芋	>17	>25	>70	92.5.10～5.15	0

3. 对开花的环境条件要求严格　从表 31 - 5 看出，花粉散出与环境湿度关系密切，一般要求较高的空气相对湿度（RH）。当环境 RH 过低时，佛焰苞虽能展开，但花药不能开裂，花粉不能散放。不同的种，其花粉散开对环境最低 RH 的要求不完全相同，在晴天室外 RH 为 65% 时，白魔芋仍能开花且正常散出花粉；而花魔芋散粉要求较高的 RH，若在室外，只有当雨后天晴，RH 大于 80% 以上时才能正常散出花粉，否则花药不能开裂。田阳魔芋及疣柄魔芋对 RH 要求稍低，环境 RH 为 70%～75% 均可正常开花散粉。

开花所需温度必须满足各个种所需的温度低线以上始能开花，如花魔芋必须在 15℃ 以上，而白魔芋和疣柄魔芋必须分别在 18℃ 和 17℃ 以上。

4. 生活周期过长　需 4 年左右，不同的种所需年限不完全一样，如白魔芋所需年限最短，一般为 4 年，甚至 3 年生即可开花，而花魔芋一般需 4 年以上。植株之间也有差异，植株生长条件好，球茎大者较同龄而球茎小者开花为早。由于开花所需年数过长，给种质资源的鉴定和杂交育种等工作带来困难。

5. 花粉发芽率较低　花粉的保存条件和成活期等报道甚少。但已知魔芋花粉发芽率较低。

6. 远缘杂交不亲和　魔芋种内品系间杂交一般亲和性较好，种间杂交除白魔芋和花魔芋之间较易成功外，其他种间杂交多不亲和。

7. 杂交技术有难度　魔芋为佛焰花序，上段为雄花序，下段为雌花序，人工授粉杂交时必须套袋隔离，而魔芋的开花球茎、开花株及花序均为肥嫩肉质，极易受伤，且花芽球茎的顶芽长出花序时，球茎并未发根，一旦受伤，就会引起整个花序甚至花株和球茎腐烂死亡，因此必须解决杂交技术问题，方能确保授粉、受精、结子。

（二）开花授粉的调控

魔芋属已知种有 163 个，种质资源丰富，具利用潜力。魔芋"种子"虽形态上为球茎，但实质为经过两性正常受精得到合子胚后的变态产物，仍属有性器官。因此，利用杂交发挥种质资源的潜力，改进栽培种的种性应为魔芋品种改良的重要途径。鉴于前述有关开花授粉所有的种种困难，西南农业大学魔芋研究中心作了有关开花授粉调控的探讨。

1. 花期不遇的人工调节　张盛林等试验（1998）将花期早的田阳魔芋、花魔芋的花芽球茎在基本已度过休眠期而花芽尚未萌发时，于 2 月下旬至 3 月上旬将其放入 6～9℃

低温下贮藏，50d 后每周分批取出，栽于室内及室外常温下，每批约经 20d 即开花，花期从 5 月初延到 7 月初，白魔芋在常温下花期为 6 月 1 日至 7 月 5 日，这样，4 种魔芋均可花期相遇（图 31 - 23）。

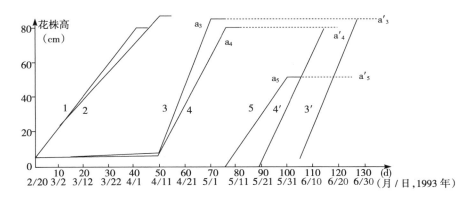

图 31 - 23　低温处理花芽球茎对延迟开花期的效应

1. 花魔芋常温室内栽培花期　2. 田阳魔芋常温室内栽培花期

3. 花魔芋先经低温贮藏，首批取出于室内常温栽培开花

3′. 花魔芋低温贮藏后末批取出开花　4. 田阳魔芋先经低温贮藏，首批取出于室内常温栽培开花

4′. 田阳魔芋低温贮藏后末批取出开花　5. 白魔芋花株田间自然开花

$a_3 \sim a'_3$. 为低温贮藏后的花魔芋花期　$a_4 \sim a'_4$. 为低温贮藏后的田阳魔芋花期

$a_5 \sim a'_5$. 为白魔芋常规栽培下的花期

（张盛林等，1998）

2. 诱花处理　1992 年及 1993 年的 3 月份，用 GA_3 100mg/L 液浸泡重 500g 的花魔芋叶芽球茎约 12h，栽于室内高湿环境及室外自然条件下，均在 6 月上中旬诱导出花器，且花叶同株。分别授以花魔芋和白魔芋花粉后，均能正常结子，说明雌蕊发育正常。但其花药不开裂，内部花粉量仅约为正常花的 1/10，且均为不育花粉，表现雄蕊败育。同样以 GA_3 处理白魔芋，则雌、雄蕊均败育，说明种不同，效果有异。

3. 花粉的保存及萌发率研究　张盛林试验（1998），4 月份将花魔芋和白魔芋新鲜花粉贮存于 22℃ 及 5℃ 下，花粉萌发率经 1d 从 40% 降到 20%，经 2d 降到 10%，经 3d 失去萌发力；−18℃ 下贮存，也在经 4d 后失去萌发力。张玉进试验（2000）以万源花魔芋的新鲜花粉经 0～6h 真空干燥，保存于 4℃、−20℃ 和 −196℃ 下 1 月及 6 月后，将 −20℃ 和 −196℃ 下保存的花粉用自来水流水化冻后，3 个温度贮存的花粉均以（25±1）℃、100%RH 下复水 0.5h，均匀散布于花粉萌发培养基上，培养基的配方为：$Ca(NO_3)_2$ 300mg/L、$MgSO_4$ 200mg/L、KNO_3 100mg/L、H_3BO_4 100mg/L、蔗糖 10% 和琼脂 0.7%，pH5.8。室温下培养 3h，统计 1 000～2 000 粒花粉的萌发率。结果表明（表31 - 6），含水量不同的魔芋花粉在 4℃ 下保存 1 个月，其萌发率基本不变，但到 6 个月时，花粉萌发率明显降低，甚至为 0。在 −20℃ 下保存 1 个月的花粉，当含水量为 3.43%～11.14% 时，花粉萌发率较高，保存 6 个月后，未干燥花粉（含水量 21.35%）的萌发率降低最多。花粉在液氮中保存 1 个月或 6 个月，其萌发率基本不变，均能保持 25%～26%，说明液氮最能长期保持最高的花粉萌发率。这可能是由于"冷刺激"的作用，在投液氮前只需真空干燥即可，不必经 PVS₂（植物玻璃化溶液，plant vitification solution）脱水处理。

表 31 - 6　保存温度、时间和含水量对魔芋花粉萌发率的影响

（张玉进，2000）

干燥时间 (h)	含水量 (%)	保存 1 个月花粉萌发率（%）			保存 6 个月花粉萌发率（%）		
		4℃	−20℃	−196℃	4℃	−20℃	−196℃
0	21.35	15.45	14.95	22.21	0	4.31	24.78
1	16.24	—	12.67	26.31	0.02	10.52	26.92
2	11.14	17.67	17.28	25.04	0.25	13.61	24.76
3	6.93	18.56	18.82	26.22	0.37	15.43	25.25
4	3.43	16.72	21.80	22.08	—	—	—
6	2.28	12.08	14.06	14.76	—	14.47	14.19

4. 交配不亲和的研究　魔芋种间亲和性问题复杂，张玉进（2001）用不同种、不同品系和一些资源材料所作 RAPD 分析表明：亲缘较近、依遗传距离聚类在一组的资源材料，以异株花粉进行杂交授粉时，亲和性较好；遗传距离愈远，愈不亲和，特别是染色体数不同的种采用一般授粉方法很难得到种子，应属交配不亲和问题。张盛林（1998）以不同种的魔芋作试验，切除柱头授粉处理者除花魔芋×田阳魔芋获得种子的效果显著及田阳魔芋×白魔芋（或花魔芋）有效外，其他交配中效果不显著。

5. 杂交技术的研究

（1）人工授粉技术　刘克颐等（1991）研究，附属器释放臭气即为招引昆虫传粉的信号，也表示雌蕊已成熟，从此时起到雄蕊将成熟散粉前是魔芋的授粉期。在授粉期间，只要花粉有活力，又无遗传隔离，人工授粉的受粉率能达 100%。从附属器释放微臭气到雄蕊成熟散粉前的时间长短，受环境气温的制约，每年 2～3 月在温室加温条件下，花魔芋为 1～3d；在露地，春季气温逐渐升高，4 月底到 5 月上旬为 2～3d，5 月中旬至下旬为 2d，白魔芋仅 1d。

张盛林等（1998）研究，魔芋的开花散粉不但要求一定的温度，而且要求较高的空气湿度，如白魔芋和疣柄魔芋要求 25℃的温度和 65%～70% 以上的 RH，花魔芋要求 20℃的温度和 80% 以上的 RH，田阳魔芋要求 22℃以上温度和 RH 大于 76%。在重庆市北碚区，不同的魔芋开花期从 4 月上中旬（如田阳魔芋）到 6 月中旬（如白魔芋）。魔芋雌蕊比雄蕊早熟 1～2d，凡佛焰苞已张开，翌日雄蕊即开始散粉，因此人工授粉必须在佛焰苞张开前 1～2d、雌蕊柱头出现黏液时抓紧进行授粉。

（2）隔离技术　杂交工作必须防止魔芋异株自交或非目的杂交。张盛林（1998）研究了三种隔离方法：一是机械隔离，对花器较大的花魔芋、田阳魔芋用硫酸纸袋或白布袋进行套袋隔离，对花器较小的白魔芋用牛皮纸信封隔离；对于仅供作父本的材料，套袋时间应在佛焰苞刚完全展开时，套袋后 24h，花粉即可散出，收集花粉后，继续套袋，直至邻近试材授粉完成 3d 后去袋；对于作母本的试材，可在授粉后 48h 去袋。如不及时去袋，袋内的高温高湿条件易造成子房和花粉发霉，从而影响子房及种子的发育。二是人工去雄，即将母本试材在雌蕊刚成熟时用刀片切去雄花序段及其上部的附属器，就地埋藏，或用高锰酸钾溶液等杀死雄蕊。为防止花序受伤，造成伤口流液过多，可及时在伤口上涂一层凡士林，或直接在雄蕊外围涂一层凡士林，花粉就不能散出，雄蕊失活即变成灰黑色。

此法不伤花序，效果更为理想。三是化学去雄，用 0.1% HgCl₂ 涂雄花或用 100mg/L GA₃ 液浸叶芽球茎能使内生叶芽转化为花芽而开花，同时雄蕊败育。其他还曾试验以 70% 乙醇、饱和 KMnO₄、100mg/L GA₃ 涂雄蕊等方法，但均不能使雄蕊完全败育。

（3）提高杂交植株成活率的技术　魔芋杂交植株易死亡，其原因有三：首先是杂交株移动过多，易导致损伤而发生软腐病。如花魔芋为调控花期，将球茎移至冷库贮存以延迟开花；在开花前必须搬到室内，保持 80% 以上的 RH；开花授粉后，移到室外栽培。如此几经搬动导致授粉后极易发病而植株死亡。其二，魔芋开花株生根困难，如花魔芋营养生长株在芽高 5cm 时即已长出须根，而开花株在株高 70cm 时仍无根，只靠球茎供给营养，由于生活力太弱，易造成受精后地上部萎缩死亡。其三，套袋隔离极易造成花器在高温高湿环境中花粉和子房、柱头霉变，导致杂交失败。提高杂交株成活的措施如下：

①少搬动以防止病害。在室外创造 RH 较高的环境，如建塑料棚等营造 RH 高的遮荫环境，直接栽培带花芽的试材，使受粉前后不再搬动。

②用 ABT 150mg/L 液或 NAA100mg/L 液浸花芽球茎，可明显促进花株魔芋须根生长，减少已受精植株因球茎萎缩，缺乏自主供给营养而死亡。

③防止花器上霉菌滋生。魔芋花器特别是柱头营养丰富，极易生长霉菌而不能成活，应尽量缩短套袋的时间，对取粉株宜在花粉散出前 1d 套袋，3d 后去袋；对受粉植株宜在佛焰苞完全开放，柱头充满黏液之前 2d 套袋，花粉散出后去袋。

④用 GA₃ 诱导花株。由 GA₃ 诱导的花株能保持营养株的特性，根系发达，生长势强，不易死株，授粉株成活率高。

第五节　中国的魔芋种质资源

世界上魔芋属共有 163 个种。据李恒、龙春林（1998）《中国魔芋属的分类问题》一文介绍，被列入中国魔芋属植物分种检索表的共计有 21 个种。全世界可食用魔芋种质资源的种数约有 20 个。中国魔芋可供食并可栽培利用的主要种类有：花魔芋（磨芋）、白魔芋、田阳魔芋、西盟魔芋、攸乐魔芋、勐海魔芋等。

一、中国魔芋种质资源的分布

（一）中国魔芋的地区分布

根据杨代明（1990）调查研究，魔芋喜温暖湿润，适温范围为 20～30℃，25℃ 为最适宜温度，适宜空气相对湿度为 80%～90%，生长期长达半年，即魔芋喜适温期长而无酷暑、干燥的地方。中国的东北、西北、青藏高原，无霜期少于 200d，热量、湿度不足，冬季气温过低，不能自然越冬，不适魔芋生长而无分布；黄河、渭河流域及其以南平原、盆地，因夏季气温过高，光照过强，湿度不够又多暴雨，也不适宜魔芋生长而无分布；向南到江淮丘陵、东南丘陵，虽属次适宜地带，但也无魔芋自然分布；秦岭大巴山地区由于海拔升高成为魔芋适种区，有了魔芋的分布；再向南至四川省盆周山地、云贵高原、南岭和岭南山地，温暖湿润，属最适宜种植区，魔芋分布逐渐增多；最南的滇南和台湾省，属准热带湿润气候特适宜种植区，魔芋种的分布数量最大。由上可见，各地区的适植程度与其孕育、保存的种质资源的多少密切相关，见表 31-7。

表 31-7 中国魔芋种质资源在各地理分区的分布

（刘佩瑛、陈劲枫，1986）

纬度	地区	种数	种名
N35°↑	秦岭山区	1	A. konjac
	四川省盆周山区	3	A. konjac、A. albus、A. dunnii
	长江淮河山区	2	A. konjac、A. Kiusianus
	长江以南山区	3	A. konjac、A. kiusianus、A. dunnii
	云贵高原*	5	A. yunnanensis、A. dunnii、A. konjac、A. albus、A. krausei
	广东省、广西壮族自治区山区	10	A. konjac、A. yunnanensis、A. paeoniifolius、A. dunnii、A. yuloensis、A. stipitatus、A. kiusianus、A. coaetaneus、A. corrugatus、A. mellii
	台湾省山区	4	A. hirtus、A. henryi、A. konjac、A. paeoniifolius
N20°↓	云南省西南部及南部准热带区	12	A. yunnanensis、A. paeoniifolius、A. yuloensis、A. hayi、A. pingbianensis、A. nanus、A. arnautovii、A. krau、A. kachinensis、Atonkinensis、A. corrugatus、A. zengii

* 除云南省西部德宏州、南部西双版纳州、东部红河州以外。

（二）中国魔芋的垂直分布

影响魔芋种质资源分布的直接因素是热量和湿度，间接因素是海拔高度、地理位置、地形地势和植被状况，其中又以海拔高度更为重要。同一地区，在海拔低的平原没有魔芋种质资源分布，且不宜种植，而在海拔高处却有分布，且能种植。纬度越高分布的下限越低，纬度越低，分布的下限越高。如广西壮族自治区和广东省，其纬度较低，魔芋种质资源比较丰富，但在所有平原地区都无魔芋分布，且不适宜种植，其种质资源多分布在500～1 200m 山地。中国魔芋海拔高度分布上线，在四川省大凉山黄茅梗向东南到贵州省的北盘江、南盘江至广西壮族自治区西部一线，此区域主要受印度洋季风气候控制，一年中干湿季节极为分明，分布上线在海拔1 700～2 400m；此线以东，属太平洋季风气候影响区，其分布上线在800～1 500m，随着纬度升高，分布上线相应降低。在云南高原，多分布在1 000～2 400m 的低丘陵地、高原、盆地、山原、山地。而在滇南热区的丰富种质资源多分布在滇西南低于2 000m 的热区及滇南和东南部300～2 000m 的热区。低海拔处，必定具备有茂密的森林调节其光照强度和湿度，这样便形成了云南省南部较狭小范围内共有12 个魔芋种的高密度分布，而成为魔芋起源中心的一部分（杨代明、刘佩瑛，1990）。

二、可食用种及中国重要的魔芋种

（一）可食用种

魔芋属虽有163 个种，但有些种的根茎组织粗糙，未形成为食用器官，多数则因球茎含生物碱及其他有毒物质，毒性过剧难以加工去毒，而无食用价值。目前，全球可供食用者约有 20 种，如表 31-8。

表 31-8 全世界可食用的魔芋

学 名	分 布 地
A. aphyllus Hutch	塞内加尔、苏丹
A. dracotioides N. E. Br.	从马达加斯加到波利尼西亚
A. harmandii Engl. et Grhrm	中非、科特迪瓦
A. paeoniifolius（Dennst.）Nicolson	柬埔寨、越南、印度
A. prainii Hook. f.	泰国、马来西亚西部、东加里曼丹
A. titanum（Becc.）Becc. ex Arcang.	苏门答腊、缅甸
A. variabilis Blume	菲律宾、爪哇、马来西亚
A. oncophyllus Prain et Hook. f.	中南半岛、东南亚
A. bulbifer Br.	印度、爪哇
A. corrugatus N. E. Brown	中国广西和云南省、泰国、缅甸
A. kachinensis Engl. et Gehrm	中国云南省、缅甸、泰国、老挝
A. kiusianus Makino	中国东部及台湾省、日本南部
A. krausei Engl.	中国云南省、缅甸、泰国北部
A. konjac K. Koch.	中国、日本、印度尼西亚、菲律宾
A. tonkinensis Engl. et Gehrm.	中国云南省、越南
A. yunnanensis Engl.	中国云南省、泰国、老挝、越南
A. albus P. Y. Liu et J. F. Chen	中国四川南部及云南北部（中国特有）
A. odoratus Hett. et H. Li	中国香港特区（中国特有）
A. nanus H. Li et C. L. long	中国云南省东南部（中国特有）
A. yuloensis H. Li	中国云南省南部（中国特有）

（二）中国的几个重要种

中国可食用并可栽培利用的重要种如下：

1. 花魔芋 A. konjac K. Koch. 该种分布于喜马拉雅山地至泰国、越南，中国从南到北各分布区均有该种，并传至日本和菲律宾，为日本和中国的最重要栽培种。其球茎含葡甘聚糖在 55％以上（干基），最高近 60％，利用价值最高。植株各部均有毒，中医可入药，主治外科病。

2. 白魔芋 A. albus P. Y. Liu et J. F. Chen 白魔芋与滇魔芋（A. yunnanensis Engl.）相似，但肉穗花序等于或短于佛焰苞，佛焰苞外面不具白色斑点，雌、雄花序之间有一段不育雄花序。该种为中国特有，分布于金沙江河谷地区，主要在四川省南部及云南省北部。它具备最佳加工质量，褐变较轻，其葡甘聚糖的含量达 60％（干基），色泽洁白，质量最佳。

3. 田阳魔芋 A. corrugatus N. E. Brown（A. tianyangense P. Y. Liu et S. L. Zhang）

该种似勐海魔芋（*A. kachinensis* H. Li），但附属器表面呈脑髓状皱突，而 *A. kachinensis* 仅具沟缝，且雄花序较大，不分裂，与滇魔芋（*A. yunnanensis*）和东京魔芋（*A. tonkinensis*）等同为佛焰苞宽大，而肉穗花序短小的一群，果实常为蓝色，但本种果实成熟后为橘红色。该种球茎内部为黄色，是中国栽培种中"黄魔芋"群的重要种，其葡甘聚糖含量近 50％（干基）。

4. 西盟魔芋 *A. krausei* Engler　西盟魔芋似白魔芋（*A. albus*），但植株比白魔芋高大。该种分布于中国云南省、泰国及缅甸北部，出现在原始常绿或落叶林的荫蔽或开阔处，常与竹子混生在花岗岩成土或近溪流处，从低地到 1 500m 处均有分布。该种的橘黄色球茎含葡甘聚糖 48.87％，品质良好。正从野生转化为栽培种，为黄魔芋类型中重要的一员。

5. 攸乐魔芋 *A. yuloensis* H. Li　攸乐魔芋为中国的特有种。似 *A. bulbifer*，但以"叶下附生珠芽"为区别，具明显花柱，柱头直径远小于子房直径。子房 2 室，苍绿色（非红色），一般属于小型植株。另外，从浆果为蓝色和佛焰苞内凹这一点来看，似可认为它与 *A. yunnanensis* 属于同一种群。该种含葡甘聚糖 33.65％，淀粉 38.75％，球茎内部黄色，属黄魔芋类型中可供利用的种质资源。

6. 勐海魔芋 *A. kachinensis* Engl. et Genrm.　勐海魔芋分布于中国云南省和泰国、缅甸北部及老挝，生长于石灰岩茂密森林及 1 000～1 500m 地区。该种似田阳魔芋（*A. corrugatus*），但后者的附属器似脑髓状，且药孔位于近顶端或近侧。此外，其植株小型而似 *A. yunnanensis*，但因它有长花柱、小柱头、单室子房和药孔位置、颜色不同等而易区别。该种含葡甘聚糖 39.8％，淀粉 46.19％。

三、魔芋的繁殖方法及种质资源的保存

（一）繁殖方法

1. "种子"繁殖　魔芋的"种子"为变态的小球茎，但仍为有性器官，这一奇异现象可能与其系统发育在半年干旱、半年潮湿的生态环境有关。一般的种子所含干物质及所吸附的水分很少，魔芋夏季开花，秋季种子成熟后，将要度过冬季、春季的干旱季节，变态的小球茎有约半年的休眠期，生命活动极微弱，便于适应逆境，且有 0.2～0.5g 以上的营养物质供给珠芽。珠芽有许多侧芽，其适应干旱的能力大大强于只有 1 个胚芽的微小种子。这种"种子"虽可借助鸟类啄食等繁衍后代，但 4 年生以上才开花结籽，每株只能收到约 200 粒"种子"，其繁殖力低下，故生产上均不采取"种子"繁殖，而仅用于育种过程对杂交后代的观察和筛选。

2. 球茎繁殖　魔芋栽植一个种球茎，生长周期结束时，种球茎早已消失，只能收到一个新球茎，只是从 2～4 龄，其重量每年能增加 10 倍至 5 倍左右。为了增加繁殖系数，可将花魔芋 0.6kg 以上、白魔芋 0.3kg 以上的球茎分切。方法是在春季下种前用利刀从顶芽纵切为 4～8 块，故意破坏顶芽，促进每块上的侧芽萌发成新株。作业时应注意切口的风干愈合，防止病菌侵入。

3. 根状茎繁殖　根状茎又称芋鞭，其数量较大，是魔芋主要的良好繁殖材料。但品

种或种不同，每个球茎上着生的根状茎数量相差较大，少者仅 3 条左右，多者可达 10～20 条，如白魔芋。一般一年生球茎仅长根状茎 1 条左右，二、三年生能长 4 条左右。根状茎上每节有芽，长达 20cm 者可切成 2～3 段，每段带芽 2 个用于扩繁。根状茎贮藏期间易失水或腐坏，应注意控制温度和湿度。

4. 组织培养快繁 用组织培养技术进行无性系加速繁殖，可从根本上解决魔芋繁殖系数太低的难题。张兴国等（1988）试验，用魔芋的球茎、根状茎、叶柄、鳞片、花茎或茎尖作为外植体均可形成愈伤组织，但以球茎切成约 0.5cm³ 小块作外植体，其组培和快繁的效果最好。若用茎尖作外植体，可同时作脱毒处理，只因脱毒苗栽后，在大田又可能感染病毒，这使多年生魔芋的脱毒效果难以延续。组培苗可经过大棚保护假植成健壮苗后定植，或以组培所得的小球茎播种，则较省事，扩繁也更快。但魔芋组培所得的小球茎仍有休眠期，因此要 4 年以上才能成为商品芋，这使组培快繁受到了制约，只能增加扩繁率而不能加快生长速率，加之组培苗成本高，农民难以负担，故此项技术尚不能应用于实际生产，仍有待于进一步研究。

（二）种质资源的保存

魔芋种质资源保存的难度较大，一因魔芋由系统发育所带来的对生态条件的要求严格，一般要求温暖（25℃±5℃）、湿润，荫蔽度 60％～80％，土壤疏松、肥沃、无病、排水良好，且魔芋的分布区域性强，孕育不同种的环境不同，其要求也不完全一致。二是魔芋的细菌性软腐病极严重，从各地收集的资源材料集中栽植后，各地来的材料其适应性、耐病性不同，因球茎或根状茎受伤，很易造成病害蔓延。因此资源圃的建立，需将收集到的球茎及根状茎或种子等及时适当晾晒风干，促进其伤口愈合；并应选自然生态条件最适合的地区及地块或用温室、大棚、遮阳网等人为创造适合的环境；每份材料间还要分隔栽植留出较大距离，栽后不再搬动，取标本或取样分析时尽量不造成受伤感病。为减少田间土壤带病传病等意外损失，也可用含有机质丰富的肥沃土壤经消毒后装盆栽植，则更有利于管理。

以上保存方式占地面积大，费时、费工，长期保存费用高，并存在较大的损失风险。而魔芋组织培养物的继代培养保存方式，不受季节和环境气候的限制，在一定程度上可节省劳力和费用，并可快速扩繁。但是，组织培养物的长期继代培养容易产生体细胞变异，不利于遗传特性的保持。据黄丹枫（1994）测定，其变异频率如表31-9。

表31-9 魔芋继代培养后再生植株体细胞染色体数目的变异频率（%）

（黄丹枫，1994）

染色体类型	继 代 次 数					
	1	3	5	6	9	11
亚单倍体（<13）	4.55	10.00	5.00	11.11	17.65	10.00
单倍体（<13）	4.55	0.00	0.00	7.41	2.94	0.00
亚二倍体（<26）	4.55	5.00	10.00	14.82	14.71	15.00

（续）

染色体类型	继　代　次　数					
	1	3	5	6	9	11
二倍体（＝26）	77.20	75.00	70.00	59.26	52.94	55.00
超二倍体（＞26）	9.09	10.00	15.00	3.70	11.76	20.00
四倍体（＝52）	0.00	0.00	0.00	3.70	0.00	0.00
观察细胞数	40.00	40.00	40.00	54.00	68.00	40.00
总变异率（％）	22.74	25.00	30.00	40.74	47.59	45.00

　　基于低温生物学理论技术发展，为了解决魔芋组培长期继代的费工和所出现的问题，张玉进等（1999—2001）试验了魔芋种质资源的试管低温和超低温保存技术，为建立魔芋试管基因库奠定了技术基础。

　　1. 魔芋茎尖试管低温保存　保存的基本程序为：茎尖分生组织无菌培养→无性系建立→合适大小的魔芋芽移入保存培养基，于25℃、1 000lx光照下预培养7d→移入4℃黑暗冰箱→保存后更新培养→遗传稳定性鉴定。

　　2. 魔芋茎尖试管超低温保存　以液氮为冷源，可使保存温度保持－196℃，在此低温下，细胞内的物质代谢和生长活动几乎完全停止，植物处于相对稳定的生物学状态，不可能产生遗传性的改变和形态发生潜能的丧失。因此，液氮超低温保存是目前较好的长期而稳定地保存植物种质资源的方法。

　　试管芽超低温保存成功的关键在于尽可能避免冷冻降温和化冻升温中细胞内结冰。因此，应掌握好以下几点：

　　（1）预培养　先经冷驯化，再进行高渗处理或二者结合进行。

　　（2）降温方式　慢速降温易造成冷冻伤害，现趋向于用快速降温理论的玻璃化冻存法。

　　（3）复合冷冻保护剂的筛选　目前，以日本学者 Sakai A. 研制的 PVS₂（Plant vitification solution）适于多种植物材料的玻璃化冻存。PVS₂ 的组成是：在 MS 培养液中加0.4mol/L 蔗糖、30％甘油、15％DMSO 和 15％乙二醇。

　　（4）化冻方式　一般是在 35～40℃恒温水浴中化冻，以防止细胞内次生结冻发生，尤其是采用玻璃化冻存时，快速化冻更是必要。

　　冻存后再生苗形态与冻存前的试管苗无差异；叶、茎中可溶性蛋白质的 SOS-PAGE 图谱无差异；用 RAPD 技术分析二者基因组 DNA 的扩增产物表明均未发现多态型，即冻存后其 DNA 未发生变化，因此茎尖经玻璃化冻存后，其遗传完整性稳定。

　　由上述可见：魔芋茎尖试管低温保存，虽操作容易，但工作量大，且随着更新培养循环次数增多，可能引起材料遗传稳定性的改变，只适宜进行中期保存。超低温保存，虽技术较难掌握，但一经建立其技术体系后，就可无限期保存于液氮中，因此是长期、稳妥的保存方法。

　　3. 魔芋花粉的保存　由于魔芋雌蕊先熟，造成魔芋花期不遇和结实困难。为开展杂交育种工作，必须解决花粉保存问题。魔芋花粉采集一二天后即逐渐丧失生活力。张玉进（2000）研究了在 3 种温度设施下保存：

（1）冷室保存　将花粉装入冻存管置于 4℃冰箱或黑暗冷库中，保存 1 个月后，在（25±1）℃、100％RH 下复水 0.5h。

（2）冷冻室保存　将冻存管快速移入−20℃冷冻室保存，可保存 1 个月至 6 个月。用自来水流水化冻，室温下复水。

（3）液氮保存　花粉冻存管化冻、复水同第 2 法。

花粉为单细胞，冻存时降温快，较少受冻害，加之花粉壁厚，有良好的保护作用，因此比组织器官的保存容易，只需注意其含水量。魔芋成熟花粉具较低含水量，可不经干燥脱水也可成功保存于 4℃、−20℃和−196℃的低温中，适当脱水可提高保存效果。液氮超低温保存对魔芋花粉萌发有明显的"冷刺激"效果（表 31-6）。

第六节　魔芋种质资源研究与创新

一、魔芋的细胞学研究

（一）染色体数

关于魔芋属植物的染色体数，国内外曾有多种报道：2n＝24、26、28、32、36、39等。但近期的研究证明只有 2n＝24、26、28 或 39，且近 80％是 2n＝26，少数为 2n＝28或 39。

（二）魔芋染色体核型

中外学者均发现同一个魔芋种的核型常因不同研究者或同一研究者所用材料来源不同而得到不同的结果。如花魔芋（A. konjac），中外学者曾有 9 个报道，除 2 个相同外，其余均不完全相同，但大同小异。龚先友（1990）以全国 9 份不同地区采集的花魔芋材料进行核型分析，认为依染色体大小排位及 sm 和 st 染色体的数目均受操作时染色体收缩程度及测量误差的影响，而将 A. konjac 的核型公式统一为 2n＝26＝16m＋10sm（2SAT），10sm 为最末 5 对染色体，1 对随体位于最小染色体的短臂上。其他几个种的核型公式如表 31-10。

表 31-10　魔芋的核型公式

种　名	研究者及时间	材料来源	核型公式	核型分类
A. albus	刘佩瑛等，1985	四川屏山	2n＝26＝16m＋6sm＋4ST（2SAT）	
A. albus	郑素秋等，1989	云南昆明	2n＝26＝2（L）m＋12（S）m＋8（S）Sm＋4（S）ST	2B
A. albus	李　恒等，1990	云南昆明	2n＝26＝20m（2SAT）＋6sm	2B
A. albus	龚先友，1990	四川屏山	2n＝26＝16m＋8sm＋2st	2B
A. krausei	龙春林等，1989	云南西盟	2n＝26＝20m＋4sm＋2st	2A
A. krausei	龚先友，1990	云南昆明	2n＝26＝22m＋4sm	1A

（续）

种　名	研究者及时间	材料来源	核型公式	核型分类
A. dunnii	郑素秋，1989		2n＝26＝4（L）ST＋4（S）m＋14（S）sm＋4（S）ST	2B
A. pingbianensis	龙春林等，1989		2n＝26＝20m（2SAT）＋6sm	2A
A. paeoniifolius	龙春林等，1989		2n＝28＝16m＋8sm＋2st	2A
A. nanus	龙春林等，1989		2n＝26＝20m＋4sm＋2st	1A
A. yunnanensis	李　恒等，1990		2n＝26＝26m	1A
A. yuloensis	李　恒等，1990		2n＝26＝22m（2SAT）＋4sm（2SAT）	2A
A. kachinensis	李　恒等，1990		2n＝26＝22m＋4sm	1A

（三）染色体带型

郑素秋（1989）用 F‑BSC 法研究了花魔芋、白魔芋及南蛇棒（*A. dunnii*）的染色体核型及 giemsa 带型，以探讨中国部分魔芋种的进化程度。结果表明（表 31‑11），其基本带型为 C 带，个别为 W 带和 T 带，核型均属 2B 类型。按它们的着丝点部位、臂指数及 N.F 值等 3 指标，这 3 个种染色体的不对称性，花魔芋最高，白魔芋最低，南蛇棒居中。因而认为，花魔芋较为进化而白魔芋较为原始，南蛇棒则居其间。

表 31‑11　3 种国产魔芋的染色体 Giemsa-C 带带型

（郑素秋，1989）

学　名	带　型　公　式
A. konjac	2n＝2x＝26＝14C/C＋6W/C＋6C/W
A. dunnii	2n＝2x＝26＝16C/C＋8W/C＋2C/W
A. albus	2n＝2x＝26＝10C/C＋12W/C＋2C/W＋2C/C

二、魔芋的孢粉学研究

龚先友（1990 年）对国产魔芋 6 个种的花粉进行了光镜和扫描电镜的观察，发现在电镜下从外壁纹饰所分二型与其植株形态有联系，脑纹型的花魔芋和矮魔芋的花均较大，佛焰苞开张，花序伸出佛焰苞外，一般认为属较进化的种；条纹型的白魔芋、西盟魔芋、滇魔芋、南蛇棒的花均较小，佛焰苞舟状，覆盖花序，肉穗花序比佛焰苞短小，一般认为与上述类型相比属较原始者。这一情况还有待更广泛深入的研究。

Wang Ping-Li 和 Li Heng（1998）对天南星科 17 种植物，包括魔芋属 8 个种花粉的研究结果也说明，魔芋属植物的花粉在天南星科中确属偏大型（天南星科 16.2～58.9μm×31.1～44.2μm），花粉壁均为 2 层，壁厚度在天南星科中为较厚者（天南星科 2.3～4.2μm）。他们根据外壁纹饰将 6 个种分为 4 型，与龚先友所观察的大同小异。花魔芋属鳞片状或脑皱状型，结节魔芋属鳞片状或条纹型，白魔芋属近光滑或条纹型，西盟魔芋、南蛇棒、滇魔芋属具颗粒和肋状条纹型。除有的种附加鳞片或颗粒外，其基本纹饰，仍只有脑纹和条纹两大类，唯有白魔芋有 3 种纹饰，即条纹型、近脑纹型和平滑型，见表 31‑12 和图 31‑24。

表 31 - 12　魔芋花粉特征

(龚先友，1990)

类型	种名	大小（μm）		长轴/短轴	形状	外壁特征			
		长轴	短轴			层次	厚度（μm）	纹饰	
								光　镜	扫描电镜
脑纹型	花魔芋	43.0	39.3	1.10	近圆球形	2	5.4	裂缝状	脑状纹
	矮魔芋	45.8	41.2	1.12	近圆球形	2	3.3～5.4	裂皱状	脑皱纹
条纹型	白魔芋	55.3	44.5	1.25	近长球形	2	3.3～4.4	模糊条纹	光滑条纹
	西盟魔芋	53.0	40.9	1.30	近长球形	2	3.3～4.4	模糊条纹	光滑条纹
	南蛇棒	49.8	35.2	1.44	长球形	2	4.4	模糊条纹	光滑条纹
	滇魔芋	55.4	37.4	1.49	长球形	2	3.3	模糊条纹	光滑条纹

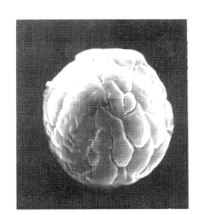　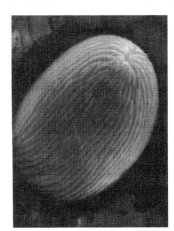

脑状纹纹饰花粉粒　　　　　　　　　　条纹状纹饰花粉粒

图 31 - 24　魔芋花粉粒形态及纹饰（龚先友摄）

三、中国部分魔芋种质资源的 RAPD 分析

张玉进等（1998）从 40 个随机引物中筛选出 9 个有效引物在 22 份中国魔芋种质资源材料中共扩增出 84 条 DNA 带。其中，77 条呈现多态性，扩增多态性带数最多是 cy04 - 7。将 84 条 DNA 带进行聚类分析，得到相似距离矩阵，绘成魔芋资源间的聚类关系系统图（图 31 - 25）。

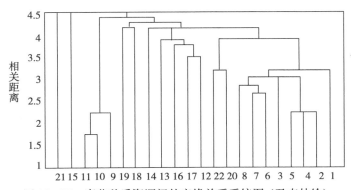

图 31 - 25　魔芋种质资源间的亲缘关系系统图（尹克林绘）

图 31-25 表明，22 份魔芋材料可聚类成 6 个组：

（一）A 组

有 10 份种质材料，即黑杆花魔芋（编号 1）、花杆魔芋（2）、糯魔芋（4）、万源花魔芋（5）、紫斑花魔芋（3）、屏山白魔芋（6）、炎山白魔芋（7）、个旧花魔芋（8）、云南保山魔芋（20）和日本农林 2 号（22）。这 10 份种质材料实际聚集了该试验种质材料中所有花魔芋居群（即地方品种）。其中，糯魔芋及云南保山魔芋也聚入了此组，从分子水平证明二者形态和花魔芋相似一致，确为花魔芋（A. konjac）无疑；日本农林 2 号系由花魔芋父、母本杂交后代选育而得，且其中一个亲本与中国花魔芋亲缘有关，聚入 A 组有其根源；试材的两个白魔芋居群屏山白魔芋、炎山白魔芋聚入此组，二者相似距离为最近，说明其亲缘关系最近。但在 22 个种质材料中，除了 8 个花魔芋相互间的相似距离最小外，只有屏山、炎山白魔芋与花魔芋的亲缘最为接近。白魔芋是在花魔芋自然分布区的金沙江流域较为干、热河谷环境里孕育出来的特殊适应性的种。刘佩瑛等（1985）对花魔芋与白魔芋核型及"种子"中可溶性蛋白质谱带分析表明，二者虽有区别，但亲缘较近，白魔芋较为原始，二者间可能有基因突变或变异积累的演化关系。

（二）B 组

有 4 个种质材料，即龙陵黄魔芋（12）、西盟魔芋（17）、田阳魔芋（16）和金屏黄魔芋（13）。这 4 个种质材料是一群形态相近、均为含葡甘聚糖的黄色肉质球茎、产云南省南部或西南部热区、亲缘相近的种质资源。它们之间相似距离小，而与花魔芋中的糯魔芋、贵州野生魔芋以及南蛇棒、东京魔芋等的相似距离很大。

（三）C 组

仅有一个种质材料，即思茅甜魔芋（14）。植株及球茎很大，球茎重达 50kg，球茎内部黄色，不含葡甘聚糖和有毒生物碱，而淀粉含量丰富，可作蔬菜。思茅甜魔芋与金屏黄魔芋亲缘较近，而与贵州野生的兴仁黄魔芋较远，是遗传上较为"独立"的一份特殊魔芋资源材料。

（四）D 组

有 2 个种质材料，即滇魔芋（18）和江城魔芋（19）。它们为近缘种，而与糯魔芋距离较远，说明它们与花魔芋亲缘较远。

（五）E 组

有贵州野生的 3 个种质材料，即罗悃魔芋（9）、风岚野魔芋（10）和兴仁黄魔芋（11）。它们之间相似距离极小，特别是风岚野魔芋和兴仁黄魔芋之间仅为 1.73，为 22 个种质材料中相似距离最小者。但三者与糯魔芋之间的距离均很大，即与花魔芋亲缘很远。

（六）F 组

为南蛇棒（15）和东京魔芋（21）。二者之间无甚关系，与花魔芋的相似距离均最大。南蛇棒与贵州罗悃魔芋相似距离稍小，而东京魔芋与江城魔芋距离稍接近。东京魔芋产越南与中国广西壮族自治区接壤地区，与中国其他种遗传距离远。

不同引物数用于 22 份魔芋材料基因组 DNA 上扩增的 DNA 带数和带的多态性及其指纹图谱虽有所不同，但不同引物数和不同 DNA 带数的聚类结果却基本一致。

22 份魔芋种质资源材料经 RAPD 聚类关系图表明了各种质资源之间的亲缘关系，其中以 9 个有效引物扩增的 84 条 DNA 带所聚成的 6 组最为切合实际。聚类后一些原较模糊的种质材料，其系统地位便较清晰。该系统图不但为国产魔芋的分类提供了分子水平上的依据，且为今后运用 RAPD 方法于进一步的研究打下基础。

四、魔芋种质资源的创新

对魔芋种质资源的改良和创新重点在以下 3 个方面：一是质量，即其葡甘聚糖含量及品质；二是产量（应以干物质计）；三是抗（耐）病性（特别是软腐病）。

（一）驯化栽培和人工选择

与其他农作物相比，魔芋尚属一个很原始的作物。除西南农业大学经选种审定了一个万源花魔芋品种外，生产中栽培的绝大多数均为自然种（species），而不是栽培品种（cultivar）。

中国有近 10 个基本具备开发价值的种，其葡甘聚糖含量及质量有高有低，特别是黄魔芋一族，虽球茎为黄色，所加工的精粉（葡甘聚糖初制品）色泽欠佳，但有的葡甘聚糖含量和品质并不差，如田阳魔芋（A. corrugatus）等。这些种多分布于炎热地区（云南省南部、广西壮族自治区等），较耐热，有些种已栽培了 10 多年，有的还正开始从野生、半野生状态转变为栽培，如滇魔芋（A. yunnanensis）、勐海魔芋（A. kachinensis）。

有些自然种如白魔芋和花魔芋经长期栽培、在自然的孕育和人为的选择下已分化出具有不同价值和适应性的地方品种，在质量、产量和抗（耐）病性 3 个方面已有了较大的差异。由此可见在某些种的各地方品种中仍有很大的潜力可挖掘。

从开发利用出发，研究者应从上述 3 个方面分析其品质、可食用性、栽培适应性等，逐步将其转化为栽培种，并严禁再挖取或浪费野生种质，以避免野生种质的绝灭。

（二）杂交育种

日本只栽培花魔芋（A. konjac），种质资源也较缺乏。群马县农业试验场魔芋分场从 20 世纪 40 年代末至 50 年代进行了魔芋品种间常规杂交育种，选用了中国种（从中国传去的花魔芋品种）为母本，本地种（日本称在来种）为父本，进行人工杂交获得 F_1 实生后代，经过 10 年的系统选择，1959 年进行产量与性状鉴定试验，1962 年以魔芋农林 1 号注册，命名为榛名黑（はるなくろ），至今仍为重要的优良栽培品种。1953 年又以中国种为母本、金岛本地品种金岛在来为父本进行人工杂交，育成品种 1970 年以魔芋农林 2 号注册，命名为赤城大玉（あかぎおおだま）。2000 年日本主产区群马县此品种已占魔芋栽培面积的 88％，而榛名黑减到原栽培面积的 28％。1971 年又以群系 28 号为母本、中国种的一个高产株系为父本进行杂交，育成品种 1997 年以魔芋农林 3 号注册，命名为妙义丰（みょうぎゆたか），其鲜芋的精粉率比赤城大玉等所有品种都高很多，精粉黏度也比所有品种都高，是继前两品种之后最有应用前景的新品种。

从日本用品种间的常规杂交育种所育出的 3 个优良品种来看，其杂交后代的地上部形态倾向于母本，而地下球茎形状似父本或父、母本中间型，但其膨大性及根状茎的形状及其单个重似母本，从而提高了产量及繁殖能力。母本中国种的鲜芋出粉率低，此特性易保持于后代，但其粗粉出精粉率及精粉黏度高且粒大的优良特性也能遗传给后代；熟性为父、母本的中间型；母本中国种的抗逆性，如对日灼、低温、缺素、黄化等的耐性及对叶枯病的抗性（日本品种的严重病害）能保持于后代，对根腐病的抗性多在两亲之间。中国种对软腐病的抗（耐）性差，其后代对软腐病的抗性仍不强。但对品种间杂交育种所得新品种总的评价是在产量、质量、抗性等方面仍有较显著的改善，品种间杂交育种仍不失为一种品种改良重要的可行途径。

中国魔芋种质资源丰富，地方品种所蕴藏的潜力很大，继万源花魔芋的选种之后，各地均已注意并正在挖掘这方面的潜力。但是至今尚未有品种杂交育种成果的报道，因魔芋杂交育种要经约 20 年时间才可能推出新品种。近年，西南农业大学张盛林、刘佩瑛对种间杂交和种内品种间的杂交作过一些摸索，初步发现在排除种间隔离的种间杂交 F_1 代在有些经济性状上有显著改进，如白魔芋（褐变轻）与花魔芋（褐变重）杂交后，其后代个体中已出现了基本不褐变者及 GM 高含量者，这一结果对提高魔芋加工品质并减轻其组培、细胞工程、基因工程等工作的难度具有一定意义。

（三）用生物技术手段改进品种

1. 细胞融合 为克服种间不亲和性问题，张兴国等（1992）曾试探细胞融合，结果表明，魔芋原生质体游离以芽长 1.5cm 时的幼叶为最佳，叶柄及鳞片其次，在含有 1％纤维素酶、0.5％离析酶、0.5％半纤维素酶的酶解液中酶解，易得到量多、质优、具有活力的原生质体。离析酶的酶解效果优于果胶酶，酶液中甘露醇的适宜浓度白魔芋为 11.5％、花魔芋为 12.5％。培养基以改良 BSB 优于 D_{2a} 及 MS，白魔芋叶柄原生质体以改良 BSB 为基本培养基时，不加任何激素能得到 40.5％的分裂率，加 1mg/L IBA 的分裂率为 46.1％。白魔芋原生质体培养 1d 即开始膨大，2d 呈长椭圆形，3d 左右第一次分裂，4～6d 出现许多 3 细胞或 4 细胞，但至 7～10d 已有 6～10 个细胞时，其分裂停止，细胞逐渐膨大、透明，继而转黄褐色、凹陷以至破裂。花魔芋原生质体的分裂行为基本与白魔芋相似，只是分裂速度较白魔芋慢 1d 左右。

张兴国观察到白魔芋和花魔芋原生质体第一次分裂为正常的均等分裂，但从第二次分裂起，有的横分裂，有的一端细胞发生极性生长或巨型生长，而且巨型细胞可发生侧向分裂，但未得到正常细胞。而严重的褐变问题为原生质体培养较困难的原因之一，能否由此发育胚状体尚待研究。

2. 基因工程 魔芋不同的种，其球茎干物质的葡甘聚糖含量为 0～60％，淀粉含量为

10%～70%，提高葡甘聚糖含量是重要的育种目标，但葡甘聚糖含量是一个很保守的遗传特性，选种或杂交育种很难达到理想的改良效果。

ADP-葡萄糖焦磷酸化酶（ADP-glucose pyrosphoryase，缩写为 AGP）是植物淀粉生物合成的关键酶，是由大小两种亚基组成的四原体酶，Chen By（1998）等已从番茄等作物克隆了该酶的大亚基和小亚基基因，并进行了表达特性研究。此后，Murata 研究发现，魔芋球茎中淀粉合成以 ADP-葡萄糖为葡萄糖供体，而 ADP-葡萄糖是由 ADP-葡萄糖焦磷酸化酶（AGP）催化合成。Leidreiter 等又将 AGP 小亚基的反义基因导入马铃薯，表现转基因植物叶片的淀粉合成受到抑制。而张兴国、杨正安（2001）等用 RT-PCR 方法从白魔芋球茎总 RNA 中扩增出 AGP 基因 cDNA 片段，4 种 $3'$-引物与逆转酶组合分别合成的 cDNA 中均扩增出 1 条 510bp 条带，片段大小与预期的一致。泳道 1 的 RT-PCR 产物回收后用于克隆，经酶切和纯化后插入表达载体 PUC18，导入农杆菌株系 LBA4404，随机挑取 2 个克隆提取质粒，PCR 检测结果均为阳性，$xbaI/sacI$ 双酶切后均有 510bp 的

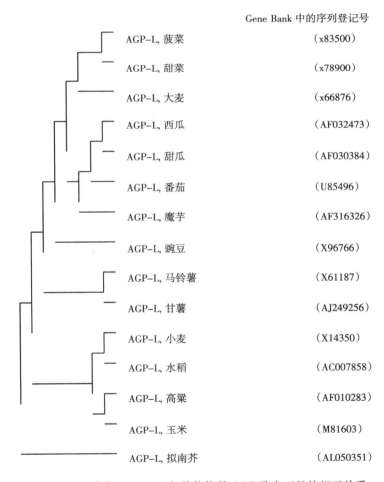

图 31-26　魔芋 AGP-LI 与其他物种 AGP 酶大亚基的相互关系

（张兴国、杨正安，2001）

条带，表明 RT - PCR 产物已克隆到载体上，可用于遗传转化。该魔芋 AGP 酶 cDNA 片段经序列分析，推导氨基酸序列长 167 个氨基酸，在美国基因库中的登记号为 AF316326。与 Gene Bank 中的同源系列比较，与其他物种 AGP 酶大亚基的氨基酸序列同源性多介于 60%～70%，而与小亚基的氨基酸序列同源性在 58% 以下。其中，与西瓜的 AGP 酶大亚基同源性高达 76%。据此，认为该 cDNA 片段属于 AGP 大亚基家族，且为一新的基因，命名为 Aa - AGP - LI。

关系结构图显示，魔芋 AGP 酶大亚基 cDNA 片段的氨基酸序列与西瓜、甜瓜和番茄等物种较接近，而与单子叶植物水稻和小麦等较远。

张兴国、李贞霞（2002）将获得的魔芋 AGP 小亚基 cDNA 片段（已在 Gere Bank 登记）经反义构建载体后通过农杆菌介导转入白魔芋植株，经 PCR 扩散及 PCR-Southern 杂交分析，确认已被导入整合于染色体组，正待作表达检测。这一研究成果可能对葡甘聚糖型魔芋的淀粉合成起到抑制作用，从而其品质将得以改善。

（刘佩瑛　张盛林）

主要参考文献

李恒，龙春林．1998．中国魔芋属的分类问题．云南植物研究．20（2）：1～7

杨代明，刘佩瑛．1990．中国魔芋种植区划．西南农业大学学报．12（1）：1～7

野村精一等．平成 3 年．最新こんにゃく全书．日本：山岸印刷所，19

冲增哲编著．古明远译．1990．魔芋科学．成都：四川大学出版社

刘佩瑛，陈劲枫．1986．魔芋块茎形态发育和生长动态的研究．园艺学报．13（4）：263～269

赵蕾，刘佩瑛．1987．魔芋的胚胎学研究．西南农业大学学报．9（2）：198～202

英汉农业大辞典编委会．1990．英汉农业大辞典．北京：中国农业出版社，183

孙远明，刘佩瑛，刘朝贵等．1995．花魔芋球茎休眠特性的研究．西南农业大学学报．17（2）：116～121

张盛林，刘佩瑛，孙远明等．1998．魔芋属种间杂交技术研究．西南农业大学学报．20（3）：119～222

张玉进，张兴国，刘佩瑛．2000．魔芋花粉低温与超低温保存．园艺学报．27（2）：139～140

张玉进．2001．魔芋种质资源的 RAPD 分析研究．西南农业大学学报．23（5）：418～421

刘克颐，杨代明，江巨鳌．1991．魔芋杂交新品种选育的研究 I：魔芋杂交技术．湖南农学院学报．11（1）：54～58

星川清亲著．段传德，丁法元译．1978．栽培植物的起源与传播．郑州：河南科学技术出版社

李恒．1986．天南星科的生态地理和起源．云南植物研究，8（4）：363～381

李恒．1988．喜马拉雅—横断山脉是天南星科的分布中心和分化中心——兼论天南星属的起源和扩散．云南植物研究．2（4）：402～416

张兴国．1988．魔芋组织培养研究．西南农业大学学报．10（3）：242～245

黄丹枫，陆文初，刘佩瑛．1994．魔芋再生植株发生途径的细胞组织学观察．上海农学院学报．12（1）：25～30

张玉进，张兴国，刘佩瑛．1999．魔芋不定芽的低温保存研究．西南农业大学学报．21（4）：303～306

张玉进，张兴国，刘佩瑛．2001．魔芋茎尖玻璃化冻存研究．作物学报．27（1）：97～102

郑素秋，刘克颐．1989．魔芋染色体核型及带型的研究初报．湖南农学院学报．15（4）：71～77

刘佩瑛，张大鹏，赵蕾．1985．两种魔芋的核型及蛋白质研究．西南农业大学学报．7（4）：39～42

张兴国，陈劲枫，张盛林，苏承刚，刘佩瑛．1992．魔芋原生质体游离和培养条件研究．西南农业大学学报．14（1）：42～44

张兴国，杨正安，杜小兵，李正国，刘佩瑛．2001．魔芋 ADP－葡萄糖焦磷酸化酶大亚基 cDNA 片段的克隆．园艺学报．28（3）：1～4

Hettercheid W.，Ittenbach S.．1996．Aroideana vol. 19

Kite G. C.，Hetterschild WL. A.．1997．Inflorescence odors of *Amorphophallus* and *Pseudodracontium* (Araceae)．Phytochemistry，46（1）：70～75

Elzbieta Weryszko-Chmielewska and Malgorzata Stpiczynska. 1995. Osmorphores of *Amorphophallus rivieri* Durieu (Araceae)．Acta Societatis botanicorum Poloniae，64（2）：121～129

Yafuso M.．1993．Thermogenesis of *Alocasia odora*（Araceae）and the role of *Colocasiomyia* Flies (*Diptera*：Drosophilidae) as cross-pollinators. Environ. Entom.，22（3）：603～606

Skubatz H.，Nelson T. A.，Dong A. M.，Meeuse B. J. D.，Bendish A. J.．1990．Infrared thermography of *Arum* lily inflorescences. Plant，182：432～436

Chauhan K. P. S.，Brandham P. E.．1985．Chromosome and DNA variation in *Amorphophallus*（Araceae）．Kew Bulletin，40（5）：755～756

Chum S.．1985．Intraplant variation in chromosome number in Araceae. Bull. Soc. Bot.．Fr. Act. Bot.，132（2）：73～79

Liu Pei-Ying，Zhang Sheng-Lin and Zhang Xing-Guo. 1998. Research and Utilization of *Amorphophallus* in China. Proceeding of the sixth international Aroid conference. Acta Botanica Yunnanica Suppl，X：48～62

Wang Ping Li，Li Heng. 1998. Report of pollen morphology of Araceae. Current advances in Araceae studies：proceedings of the sixth international Aroid conference. Acta Botanica Yunnenica Suppl，X：41～42

蔬菜作物卷

山　药

第一节　概　　述

山药（*Dioscorea* sp.），别名薯蓣、大薯，为薯蓣科薯蓣属多年生缠绕性藤本植物。中国栽培的有普通山药和田薯两个种（蒋先明，1989），染色体数分别为 $2n＝4x＝40$ 和 $2n＝2x＝30$、$2n＝8x＝80$。

山药的产品器官为肉质块茎，可供食用或药用。山药除含有淀粉、脂肪和蛋白质三大营养物质外，还含有多种维生素和微量元素。山药营养丰富，每 100g 鲜薯（块茎）含碳水化合物 11.6g，蛋白质 1.9g，脂肪 0.2g，钙 16mg，磷 34mg，钾 213mg，硒 0.55μg，胡萝卜素 20μg，硫铵素 0.05mg，核黄素 0.02mg，尼克酸 0.3mg，抗坏血酸 5mg（《食物成分表》，1991）。山药产品器官的黏液质不仅是一类蛋白质，还是一种活性成分，黏液质所含有的氨基酸比较全面，为人体所必需的氨基酸的含量也比较高（表 32-1）。同时，山药也是一种重要的药用植物，其根状茎中含有一种薯蓣皂苷元，它是合成甾体激素、避孕药等的主要原料。山药可炒食、煮食、糖馏，干制入药为滋补强壮剂，对虚弱、慢性肠炎、糖尿病等有辅助疗效（《中国农业百科全书·蔬菜卷》，1990）。

表 32-1　山药产品器官黏液质的氨基酸组成与含量

（张　兵、谢九皋，1996）

种类	含量（g/kg）	种类	含量（g/kg）	种类	含量（g/kg）	种类	含量（g/kg）
天门冬氨酸	63.1	丙氨酸	19.7	蛋氨酸	7.5	丝氨酸	22.9
缬氨酸	25.3	胱氨酸	4.3	亮氨酸	38.9	异亮氨酸	22.1
组氨酸	10.4	赖氨酸	25.0	酪氨酸	16.4	精氨酸	42.3
苏氨酸	16.7	谷氨酸	70.9	苯丙氨酸	28.3	脯氨酸	18.9
甘氨酸	19.5						

有些热带国家以山药为主食。西非及尼日利亚山药产量最高（多为田薯），约占世界产量的 1/2。日本、韩国和朝鲜均有栽培；中国除西藏自治区、东北北部及西北黄土高原外，其他各地均有栽培（蒋先明，1989），主要产于河南、山西、河北、陕西、山东、浙江、江西、福建、湖南、湖北、广东、广西、云南、四川和贵州等省（自治区），大致北

方地区以普通山药为多，而南方地区则以田薯为多。山药是中国重要的出口创汇蔬菜之一，出口量大且稳定，目前山东、河南和河北等省已形成一批具有一定规模的山药外贸出口生产基地。20 世纪末，全国山药年产量约 1.2 万 t，出口量达 1 200t（钟仕强，1999）。

由于山药多采用块茎繁殖，故未被《中国蔬菜品种目录》所收录，但已知被列入《中国蔬菜品种志》（2001）的山药地方品种计有 31 个。

第二节 山药的起源与分布

山药起源于亚洲、非洲及美洲的热带及亚热带地区。山药按照起源地分为亚洲群、非洲群和美洲群，亚洲群和非洲群染色体基数 x＝10，美洲群 x＝9。亚洲群的主要栽培种有田薯 *Dioscorea alata* L.、*D. esculenta* 及日本山药 *D. japonica*、*D. bulbifera*、*D. hispida*、*D. opposita* 等；非洲群有 *D. rotundata*、*D. cayenesis*；美洲群有 *D. trifida*。各个种的驯化是独立进行的，历史久远。*D. alata* 和 *D. esculenta* 的演化主要在巴布亚新几内亚，前者可能从有亲缘关系的野生型 *D. hamiltonii* 和 *D. persimilis* 杂交而来，后者则经过选择演化而来。*D. cayenesis* 原产非洲森林林区；*D. rotundata* 为杂种起源，在巴西和圭亚那边境驯化，栽培仅限于美洲（蒋先明，1989）。

中国是山药重要起源地和驯化中心。田薯 *D. alata* 原产亚洲热带地区；普通山药 *D. batatas* 由 *D. japonica* 演变而来，原产亚洲亚热带地区，在这些地方还有它们的野生种。《山海经》（公元前 770 至前 256）中有山药分布的记载。

薯蓣属是薯蓣科在中国分布的唯一的一个属，本属约有 650 个种，中国有 55 个种、11 个变种、1 个亚种，主要分布在热带及亚热带地区，以云南、四川、贵州等西南地区和广西壮族自治区、广东省等华南地区为中国山药的分布中心（刘鹏等，1995）。福建省薯蓣属的分布有一定的区域性，福州、闽南沿海地区多种植圆筒形和扁块状的田薯，闽北山区建阳县等地多种植长柱形的普通山药，而闽西北、闽东南两地各县仅有零星种植的一些田薯和普通山药。浙江省薯蓣属的野生种类共有 16 个种、2 个变种，浙江南部地区薯蓣属种质资源较为丰富，种类也多，而西北部地区则种类最少，资源贫乏（刘鹏，1995）。湖北省薯蓣属植物有 14 个种、3 个变种、1 个亚种，其中 9 个种是由西南、华南分布到湖北省的，而由华北向华中地区分布的种类仅有穿龙薯蓣 1 种及柴黄姜 1 个亚种（张敏华，1995）。

第三节 山药的分类

一、植物学分类

中国栽培的薯蓣属于亚洲群，有 2 个种、3 个变种。

（一）普通山药（*Dioscorea batatas* Decne.）

又名家山药，茎断面圆形，无棱翼，由 *D. japonica* 进化而来。该种又可分为三个变种：

1. 佛掌薯（var. *tsukune* Makino） 块茎扁，形似脚掌，如江西省的高脚板薯、重庆市的脚板苕芋。

2. 棒山药（var. *rakuda* Makino） 块茎短圆棒形或不规则团块状，如浙江省的黄岩薯药、台湾省的圆薯等。

3. 长山药（var. *typica* Makino） 块茎长 30～100cm，横径 3～10cm。驰名品种有河北省的武骘山药、河南省的慢山药、山东省的济宁米山药等。

（二）田薯（*Dioscorea alata* L.）

又名大薯，茎断面多角形，具棱翼，从有亲缘关系的野生类型 *D. hamiltonii* 和 *D. persimilis* 选育而成。主要在粤、桂、闽、台等地栽培。块茎形状也有扁块状（如广东省的葵薯及藕薯、福建省的银杏薯、江西省的南城脚薯及广丰大板薯等）、圆筒形（如台湾省的白圆薯、广东省的广州早白薯及大白薯、广西壮族自治区的苍梧大薯等）和长柱形（如广东省的广州黎洞薯、台湾省的长白薯及长赤薯、江西省的广丰干白金薯等）之分。

二、栽培学分类

山药，无论是普通山药还是田薯，按其块茎的形态均可归为扁块种、圆筒种、长柱种三个类型：

1. 扁块种 块茎扁，形似脚掌，适合在浅土层及多湿黏重土壤栽培。该类型包括普通山药的佛掌薯变种和扁块状田薯。

2. 圆筒种 块茎短圆棒形或不规则团块状，主要分布于长江以南地区。该类型包括普通山药的棒山药变种和圆筒形田薯。

3. 长柱种 块茎长柱形，主要分布在华北地区，要求深厚土层和沙质壤土。该类型包括普通山药的长山药变种和长柱形田薯。

第四节 山药的形态特征与生物学特性

一、形态特征

（一）根和茎

山药最初长出的根分布于土表，为须根，而后长出的块茎深入土中，为贮藏器官，并逐渐形成山药产品。

块茎的形状、大小、色泽因品种不同而异。块茎形状变异较多，大致可分为圆筒状、扁块状和长柱状三大类型，但各个类型中都有中间过渡类型的变异。尤其是扁块状山药形状变异最大，有掌状的、扇状的、八字形的，甚至还有长形的。表皮一般为褐色、紫红或赤褐色，表面密生须根，肉质洁白。块茎最外层为木栓质表皮和由木栓形成层形成的周皮组成，内部都为贮藏薄壁细胞以及分散于其中的维管束组织和晶体细胞。长形山药的块茎具有明显垂直向地生长的习性，块茎顶端具有地上茎遗留下来的斑痕，其一侧有一个隐芽。块茎的下端有一群始终保持着分生能力的薄壁细胞，与地上茎的顶端的分生组织相对应，称为基端分生组织。块茎形态建成正是借助于基端分生组织细胞数量的不断增殖和各细胞的相继膨大。

山药的地上茎细长、右旋，长可达3m以上，茎粗0.2～0.8cm。

（二）叶

叶为单叶互生，至中部以上对生，极少轮生。叶片三角状卵形，基部戟状心形，先端突尖，有长叶柄。叶腋处发生侧枝，或形成气生块茎，亦称零余子，可用来繁殖和食用。杭悦宇等（2004）对盾叶薯蓣叶片形态多样性研究结果显示，盾叶薯蓣不同单株、同株不同部位叶片形态变异较大，采用聚类分析法可将82份单株聚为3个大类群，第一组为长叶型、第二组为宽叶型、第三组为普通型，但大部分植株的叶片为普通型。同株不同部位叶片形态差异比较，基部和中部叶片差异较大，而中部和上部叶片形状较接近。

（三）花、果实和种子

花为单性花，间有两性花，多数着生于叶腋间花轴上，雌雄异株或同株。穗状花序，2～4对，腋生。花小，白色、黄色或紫色，花被6片，雄花有6枚雄蕊，雌花雌蕊由3心皮构成，子房下位，3室，中轴胎座，每室常具胚珠2枚，花柱3枚，分离。蒴果具3翅，翅呈半月形。山药种子多不稔，空秕率高达70%～90%，故一般不用种子进行繁殖。每个果实具4～8粒种子，种子千粒重为6～7g。

二、生育周期

从山药芽萌发到块茎收获，可分为4个时期。

（一）休眠期

山药的繁殖与休眠是密切相关的。山药在长成后，即进入长达几个月的休眠期。零余子不经过休眠也不能用来播种繁殖。利用山药块茎繁殖，宜选用形状正常的块茎，切成适当大小的段块（俗称栽子和段子，栽子——专指块茎上端较细的一段），作为播种材料。

（二）发芽期

从山药休眠芽萌发到出苗为发芽期，自然状态下约历时35d。而山药栽子或段子从不定芽开始形成、萌发到出苗约历时50d。在发芽过程中，由芽顶向上抽生芽条，由芽基部向下发生块茎。与此同时，芽基内部从各个分散着的维管束外围细胞发生根原基，继而根原基穿出表皮，逐渐形成主要吸收根系。当块茎长达1～3cm时，芽条便破土而出。

（三）甩条发棵期

芽条出土后迅速伸长，10d后可长达1m左右，幼叶开始展开，即进入甩条发棵期，直到植株显蕾并开始发生气生块茎时止。与此同时，芽基部的主要吸收根系继续向土层深处伸展，块茎周围也不断发生不定根。此期历时约 60d，主要以茎叶生长为主，块茎生长量极微。

(四) 块茎生长盛期

从显蕾到茎叶生长基本稳定，约经历 60d。此期茎叶与块茎的生长都很旺盛，但生长中心已转移至块茎。大约 80％以上的块茎重量是在这段时期形成的。

三、对环境条件的要求

(一) 温度

山药属高温短日照作物。生长发育最适温度为 20～30℃，15℃以下不开花，10℃以下块茎难于萌发。块茎极耐寒，在土壤冻结的条件下也能露地越冬。块茎在 20～24℃温度范围内生长最快，20℃以下时生长缓慢。发芽的适宜地温为 25℃。

(二) 光照

山药耐阴，但块茎积累养分仍需要强光。李鹄鸣（2002）首次报道了盾叶薯蓣适应光照强度的三个生态型：相对弱光型（DZTL）2 222lx、相对中等光强型（DZTM）13 344 lx 和相对强光型（DZTH）38 892lx。

(三) 水分

由于山药叶片正反两面都有很厚的角质层，所以比较耐旱，抗蒸腾能力比较强。发芽期土壤应保持湿润、疏松透气，以利山药发芽和扎根。出苗后块茎生长前期需要水分不多，以利根系深入土层和块茎形成。块茎生长盛期不能缺水。

(四) 土壤与肥料

山药以排水良好、土层深厚、肥沃的沙壤土为最适宜，此种土壤条件能使块茎皮光形正。黏重土壤易使块茎须根多、根痕大、形不正，并易引起偏头和分杈。土壤 pH 一般以 6.5～7.5 为宜。

山药喜有机肥，但用作基肥的粪肥必须充分腐熟并与土壤掺和均匀，否则块茎先端的柔嫩组织一旦触及生粪或粪团，便会引起块茎分杈，甚至因脱水而发生坏死。除基肥外，通常在生长前期宜供应适量速效氮肥，以利茎叶生长；在生长中后期除适当供应氮肥以延迟茎叶衰老外，还需要增施磷钾肥，以利块茎膨大。

第五节　中国的山药种质资源

中国是山药重要原产地和驯化中心之一，种质资源极为丰富，已被列入《中国蔬菜品种志》（2001）的山药地方品种计有 31 个。主要优异种质资源有：

一、普通山药（*D. batatas* Decne.）

普通山药的茎蔓断面圆形，无棱翼。叶片较小，通常为3裂三角形或长心形，叶片基出脉7～9条，叶腋处常着生零余子。块茎多长柱形或棒形，表皮黄褐色，肉色白或淡黄（蔡金辉等，1999）。其优异种质资源有：

1. 河南怀山药　河南省地方品种，适宜加工山药干，也是优良的中药材。植株生长势强，茎蔓长2.5～3m，多分枝。叶绿色，基部戟形，缺刻小，先端尖，叶脉7条，其中4条基部有分枝；大部分叶互生，茎蔓中上部少数叶对生，叶腋间着生零余子。块茎圆柱形，芦头（亦称龙头、栽子等，指块茎上端较细的一段，一般作播种材料，下同）粗短，长10～17cm；表皮浅褐色，密生须根，肉白、质紧、富含淀粉，久煮不散，并有中药味。块茎长80～100cm，横径3cm以上，单重0.5～1kg，产量37 500kg/hm²左右。

2. 济宁米山药　山东省济宁市地方品种。植株生长势中等，长2～3m，主蔓多分枝，叶腋处着生较多零余子。叶较小，戟形，叶脉7条；基生叶互生，其余对生或轮生。块茎圆柱形，长约80cm，横径2～4cm，粗者可达5cm以上；芦头细而短；表皮浅褐色，皮薄、瘤稀，须根少，肉白，黏质多。块茎单重0.5kg左右，重者超过1kg。

3. 沛县花籽山药　又名杂交山药、水山药，江苏省沛县地方品种。1965年当地农民从毛山药中一株不结零余子的变异株选育而成。块茎含水量高，品质好，是优良菜用品种。

植株生长势强。茎蔓长3～4m，断面圆形，紫色中带绿色条纹，主蔓多分枝，除基部叶腋较少分枝外，其余每个叶腋处均有分枝，叶腋处不结零余子。叶较小，黄绿色，戟形，缺刻大，先端长而尖，基部心脏形，叶柄较长，叶脉5条，其中2条基部多分枝；基生叶互生，紧接着对生，中部轮生。花小，黄色。蒴果三棱状，不结种子。块茎硕长，圆柱形，芦头细而短，长10～15cm；表皮黄褐色，瘤细毛少而短，肉白色、光鲜、质脆，黏质多。块茎长130～150cm，长者超过170cm，横径3～7cm，单重1.5～2kg，重者超过5kg。产量37 500～52 500kg/hm²，丰产田块超过75 000kg/hm²。

4. 细毛长山药　又名鹅脖子，分布于江苏、山东、河北等省。植株生长势强，茎蔓长3m以上，紫绿色，多分枝，叶腋处着生零余子。叶大而厚，深绿色，基部戟状心脏形，缺刻小，先端钝，叶柄长，叶脉7条，其中2条基部各有一个分枝；基生叶互生，以上部分和分枝上的叶大部分对生，少有轮生。花小而多，紫色，不结实。块茎圆柱形，芦头细而长，长度可达25～30cm；表皮褐色，瘤多，须根多而细，肉白色，质地紧实，黏质少，含水量低。块茎长100～140cm，横径3～4cm，单重1kg左右，产量37 500kg/hm²。

5. 粗毛长山药　分布于山东、河北及江苏省的沛县、丰县、泗阳县等地。植株生长势强，主蔓分枝多而长，零余子多而大。叶柄短，叶大而厚实，叶色浓绿，基部心脏形，宽大，缺刻小，先端较尖，叶脉7条，其中2条基部各有2个分枝。基生叶互生，其余对生，无轮生。块茎圆柱形，芦头细而短，长8～12cm；表皮浅褐色，密生长而粗的须根，瘤大而密。块茎长80～90cm，横径4～6cm，单重0.5～1.5kg，产量34 500～40 500kg/hm²。

6. 盐城兔子腿　分布于江苏省盐城、淮阴等地。茎蔓粗壮，分枝多，零余子少。叶片大，深绿色，先端钝，缺刻小，叶脉大部分 7 条，少数 9 条，其中 4 条基部有多个分枝。基生 1～2 叶互生，其余对生。块茎"棒槌形"，芦头粗而短，长 5～10cm；表皮褐色、瘤密，肉白，质紧而有韧性。块茎长 50～60cm，横径 3cm 左右，单重 0.25～0.5kg，产量 22 500～30 000kg/hm²。

7. 群峰长山药　辽宁省地方品种，由中长柱型普通山药品种演变而来。植株茎叶生长繁茂，藤蔓长 2.3～3.0m，有主蔓 2～4 个，侧蔓 8～15 个。块茎分支多，一般 3～11 个，多的有 17 个；分支部位是块茎的中部侧面，每一个分支都可以脱离成为一个独立的块茎。块茎长 17～43cm，芦头密生吸收根，有 17～33 条。块茎单重为 1～2.5kg，重者达 3.7kg，产量 45 000～60 000kg/hm²。该品种适宜鲜食，尤适于加工。

8. 太谷山药　山西省地方品种。植株生长势中等，茎蔓绿色，长 3～4m，断面圆形，有分枝。叶腋间着生零余子，较小，直径 1cm 左右，椭圆形。叶大，绿色，基部戟形，缺刻中等，先端尖锐，叶脉 7 条；基部叶互生，中上部对生。块茎圆柱形，不整齐，较细，长 50～60cm，横径 3～4cm；畸形较多，表皮黄褐色、较厚，密生须根；肉色深，肉质细腻，黏液较多，有甜、药味。烘烤后有枣香味，易熟。食药兼用。产量 22 500～30 000kg/hm²。

9. 梧桐山药　山西省孝义市地方品种。植株生长势强，茎蔓紫绿色，蔓长 3～3.5m，多分枝。叶腋间着生的零余子多而大，长 1.5～2.0cm，横径 0.8～1.5cm，带甜味。叶片绿色，较小，基部心脏形，缺刻大，先端长而尖，叶柄较长，叶脉 7 条，其中 2 条基部有分枝。基生叶互生，中上部叶对生，间有轮生。块茎长 50～80cm，横径 4～6cm，瘤大而密，黑色，须根粗而长，较坚韧，不易拔掉。肉极白，质脆，易熟，黏质多，黏丝不易拉断，带甜、药味，食药兼用，品质优良。适宜在沙质壤土中种植，产量约 30 000kg/hm²。

10. 嘉祥细毛长山药　山东省济宁市地方品种。该品种茎蔓紫绿色，蔓长 3.5～4.5m。叶腋间着生零余子，深褐色，椭圆形，长 1.5～2.5cm，横径 0.8～1.2cm，零余子产量 3 750kg/hm²。叶片卵圆形，先端三角形，尖锐，绿色。花浅黄色。块茎棍棒状，长 80～110cm，横径 3～5cm，黄褐色，有一至数块红褐色斑痣。须根细，外皮薄，肉质细而面，甜味适中，菜、药兼用。单重 1kg 左右，产量 22 500～37 500kg/hm²。

11. 华州怀山药　主产于陕西省华县，为陕西特产。块茎粗，条长，皮薄质细，味浓。

此外，在山药生产中，白涩病（*Cylindrosporium dioscoreae*）的危害较大，可导致减产 10％以上。据王智等（2004）对 36 个山药地方品种田间抗白涩病能力的鉴定，表明从采自河南省栾川县的野生山药对白涩病免疫；采自偃师、嵩县、修武县云台山的 5 份野生山药及栽培品种铁棒山药和日本圆山药表现高抗；沁阳野山药等 9 份材料表现中抗，其余 19 份材料表现为中感和高感。

二、田薯（*D. alata* L.）

田薯又名大薯，地上茎横断面呈多角形，具棱翼。叶片箭形，全缘，叶柄基部有托叶。植株生长势旺盛，节间长，叶片大，基出脉多为 7 条，极少数品种叶腋处发生零余子。在周年生长期内不开花。块茎大，多为圆柱、扁块形，表皮黄褐色或深褐色，皮层及薯肉为白色，薯块大多带糯性。主要在粤、桂、闽、台等地栽培（蔡金辉等，1999），其优异种质资源有：

（一）扁块种

包括白肉品种群和紫红肉品种群的优异种质资源，如江西省的龙南蒲扇薯、南城脚板薯、广丰大板薯、龙南糯米薯、大港红薯，福建省的银杏薯，广东省的葵薯、藕薯等。

（二）圆筒种

包括白肉品种群和紫红肉品种群的优异种质资源，如广东省的大白薯、红肉薯、广州早白薯及大白薯，江西省的信丰白薯、龙南白薯、龙南红薯、秤砣薯，台湾省的白圆薯，广西壮族自治区的苍梧大薯，浙江省的瑞安红薯等。

（三）长柱种

包括白肉品种群和淡黄肉品种群的优异种质资源，如广东省的黎洞薯、鹤颈薯，江西省的南城桩薯、广丰牛腿薯、广丰干白金薯，浙江省的瑞安大白薯，台湾省的长白薯及长赤薯等。

第六节　山药种质资源研究

一、山药组织培养和细胞培养

生产上山药长期采用无性繁殖，病毒病危害有逐年加重的趋势。在日本，山药病毒病危害严重年份发病率可达 20%～50%，已经成为山药生产中最严重的问题之一。国内外的研究均表明，通过茎尖脱毒组织培养技术是提纯复壮山药优良种质的主要途径。山药组织培养上的主要问题是组织培养生长速度过慢。如何提高山药在试管内的繁殖率是人们普遍关注的问题，采用液体悬浮培养有望取得突破。

谢碧霞等（1999）报道，以盾叶薯蓣的块茎、茎、叶和茎尖为材料，对其进行愈伤组织培养，结果表明：盾叶薯蓣不同外植体均能诱导形成愈伤组织，其中以茎尖培养愈伤组织形成最快，皂苷含量最高。不同培养基、pH、接种量、温度、激素等因子对愈伤组织的形成、生长及皂苷元含量有很大影响。三角叶薯蓣（*D. deltoiden*）的茎切段生根困难，在加入 NAA 和 IBA 的培养基上只有 50%生根，而 *D. floribunda* 却几乎全部生根。表明薯蓣属植物通过腋芽增殖诱导生根时，其种间差异较大。用秋水仙素处理过的 *D. floribunda* 离体腋芽可获得四倍体，与二倍体相比较，四倍体生长旺盛，茎粗壮，叶片较大，皂素含量高。张志勇等（2002）报道，采用山药零余子为材料具有提纯复壮的作用，将零余子长成的幼苗的切段，接种在培养基 MS＋0.1 mg/L NAA＋1 mg/L 6 - BA＋0.5%活性炭上获得无菌苗，后接种在培养基 MS＋0.3 mg/L NAA＋3 mg/L 6 - BA＋

0.5％活性炭上组培快繁，每30d繁殖一次，繁殖系数一般可达4～6，形成的微型块茎培养25d后能够萌发成苗。

建立植物组织培养体系有三个步骤：从植物体各部分诱导出愈伤组织无性系；明确无性系生长特性；筛选出生长快、次生代谢物生长能力强的无性系并确定基本培养条件。目前，国内通过愈伤组织和细胞培养的药用薯蓣植物主要有：三角薯蓣（*D. deltoiden*）、穿龙薯蓣（*D. nippnica*）、黄独（*D. bulbifera*）、薯蓣（*D. opposota*）、菊叶薯蓣（*D. composita*）、盾叶薯蓣（*D. zingiberensis*）等。据报道，盾叶薯蓣不同部位的愈伤组织诱导频率不同，以幼茎、幼叶为材料，诱导频率比较高，分别为57.97％和83.14％；以块茎为材料诱导频率低，只有1.78％。能否诱导出愈伤组织与培养基的选择和激素配比密切相关，常用的培养基是MS或改良MS、Nitsch、B5、White等，所有的激素都是2，4-D，有时也附加少量的6-BA或KT。另外，pH、温度、光照等因素也影响愈伤组织的形成。以*D. floribunda*幼茎诱导愈伤组织时，用2，4-D（6mg/L）和6-BA（2mg/L）诱导频率为60％，其中有20％能再生小植株。

薯蓣植物体细胞胚胎培养成功依赖于选择适宜的细胞愈伤组织类型，一般选择发生于半固化培养基的稳定生长培养体。而个别如*D. floribunda*体胚发生于悬浮培养体系中。有些种的离体培养胚胎的萌发率可达100％。由*D. houribunda*体胚培养的再生植株，其叶形、生长势、大小倍性水平变异大，从二倍体到多倍体到非整倍体都有，偶见白化突变体和花叶植株。

二、山药的分子标记研究

目前有关山药分子标记的报道很少。黄春洪等（2003）利用RAPD标记，分析研究了11个盾叶薯蓣居群82个个体的遗传多样性与遗传结构，15个寡核苷酸引物扩增共得到108条带，其中96条为多态带，占88.89％。居群内变异为68.96％，地区间变异为19.45％，居群间变异为11.58％。聚类结果以长江为界，将盾叶薯蓣分为南北两个大类群。郑晓琴等（2003）对取自云南期纳的二倍体和三倍体盾叶薯蓣植株及重庆城口的四倍体植株进行了形态学、染色体数目及同工酶的比较研究。结果表明，这三种类型植株在叶片形态上有明显的差异。二倍体染色体数目是2n＝2x＝20，三倍体为2n＝3x＝30，四倍体为2n＝4x＝40。酯酶和超氧化物酶歧化酶酶谱显示，3种类型植株间有明显的相关性，但多倍体较二倍体的酶带数少且色浅。这些差异除了地理分布不同的因素外，倍性的不同也是很重要的因素。

顾之中等（1997）对38个山药地方品种块茎淀粉酶同工酶分析发现，山药块茎淀粉同工酶共有8条酶带，每个品种显现的酶带仅有1～5条；休眠期该同工酶谱组成有15～18种类型，表现山药块茎淀粉同工酶具有多态性，在绝大多数山药品种中，该同工酶谱组成随着块茎贮藏期不同而发生变化，但仍可以显示某品种各期特异性的酶谱组成。因此，可以将山药块茎淀粉酶同工酶的多态性特点，以及山药块茎不同贮藏期的特异性酶谱组成，作为山药品种鉴别的一种生理生化依据。

（陈贵林）

主要参考文献

山东农业大学主编 . 1999. 蔬菜栽培学各论（第三版）. 北京：中国农业出版社

中国预防医学科学院营养与食品卫生科学研究所. 1991. 食物成分表. 北京：人民卫生出版社

中国农业科学院蔬菜研究所主编 . 1987. 中国蔬菜栽培学 . 北京：农业出版社

钟仕强 . 1999. 山药栽培研究综述 . 广西农业科学，(4)：212～214

蔡金辉等 . 1999. 山药品种资源的分类研究 . 江西农业大学学报 . 21 (1)：53～56

王智等 . 2004. 山药品种资源白涩病抗性鉴定 . 河南农业科学 . (6)：63～65

黄春洪等 . 2003. 我国盾叶薯蓣聚群遗传结构分析 . 云南植物研究 . 25 (6)：641～647

赵冰著 . 2001. 山药栽培新技术 . 北京：金盾出版社

黄文华，吕康华 . 1995. 黄淮地区部分优良山药品种调查 . 山东农业科学 . (2)：37～38

张敏华，李鸿钧 . 1995. 湖北薯蓣植物资源 . 植物资源与环境 . 4 (1)：19～22

林明光 . 1998. 福建薯蓣资源及利用 . 福建农业科技 . (1)：34

顾之中，蒋伦伟，严渐子等 . 1997. 山药地方品种淀粉同工酶分析 . 江西农业大学学报 . 19 (2)：71～75

张发春，赵庆云，彭凤梅等 . 2001. 不同山药地方品种的特征特性分析 . 种子 . (3)：55～56

赵殿科，时振义 . 1995. 长柱分支型山药群丰产品系及其栽培技术 . 中国蔬菜 . (1)：26～27

张志勇，刘文榕，陈炳全等 . 2002. 山药零余子组培快繁研究 . 广西农业科学 . (5)：13～14

张兵，谢九皋 . 1996. 山药营养成分的研究 . 湖北农业科学 . (6)：56～58

最新生物技术全书编辑委员会 . 1990. 蔬菜组织、细胞培养与繁殖 . 日本东京：农业图书株式会社

蔬菜作物卷

第三十三章

大　蒜

第一节　概　述

大蒜（*Allium sativum* L.），别名胡蒜，古名葫。为百合科（Liliaceae）或葱科（Alliaceae）、葱属（*Allium*）一二年生草本植物，染色体数 $2n=2x=16$。

大蒜的嫩苗（蒜苗）、花茎（蒜薹）、鳞茎（蒜头）均可食用。大蒜营养丰富并含有多种人体需要的微量元素。据测定，每 100g 鲜大蒜鳞茎含水分 63.8g，大蒜素 0.32～0.64g，蛋白质 5.2g，脂肪 0.2g，膳食纤维 1.2g，碳水化合物 28.4g，灰分 1.2g，胡萝卜素 20mg，硫胺素 0.29mg，核黄素 0.06mg，尼克酸 0.8mg，抗坏血酸 7mg，维生素 E 0.68mg，钾 437mg，钠 8.3mg，钙 10mg，镁 28mg，铁 1.3mg，锰 0.24mg，锌 0.64mg，铜 0.11mg，磷 129mg，硒 5.54mg，无机盐 1.3g（杨书源，2002）。大蒜加工产品主要有脱水蒜片、蒜粒、蒜粉、蒜油、蒜茶饮料及各种风味食品和调料，如蒜蓉辣酱、美味蒜泥、蒜粉、白玉蒜米和糖醋蒜头以及具有防病、治病、促生长作用的大蒜强化饲料等。精加工产品主要有蒜精、蒜素胶囊、蒜素口服液、注射液等。

大蒜素含有硫醚类化合物香叶醇、芳香醇等，大蒜辛辣味主要源自二烯丙基二硫化物。大蒜具有医疗保健功能。中国用大蒜作主要配方防治疾病由来已久。汉代华佗曾用大蒜治疗过疾病。明代李时珍在《本草纲目》（1578）中记载，"葫蒜，其气熏烈，能通五脏达诸窍，祛寒湿，辟邪恶，消痈肿，化积食，此其功也。"世界许多国家和民族有用大蒜防治疾病、延年益寿的经验。据史书记载，在气候炎热的古埃及奴隶们建造金字塔时，曾用大蒜强身健体，防治疾病。古埃及军队将领命令士兵多吃大蒜强壮体魄杀敌。古希腊运动员靠吃大蒜增强体质和耐力。古印度人认为，吃大蒜可使声音洪亮，增强智力（Norman Jill，1992）。现代医学明确大蒜素对葡萄球菌、肺炎双球菌、链球菌、白喉杆菌、痢疾杆菌、大肠杆菌、伤寒杆菌、副伤寒杆菌、结核杆菌、霍乱弧菌、枯草杆菌、白色念珠菌等有显著抑制、杀灭作用。大蒜可用来治疗由以上细菌引起的感冒、咳嗽、支气管炎、哮喘、肺炎、肺结核、胃肠炎、食物中毒、痢疾、脑炎等。大蒜提取物可阻止血小板凝聚，减慢心率，增强心脏收缩力，扩张末梢血管，对脑中风、冠心病有预防作用；还可增加血液中胰岛素量，有降低血糖、降血压、抗风湿、调节机体免疫力、防治艾滋病的作用。国内外资料表明，大蒜种植区和喜食大蒜人群，胃中致癌物质亚硝胺类含量低，胃癌发病率减少 2/3。大蒜内含物中具有抗癌活性最强的是蒜素和硒，可阻断人体对致癌物质亚硝胺的合成和吸收，使癌细胞丧失活力，并刺激体内产生抗癌干扰素，增强抗癌免疫力。

大蒜栽培广泛，跨越北半球和南半球温带、亚热带及热带，遍布亚、非、欧、美、大五大洲 157 个国家。据联合国粮食与农业组织（FAO）统计，2004 年世界种植面积 1 129 714hm^2，蒜头产量 1 407.135 5 万 t。中国种植面积 637 250hm^2，蒜头产量 1 057.8 万 t。中国从寒冷、干燥的新疆、西藏自治区，到温暖湿润的东南沿海；从严寒、长日照的东北三省，到炎热、短日照的南方诸省、区都有大蒜种植。

世界大蒜种质资源丰富，据不完全统计约有 2 500 余份。搜集研究大蒜种质资源较多的国家有美国、保加利亚、捷克、法国、德国、以色列、波兰、葡萄牙、西班牙和中国等。研究大蒜种质资源较集中的单位有英国 Warwick 国际园艺研究院遗传资源所（HRIGRU）、德国 Gatersleben 植物遗传研究所（IPK）和美国 Beltsville 的国家农业部植物种质库（GRIN）等。

在英国的威尔士波恩，1984 年建立了欧洲葱属蔬菜种质基因库，2001 年扩建后由英国遗传资源所（HRIGRU）管理。该资源库保存了由 8 个国家的 8 个研究所和瑙地克基因库（Nordic Gene Bank）搜集提供的 1 875 份大蒜种质资源。主要是普通大蒜，还有野生朗吉斯大蒜（*A. longicuspis*）45 份、象蒜（*A. ampeloprasum* L.）12 份、*A. Ophioscorodon* 3 份、*A. sativum* var. *pekinense*（Prokh.）Maek 11 份等，其中中国种质 32 份（含台湾省 9 份）。在美国贝茨维尔（Beltsville）的植物分类种质库（GRIN）搜集、保存了 224 份大蒜种质资源，并对种质的植物学、形态学、农艺学、生物化学及商品特性进行了详细记载。

第二节 大蒜的起源、传播与分布

一、大蒜的起源

早期分类学家 Linnaeus（1753）认为大蒜起源于地中海地区。Don（1827）认为大蒜起源于意大利西西里。Regel（1875）报道，在中亚天山北侧沙漠盆地发现了野生大蒜，认为中亚天山北侧为大蒜起源地。德·康道尔（De Candolle，1886）提出西伯利亚东南部是大蒜起源地。Sturtevant（1919）认为大蒜起源于东欧和俄罗斯西部平原。瓦维洛夫（Н. И. Вавилов，1935）和卡兹科娃（Kazkova，1971）提出大蒜和野生朗吉斯蒜（*A. longicuspis* E. Regel）起源于亚洲中部的哈萨克斯坦、巴基斯坦、阿富汗及天山东段的中国新疆自治区境内。Etoh（1986）、Kotlinska（1991）和 Pooler（1991）在天山西北侧发现了可育大蒜品系，认为中亚是大蒜第一起源地，地中海盆地为第二起源地。杜武峰（1992）等报道，在天山东段的中国新疆自治区境内发现有大蒜近缘种新疆蒜（*A. sinkiangense* Wang et Y. C. Tang）、星花蒜（*A. decipience* Fisch ex Roem & Schult）及多籽蒜（*A. fetisowii* Regel）。笔者认为中亚（包括中国西部的天山东段地区）是大蒜第一起源地，地中海盆地为第二起源地的观点比较科学。

朗吉斯蒜（*A. longiscupis* E. Regel）和大蒜形态特征非常相似（Vvedensky，1944；

Etho et al.，1984；Mathew，1996），叶片数无明显差别（R. M. Fritsch），细胞学、同工酶和 RAPD 标记谱带也基本一致（Etoh，1984；Pooler and Simon，1993；Maat and Klaas 1995 和 Hong，1999），因此朗吉斯蒜的可育品系可能是大蒜的祖先，也或许是大蒜的一个亚种或类群。古埃及 5 000 年前就发现有大蒜鳞茎模型（Tackholm and Drar，1954）。在古罗马和古希腊等地中海沿岸地区最早发现用朗吉斯蒜栽培作药用，是认定朗吉斯蒜为大蒜祖先的另一依据（Rabinnowitch and Brewster，1990；J. L. Brewster，1994）。

近年在土耳其境内又发现了一种野生可育的葱属植物（*A. tuncelianum*），其形态特征与大蒜和 *A. longicuspis* 相似，也可能是大蒜的祖先，因此大蒜起源地可能也要延伸到土耳其（Mathew，1996；H . D. Rabinowitch and Currah，2002）。

二、大蒜在中国的栽培历史与传播、分布

大蒜未引入前，中国也固有一种蒜类植物，古人统名为"蒜"，别名蒚，又名卵蒜、山蒜、泽蒜、石蒜、宅蒜。《尔雅·释草》（公元前 2 世纪）记载："蒚音力，山蒜。"注云："今山中多有此菜，如人家所种者。"疏云："蒜，《说文》云荤菜也，一云菜之美者。云梦之荤菜生山中者，名蒚。"《大戴礼记·夏小正》（公元前 1 世纪）记载："十二月纳卵蒜。卵蒜也者，本如卵者也。按中国原产之蒜有诸多名称，其品类一也，名之曰'卵蒜'，因其瓣多，名之曰山蒜、泽蒜、石蒜、宅蒜，皆因其栽培环境而言。"李时珍《本草纲目》（1578）解释："山蒜、泽蒜、石蒜，同一物也，但分生于山泽石间不同耳。人间栽时，小蒜始自三种移成，故犹有泽蒜之称。今京口有蒜山，产蒜是也，处处有之，不独江南。"

约公元前 139 年，汉武帝通西域，派张骞为使。张骞及其使团返回汉朝时携带了大量域外物种，"大蒜"就是其一。后世史家追溯大蒜史源，均归于汉朝。《太平御览》（983）卷 977 引东汉人延笃《与李文德书》云："张骞大宛之蒜"，又引《正部》云："张骞使还，始得大蒜、苜蓿。"《博物志》（3 世纪）记载："张骞使西域还，得大蒜、安石榴、胡桃、蒲桃、胡葱、苜蓿、胡荽、黄蓝——可作燕支也。"大蒜传入之后，"蒜"的种类增多，为加以区别，古人始称域外所来蒜为"大蒜"，中国原有蒜为"小蒜"，又名"夏蒜"。

西汉后期，中国大蒜种植已较普遍，东汉时，大蒜遍及全国。《太平御览》（983）卷 77 引东汉人班固《东观汉记》云："李耻为兖州刺史，前刺史所种园小麦、胡蒜悉付从事，无所留。"是山东地区最早种植大蒜的记载。谢承《后汉书》（5 世纪前期）："江夏费逐字于奇，为扬州刺史。悉出前刺史所种小麦、胡蒜付从事。"说明江苏地区已种植大蒜。当时将大蒜与小麦相提并论，或同园种植，说明大蒜已有较高的食用和经济价值。谢承《后汉书》（5 世纪前期）还记载："太原闵仲叔者，代称节士，同党见其含菽饮水，遗以生蒜。"说明当时人们把大蒜当作重要蔬菜馈赠。汉代人当时已学会了栽培大蒜，能根据土壤环境和气候，掌握种植大蒜的季节；《齐民要术》（6 世纪 30 年代）卷 3 引东汉崔所言："布谷鸣，收小蒜。六月、七月，可种小蒜；八月，可种大蒜。"南北朝时，中国大蒜栽培理论达到了较高水平。北魏贾思勰《齐民要术》（6 世纪 30 年代）卷 3 记载："蒜宜良软地，白软地，蒜甜美而科大，黑软次之；刚强之地，辛辣而瘦小也。三遍熟耕九月初种。"并记载了大蒜种植的土壤选择、耕地、播种、间距、锄草、轧条（即拔掉蒜薹）、打

瓣、晾晒和收藏全过程。唐宋以后，大蒜成为人们的家常蔬菜，农书记载详细。元朝之后，食用大蒜已在中国形成了不同的食用习惯。明清时期，中国几乎无处不种蒜，当时地方志中多有乡土出产的大蒜成为当地的大宗作物和获利商品的记载。大蒜 9 世纪传入日本，16 世纪初传入非洲和南美洲，18 世纪后期北美洲开始种植。

大蒜在中国各地几乎都有分布，在北纬 34°以南地区，大致以食用青蒜苗及花薹（蒜薹）为主，蒜头（鳞茎）次之。而淮河、秦岭以北地区，则以食用蒜头（鳞茎）为主，也食用蒜薹及软化的蒜黄（苗）。大蒜在中国北纬 39°以北地区多为春种，以生产蒜头（鳞茎）为主；北纬 34°以南地区，则多为秋种，兼产蒜薹、蒜苗和蒜头（鳞茎）。在新疆自治区北部和中部秦岭、巴山东段地区有多种大蒜的近缘野生种分布。中国幅员广大，**地跨**热带、亚热带和北温带，加之海拔差异大，生态环境复杂，从而形成了大蒜种质的**多样**性。全国各地经过多年栽培驯化，已选择、培育出了许多地方名、优品种。

第三节　大蒜的分类

一、根据特征特性分类

（一）按抽薹特性分类

H. Takagi（1990）根据抽薹特性将大蒜分为 3 个类群。

1. 完全抽薹类群　花薹长而粗，薹顶端着生多个气生鳞茎，通常在靠近短缩茎顶端第一、二叶腋内产生鳞芽（图 33-1）。

2. 不完全抽薹类群　花薹短而细，或花薹和气生鳞茎在假茎或鳞茎内（图 33-2）。气生鳞茎少而大，常不形成花。在靠近短缩茎顶端第一、二、三叶节或以下叶腋内或一、二叶腋产生鳞茎。

图 33-1　完全抽薹品种二水早

3. 完全不抽薹类群　通常不产生花薹，偶见短小薹（图 33-3）。在靠近短缩茎顶端第一至五叶腋或以下叶腋内产生鳞茎。

图 33-2　不完全抽薹品种

图 33-3　不抽薹品种澳引 8 号

（二）按蒜秸（包括鳞茎颈部的假茎和花薹基部）质地分类

根据蒜秸质地可分为硬秸、软秸两大类型。

1. 硬秸类型 蒜秸硬质、实心（图33-4），以大瓣型为主，兼有多瓣型，4～12瓣。也有小瓣品系。鳞茎耐贮性好。花薹长，质地紧实，产量高，耐贮存。有的品系薹不全抽出，或滞留蒜头中。开花，但败育，产生气生鳞茎。如苍山大蒜、嘉定大蒜、蔡家坡紫皮和二水早等。

2. 软秸类型 蒜秸质软、中空（图33-5），以多瓣、小瓣为主，兼有大瓣型。多数鳞茎蒜瓣多层，10～40瓣不等，也称菊花瓣。蒜头较大，产量高。有花薹但较细、短，耐贮性一般。如徐州大蒜、金乡大蒜等。

图33-4 硬秸品种嘉定蒜　　　　图33-5 软秸品种徐州蒜

（三）按鳞茎皮色分类

根据鳞茎皮色，可将大蒜分成白皮类型和紫红皮类型。

1. 白皮类型 成熟鳞茎外皮（鳞衣）白色，鳞茎圆形或高桩形，辛辣味淡。北纬36°以南可越冬。如金乡白皮蒜等（图33-6）。

2. 紫（红）皮类型 成熟鳞茎外皮（鳞衣）紫红色，鳞茎扁圆或圆形，辛辣味浓（图33-7）。如成都二水早、成都软叶子、定江红皮等。

图33-6 白皮品种金乡白皮蒜

图33-7 红皮品种定江红皮（左）和紫皮成都软叶子（右）

（四）按鳞芽（蒜瓣）大小或外皮层数分类

有人根据鳞芽大小和鳞芽数将大蒜分为大瓣种和小瓣种两种类型。

1. 大瓣种　蒜瓣较少，每头 4～8 瓣，蒜瓣个体大且较均匀，外皮易脱落，味香辛辣，产量较高，适于露地栽培，以生产蒜头和蒜薹为主。如阿城大蒜、开原大蒜、苍山大蒜等（图 33-8）。

2. 小瓣种　蒜瓣狭长，瓣数较多，可多达 20 多瓣。蒜皮薄，辣味较淡，产量偏低，适于蒜黄和青蒜栽培。如白皮马牙蒜、美国佳节等（图 33-9）。

图 33-8　大瓣白皮品种苍山蒲棵　　　　　　图 33-9　小瓣品种

也有人分析了大蒜品种的鳞芽外皮（蒜衣）层数差别，并以此为基础进行了数量分类探讨（樊治成等，1997）。

（五）按叶片质地分类

根据叶片质地可将大蒜划分为软叶蒜和硬叶蒜。

1. 软叶蒜　叶片质地较软，叶较宽而平展，生长期叶片下垂，如四川新都软叶子等。

2. 硬叶蒜　叶片质地较硬，叶较窄而呈槽形，生长期叶片挺直上扬，如成都硬叶子等。

二、根据栽培特点分类

根据适宜播种期的不同，可将大蒜分为春播蒜、秋播蒜和特播蒜。

1. 春播蒜　多分布在高于北纬 36°及高海拔、冬季低温地区，如京津以北及东北、西北地区、西藏自治区、四川省山区等高海拔地区。由于这些地方冬季气温低，大蒜难以越冬，故当地大蒜均为春种秋收。一般 3～5 月播种，6 月下旬至 9 月收获。代表品种有宁安春蒜、开原大蒜等。

2. 秋播蒜　多分布在北纬 25°～36°之间气候温和湿润地区，如华中、华东及长江以南部分地区，当地大蒜均为秋种夏收。一般 9～10 月播种，翌年 5～6 月收获。代表品种有山东省的苍山蒲棵、上海市的嘉定蒜、陕西省的蔡家坡蒜等。

3. 特播蒜　多分布在低于北纬 25°、雨季高温多雨地区，如广东、云南等地。都为适宜旱季栽培，耐热，对日照不敏感的品种。一般 9～10 月播种，来年 2～3 月收获。代表品种有云南省的紫皮蒜、泰国 Sri-sa-kit 等。

三、根据产品用途分类

根据产品用途可将大蒜分为蒜头用型、薹头兼用型、早薹型、苗用型和加工用 5 种类型。

1. 蒜头用类型　以生产蒜头为主，蒜头大，产量高，如山东省的金乡大蒜等。

2. 薹头兼用类型　蒜头较大，蒜薹品质好，产量较高，耐贮存。代表品种有上海市的嘉定大蒜、陕西省的蔡家坡大蒜等。

3. 早薹类型　出薹早，薹长，色绿，质嫩，产量高，如四川省的成都二水早等。

4. 蒜苗用类型　蒜瓣多，休眠期短，蒜株产量高，色鲜，质细嫩，如四川省的软叶子等。

5. 加工用类型　加工用类型中适合脱水加工的品种，一般蒜瓣质地紧密，干物质含量高；适合加工脱水蒜片的品种，则蒜瓣大而整齐，如山东省的苍山蒲棵、嘉祥红皮等。加工用类型中适合腌渍的品种，一般蒜瓣质脆嫩、味甘，如天津市的宝坻红皮等；适合大蒜素提取的品种，则干物质和大蒜素含量高，辣味浓，如甘孜大蒜等。

第四节　大蒜的形态特征与生物学特性

一、形态特征

大蒜植株由根、茎、叶、鳞茎（蒜头）、气生鳞茎及花器等部分组成。

（一）根

在缩短的茎盘下着生弦线状肉质须根系，为浅根性蔬菜作物，喜湿、喜肥，不耐旱。蒜瓣背面（靠蒜薹的面称腹面，背蒜薹的面称背面）一侧茎盘边缘根原基萌发早，播种后迅速伸长。3 叶期后，蒜瓣腹面基部茎盘外围开始发根。退母后萌发的新根短而粗壮，生长快。抽薹后，根系逐渐衰亡。大蒜根系主要集中在 5～25cm 耕作层内，土层越深，根量越少。不同品种根系发育有差异。苍山蒜每株发根 15～40 条，开原紫皮蒜和狗牙蒜每株发根 20～40 条。春播开原紫皮蒜在生长前期发根能力比狗牙蒜强，后期则相反。狗牙蒜旺盛发根期较长，开原紫皮蒜较短。

（二）茎

大蒜茎节间短，短缩成扁圆形盘状，称为茎盘。下部着生根须，上部环生叶片。茎盘是叶片及器官间营养和水分转运枢纽。随植株生长和叶片增多，茎盘横径也随之加大，但生长量较小，后期逐渐木栓化。

（三）叶

叶片互生，对称排列。叶数因品种而异，少则 7～8 片，多则 20 片以上。如苍山蒜冬前一般可分化 8～10 片叶，出土 4～6 片叶。叶为等面叶，叶身表面有蜡粉，蜡粉多少与品种特性有关。叶色绿至深绿，不同品种间叶绿素含量差异较大。程智慧等（1997）测定蒜叶中叶绿素含量平均为每 100g 鲜重 60.7mg，品种间变幅为每 100g 鲜重 33.8～105.1mg。叶绿素含量有随品种原产地纬度升高而呈增加趋势。叶长、宽窄及叶的质地和空间排列形态因品种而异。一般中纬度品种叶大而宽，低纬度品种叶较长，高纬度品种叶短而窄。叶开张度与叶的质地及叶长短、宽窄等因素有关。一般中纬度的品种叶开张度大，低纬度品种次之，高纬度品种开张度小。蒜叶栅栏组织和海绵组织间分布有乳汁管，其内含有机硫化合物，细胞破裂后释放出蒜臭味。叶片、叶鞘表面气孔为内陷型。由叶鞘套叠在一起所形成的圆柱形"茎秆"，称为"假茎"，一般高 20～40cm、直径 1～2cm。假茎高度和粗度随品种、种瓣大小、叶片多少、播种密度和栽培条件不同而异。

（四）蒜薹、花和果实

大蒜为伞形花序。支撑总苞的花茎（花薹）实心，长度因品种而异。一般品种总苞内有数朵与气生鳞茎混生的小花。小花紫色，花柄细长，有苞片 1～3 枚，花瓣 6 枚，雄蕊6 枚，各分 2 轮排列。有柱头 1 枚，子房上位，长卵圆形，3 室，每室 2 个胚珠。蒴果 1室，开裂，种子黑色。大蒜花一般发育不完全，难以形成种子。徐培文等（2004）观察了160 份大蒜种质，大多数（84%）种质花序中花芽基部有 1～2 个营养芽与花芽同步发生，营养芽初期生长慢，大部分花芽能发育成幼蕾。花茎抽出后，气温升高，营养芽发育成"气生鳞茎"。此后气生鳞茎与近地鳞茎加速膨大，并与花芽争夺养分，从而使正处在性细胞发育期的嫩蕾因缺少营养而导致雌、雄性器官的萎缩和败育。

（五）鳞茎

鳞茎即蒜头，由鳞芽（蒜瓣）、茎盘和鳞衣（外皮）构成。鳞芽由叶腋处侧芽发育而成，发生的叶位因品种而异，也受栽培条件影响。一般蒜瓣大、整齐的品种，鳞芽多呈 2层排列，在最内的 1～2 层叶的叶腋内发生；蒜瓣小、多层排列的品种，鳞芽发生在最内1～5 层叶叶腋内，一般生出一个主芽，营养充足时，主芽两侧可发生一至多对副芽。鳞芽一般由 2～3 层鳞片和一个幼芽组成，最内层鳞片从外层鳞片吸取和积累营养形成"贮藏叶"，外层鳞片蜕变成为膜，即鳞芽的保护层，也称鳞芽的外皮（鳞衣）。

二、生物学特性

（一）生长发育周期

大蒜一般用蒜瓣进行无性繁殖，从蒜瓣播种到发育形成新的蒜瓣并完成休眠为一个生长发育周期。分萌芽期、幼苗期、花芽和鳞芽分化期、蒜薹伸长期、鳞茎膨大期、鳞茎休眠期 6 个时期。大蒜生育期长短因栽培季节和栽培地区不同差异较大。春播地区大蒜当年播种，当年收获蒜头，生育期为 90～110d；秋播地区大蒜播种后越冬，翌年收获蒜头，生育期 220～280d。生育期的长短主要取决于活动积温，并与栽培品种的特性、播种期及采薹方式等有关。如开原紫皮蒜和狗牙蒜的活动积温分别为 1 790℃和 2 154.7℃。蒜头形成要求较高温度和长日照条件，同一个地区、同一品种，播期不同，蒜头收获期基本相同。

1. 萌芽期 从播种到芽鞘出土，新生叶展开为萌芽期，需 7～30d。萌芽期长短因播种季节、播种期、品种特性、蒜种休眠状况和栽培条件而异。一般春播蒜需 7～12d，秋播蒜需 10～30d。适期播种一般需 10d 左右。不同品种萌芽期差异主要由蒜种休眠期长短决定，休眠期长的品种，播种时一般未解除休眠，故萌芽期较长。软叶蒜、金堂早蒜、二水早蒜等品种萌芽期短；陕西陇县大蒜、太仓白蒜、苍山大蒜等萌芽期较长。通常大蒜在发芽期和幼苗期感受低温通过春化，在长日照和较高温度下完成光周期，并进行花芽分化、抽薹、分瓣，进而形成鳞茎（蒜头）。大蒜器官发育、形成有顺序性，条件不适合时，可影响花芽分化，形成独头蒜、少瓣蒜和复瓣蒜。

2. 幼苗期 从新生叶展开至生长锥分化花芽，总叶片数不增加时为幼苗期。一般春播蒜需 25～30d，秋播蒜需 150～210d。不同品种间差异较大，如同为春播，紫皮蒜幼苗期为 25～30d，而狗牙蒜幼苗期约为 50d。幼苗初期蒜株叶面积和根系很小，生长所需营养主要来自种蒜瓣。随着幼苗长大，叶面积和根系范围不断扩大，叶片光合系统和植株的运输系统不断健全，根系吸收能力不断增强，植株的自养能力也随之不断提高。在幼苗生长后期，蒜瓣内贮藏养分耗尽，蒜瓣干瘪，生产上称为"退母"，标志着大蒜完全转入营养自养阶段。"退母"后大蒜进入第二个发育高峰，根系生长达到高峰时期。不同品种和不同播种季节"退母"时间不同。张绍文等（1986）观察了秋播大蒜苏联 2 号蒜播后 65d 左右（即 11 月下旬至 12 月上旬）母瓣退尽；而苍山大蒜播种后 180d 左右（即翌春 3 月下旬）母瓣退尽。张振武等（1983）观察到春播的开原紫皮蒜和狗牙蒜蒜母肉质组织（种蒜瓣）在播后约 30d 开始崩解，再经 15d 全部消失。该时期大蒜绝对生长量增加，而相对生长量下降。

3. 花芽和鳞芽分化期 从花芽和鳞芽开始分化到结束为花芽和鳞芽分化期，一般为 15～35d，短则需 10～15d，长则可达 100d 以上。陆帼一（1992—1997）在陕西省杨凌地区对 30 个大蒜品种切片镜检观察认为，大蒜花芽始分化期一般比鳞芽始分化期早，提早天数因品种不同而异。秋播大蒜中金堂早、二水早、彭县早熟等花芽 11 月中旬始分化，鳞芽 11 月下旬至 12 月上旬始分化；彭县中熟、蔡家坡红皮蒜，花芽分别于 12 月下旬和翌年 1 月上旬始分化，鳞芽分别于 1 月下旬和 3 月上旬始分化。苏联红皮蒜、苍山大蒜等花芽 2 月上旬始分化，鳞芽 3 月下旬始分化。兴平白皮花芽 4 月中旬始分化，鳞芽 4 月下旬始分化。春播大蒜品种花芽始分化期比鳞芽开始分化期提早天数少，一般为 4～8d，少数品种花芽和鳞芽在同一天开始分化。伊宁红皮蒜和阿城紫皮蒜、临洮红蒜和土城大瓣以及阿城白蒜在陕西省杨凌地区花芽始分化期分别在 4 月 10 日和 4 月 16 日、4 月 28 日及 5 月 12 日，在适温条件下上述品种花芽分化至结束分别约为 40d、25d 及 10d。蒜苗展叶数与花芽开始分化期有密切关系。根据在陕西省杨凌地区（北纬 34°18′）秋播观察结果，苏联红皮蒜系统的品种，当展叶数达 7～8 片时生长锥开始分化花芽；阿城紫皮、伊宁红皮等在有 5 片展叶时始分化花芽；阿城白皮展叶 6～7 片时始分化花芽；白皮狗牙蒜、榆林白皮等在展叶达 8 片时始分化花芽。

4. 花薹伸长期 从花芽分化结束到蒜薹采收为蒜薹伸长期，为 15～40d。花芽分化完成后，生长锥伸长发育成蒜薹雏形。不同品种、不同播种季节，蒜薹伸长期差异较大。秋播大蒜需 15～20d，但有些品种如二水早、彭县早熟等，花芽分化结束时处于早春低温期，蒜薹生长缓慢，时间较长，需 40d 左右。春播大蒜蒜薹伸长期为 30～35d。蒜薹伸长期是大蒜生长最旺盛时期，叶面积达一生最大值。在蒜薹伸长同时，鳞芽也逐渐膨大；根系生长加快，全株增重尤快，约占全生育期植株生长总量 50% 以上。是大蒜一生中生长最快的时期，也是吸收肥水最多的时期。

5. 鳞茎膨大期　从鳞芽分化结束到鳞茎成熟收获为鳞茎膨大期。春播大蒜约需 50d，秋播大蒜需 55～60d。鳞茎膨大期分缓慢膨大期和膨大盛期。缓慢膨大期指从鳞芽分化结束至蒜薹采收，约经历 30～35d，此期与蒜薹伸长期重叠。膨大盛期指从蒜薹采收后至鳞茎成熟收获，约经历 25～30d。鳞茎膨大期长短因品种及栽培地区而异。陆帼一等（1999）在陕西省杨凌地区观察，鳞茎膨大期，秋播大蒜需 35～70d，春播大蒜需要 20～40d。

6. 鳞茎休眠期　收获后鳞茎进入生理休眠期。其长短因品种不同而异，如苍山蒜为 90d 左右，苏联 2 号蒜约 60d，狗芽蒜仅 35～45d。一般成熟早的品种生理休眠期短，成熟晚的品种生理休眠期长。

（二）对环境条件的要求

1. 温度　大蒜属耐寒性作物，喜冷凉气候条件，生长发育和产品器官形成严格受温度控制。通过生理休眠的蒜瓣在 3～5℃ 低温下即可萌发，萌发适宜温度为 16～20℃。30℃ 以上抑制蒜瓣萌发。幼苗期以 4～5 叶期抗寒力最强，可耐短期 -10℃ 和长期 -3～-5℃ 低温。幼苗期生长适宜温度为 12～16℃。一般认为白皮蒜耐低温能力比紫皮蒜强，在北纬 36°45′ 的河北省永年县秋播白皮大蒜可安全越冬，但紫皮蒜须春播。在温度较低时，幼苗生长缓慢；但温度过高，叶片加速衰老，叶色变黄，纤维增多，光合能力显著下降，鳞茎提早形成。播种前将种蒜瓣在 0～4℃ 低温下春化处理 20～30d，或播种以后经 10℃ 以下 1～2 个月，即可顺利通过春化。通过春化后，在低温下花芽分化发育较缓慢，在生长适温下则花芽分化发育较快，高温可引起脱春化。蒜薹伸长期和鳞茎膨大期的生长适温均为 15～20℃。收获前，20～25℃ 的高温有利于鳞茎成熟。鳞茎生理休眠期长短常受温度影响，25～35℃ 的温度有利于维持休眠状态或加深休眠，4～8℃ 低温则有利于解除休眠。

大蒜品种对低温反应有差别。陆帼一等据此将 75 份大蒜品种划分为 3 种类型：敏感型、中间型和迟钝型。低温反应敏感型分布于北纬 31° 以南地区，包括云顶早蒜、金堂早蒜等品种。低温反应中间型分布于北纬 23°～39° 地区，如留坝白蒜、宝鸡火蒜、丹凤火蒜等品种。低温反应迟钝型分布于北纬 35° 以北地区或低纬度高海拔（4 500m 左右）地区，包括银川紫皮、乐都大蒜、阿拉木图蒜等品种。

2. 光照　大蒜喜好中强度光和完全可见光。光照过弱时，叶肉组织不发达，叶片发黄，影响光合作用。大蒜不耐强光照，强光下叶绿体解体，叶组织加速衰老，叶片和叶鞘枯黄，鳞茎提早形成。在适宜栽培季节，充足的光照利于大蒜生长和鳞茎形成，光照弱，鳞茎形成率和产量低，独头蒜多。蒜薹生长和鳞茎形成须经过温度 13～19℃，每天日照

13h 以上的光照阶段。短日照下大蒜只分化花芽，一般不能抽薹。不同的品种对日照长短要求不一，一般北方栽培品种需要 14h 以上，而南方栽培品种仅需 13h 左右。

3. 水分　大蒜较耐干旱。萌芽期要求较高的土壤湿度，以促进生根萌芽。幼苗期需适当降低湿度，以促进根系向纵深发展，防止幼苗徒长。"退母"后，需水量增多，要求土壤湿度较高。花芽和鳞芽分化期是大蒜的需水敏感期，水分过多或过少都会影响花芽和鳞芽正常分化。大蒜整个生育期每公顷需水 6 000～6 750m^3。幼苗期、蒜薹伸长期和鳞茎膨大期的浇水量分别占总灌溉量的 33.33％、40.74％和 25.93％。蒜薹伸长期和鳞茎膨大期需保持土壤湿润，鳞茎膨大后期，则应降低土壤湿度，以促进鳞茎成熟。

4. 土壤与营养　大蒜喜好富含有机质、疏松肥沃、通气良好、保水、排水和保肥性能良好的微酸性沙壤土或壤土。根据金甲植（1977）试验，水培大蒜营养液 pH 在 5～7 之间，植株吸收 N、P、K、Mg 正常，但对 Ca 的吸收有差别。pH 由 5 增至 6 时，Ca 吸收增加；由 6 增至 7 时，Ca 吸收减少。因此，土壤 pH 以 5.5～6 最适合大蒜种植。

大蒜对土壤肥力要求较高。根据刘文英（1984）试验，每公顷产蒜头 21 243.75kg 的大蒜，需吸收 N 315kg、P$_2$O$_5$ 75kg、K$_2$O 285 kg，N、P、K 比率为 1：0.24：0.90。大蒜幼苗期吸收 N 最多，其次为 K、P。每公顷苍山大蒜对 N 日吸收量，冬前幼苗期为 0.465kg，花芽和鳞芽分化期为 1.465kg，蒜薹伸长期为 2.460kg，采薹期为 11.048kg，达吸收最高峰，蒜头膨大期降至 9.355kg；P 日吸收量，冬前幼苗期为 0.111kg，鳞芽和花芽分化期为 0.114kg，蒜薹伸长中期为 0.557kg，采薹期为 2.889kg，蒜头膨大期由 1.394kg 降至后期的 0.053kg 以下；K 吸收规律与 N 相似。N 对产量影响最大，P 次之，K 最小。缺钙植株叶片出现坏死斑，叶尖干枯，根系生长受到抑制。缺镁则引起叶片褪绿。姜素珍等（1988）在上海市用嘉定白蒜进行试验后认为，花芽和鳞芽分化后（3 月份）是大蒜一生中三要素吸收高峰期；抽薹前（4 月份）为微量元素 Fe、Mn、Mg 吸收高峰期；采薹后，N、P、K、B 吸收量出现小高峰，Zn 吸收量达到高峰。增施 Ca 和 Mg 可促进 N、P、K 吸收，蒜头显著增产，Mg：Ca 以 12：4 较宜。

第五节　中国的大蒜种质资源

一、概况

中国大蒜种质资源丰富，据笔者不完全统计共搜集有大蒜种质资源 400 余份，其中 78 份被收录到《中国蔬菜品种志》（2001）中。按中国八大蔬菜栽培区统计：①东北栽培区（包括黑龙江、吉林、辽宁省）4 份，其中紫皮蒜、白皮蒜各 2 份，占总数的 5.1％；②华北栽培区（包括北京、天津市和河北、山东、河南省）15 份，其中紫皮蒜 7 份，白皮蒜 8 份，占 19.2％；③长江中下游栽培区（包括湖南、湖北、江西、浙江、上海、安徽、江苏省、直辖市）17 份，其中紫皮蒜 6 份，白皮蒜 11 份，占 21.8％；④华南栽培区（包括广西壮族自治区和海南、广东、福建、台湾省）6 份，其中紫皮蒜 2 份，白皮蒜 4 份，占 7.7％；⑤西北栽培区（包括山西、陕西、甘肃省和宁夏回族自治区）24 份，其中紫皮蒜 15 份，白皮蒜 9 份，占 30.8％；⑥西南栽培区（包括四川、云南、贵州省）6 份，均为紫皮蒜，占7.7%；⑦青藏高原栽培区（包括青海省、西藏自治区）2份，均为紫皮蒜，占2.6%；⑧蒙新栽培区（包括内蒙古、新疆自治区）4份，其中紫皮蒜、白皮蒜各2份，占5.1%。大蒜种质资源以气候较冷凉的华北、西北大蒜春作栽培区最为丰富，其次为气候较温和的长江中下游栽培区和华北大蒜秋、春作栽培区。

二、优异种质资源

具有优良园艺性状和生产利用价值的种质资源有：

(一) 薹头 (鳞茎) 兼用类型

蒜头较大，蒜薹品质好，产量较高，耐贮存。

1. 苍山大蒜　山东省苍山县地方品种。硬秸，株高70～90cm。鳞茎皮白色，纵径3.5～4.0cm，横径3.5～6.0cm；有蒜瓣4～6瓣，大而整齐，辛辣味浓。蒜薹长78～90cm，单薹重15～25g，品质优，耐储藏。包括蒲棵、糙蒜、高脚子3个主栽类型。蒲棵适应性强，种植较普遍；糙蒜偏早熟；高脚子植株生长势强，稍晚熟。

2. 嘉祥大蒜　山东省嘉祥县地方品种，栽培历史悠久，曾为历代朝贡佳品，也是当地出口名优产品。硬秸，株高80～105cm，叶面有蜡粉层。蒜薹细长，重8～10g，色绿，质脆嫩。鳞茎外皮暗紫色，球形，纵径3～3.5cm，横径3.5～4.0cm，重20～40g；蒜瓣多为4～6瓣，单瓣重4.2～4.5g，皮紫红色，色泽鲜艳，肉质细嫩、紧实，香辣味浓烈，蒜泥黏度大，品质极佳。抗寒、耐热、耐贮，常温下货架保存期为8～9个月。

3. 太仓白蒜　江苏省太仓市优良品种。硬秸，株高92cm，单株青蒜重30～45g。叶宽而肥厚，色深绿。抽薹性好，蒜薹粗壮鲜嫩，单薹重16g左右。鳞茎外皮白色，横径3.8～5.5cm（4cm以上的蒜头超过80%），单头重30g左右；每头有蒜瓣6～9瓣，分2层排列，单瓣重4g左右，瓣形整齐，蒜瓣皮淡黄色。以其皮白，头圆整，瓣大而匀，香辣脆嫩，耐贮藏而饮誉海内外。是蒜苗和薹头兼用型良种。早熟，耐贮藏、耐寒、耐花叶病，锈病发生轻。

4. 广西大圩蒜　广西壮族自治区地方品种。硬秸，株高65～85cm。鳞茎外皮、蒜瓣皮紫色，纵径4.2cm，横径5.5～6.4cm，重60g左右；有蒜瓣12～13瓣，肉质细嫩。薹长65～75cm，横径0.45～0.68cm，色绿，质脆嫩。抽薹早，薹、蒜兼用。

5. 蔡家坡大蒜　陕西省岐山县蔡家坡地方品种。硬秸，株高70～85cm。叶面蜡粉多，深绿色。鳞茎外皮紫色，纵径3～4cm，横径4～6cm，重60g左右，具蒜瓣7～8瓣，有复瓣。抽薹早，薹长42～52cm，横径0.8cm，单薹重18～20g。辛辣味浓，品质优。耐寒性强，耐贮。生育期250～260d。

6. 毕节红蒜　贵州省毕节市地方品种。植株生长势强，头大，晚熟，高产。株高91cm，薹长55cm、横径0.9cm，平均单薹重15g左右。鳞茎近圆形，横径5.3cm，外皮淡紫色，平均单头重50g，大者达70g；每头11～13瓣，多者达16瓣，分2层呈紧密排列，瓣形肥大。

7. 余姚白蒜　浙江省宁波市余姚、慈溪市地方品种。已有200多年的栽培历史。中熟，耐寒，植株生长势强，个大色白，优质高产。株高70～90cm。叶表有蜡质层。蒜薹长 50～70cm，横径 0.7cm 左右。蒜头外皮白色，扁球形，横径 4.6cm 左右，单头重 35～40g；每头 7～9 瓣，蒜瓣皮白色，单瓣重 4.9～5.2g，味辣浓香，品质上乘。

8. 宝坻六瓣红　天津市宝坻县地方品种。株高 65～75cm，叶色深绿，叶面蜡粉较厚，宜密植。抽薹早，蒜薹粗壮，肉质肥厚，产量高。鳞茎外皮紫红色，横径达 4cm 的蒜头超过 80%，单头重 30～60g，蒜瓣多为 6 瓣，蒜瓣皮暗紫色，分 2 层排列，瓣肥大均匀，质密坚硬，排列紧密，易贮存。

9. 阿城紫皮蒜　黑龙江省阿城县地方品种。硬秆，株高 84cm 左右，植株生长旺盛。叶色深绿，叶面有蜡粉。鳞茎近圆形，外皮灰白色带紫色条，纵径 3.5～4cm，横径 3.5～5.5cm，重 25～50g；蒜瓣皮紫红色，每头 5～10 瓣，蒜瓣间排列紧实，辛辣味浓，品质优。有蒜薹，薹较粗，质脆，汁黏，味辛辣，芳香、鲜美，产量高。适宜春作区作蒜薹和蒜头栽培。

10. 广西大圩蒜　广西壮族自治区地方品种。硬秆，株高 65～85cm。鳞茎外皮、蒜瓣皮紫色，纵径 4.2cm，横径 6.4cm，重 66.3g；有蒜瓣 12～13 瓣，肉质细嫩。薹长 70.6cm，横径 0.64cm，色绿，质脆嫩。抽薹早。

此外，还有江苏省的大丰三月黄、大丰雪里青、射阳白蒜，湖南省的茶陵蒜，上海市的嘉定蒜，广东省的新会火蒜，陕西省的榆林白皮、洋县普陀大蒜以及河南省的新密超化大蒜等。

（二）早薹类型

出薹早，薹长，色绿，质嫩，产量高。

1. 二水早　四川省成都市东北郊及金堂县地方品种。硬秆，植株生长势较强，叶片直立，质地较硬。鳞茎辛辣味浓，有蒜瓣 8～9 个，成熟早。抽薹早，薹质优良，脆嫩，薹的白色部分短，上下粗细均匀。休眠期短，适应性广。

2. 正月早　四川省成都市新都地方品种。硬秆，植株生长势强，繁茂。鳞茎中等大小，辛辣味浓，有蒜瓣 7～8 个。抽薹早，薹质优良，脆嫩，粗细均匀。成熟早，休眠期短，适应性广。

3. 东安蒜　湖南省隆回县东安地方品种。硬秆，株高 70～90cm，单株叶数 8～10 片。鳞茎扁圆形，横径 4.5cm，形状整齐，外皮乳白色带紫色条纹，每头 11～12 瓣，分 2 层排列，蒜瓣皮紫红色。抽薹早，蒜薹长 60～80cm，横径 0.74cm 左右，单薹重 13～25g。

4. 桐梓红蒜　贵州省桐梓县地方品种。植株生长势强，叶片宽大，深绿色。鳞茎外皮紫红色，平均单头重 17g 左右；有蒜瓣 10～11 瓣，皮紫红色，分 2 层排列。蒜薹粗大，长约 70cm，横径 0.7cm，平均单薹重 14g。耐寒。

5. 彭县大蒜　四川省成都市郊彭县地方品种。硬秆，株高 75～89cm。鳞茎近圆形，外皮灰白色带紫色条纹，横径 4～4.4cm，单头重 22～33g，头、瓣整齐；每头有蒜瓣 7～8 瓣，分 2 层排列。蒜薹早熟质优，薹粗而长，长约 50cm，横径 0.94cm，平均单薹重 20g 左右，重者达 30g，蒜薹质脆嫩，味香甜，上市早，产量高。适应性强。

此外，还有安徽省的来安大蒜，湖北省的吉阳白蒜、襄樊红蒜，湖南省的四月蒜，广西壮族自治区南宁地方品种广西紫皮等。

（三）头（鳞茎）用类型

以生产蒜头（鳞茎）为主，蒜头大，产量高。

1. 金乡大蒜 山东省金乡县主栽品种。软秸，株高 70～80cm。叶片绿，宽厚，排列紧凑，节间短。鳞茎大，产量高，外皮白色，或夹带淡紫条纹，纵径 3～3.5cm，横径 4.5～6.0cm，重 40～60g；有蒜瓣 9～18 瓣，大而整齐，有复瓣。辛辣味适中。薹细而短。休眠期短。抗旱，耐热，生育期 240～250d。

2. 吉木萨尔白皮蒜 新疆维吾尔自治区吉木萨尔地方品种。硬秸，株高 75cm 以上，叶片挺直，株型紧凑。鳞茎扁圆形，外皮白色，横径 5cm 以上，单头重 50g 左右，最大 120g；有蒜瓣 10～11 瓣，分 2 层排列，内外层各 5～6 瓣，瓣形整齐，蒜瓣皮淡黄色。宜作春播蒜苗和蒜头栽培。

3. 徐州白蒜 江苏省徐州市地方品种。软秸，株高 50～60cm。叶片深绿，宽厚，排列紧凑，节间短。鳞茎形状扁圆，大而饱满，洁白，横径 3.5～7cm，单头重 30～55g；蒜头内蒜瓣成 2 层排列，包合紧，不易散瓣。蒜头辛辣味适中，以商品性好而驰名中外，是中国大蒜主要出口品种之一。

4. 民乐大蒜 甘肃省民乐县地方品种。株高 78cm。鳞茎近圆形，头大，外皮灰白色带紫色条纹，横径 5.2cm，平均单头重 50g 左右；每头 6～7 瓣，分 2 层排列，蒜瓣均匀、肥大，平均单瓣重 7g 左右。

5. 温江红七星 又名硬叶子，四川省成都市地方品种。中熟，株高 71cm，头瓣整齐。鳞茎扁圆形，外皮淡紫色，横径 4.5cm，单头重 25～35g；有蒜瓣 7～8 瓣，分 2 层排列，蒜瓣整齐，单瓣重 3g 左右。蒜瓣皮淡紫色，不易剥离。

6. 宋城大蒜 河南省地方品种。植株生长势强，叶色浓绿。鳞茎大，横径 5cm 左右，单头重 50g 左右，最大可达 120g，瓣大，色白。辣味浓，耐贮运，适应性广，抗病性好，耐寒性较强。

7. 柿子红 天津市宝坻县地方品种。株高 70cm。叶片较长，叶色浅绿，蜡粉较少。鳞茎扁圆，形似柿子，横径 5cm，高 3.5cm，单头重 40g 左右；皮薄且脆，易破损，有蒜瓣 4～6 瓣。辣味柔和适口。蒜素、粗蛋白、纤维素、果胶质等含量高，要求贮存条件较严格。

8. 格尔木大蒜 青海省格尔木地方品种。植株生长势强，株高 82cm，叶绿色，表面有蜡层。鳞茎个大，外皮褐色带紫红色条纹，横径 6～7cm，纵径 4.5～5.5cm，平均单头重 76g，大者达 92g；鳞茎中央有 1 个蒜瓣，瓣少而肥，共有蒜瓣 10～12 瓣，单瓣重 10g 左右，分 3～4 层排列，皮紫红色，鲜艳。质地细嫩，香辣味浓，蒜泥黏度大。抗寒耐旱。

9. 海城大蒜 辽宁省海城市郊耿庄地方品种，又名耿庄大蒜。株高 75cm，开展度 47cm，株型较开张。叶片淡绿色，叶面有蜡粉。鳞茎大，近圆形，外皮灰白色带紫色条纹，平均单头重 50g 左右，最大可达 100g；有蒜瓣 5～6 瓣，整齐，肥大。品质佳，香辣味浓，蒜泥不易变味。

10. 伊宁红皮 新疆维吾尔自治区伊宁市地方品种。株高 90cm 左右，假茎长 26cm、横径 1.6cm，单株叶数 11～12 片。鳞茎大，近圆形，皮紫红色，横径 5cm 左右，平均单头重 50g 左右；有蒜瓣 6～7 瓣，分 2 层排列，瓣大而整齐，皮紫褐色，平均单瓣重6.6g。蒜薹细而短。较耐贮。

此外，还有甘肃省的临洮红皮蒜，宁夏回族自治区的银川紫皮，内蒙古自治区的土城大瓣，陕西省的清涧紫皮蒜，广东省的忠信大蒜和浦东蒜（百合无薹）、遂昌披叶子、长乐胡蒜、赖坊蒜头，河北省的歪屁股蒜、林亭口红皮以及西藏自治区的下察隅大蒜等。

（四）蒜苗用类型

以生产蒜苗为主，蒜瓣多，休眠期短，蒜株产量高，色鲜，质细嫩。

1. 青海白皮　青海省地方品种。软秸。鳞茎外皮白色，夹带淡褐条纹，纵径 4.3cm，横径 4.5～5.7cm，重 45～77g；有蒜瓣 16～28 瓣，有复瓣，产量高。蒜薹细而短。休眠期短。抗旱，耐热，生育期 170～180d（春播）。

2. 嘉定蒜　上海市嘉定区地方品种。硬秸，株高 60～80cm。鳞茎外皮白色，纵径3～4cm，横径 4～5cm，重 75～100g；有蒜瓣 7～8 瓣，瓣大均匀，色洁白，品质优，肉质脆嫩，辛辣味浓。薹长 70cm，横径 0.7cm。植株生长势旺，株型紧凑，适合密植。抗寒，生长期 240～250d。当地多于 9 月下旬至 10 月播种，翌年 5 月上旬收蒜薹，5 月下旬至 6 月上旬收蒜头。生产蒜苗则于 8 月上旬播种，12 月上旬至翌年 4 月中下旬收青蒜。

3. 苍山青苗　山东省苍山县地方品种。硬秸，株高 60～80cm。蒜株直立、紧凑，适合密植。叶片嫩绿，质细。鳞茎外皮白色，纵径 3～4cm，横径 4～5cm，重 75～100g；有蒜瓣 7～8 瓣，瓣大均匀，色洁白，品质优，肉质脆嫩，辛辣味浓。当地多于 5 月下旬至 6 月上旬收蒜头；生产蒜苗则于 8 月上旬播种，12 月上旬至翌年 4 月中下旬收青蒜。

4. 成都软叶子　四川省成都地方品种。株高 40～55cm。叶绿色，长 32～43cm，上部外翻，柔软，品质优；假茎白色或基部紫红色，长 8～12cm，单株重 30～40g。鳞茎外皮微紫红色，纵径 3.5～4cm，横径 4～5cm；有蒜瓣 10～12 瓣，小而不匀。早熟，适应性强，播后 60d 收青蒜。

5. 隆安红蒜　广西壮族自治区隆安县地方品种。株高 57cm，假茎横径 1.7cm，蒜苗产量高，味道鲜美。鳞茎外皮紫色，有蒜瓣 7～8 瓣，瓣小，单头重 11g 左右。早熟，抗热，高产，优质。

6. 吉林白马牙　吉林省农安县地方品种。植株直立，生长势旺盛。叶狭长，绿色。鳞茎外皮白色，横径 4～6cm，单头重 30～40g；有蒜瓣 8～9 瓣，多者达 10 余瓣，瓣狭长呈三角形，辣味较淡。不易抽薹，适于作蒜苗生产，品质优。

7. 衡阳平薹蒜　湖南省衡阳市从隆安红蒜中选育而成。植株生长势旺，蒜苗粗壮，植株直立，株高 60cm。假茎粗壮，长 7～10cm，横径 2cm。单株叶数 8～12 片，叶长条形，绿色，蜡粉少。蒜苗单株重 95g，最重达 125g。鳞茎外皮白色间紫红色，有蒜瓣18～25 瓣，瓣瘦小。

此外，还有甘肃省的临洮白皮蒜，四川省的二水早，辽宁省的梅河口白皮、紫皮等。

（五）加工用类型

适合加工脱水蒜片的品种要求蒜瓣大而整齐，质地紧密，干物质含量高；适合腌渍品种要求蒜瓣质脆嫩、味甘香；适合提取大蒜素的品种要求辣味浓，干物质和大蒜素含量高。

1. 适合腌渍

（1）宝坻红皮蒜　天津市宝坻区地方品种。硬秸，株高 50cm。鳞茎亮紫红色，纵径 3～3.5cm，横径 4.0～5.5cm，重 35～60g；有蒜瓣 4～6 瓣，瓣大且均匀，紧实，辛辣味浓，质脆嫩，耐贮，适宜腌渍加工。生育期短，当地 3 月上旬播种，6 月中旬至 7 月上旬收蒜头。

（2）白皮狗牙蒜　吉林省郑家屯地方品种。株型紧凑，较直立，株高 83cm。鳞茎近圆形，外皮白色，横径 5cm 左右，单头重 30g 左右；蒜瓣数多，每头 15～25 瓣，形似狗牙，分 2～4 层排列，平均单瓣重 1.2g，皮淡黄色，不易剥离。适于蒜苗和腌渍蒜头生产。

（3）兴平白皮　陕西省兴平县地方品种。植株生长势强，株高 94cm，叶色深绿。鳞茎外皮白色，近圆形，横径 4～5cm，平均单头重 30～40g；每头 10～11 瓣，分 2 层排列，整齐，皮白色。抽薹性好，蒜薹长约 50cm，横径 0.7cm 左右，平均单薹重 11g 左右。蒜头辣味浓，品质好，耐贮藏，适合于加工成糖（醋）蒜。

（4）开原大蒜　辽宁省开原县地方品种。生长快，株高 89cm。假茎长 34cm，横径 1.4cm。鳞茎近圆形，外皮灰白色带紫色条纹；有蒜瓣 7～11 瓣，分 2 层排列，平均单瓣重 3.5g。皮暗紫色，易剥离。

2. 适合加工大蒜素

（1）金阳德溪大蒜　四川省金阳县德溪乡地方品种。株高 70.6cm。鳞茎大，圆锥形，外皮白色或带浅紫色条纹，重 76.7g，纵径 5.2cm、横径 6.1cm；有蒜瓣 11～12 瓣，分 2～3 轮排列。薹长 64.7cm，横径 0.75cm，重 13.3g。品质优，辛辣味浓，干物质、粗蛋白、维生素 C、大蒜素含量高。

（2）应县紫皮蒜　山西省应县地方品种。植株生长势强，生长旺盛。叶片深绿色，有蜡粉。鳞茎扁圆形，外皮紫色，重 30～40g，横径 5cm 左右；有蒜瓣 4～6 瓣，少数 8 瓣，肥大、整齐。肉质致密，辛辣味浓，皮紫红色。

（3）西藏林芝白蒜　西藏自治区各地均有栽培。株高 90cm。鳞茎大，纵径 4～5cm，横径 5.0～6.4cm，重 70g，外皮白色带红色条纹；每头 7～10 瓣，皮紫褐色。晚熟，适合高海拔（3 750m）地区栽培。大蒜素及维生素 C 含量高，品质优。

（4）Sri-sa-kit　引自泰国。鳞茎圆形，外皮淡紫色，横径 3～4cm，蒜瓣小；每头 8～16 瓣，皮紫红色。特早熟，耐贮，辣味特浓。

3. 适合加工脱水蒜片

（1）来安大蒜　安徽省来安县地方名优品种，有百余年栽培历史。株高 100cm 左右，叶扁平带状，色深绿，有蜡粉，肉厚。鳞茎近圆形，形状整齐，外皮膜质，易剥离，白色带淡紫色条斑，单头重 35～40g；有蒜瓣 12～13 瓣，外层 6～7 瓣，瓣大，内层 6 瓣，瓣小，且多夹瓣，平均单瓣重 3g 左右，皮 2 层，黄白色带紫色条斑，瓣肉白色。抽薹性好，蒜薹粗长，平均长 60cm，横径 0.9cm，单薹重约 30g，色泽绿白，营养丰富，香辣脆嫩，耐贮藏。蒜头耐贮藏，耐寒，适应性强，高产优质。宜加工脱水蒜片。

（2）舒城大蒜　安徽省舒城县地方品种。株型紧凑，株高 80～90cm。叶色深绿。抽薹较早，蒜薹味浓质优。鳞茎扁球形，外皮薄、白色，头大，横径 6cm，高 4.5～5cm，单头重 50g 左右；有蒜瓣 9～13 瓣，抱合较松，蒜瓣均匀，皮白色，肉肥厚，辣味浓郁。适应性强。蒜头、脱水蒜片已有外销。

（3）高脚子　山东省苍山县地方品种。植株生长旺盛，叶片浓绿，茎秆粗壮，株高 85～90cm。鳞茎大，表皮白色，单头重 30g；多为 4～6 瓣，瓣大整齐，瓣高，故称"高脚子"。蒜薹长而粗。适应性强，较耐寒。蒜头辛辣味浓，宜生食、腌渍和脱水加工。

（4）普宁大蒜　广东省普宁县地方品种。株高 71cm 左右，假茎长 24cm、横径 1.5cm。鳞茎长扁圆形，外皮白色，重 20g 左右；每头有蒜瓣 9～12 瓣，一般分 3 层排列，各层蒜瓣大小无明显差异。

三、抗逆和抗病、耐病种质资源

1. 昭苏六瓣蒜　新疆维吾尔自治区昭苏地方品种。株高 75～80cm。叶色深绿，叶面蜡粉较厚。鳞茎近圆形，外皮呈浅红色，横径 5～6cm，头围 15～20cm，单头重 50～90g；有蒜瓣 4～7 瓣，多为 6 瓣，分 2 层排列，整齐，单瓣平均重 6.8g。肉质肥厚，辣味浓郁，芳香持久，锗含量高。休眠期长，耐旱、耐寒、耐肥、耐贮、抗病、优质高产。

2. 毕节大白蒜　又名贵州白蒜、白皮香蒜、八牙蒜，贵州省毕节市地方品种。株高 50cm 以上，色深绿、直立。鳞茎、蒜瓣外皮及蒜肉白色，个大，扁圆锥形，横径 5～7cm。薹长 50～55cm。耐寒，色白、质优。

3. 二红皮蒜　由河北省保定市引入内蒙古自治区。株高 56cm，叶面光滑、有蜡粉。鳞茎外皮浅紫红色，横径 5.4cm、高 4.5cm，单头重 80g 左右，辣味浓，品质优。抗旱，耐盐碱，抗病，耐贮藏，高产。

4. 内蒙古紫皮蒜　内蒙古自治区地方品种。植株生长势强，株高 55～65cm。叶细长，扁平，较厚，草绿色。蒜头单头鲜重 32～58g，辣味浓。耐旱，抗盐碱，抗病性强，耐贮藏。

5. 拉萨白皮蒜　西藏自治区拉萨市郊地方品种。植株生长势强，粗壮。鳞茎外皮白色，扁圆形，个大，单头重 150g；有蒜瓣 20～30 瓣，瓣大，整齐，皮白色。耐寒，耐旱，适应性广，耐贮，高产优质。

6. 茶陵早大蒜　湖南省茶陵县地方品种。植株高约 87cm。叶片扁平，表面覆蜡粉。鳞茎外皮紫色，肉白色，有蒜瓣 10 瓣左右，分 2 层排列。蒜苗爽口，蒜薹质脆嫩。辛味浓烈。耐旱涝，耐贮藏，抗病虫。

7. 都昌紫皮蒜　江西省都昌县地方品种，栽培历史悠久。植株生长势极强，株高 60～80cm，株型直立。叶片披针形，墨绿色，蜡粉少。鳞茎外皮紫红色，扁球形，单头重 20～30g；有蒜瓣 8 瓣左右，分 2 层排列，皮紫红色。蒜薹粗壮，单薹重 24～30.6g。蒜味香浓。耐寒，抗病，抗逆性强，抗花叶病毒和紫斑病。宜作蒜苗或蒜薹和蒜头兼用栽培。

8. 上高大蒜　江西省名优品种。株高 70～90cm。叶色深绿，叶表面有白色蜡粉，叶片厚，纤维少。鳞茎大，外皮紫红色，扁圆形，横径 4～6cm，单头重 45～75g；有蒜瓣 6～8 瓣，蒜瓣肥厚，皮紫红色。辛辣味浓，品质佳。抽薹性较差。耐寒，耐涝。可作蒜苗或头薹兼用栽培。

9. 云顶早蒜　四川省成都市青白江区和金堂县地方品种。又称金堂早蒜，主产于云顶山。明朝已有种植，为历代贡品。植株生长势旺盛，适应性强，耐热，易发芽，产量高，品质好。

10. 隆回大蒜　湖南省隆回县地方品种。硬秸，株高 63cm 左右。鳞茎圆形，外皮紫红色，纵径 2.8～3.2cm，横径 3.5～4.5cm，重 30～50g；有蒜瓣 10～14 瓣，品质较优。蒜苗及蒜薹含水少，香气浓。耐热，抗病。

11. 峨眉丰早　四川省峨眉山地方品种。植株生长势旺，叶片短小。假茎、鳞茎外皮紫红，头小瓣小，每头 6～8 瓣。蒜薹青绿色，鲜嫩，单薹重 21g 左右，上市早。蒜辣味适中。耐热，抗病虫害，适应性强。

12. 应县紫皮大蒜　山西省应县地方品种。植株生长旺盛。叶片带状披针形，扁平，肉厚，有蜡粉，深绿色，假径粗壮。鳞茎扁圆形，外被紫红色膜质鳞衣；有蒜瓣 5～6 瓣，瓣大，质密脆嫩，辛辣味浓郁，品质好。耐寒，耐旱，耐水肥。

13. 格尔木大蒜　青海省格尔木市大格勒地方品种。植株生长势强，株高 40～50cm。鳞茎外皮紫红色，单头重 50g；有蒜瓣 6～8 瓣，大小均匀，皮深紫红色。质地细嫩，香味和辣味浓，蒜泥黏稠，品质极优。抗寒，耐旱。

14. 海城紫皮蒜　辽宁省海城市地方品种。株高 66～83cm。叶片条带披针状，扁平，有蜡粉，绿色，假茎粗壮。鳞茎大，外皮灰白色，扁圆形，单头重 50～70g；有蒜瓣 5～7 瓣。蒜薹长 50～66cm。耐寒，耐旱。

15. 内蒙古白皮蒜　内蒙古自治区地方品种。植株生长势强，株高 53～75cm。单株叶数 8～10 片，叶扁平，有蜡粉，草绿色。鳞茎外皮白色，高产，单头鲜重 39～76g；有蒜瓣 22～24 瓣，分 2～3 层排列。抗寒，抗病，耐贮藏。宜作春播蒜头栽培。

16. 湖南龙金紫皮蒜　植株粗壮，株高 65cm。叶片扁平呈折叠状，叶色深绿。鳞茎外皮紫红色，个较大，横径 4.6cm，纵径 4.1cm，单头重 25g；有蒜瓣 9～11 瓣，辛辣味香浓。中早熟，优质高产，耐寒性强，抗病虫害。宜作蒜苗、蒜薹或蒜头栽培。

17. 金山火蒜（开平大蒜）　广东省开平市地方品种，产于开平、台山等地。株高 50～70cm。叶黄绿色，质柔软。鳞茎外皮白中带紫，扁球形，颈部细，有蒜瓣 6～8 瓣。辛辣味浓，品质优。耐寒，耐湿。宜生产蒜头，也可生产蒜苗。

18. 九叶蒜　安徽省地方品种。硬秸，株高 80～90cm。鳞茎皮白色，圆形，纵径 4～5cm，横径 5.5～6.5cm，重 50～75g，有蒜瓣 6～7 瓣。质脆，味浓，耐贮。

此外，还有抗、耐病种质：丹凤火蒜、陇县大蒜、强山蒜、白河白皮、留坝白蒜，金乡白等；耐寒种质：成县红皮、径川红皮、喀什紫皮、宝鸡大蒜、耀县竹叶青、北京紫皮和定县紫皮等；耐热种质：云顶早、温江硬叶子、东安蒜、中牟大蒜、北京柳子蒜、定江红蒜、六塘蒜、龙水蒜等；耐旱种质：宁安紫皮蒜、宁夏紫皮、呼坨蒜；耐盐碱种质：永年白皮蒜等。

四、野生近缘种质资源

（一）天蒜（*A. paepalanthoides* Airy-Shaw）

主要分布在江西、四川、陕西、河南等地，多生长在海拔 1 400～2 000m 阴凉潮湿地区。叶条状披针形。鳞茎圆柱状，外皮纤维状，黄褐或黑褐色。伞形花序，花白色，总苞具长喙。薹圆柱形。嫩叶可食用。

（二）小山蒜（A. pallasii Marr.）

分布在新疆维吾尔自治区霍城海拔 1 300～1 400m 地区。株高 30～50cm，叶 3～5 片，半圆柱形，腹面有凹沟。鳞茎球形或卵形，外皮灰或灰褐色。伞形花序，花淡红或紫色。薹圆柱形。

（三）新疆蒜（A. sinkiangense Wang et C. Y. Tang）

分布在新疆维吾尔自治区北部。株高 40～50cm。叶宽条形，中部略宽。鳞茎近球形，外皮灰黑色。伞形花序，花密集，白色。薹圆柱形。

（四）星花蒜（A. decipiens Fisch ex Roem et Schult）

分布在新疆维吾尔自治区西北部额敏、霍布克赛尔地区。株高 45～50cm，叶宽条形或披针状。鳞茎球形或卵形，外皮暗黑色。伞形花序，花呈星花状，淡红或紫红色。薹圆柱形。

（五）多籽蒜（A. fetisowii Regel）

分布在新疆维吾尔自治区新源县、贵州普安县等地。株高 50cm，叶宽条状。鳞茎球形，外皮灰黑色。伞形花序，花密集紫红色。薹圆柱形。

第六节　大蒜种质资源研究与创新

一、特性鉴定

（一）大蒜病毒病及品种抗性鉴定

Ron. Voss（2004）用 RT-PCR 对 168 份大蒜种质感染以下 12 种病毒病的情况进行了检测，包括：马铃薯 Y 病毒组的洋葱黄矮病毒（OYDV）、韭葱黄条病毒（LYSV）、大蒜花叶病毒（GMV）、青葱 X 病毒组的大蒜 X 病毒（GVX）、青葱 X 病毒（ShVX）、大蒜 A 病毒（GV-A）、大蒜 C 病毒（GV-C）、大蒜螨传花叶病毒（GMbMv）、石竹潜隐病毒组的大蒜潜隐病毒（GLV）、大蒜普通潜隐病毒（GCLV）、青葱潜隐病毒（ShLV）、烟草花叶病毒组的烟草花叶病毒（TMV-Cg）。大蒜种质中感染 GLV 的 77 份，感染率 46%；感染 LYSV 的 150 份，感染率 89%；感染 ShVX 的 145 份，感染率为 86%；感染 OYDV 的 145 份；感染率 86%。调查 162 份种质对上述 4 种病毒的感病性，其中未感染病毒的 3 份，感染 1 种病毒的 4 份，感染 2 种病毒的 26 份，感染 3 种病毒的 72 份，感染 4 种病毒的 57 份。

徐培文等（2000）对 96 份大蒜品种和品系进行了病毒病症状及有关园艺学性状观察，

多数供试大蒜品系表现黄化、花叶、扭曲等不同类型的病毒病症状。4 份来自陕西省的大蒜品系未观察到病毒症状。有些品种，如金乡白皮，花叶症状严重，但对植株生长势和蒜头产量影响不大，表现出一定程度的耐病性。对其中 66 份用洋葱黄矮病毒（OYDV）、韭葱黄条病毒（LYSV）、青葱潜隐病毒（SLV）、大蒜普通潜隐病毒（GCLV）和洋葱螨传潜隐病毒（OMBFV）5 种病毒抗血清作 Dot-ELISA 和免疫电镜检测和观察，发现大蒜品系对不同种类病毒侵染存在明显的差异。其中对 OYDV 抗血清表现阳性者 41 份，占62.1%；对 LYSV 抗血清阳性者 54 份，占 81.8%；对 GCLV 抗血清阳性者 23 份，占34.8%；对 SLV 抗血清阳性者 25 份，占 38.9%；对 OMBFV 抗血清阳性者 47 份，占71.2%。对 5 种病毒抗血清均表现阴性者 1 份，占 1.5%；感染 1 种病毒的品系 9 份，占13.6%；感染 2 种的 20 份，占 30.3%；感染 3 种和 4 种的各 14 份，分别占 21.2%；受 5种病毒复合侵染的 8 份，占 12.1%。84.8%的大蒜品系受 2 种以上病毒侵染。

研究还发现侵染大蒜的病毒种类多少与病毒病症状严重度有关，遗传型与病毒病症状严重度有关。有的品种对一种病毒抗血清反应呈阳性，却表现严重黄条斑症状；而有的品种对 5 种病毒抗血清表现阳性，却未发现病毒病症状。还有的品种对 5 种病毒抗血清反应呈阴性，也未见病毒病症状，该品种可能对这些病毒病具有抗性或免疫性。该试验检测的5 种病毒病中，LYSV、OYDV 和 OMBFV 侵染率较高，分别达 75%～85%、50%～63%和 50%～75%。GCLV 侵染率为 27%～75%，在中高纬度地区发病率偏高。SLV 侵染率为 0～50%，在低纬度地区样品中未检测出。由此可见，韭葱黄条病毒（LYSV）、洋葱螨传潜隐病毒（OMBFV）和洋葱黄矮病毒（OYDV）是侵染中国大蒜的主要病毒种类。

（二）大蒜种质的品质评价

Ron Voss 等（2004）用从 38 个国家收集到的 200 份大蒜种质进行了评价和分析。结果表明，供试品种的蒜素含量变异大，幅度为 1～29mg/g 干物重；病毒含量低的蒜种长出的植株蒜素元含量较高。在不同地区种植的同一品种的蒜素含量和辣味各异。

二、细胞学研究

（一）染色体

染色体核型和行为是鉴别种质遗传特性的重要细胞学特征。目前，染色体倍性和核型研究主要应用于鉴别大蒜种质的遗传特性、种质资源离体保存过程中的遗传稳定性以及大蒜不育机理的探讨等方面。

1. 染色体核型 Etoh 和 Ogura（1984，1985）研究了 60 份栽培大蒜（*Allium sativum*）品系、1 份朗吉斯蒜（*Allium longicuspis*）和 1 份象蒜（*Allium ampeloprasum*）品系的染色体组型，发现栽培大蒜的染色体组型有很多变异，主要由卫星染色体结构杂合性及其片段丢失引起。约 50%供试品系（包括可育大蒜品系）的染色体组型为 $2n=10m+2sm_1{}^{sc}+2sm_2{}^{sc}+2sm$；而朗吉斯蒜（*A. longicuspis* Regel）的组型与其基本相似。由此推断朗吉斯蒜是大蒜的一个非常近缘的种，或者与大蒜有共同祖先。

2. 染色体倍性　大蒜茎尖和花序轴分生组织再生植株与母株染色体倍性一致。但由其诱导出的愈伤组织细胞染色体变化较大，其中正常二倍体为 43.6%，单倍体为 7.7%，三倍体为 12.8%，四倍体为 23.1%，非整倍体为 12.8%。由愈伤组织分化形成植株细胞染色体倍性也有变化，正常二倍体为 47.1%，三倍体 5.9%，四倍体 8.8%，非整倍体 38.2%（徐培文等，1998）。

3. 染色体联会　大蒜减数分裂时染色体联会品系间有差异。发现有四价体，六价体和八价体等联会。染色体短臂内"倒位"、非同源染色体间发生"易位"，可能是发生染色体联会变异的主要原因。小孢子母细胞减数分裂形成多价体、单价体可导致花粉败育（张成和等，1999）。

（二）细胞和组织培养

利用组织培养离体保存植物种质资源是进行种质创新和育种的基础。Fereol 等（2004）进行大蒜胚性细胞悬浮培养成功，再生植株遗传稳定。徐培文等（2000）研究认为，大蒜幼叶和幼芽细胞较易脱分化产生愈伤组织。大蒜幼叶诱导出的愈伤组织胚性好，结构紧实、淡黄（绿）色或无色的大蒜愈伤组织易诱导再分化。在 B5+2,4 - D 0.1mg/L+Kinetin 0.5mg/L 培养基上培养 2 个月后，75% 胚性细胞分化出球形体胚。其中 30% 体胚在 B5+BA 0.3mg/L 培养基上培养 8 周，再生成正常幼苗。

张恩让等（2004）用 5 个大蒜品种经愈伤组织途径诱导再生植株形成体细胞无性系，对该无性系细胞进行染色体检查结果表明，通过愈伤组织培养诱导再分化形成的再生植株，其细胞染色体数目发生了不同程度的变异，5 个品种的体细胞无性系二倍体率分别为 52%、64%、58%、54% 和 62%，其余为多倍体、超倍体和亚倍体细胞。用苍山蒜和改良蒜的蒜基、蒜瓣和蒜叶分别作外植体培养形成的体细胞无性系二倍体率在 46%～60% 之间。检查还发现了染色体结构的变异。

三、分子生物学研究

采用分子标记技术，分析作物基因组多态性 DNA，可快速、准确地鉴别作物遗传学差异。从而在分子水平上对大蒜种质资源进行评价、鉴定、分析，为研究大蒜种质起源、分类及开展分子标记辅助育种奠定基础。

徐培文等（2002）从 105 个随机引物中筛选出 12 个有鉴别作用的引物。用筛选出的引物对 79 份来自澳大利亚、泰国和中国 17 个省、直辖市（包括台湾省）的大蒜种质进行 RAPD 测定。所得 RAPD 带谱具有良好的多态性和特异性。大蒜种质的 RAPD 带谱差异与其农艺学性状差异吻合。根据 RAPD 带谱区分了同物异名、同名异物的大蒜种质。用随机引物 NO.5、OPF16 和 OPE14 对 48 份有代表性的大蒜种质进行 RAPD 测定，得到 42 条具有多态性带，其中 3 条为 47 份种质所共有，7 条分别为某一份种质所特有。以 RAPD 谱带对 48 份有代表性的大蒜种质进行聚类分析，供试大蒜种质在距离 3.742 处被分为 2 大组，即 4 倍体象蒜（A. ampeloprasum）和 2 倍体栽培大蒜（A. sativum）。栽培大蒜种质在距离 3.474 处分出第 I 组，包括 5 个品种，该组种质来自澳大利亚、泰国及中国南方，在济南地区植株生长势弱，矮小，病毒病症状较重。第 II 组在 3.195 处分出，包括 11 个品种，其特点是蒜头大，夹瓣 3 瓣以上，总瓣数多，休眠期短，一般蒜薹较细小，出苗早，抽薹早。经观察该组种质较耐病毒病，虽然病症较重，但对经济性状影响不大。本组的大蒜品种 VF40、金乡改良蒜 3 和金乡白蒜，关系相近，分别相聚于 1.414 和 1.732 处。VF40 和金乡白蒜均从金乡改良蒜 3 选择、培育而成。嘉祥改良蒜、漕河改良蒜和 VF05 关系密切，分别相聚于 2.090 7 和 1.732 处，其农艺学性状相似。第Ⅲ组包括 3 个品种，在距离 3.112 处分出，是澳大利亚白皮蒜种质，关系相近，分别在 2.445 和 2.823 处相聚。除瓣数有差别外，形状、生长特性相似。第Ⅳ组包括 8 个品种。第Ⅴ组包括 20 个品种。第Ⅲ、Ⅳ、Ⅴ组种质共同特点是蒜头中等大小，夹瓣少或无夹瓣，休眠期较长。其中第Ⅳ组大蒜品种多来源于中国华东沿海地区，该地区气候温暖、湿润，在山东省生长繁茂，蒜头白皮，瓣大，蒜薹长，产量高，耐存放。第Ⅴ组种质主要来源于中国西北、东北地区，该地区气候偏干燥、冷凉。该组种质引入山东省栽培后，多数生长健壮，病毒病症状轻，有的未观察到症状，对 5 种病毒的抗血清也呈阴性反应。第Ⅴ组又划分为 3 个小组。小组 1 的 3 个品种来源于宁夏回族自治区及东北长日照区，引至山东省栽培，则出苗晚，基本不结鳞茎。小组 2 的 3 个品种来源于西南区，紫皮，早熟，抽薹早，薹长，品质好，较耐干、寒。小组 3 包括第Ⅴ组其余品种，在山东省生长良好。根据农艺性状的相似性分析结果，供试大蒜种质也被分为 5 组，与根据 RAPD 带谱的分组趋势一致。

Ron Voss（2004）根据用 RAPD 技术获得的基因指纹图谱将供试种质分为 5 组：1 组多数为 *A. sativum* 类型，少数为 *A. ophioscorodon* 类型；2 组为 *A. sativum* 和 *A. ophioscorodon*，各占比例为 50：90；3 组为晚熟类型；4 组大多数为 *A. ophioscorodon* 和 *A. longicuspis* 类型；5 组多数为 *A. ophioscorodon*，无 *A. longicuspis* 类型。按基因指纹图谱分组与供试大蒜品种的如下性状有相关性：熟性（r=0.53，p<0.000 1）、蒜瓣着生与排列（r=−0.41，p<0.000 1）、株高（r=0.30，p=0.000 3）、干物重（r=0.31，p<0.000 1）和大蒜素水平（r=0.21，p<0.013）。根据基因指纹图谱分组还显示出如下性状之间的相关性：叶数与叶宽呈负相关（r=0.44，p=0.000 1），叶宽与鳞茎干重呈负相关（r=−0.39，p=0.001 8），鳞茎重与蒜瓣重呈正相关（r=−0.35，p=0.000 1），株高与叶宽呈正相关（r=0.76，p=0.000 1）。

Nabulsi I.、Al-Safadi B. 等（2001）用 RAPD 技术鉴定出 8 个抗白腐病（Sclerotium cepivorum）的大蒜突变体，其特异多态性谱带可望作为抗白腐病早期选择的分子标记。Al Zahim M.、Newbury H. J. and Ford Loyd B. V.（1997）用 RAPD 法鉴定了 27 个大蒜品系的遗传多样性，探讨了栽培大蒜 *A. sativum* 与其近缘野生种 *A. longicuspis* 的关系。采用了 26 个随机引物，检测出 292 条 DNA 带，其中 63 条具有多态性。聚类分析结果将所有抽薹品系划分为一组，包括 *A. sativum* 和其近缘野生种 *A. Longicuspis*；将所有不抽薹品系划为一组。这些结果对大蒜分类提供了参考依据。

陈昕等（2005）利用 RAPD 和 ISSR 分子标记技术，对中国不同地区的 10 个大蒜品种进行了遗传多样性研究。从 30 个 RAPD 引物中，筛选出 11 个具有多态性引物，共扩增出多态性带 224 条，占 41.28%。从 12 个 ISSR 引物中筛选出 5 个具多态性的 ISSR 引物，共扩增出多态性带 121 条，占 50.21%。对 RAPD 和 ISSR 两种标记分别运用 Nei 指数法，计算出 10 个大蒜品种的平均遗传距离为 0.28 和 0.32。将两种标记结果，进行

UPGMA 聚类分析，得到与生物学分类地位基本一致的结果。表明 RAPD 和 ISSR 两种标记均可用于大蒜种质遗传多样性的研究。

Ipek 等（2003）利用 AFLP 评价了 45 份大蒜种质和 3 份 A. longicuspis 种质的遗传多样性，并将其结果与 RAPD 和同工酶标记进行了比较。3 对 AFLP 引物扩增出了 183 条多态性带。尽管聚类组群时间的相似性较低（≥0.3），但是组群内各种质的相似性很高（≥0.95）。分属 6 种不同带型的 16 份种质具有 100% 的多态性 AFLP 和 RAPD 带，它们可能是重复收集品。结果还显示，普通大蒜和 A. longicuspis 没有明显的遗传学区别。三种分子标记的聚类结果类似，但是依据 RAPD 和同功酶的聚类结果反映出了较低的多态性。采用 Mantel 测验检测三种标记的聚类结果之间的关系，表明分别依据 AFLP 和 RAPD 的聚类结果之间的相关性达到了 0.96，而 AFLP 与同工酶、RAPD 与同工酶的聚类结果之间的相关性系数只有 0.55 和 0.57。

Al Zahim M. and Newbury H. J.（1999）采用 RAPD 和细胞学方法分析、鉴定了从 5 个大蒜品种培养出的 35 个体细胞胚发生的再生植株，发现再生植株的变异频率与大蒜品种有关。其中 2 个品系为 1%，另外 3 个品系为 0.35%。不同品系再生植株的 RAPD 带谱变化提示，在大蒜的基因组中有一个突变敏感部位。同时发现，大蒜体细胞胚的分子生物学和细胞学特性与再生植株变异率有联系。

四、种质资源创新

大蒜种质资源虽然丰富，优良品种也多，但长期采用蒜瓣进行无性繁殖，一些优良种质种性退化和濒临灭绝。进行种质资源创新和新品种培育，势在必行。

（一）有性生殖研究和杂交育种

Kamenetsky 等（2004）认为大蒜品系的营养和生殖生长特性变异大，多数抽薹品系产生可育花粉和有接受能力的柱头，花粉的大小、数量和发育速度有很大差异。Ron Voss（2004）观察了来自 18 个国家的 47 份种质，其中产生实生种子的 19 份，来自 8 个国家，每株产生种子 1～48 粒。花序圆形、茎基部粗壮、紫色花药的种质产生种子的几率高。试验的 143 份大蒜种质中，产生种子的有 23 份，每株结子 4～100 粒不等。

徐培文等（2005）从国内外搜集的 160 份大蒜种质中筛选出 41 份抽薹早、总苞发育好的品系，于现薹后 8～10d（打弯期）切取带茎的花总苞，剔除营养芽（气生鳞茎），置温度 25±2℃、光照 13～16h/d、相对湿度 75% 的培养室液培促进开花、延长开花时间，花期最长达 76d。混合花粉人工授粉 426 朵花，其中 319 朵（78.6%）子房明显膨大。从 11 份子房、胚珠发育好的品系中选膨大的子房固定，石蜡切片，用普通光镜观察到完整的有性胚结构；选 240 个膨大子房接种在 B5＋蔗糖 4%～12% 培养基上置培养室内培养 47～56d，53 个子房继续膨大，保持绿色，形成不同发育阶段的胚，其中 34 个子房发育出 76 个完整胚，将完整胚接种到 MS＋BA0.01～0.05mg/L＋NAA0.05～0.1mg/L＋蔗糖 40～80g/L 培养基上，置培养室内培养 42～47d，培育有性生殖的完整植株，继代培养获得了一批小鳞茎，并进行了田间驯化栽培。

Etoh T. 等（1983、1986、1988）在天山北侧找到可育大蒜植株，将这些植株自交或杂交，获得了种子，并研究了这些实生籽的发芽率（12.3%）及其后代植株的花粉育性和结实性。大蒜种子生活力弱，有些须在培养基上发芽。大蒜杂交后代高度杂合，性状变异也极大。

（二）系统选育

大蒜品种的瓣数、瓣大小、皮色、风味及成熟期等重要性状差别很大，这些差异主要源于体细胞自然突变。许多育种者针对重要经济性状进行无性系选育，取得了显著效果。Lopez Frasca A. 等（1997）针对白皮蒜品系的蒜头重和蒜瓣数性状进行无性系选，选出品系中，大蒜头（直径50～70mm）比率比原始群体增加了48%～85%，中等蒜头（43～56mm）差别不大，而小蒜头（27～42mm）率则减少了50%。笔者发现蒜头重和蒜瓣数变异可以遗传，瓣数呈常态分布，可作为大蒜品种改良的选种指标。如将蒜瓣多而小的品系改良成瓣数适中、产量高的品系，首先选瓣数少于群体平均瓣数的单株，经3轮少瓣选择，再选择瓣数多、大瓣个体，如此经5～6轮选择，可获得瓣数适中的大瓣品系。古巴和泰国的育种者以大鳞茎（蒜头）为主要选择指标，通过引种选择，获得了适合热带栽培的大蒜品系。笔者采用综合应用园艺学性状指标、血清学病毒检测及分子标记辅助法选出了一批抗、耐病、适合消费需求的优良种质和品系，产量由14.5t/hm² 提高到31t/hm²。

（三）理化诱变

Al Safadi B. 、Mir Ali N. 、Arabi M. I. E. 等研究了用 γ 射线诱变改善大蒜对白腐病（*Sclerotium cepivorum*）抗性，提高蒜头的耐贮性。他们选2个大蒜地方品系，用4、5、6和7Gy剂量处理蒜瓣。将处理材料第二代种于病圃内，用白腐病残株覆盖大蒜植株茎基部加压选择。第三代用白腐病菌接种蒜瓣，播种到病田里。第四代选出了耐白腐病、耐贮藏品系24个。其中来自同一材料的15个品系的感病率为3%，对照为29%；另有9个品系的感染率为5%，对照为20%。耐贮性增强，自然条件下贮存重量损失率由8%～10%降至3%～4%。

组织培养结合诱变是大蒜品种改良的另一有效途径。笔者用⁶⁰Co‐γ15Gy处理泰仓白皮和苍山糙蒜的离体培养芽，出现了两个突变体，即太R1和苍R2。突变体植株生长繁茂，鳞茎和蒜薹重均明显增加。苍R2鳞茎外皮淡紫色，而对照为白色。经同工酶鉴定其变异属遗传型变异。

通过秋水仙素处理蒜瓣，结合组织培养可以获得大蒜多倍体。据笔者观察，大蒜组培芽接种在添加0.2%～0.8%秋水仙素的培养基上，即表现为粗壮、矮化，生长明显受到抑制。据试验，多倍体植株多表现生长期延迟，不适合生产用。

（四）体细胞杂交和转基因工程

体细胞杂交和转基因工程是创新种质的快速有效途径。Yamashita K. 、Saga 等（2002）获得了洋葱（*Allium cepa* L.）和大蒜（*A. sativum* L.）的体细胞杂交种。进行染色体和原生质体分析表明，一个品系含有40条染色体，其中20条来自洋葱，17条来自大蒜；另一品系具有41条染色体，21条来自洋葱，17条来自大蒜。2品系都有3条嵌合染色体。用 PCR-RFLP 分析叶绿体和线粒体均表现与洋葱亲本一致。Kondo 等（2000）用农杆菌（*Agrobacterium tumefaciens*）进行了基因转化。在含有卡那霉素的培养基上培养 5 个月，从 1 000 块愈伤组织上获得了 20 个芽。GUS 标识基因在其中 15 株得到表达。1 个月后小芽长成了转基因植株，经 Southern Blot 分析，证实了基因已被整合。Park M. Y.、Lee Yi N. R.（2002）用基因枪将抗除草剂（chlorsulfuron）基因转入大蒜。首先培养得到愈伤组织，筛选出适宜愈伤组织作外源基因受体。再构建 DNA 复合物，包括取自抗除草剂拟南芥突变体的合成酶基因（ALS）、花椰菜花叶病毒 35S 启动子、报道基因 beta-glucuronidase（GUS）和选择标记基因 hygromycin phospho-transferase（HPT）。将包被了 DNA 复合物的钨弹打入大蒜愈伤组织，将转化的愈伤组织在含有 50mg/L hygromycin B.（HPT）的培养基上培养，在分化培养基上培养出 12 株小苗。通过 PCR-Southern 和 Northern blot 分析和 GUS 基因的表达试验，确认目标基因已被整合进去，培育出的植株在除草剂（chlor-sulfuron）浓度 0.3％环境下仍能生存。Kondo et al.（2000）用嫩茎原生组织的愈伤组织进行农杆菌介导基因转移，获得了转基因大蒜植株。Zheng et al.（2004）用洋葱和分葱成熟胚愈伤组织和大蒜体外培养根部位进行农杆菌介导，已经培育出含抗甜菜夜蛾（*Spodoptera exigua*）Bt 基因的转基因分葱和大蒜植株。

（徐培文　杨崇良）

主要参考文献

中国农业科学院蔬菜花卉研究所.1987.中国蔬菜栽培学.北京：农业出版社

中国农业科学院蔬菜花卉研究所.1989.中国作物遗传资源.北京：农业出版社

中国农业科学院蔬菜花卉研究所.2001.中国蔬菜品种志.北京：中国农业科技出版社

陈昕等.2005.大蒜种质资源遗传多样性的分子标记研究.厦门大学学报（自然科学版）.44（1）：144～149

程智慧等.1997.大蒜品种资源叶部性状研究.江苏农学院学报.18（1）：69～72

樊治成等.1997.大蒜品种生态型的数量分类研究.植物生态学报.22（3）：1～5

管正学，王建立，张学予.1994.我国大蒜资源及其开发利用研究.资源科学.（5）：54～59

姜素珍等.1988.大蒜吸肥特性及蒜壮素的应用效果.上海农业学报.4（3）：81～86

陆帼一，程智慧等.2003.葱蒜类蔬菜周年生产技术.北京：金盾出版社

陆帼一等.1999.不同生态型大蒜品种生态特性研究Ⅰ.温度和光周期对大蒜鳞茎形成发育的影响.西北农业大学学报.24（5）：11～15

王昆等.2004.大蒜栽培与病虫草害防治技术.北京：中国农业出版社

王素，王德槟，胡是麟.1993.常用蔬菜品种大全.北京：北京出版社

徐培文，崔德才，杨崇良，曲士松，刘冰江，王效睦.2004.大蒜有性胚培养首次成功.生物技术通讯，15（6）：584

徐培文，刘宪华，曲士松等．2000．中国主要大蒜品种和品系的病毒检测．山东农业科学．（2）：27～28

徐培文，马卫青．1998．大蒜组织培养材料染色体倍性变化研究．山东农业科学．（5）：30～31

徐培文，曲士松等．2002．应用 RAPD 技术分析大蒜种质遗传特性和检测蒜种纯度的初步研究．山东农业科学．（1）：7～12

徐培文，曲士松等．2002．中国大蒜种质资源离体保存初步研究．中国农业科学，35（3）：314～319

徐培文，杨崇良，崔德才，曲士松，刘冰江，张君亭，张传坤．2005．大蒜有性生殖技术研究初报．园艺学报．32（3）：503～506

徐培文等．1998．大蒜脱毒技术及应用研究．中国农业科学，31（2）：92～94

杨书源．2000．大蒜治百病．天津：天津科技翻译出版公司

张成和，申书兴，王梅．1999．大蒜染色体联会行为观察及核型分析．园艺学报．26（4）：268～270

张恩让，程智慧，周新民．2004．大蒜体细胞无性系的染色体变异研究．西北农林科技大学学报．32（9）：73～76

Al Safadi B.，Mir Ali N.，Arabi M. I. E.．2000. Improvement of garlic（*Allium sativum* L.）resistance to white rot andstorability using gamma irradiation induced mutations. Journal of Genetics & Breeding，54（3）：175～181

Nabulsi I.，Al-Safadi B.，Ali N. M.，Arabi M. I. E.．2001. Evaluation of some garlic（*Allium sativum* L.）mutants resistant to whiterotdisease by RAPD analysis. Annals of Applied Biology，138（2）：197～202

Al Zahim M. A.，Newbury H. J.，Ford Lloyd B. V.．1997. Classification of genetic variation in garlic（*Allium sativum* L.）revealed by RAPD. Hort. Science，32（6）：1102～1104

Al Zahim M. A.，Newbury H. J.，Ford-Lloyd B. V.．1999. Detection of somaclonal variation in garlic（*Allium sativum* L.）using RAPD and cytological analysis. Plant Cell Reports，18（6）：473～477

Brewster J. L.．1994. Onions and other vegetable Alliums. CABl International，1～2

Dave Astley. 2001. ECP/GR European Central Crop Databases（ECCDB）International

Etoh T. et al.．1985. Studies on the sterility of garlic，*Allium sativum*. L.. Mem. Fac. Agr. Kagoshima Univ.，21：77～132

Etoh T. and Hong C.．2001. RAPD markers of fertile garlic. Acta Hortitulturae，555：209～212

Etoh T.．1986. Fertility of the garlic clones collected in Soviet central Asia. Journal of Japan Society of Horticultural Sciences，55：312～319

Etoh T.，Noma Y.，Nishitarumizu Y.，Wakamoto T.．1988. Seed productivity and germinability of various garlic clones collected in Soviet central Asia. Mem. Fac. Agr. Kagoshima Univ.，24：129～139

Etoh T.，Simon P. W.．2002. Diversity，fertility and seed production of garlic. In：Allium crop science：recent advances. CABI Publishing，101～117

Heredia Z. A.，Heredia G. E.，Laborde J. A.，Burba J. L.．1994. Number of cloves per bulb：selection criteria for garlic improvement. Acta Horticulturae，433：271～277

Heredia Z. A.，Heredia G. E.，Laborde J. A.，Burba J. L.．1994. Number of cloves per bulb：selection criteria for garlic improvement. Acta Horticulturae，433：265～270

Huchette at al.．2004. Influence of environmental and genetic factors on the alliin content of garlic bulbs. Acta Hortitulturae，688：93～100

Ipek M.，Ipek A. and Simon P. W.．2003. Comparison of AFLPs，RAPD markers and isozymes for diversity assessment of garlic and detection of putative duplicated in germplasm collections. J. Amer. Soc. Hort. Sci.，128（2）：246～252

Jenderek M. M. , Hannan R. M. . 2004. Variation in reproductive characteristics and seed production in the USDA garlic germplasm collection. Hort. Science, 39 (3): 484~488

Kamenetsky R. , Shafir I. L. , Khassanov F, Kik C. , van Heusden A. W. , Ginkel M. V. , Burger-Meijer Auger K. , J, Arnault I. , Rabinowitch H. D. . 2005. Diversity in fertility potential and organo-sulphur compounds among garlics from central Asia. Biodiversity and Conservation, 14: 281~295

Kamenetsky R. , Rabinowitch H. D. . 2001. Floral development in bolting garlic. Sex Plant Reprod, 13: 235~241

Kamenetsky R. , Shafir I. L. , Zemah H. , Barzilay A. , Rabinowitch H. D. . 2000. Environmental control of garlic growth and florogenesis. Journal of American Society Horticultural Science, 129 (2): 144~151

Kondo T. , Hasegawa H. , Suzuki M. . 2000. Transformation and regeneration of garlic (*Allium sativum* L.) by Agrobacterium-mediated gene transfer. Plant Cell Reports, 19: 989~993

Fereol L. at al. 2004. Embryogenic cell suspension cultures of garlic (*allium sativum* L.) as method for mass propagation and potential material for genetic improvement. IV International symposium on edible alliaceae. Acta Horticulturae, 688: 69~74

Lopez F. A. , Rigoni C. , Silvestri V. , Burba J. L. , Burba J. L. . 1997. Genetic variability estimation and correlations in white clonal type garlic (*Allium sativum* L.) characters. Acta Horticulturae, 433: 279~284

Munoz de Con L. , Burba J. L. . 1997. Garlic breeding in Cuba. Acta Horticulturae, 433: 257~263

Nabulsi I. , Al-Safadi B. , Ali N. M. , Arabi M. I. E. . 2001. Evaluation of some garlic (*Allium sativum* L.) mutants resistant to white rot disease by RAPD analysis. Annals of Applied Biology, 138 (2): 197~202

Park M. Y. , Lee H. Y. , Kim S. T. , Kim M. , Park J. H. , Kim J. K. , Lee J. S. . 2002. Generation of chlorsulfuron-resistant transgenic garlic plants (*Allium sativum* L.) by particle bombardment. Molecular Breeding, 9 (3): 171~181

Pooler M. R. and Simon P. W. . 1994. True seed production in garlic, Sexual Plant Reprod, 7: 282~286

Rabinowitch H. D. and Brewster. 1990. Onions and Apllied Crops. CRC Press, Boca Raton, Florada

Rabinowitch H. D. and Currah L. . 2002. *Allium* Science: Recent Advances. CABI Publishing

Tackholm V. and Drar M. . 1954. Flora of Egypt. Vol. 3. Cairo University. Bulletin of the Faculty of Science, 30: 865~113

Voss Ron. et al. 2004. Garlic germplasm characterization and evaluation. Presentation on the IV International Symposium on Edible Alliaceae. Beijing, China

Vvedensky. 1944. The genus *Allium* in the USSR. Herberria. 11: 65~218

Xu Peiwen et al. 1999. A primarystudy on mutation induction of in-vitro cultured garlic shoots by ^{60}Co γ-ray irradiation. Acta Agriculturae Nucleatae Sinica, 13 (3): 142~146

Xu Peiwen et al. 1997. Rapid propagation of virus-free garlics and a systematic scheme for seed garlic production. Acta Horticulturae, 433: 329~333

Xu Peiwen, Peerasak Srinives and Charles Y. Yang. 2001. Genetic identification of garlic cultivars and lines by using rapd assay. Acta Horticultureae, 555: 213~220

Xu Peiwen, Peerasak Srinives and Yang Chongliang. 2000. Rapid multiplication of virus-free garlic by inflorescence meristem culture and induction of multi-bulbils. Thail Journal of Agricultural Sciences, 33 (1~2): 11~20

Yamashita K. , Hisatune Y. , Sakamoto T. , Ishizuka K. , Tashiro Y. . 2002. Chromosome and cytoplasm analyses of somatic hybrids between onion (*Allium cepa* L.) and garlic (*A. sativum* L.). Euphytica，125：163～167

Yanagino T.，Sugawara E.，Watanabe M.，Takahata Y.. 2003. Production and characterization of an interspecific hybrid between leek and garlic. Theor Appl Genet，107：1～5

Zheng S. J.，Henken B.，Krens F.，Kik C.. 2004. Gene transfer in *Allium*：recent developments and future prospects. Abstracts on the IV International Symposium on Edible Alliaceae. Beijing，China

蔬菜作物卷

第三十四章

大　葱

第一节　概　述

大葱（*Allium fistulosum* L. var. *giganteum* Makino）为葱科、葱属二、三年生草本植物，染色数 $2n=2x=18$，以叶鞘组成的肥大假茎和嫩叶为产品，既可熟食、又可生食，还可制成脱水葱供食。大葱营养丰富，每 100g 鲜重中含有胡萝卜素 0.852mg、硫胺素 0.056mg、核黄素 0.036mg、尼克酸 0.36mg、抗坏血酸 10mg、蛋白质 0.72mg、脂肪 0.22mg、碳水化合物 4.2g、粗纤维 0.36g、钙 8.6mg、磷 32.6mg、铁 0.42mg（《山东蔬菜》，1997）。应该特别指出的是，大葱含有丙基硫化物和烷酮类物质构成的香辛油，有刺激发汗，促进消化液分泌，杀灭和抑制白喉、痢疾、结核杆菌、葡萄球菌和链球菌等疗效。

大葱是重要的蔬菜作物，主要在东亚栽培。中国的栽培面积最大，栽培区域主要在秦岭、淮河以北，此区以南主要栽培分葱。据《中国农业统计资料》，2004 年中国大葱栽培面积约 53.42 万 hm^2。山东、河北、河南等省是大葱主要产区，尤以山东省的面积最大，约 9.22 万 hm^2，占这三个省大葱栽培面积 39.0%。大葱除在蔬菜主产区栽培外，主要在粮食作物区栽培，在中国黄河下游地区常与小麦套作，是春玉米很好的前茬作物。大葱的栽培技术简易，且经济效益显著高于粮食作物，所以它常是粮区种植业结构调整的优选作物，有的已形成产业化栽培，其产品运销外地，少部分出口。

大葱对温度适应范围广，是以营养器官——叶和叶鞘为产品的蔬菜，可随时收获上市，加之货架期较长，又较耐贮藏，因此除主栽季节所生产的产品上市外，配合简易的保护地栽培和简易贮藏，可以基本实现大葱成株产品的全年供应。

中国的大葱种质资源十分丰富，主要是各地的地方品种，笔者估计约在 400 个以上。2006 年国家农作物种质资源库收集保存的大葱资源有 236 份。

第二节　大葱的起源与分布

葱的确切起源地至今不明。中国南朝范晔（398—445）撰《后汉书》章帝记注："葱岭……多葱"。葱岭乃旧时帕米尔高原和昆仑山、喀喇昆仑山脉诸山的总称。表明中国古人早已发现中国西北边疆生长着葱的野生近缘种。1882年，德·康道尔（de Candolle）述及，俄罗斯学者曾在西伯利亚至阿尔泰山一带以及贝加尔湖、吉尔吉斯等地发现有野生葱。杜武峰（2001）认为中国湖北省神农架林区及西藏、新疆等地仍有广泛分布的野葱。

原产于中国新疆西部、黑龙江北部，中亚、西伯利亚和蒙古的阿尔泰葱（*A. altaicum* Pall）除假茎基部呈卵圆状、红褐色，开花结果期晚等以外，其叶形、花序和花器等形态性状与大葱相似（《中国植物志》，1980）。因而一些学者认为大葱是由野生的阿尔泰葱驯化而来。图力古尔（1992）对阿尔泰葱与大葱的核型进行了比较研究，认为阿尔泰葱的染色体数目、相对长度、核型对称型和随体等与大葱基本一致。图力古尔还选取47个性状进行了数量分类研究，结果表明两者的相似度很高，因此初步推测大葱可能是阿尔泰葱在家养条件下的产物。

早在公元前681年，中国就有大葱作为栽培作物的报道，《管子》一书中写道："齐桓公五年，北伐，山戎出冬葱与戎菽，布之天下。"冬葱即中国华北初冬收获的大葱。山戎是春秋战国时的一个民族，分布在今中国河北北部，善种冬葱。齐桓公讨伐山戎得冬葱而移植山东。可见中国华北地区是大葱的次生起源中心。

日本和朝鲜半岛栽培的大葱是从中国传入的，栽培面积较大。欧美各国主要栽培洋葱，很少栽培大葱。

中国大葱主要分布于秦岭和淮河以北地区。中国北方栽培的大葱，按葱白（假茎）的不同类型区分其分布区域，其主栽区大致是：黄河下游的华北平原以长葱白型大葱为主；黄河中游和东北平原以短葱白型大葱为主；鸡腿葱白型大葱（假茎基部膨大的类型）的分布则没有明显的生态区域。

第三节　大葱的分类

一、植物学分类

大葱隶属于植物学分类上的葱属，是林奈（Carl von Linné）所定，迄今没有歧义。1789年朱西厄（A. L. de Jussieu）建立百合科，依葱属的子房上位特征，将其划归该科。1934年哈钦森（J. Hutchinson）则依葱属的伞形花序和具总苞特征，将其划归于石蒜科。但多数植物学文献仍将葱属归于百合科。1958年，艾加德（A. J. Agardh）依葱属不具百合科无总苞的特征，又不具石蒜科子房下位的典型特征，主张建立葱科以解决葱属的主要形态特征既似百合科又似石蒜科的矛盾。中国植物分类学家耿以礼在1964年主编的《中国种子植物分类学》中采纳了此观点。中国台湾的一些蔬菜专业文献中已将葱属划归于葱科。

包颖等（2001）认为葱属花粉粒椭圆形不似石蒜属和百合属的卵圆形，葱属有乳汁管和特殊的葱蒜气味也不似石蒜属和百合属，不适于划归石蒜科或百合科，另立葱科把葱属隶属于葱科是合理的。

笔者同意建立葱科的观点。大葱的植物学分类系统应是葱科（Alliaceae）、葱属（*Al-*

lium)、葱种（*Allium fistulosum* L.）的大葱变种（var. *giganteum* Makino）。

二、栽培学分类

大葱的叶鞘层层抱合成棒状的假茎，经培土或去除外层膜质鳞皮后的假茎呈白色，俗称葱白。它既是大葱的主要食用部分，又与消费要求和栽培技术密切相关，所以假茎的性状是栽培学的主要分类依据。依假茎的形态，大葱可分为长葱白型、短葱白型和鸡腿葱白型三种类型，它们的品质、栽培技术、产量和耐贮性差异明显。

（一）长葱白型

成株的假茎细长，粗度均匀，假茎型指数（长/横径）＞15。成株相邻叶片的出叶孔距离较长，2～3cm，夹角较小。植株高大，管状叶身较细长，抗风性差，易因风吹而折倒。葱白含水量较高，粗纤维较少，香辛油含量低（表34-1），辛辣味淡，味较甜嫩，宜生食。商品性好，美观，不耐冬季自然条件下贮存。由于植株高大，栽培时要求高培土，种植行株距大，故种植密度较低。代表品种如山东省的章丘大葱、诸城高白葱等（图34-1-1）。

（二）短葱白型

成株的假茎较短，粗度均匀或基部略增粗，假茎型指数（长/横径）约11～15。成株相邻叶片的出叶孔距离较短，夹角较大。植株较长葱白型矮，管状叶身较短而坚挺，抗风性较好。葱白含水量与长葱白型相近，香辛油含量较高（表34-1），辛辣味浓，宜生或熟食。较耐冬季自然条件下贮存。由于植株较矮，葱白较短，栽培时培土高度低于长葱白型，因而种植的行距较小，栽培密度较高。代表品种如天津市的五叶齐等（图34-1-2）。

（三）鸡腿葱白型

成株的假茎短粗，基部膨大，以假茎中部和基部横径的平均值为准的假茎型指数（长/横径）＜11。成株相邻叶片的出叶孔距离较短，夹角较大。植株较矮，管状叶身短而坚挺，抗风性好。葱白含水量低，香辛油含量较高（表34-1），辛辣味浓，熟食最香。耐冬季自然条件下贮存，产量较低。代表品种如河北省的隆尧鸡腿葱、山东省的莱芜鸡腿葱等（图34-1-3、图34-1-4）。

表34-1 大葱不同类型的干物质和香辛油含量

（张松、张启沛，1997）

类型	干物质		香辛油	
	鲜重的%	相当于长葱白型的%	鲜重的%	相当于长葱白型的%
长葱白型	14.66	100.00	0.041	100.00
短葱白型	14.34	97.82	0.049	119.51
鸡腿葱白型	18.04	123.06	0.048	117.07

注：各类型分别为4、4、3个供试品种的平均值。

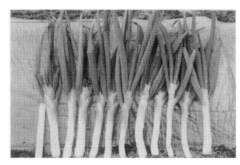
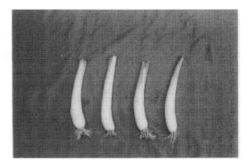

图 34-1　大葱的不同类型
1. 长葱白型品种：山东诸城高白葱　2. 短葱白型品种：天津五叶齐
3. 鸡腿葱白型品种：河北隆尧鸡腿葱　4. 鸡腿葱白型品种：山东莱芜鸡腿葱的假茎
（张启沛、魏佑营，1993）

第四节　大葱的形态特征与生物学特性

一、形态特征

图 34-2 的模式图，显示大葱成龄种株的不同器官。

（一）根

大葱种子发芽伸出的胚根生长成初生根，当幼苗的子叶伸直时发生并长出不定根，幼苗出现第 1 片真叶时最先长出的不定根上发生支根，随着植株生长逐渐长出许多不定根，其上也陆续发生一次支根，构成须根系。成龄植株（约长出 30 片叶的植株）的主要根系分布在土面以下 35～40cm，横展直径 65～84cm，为浅根性根系。

（二）茎

营养生长时期大葱的茎短缩成盘状，称作茎盘，其上不断发生新叶和不定根。植株通过春化后，其顶芽转化为花芽，并抽伸形成花茎（或称花葶、花薹）。种子成熟后花茎枯死。不分蘖大葱始花后茎盘上的侧芽萌发，终花时，可见到分蘖的新株。花茎粗壮，光合作用强，是种子光合产物的主要来源。

（三）叶

大葱子叶曲折成"针鼻"状出土，子叶先端仍留在种皮内吸取胚乳养分。由于曲折子叶的拐点——子叶膝的后部（近根端部分）生长速度较快，终使子叶脱离胚乳而伸直，并成为进入自养阶段的子叶苗，以后从子叶膝下部的叶鞘中穿出第一枚真叶，当出现第2枚真叶时子叶枯死。

大葱的叶分为叶身和叶鞘两部分。叶身绿色管状，叶鞘上部绿色、往下逐渐变淡以至呈白色。生长过程中，茎盘上不断发生环状套生的叶子，叶鞘套合生长成棒状的假茎，又名葱白。叶鞘因贮藏养分和水分而肉质化，所以葱白是大葱的主要供食部分。假茎长短、粗细因品种而异，粗度决定于肉质叶鞘的层数和每层的厚度。

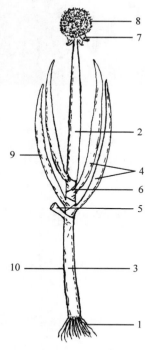

图 34 - 2　大葱成龄种株
1. 须根　2. 花茎　3. 假茎
4. 功能叶　5. 残存叶　6. 出叶孔
7. 残存苞片　8. 花球　9. 叶身　10. 叶鞘
（引自张启沛，2002）

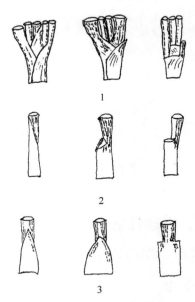

图 34 - 3　大葱成株的出叶孔类型
1. 邻叶出叶孔的排列　2. 单叶的出叶孔形状
3. 单叶叶鞘展开状，示叶鞘顶角
（1～3 自左至右：C型、DJ型、Z型）
（引自张启沛，2002）

章丘大葱假茎肉质叶鞘只有 7 层，且每层较薄，所以葱白较细。莱选 1 号和隆尧鸡腿葱假茎肉质叶鞘有 8～9 层，且每层较厚，所以葱白较粗。

大葱随个体生长，外层功能叶逐渐老化干枯，被内层的功能叶取代，但单株始终保持 5～7 枚功能叶。优良品种和良好的栽培技术将使植株宿存的功能叶多，光合面积大，光合产物多，因而产量高、品质好。

大葱叶身与叶鞘交接处有一出叶孔。新叶的叶身从上一邻叶的出叶孔钻出生长，叶鞘则被包在上一邻叶的叶鞘中生长。成株出叶孔的形态特征与大葱的栽培学分类和假茎性状有关。将叶鞘展开，叶鞘顶角因大葱的品种类型而异（图 34 - 3 的下排）。顶角小于 60°左右，长葱白型大葱如章丘大葱属之，简称 C 型；顶角在 60°～90°之间，短葱白型、鸡腿葱白型大葱如天津五叶齐、隆尧鸡腿葱属之，简称 DJ 型；顶角在 120°～180°之间，如竹节大葱、日本元藏大葱属之，简称 Z 型。

C 型的相邻叶的出叶孔距离较长，3～4cm，夹角小于 90°（图 34 - 3 的上排左图）。葱白细长，外层叶鞘自上而下开裂，成熟大葱的叶子易披散，假茎紧实度较差。DJ 型的相邻叶的出叶孔距离较短，2～3cm，夹角小于 90°左右（图 34 - 3 的上排中图）。葱白粗短，外层叶鞘也自上而下开裂，但成熟大葱的叶子不易披散，假茎紧实。Z 型的相邻叶的出叶孔不接交，近于平行（图 34 - 3 的上排右图）。葱白细长，外层叶鞘基本不开裂，成熟大葱的叶子不易披散，假茎紧实。

（四）花

大葱花茎顶端着生总苞包被的伞形花序，总苞破裂后，形成由许多小花组成的花球，种株愈大花数愈多，株龄 240d 以上的成龄种株的小花可达 600 朵以上，株龄 90d 左右的最幼龄种株只有 40～50 朵小花。花球的中央小花先开放，并有序地自中央向边缘开花，最外缘 1%～5% 的小花因营养不良不能正常结实。一个花球的开花期 6～9d。

大葱的单花由外内两层各 3 片花被片组成无色的花被。雄蕊分外、内两层，每层各 3 枚，外轮雄蕊的花药裂开散粉后，内轮雄蕊伸长并裂开散粉。雌蕊子房由 3 心皮组成 3 室，每室内有 2 个胚珠。6 枚雄蕊花药裂开散粉后 1～2d 花柱迅速伸长至花被外，柱头略膨大并分泌黏液，接受异花花粉受精结实，属雄蕊先熟型。雌蕊授粉受精的有效期约 6d，开花后约 8d 花柱凋萎。单花开花期 5～8d。

（五）果实与种子

果实为蒴果，成熟后沿背缝线裂开散出种子。每果含种子 6 粒，往往因授粉或营养不良，有的果实结籽少于 6 粒。

种子黑色，盾形，背部隆起。有胚乳，子叶曲屈于胚乳中，近发芽孔端为胚根，其上为苗端，远发芽孔端的子叶尖在发芽过程中留在胚乳中吸取养分供种子发芽。种子千粒重 3g 左右。

大葱种子属短命种子，在室温条件下保存的种子，一年后的发芽率降低 50% 左右，越过两个夏季（贮存 16～17 个月），发芽率降低为 30%。

（六）单株重的构成

单株重是产量构成的重要组成部分。成熟商品大葱收获时的单株重由外观可见的5～6枚成熟叶、1枚露出的心叶和包裹在叶鞘内的2枚幼叶构成。植株宿存成熟叶愈多，肉质化叶鞘愈长、粗、紧实，则单株愈重。多数品种在良好栽培条件下的假茎重约为单株重的57%～73%。

二、生物学特性

（一）生育周期

1. 发芽期　种子播种后，在适宜温度下经6～7d子叶膝出土。4～6d后"针鼻"状子叶伸长约1～1.5cm。再经4～6d，因近根端的膝后部子叶生长速度大于近子叶尖端的膝前部子叶而伸直——直钩，发芽期结束。这一过程在秋播的16℃左右适宜温度下需14～16d，在6～8℃的春播条件下需19～20d。播种覆土适宜时，种皮留在土中，覆土过薄则种皮顶在子叶尖上出土呈"戴帽"状。

下面依山东省中部秋播栽培大葱的生长发育进程为例，陈述其发芽期以后的各生育阶段。

2. 幼苗期　从子叶直钩至第15～16枚真叶出现，为幼苗期。第15～16真叶出现时正是大葱主产区收完小麦并整好地的6月下旬至7月上旬的大葱定植适期。此期又分越冬前后两段。越冬前，子叶直钩至第1真叶出现约8d，第1真叶至第2真叶出现因温度低（10℃在右），约经25d；越冬期，气温在6.5℃以下，生长极缓，第2真叶至第3真叶出现约经85d，第3至第4真叶出现约21d，越冬期共约106d。此后进入越冬后的幼苗生长阶段，17～18d出现1枚真叶。

3. 营养生长期　从葱苗定植至收获，为营养生长期，共约145d。植株不断更新功能叶，后生叶依次增大，单株一般保持功能叶5～7枚，常因品种和栽培条件而异。

此期出现第16～17至第32～33真叶，共约15枚，平均约9d出现1枚。定植后的发根阶段吸收水分和养分的能力差，主要依赖自身贮存的养分生长，生长速度慢，约12d出现1枚新叶。大葱在7月中旬至8月上旬的高温期（26～27℃），生长较缓，平均7.8d出现1枚新叶。8月中旬至9月下旬的温度（18～25℃），最适宜大葱生长，平均7.2d出现1枚新叶。10月上旬至11月上旬的气温下降（9.5～16.5℃），主要是贮藏养分，增加单株重，发叶速度减缓，平均10d出现1枚新叶。11月中旬气温低（6.5℃），大葱生长显著减缓，平均19d出现1枚新叶。

4. 越冬期　11月下旬至翌年3月上旬为种株越冬期，此期基本停止生长。

5. 生殖生长期　成龄种株11月上中旬形成花芽，越冬后种株返青，随气温逐渐增高而加速生长。从花芽出现（显蕾）至种子成熟，共52～67d。显蕾后16～18d花薹迅速伸长至品种固有高度，1～2d后总苞裂开露出小花，2～4d后开始开花，3～4d后达到盛花期，再经8～11d开花终结，单株花期11～15d。终花至种子成熟22～28d。

生殖生长期的物候期因气温条件而异。气温高，生殖生长期经过的天数将会短一些。

(二) 花芽分化

大葱通过春化后顶芽由叶芽转化为花芽。大葱是绿体经低温通过春化的作物，在黄河下游地区的大葱产区，若秋播早于9月中、下旬，则翌年会发生未熟抽薹。9月底播种的越冬苗只有2叶1心，由于苗小不感应春化低温，翌年不会发生未熟抽薹。如果苗床的肥水充足，越冬苗偏大，即使是9月底10月初播种的，翌年有些品种也会发生部分未熟抽薹。正常秋播苗次年夏初定植和春播苗当年夏初定植后，在11月中下旬长成的成株中可以用肉眼观察到花芽，可见在此之前已经分化花芽。那么通过春化的绿体大小和温度的关系如何，目前尚未见系统研究报道。杨日如（1990）认为，章丘大葱秋播植株在4叶以上，假茎横径超过4mm，苗高超过12cm时，在日温7~15℃下，不少于27d就会通过春化；株高40cm，7~15℃，15d左右也能通过春化。张世德（《中国蔬菜栽培学》，1987）认为，章丘大葱从三叶以上的苗期到此后的生长期间，感应7℃以下低温7~10d，便能通过春化。张愚等研究（1978）认为，隆尧大葱株高小于10cm，假茎横径小于0.3cm，真叶2片，翌年不会抽薹。笔者观察认为，秋播苗6.5℃以上的生长积温达1 000℃，苗高15~20cm、假茎横径2.0~2.5mm的章丘大葱幼苗，在感应越冬期的低温后可以正常抽薹开花。

通过春化的日数与品种有关，叶片深绿的日本品种和中国晚抽薹品种（俗称笨葱）冬性较强，较一般品种的抽薹开花期晚7~15d。

大葱的花芽分化期不仅与大葱栽培中控制未熟抽薹有关，也与大葱的良种繁育有关。种株若在植株较小时即分化花芽，由于营养体小，花球和种球也小，种子产量也低（表34-2）。

表34-2　大葱半成株繁种的播期与产种性能
（张启沛，2000）

播种期 期次	月/日	定植时植株状况 苗龄(d)	苗高(cm)	苗重(g)	开花时种株状况 株高(cm)	功能叶数	花球纵横径平均(cm)	单株种子产量(g)	种子千粒重(g)
1	06/13	140	62.4	40.4	97.3	2.9	6.1	2.71	3.20
2	06/28	125	59.5	32.6	95.2	2.5	6.0	2.25	3.11
3	07/13	110	44.4	25.5	93.2	2.1	5.6	1.57	2.97
4	07/28	95	41.8	13.3	93.5	2.0	5.8	1.30	2.91
5	08/13	—							
6	08/28	64	28.2	4.5	93.2	2.0	4.5	0.71	2.83
7	09/13	48	15.5	1.5	91.7	2.4	3.8	0.33	2.70
8	09/28	33	13.6	0.7	70.6	4.2	—	—	—

注：1.供试品种——天津五叶齐；2.定植期10月31日；3.第5期播种后因大雨田间渍涝，出苗极差；4.表中的数字为50株的平均数；5.花球纵横径平均是花球最大纵径和最大横径的平均数。

从表34-2看出，在山东省泰安市第8期播种的苗龄33d，苗重不足1g，因越冬前幼苗小，不能感应低温通过春化分化花芽，越冬后不能抽薹开花，继续营养生长，保持较多的功能叶（4.2枚）。9月13日以前播种的都可分化花芽抽薹开花。愈是早播的，越冬时植株愈大，种株开花时植株较高，功能叶数较多，花球较大，每个花球内的花数较多，因而单株结子数多，种子千粒重也高。而9月13日播种的虽能分化花芽，开花结子，但因营养体小，花球小，花数少，单株结子数和种子千粒重都很低。

（三）授粉受精

大葱在10～16时的较高温度和较低空气湿度下大部分成熟花药开裂散粉，而以12时高温和低的空气湿度下花药开裂散粉最多。

大葱是典型的异花授粉作物，传粉媒介主要是蜜蜂和蚂蚁。笔者测试表明，当无屏障的空间隔离500m时，异交率达8%。单株花期套袋自然自交可以结子，结实结子率株间差异较大。对套袋单株施行人工辅助授粉可显著提高结实结子率。自交子代表现明显的生活力衰退。

席湘媛（1987）研究表明，在开放授粉条件下，开花后4d可见合子，5～6d可见2～4细胞原胚及4细胞胚本体，8～10d为球胚期，11d子叶发生，12～13d出现下胚轴和胚根，16～18d胚的子叶卷曲并成熟。

（四）对环境条件的要求

1. 温度　大葱既耐寒又耐热，三叶期的幼苗可耐−20℃低温，在中国中原地区的炎夏可以持续生长，没有生理休眠或高温胁迫休眠期。当日均温在6.5℃时即开始生长。大葱从播种至商品大葱成熟采收的总积温在4 700℃以上，春播栽培者总积温约4 730℃，秋播栽培者总积温约5 300℃。不同品种、不同生长阶段对温度的要求和反应不一，叶色深绿的品种较抗热、抗寒，在较低温度下生长较快；叶色浅绿的品种抗热、抗寒性差，在较低温度下生长较慢。张世德（《中国蔬菜栽培学》，1987）研究章丘大葱不同生育阶段的适宜温度范围列入表34-3。

表34-3　大葱不同生育阶段的适宜温度（日平均气温℃）

（张世德，1982）

生育期	发芽出苗	幼苗和大葱旺盛生长		完成春化	生殖生长
		全株增重	叶鞘增重		
适宜温度	13～20	19～25	13～19	7以下	15～22

2. 光照　在23℃温度下，大葱的光合补偿点1 200lx左右，饱和点25 000lx左右，低于10 000lx的光强下的大葱生长不良。

3. 土壤　土层深厚、渗水性好、富含有机质的壤土或沙壤土适宜大葱栽培，不仅产量高而且葱白洁白。黏重或土层较浅土壤栽培的葱白基部往往增粗。土壤pH7.0～7.4适宜大葱生长。山东省农业科学院蔬菜研究所（《中国蔬菜栽培学》，1987）对栽培章丘大葱的土壤分析表明，土壤水解氮低于60mg/kg时，施用速效氮增产显著。高产大葱发棵生长盛期，土壤水解氮应保持在100mg/kg左右。大葱发棵生长盛期吸收氮的数量多于钾（N∶K_2O=1∶0.9），进入假茎充实期，对钾的吸收量增加（N∶K_2O=1∶1.2）。收获时

1 000kg 大葱吸收氮 2.7kg、五氧化二磷 0.5kg、氧化钾 3.3kg。发棵生长盛期和葱白充实期，土壤速效钾含量低于 120mg/kg 时，补充钾肥对提高葱白品质和产量有良好作用。

大葱根系耐旱不耐涝。从苗床起出的葱苗 2～3d 后定植的可以正常发生次生根。栽培大葱在田间积水达 1～2d 时就会沤根死苗，所以大葱的苗床和种植田一定要选择排水良好的地段，且雨后必须及时排水。

第五节　中国的大葱种质资源

一、概况

中国大葱的主栽区在秦岭、淮河以北地区，地域辽阔，生态环境差异较大，人们的消费习惯各异。在 2 600 多年的栽培历史进程中先民们选育成了适应于各地的优良地方品种，所以中国的大葱种质资源非常丰富。日本、朝鲜、韩国等国的大葱是从中国先后引去的，经多年选育，也育成了适宜于当地栽培的品种。

中国农业科学院蔬菜花卉研究所 1995 年以前入库保存的大葱种质资源共 230 余份。山东农业大学蔬菜育种教研室至 1995 年已搜集大葱种质资源约 120 余份，并进行了田间观察，记录了主要经济性状。据目前情况看，已收集保存的种质资源虽有重复，但遗漏的可能更多，笔者估计中国大葱种质资源约在 400 份以上。

中国随着经济发展和地区间的交流扩大，栽培品种逐渐集中于综合性状优良的少数品种，一些较差的地方品种被陆续淘汰或濒临淘汰。同时由于广泛引种和繁种技术不规范，导致大葱因杂交而发生种性退化。如许多地方品种被章丘大葱替换或与之杂交退化，如山东莱芜鸡腿葱香辛味浓，宜于熟食，干物质含量高，耐冬贮，是著名的鸡腿葱白型地方品种。该品种原产地的种植者为求高产，大量引入章丘大葱，在繁种时因空间隔离不严，莱芜鸡腿葱与章丘大葱发生杂交退化，致使莱芜鸡腿葱濒临消失。因此，加大大葱种质资源的收集、保存、研究力度，抢救大葱优良种质应是当今迫在眉睫的一项重要任务。

二、抗病种质资源

大葱生产中经常受病毒病和紫斑病等危害而降低产量和品质，一般减产 10%，受病毒病危害严重的地片减产达 30%～50%。

刘红梅、张启沛等（1996、1999）研究认为，侵染葱的病毒是葱黄条病毒（WoYSV），用此病毒对 30 份品种进行接种鉴定和田间鉴定，没有发现免疫的种质资源，但经综合评定发现天津五叶齐、洛阳高脚白、诸城高茎葱、日本冰川大葱品种高抗葱黄条病毒。

刘维信、张启沛等（1998）对 49 份大葱品种进行大葱紫斑病（*Alternaria porri*）抗性的田间自然鉴定，没有发现免疫的种质资源，但日本 2 号、高秸白的发病率和病情指数较低，高抗大葱紫斑病。

应该指出的是，在病毒病和紫斑病的抗性鉴定中发现一代杂种（F_1）具有较高的抗性，如"199×隆"既抗病毒病也抗紫斑病，"199×袁"抗紫斑病。

三、抗逆种质资源

(一) 抗风种质资源

大葱植株高大，叶片柔嫩，功能叶身易遭风害折倒，使之减少光合作用面积，折曲处还易罹病，致使产量和品质下降。叶身较短、质地较硬的品种类型，如冬灵白、五叶齐等品种抗风性好。

(二) 耐贮种质资源

大葱产品主要在冬初收获贮藏，陆续上市供应。耐贮性的重要构成性状是干物质含量高、失水率低、冬性强、抽薹晚等。莱芜鸡腿葱、隆尧鸡腿葱、冬灵白、天津五叶齐等品种具有这些优良特性。

四、综合性状优良的大葱种质资源

1. 章丘大葱　原产于山东省章丘市，现已被广泛引种栽培。它原是遗传组成复杂的地方品种，包含植株高大、葱白颀长的大梧桐型和植株较矮、葱白较短的气煞风型。经葱农多年分别混选，形成了大梧桐和气煞风两个品系。

大梧桐在原产地栽培面积大。植株不分蘖，株高 120～140cm，最高可达 194cm。葱白匀直、洁白，长 50～60cm，是国内葱白最长的品种；横径 3.0～4.0cm，单株鲜重 250～500g，质嫩味甜，最适宜生食。但抗风性、耐贮性差。

气煞风在原产地栽培面积较小。植株不分蘖，株高 110cm 左右。葱白长 40～50cm，横径 3.5～4.0cm，单株鲜重 500g 左右。管状叶较大梧桐坚挺，抗风性好，适宜生食或熟食。

一些地区引入后经多年混合选择，选育出适应于当地生态条件的或具改良性状的优良品种。如山东省邹县选出的邹县大葱，抗风，较抗病毒；山东省莱州市选出的莱选 1 号（原名披辑 1 号），葱白粗，高产，适应性广；山东省诸城县选出的高白葱，抗病毒，高产。

2. 天津五叶齐　原产于天津市宝坻，主要分布在京、津和冀东（图 34-1-2）。株高 110～130cm，单株可保持功能叶 5 枚，故名。葱白长 35cm 左右，横径 3.5cm 左右，单株鲜重 500g 左右。抗风，抗寒，耐贮运，抗病毒。宜生、熟食。宝坻一带的大叶齐、八叶齐等优良品种可能是五叶齐的选系。

3. 寿光八叶齐　原产于山东省寿光市，是该市的主栽品种。性状与天津五叶齐相似，叶身坚挺，管状叶较粗，保持的功能叶较多，故名。抗风、抗病毒，耐贮运。宜生、熟食。

4. 鳞棒葱　原产于辽宁省凌源县，主要分布在辽西，适宜丘陵地区栽培。株高 110～130cm，葱白长 45～55cm，横径 2.5～3.0cm，单株鲜重 250g 左右。干葱率高，耐贮运。甜而微辣，香味浓，生熟食皆宜。

5. 北京高脚白　北京市地方品种，主要分布在京郊。株高 75～95cm，葱白长 40cm 左右，横径约 3cm，单株鲜重 250g 左右。耐寒，耐旱性强。粗纤维少，肉质甜嫩，品质优，宜生食。

6. 海阳葱　原产于河北省秦皇岛市海阳，是哈尔滨市及其附近的主栽品种。株高 90cm 左右，葱白长 35～40cm，横径 2.7cm 左右，单株鲜重 150g 左右。抗寒，晚秋遇霜后叶身不易折倒。抗霜霉病和紫斑病。宜生、熟食。

7. 青海白皮大葱　栽培历史悠久，青海省海北、海南、黄南、玉树、海西及果洛等地主栽。植株分蘖力弱，株高 70cm 左右，葱白长 22cm，单株鲜重 100～150g。抗寒，能在当地露地越冬。辛辣味浓，宜熟食。

8. 冬灵白　原产于辽宁省锦州市，主要分布在辽西。株高 100～110cm 左右。葱白长 35cm 左右，横径 3.5cm 左右，单株鲜重 250g 左右。抗风、抗寒，耐贮运。宜熟食。

9. 赤水孤葱　又名华县谷葱，原产于陕西省华县，主要分布在关中地区。株高 90～100cm。上下出叶孔的距离较长，形似粟的叶片，故亦名"谷葱"。葱白长 50～60cm，横径 3cm 左右，单株鲜重 300～500g。耐贮运，抗病虫。生熟食皆宜。

10. 胭脂红　又名一点红、毕克齐大葱，原产于内蒙古自治区土默特左旗，主要分布在呼和浩特市、包头市、乌兰察布盟、巴彦淖尔盟。植株分蘖性弱，株高 60～90cm。葱白长 29～39cm，横径 2.5cm 左右，幼苗的葱白上部有一小红点，随植株长大，扩大成紫红色条纹。单株鲜重 80～150g。抗旱，抗寒，含水量低，耐贮运。辛辣味浓，宜熟食。

11. 长治大葱　原产于山西省长治市，主要分布在晋东南。株高 90～95cm。葱白长 37cm 左右，上细下粗，单株鲜重 400g。抗病、抗风。宜熟食。

12. 安宁大葱　原产于云南省安宁地区，又名大弯葱，是云南的知名品种。因当地的栽培方法是开沟排放葱苗，培土软化葱白，致使葱白弯曲生长呈扭丝状，故名大弯葱。植株分蘖力弱。葱白长 25～30cm，横径 2～3cm。单株鲜重 150～300g。

13. 隆尧鸡腿葱（图 34-1-3）　原产河北省隆尧县，集中产区为隆尧西部。最适于石灰性褐土，冀南、鲁西均有分布。株高 80～100cm，葱白长 20～24cm，上细下粗，呈鸡腿状，最大横径达 5～8cm，单株重 650g 左右。葱白鳞片增厚，肥嫩，辛辣味浓。耐热、耐寒、耐贮运。宜熟食。

山东省冠县及其附近地区栽培的冠县鸡腿葱的性状与隆尧鸡腿葱相似。可能是该地区从河北省引入的隆尧鸡腿葱经多年混选而成的适应于当地的优良品种。

14. 莱芜鸡腿葱（图 34-1-4）　原产于山东省莱芜市。植株分蘖力弱，株高 110～120cm。葱白长 26～30cm，由上而下均匀增粗，基部横径 4.5cm，呈鸡腿状，单株鲜重 200～250g。抗冻，耐寒。含油、糖量较高，辛辣味浓，最适宜熟食。因产量较低，产地逐渐被高产品种取代，该品种有濒临消失的危险。

第六节　大葱种质资源研究与利用

一、雄性不育种质资源研究与利用

（一）大葱自然群体中的雄性不育源

笔者于 1975 年在地方品种章丘大葱中发现雄性不育株，以后相继调查了若干地方品种，发现广泛存有雄性不育株。现将 17 个中国地方品种的不育株率列入表 34 - 4。

表 34 - 4   中国大葱地方品种自然群体的雄性不育株率

（张启沛，1992）

品　种	调查株数	不育株率（%）	品　种	调查株数	不育株率（%）	品　种	调查株数	不育株率（%）
章丘大葱	1 751	37.1	寿光气煞风	48	39.6	曹县大葱	6	50.0
莱芜鸡腿葱	1 158	26.9	寿光二梧桐	218	27.5	赤水大葱	8	0
掖县叶儿五	115	19.1	重庆角葱	26	15.4	唐山仙鹤腿	40	25.0
枣庄大葱	425	48.5	隆尧鸡腿葱	40	15.0	石家庄五叶齐	30	0
广州水葱	35	0	昆明弯葱	11	18.2	安阳长脖	8	0
邹县大葱	844	28.1	云南安宁葱	7	42.9	平　均		31.02

　　这 17 个地方品种的不育株率平均为 31.02%，其中只有 4 个品种没有发现雄性不育株，被调查品种中 76.47% 品种不同程度地存在雄性不育株。大葱自然群体中雄性不育出现的广泛性在种子繁殖的蔬菜作物中实属罕见，为大葱雄性不育系的选育和利用提供了丰富的不育源。笔者还观察了 7 个日本引入品种的雄性不育性，其不育株率远低于中国品种，平均只有 1.29%，出现不育株的品种频率也只有 28.57%（表 34 - 5）。

表 34 - 5   日本引入的大葱品种的雄性不育株率

（张启沛，1992）

品　种	调查株数	不育株率（%）
大宫黑	112	0.9
日本 2 号	31	0
日本 3 号	23	0
冰　川	136	8.1
KS_{1111}	39	0
下仁田	14	0
石根仓	35	0
平　均		1.29

（二）大葱自交分离雄性不育株

　　笔者对上述没有出现雄性不育株的品种实行可育株自交，有 2 个品种（广州水葱、日本 3 号）在 S_1 中分离出 20.0% 和 7.7% 的雄性不育株；再对 S_1 中没有出现雄性不育株的品种继续自交，S_2 中都出现了雄性不育株，不育株率分别为：日本 2 号 3.2%，石根仓 3.3%，下仁田 6.7%。表明可育株内存有不育隐性基因。

（三）大葱雄性不育的形态学、细胞学特征

　　1. 形态学特征　　晴天上午 10 时以后大葱花药开裂散粉时，以手抚摸花球，手掌未见沾有黄色花粉者，初步认为是雄性不育株。然后目测花药，花药较小，迎光透视呈半透明状即为雄性不育株（表 34 - 6，图 34 - 4）。

表 34 - 6　大葱雄性不育雄蕊特征

（张启沛，1987）

雄蕊的育性		花　药				花丝长度（cm）
		形状	大小	颜色	透明状	
可育		长椭圆	大	深黄	不透明	11.6
不育	常药型（Ⅰ）	长椭圆	中或小	绿黄	半透明	11.0
	瘦药型（Ⅱ）	钝箭头	中、瘦	黄褐、灰黄	半透明	8.4
	短雄蕊型（Ⅲ）	锐箭头	小、瘦	黄褐、灰黄	半透明	4.3

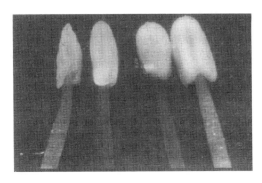

图 34 - 4　大葱的雄性可育与不育花药形态

自右至左：可育花药、不育花药Ⅰ型、Ⅱ型、Ⅲ型

（张启沛，1987）

2. 细胞学特征　不育花药内有败育花粉，属花粉败育型不育，花粉粒内含物解体，残存空壳，花粉粒不能被醋酸洋红染色。所以光镜下花粉粒呈半圆形或棱形，不育花粉粒瘦小，其纵径×横径为可育花粉粒的 54.3％（图 34 - 5）（张启沛，1987）。栾兆水等（山东农业大学学报，1992）用电镜扫描花粉粒为超扁球形或哑铃形，花粉沟凹陷很深。

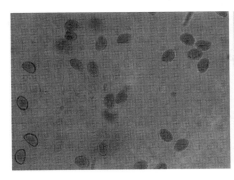

图 34 - 5　经醋酸洋红染色后的大葱雄性不育和可育花粉粒

左：雄性可育花粉粒　右：雄性不育花粉粒

（张启沛，1987）

3. 不育度　种株发育不良或在早春低温不适条件下，大葱花球上初始开放的少数小花往往表现雄性不育，以后开放的小花全都恢复可育，这种现象是生理不育，不能遗传。

遗传的雄性不育株绝大部分不育度为100％。极少数不育株嵌合有少量的可育花或可育花药或可育花粉粒，在大葱雄性不育系选育中应予淘汰，以防后继世代的不育株率和不育度降低。

（四）大葱雄性不育性的利用

山东农业大学和山东省章丘市农业局都于20世纪80年代育成了大葱雄性不育系并选配出优良杂交组合。山东农业大学选配的优良杂交组合小区试验增产20％左右。目前尚未选出适用于大面积生产的优良组合。章丘市农业局选配的优良杂交组合增产40％左右，已初步推广应用于生产。佟成富等（2002）育成了大葱雄性不育系244A，并分别与152个自交系组配杂交组合，其中244A×（辽95-4-4-8-6）在辽宁省区试，结果比对照增产40.33％。笔者先后育成了5个大葱雄性不育系并组配了30多杂交组合，但尚未育成杂种优势显著的组合。

二、大葱生物技术研究

（一）组织培养研究

林忠平（1982）以大葱幼叶为外植体，在MS附加各种激素的培养基上获得了再生植株。张松、张启沛（1992）以章丘大葱的幼叶为外植体，在MS＋2,4-D 1mg/L＋KT 0.5mg/L＋BA 1mg/L培养基上获得诱导率达89.9％的愈伤组织，在MS＋2,4-D 0.8mg/L＋BA 1.73mg/L培养基上获得诱导率为13.21％的不定芽，在无任何激素的MS培养基上不定芽生根良好，250d内的繁殖系数达3 787倍。张松、张启沛（1994）继而以章丘大葱花蕾为外植体进行组培微繁研究，在MS＋NAA 4mg/L＋BA 5.5mg/L的培养基上愈伤组织诱导率为33.02％，在MS＋NAA 1mg/L＋BA 1mg/L培养基上获得诱导率达76.47％的不定芽，也是在无激素的MS培养基上不定芽生根良好，250d内繁殖系数达16 348倍。其繁殖速率较以幼叶为外植体组培的高4.3倍，而且花蕾作为外植体比幼叶来源丰富，因此幼蕾是大葱快速微繁的优良外植体。用幼叶和花蕾作为外植体都建立了组培无性系。

韩清霞、李纪蓉（1999）以大葱未授粉子房离体培养，可以不经过愈伤组织过程直接诱导出不定芽。

穆春华、于元杰（2002）以章丘大葱子叶为外植体组培，获得22株再生植株，其中1株经气孔检测，长×宽为对照的3.95倍，再经根尖染色体鉴定，染色体数为2n＝4x＝32，确为四倍体，变异率为4.5％。

张松、张启沛（1993）在研究中发现，大葱组培再生植株几乎都是来自愈伤组织产生的不定芽，愈伤组织在细胞增殖和继代繁殖中所产生的芽易于产生变异。如以雄性不育株为材料培养成的再生株变为可育的，以大葱为材料培养成的再生株变成"分葱"，再如上述的四倍体变异等，这为大葱种质创新提供了一条新的途径。

迄今为止尚未见有大葱组培中诱导胚状体产生的报道。研究高频率胚状体产生的培养基和环境是控制无性突变发生的重要途径。

（二）利用 RAPD 技术鉴定葱属蔬菜作物的亲缘关系

孟祥栋等（1998）利用随机扩增多态性 DNA（RAPD）技术分析了大葱（3 个品种）、分葱（2 个品种）、楼葱、细香葱、胡葱、洋葱、大葱×洋葱的亲缘关系。所用 20 个引物中有 11 个能扩增出重现性好且稳定的谱带，10 份试材共扩增出 102 条带，其中 68 条具多态性。对 10 份材料的 UPGMA 聚类分析表明，章丘大葱、天津五叶齐和韩国大葱、上海分葱和南京冬葱的遗传关系最近。楼葱、细香葱与大葱和分葱的遗传关系也较近。证明以往根据形态学和杂交关系把它们归为葱属的葱组是正确的。胡葱与洋葱的遗传关系较近，它们与葱组的遗传关系较远，证明以往把它们归为洋葱组也是正确的。大葱（章丘大葱）与洋葱的远缘杂种与胡葱的亲缘关系较近，佐证了以往对胡葱起源于大葱与洋葱的远缘杂种的推测。在三个大葱品种中，中国的章丘大葱与天津五叶齐的亲缘关系较引入的"韩国大葱"的亲缘关系为近。

利用 RAPD 标记能够在分子水平上进行葱属不同种类、变种、品种之间的亲缘关系的分析，而且方法简便、快速、可靠，可为大葱种质资源的鉴定、筛选和利用提供依据。

第七节　大葱的近缘作物和种质资源创新

一、大葱的近缘作物

与大葱同为管状叶的同属蔬菜作物有隶属于葱组和洋葱组的植物：

葱组：

　葱（*A. fistulosum* L.）

　　大葱（*A. fistulosum* L. var. *giganteum* Makino）

　　分葱（*A. fistulosum* L. var. *caespitosum* Makino）

　　楼葱（*A. fistulosum* L. var. *viviparum* Makino）

　细香葱（*A. schoenoprasum* L.）

洋葱组：

　洋葱（*A. cepa* L.）

　　红葱（*A. cepa* L. var. *proliferum* Regel）

　　顶球洋葱（*A. cepa* L. var. *viviparum* Metzger）

　　分蘖洋葱（*A. cepa* L. var. *multiplicans* Bailey）

　胡葱（*A. ascalonicum* L.）

分葱与大葱为同种的不同变种，能正常自由杂交和产生可孕后代。

分葱变种的形态特征是植株矮小，分蘖性强，假茎较短。按开花与否及分布地区，分为北方生态型和南方生态型。北方生态型的植株较高，每株分蘖 3～8 个，能正常开花，能进行种子繁殖，在中国秦岭、淮河以北地区零星种植，代表品种如青岛分葱等。南方生态型的植株矮小，每株分蘖 10 个以上，又分为不能开花结子和能开花结子两类，前者分株繁殖，如贵阳分葱、宜昌四季分葱；后者以种子繁殖，如嵊县葱子葱、福建大管麦葱。

南方生态型分葱在中国秦岭、淮河以南地区普遍种植。

楼葱变种的形态特征是春季抽生花薹，顶端产生不休眠的珠芽，并能迅速萌发幼叶，形成新的小葱株。当营养条件良好、气候适宜时，小葱株可抽生二次花薹，顶端再生不休眠的珠芽，形成二次小葱株。代表品种如黄石楼葱、汉中楼葱等。楼葱在中国分布零散。

细香葱的野生种广泛分布于北极圈到亚洲、欧洲和北美。栽培种起源于地中海沿岸，$2n=16$、24、32。食叶和假茎，叶柔嫩、微辣、香辛味浓。维生素 C、维生素 A 的含量分别比大葱高 20％至 2 倍。植株矮，分蘖力极强，二年生植株的 1 个营养苗当年可形成约 20 个分蘖。花薹高 $30\sim40cm$，花球直径 $5\sim5.5cm$，花小，淡紫色，种子小，千粒重 $1\sim1.2g$。以种子或分株繁殖。抗寒性、抗热性强，夏季不休眠。自然群体中有雄性不育株。中国长江以南地区有少量栽培，栽培面积较大的品种有湖南细香葱、江西细香葱等。

洋葱组的有关内容见本书的洋葱部分。

二、利用远缘杂交创新大葱种质

洋葱具有抗病，干物质、碳水化合物和钙含量高，耐贮藏等优良性状，是蔬菜育种家关注的改良大葱种质的优良材料。笔者 1999 年曾进行大葱与洋葱远缘杂交的试验。以黄皮洋葱和红皮洋葱的雄性不育株为母本，分别授以章丘大葱和天津五叶齐大葱的花粉，每组合杂交 2 个花球，花数千朵以上，结实率为零，表现典型的远缘杂交的不可交配性。以这两个大葱品种的雄性不育株为母本，分别授以两个洋葱品种的花粉，可以正常结实、结子，播种后的"大葱×洋葱"远缘杂种 F_1 营养体生育正常，有较明显的杂种优势，按 F_1 的形态可区分为似大葱型和似洋葱型两类，各约 50％。该远缘杂种抽薹开花正常，花的形态表现为两亲本的中间型，所有小花都为雄性不育，以大葱回交不能结实、结子。

细香葱与大葱、洋葱杂交不孕。Gonzelez 等（1987）在 B5＋10％椰汁＋20g/L 蔗糖＋1％琼脂上培养大葱×细香葱远缘杂交胚珠，获得了杂种植株。

Nomura（1993）用花序培养（B5）→胚珠培养（B5＋6％蔗糖）→胚培养（B5＋2％蔗糖）的培养体系营救了薤×大葱的杂种胚。

三、利用单倍体培养创新大葱种质

迄今未见葱属植物利用花粉和花药培养再生单倍体植株的报道。电镜观察到花粉表面附着厚薄不等的黏液层，这可能阻碍了离体花粉对养分的吸收和生长。但通过体外雌核发育途径可以再生单倍体植株。田惠桥（1989）利用韭菜未传粉子房从胚囊中诱导出单倍体植株；Campion（1990、1992）也通过雌核发育途径诱导出洋葱单倍体植株。

韩清霞、李纪蓉（1999）以隆尧大葱的幼小花蕾的子房为外植体，经 $24\sim48h$，4℃低温预处理的 6d 预培养，将子房接种在 MS＋NAA 2mg/L＋BA 6mg/L 的培养基上，不经愈伤组织直接产生不定芽，获得 33 株由未授粉子房培养成的再生植株，根尖染色体鉴定出 12 株 $2n=8$ 的单倍体，单倍体植株出现率为 36.36％。显微观察表明，单倍体植株来源于卵细胞或反足细胞分裂增殖的不定芽。这一研究成果对创造单倍体和纯合的大葱种质具有实用意义。

（张启沛）

主要参考文献

何启伟等 . 1997. 山东蔬菜 . 上海：上海科技出版社

农业部农业司 . 1993. 中国蔬菜专业统计资料（第二号）. 北京：中国农业出版社

De Candalle. 愈德俊，蔡希陶编译 . 1940. 农艺植物考源 . 上海：商务印书馆

中国科学院中国植物志编辑委员会 . 1980. 中国植物志 . 北京：科学出版社

图力古尔 . 1992. 阿尔泰葱与大葱的核型比较 . 中国蔬菜 . （5）：21～22

包颖，赵景龙 . 2001. 葱属隶属地位的探讨 . 内蒙古师范大学学报自然科学 . （2）：150～153

张松，张启沛等 . 1997. 葱可溶性固形物、干物质、可溶性糖和香辛油分析 . 山东农业大学学报 . （4）：
　478～482

何启伟等 . 1990. 山东名产蔬菜 . 济南：山东科学技术出版社

中国农业科学院蔬菜研究所 . 1987. 中国蔬菜栽培学 . 北京：农业出版社

席湘媛 . 1987. 大葱胚和胚乳的发育 . 植物学报 . （5）：459～464

中国农业科学院蔬菜花卉研究所 . 1992. 中国蔬菜品种资源目录第一册 . 北京：万国学术出版社

中国农业科学院蔬菜花卉研究所 . 1998. 中国蔬菜品种资源目录第二册 . 北京：气象出版社

刘红梅，张启沛，李纪蓉 . 1996. 葱病毒特性的研究 . 山东农业大学学报 . （3）：303～310

刘红梅，张启沛，魏佑营 . 1999. 葱病毒病的抗性鉴定及抗源初步筛选 . 山东农业大学学报 . （1）：31～
　36

刘维信，张启沛等 . 1998. 大葱种质资源对紫斑病抗性的自然鉴定 . 山东农业科学，（5）：36～37

王素，王德槟等 . 1993. 常用蔬菜品种大全 . 北京：北京出版社

全国农作物品种审定委员会 . 1992. 中国蔬菜优良品种（1980—1990）. 北京：农业出版社

中国农业科学院蔬菜花卉研究所 . 2001. 中国蔬菜品种志上卷 . 北京：中国农业科技出版社

张启沛等 . 1987. 葱自然群体的雄性不育性 . 山东农业大学学报 . （4）：1～10

栾兆水，孔令让，魏佑营，张启沛等 . 1992. 雄性不育和可育大葱花粉细胞形态学比较研究 . 山东农业
　大学学报 . （1）：59～63

佟成富等 . 2002. 大葱新品种辽葱1号的选育 . 中国蔬菜（增刊）. 32～34

佟成富等 . 2002. 大葱雄性不育系244A的选育及利用 . 中国蔬菜 . （4）：7～8

林忠平等 . 1982. 从葱的愈伤组织诱导再生植株 . 植物学报 . （6）：586～587

张松，张启沛 . 1995. 利用大葱幼叶进行组织培养微繁的研究 . 园艺学报 . （2）：161～165

张松，张启沛 . 1994. 大葱（A. fistulosum L.）花蕾培养再生植株的研究 . 山东农业大学学报 . （3）：
　268～277

韩清霞，李纪蓉 . 1999. 大葱幼蕾及未授粉子房离体培养 . 山东农业大学硕士论文

穆春华，于元杰 . 2002. 大葱组织培养与种质亲缘关系分析 . 山东农业大学硕士论文

孟祥栋等 . 1998. 利用RAPD技术对葱属品种遗传关系的分析 . 生物多样性 . （1）：37～41

蔬菜作物卷

第三十五章

韭 菜

第一节 概 述

韭菜为百合科（Liliaceae）或葱科（Alliaceae）多年生草本宿根性植物，中国栽培的主要是普通韭（*Allium tuberosum* Rottl. ex Spreng.），别名：起阳草、懒人菜、草钟乳、长生菜，染色体数 $2n=4x=32$、$2n=2x=22$。主要以叶片、假茎供食，为中国之特有蔬菜，除某些亚洲国家有少量栽培外，世界各地少有分布。近代为满足华人社区的需要，美洲、大洋洲及西欧等地也开始引种栽培。

韭菜在中国有悠久的栽培历史，南北各地、城乡、山村几乎都有种植，是很受消费者喜爱的大宗蔬菜之一。由于韭菜耐寒、喜湿，又较耐旱，对栽培环境有较强的适应性，而且产品多样，除可进行露地栽培外，冬季可进行各种保护地栽培采收青韭，夏季可采收韭薹、韭花，还可利用根部贮藏的养分进行囤植栽培生产韭黄，因此较易做到四季生产，周年供应，并成为冬春和夏秋淡季上市的重要蔬菜之一。韭菜除叶片、假茎可供食用外，其花薹、小花以及肥大的须根也可供食用，一般宜炒食、凉拌生食或做馅，也宜腌渍加工制成罐藏韭菜花等。韭菜营养丰富，每 100g 青韭含碳水化合物 4.6g、蛋白质 2.4g、脂肪 0.4g、钙 42mg、磷 38mg、铁 1.6mg、胡萝卜素 1.41mg、硫胺素 0.02mg、核黄素 0.09mg、尼克酸 0.8mg、抗坏血酸 24mg 等（《中国食物成分表》，2002），还含有硫化丙烯 $[(CH_2CHCH_2)_2S]$ 等化学物质，具特殊的芳香和辛辣味，有戒腥调味、促进食欲、开胃消食等功效。韭菜还有一定的药用功效，据《别录》（陶弘景，6 世纪前期）记载："韭叶味辛，微酸温无毒，归心，安五脏，除胃中热，病人可久食。种子主治遗精溺白。而根则能养发。"《本草集注》记述："生则辛而行血，熟则甘而补中，益肝，散滞，导瘀"。《本草纲目》（李时珍，1578）则载："韭籽补肝及命门，治小便频数，遗尿……"此外，民间还将捣碎的韭叶涂于患处，用来治疗漆疮，具有立收痊愈之功效。

中国幅员广大，地形多变，气候类型复杂多样，因此中国的韭菜与其他蔬菜一样，在长期的自然和人工选择作用下，形成了极其丰富多样的种质资源。据统计，被列入《中国蔬菜品种资源目录》（1998）的各种不同类型韭菜种质资源共有 270 份，其中有 107 份作为主要或重要种质资源被列入《中国蔬菜品种志》（2001）。

第二节 韭菜的起源与分布

一、韭菜的起源

对于韭菜的起源有不同说法，一说起源于西伯利亚（吴耕民，1957），一说起源于亚洲东南部（《中国植物志·第十四卷》，1980）。但苏联学者 Н. И. Вавилов 在《主要栽培植物的世界起源中心》（董玉琛译，1982）一书中指出韭菜起源于中国；日本安藤安孝在《蔬菜园艺学精义》中称韭菜原产中国，而更多的中国的学者也认为韭菜原产中国。

中国自古栽培韭菜，早在公元前的西周时代，已有"四之日其蚤，献羔祭韭"（《诗经》，公元前约 6 世纪中期）的记载，表明当时已用韭菜和羊羔作为祭祀时的祭品。秦汉时代即有"一种而久者谓之韭"（《尔雅》，公元前 2 世纪）；"正月囿有韭"（《夏小正》，戴德传，汉）以及"自汉世大官园以来，冬种葱韭菜茹，覆以屋庑，昼夜燃蕴火，得温气乃生。"（《汉书·循吏传·召信臣传》，班固、班昭，公元前 1 世纪前期）等记述。说明 2 000 多年前韭菜已在中国由野生状态转为人工栽培，不但在露地而且也在保护地中进行种植。此后，在南北朝后魏时代还有"二月、七月种。高数寸剪之。初种，岁止一剪。一岁之中，不过五剪。韭一剪一加粪，又根性上跳，故须深也。七月藏韭菁。菁，韭花也。收籽者，一剪留之。"（《齐民要术》，6 世纪 30 年代或稍后）的记载。证明 1 500 多年前不但对韭菜"跳根"等生物学特性以及应采取的播种期、施肥、收获等栽培管理措施有了较深入的了解，而且已对韭菜的栽培品种进行了繁育，还对韭菜的种株采取了不同于一般栽培的技术措施。至元代则有"自冬，移根藏于地屋荫中，培以马粪，暖而即长；高可尺许，不见风日，其叶黄嫩，谓之韭黄，比常韭易利数倍，北方甚珍之。"（《王祯农书》，1313）等陈述，这是关于韭菜软化栽培和韭黄生产的最早文字记载。无疑，韭菜产品的多样性以及保护地栽培、软化栽培等各种生产方式的发展，促使了生产者不断寻求相应的适用品种，并开始对品种进行不同的选择，从而有力地促进了中国的韭菜种质资源趋于更加丰富、更加多样。

韭菜原产于中国的另一个佐证是：中国自古至今分布有野生韭菜。最早的文字记载见于《尔雅》（公元前 2 世纪）："藿，山韭。"其后《北征录》载有"北边云台戍地，多野韭、沙葱，人皆采而食之。"《植物名实图考》（吴其浚，19 世纪中期）载有"辉县九山、咸阳野韭泽、乡宁县朱砂、句容仙韭山、定远县韭山、安化县韭菜崙、重庆府邑梅司韭山，皆以产韭得名。"这些记载也与一些地方志的记述相符，如河南《辉县志》所记"韭山在县北十里……山产野韭，又名韭山。"陕西《咸阳县志》所记"野韭泽在县南八里，坦卤，不树五谷，惟野韭自生于蓬蒿莎草之中。"李璠等于 1979 年在青海省、西藏自治区等地进行了生物考察，发现在青藏高原无论是低海拔还是高海拔地区，到处都有野生韭的分布，有些与同属植物葱、薤子（薤），有些则与牧草混生在一起（蒋名川，1989）。1980—1989 年杜武峰等先后赴内蒙古、西藏、四川、云南、湖北等地进行实地考察，先后发现内蒙古自治区锡林郭勒盟、西藏自治区芒康县和四川省巴塘县金沙江两岸，以及澜沧江（下游为湄公河）、怒江（下游为萨尔温江）两岸，鄂西、川东的神农架山区，还有秦岭东段山区和桐柏山区都有野生韭群落的分布（《中国作物遗传资源》，1994）。与此同时，邹道歉（1978）对陕西韭菜地方品种汉中冬韭的染色体进行了鉴定，证明其染色体 2n＝4x＝32，为自然发生的四倍体。稍后北京大学李懋学等（1982）对收集的汉中冬韭、洛阳钩头韭、广东大叶韭、长沙韭、济南韭、晋城西巷韭、承德韭、沈阳韭、吉林通化韭、佳木斯铁杆青等栽培韭菜地方品种，以及河北省兴隆雾灵山、内蒙古自治区、吉林省白城、北京市金山等地的野生韭菜进行染色体鉴定和研究。结果表明，被鉴定的所有韭菜栽培品种，其染色体 2n＝32，均为同源四倍体；内蒙古自治区、吉林省白城、河北省兴隆的野生韭，其染色体也是 2n＝32，只是叶色较浅，花期较早，辛辣味较重；北京市的金山野生韭，与栽培韭形态近似，但叶为三棱状条形，叶背有纵棱隆起、中空，花被片具红色中脉，染色体 2n＝16，经有关专家鉴定为《中国植物志》所载的野韭（*Allium ramosum* L.）。有学者认为二倍体野韭可能是现今栽培韭菜和四倍体野生韭菜的原始种（蒋名川，1989）。

二、韭菜的分布

韭菜除主要栽培种普通韭以外，还有宽叶韭、分韭和野韭等种野生或栽培近缘种。

在中国，韭菜的分布地域比其他蔬菜都要广泛，东起山东、江浙沿海各省，西至黄土高原、新疆、西藏自治区，南自广东、海南、台湾省，北到黑龙江省、内蒙古自治区等地，几乎到处都有韭菜的影迹。其中普通韭的分布最为普遍，尤以山东、江苏、辽宁、河北、四川、安徽等省栽培较多；内蒙古、山西、江苏、河北、吉林、陕西等省（自治区）种质资源最为丰富。普通韭及其近缘种的野生群落现今仍存在于吉林、内蒙古、河北、山西、陕西、甘肃、青海、新疆、西藏、四川、云南、湖北省（自治区）。普通韭大约于公元 9 世纪传入日本，16 世纪传入马来西亚。目前，越南、泰国、柬埔寨、朝鲜以及美国的夏威夷等地都有少量栽培。

宽叶韭主要分布于中国北纬 21°～33°地带，如浙江省的丽水，福建省的福州、闽侯、莆田、宁化等地高海拔山区，湖南省的怀化，湖北省的西部，陕西与甘肃、四川省交界的大巴山脉南北，贵州省北部和东部，云南省的保山，四川省的北部和自贡地区以及西藏自治区的东南部均有栽培。除中国外，东南亚的缅甸、印度、斯里兰卡等地也有分布。

野韭（原为野生，已驯化为栽培种）的分布也相当广泛，在中国北纬 34°以北的地区如新疆维吾尔自治区、甘肃省、内蒙古自治区等地多有野生分布。也有一些地区如陕西省商南、甘肃省平凉等地已进行了人工栽培，但野生韭菜不一定都是野韭这一个种。

分韭的分布范围较窄，主要分布于湖北省西部的兴山、神农架林区等地（《中国蔬菜品种志》，2001）。

第三节　韭菜的分类

一、植物学分类

韭菜为百合科（Liliaceae）或葱科（Alliaceae）、葱属（*Allium*）作物，据《中国作物遗传资源》（1994）和其后的《中国蔬菜品种志》（2001）记载，中国的主要栽培种有普通韭（*Allium tuberosum* Rottl. ex Spreng.）、宽叶韭（*Allium hookeri* Thwaites）、野韭（*Allium ramosum* L.）、分韭（*Allium* sp.）等 4 个种。

（一）普通韭

一般人们所指韭菜多为普通韭，可见其栽培之广泛。普通韭染色体核型为：$2n=4x=32=28m+4st$（SAT）及 $2n=3x=24=21m+3st$（SAT），属于 2A 类型。叶片狭长，呈宽窄不同的条带状，其叶长、叶宽变幅较大，差异极其显著，据此又可分为窄叶和宽叶两种类型（图 35-1、图 35-2）。此外，普通韭由于分布地域广泛，在各种环境条件下经长期的自然和人工选择，其本身的分蘖力强弱，抗寒、耐热性的强弱，冬前进入休眠的先后，早春返青的早晚，抗旱、耐湿能力的高低……，已表现出很大的差异，并形成了抗寒、耐热等不同性状差异显著的一些生态类型以及适于露地、保护地或进行软化栽培用的各具特色的相应品种。普通韭通常以叶用或叶、薹兼用品种为多。

 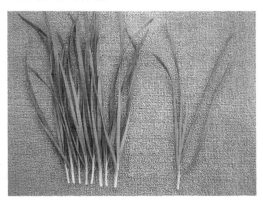

图 35-1　宽叶类型普通韭　　　　　　　　　图 35-2　窄叶类型普通韭
（引自《中国农业百科全书·蔬菜卷》，1990）　　　（引自《台湾蔬菜彩色图谱》，1990）

（二）宽叶韭

也称大叶韭、大韭菜、扁韭、苤菜等。其染色体为 $2n=2x=22$，但不同群体宽叶韭的核型有差异。如湖北大叶韭的核型为 $2n=2x=22=2m+4sm+14st+2t$（SAT），属于3A 类型；而云南宽叶韭的核型则为 $2n=2x=22=18sm+2st+2t$（SAT），属于 4A 类型。宽叶韭生长势旺盛，具有粗壮、肥大的肉质弦状根，根粗约 $0.3\sim0.5cm$，这是不同于其他韭菜的一项重要形态特征。假茎圆柱状或扁圆柱状，白色，柔嫩。叶片较宽，$0.8\sim2.5cm$，呈宽披针形至宽条形，叶基呈沟槽状，中脉显明。花薹多，侧生，圆柱状或三棱柱状，伞形花序，呈球形，花白色，不结实，一般只能采用分株进行繁殖。宽叶韭喜湿润、温暖而偏凉爽的气候条件，不耐寒，遇霜冻地上部即枯萎，对炎热的适应能力也不及普通韭。喜肥沃、疏松、排水良好的地块。宽叶韭主要以肉质根以及花薹供食，故也有人称其为根韭或韭菜根，其花薹产量比普通韭菜可高出 $1\sim2$ 倍。但也可采食假茎和叶片，并作青韭和韭黄栽培，只是其辛辣味不及普通韭浓香。其主要品种有云南省的苤菜、贵州省的水韭、四川省的自贡大叶子、西藏自治区的宽叶韭、陕西省的宁强宽叶韭、湖南省的怀化宽叶韭、浙江省的丽水扁葱、福建省的福州亥菜等。

图 35-3 宽叶韭的根
（杜武峰提供）

图 35-4 宽叶韭的分蘖株
（杜武峰提供）

（三）野韭

原为野生韭菜中的一个种，后经驯化成为栽培种，但仍称野韭。其染色体数及核型为 $2n=2x=16=14m+2st$ (SAT)。野韭的核型与普通韭相近似，但 $1\sim5$ 号染色体的长度和相对长度的差距，比普通韭稍少。其形态上不同于其他韭菜的主要特征是：野韭的叶为三棱状条形，中空，叶背纵棱显著突起，叶缘及背棱常被较细的糙齿，花瓣常具浅紫红色的中脉。野韭主要以叶片和假茎供食，其辛辣味较浓。应引起注意的是，野生的韭菜或人工栽培的野生韭菜不一定都是野韭，因为有些野生韭菜也可能是 $2n=4x=32$ 的四倍体染色体数，与野韭不属同一个种。野韭主要有北京金山野韭、新疆野韭、甘肃野韭、陕西商南野韭以及内蒙古野韭等。

图 35-5 野 韭
（杜武峰提供）

（四）分韭

20 世纪 80 年代杜武峰等在湖北省神农架地区考察时发现的一个栽培种。其染色体核型为 $2n=4x=32=28m+4st$，最长与最短染色体之比为 1.64，属于 2A 类型。分韭的主要特点是：地下根茎较普通韭细小，但分蘖旺盛，植株呈簇丛状。叶片与普通韭相似，但叶色稍浅，叶鞘被粉红色外皮，根茎无普通韭残留网状纤维物。主要以叶片和假茎供食，其辛辣味稍淡。

二、栽培学分类

（一）叶用韭

以柔嫩的叶片（包括由叶鞘层层抱合而成的假茎）为主要产品。这类品种数量最大，栽培最为广泛，其中绝大多数都为栽培种普通韭的品种。

叶用韭叶片的长短，尤其是叶片的宽窄通常是韭菜产品质量的重要标志之一。根据叶片的宽窄，一般又可将叶用韭分为宽叶和窄叶两种类型。韭菜叶片的长度和宽度变幅较大，据统计，普通韭的叶宽主要分布在 0.3～1.4cm 之间，叶长分布在 20～45cm 范围内。其中叶宽在 0.7～1.4cm 之间，叶长在 26～40cm 范围的为宽叶类型；而叶宽在 0.3～0.8cm 之间，叶长在 21～35cm 范围的则为窄叶类型。

1. 宽叶类型　叶片较宽，多呈宽条形，叶肉厚、纤维少、品质优良，辛辣味稍淡。适宜于气候凉爽、光照较充足、昼夜温差较大、土地肥沃、水利条件较好、栽培管理较精细的地区种植。可进行露地栽培和软化栽培。这类品种大多分布在长城以南、秦岭淮河以北的广大地区。其典型品种如天津市的大青苗，河北省张家口的马蔺韭，河南省的平韭 4 号、河南 791、洛阳钩头韭，山东省的大金钩马蔺韭，陕西省的汉中冬韭，内蒙古自治区的马蔺韭，黑龙江省齐齐哈尔的大马蔺韭，吉林省的华山韭等。

2. 窄叶类型　叶片较窄，绿色或浓绿色，有的被有微量蜡粉，辛辣味稍浓。具有较强的适应性，较抗寒，冬前植株进入休眠期较早，早春萌动较晚，但返青后生长很快，适应于东北、西北等地冬季严寒的气候条件；较抗旱，耐瘠薄，在干旱和长日照环境条件下也能良好地生长。这类品种大多分布于长城（北纬 40°）以北，青藏高原（东经 103°）以西的广大地区。其典型品种如河南省的上蔡线韭、河北省的保定红根韭、吉林省的二马蔺、宁夏回族自治区的银川紫根韭、甘肃省的平凉二秧子韭、青海省的小蒲韭、新疆维吾尔自治区的线韭、陕西省的榆林黑站韭等。

（二）薹用韭

以花薹（包括花梗、花序、花或嫩果）供食用，也称韭菜薹、韭菜花。这类品种数量不多，主要为栽培种普通韭中经选择而形成的、以生产韭薹为目的的一些专门品种。其地上部叶片等植株形态与叶用普通韭相类似，但分蘖力较强、分蘖较早，所抽生的花薹较多，花薹长而粗、肥大、柔嫩，品质好，产量高。薹用韭主要分布于广东、台湾省等地。其典型品种如台湾省的年花韭、年花韭 2 号，广东省的广州大叶韭等。

（三）叶薹兼用韭

一般以采收叶片为主要产品，但也可兼收韭薹。这类品种栽培也很普遍，多属于栽培种普通韭中其叶片和花薹都能良好发育的品种类型，实际上大部分叶用韭都可兼收花薹。此类品种各地均有分布，如四川省的成都犀浦韭、山西省的吉县马蔺韭、江西省的扬子洲韭菜、福建省的福清大叶韭菜等。

（四）根用韭

以肥大、脆嫩的肉质根为主要产品。这类品种数量有限，多为栽培种宽叶韭的地方品种，其典型品种如云南省的苤菜、陕西省宁强宽叶韭等。

此外，按对温度环境的适应性又可将韭菜分为抗寒性强的类型、一般类型和较耐热的类型三类；按对不同栽培方式的适应性，还可将韭菜分为露地品种、保护地品种（包括适于进行软化栽培生产韭黄的类型）和露地、保护地兼用品种三类。抗寒性强的品种在东北等北方严寒冬季，仍可在露地安全越冬；较耐热的品种在南方广东、福建、台湾等地的炎热夏季依旧能良好地生长和发育。保护地品种适于在改良阳畦、各种塑料拱棚、日光温室和加温温室种植。

第四节　韭菜的形态特征与生物学特性

一、形态特征

韭菜地下部分长有根和根状茎；地上部呈丛状，长有叶、花薹等，还有数目不等的分蘖株。

（一）根

韭菜为须根系、弦状根。根群主要分布于 20～30cm 的土层内，有吸收根、贮藏根和半贮藏根三种。春季发生吸收根和半贮藏根，并可再发生 3～4 级侧根；秋季发生贮藏根，较粗短，一般粗在 2.0mm 以下，无侧根。但贮藏根在不同种类和品种间存在着很大的差异，其中根用韭的根粗显著粗于其他种类，有些根用韭品种其最大根粗甚至可达 5mm 以上。弦状根多着生于短缩茎的基部或边缘，随着短缩茎向上生长，分蘖和根状茎逐渐形成，根状茎下部的老根陆续死亡（根的平均生理寿命只有 1.5 年），上部新根不断发生，于是根系在土壤中的位置逐渐向上移动，这种根系逐年上移的习性，即为生产上所称的韭菜"跳根"。

（二）茎

韭菜的茎分地上茎和地下茎。地上茎为假茎和花茎，假茎由柔嫩的叶鞘层层抱合而成；花茎即花薹（薹干部分），绿色至深绿色，一般高 30cm 左右，粗约 4mm，但薹的高和粗在不同种类和品种间存在很大差异。普通韭菜中的薹用品种有的薹高可达 50cm 左右，粗甚至可达 7mm 以上。地下茎为营养茎，一二年生韭菜的营养茎短缩呈扁圆锥状，称茎盘。茎盘顶端为顶芽，周围着生叶鞘，叶鞘基部稍稍肥大，也称鳞茎。短缩茎逐年不断向上增生，并陆续发生分蘖；二三年以后随着分蘖株短缩茎的延伸，便逐渐形成了根状茎。分蘖时茎盘顶芽靠近芽端的上位叶腋先发生蘖芽，开始时蘖芽被包裹在原植株的叶鞘内，此后随着生长的进展，撑破叶鞘，并形成新的分蘖株（图 35-6、图 35-7），分蘖株簇生呈丛状。春播韭菜播种当年，植株长有 5～6 片叶时，即可发生分蘖；二年生以上的植株每年分蘖 2～3 次，分蘖的时间主要在气候凉爽的春季和秋季，每次分蘖大致为 1～3 个（以 2 个为多）。分蘖力是鉴别韭菜品种优良与否的重要指标之一，不同种类、品种的韭菜其每年的分蘖次数和分蘖数有着很大的差异。例如，普通韭菜中分蘖力弱的品种每年仅能增加 2～4 个分蘖株，而分蘖力强的品种每年所增加的分蘖株数可高达 8～9 个，甚至更多。

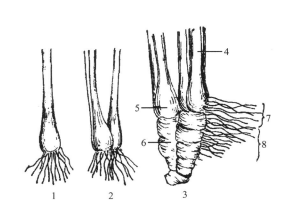

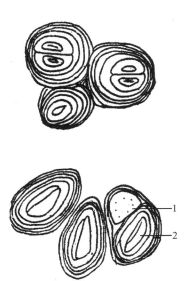

图 35-6　韭菜的生长状态

1. 一年生苗，不分蘖　2. 一年生苗，分蘖

3. 多年生植株　4. 叶　5. 鳞茎

6. 根状茎　7. 新根　8. 老根

（引自《蔬菜栽培学各论·南方本》，第二版，1980）

图 35-7　韭菜分蘖的横切面

上：一年生　下：三年生

1. 花薹　2. 无薹分蘖

（引自《蔬菜栽培学各论·南方本》，第二版，1980）

（三）叶

韭菜的叶片对称互生，具有不断分化、生长、衰老的特点，一般每分蘖株保持有叶5～9片。叶由叶身和叶鞘组成，叶身长披针形或长条形，扁平，实心，深绿色、绿色至黄绿色，表面被有蜡粉、气孔陷入角质层中，显示了耐旱的特征；叶鞘呈圆筒状，所抱合成的假茎其最外层叶鞘为淡绿色或红色。叶身的长、宽和叶鞘的长短、颜色，在不同种类、品种间存在着很大的差异。如普通韭菜中各品种间的叶宽和叶长具有普遍存在的多样性（表35-1、表35-2）；又如有的品种其叶鞘颜色随光照的强弱不同而变化，其中有一些对光敏感品种已成为生产"五色韭"的适宜品种。

表 35-1　普通韭品种叶宽的分布

叶宽（cm）	0.3～0.4	0.5～0.6	0.7～0.8	0.9～1.0	1.1～1.2	1.3～1.4	1.5～1.6	1.7～1.8
品种数	8	14	23	27	11	5	3	1

注：表中数据为列入《中国蔬菜品种志》（2001）的92个普通韭品种（包括63个宽叶类型和29个窄叶类型）的统计数。

表 35-2　普通韭品种叶长的分布

叶长（cm）	20 以下	21～25	26～30	31～35	36～40	41～45	46 以上
品种数	8	14	25	22	15	6	2

注：表中数据为列入《中国蔬菜品种志》（2001）的92个普通韭品种（包括63个宽叶类型和29个窄叶类型）的统计数。

由于韭菜叶片的分生组织在叶鞘基部，叶片被收割后可继续生长，故可多次收获、连续生长。韭菜叶片含有叶绿素和叶黄素，若在黑暗条件下进行软化栽培（囤栽），由于叶绿素发育受到抑制而使叶片显现黄色，故可形成组织柔嫩、纤维少，品质更佳的黄化产品——韭黄。另外，存在于叶身部分栅栏组织与海绵组织之间的乳汁管，因其细胞中含有挥发性含硫化合物而使韭菜具有特殊的辛辣味。韭菜在越冬前叶片逐渐干枯，叶片所含养分陆续转运到鳞茎盘和根状茎中贮藏，以备来年早春植株重新萌动和生长之需，同时也可为软化栽培（囤栽）产品——韭黄的形成提供营养来源。

（四）花

韭菜一般在第二年即进入生殖生长阶段，顶芽发育成花芽，此后每年都可抽薹开花。花茎一般高 26～75cm，呈三棱形，绿色。花茎顶端着生伞形花序，呈球形或半球形，开花前花序由苞片包裹，抽薹后约 15d 苞片开裂，花序散露。每花序一般有小花 30～60 朵，不同种类和品种间存在着显著的差异，有的品种可多达 100 多朵；花两性，有花被 6 片，灰白色；雌蕊 1 枚；雄蕊 6 枚，分列为两轮，基部合生并与花被片贴生，花丝等长，花药矩形、向内开裂，子房上位，异花授粉，虫媒花。

（五）果实与种子

韭菜为蒴果，倒卵形，黑色，子房 3 室，每室含种子 2 粒，成熟时种子易脱落。种子黑色，盾形，背面突出、腹面稍凹陷，表面皱纹较洋葱、大葱等其他葱蒜类种子细密，蜡质层较厚，千粒重 4g 左右。种子在一般储存条件下寿命为 1～2 年，使用寿命一年，但在低温干燥储存条件下，则可保持较长寿命。上述果实和种子的主要性状，不同种类和品种间除千粒重少有差异外，其他性状均无显著不同。

二、生物学特性

（一）生育周期

韭菜为多年生宿根蔬菜，栽培周期一般在 4～5 年以上，因此其生育周期具有多年生蔬菜的特点，并大致可分为营养生长期（包括：发芽期、幼苗期、营养生长盛期、越冬休眠期）、生殖生长期、老衰期等时期。

在发芽期和幼苗期，其所需生育日期分别为 10～30d 和 80～120d，但该两期所需日期的长短，主要取决于当时的气候条件，而不在于韭菜种类和品种的不同。但在营养生长盛期和越冬休眠期，其植株开始进入分蘖的时期、分蘖次数、进入休眠期的早晚（入冬前地上部枯萎的早晚）、入冬后的抗寒能力以及早春返青的早晚等，则在不同种类和品种间存在较大的差异。而正是这些差异，导致不同种类和品种韭菜在休眠期的长短、抗寒性的强弱、熟性的早晚、丰产性的优劣等方面产生了显著的差异。例如，当外界气温降到 2℃以下时，一般普通韭菜品种叶身和叶鞘的营养物质陆续转运贮藏到叶鞘基部和根状茎中，此后气温进一步下降到 −6～−7℃时，地上部逐渐枯萎，植株遂进入休眠状态。而阜丰 1号（F_1）、平韭 4 号等品种，地上部抗寒性很强，冬前"回根"晚、早春"起身"返青早，休眠期较短，平韭 4 号在河南当地甚至没有休眠期，因此非常适合于进行露地早熟栽培或保护地栽培。

由于韭菜为绿体春化作物，需待植株长到一定大小、累积一定量的营养物质后始能感应春化低温。植株只有在通过低温春化后，才能于高温长日照条件下抽薹开花并进入生殖生长期。在适期播种的情况下，一年生韭菜当年极少抽薹开花，二年生以上的韭菜每年营养生长与生殖生长交替进行，但仍需要在早春重新感应春化低温才能抽薹开花。一般春播韭菜多在第二年以后，每年大都于 7～8 月抽薹、开花。在同等条件下，不同种类和品种韭菜的抽薹、开花季节大致相似，但稍有先后。

韭菜虽为多年生蔬菜，但不能无限期地生长，一般播种或定植 5～6 年后，其分蘖力开始减弱，生长势逐渐衰退，植株即进入衰老阶段。

（二）对环境条件的要求

1. 温度　韭菜属于耐寒而适应性广的蔬菜，喜冷凉气候，耐低温、耐霜，对低温的适应能力很强，当气温降到 −6～−7℃ 时地上部叶片才开始枯萎，地下部根状茎能耐 −40℃ 的低温。一般南方（不包括蔬菜多主作区）多地上部抗寒的品种（常称为"雪韭"），而北方则多地下部抗寒的品种（常称为"懒韭"——休眠期长）。种子在 3～4℃ 时即可萌动，适宜发芽温度为 15～18℃。越冬韭菜在早春温度上升到 2～3℃ 时植株开始返青、生长，生长适宜温度为 12～23℃，温度超过 23℃ 时其光合速率急剧下降，超过 26℃ 时则生长停滞。抽薹开花时要求较高的温度，而种子成熟时要求温度又要低一些。软化栽培（囤栽）的韭菜，其产品形成主要依靠根状茎贮藏的营养，与光合作用无关，温度较高时则养分转化和运转较快，产品形成周期也短，因此囤栽韭菜时适宜较高温度，一般掌握在 30℃ 左右。

2. 光照　韭菜为长日照作物，通过低温春化后，在长日照条件下抽薹开花，但南方品种和北方品种的植株，其抽薹开花对日长条件的要求稍有差异。其生长发育要求中等强度的光照，但具有较强的耐阴性。若光照过强，则叶片纤维增多，叶肉组织粗硬，产品品质降低；而光照过弱，也易使同化作用减弱，生长减缓，叶片瘦小、分蘖减少，产量下降。韭菜的光补偿点为 $29\mu mol/$（$m^2 \cdot s$），光饱和点为 $1\,076\mu mol/$（$m^2 \cdot s$）。

3. 水分　韭菜喜湿，但不耐涝。由于根系吸水能力弱，因此要求土壤有充足的水分，并经常保持湿润；但韭菜叶片又具抗旱特性，叶面蒸腾量很少，所以又忌土壤水分过量，若土壤水分过量则易出现涝害。一般适宜土壤湿度为田间最大持水量的 80%～90%，适宜空气相对湿度为 60%～70%。韭菜有一定的抗旱能力，但土壤水分不足，不仅会影响产量，而且产品质量也会变劣。一般蒙新、华北（西北部）等蔬菜单主作区多有较抗旱的品种。

4. 土壤与营养　韭菜对土壤有较强的适应性，但韭菜根系弱、吸收能力差，栽培上为了获得优质、高产，仍多选择土壤肥沃、土层深厚、有机质丰富、保水保肥力强的地块种植。韭菜在 pH 为 5.5～5.6 的微酸性土壤中生长良好。对盐碱也有一定的耐受能力，当土壤含盐量达 2% 时仍能正常生长，甚至达到 2.5% 时还能获得相当的产量。但幼苗期耐受力较差，一般只能适应 1.5% 以下的土壤含盐量。

韭菜虽对贫瘠土壤有一定的适应性，但需肥量较大，同时也较耐肥。一般每 1 000kg

产品需 N 3.69kg、P_2O_5 0.85kg、K_2O 3.13kg（《中国蔬菜栽培学》，2006）。

第五节　中国的韭菜种质资源

一、概况

中国韭菜种质资源相当丰富，从韭菜种质资源的地域分布来看，被列入《中国蔬菜品种目录》的 270 份种质资源，按中国蔬菜栽培分区的数量分布为：①东北单主作区（包括黑龙江、吉林和辽宁省）28 份，约占总数的 10.4%；②华北双主作区（包括北京、天津市和河北、山东、河南省）95 份，约占总数的 35.2%；③长江中下游三主作区（包括湖南、湖北、江西、浙江、上海、安徽和江苏）35 份，约占总数的 13.0%；④华南多主作区（包括海南、广东、福建、台湾省和广西壮族自治区）8 份，约占总数的 3.0%；⑤西北双主作区（包括山西、陕西、甘肃省和宁夏回族自治区）56 份，约占总数的 20.7%；⑥西南三主作区（包括四川、云南和贵州省）9 份，约占总数的 3.3%；⑦青藏高原单主作区（包括青海省和西藏自治区）2 份，约占总数的 0.7%；⑧蒙新单主作区（包括内蒙古和新疆维吾尔自治区）37 份，约占总数的 13.7%。由上述可见，韭菜种质资源以气候较冷凉的华北、西北双主作区最为丰富，其次为蒙新单主作区和气候较温和的长江中下游三主作区，而夏季炎热的蔬菜多主作区则数量较少。

从韭菜种质资源的种类数量来看，被收录到《中国蔬菜品种志》的各种韭菜中：计有普通韭 93 份（包括宽叶类型 63 份、窄叶类型 30 份），约占总数的 87.7%；宽叶韭 8 份，约占总数的 7.6%；野韭 4 份，约占总数的 3.8%；分韭 1 份，约占总数的 0.1%。由此可见，中国所拥有的韭菜种质资源中，以栽培种普通韭数量最大。

另据资料，到 2005 年止，国家农作物种质资源长期库所搜集保存的韭菜种质资源计有 274 份。

二、优异种质资源

优异韭菜种质资源多兼具优良的园艺性状、上好的产品品质和较高的生产利用价值。苗壮的假茎、宽厚的叶片、肥粗的韭薹、较高的单薹重和单株重、柔嫩的质地、较少的纤维含量以及浓郁的辛香味等，常常是消费者对韭菜品质需求的主要标准，而有助于获得高产的较强分蘖力以及有利于延长供应期的较短休眠期则又是生产者对韭菜品种选择的重要依据。在中国丰富的韭菜种质资源中，具有上述较突出的优异性状的优异种质资源有：

（一）叶用韭

1. 宽叶类型　该类型中其优异性状尤为突出的种质资源如叶片宽最大可达到 1.5～1.8cm 的榆林大黄韭、阜丰 1 号（F_1）、甘肃马蔺韭（大韭）等；单株重可达到 15g 左右的大青苗、天津卷毛、汉中冬韭、榆林大黄韭等；分蘖力很强的长治马蔺韭、791 韭菜、平韭 4 号等；品质优良的洛阳钩头韭、大金钩马蔺韭、内蒙古马蔺韭等；冬前"回根"进入休眠晚、早春"起身"返青早，或几乎无休眠期的 791 韭菜、阜丰 1 号（F_1）以及平韭

4 号等。

（1）大青苗 天津市地方品种。株高 40cm 左右。叶片长宽条形，端部呈剑头状，断面呈弧形，深绿色，长 35cm 左右，宽 0.6cm 以上，最宽可达 1.0cm。假茎浅绿色。花期比大黄苗稍早，每花序有小花 70 朵左右。单株重约 14g。中熟，耐寒、耐热，抗病性较强，分蘖力中等。辛辣味较淡，纤维较多，品质中等。

（2）天津卷毛 天津市地方品种。株高 40cm 左右。叶片长宽条形，绿色，长 30cm 以上，叶宽与大黄苗相似，但叶端弯曲呈卷毛状。假茎断面近圆形，浅绿色。花薹和花序上的小花数较少。单株重 13g 以上。中熟，耐热，夏季较抗倒伏，也较耐寒和抗病，分蘖力强。辛辣味中等，纤维少，品质好。

（3）张家口马蔺韭 河北省张家口市地方品种，河北各地均有栽培。株高 40cm 左右。叶片长宽条形，深绿色，长 30～35cm，宽约 1.0cm。假茎浅绿色。单株重 6～10g。中熟，耐寒，较抗病，分蘖力中等。辛辣味中等，品质较好。

（4）791 韭菜 河南省平顶山市农业科学研究所育成，河南以及华北、东北各地均有大面积栽培。株高 30～40cm。叶片长扁条形，浅绿色，长 25～35cm，宽约 1.0cm。假茎断面近圆形，露出地面部分绿白色，稍带红筋，地下部浅红色。单株重 8～12g。植株较直立，生长势旺，生长迅速，分蘖力强。抗寒性强，冬前"回根"晚、早春"起身"返青早，生长快。辛辣味淡，纤维少，质地脆嫩。适露地栽培，也适于保护地栽培。

（5）平韭 4 号 河南省平顶山市农业科学研究所以 791 韭菜为母本，汉中冬韭为父本，经有性杂交、连续多代优选、优系混合授粉选育而成。植株较直立，株高 50cm 以上。叶片宽大肥厚，先端钝尖，长 35cm 左右，宽约 1.1cm，深绿色。假茎粗壮，断面椭圆形，直径约 0.7cm。平均单株重 7g 左右。抗寒性强，分蘖力强，生长速度快，冬季基本不休眠，适于保护地栽培，也可露地栽培。品质好，较耐贮藏和运输。

（6）洛阳钩头韭 河南省洛阳市地方品种，栽培历史悠久，各地多有引种。株高 30～40cm。叶片长扁条形，绿色，长 25～30cm，宽 0.8～1.3cm。假茎断面圆形，露出地面部分绿白色，微带紫色，地下部浅紫红色。单株重 6～7g。抗寒性一般，冬前回根较早，早春"起身"返青较晚。分蘖力中等。辛辣味浓，纤维少，质地脆嫩。适于露地或保护地栽培。

（7）大金钩马蔺韭 山东省济南市地方品种，济南市及鲁西地区均有栽培。夏秋季株高约 35cm，保护地栽培条件下株高 25cm 左右。叶片绿色，长约 20cm，宽 0.9cm 左右。假茎露出地面部分浅绿色，地下部白色。单株重 8～10g。耐寒性强，较耐热，抗病，分蘖力中等。辛辣味较浓，品质好。适于露地或保护地栽培。

（8）汉中冬韭 陕西省汉中市地方品种。陕西以及东北、华北、西北各地均有大面积栽培。株高 40cm 左右。叶片长宽条形，黄绿色，长 29cm 左右，宽约 1.0cm。假茎绿紫色。单株重 15g。早熟，耐寒性强，耐热性一般，较抗病，分蘖力强。辛辣味中等，品质好。适于露地或保护地栽培。

（9）榆林大黄韭 陕西省榆林市地方品种。株高 35cm 左右。叶片长宽条形，浅绿色，长约 30cm，宽 1.0～1.5cm。假茎白色。抽薹早，薹短而粗。单株重 15g。早熟，早春"起身"返青早，耐寒、抗病、抗虫，分蘖力弱。辛辣味浓，品质好。

(10) 甘肃马蔺韭（大韭） 甘肃省地方品种。植株较直立，生长健壮。叶片宽厚，长约 40cm，宽 1.8cm 左右，厚 0.15～0.2cm，绿色。假茎断面椭圆形，基部白色。韭薹粗壮，高可达 34～48cm。晚熟，耐寒、耐旱，分蘖力较弱。辛辣味中等，叶片质地较粗。

(11) 内蒙古马蔺韭 内蒙古自治区土默特地区地方品种。植株较直立，株高 45～55cm。叶片长宽条披针形，断面呈半月形，叶面黄绿色，叶背草绿色，长 35～49cm，宽 0.8～1.0cm。假茎断面扁圆形，浅紫色或绿白色。植株生长势强，抽薹较晚，分蘖力中等。辛辣味浓，纤维少，品质好。

(12) 阜丰 1 号（F₁） 辽宁省风沙地改良利用研究所 1997 年育成。植株直立性强，整齐度高。叶片长条形，较宽，最宽可达 1.5cm。假茎较粗。单株重 10g 左右。抗寒性强，抗倒伏，较抗病。分蘖力强，生长速度快，休眠后可比汉中冬韭提早萌发 4～6d。丰产，品质好。适宜露地或保护地栽培。

此外，还有山东省的诸城马蔺韭、吉林省的华山韭菜、山西省的长治马蔺韭、黑龙江省的齐齐哈尔大马蔺韭以及青海省大蒲韭等。

2. 窄叶类型 该类型中其叶片宽和单株重普遍比宽叶类型小，但不乏辛辣味浓、质地柔嫩、品质上好的优异种质资源，如吉林红根韭（小韭菜）、青海小蒲韭（细韭）、榆林黑站韭（黑韭）、广州细叶韭菜（软尾韭菜）等；也不乏分蘖力强，耐旱、耐贫瘠，抗寒，适应性强的优异种质资源，如宁夏回族自治区的银川紫根韭、甘肃省的平凉二秧子韭（小韭）等。

(1) 上蔡线韭 河南省上蔡县地方品种，栽培历史悠久。植株半直立，株高 25～30cm。叶片长条形，较细窄，长 20～25cm，宽约 0.4cm，深绿色。假茎断面圆形，露出地面部分绿白色，地下部分棕黄色。单株重 4～5g。抗寒性一般，冬前"回根"较早，早春"起身"返青较晚，分蘖力弱。辛辣味浓，叶片含水分较少，纤维较多。

(2) 吉林红根韭（小韭菜） 吉林省地方品种，栽培历史悠久。株高 25～28cm。叶片窄长条形，长约 25cm，宽约 0.5cm，绿色。假茎紫红色。单株重 2g。生长速度快，分蘖力强。早熟，抗寒性、耐热性均强。辛辣味浓，品质好。

(3) 宁夏银川紫根韭 宁夏回族自治区银川市地方品种，栽培历史悠久。植株生长势中等，株高约 32cm。叶片窄长条形，长约 27cm，宽约 0.5cm，绿色。假茎近地面处伴有紫红色。单株重 10g。耐寒、耐旱，分蘖力强。辛辣味浓，叶肉细嫩。

(4) 甘肃平凉二秧子韭（小韭） 野生分布于甘肃省平凉市崆峒山，多为采集后栽培。植株较直立，叶片狭长，厚而硬，叶长 30cm 左右，宽约 0.5cm，深绿色。假茎断面圆形，基部微紫红色。适应性强，抗寒、耐旱、耐瘠薄。分蘖力强。辛辣味浓，质地较嫩。可露地栽培，也适于软化栽培生产韭黄。

(5) 青海小蒲韭（细韭） 青海省地方品种，栽培历史悠久。植株生长势中等。叶片细长而窄，断面三棱状，绿色，被少量蜡粉，长 30cm 左右，宽约 0.4cm。假茎断面扁圆形，紫红色，基部白色。花薹较高，可达 40cm 左右。耐寒力强，需肥水较多，但分蘖力弱，产量较低。辛辣味浓，叶肉细嫩，品质佳。

（6）新疆线韭（毛毛韭）　新疆维吾尔自治区地方品种，栽培历史悠久。株高约30cm。叶片窄长条形，长33～35cm，宽0.5～0.7cm，绿色。假茎白色。单株重7～8g。早熟，适应性广，耐寒、抗热，抗逆性强，较抗病、抗虫。分蘖力强。辛辣味浓，品质较好。

（7）榆林黑站韭（黑韭）　陕西省榆林市地方品种。株高约26cm。叶片长条形，长22cm，宽0.7cm，深绿色。假茎紫红色。韭薹细而短。单株重10g。早春"起身"返青晚，晚熟，耐寒、耐旱，抗病虫。分蘖力弱。辛辣味浓，品质好。

（8）广州细叶韭菜（软尾韭菜）　广东省广州市地方品种。株高约38cm。叶片细狭窄长，较薄易弯曲，长28cm，宽0.5cm，浅绿色。假茎较长，白色。早熟，耐热，抗寒，耐旱，抗风、抗虫，具有较强的抗逆力。分蘖力强。软化栽培时韭黄生长较快。辛辣味浓，品质柔嫩。

（二）薹用韭

中国民间素有食用韭薹、韭花的传统习惯，不但鲜食，而且腌渍、加工成各种产品。生产实践中，经长期的人工和自然选择，便逐渐形成了叶薹兼用类型韭菜，其具有代表性的优异品种有广州大叶韭、甘肃马蔺韭等。近代，人们开始注目于韭薹专用品种的培育，20世纪中叶台湾省彰化县永靖乡竹仔村农民江林海选育出韭薹专用型品种年花韭菜，后又用年花韭与吕宋种杂交，选育出了年花2号。

1. 年花韭　台湾省品种。其地上部形态与叶用韭相似，但叶片颜色较浓绿，假茎较粗，呈微黄赤色，叶片与叶鞘较硬。花薹较粗大，高35～40cm，断面直径0.4～0.7cm，抽薹期长（在适宜气候条件下可周年抽薹）。叶部粗硬品质差，但花薹肥壮、柔嫩，品质好，故为花薹专用品种。

2. 年花2号　台湾省品种。叶片较小，但花薹较粗大，在适宜气候条件下可周年抽生花薹，尤其在温度较低年份其花薹产量明显比年花韭要高。

3. 广州大叶韭　广东省广州市地方品种。株高40cm。叶片较宽大、硬直，长30cm左右，宽约1.0cm，深绿色。假茎较长，青白色。抽薹较晚，花薹较粗大，分蘖力中等，为薹叶兼用品种。抗寒，耐旱，耐雨。辛辣味稍淡，叶片质地较脆。

4. 兰州小韭（红韭、二秧子）　甘肃省兰州市地方品种。株高41～42cm。叶片条带状，扁平，长32cm，宽0.7～0.9cm，深绿色，被有蜡粉。假茎断面近圆形，基部紫红色。抽生花薹多而粗壮，薹高40～50cm。中熟，抗寒、抗病，分蘖力强，生长快，为有名的薹叶兼用品种。叶片辛辣味浓，花薹脆嫩，不易老，品质优。

5. 甘肃马蔺韭　甘肃省地方品种。植株生长健壮，较直立。叶片宽厚，长40cm，宽1.8cm，厚0.15～0.20cm，绿色。假茎断面椭圆形，基部白色。花薹高大粗壮，高34～48cm，为薹叶兼用品种。晚熟，耐寒、耐旱，分蘖力较弱。叶片质地较粗，辛辣味中等。韭薹产量3 750～7 500kg/hm^2。

（三）根用韭

根用韭种质资源较少，分布范围也相对较小。它们一般都具有可供食用的较粗、较长的弦状贮藏根以及很宽的叶片和粗壮的花薹，除可收刨肥嫩的弦状贮藏根供食用外，还可同时收获青韭及韭薹。其具有代表性的优异品种如：

1. 云南茎菜（擗菜、山韭菜、大韭菜）　属宽叶韭种。云南省各地均有野生分布，且都有栽培。须根发达，较粗，长 15～20cm，粗 0.3～0.5cm。叶片宽条披针形，长 40～60cm，宽 1.0～2.5cm，叶基部呈沟槽状。假茎断面圆形或扁圆形。不结种子，一般行分株繁殖。多年生，但每年进行分栽能使植株生长旺盛。喜温凉湿润气候，怕高温和严寒，遇霜冻地上部即枯萎。喜光但较耐阴，喜疏松肥沃土壤。以弦状肉质根供食用，9 月收刨韭根，产量 30 000kg/hm²（此外，5～6 月和 7～8 月还可收获青韭及韭薹）。

2. 宁强宽叶韭（大叶韭）　属宽叶韭种。陕西省宁强地方品种。弦状根较粗大，长 10～19cm，粗 0.2～0.3cm。株高 30～40cm。叶片较宽短，长 10～25cm，宽 1.0～1.7cm，断面呈"V"字形，浅绿至深绿色。假茎断面圆形或扁圆形，露出地面部分白绿色、地下部白色。单株重 8～12g。不结种子，一般行分株繁殖。早春"起身"返青晚，耐寒性、抗旱性、耐热性不如普通韭，但较耐阴。弦状肉质根可鲜食，也可腌渍或酱制。此外，还可收获青韭和韭薹，但产品辛辣味较淡。

3. 贵州水韭　属宽叶韭种。贵州省雷山地方品种。植株生长势中等，株高 30～55cm。叶片披针形条带状，扁平。假茎断面近圆形，绿白色。单株重 10～15g。不结种子，一般行分株繁殖。喜温凉湿润气候和疏松肥沃土壤。弦状肉质根可腌渍或炒食。此外，还可收获青韭和韭薹，但产品辛辣味稍淡。

（四）其他用韭

1. "五色韭"（也称"四色韭"）**产品生产用韭**　20 世纪 60 年代前，北京、天津市和山东省等地的菜农，利用麦糠、草苫等覆盖物，在早春进行韭菜简易覆盖栽培，生产出韭菜叶身为紫、红、绿三色，假茎为鹅黄色和白色或红色的"五色韭"（也称"四色韭"）产品，极受消费者青睐，现今山东省寿光等地，仍采用类似的栽培方法生产"四色韭"产品。该类种质资源具有代表性的优异品种如：

（1）大白根　20 世纪初由河北省河间县引入北京市。植株较直立，株高 50cm 左右。叶片较宽大扁平，长 45cm，宽 0.67cm，浅绿色。假茎较粗短，断面扁圆形，通常为绿白色。较抗寒，耐热，不耐涝。分蘖力较弱。辛辣味较浓，质地柔嫩，品质好。适于覆盖栽培。

（2）大黄苗　天津市地方品种。株高 30～40cm。叶片长宽条形，黄绿色，长 30cm 左右，宽约 0.6cm 以上，最宽可达 1.0cm。假茎断面扁圆形，浅绿色，软化后白色。花期晚，每花序有小花 70～80 朵。单株重约 14g。中熟，入冬后休眠明显，耐寒，也耐热，分蘖力强，较抗灰霉病。辛辣味适中，品质好。

（3）寿光独根红韭菜　山东省寿光地方品种，栽培历史悠久。植株较直立，夏秋季株高 35～40cm，叶片深绿色。冬春季覆盖栽培株高 20～25cm。叶片长宽条形，长约 20cm，宽 1.2cm，浅绿色。假茎露出地面部分浅绿色，基部浅紫红色。单株重 6g 左右（露地）。抗寒性强，耐热性中等，较抗病，分蘖力弱。辛辣味较浓，品质好。适于保护地覆盖生产四色韭。

2. "韭黄"产品生产用韭　中国各地菜农，自古就有利用韭菜根茎贮藏的养分进行软化栽培，生产"韭黄"的各种方法。如北京市、河北省的温室囤植软化栽培，河南省洛阳市的马粪覆盖栽培，甘肃省兰州市的麦草覆盖黄化栽培，广东、福建省的瓦筒覆盖黄化栽培，四川省成都市的草棚覆盖黄化栽培以及现今普遍采用的黑色塑料薄膜覆盖、培土黄化栽培等。该类种质资源具有其代表性的优异品种如：

（1）铁丝苗　早年由河北省河间县引入北京市。植株较直立，株高 40cm 左右。叶片细窄，长约 37cm，宽 0.36cm 左右，绿色。假茎较细，断面圆形，浅绿色带有紫红色。较耐寒、耐热，生长快，分蘖多，茎盘小，适宜密植。辛辣味浓，质地较硬，品质中等。适于温室等保护地进行囤植软化栽培。

（2）保定红根韭　河北省保定市地方品种。株高 35cm。叶片窄而厚，长 33cm，宽 0.5cm，浓绿色。假茎基部为紫红色。单株重 6～10g。生长速度快，分蘖力强。中早熟，抗逆性强，不易倒伏。辛辣味浓。适于温室囤植软化栽培。

（3）长安白绵韭　陕西省长安地方品种。株高 40cm 左右。叶片窄长条形，长 35cm，宽 0.6～0.8cm，浅黄绿色。假茎白色。早熟，抗寒性强，早春"起身"返青早，不耐热，抗病性一般，分蘖力强。辛辣味浓，品质好。适于早春覆盖栽培和韭黄栽培。

（4）成都马蔺韭（大乌叶）　四川省成都市地方品种。植株较直立，叶片较大而肥厚，长 35～40cm，宽 0.6～0.8cm，浅绿色。假茎断面扁圆形。抗寒性较弱，但很耐热，夏季生长较快。分蘖力强。辛辣味浓，叶片质地厚而软。最适于软化栽培。

（5）嘉兴雪韭　浙江省嘉兴市地方品种，栽培历史悠久。植株较直立，株高 52cm。叶长约 41cm，宽约 0.8cm，深绿色，蜡粉少。假茎断面近三角形，白色。抗寒性强，不耐热，冬季生长良好，夏季生长不良，分蘖力强。品质好。适宜软化栽培。

（6）绍兴雪韭（冬韭）　浙江省绍兴市地方品种。株丛松散，株高 33～35cm。叶片长 35cm 左右，宽 0.6～0.8cm，断面近三角形，深绿色。低温下韭芽紫红色，故当地称"血芽"。假茎绿白色。单株重 15g。中熟，抗寒性强，较抗病，分蘖力强。辛辣味浓，叶质柔软，品质好。适于软化栽培。

（7）黄格子韭菜（宝剑头）　湖北省武汉市地方品种，栽培历史悠久。植株较直立，株高约 40cm。叶片扁平，较宽大，端部剑头形，长约 35cm，宽约 1.0cm，浅绿色。假茎断面扁圆形，黄绿色。早熟，抗寒性强，不耐热，分蘖较多。辛辣味浓，品质好。可露地栽培，也适于保护地软化栽培。

（8）犀浦韭（二乌叶）　四川省成都市地方品种。植株较直立，叶长 36cm，宽 0.6cm，绿色。假茎断面扁圆形。抗寒，耐热，分蘖力强。辛辣味浓，叶肉厚，品质好。也适于软化栽培。

三、抗逆种质资源

（一）较抗寒的种质资源

韭菜种质资源的抗寒性大致可分为两种情况：一种是指韭菜进入休眠期后的地下部根

茎所能忍受的低温，这一类的抗寒种质资源大多分布在冬季严寒、气温很低的东北、西北等北方地区，一般多为入冬时进入休眠早、入春后"起身"返青晚的品种，其具有代表性的种质资源如佳木斯竹竿青等，它们的地下根茎大多能在 -30～-40℃ 的低温下安全越冬；另一种则是指韭菜地上部叶片所能抵御的低温，这一类的抗寒种质资源大多分布在冬季气温较温和，但有时短时间也低于零摄氏度以下的华东、中南等南方地区，一般多为休眠期短，甚至没有休眠期的品种，它们的地上部分大多能适应当地的低温并能安全越冬，其代表性种质资源如汉中冬韭、791 韭菜、平韭 4 号以及绍兴雪韭（冬韭）、嘉兴雪韭、南京寒青韭等。

1. 佳木斯竹竿青　黑龙江省佳木斯市地方品种，南北各地都有引种。株高 42～55cm。叶片宽约 0.78～1.0cm，绿色。假茎上部浅绿色，下部白色。单株重约 5g。中晚熟，抗寒性极强，可耐 -40℃ 的低温，入冬时休眠早，早春"起身"返青晚，适温条件下生长快，耐热，抗风，抗倒伏。分蘖力中等，品质好。

2. 南京寒青韭　江苏省南京市地方品种，栽培历史悠久。植株半直立，株高约 36cm。叶片长条形，扁平，长 35cm 左右，宽约 0.7cm，绿色。假茎断面扁圆形，绿白色，基部略带红色。单株重 3～4g。抗寒性强，分蘖力中等。辛辣味较浓。

3. 绍兴雪韭（冬韭）　见本节适于生产韭黄的优异种质资源。

4. 上海强韭　上海市地方品种。植株较直立，株高 35～40cm。叶片狭长，长 40cm左右，宽约 0.8cm，绿色，软化产品呈浅黄色，遇光后不易变色。假茎较短。抗寒性强，冬季生长快，分蘖较多。丰产，品质好。适宜露地或保护地栽培。

5. 791 韭菜、平韭 4 号　见本节叶用韭宽叶类型优异种质资源。

6. 黄格子韭菜（宝剑头）　见本节适于生产韭黄的优异种质资源。

（二）较耐热的种质资源

较耐热的韭菜种质资源大多分布在南方夏季炎热地区，它们都能在当地安全越夏，但这一类品种的抗寒性一般都较弱。其代表性种质资源如广东细叶韭（软叶韭）、成都马蔺韭（大乌叶）等。

1. 广东细叶韭（软叶韭）　广东省广州市地方品种。株高 38cm。叶片细窄，较薄，长 28cm，宽 0.5cm，浅绿色。抽薹早。早熟，耐热、抗寒，耐旱、耐雨，抗风。辛辣味浓，品质柔嫩。

2. 咸阳环环韭　陕西省咸阳市地方品种。株高约 40cm。叶片长宽条形，先端弯曲呈环状，长 35cm 左右，宽 0.8～1.0cm，深绿色。假茎绿白色。单株重 12g。晚熟，早春"起身"返青晚，不抗寒，但耐热性强，较耐旱。分蘖力弱。辛辣味浓，品质好。

3. 成都马蔺韭（大乌叶）　见本节适于生产韭黄的优异种质资源。

4. 犀浦韭（二乌叶）　见本节适于生产韭黄的优异种质资源。

5. 武汉青格子韭　湖北省武汉市地方品种。植株较直立。株高 32cm，叶片窄长，先端尖细，长 30cm，宽 0.5cm，绿色。耐热性强，抗寒性较差。分蘖力一般。叶肉较粗硬，品质中等。

此外，还有浙江省的绵韭、湖南省长沙宽叶韭和江苏马鞭韭、安徽马鞭韭等。

四、韭菜野生近缘种

（一）主要野生近缘种

据《中国作物遗传资源》（1994）和其后的《中国蔬菜品种志》（2001）记载，中国韭菜的野生近缘种主要有粗根韭、玉簪叶韭、蒙古韭、卵叶韭、太白韭、青甘韭、山韭、多星韭等8个种。

1. 粗根韭（*Allium fasciculatum* Rendle）　分布于西藏自治区等地。根粗壮，呈小块根状。鳞茎单生，扁圆柱状。叶片条状，扁平。花薹断面扁圆形，花序伞形，呈球状，小花白色，7～9月开花结籽。多采集其嫩叶片和花薹供食，具辛辣味。

2. 玉簪叶韭（*Allium funckiaefolium* Hand. - Mazz.）　分布于神农架和长江三峡地区高海拔地带，多生长在海拔2 000～3 500m的阴湿林下。鳞茎单生，外被灰褐色或黑色网状纤维物，着生一片具叶柄的叶，宽卵形，叶基部呈心形。花薹断面近圆形，花序伞形，小花白色，7月开花。多采集其嫩叶片供食。

3. 蒙古韭（*Allium mongolicum* Regel）　内蒙古、宁夏、黑龙江、吉林、辽宁（西部）、陕西（北部）、河北和山西等省（自治区）均有分布。鳞茎密集丛生，圆柱状，外被黄褐色残留纤维状物。叶片圆柱状或半圆柱状。花薹断面圆形，伞形花序呈球形或半球形，小花浅红或紫红色，7～9月开花结籽。多采集其嫩叶片和花薹供食。

4. 卵叶韭［也称鹿耳韭，*Allium ovalifolium* Hand. - Mazz（*Allium tuberosum* Rottl. ex Spreng.）］　分布于湖北（西部）、四川、贵州、青海、甘肃和陕西省（南部）的高海拔地区，多生长在海拔1 500～3 500m的湿润地段或林下。鳞茎2～3枚聚生或单生，外被灰褐色或黑褐色网状纤维物。着生2片具叶柄的叶，矩圆形或卵状矩圆形，叶基部呈圆形或心形。花薹断面圆形，花序伞形呈球形，小花白色，7～9月开花结籽。常采集其嫩叶供食，具葱蒜味。

5. 太白韭（*Allium prattii* C. H. Wright apud Forb. et Hemsl.）　西藏、云南、四川、湖北和陕西等地高海拔地区均有分布，多生长在海拔2 000～4 500m的潮湿沟边或灌木丛下。鳞茎2～3枚聚生或单生，近圆柱状，基部外被灰褐色或黑褐色网状纤维物。着生2片叶，条状披针形、椭圆状披针形或条形。花序伞形，小花紫红或浅红色，7～9月开花结籽。常采集其嫩叶供食。

6. 青甘韭（也称青甘野韭，*Allium przewalskianum* Regel）　陕西、甘肃、青海、西藏、云南、四川和湖北（西部）等地均有分布。鳞茎聚生，外被红色网状纤维物。叶片半圆柱状或圆柱状。花薹断面圆形，花序伞形，呈球状或半球状，小花浅红色至深紫红色，6～9月开花结籽。具有较强的分蘖力。多采集其嫩叶和花薹供食。

7. 山韭（*Allium senescens* L.）　东北、华北、西北地区均有野生分布。地下根茎横生、粗壮。鳞茎单生或聚生，近窄卵状或近圆锥状，外被灰黑色或黑色膜质残留物。叶片窄条形至宽条形，略扭曲，较肥厚。花薹断面圆形或圆棱状（有两棱），花序伞形，呈半球状，小花浅紫色或紫红色，7～9月开花结籽，总苞宿存。常采集嫩叶和花薹供食。

8. 多星韭（*Allium wallichii* Kunth）　西藏、云南、贵州、四川、湖北和湖南等地

高海拔地区有野生分布，多生长在海拔 1 400～4 500m 湿润地段的林边、沟缘或灌木丛下。根稍粗，较健壮。鳞茎圆柱状，外皮黄褐色，老化后膜质外呈纤维状或网状。叶片窄条形或宽条形。花薹断面三棱形，伞形花序，呈半球形或扇面圆锥形，小花红色、紫红色、紫色或黑色，7～10 月开花结籽。多采集其嫩叶和花薹供食，花薹还可加工腌渍。

（二）其他野生近缘种

据新疆农业大学园艺系高杰等对新疆 7 种野生葱蒜类植物农艺形状研究的报道，除山韭外，滩地韭、碱韭、镰叶韭、齿丝山韭、北疆韭、宽苞韭等 6 个均为以往少有报道的韭菜野生近缘种，它们大多生长在海拔 1 200～1 700m 的山地（阳坡或阴坡）、荒漠、草原、河谷的石缝、草丛、砾石堆中。

1. 滩地韭（*Allium oreoprasum* Schrenk） 当年生育期为 112d。株高 14～18cm。叶片窄条形，叶长 17～21cm，叶宽 0.3～0.4cm。花薹断面直径 0.25cm，每薹有小花 25～30 朵，浅红色，结实率 80%。

2. 碱韭（*Allium polyrhizum* Turcz. ex Regel） 当年生育期为 142d。株高 17～26cm。叶片窄条形，叶长 30～34cm，叶宽 0.6～0.7cm。花薹断面直径 0.34cm，每薹有小花 25～40 朵，浅红色，结实率 71%。

3. 镰叶韭（*Allium carolinianum* DC.） 当年生育期为 116d。株高 7～15cm。叶片宽条形，扁平，呈镰状弯曲，先端钝圆，叶长 15.5～20.0cm，叶宽 1.8～2.3cm。花薹断面直径 0.44cm，每薹有小花 100～200 朵，粉红色，结实率 60%。

4. 齿丝山韭（*Allium nutans* L.） 当年生育期为 158d。株高 12～21cm。叶片宽条形，扁平，先端钝圆，稍弯曲，叶长 18.0～19.5cm，叶宽 2.5～3.3cm。花薹断面直径 0.66cm，每薹有小花 200～450 朵，浅粉红色，结实率 40%。

5. 北疆韭（*Allium hymenorrihizum* Schrenk） 当年生育期为 133d。株高 29～39cm。叶片条形，扁平，叶长 27～30cm，叶宽 0.7～0.9cm。花薹断面直径 0.26cm，每薹有小花 200～350 朵，浅紫色，结实率 50%。

6. 宽苞韭（*Allium platyspathum* Schrenk） 当年生育期为 139d。株高 14～25cm。叶片宽条形，扁平，先端钝圆，叶长 23～28cm，叶宽 1.2～1.7cm。花薹断面直径 0.43cm，每薹有小花 40～150 朵，乳白色，结实率 45%。

（三）野生近缘种的利用价值

上述韭菜野生近缘种中，有一些种可供直接利用，多采集其嫩叶和花薹供食，花薹还可加工腌渍。诚然，它们中的大多数在叶片和花薹的风味品质上一般都比较差，有的如齿丝山韭辛辣味较淡，并带有类似大葱的气味；有的纤维较多，还伴有异味，难于直接食用。但这些野生近缘种中也常具有一些突出的优良性状，有的叶片特宽、花薹也粗（齿丝山韭）；有的抗寒性很强，早春返青萌芽很早（齿丝山韭、滩地韭等），在新疆乌鲁木齐地区最早可在 3 月下旬前开始返青。这些突出的优良性状，均有可能在今后韭菜的远缘杂交育种中得到有效的利用。

第六节　韭菜种质资源研究利用与创新

作为种质创新等种质资源研究的重要手段，目前国内对有关韭菜杂交优势利用和分子生物学的研究还刚刚起步，其深入的程度远远比不上其他蔬菜。国际上由于韭菜分布范围较窄，因此也少有其相关的研究报道。

一、细胞核型的研究

为了探明中国的栽培韭与中国北方广泛分布的野生韭菜之间的亲缘关系，李懋学等（1982）对汉中冬韭、洛阳钩头韭、广东大叶韭、佳木斯铁秆青等 10 个分布于不同地区具有代表性的栽培韭（*Allium tuberosum* Rottl. ex Spreng.），以及由中国农业科学院蔬菜花卉研究所和中国科学院综考会分别从吉林省白城和内蒙古自治区、河北省兴隆雾灵山收集的野生韭菜和李学懋从北京市金山采集的野韭（*Allium ramosum* L.）进行了核型比较研究。研究结果表明，10 个栽培韭的染色体数均为 32，而且形态上也很相似。据核型分析以及 Hakansson A. 等（1957）一些学者观察到栽培韭减数分裂中形成 1～4 价体的情况来看，应为同源四倍体。因此认为中国的栽培韭菜主要为四倍体。从吉林、内蒙古、河北省（自治区）收集的 3 个野生韭，其染色体数也均为 32，而且染色体的形态和大小与栽培韭也无明显差异。栽培韭和这 3 个野生韭其核型均为 2n＝4x＝32＝28m＋4st（SAT），都是同源四倍体。而野韭的形态虽与栽培韭相似，但野韭叶片为三棱状条形，中空，花被片中脉常现红色。核型分析结果：野韭的核型与栽培韭也很类似，但倍性有差异，其核型为 2n＝2x＝16＝14m＋2st（SAT），这表明它们之间的亲缘关系很近。据此，李懋学等推测野韭、野生韭和栽培韭演化过程可能是：二倍体的野韭在人工驯化栽培过程中部分植株的染色体发生自然加倍，其形态变异及优良性状经长期的自然和人工选择形成现今的栽培韭，而四倍体野生韭菜则为栽培韭的野化类型；另一种可能则是：野韭经自然加倍后仍有相当高的结实率，并通过各种传播途径繁衍为现今的四倍体野生韭菜，而栽培韭则由野韭经长期人工栽培驯化而成。因此，野韭很可能是中国栽培韭的原始种。

二、组织培养的研究

有关韭菜的组织培养国内外研究较少。Shuto H. 等（1993）一些学者的研究表明：在进行韭菜（*Allium tuberosum* Rottl. ex Spreng.）组织培养时，其植株的再生率较低。这一问题无疑将成为基因工程技术应用于韭菜遗传改良时的主要制约因素。2002 年山东农业大学园艺学院张松等，对激素配比、外植体、不同品种、不同苗龄和生根条件等影响韭菜组织培养植株再生的主要因素进行了研究，建立了韭菜组织培养高频植株再生体系，从而为今后开展基因转移的研究创造了有利条件。该项研究结果表明：韭菜根尖是培养植株再生的优良外植体，苗龄为 7～10d 的根尖最适于进行组织培养，随着苗龄的增加芽的分化频率将呈降低趋势；愈伤组织和不定芽分化的最佳培养基为 MS＋NAA 1mg/L＋BA 2mg/L，在此分化培养基上可一次诱导成苗；无任何激素的 MS0 培养基最适于不定芽的生根，生根率可达 100％，根平均数 14.5 条。91-1、91-8、宽叶韭、寿光马蔺韭、保定红根、兰州小韭等供试品种根尖培养的芽分化频率可达 65.4%～85.7%，出芽数可高达 40.1%～46.7%，在 2～3 个月内可获得大量的再生植株。该项研究的意义在于其所建立的韭菜高频植株再生体系可作为基因转移的受体系统应用于韭菜转基因研究工作中，因此也有助于今后韭菜种质的创新。

三、基因导入的研究

众所周知，韭菜易患灰霉病，其根茎又容易受韭蛆（迟眼蕈蚊）的严重危害，有时甚至造成全田毁灭性的损失，而不当的化学防治又常常对产品和环境带来不同程度的污染，为此生产上迫切需要提供抗病和抗虫的韭菜新品种。但韭菜的种质资源中缺少有效的抗病基因和抗虫基因，因此难于通过杂交育种、杂交优势利用或远缘杂交等育种手段来提高其抗病或抗虫性。近年一些蔬菜育种家开始探索利用基因工程的方法将外源抗病虫基因导入韭菜中，以求最终能创新韭菜的种质资源或育成性状优良并具有较强抗病虫能力的韭菜新品种。据 Eady C. C. （1996、2000）、Barandiaran X. 等（1998）报道，韭菜和其他葱属植物属难以进行转基因的一类作物，但在洋葱和大蒜上已获得了转基因植株。2003 年山东农业大学张松等在已建立韭菜组织培养高频植株再生体系的基础上，研究了利用根癌农杆菌介导法导入 GUS（葡萄糖苷酸酶）基因，建立了韭菜的农杆菌转化体系：7～10d 苗龄根尖→在 MS＋NAA 1mg/L＋BA 2mg/L 上预培养 4～6d→农杆菌侵染（OD_{600} 0.6～0.8 浓度，侵染 2～5min）→在 MS＋NAA 1mg/L＋BA 2mg/L＋As 100mg/L 上共培养 2d→MS＋NAA 1mg/L＋BA 2mg/L＋Km 25mg/L＋Timentin 400mg/L＋As 100mg/L 选择培养→获得愈伤组织和不定芽→GUS 染色、PCR 分析和 Southernblot 检测→转基因植株。这一体系的建立，将为今后韭菜基因工程育种工作的开展和种质的创新打下良好的基础。

四、雄性不育系的研究与利用

过去，韭菜种质改良和新品种的选育大多采用杂交育种优系混合选择法，河南 791、平韭 2 号、平韭 4 号等均系采用此法育成。20 世纪 70 年代，山东农业大学园艺系从汉中冬韭栽培田中首次发现了雄性不育株，表现为植株生长健壮，叶片直立宽厚，各花序小花的雌蕊完全正常，但雄蕊花药瘦瘪，花药内无花粉。以此为原始材料，在早代于秋季花期鉴定为不育株后，用同一群体的可育株于 1978 年进行自然混合授粉（或非同一群体的可育株进行人工混合授粉），单株收种，翌年单株播种鉴定经济性状。于早代不育群体中淘汰全可育和部分可育的个体后，进行混合授粉（花粉来自将作为保持系的材料或原群体的可育株）、混合采种。经多代定向选择，其不育株率逐代提高，至第五代不育株率达到 98% 以上。继续进行混合授粉、混合采种，其不育株率即稳定在 98%～100%。1990 年育成了韭菜雄性不育系 78-1A 和保持系 78-1B。据韭菜雄性不育系和保持系选育过程推断，韭菜的雄性不育性可能由显性的核基因控制。此后进行的优良杂交组合选配结果表明：韭菜 F_1 杂交优势明显，以雄性不育系 78-1A 为母本配制的几个组合，其 F_1 代在产量上普遍表现出超高亲，品质上接近或超过高亲，商品性和抗性的表现也与产量和品质相似。例如以 78-1A 为母本配制的 91-1、91-2、91-5 等一代杂种，其产量要比汉中冬韭提高 27.5%～61.4%，比寿光独根红提高 82.4%～131.2%，比 791 韭菜提高 2.4%～29.7%。其品质风味优于汉中冬韭和 791 韭菜，大致与寿光独根红相当（《山东蔬菜》，1997）。

此后，辽宁省风沙地改良利用研究所巩佩芬等于 1986 年秋在阜新县菜农汉中冬韭采种田中也发现了雄性不育株。1987 用不育株作母本，可育株作父本通过测交和连续回交，父本同时自交，于 5 代轮回杂交后，最终育成了石汉 3A 雄性不育系及其保持系石汉 3B。经对石汉 3A 雄性不育系花粉的育性鉴定，其不育株率和不育度均达到 100%。而保持系石汉 3B 不育株率为 0，可育株率达 100%。1989 年利用石汉 3A 雄性不育系配制了 14 个组合，经配合力测定选出综合性状优良、杂种优势显著的石汉 3A×洛 87-3-3-4-2（代号 8901）。其品种比较试验、区域试验和生产试验结果表明：其平均产量比对照品种汉中冬韭增加 22.5%～33.1%（露地）和 26.9%～39.7%。1997 年通过辽宁省农作物品种审定委员会审定，并命名为阜丰 1 号（巩佩芬，1999）。

（王德槟）

主要参考文献

中国农业科学院蔬菜研究所 . 1987. 中国蔬菜栽培学 . 北京：农业出版社

中国农学会遗传资源学会 . 1994. 中国作物遗传资源 . 北京：中国农业出版社

中国农业科学院蔬菜花卉研究所 . 1992. 中国蔬菜品种资源目录（第一册）. 北京：万国学术出版社

中国农业科学院蔬菜花卉研究所 . 1998. 中国蔬菜品种资源目录（第二册）. 北京：气象出版社

中国农业科学院蔬菜花卉研究所 . 2001. 中国蔬菜品种志（上、下卷）. 北京：中国农业出版社

中国科学院中国植物志编辑委员会 . 1980. 中国植物志（第十四卷）. 北京：科学出版社

山东省农业科学院 . 1997. 山东蔬菜 . 上海：上海科学技术出版社

王素等 . 1993. 常用蔬菜品种大全 . 北京：北京出版社

巩佩芳等 . 1999. 石汉 3A 韭菜雄性不育系的选育与利用 . 中国蔬菜 .（3）：31

李懋学等 . 1982. 栽培韭和野韭的核型比较研究 . 园艺学报 . 9（3）：31～36

张松等 . 2002. 韭菜组织培养高频植株再生体系的研究 . 中国园艺学报 . 29（2）：141～144

张松等 . 2003. 根癌农杆菌介导的韭菜基因转化体系的建立 . 中国园艺学报 . 30（1）：39～42

高杰等 . 2002. 新疆 7 种野生葱蒜类植物农艺性状的研究 . 北京：中国园艺学会 . 葱蒜类蔬菜学术讨论会论文汇编

蒋名川 . 1989. 中国韭菜 . 北京：农业出版社

蔬菜卷编辑委员会 . 1990. 中国农业百科全书·蔬菜卷 . 北京：农业出版社

N. W. 西蒙兹（英国）. 赵伟钧等译 . 1987. 作物进化 . 北京：农业出版社

Н. И. Вавилов（前苏联）. 董玉琛译 . 1982. 主要栽培作物的世界起源中心 . 北京：农业出版社

Shuto H., Abe T., Yamagata T.. 1993. In vitro propagation of plants from root apex - derived calli in Chinese chive (*Allium teburosum* Rottl.) and garic (*A. sativum* L.). Japan J. Breeding, 43：349～355

Eady C.C., Litser C.E., Suo Y. et al.. 1996. Transient expression of uid A constructs in vitro (*Allium cepa* L.) cultures following bombardment and *Agrobacterium* - *mediated* DNA delivery. Plant Cell Rep. , 15：958～962

Eady C. C. , Weld R. J. , Litser C. E. . 2000. *Agrobacterium tumefaciens* - mediated transformation and transgenic - plant regeneration of onion（*Allium cepa* L. ）Plant Cell Rep. , 19：376～381

Barandiaran X. , Di Pietro A. , Martin J. . 1998. Biolitic transfer and expression of a uid A reporter gene in different tissues of *Allium sativum* L. Plant Cell Rep. , 17：737～741

洋　葱

第一节　概　述

　　洋葱（*Allium cepa* L.）又名葱头、圆葱、球葱、玉葱，为百合科葱属二年生草本植物。染色体数为 2n＝2x＝16。

　　洋葱以肥大的鳞茎为食用器官，营养丰富。据测定（《中国农业百科全书·蔬菜卷》，1990），每 100g 鲜洋葱鳞茎含水分 88.3g 左右，蛋白质 1.8g，碳水化合物 8.0g，维生素 C8.0mg，并含有钙、磷、铁等矿物质以及尼克酸、核黄素、硫胺素、胡萝卜素、咖啡酸、芥子酸、桂皮酸、柠檬酸盐、多糖和多种氨基酸等营养物质。洋葱中还含有挥发性硫化物而具有特殊的辛香味。花蕾、花粉、花药等均含胡萝卜素。洋葱的致泪成分是环蒜氨酸。洋葱中所含糖、蛋白质及各种无机盐、维生素等营养成分对人机体代谢起一定作用，有调节神经、增长记忆的作用。其挥发成分有较强的刺激食欲、帮助消化、促进吸收等功能。所含二烯丙基二硫化物及蒜氨酸等，可降低人体血液中胆固醇和甘油三酯含量，具有防止血管硬化的作用。洋葱所含前列腺素 A，具有明显降压作用；所含甲磺丁脲类似物质有一定降血糖功效。能抑制高脂肪饮食引起的血脂升高，可防止和治疗动脉硬化症。洋葱提取物还具有杀菌作用，可提高胃肠道张力，增加消化道分泌。

　　洋葱鳞茎质地细密，适宜炒食、煮食或作为调味品，也可加工成脱水菜，而且高产耐贮，供应期长，对调剂市场需求、解决淡季供应具有十分重要意义。同时洋葱还是食品加工业的重要原料和出口的主要商品蔬菜之一。洋葱为世界主要蔬菜之一。据联合国粮食与农业组织（FAO）2005 年统计，全世界洋葱栽培面积约 341.242 万 hm²，总产量约 6 383.858万 t。各洲栽培面积依次为亚洲 232.231 万 hm²，欧洲 41.654 万 hm²，非洲 35.548 万 hm²，美洲 30.689 万 hm² 和大洋洲 1.12 万 hm²。中国洋葱栽培面积约 92.292 万 hm²，总产量约 1 979.3 万 t，南北各地均有种植。洋葱的主要生产国家、地区有：①印度、中亚、近东产区：该区栽培历史悠久，至今还沿用过去的种植习惯，如土耳其、巴基斯坦等国仍多种植小型品种；②南欧产区：如西班牙、法国和意大利等国多以大型辣味轻的甜葱头为主；③东欧产区：如原南斯拉夫、罗马尼亚、匈牙利等国多以辣味强的大型晚熟葱头为主；④北美产区：如美国、加拿大、墨西哥等国对甜葱头和辣葱头都进行了品种改良，并在长期的人工和自然选择中分化出许多可适应不同气候条件的生态型；⑤东亚产区：包括中国、日本、朝鲜、泰国、菲律宾等国，为世界上洋葱栽培面积最大的产区（《葱头的基础生理和栽培技术》，1985）。

中国洋葱种质资源与其他主要蔬菜相比，相对贫乏。据资料，目前保存在国家农作物种质资源长期库的洋葱种质资源还不足 100 份。

第二节　洋葱的起源、传播与分布

据苏联植物学家瓦维洛夫（Н. И. Вавилов，1926、1935）指出，洋葱的起源中心在中亚，第二原产地为近东和地中海沿岸地区（《中国农业百科全书·蔬菜卷》，1990）。多数学者认为洋葱原产于亚洲西南部中亚细亚、小亚细亚的伊朗、阿富汗高原地区，在这些地区至今还能找到洋葱的野生类型（《中国蔬菜品种志》，2001）。

洋葱食用和栽培历史较长，其食用历史可以追溯到公元前 3000 年，在公元前 1000年传到埃及，公元前 430～前 79 年古希腊及罗马学者先后描述了不同形状、颜色和风味的栽培种，后传到地中海地区，16 世纪传入北美洲，并演化出多种生态型。17 世纪30 年代引入日本，20 世纪初传入中国。洋葱在传播过程中产生了对日照长短、高温、低温的适应变异（《中国农业百科全书·蔬菜卷》，1990）。但也有日本学者认为，5 000年前洋葱在波斯就有栽培，卡里达（Haldea）王朝把葱头当成一种神符。4 000 年前的埃及则把洋葱作为祭坛圣物和伴葬品。希腊和罗马的军队认为，食用葱头能激发士兵的力量和勇敢，从而随之逐步传播到南欧和东欧，此后传入美国等地。日本大约在1627—1631 年，在长崎已有葱头。但当时的品种已失传，现在栽培的品种大多是在1871—1872 年间从美国、英国和法国引进，后经长期的人工和自然选择而逐渐形成的日本品种。中国洋葱的栽培历史，据国外学者认为，古代在新疆可能即有洋葱栽培。而吴耕民在 1957 年的著作中认为"中国自传入以来，迄今不过 50 年，最初栽培极少。"（《葱头的基础生理和栽培技术》，1985）。又据新版《中国蔬菜栽培学》（2008）记叙：中国关于洋葱的记载，首见于清·吴震方《岭南杂记》（18 世纪），先是由欧洲引入澳门，然后再引入广东。但据元朝天历三年（1330）忽思慧撰写的《飲膳正要》中除葱、蒜、韭外，还有和洋葱极为相似的回回葱。另据张平真（2002）考证："起源于中亚地区的洋葱，早在丝绸之路开通以后就曾多次引入中国，从元代的文献资料中可以得到证实。"

洋葱是世界各地普遍栽培的重要蔬菜，其生产规模居世界第三位（第一位是马铃薯，第二位是番茄）。洋葱在中国栽培也很普遍，而且种植面积还在不断扩大。目前，世界上栽培洋葱较多的国家主要有中国、印度、美国、日本等。中国洋葱栽培较集中、规模较大或较著名的产区有：甘肃、天津、河北、云南等省（直辖市）。

第三节　洋葱的分类

一、植物学分类

洋葱（*Allium cepa* L.）为百合科（Liliaceae）葱属（*Allium*）中以肉质鳞片和鳞芽构成鳞茎的二年生草本植物。葱属作物中与洋葱近缘的有隶属于葱组和洋葱组的几种蔬菜作物：葱组有葱（*A. fistulosum* L.）和细香葱（*A. schoenoprasum* L.）等；洋葱组有洋葱（*A. cepa* L.）与胡葱（*A. ascalonicum* L.）等。

洋葱有 4 个变种（《中国蔬菜品种志》上册，2001）：

（一）普通洋葱（*Allium cepa* L. var. *cepa*）

每株形成一个鳞茎，个体大，品质佳，多以种子繁殖，栽培广泛。

（二）分蘖洋葱（*A. cepa* L. var. *multiplcans* Bailey）

每株蘖生多个至 10 余个鳞茎，大小不规则，铜黄色，品质差，产量低，耐贮藏。植株抗寒性极强，适于严寒地区栽培。很少开花结实，用分蘖小鳞茎繁殖。

（三）顶球洋葱（*A. cepa* L. var. *viviparum* Metz.）

通常不开花结实，仅在花茎上形成 7～10 余个气生小鳞茎，供繁殖用，也可腌渍。抗寒性较强，适宜严寒地区栽培。

（四）红葱（*A. cepa* L. var. *proliferum* Regel.）

又称楼子葱，无性繁殖，耐旱性强，主要分布在中国的内蒙古。

二、栽培学分类

目前，普遍栽培的洋葱均为普通洋葱变种，按其鳞茎皮色的不同可分为：

（一）红皮（紫皮）洋葱

鳞茎圆球形或扁圆形，紫红至粉红色。辛辣味较强。丰产，耐贮性稍差，多为中、晚熟品种。如北京紫皮葱头、上海红皮、西安红皮洋葱等（图 36-1）。

（二）黄皮洋葱

鳞茎扁圆、圆球或椭圆形，铜黄或淡黄色。味甜而辛辣，品质佳。耐贮藏，产量稍低，大多为中、晚熟品种。如天津莛茅扁、东北黄玉葱、南京黄皮、熊岳圆葱等（图 36-2）。

（三）白皮洋葱

鳞茎较小，多呈扁圆形，白绿至微绿色。肉质柔嫩，品质佳，宜作脱水菜。产量较低，抗病力弱，多为早熟品种。如新疆的哈密白皮等（图36-3）。

图36-1　紫皮洋葱　　　　　图36-2　黄皮洋葱　　　图36-3　白皮洋葱

　　此外，按鳞茎形成对日照长度的不同要求可分为长日和短日两个生态型。长日型品种每天需14h以上的长光照才能形成鳞茎；短日型品种每天仅需11.5～13h光照即可形成鳞茎。根据洋葱成熟期的早晚，又可分为早熟、中熟和晚熟品种。早熟品种大多为短日型，晚熟品种大多为长日型。大多数长日型洋葱比短日类型更辛辣。了解品种生态型是避免盲目引种，合理安排栽培季节的重要依据。另外，根据栽培洋葱的用处，还可分为三种类型：一为贮藏型品种，即主要用于长期贮存，陆续供应上市；二是供生食的甜味型品种，在西方国家主要用作沙拉等；三是脱水干制型品种。一般情况下，长日类型品种主要是贮藏型洋葱，短日类型品种主要是鲜食洋葱。干制品种有短日的也有长日的。当然这不是绝对的。

第四节　洋葱的形态特征与生物学特性

一、形态特征

（一）根

　　为弦状浅根系，根毛极少，根系入土深度和横展直径30～40cm，根系大多分布在15cm的耕层内，形成浅根性的根群。其耐旱性弱，吸收能力不强。洋葱根系的生长与地上部的生长具有一定的相关性，根系的强弱直接影响茎叶的生长和鳞茎的膨大。

（二）茎

　　营养生长时期，茎短缩形成扁圆形的圆锥体，称"盘状茎"。植株经受低温和长日照条件后，生长锥开始花芽分化，并抽生花薹。花薹筒状中空，中部膨大，顶端形成伞形花序，能开花结实。顶球洋葱花器退化，在总苞中形成气生鳞茎。

（三）叶

　　叶环生于短缩茎上，叶身筒状中空，横切面半月形，由叶鞘和管状叶片两部分组成，直立生长，叶鞘层层套合成"假茎"。生育初期，叶鞘基部不膨大，假茎粗细上下相仿，生长后期，叶鞘基部积累营养而膨大成鳞茎，鳞茎成熟时外层叶鞘基部干缩成膜质鳞片。

鳞茎扁圆、圆球或长椭圆形。外皮紫红、黄或绿白色。

在开放性肉质鳞片内有侧芽，每个鳞茎中侧芽数量不等，一般 2～5 个，每个侧芽包括几片尚未伸展成叶片的闭合性鳞片和生长锥。侧芽数量越多，鳞茎越大。叶鞘是洋葱营养物质的贮藏器官，叶鞘的数量和厚薄，直接影响鳞茎的大小和产量。

叶身是洋葱的同化器官。叶身数目的多少和叶面积的大小，关系到洋葱的产量和品质，而叶片数目和叶面积，主要取决抽薹与否及幼苗生长期的长短和栽培技术。未熟抽薹或播种过晚，势必缩短其幼苗期而使叶数减少，叶面积较小，并导致产量降低。

（四）花、果实与种子

洋葱为伞形花序，通常含有 200～700 个独立的小花，这些小花可持续开放 2～3 周。每个独立的小花都有 6 个雄蕊，分两轮，每轮 3 个。伞形花序中的每朵小花都是雄蕊先熟，使每朵小花不能自交授粉，但是，不能有效地阻止在同一伞形花序中处于不同发育时期的小花之间的授粉。洋葱一般为异花授粉，异交率达 75%～90%。蒴果。种子盾形，黑色，千粒重 3～4g。种子使用年限通常为一年。

二、生物学特性

由于洋葱原产地属大陆性气候，气候变化剧烈，空气干燥，而且土壤湿度有明显的季节性变化，所以在系统发育过程中，长期适应了这一特殊的环境，在形态上发生相应的变化，如形成短缩的茎盘、喜湿的根系、耐旱的叶型、具有休眠特性（并具有贮藏功能）的鳞茎等。在生理上也产生了一定的适应性，在营养生长期，要求凉爽的气温，中等强度的光照，疏松、肥沃、保水力强的土壤，较低的空气湿度，较高的土壤湿度，表现出耐寒、喜湿、喜肥，不耐高温、强光、干旱和贫瘠等特点，并在高温长日照来临时进入休眠期。

（一）生长发育周期

洋葱为二年生蔬菜。从播种到鳞茎收获为营养生长期，从植株开始花芽分化到形成种子为生殖生长期。营养生长期包括发芽期、幼苗期、叶生长期、鳞茎膨大期和休眠期。生殖生长期包括了抽薹开花期和种子形成期。洋葱在长成一定大小幼苗时通过春化（幼苗达 3～4 片真叶，假茎粗 0.7cm 以上，感受 2～5℃的低温，经 60～130d 完成春化），或已收获的鳞茎通过自然休眠期后在低温下越冬完成春化，此后在翌春长日照和较高温度下抽薹开花结实，至夏季种子成熟。

1. 发芽期 从种子萌动到第一片真叶出现为发芽期，约需 15d。洋葱种子种皮坚硬，发芽慢，在适宜发芽条件下，播后 7～8d 才能出土。

2. 幼苗期 从第一片真叶显露到长出 3～4 片真叶（定植）。幼苗期的长短因播种和定植季节不同而异。秋播秋栽，幼苗期 40～60d；秋播春栽，冬前幼苗生长期 60～80d，越冬期 120～150d；春播春栽，幼苗期 60d 左右。各地栽培实践表明，洋葱定植的适宜苗龄是：单株重 5～6g，径粗 0.6～0.9cm，株高 20cm 上下，具有 3～4 片真叶，这样大小的幼苗既可减少未熟抽薹，又可获得高产。

3. 叶生长期　幼苗期结束至植株保持 8～9 片功能叶，叶鞘基部开始增厚时止，需 40～60d。幼苗定植后，经过缓苗，使植株的吸收和同化功能得以恢复，并陆续发根长叶。秋栽洋葱，要求在越冬前幼苗能长出 3～4 条新根，才能安全越冬。返青（或春栽缓苗）后，植株前期生长缓慢，随着气温升高而逐渐加快，但以根系生长占优势，根量、根长迅速增加，4～5 月份达到发根盛期。在根系迅速生长的基础上，植株进入发叶盛期，叶数增加，叶面积增大，同化作用加强，继而进入鳞茎膨大初期；但此时仍以叶部生长占优势，株高、叶重显著增加，植株经常保持 8～9 片具有同化功能的叶，叶鞘基部逐渐增厚，鳞茎生长较为缓慢，并以纵向生长为主，陆续形成椭圆形或卵圆形的幼小鳞茎。

4. 鳞茎膨大期　从叶鞘基部开始增厚到鳞茎成熟，至外层 1～3 层鳞片干缩呈膜状，"假茎"松软，叶片衰败枯萎，需 30～40d。

随着外界气温的升高，日照时数的延长，叶部生长受到抑制，叶身中的营养物质向叶鞘基部和侧芽中输送，并贮藏于叶鞘基部和侧芽之中，使之迅速肥厚，此时鳞茎以横向膨大为主，即进入鳞茎膨大盛期。

在鳞茎膨大盛期，叶身和根系由缓慢生长而趋于停滞。收获前，叶身开始枯黄衰老，假茎松软、细胞逐渐失去膨压而倒伏，最外 1～3 层鳞片由于养分内移而变薄，并干缩成膜状，包裹着整个鳞茎，此时洋葱即可收获。

洋葱前期生长较为缓慢，叶重及全株重增长速度不快。但在收获前 40d 左右，叶重、鳞茎重和全株重迅速增加，其中全株重及鳞茎重持续增长一直到收获。

5. 休眠期　收获后，洋葱进入生理休眠期，此时即便给予良好的发芽条件，鳞茎也不发根、萌芽。休眠是洋葱对高温、干旱等不良条件的一种适应。

休眠期的长短，直接关系到洋葱的贮藏能力，而贮藏力的强弱，又取决于洋葱的休眠深度和休眠期的持续性，同时也受气温高低的影响。鳞茎进入休眠愈早，贮藏期间萌芽愈迟，所以早收获的洋葱耐贮性强。相反，鳞茎进入休眠迟，贮藏时容易萌芽。洋葱休眠期越长，耐贮性就越强，一般洋葱的休眠期在 3 个月左右，6 月下旬收获的鳞茎，到 9～10 月份就会随着气温的降低而开始萌芽。为了防止过早萌芽，除了人为控制发芽条件外，在收获前也可进行药剂处理，以抑制发芽，延长贮藏期。

6. 抽薹开花期　洋葱的采种母球（鳞茎），在贮藏越冬期间通过低温春化、进行花芽分化，于翌春适宜的温度和长日条件下抽薹开花。

7. 种子形成期　从开花到种子成熟为洋葱的种子形成期。

（二）对环境条件的要求

1. 温度　洋葱的生长适温为 19±7℃。种子和鳞茎可在 3～5℃的低温下缓慢萌芽，当温度提高到 12℃以上时发芽迅速。幼苗生长适温为 12～20℃，鳞茎膨大期的适温为 20～26℃，超过 26℃植株生长将受到强烈抑制而进入休眠。

洋葱具有较强的耐寒性和适应性，尤其是一些辛辣品种，其含糖量较高，耐寒性较强，外叶可忍受−6～−7℃的低温，植株在土壤保护下，可忍耐更低的温度，鳞茎成熟后耐寒性显著增强。

洋葱地上部和根系对温度的反应具有一定的差异。据前苏联艾捷里斯坦的观察，在0℃的低温条件下，根系生长发育速度比叶部快；当温度为10℃时，叶部生长发育速度快于根系。

洋葱为低温长日照作物。同时，洋葱诱导花芽分化要求植株必须达到一定的苗龄，具有一定的物质积累，大多数洋葱品种在幼苗达3～4片真叶，假茎粗0.6～0.7cm以上时，才能感受低温的影响。一般在2～5℃低温下，经40～130d，才能完成春化。多数品种在2～5℃的低温下，经60～70d即可通过春化，部分南方型品种只需40～60d，而有些北方型品种则需100～130d。所以，采种的母株（包括鳞茎），应贮藏于2～5℃的低温下，或在冬季自然条件下越冬，以便顺利通过低温春化。

2. 光照 日照时数不仅是诱导洋葱花芽分化的必要条件，也是鳞茎形成的主要条件。延长光照时间，可加速鳞茎的发育和成熟。鳞茎形成对日照时数的要求因品种不同而异，短日性的早熟品种，在13h以下的较短日照下形成鳞茎，而长日性的晚熟品种，必须在15h左右的长日照条件下才能形成鳞茎。此外，有些中间型品种，其鳞茎形成对日照时数的要求不甚严格。为此，在引种时必须充分考虑其品种特性是否符合当地的日照条件，以避免盲目引种造成无谓损失。

洋葱在生育期间，对光照强度的要求低于果菜类，高于一般叶菜类和根菜类，适宜中等光照强度。

3. 水分 洋葱不耐旱，生长期间需供给充足的水分。但在幼苗越冬前应适当控制灌水，以防止幼苗徒长或生长过于粗壮。在鳞茎临近成熟的1～2周内，也应逐渐减少灌水，以促使鳞茎充实，提高产品品质和耐贮性。

洋葱的叶身较耐旱，适宜60%～70%的空气相对湿度，空气湿度过大易诱发病害。鳞茎为耐旱性器官，具有很强的耐旱能力。土壤干旱可促进鳞茎提早形成。在北方高寒地区，夏季气温偏低，植株贪青。不能按时进入收获期，故往往采取控制灌水等措施，以人为造成干旱条件，迫使洋葱及早进入鳞茎形成期。

4. 土壤与营养 洋葱要求肥沃、疏松、保水和保肥力强的土壤。土壤黏重不利发根和鳞茎生长，沙土、保水力和保肥力弱的土壤，也不适合栽培洋葱。

洋葱适宜中性土壤，亦能适应轻微盐碱。但幼苗期对盐碱反应较为敏感，在盐碱地育苗容易引起黄叶和死苗。栽培适宜的土壤酸碱度为pH6～8。

洋葱喜肥，对土壤肥料浓度要求较高，但对氮、磷、钾的绝对需要量仅居中等，每生产1 000kg鳞茎，约需吸收氮2～2.4kg、磷0.7～0.9kg、钾3.7～4.1kg，吸收氮、磷、钾的比例为1.6:1:2.4。幼苗期一般以氮肥为主，但施用磷肥，有利于对氮肥的吸收，并可提高产品品质；鳞茎膨大期增施钾肥能促进鳞茎细胞的分裂和膨大。

第五节　洋葱的种质资源

一、概况

国际上收集和研究洋葱种质资源较多的国家和地区主要有美国、欧共体、日本和以色列等。美国国家种质资源库共收录了葱属作物种质资源 2 239 份，分属于 109 个种，其中有洋葱 1 008 份，它们来自于 65 个国家，包括阿富汗 24 份、澳大利亚 12 份、保加利亚 22 份、中国 14 份、捷克和斯洛伐克 28 份、前苏联 53 份、德国 20 份、匈牙利 16 份、印度 38 份、伊朗 27 份、以色列 10 份、意大利 11 份、日本 48 份、荷兰 36 份、新西兰 15 份、尼日利亚 25 份、巴基斯坦 18 份、南非 10 份、西班牙 30 份、土耳其 69 份、美国 250 份、南斯拉夫 54 份，从其他国家收集的资源均不到 10 份。

中国也开展了洋葱种质资源的收集和保存工作，目前国家农作物种质资源库已收集保存了 99 份洋葱种质资源。中国洋葱种质资源相对缺乏，尤其是适宜出口的黄皮洋葱和适于加工的白皮洋葱，故迫切需要进一步加强洋葱种质资源的收集、保存和鉴定等研究工作。

二、优异种质资源

2001 年出版的《中国蔬菜品种志》共收录介绍了中国栽培的普通洋葱地方品种 40 份，分蘖洋葱 3 份，顶球洋葱 1 份，红葱 7 份。普通洋葱中包括红皮（紫皮）洋葱 25 份、黄皮洋葱 13 份、白皮洋葱 2 份。

（一）红皮（紫皮）洋葱优异种质资源

1. 西安红皮洋葱　陕西省西安市地方品种。植株生长健壮，株高 62cm。叶长 46cm，叶宽 1.7cm，单株有成叶 9～10 片，叶面蜡粉中等，色深绿。鳞茎呈扁圆形，外皮紫红色，纵径 3.5～4.5cm，横径 6～8cm，单个鳞茎重 200g 左右。肉质白色，肥嫩，品质好。晚熟，丰产，耐贮藏，商品性好。从播种到收获约 210d。单产 40 000kg/hm²。

2. 陕西高桩红皮洋葱　陕西省农业科学院蔬菜研究所 1959 年从西安红皮洋葱中筛选出的变异类型，经单株选种育成。植株生长健壮。叶长 40～50cm，叶宽 1.5～1.8cm，单株有成叶 9～10 片，叶面蜡粉中等，叶色深绿。葱头大，外皮紫红色，呈高桩近圆形，纵径 7～8cm，横径 9～10cm，单个鳞茎重 300g，最大者可达 500g 左右。肉质白嫩，品质好。晚熟。丰产，抗病，耐贮藏。播种到收获 260～270d 左右，定植到收需 200d。单产 60 000kg/hm²。

3. 兰州紫皮洋葱　株高 75cm，有管状叶 10 片，叶色深绿。鳞茎扁圆形，外皮紫红色，纵径 4～5cm，横径 9～10cm，单个鳞茎重 250～300g，大者 500g 左右。内部鳞片 7～9 片，浅紫色。肉质较细嫩，辛辣味浓。生长期 180d 左右，耐旱、耐寒性强，较耐热，不耐涝。单产 52 500kg/hm²。

4. 南京红皮洋葱　植株直立，株高 70cm，开展度 48cm。叶身青绿，中空，圆筒形，顶尖，有蜡粉。假茎青绿色，有 9.2 片扁圆形管状叶鞘组成。外皮紫红色，鳞茎扁圆形，纵径 5.2cm 左右，横径 7.5cm 左右，单个鳞茎重 160g 左右。肉质较粗，辛辣味浓。耐寒，不耐高温和潮湿，抗病力强，耐贮运。单产 22 500～30 000kg/hm²。

5. 上饶红皮洋葱　株高 50～70cm，叶向上生长。叶长 46cm，叶宽 2.3cm，深绿色，叶面蜡粉少。鳞茎呈扁圆形，外皮紫红色，纵径 5cm，横径 7.5cm 左右，单个鳞茎重 130g 左右。质脆而甜，辛辣味浓，品质好。晚熟，从定植到收获约 160d。耐寒，不耐热，含水量高，耐贮藏性差，抗病性强，冬性强。单产 30 000kg/hm²。

6. 金华红皮洋葱 浙江省金华市地方品种。植株直立，株高 60～80cm，开展度 30cm。叶粗管状，先端尖，中部以下较粗，叶长 55cm，叶宽 2cm，深绿色，蜡粉较多。鳞茎呈扁圆形，外皮较薄，紫红色，纵径 5cm，横径 8cm 左右，单个鳞茎重 250～300g。辛辣味较浓，含水量较多，熟食味稍甜，香味浓，品质好。中早熟，生长期 240d 左右。耐寒，耐肥，抗病力较弱，耐贮藏和运输。早播易先期抽薹。单产 22 000～30 000 kg/hm²。

（二）黄皮洋葱优异种质资源

1. 承德黄玉葱头 河北省承德市地方品种。株高约 50cm，叶片斜生，深绿色，蜡粉少，叶片长约 31cm，横径 0.9cm。鳞茎呈扁圆形，表面黄色，鳞茎纵径 5～6cm，横径 7.5cm 左右，茎盘小，单个鳞茎重 150～200g。辛辣味中等，品质好。中早熟，生育期 350d 左右，从定植到收获约 150d。耐寒，较耐热，耐贮运。单产 37 500～52 500 kg/hm²。

2. 天津大水桃洋葱 天津市郊区地方品种。株高 55～60cm。成株有管状叶 9～10 片，绿色，蜡粉多，长约 50cm。鳞茎高圆形，纵径 7～8cm，横径 6～7cm，单个鳞茎重 200g 左右。辣味淡，品质好。中熟，在长日照下形成鳞茎。苗期耐寒，成株耐热，抗病性强，冬性较强，不易抽薹。含水量较多，耐贮性差，生理休眠期较短。可鲜食或熟食，不适于加工干制。单产 60 000kg/hm²。

3. 北京黄皮洋葱 北京市地方品种。植株生长势强，植株直立生长，株高约 70cm，开展度 45cm。成株有管状叶 9～11 片，深绿色，有蜡粉。鳞茎呈扁圆形，纵径 5cm 左右，横径 8cm 左右，单个鳞茎重 150g 左右。皮色浅黄色，内部鳞片白色，鳞茎盘较小，鳞茎肉质细嫩，纤维少，辣味小，稍有甜味，品质好。早熟。耐寒性强，不耐热，较耐旱，不耐涝。含水量较少，耐贮运。单产 37 500kg/hm²。

4. 天津荸荠扁洋葱 天津市南郊地方品种。株高约 60cm。成株有管状叶 9～10 片，绿色，蜡粉多，长约 40cm。鳞茎呈扁圆形，皮土黄色，内部鳞片淡乳黄色，鳞茎纵径 4～5cm，横径 6～7cm，鳞茎重 100～150g。辣味中等，品质好。中熟，在长日照下形成鳞茎。苗期耐寒，成株耐热，抗病毒病、霜霉病、紫斑病。冬性较强，不易抽薹。耐贮藏，含水量较少，适宜加工干制。单产 45 000kg/hm²。

5. 延边黄皮洋葱 株高 35～40cm。叶管状，长 30cm，宽 0.5cm，绿色，蜡粉多。鳞茎呈扁圆形，皮黄色，纵径 5cm，横径 9cm 左右，单个鳞茎重 100～150g。辛辣味中等，品质好。早熟，生长期 110～120d。耐寒性强，耐贮性好。单产 30 000kg/hm²。

（三）白皮洋葱优异种质资源

1. 哈密白皮洋葱 株高 46cm。叶斜生，细管状，叶长 27cm，宽 0.7cm，绿色，蜡粉中等。鳞茎圆形，皮白色，纵径 5～6cm，横径 6cm 左右，单个鳞茎重 150g 左右。辛辣味中等，品质好。中晚熟，播种到采收约 150d。耐寒性强，耐热性中等，耐贮性好，抗病性强，冬性弱。单产 45 000～60 000kg/hm²。

2. 南京白皮洋葱　株高 77cm，生长势强。叶粗管状，深绿色，有蜡粉。鳞茎扁圆形，皮白色，肉质白色，短缩茎盘上有芽 2～4 个，单个鳞茎重 100～150g。甘甜，辛辣味浓，品质优。中早熟。耐寒性强，不耐热，不耐贮。适于生食或脱水加工干菜。单产 22 500kg/hm²。

三、抗病、抗虫种质资源

洋葱的主要病害有：红根腐病（*Pyrenochaeta terrestris*）、干腐病（*Fusarium oxysporum* f. sp. *cepae*）、灰霉病（*Botrytis squamosa*）、颈腐病（*Botrytis allii*）、白腐病（*Sclerotium eepivorum*）、黑穗病（*Uroeystis magiea*）、霜霉病（*Peronospora destructor*）、紫斑病（*Alternaria porri*）、黑曲霉病（*Aspergillus niger*）、叶疫病（*Stemphylium vesicarium*）、炭疽病（*Colletotrichum circinans*）、软腐病（*Erwinia carotovora* and *Pseudomonas alliicola*）和黄矮病毒（OYDV）等。美国等报道，发现了栽培的和野生的葱属植物中拥有对霜霉病、黑穗病、白腐病等有抵抗能力的种质资源，如 *Allium ampeloprasum* 中有抗白腐病、*Allium roylei* 中有抗霜霉病、*Allium fistulosum* 中有抗红根腐病和黑穗病的种质，但在一定环境下抗性的稳定性还有问题。Jones 等（1934）观察到品种'意大利红 13 - 53'对霜霉病有很强的抗性，但是这种抗性还未在优质的商业栽培品种中应用。颈腐病、灰霉病、红根腐病是温暖地区洋葱生产和繁种中经常发生的重要病害，所以洋葱抗红根腐病等育种备受重视。美国的育种者对抗病种质资源进行了研究，结果表明短日照洋葱中存在对红根腐病有抗性的种质资源（Bermuda 类型品种），并已成功地将抗病基因转育到其他适合美国南部栽培的多数商品化品种中。以后的研究又发现抗性品种容易感染其他真菌株系（Pike，1986）。*Allium fistulosum* 高抗红根腐病和其他重要的洋葱病害，它与普通洋葱的种间杂种表现出对红根腐病的抗性，并最终将来自 *Allium fistulosum* 的抗性基因转移到了普通洋葱（*Allium cepa*）中（Peffley，et al.，1984）。

干腐病除了侵染洋葱之外，也侵染葱、大葱、细香葱等其他葱属植物。干腐病在洋葱的生产和贮藏过程中均可发生。该病菌侵染是通过茎盘基部进入的，最终导致鳞茎内部全部腐烂。在墨西哥和美国，干腐病是引起生产损失的主要病害。据报道，美国中西部有 25％～35％的减产是由干腐病引起的。美国等已经培育出对干腐病产生的腐烂有适当程度抵抗力的栽培品种。此外，Engle 和 Gabelman（1966）报道认为，在洋葱的某些自交系中具有对臭氧致死的抗性。把对臭氧敏感和不敏感两种水平的洋葱自交系杂交，结果表明这种特性是由一个显性单基因控制的。而产生这种抗性的机理是叶片上气孔的闭合，使植株内部组织避免受到臭氧的破坏。但 Engle 和 Gabelman（1966）没有对此基因位点进行命名。Michael J. Havey（1999）提议将此基因位点命名为 Oz。

在虫害方面，蓟马（*Thrips tabaci*）和种蝇（或称葱蛆，*Delia antigua*）分别是世界范围内葱属植物最严重的害虫之一。但在洋葱种中没有发现对葱蛆的抗性。在鳞茎生长期间，蓟马危害叶片通常会引起重大的经济损失。洋葱对蓟马的耐受性不同种质有一定的区别。洋葱蓟马一般是隐藏在新生叶的叶鞘裂缝中繁殖的，有的洋葱品种心叶开展角度很大，新生叶的叶鞘长度长于包裹它们的老叶叶鞘，这一形态变异不利于蓟马的繁殖，使其表现出抗虫性。另外，Jones et al.（1944）、Molenaar（1984）的研究表明栽培品种

White Persian 对蓟马有抗性，且抗蓟马与光滑叶（叶片外表面缺少蜡质）的特性相关联。光滑叶性状是由单一隐性基因控制。但具有光滑叶特性的植株对霜霉病和紫斑病的敏感性增加。USDA 已经批准光滑叶杂交种中使用的 4 个光滑叶亲本自交系（B9885、B9897、Bl1278 和 Bl1377）向公众开放。

洋葱品种含有高浓度的挥发性硫化物，易吸引葱蝇为害（Soni 和 Ellis，1990），这种葱蝇通过这些硫化物来识别洋葱寄主，然而这些成分又与洋葱风味和辣味有关。因此，这种对害虫的抗性与其优良风味之间存在着难以调节的矛盾。

四、特异种质资源

脱水洋葱是一种很重要的加工食品，有很好的储藏特性。一般用于加工的品种大多为鳞茎白色的洋葱（少数红色）。品种 Dehydrator No. 8、Red Creole、Pukekohe、White Imperial Spanish、Rivrinal Late Brown、Country Queen、Verma Giant 和 Punjab 48、印度 106 号是比较适合脱水加工的种质资源，其中 Punjab 48 是最适合脱水的品种。加工的洋葱品种其鳞茎应该为白肉，辛辣味强，可溶性固形物含量达到 20% 以上，低糖或不含糖，以免褐变。由于鳞茎产量和干物质含量呈负相关，因此高干物质含量品种常常伴随出现较低的产量。

为扩大洋葱栽培范围，尤其是提高干旱、半干旱区及盐碱地区的洋葱适应性，国外已开展洋葱的抗逆种质资源的筛选和育种，并把洋葱列为低耐盐作物。Palaniappan 等（1999）研究了 4 个洋葱品种 Arka Proagati、Arka Niketan、Arka Kalyan 和 Nasik red 的种子萌发早期和苗期耐盐情况，发现 Arka Proagati 是最耐盐的种质资源。肖煜光等（1994）研究了洋葱种子形成期的耐盐性，发现鳞茎形成期要比种子形成期耐盐性差。国外还选育出了适宜干旱地区和高山地区栽培的品种（Alsadon，2000 年；Mani V. P.，1999 年）。

第六节 洋葱种质资源研究与创新

一、洋葱雄性不育的研究

（一）洋葱雄性不育种质资源

洋葱中已经知道有两类胞质雄性不育种质资源，即 S-细胞质型（Jones 和 Clarke，1943）和 T-细胞质型（Berninger，1965；Schweig，1973）。S-细胞质雄性不育是目前洋葱杂种生产中应用最广泛的。

S-细胞质雄性不育是 Johns 等于 1925 年在戴维斯加州大学育种地里种植的意大利红（Italian Red）洋葱品种中发现的，他们通过所发现的一株雄性不育株育成了 S 细胞质的洋葱雄性不育系，并于 1943 年发表论文，阐明了洋葱的雄性不育是胞核互作型（细胞质雄性不育），洋葱的雄性不育性是由一个隐性核基因和一个细胞质基因互作控制的结果。洋葱细胞质中有不育的"S"基因，细胞核中有纯合的隐性 ms 核基因就表现雄性不育

（表 36-1）。保持系（Nmsms 基因型）和雄性不育系杂交后，只有 ms 基因通过花粉粒传递，细胞质中的 S 因子留在了母本中，这样产生的后代都是雄性不育的，所以 Nmsms 基因型为雄性不育保持系。

国内陈沁滨和侯喜林等（2006）利用韩国洋葱品种丰裕多代自交后代中发现的雄性不育株，经多代回交选育成不育株率、不育度均为 100% 的不育系 101A 和相应保持系 101B。并对洋葱细胞质雄性不育系 101A 进行 PCR 扩增，结果表明：洋葱细胞质雄性不育系 101A 属于 S 型细胞质雄性不育类型，其特异片段位于叶绿体基因组。

表 36-1 洋葱雄性不育的基因型与育性表现

细胞质	染色体基因	表现型
S	msms	雄性不育
S	MsMs 或 Msms	雄性可育
N	MsMs Msms 或 msms	雄性可育

洋葱雄性不育的基本特征是花粉没有活性，花粉粒有时在花粉囊裂开时散出，但常常中空没有活性。另外，在洋葱上也观察到了雄性不育不稳定的现象。

Berninger（1965）在洋葱栽培种 Jaune paille des Vertus 中发现了 T-细胞质雄性不育。Schiweisguth（1973）认为洋葱的雄性不育是由不育的细胞质 T 和 3 个隐性基因（一个独立的基因 a 和两个连锁的基因 b 和 c）控制。欧洲品种有高频率的这种不育等位基因和低频率的"T"细胞质，并在欧洲生产了洋葱杂交种。

M. J. Havey（2000 年）通过细胞器基因组的限制性片段长度的多态性（RFLP），比较了来源于美国、日本、荷兰、印度等国家的雄性不育细胞质基因组，结果证明在美国、日本和新西兰大面积种植的洋葱品种大多含有 S 细胞质基因，从印度白球（鳞茎）种群中选择的 CMS 叶绿体基因组与 S 细胞质的多态性是相同的，而荷兰和日本的 CMS 为 T 细胞质。

（二）雄性不育三系的选育及其利用

对洋葱自交系之间的配合力的分析表明，与最好的自交系亲本甚至是优质的商品化群体品种（OP 种）相比，杂交种优势明显。选育洋葱杂交种，首先要选育出优异的雄性不育系（A）、保持系（B）和恢复系（C）。雄性不育系基因型为 Smsms，保持系为 Nmsms，保持系给雄性不育系授粉以繁殖 100% 不育的雄性不育系。

选育成优良的雄性不育系、保持系和其他优良亲本自交系（可作父本系）后，在不育系和优良亲本之间进行一系列的 F_1 单交实验。杂交一般可采用人工杂交或昆虫授粉法进行。如将不同的雄性不育系与一个亲本系一起种在同一隔离设施中，再在开花期放入授粉昆虫（大苍蝇或蜜蜂等），则可以采到不同的杂交组合种子。采到的单交杂种 F_1 进一步进行多点多季的品种筛选和品比实验，最终选育出综合性状优良的 F_1 新品种。

利用雄性不育也可选育出洋葱三交种。选育三交种时，配制单交系的不育系和亲本自交系间表现型较相似，且单交系仍要保持 100% 的雄性不育，这样最终育成的三交种性状较整齐，纯度才有保证。另外，雄性不育的单交系活力强，有利于种子产量的提高。

按正常的季节栽培洋葱，对洋葱的性状进行充分的评价、选择，最终获得种子、完成一个生育周期，需要 2～3 年的时间。所以开展洋葱杂交种的选育是一个长期的工作。一般要用 10～20 年的时间。

国内有些学者早年就开展过洋葱雄性不育的选育和利用研究，但没能在生产上广泛应用。近年，该项研究取得了一些进展。如同延龄（2005）报道了陕西省华县辛辣蔬菜研究所利用雄性不育系成功培育出黄高早丰 1 号、金罐 1 号、红太阳杂交一代洋葱新品种，后续品种孟夏 1 号和金罐 2 号正在试种过程中。其中，黄高早丰 1 号表现为要求短日照，早熟。鳞茎圆形，单球重 300～350g。生长势中等，抗抽薹。单心率 80%，商品率在 85% 以上。耐贮运，抗霜霉病、紫斑病、灰腐病、红粉病。金罐 1 号表现为要求中长日照，中晚熟。鳞茎高圆形，单球重 350～450g，外皮淡棕色。植株生长势强，抗抽薹。单心率达 80%，商品率在 85% 以上。抗霜霉病、紫斑病、灰腐病，耐红粉病，耐贮运。红太阳表现为要求中长日照，中熟。鳞茎圆球形，单球重 350～450g，鳞茎皮艳，红色。植株长势中等，抗抽薹，商品率高。

二、洋葱的细胞学研究

目前，对洋葱细胞遗传的认识仍处于起步阶段，仅对染色体以及 28 个左右的形态学性状有较深入的研究（表 36 - 2）。形态学性状主要包括花药、叶片及种子表皮的颜色，花茎矮化，雄性不育性，以及红根腐病、干腐病等性状的遗传。另外，对 24 个生化和 126 个 DNA 长度多态性标记进行了研究（表 36 - 3）。

葱属类大多数植物的基本染色体数目为 8。洋葱是二倍体，$2n=2x=16=14m+2st$（SAT），为 2A 类型。它有 8 对较大型的染色体，7 对等臂或近等臂染色体以及 1 对带核仁组织区的近端着丝点的染色体。洋葱每一个细胞核中有庞大的 17.9pg 的染色体组（Labani 和 Elkington，1987），它包含了 15 290 碱基对（Arumuganathan 和 Earle，1991），是栽培种中染色体族较大的种类。分别是玉米、番茄的 6 倍和 16 倍。每一条洋葱染色体包含了相当于单倍体玉米染色体组 75% 的 DNA。洋葱中，贯穿染色体臂全长的染色体片断在减数分裂过程中能够发生交换，因而，在世代交替时，位于染色体上的等位基因可以发生重组。

赵泓等（2003）对洋葱染色体核型进行荧光原位杂交分析。挑选洋葱有丝分裂中期细胞，以洋葱卫星 DNA 序列（AC - SAT - DNA）为探针，DIG - 11 - dUTP 为标记物，用荧光原位杂交（FISH）方法观察其在染色体上的定位，并进行洋葱的核型分析。通过分析发现，6 号染色体为近端部着丝点染色体，在其长臂末端有一个卫星 DNA 序列的主要位点。其余每条染色体在其长、短臂的末端都各具有一个主要位点。差异表现在各染色体上卫星 DNA 序列的次要位点分布不同。根据洋葱 8 对染色体各自具有的独特的卫星 DNA 分布位点，可将洋葱 8 对染色体全部分开。赵泓等以此为基础，构建了洋葱卫星 DNA 在染色体上分布的模式图。

三、洋葱抗病性的遗传研究

美国的研究认为抗红根腐病是单基因隐性遗传（Jones 和 Perry，1956；Nichols et al，1965），并将控制此性状的单基因位点命名为 pr_1（表 36 - 2）。从一些杂交洋葱品种来看，抗红根腐病还存在累加效应，所以 Nichols et al. （1965）还推测抗红根腐病同时还受微效基因的影响。

对于干腐病的抗性有多种遗传模型。Tsutsui（1991）在长日照洋葱上认为是单基因显性遗传；Krueger（1986）、Krueger 和 Gabelman（1989）、Tsutsui（1991）等在长日照洋葱上实验又提出了细胞质遗传；Bacher（1989）提出了抗性由 2 个显性基因遗传，并将两个有关的抗性基因命名为 Foc1 和 Foc2，他们猜测这种抗性性状是由位于两个基因位点上的不完全显性基因所控制的，而且在每一个位点上的基因的作用效果是可以累加的；Villanueva - Mosqueda（1996）等在短日照洋葱上提出了多基因遗传。这些研究说明了抗干腐病遗传的多样性和复杂性。

Warid 和 Tims（1952 年）的研究表明洋葱对霜霉病抗性是由 2 个隐性基因位点决定的，并将它们命名为 s_1 和 s_2。同时，他们又发现当两个位点为隐性纯合时其抗霜霉病的能力最强。另外，Kofbet et al.（1990）还发现了一种控制抗霜霉病的单显性基因位点，它是由 *A. roylei* Steam 转入洋葱种的。

而抗紫斑病性状则由隐性单基因控制（Ekanayake 和 Ewart，1997）。

现将控制抗红根腐病、干腐病、霜霉病、紫斑病的基因位点列于表 36 - 2。

表 36 - 2　洋葱抗病虫性状的遗传基因

基因位点	特性与备注	作者
Foc1	抗干腐病基因位点 1，与 Foc2 位点一起表现为不完全显性	Bacher，1989；Bacher et al.，1989
Foc2	抗干腐病基因位点 2，与 Foc2 位点一起表现为不完全显性	Bacher，1989；Bacher et al.，1989
gl	光滑叶，与抗蓟马有关	Jones et al.，1944
gls_1	光滑叶类型 1。是 gls2 的上位基因。与抗蓟马有关	Molenaar，1984
gls_2	光滑叶类型 2。与抗蓟马有关	Molenaar，1984
Pd_1	抗霜霉病基因位点 1。来自 *Allium roylei* 的显性基因	Kofbet et al.，1990
pr_1	抗红根腐病。其他基因也可能与此抗性有关	Jones and Perry，1956；Nichols et al.，1965
s_1	抗霜霉病基因 1。来源于 Calred	Warid，1952；Wand and Tims，1952
s_2	抗霜霉病基因 2。来源于 Calred	Warid，1952；Wand and Tims，1952

注：摘自 Michael J. Havey，1999。

四、洋葱的生化标记研究

20 世纪 80 年代许多研究者以同工酶作为生化标记对洋葱进行了鉴定。目前在洋葱的种子和根中已经鉴别出了 24 种同工酶（Michael J. Havey，1999）。同工酶主要用来对普通洋葱及其他葱属作物进行比较，还用来鉴定种间杂交种中基因组区域的来源。用乙醇脱氢酶（Adh - 1）在洋葱中已经鉴别出了两个等位基因，而在葱中则鉴别出了 3～4 个假定的等位基因（Peffley 和 Orozco - Castillo，1987；Peffley，1985）。在对 188 个洋葱品种间进行的 Adh（乙醇脱氢酶）、Idh（异柠檬酸脱氢酶）、Pgi（葡萄糖磷酸异构酶）、Pgm（葡萄糖磷酸变位酶）等四个同工酶比较分析中，只有乙醇脱氢酶在不同品种间有变化（Peffley 和 Orozco - Castillo，1987）。Ulloa - Godinez 等（1995）在洋葱苹果酸脱氢酶中发现了一个快速条带，在葱中发现了一条慢带。Cryder（1991）的研究表明，异柠檬酸脱氢酶和葡萄糖磷酸异构酶在洋葱和葱的回交后代中是连锁遗传的，而乙醇脱氢酶和异柠檬酸脱氢酶之间的连锁以及乙醇脱氢酶和葡萄糖磷酸异构酶之间的连锁还不能确定。除了连锁研究，为了对每个同工酶位点的基因数目进行评价，还进行了独立位点研究。对葱的独立位点分析结果显示，6 - PGDH（6 -磷酸葡萄糖酸脱氢酶）由两个基因位点（6 - pgdh - 1 和 6 - pgdh - 2）控制，每个基因位点有两个等位基因（1 和 2）（Magnum 和 Peffley，1994）。PGM 和 SKDH（莽草酸脱氢酶）是由单一的基因位点控制，基因位点上有两个等位基因。

五、洋葱的分子生物学研究

洋葱生育周期长，采收和贮藏鳞茎的成本高。如采用分子生物学手段结合常规育种，能在洋葱发育早期精确地利用目标性状连锁的遗传标记，选择鳞茎硬度高、休眠期长等性状，将会极大地简化育种中对鳞茎或株系的评价，可显著地提高育种的效率，降低育种的成本。同时，这些技术对建立洋葱的遗传图谱，阐明洋葱的演化，为洋葱遗传和育种提供基础信息等方面均有重要的意义。

洋葱是单子叶植物，利用根癌农杆菌的 Ti 质粒进行转基因，其转化率较低。Dommisse 等（1990）报道，他们成功地利用 Ti 质粒将胭脂碱合成酶基因转入洋葱中。Eady、Saker 等（2000）以未成熟胚为外植体，建立了较高频率的再生体系，并建立了以根癌农杆菌为介导，以绿色荧光蛋白基因（gfp）和 nptⅡ为标记基因的转化体系，获得了转基因再生植株。最大转基因成功率可以稳定在 2.7%。

Sato、Lilly 等于 1998 年利用 PCR 扩增技术快速鉴定洋葱的不育细胞质基因型。发现在 S 型细胞质中线粒体 cob 基因有一不寻常的转录。对 cob 基因测序后发现有一叶绿体 DNA 序列插入到 cob 基因的上游区域，且该区域具有良好的多态性，可以快速而准确地区分洋葱植株是 S 型细胞质还是 N 型细胞质，从而可以快速地鉴定洋葱的 CMS 植株。Alcala Josefina 等（1999）还利用 GBA 分析（Genetic Bit Analysis）方法鉴定单核苷酸的多态性，在苗期快速准确地鉴定出 CMS 植株。

Havey（1996）讨论了在洋葱这种大的核基因组植物中进行分子标记构建遗传图谱的难度。Bradeen 和 Havey（1995）采用了 580 个随机引物，发现只有 14 个引物获得了稳定的 RAPDS 遗传多态性（表 36 - 3）。尽管 RFLP 在技术上复杂了一些，但是 cDNA 经酶切后产生了足够的多态性片断，更易于进行遗传图谱的构建（Bark 和 Havey，1995）。美国的 King 等（1998）利用自交系 Brigham Yellow Globe 15 - 23 和 Alisa Craig43 杂交种的 58 个 F₃ 株系，构建了一个低密度遗传图谱。他们鉴定了 128 个独立位点（112 个 RFLPs，14 个 RAPDs，2 个形态学），并构建了一个有 114 个位点组成的图谱，包括 11 个连锁群，1 个连锁对和 12 个不连锁的标记（表 36 - 3）。这个图谱总覆盖区域为 1 064 cM，每个位点之间距离平均为 9.2cM。King 等（1998）利用 RFLP 技术对洋葱的多态性进行了研究，结果见表 36 - 3。Scholten 等（2007）用 AFLP 法构建了洋葱的基因连锁图并且找到了与抗霜霉病基因连锁的分子标记。利用 RFLP 标记，将雄性不育基因 ms 定位于 B 连锁群，将决定洋葱鳞茎全红色的基因位点（Crb - 1）定位于 H 连锁群；对蒜氨酸酶（在洋葱的风味产生中起重要作用）进行研究时发现，这个酶由与 A 组和 I 组连锁的一个基因，还有一个不连锁的基因控制。图谱中的 112 个 RFLPs 标记中，有 44 个是显性的，68 个是共显性的（King 等，1998）。20％的 cDNA 克隆显示出了重复位点，这些位点中有 42％紧密连锁（小于 10cM），有 5％轻度连锁（10～30cM），有 53％不连锁（大于 30cM）。

表 36 - 3　洋葱的分子标记

标记	酶	片断		标记	酶	片断	
		大小（kb）	连锁群			大小（kb）	连锁群
RAPD				AOB041	HindⅢ	4.0/10.0	B
AB14		0.7	G	AOB046	EcoRⅤ	20.0/9.5	E
AB16		1.2	D	AOB050	EcoRⅤ	6.7	E
AB20		0.8	U	AOB074	EcoRⅤ	6.7/15.0	K
AD19		0.9	D	AOB077	EcoRⅤ	8.0	A
AE09		0.7	D	AOB087	EcoRⅤ	4.0/3.5	C
AE07		0.6	L	AOB105	EcoRⅤ	3.0/5.0	C
AF12		0.8	F	AOB107	EcoRⅤ	10.0	U
AK20		0.9	I	AOB114	EcoRⅤ	7.0	U
AP12		0.7	F	AOB115	EcoRⅤ	3.0/4.3	G
C15		0.8	F	AOB116	EcoRⅠ	3.0/3.5	B
D03		0.7	A	AOB117	EcoRⅤ	6.7	C
D10		0.7	G	AOB120	EcoRⅠ	10.0	E
D12		0.5	A	AOB150	HindⅢ	12.0	D
AG19		0.8	U	AOB151	EcoRⅤ	20.0	A
RFLP				AOB152	EcoRⅠ	3.0	B
Alliinase	BamHⅠ	14.5/13.0	A	AOB152	EcoRⅠ	0.7	H
Alliinase	EcoRⅤ	3.5	A	AOB155	EcoRⅤ	13.0/15.0	I
AJB006	EcoRⅠ	9.5/22.0	C	AOB156	EcoRⅠ	4.3	G
AJB019	EcoRⅠ	4.0/4.3	K	AOB156	EcoRⅠ	6.0/6.7	C
AJB032	EcoRⅠ	20.0/9.5	F	AOB162	EcoRⅠ	15.0/18.0	A
AJB037	EcoRⅠ	9.5/9.0	B	AOB167	HindⅢ	5.0/4.0	D
AJB037	EcoRⅠ	5.0	U	AOB168	EcoRⅤ	24.0	C
AJB045	HindⅢ	8.0/10.0	C	AOB168	EcoRⅤ	10.0	F
AJB057	HindⅢ	17.0	K	AOB186	EcoRⅤ	6.7/2.5	B
AJB064	EcoRⅠ	9.0/9.5	J	AOB187	EcoRⅠ	7.6/9.0	C
AJB064	EcoRⅠ	10.9	J	AOB191	HindⅢ	3.0/5.5	D
AJB072	EcoRⅠ	4.0	F	AOB200	EcoRⅤ	7.0/4.0	U
AJK028	HindⅢ	5.5	I	AOB210	HindⅢ	7.7	A
AJK084	EcoRⅠ	15.0/13.0	D	AOB210	HindⅢ	6.5/5.5	B
AJK084	EcoRⅠ	5.5/5.0	D	AOB210	HindⅢ	10.0	I
AJK085	EcoRⅤ	22.0/20.0	J	AOB212	EcoRⅠ	9.0/20.0	H
AJK085	EcoRⅤ	10.0	U	AOB213	HindⅢ	9.0/9.5	G
AJK242	EcoRⅤ	9.0/3.5	A	AOB213	HindⅢ	3.3	G
AJK248	EcoRⅤ	5.0	U	AOB232	EcoRⅤ	24.0/30.0	B
AJK252	EcoRⅤ	20.0/8.0	D	AOB234	HindⅢ	8.0/7.0	C
AJK265	EcoRⅤ	9.5	C	AOB236	EcoRⅠ	12.0/18.0	E
AJK265	EcoRⅤ	5.0	C	AOB237	EcoRⅠ	20.0/9.0	J
AJK267	EcoRⅤ	6.7	L	AOB249	HindⅢ	9.5	I
AJK295	HindⅢ	20.0/3.0	B	AOB249	HindⅢ	4.3	U

（续）

标记	酶	片断		标记	酶	片断	
		大小（kb）	连锁群			大小（kb）	连锁群
AOB260	EcoRV	9.5	E	API43	EcoRV	7.0/9.0	D
AOB262	HindⅢ	8.0/9.5	B	API43	EcoRV	2.5/4.0	D
AOB262	HindⅢ	5.0	B	API46	EcoRV	6.7	E
AOB271	EcoRⅠ	15.0/9.5	E	API47	EcoRⅠ	15.0/20.0	E
AOB272	EcoRⅠ	10.0/12.0	B	API51	EcoRⅠ	6.7/5.0	G
AOB290	EcoRV	9.5/7.0	E	API51	EcoRⅠ	0.6	G
AOB292	EcoRⅠ	4.3/6.5	D	API53	EcoRV	3.0	A
AOB302	EcoRⅠ	10.0/9.5	A	API53	EcoRV	6.5	G
AOB302	EcoRⅠ	4.3	G	API54	EcoRⅠ	15.0/9.0	F
API10	HindⅢ	7.0/8.0	I	API55	EcoRV	9.0/15.0	A
API14	HindⅢ	4.0/4.5	F	API59	HindⅢ	15.0/9.5	E
API14	HindⅢ	6.7/3.0	F	API61	EcoRⅠ	3.0	A
API15	EcoRⅠ	3.0	E	API61	EcoRⅠ	8.0	J
API16	EcoRV	20.0	F	API63	EcoRV	4.5/7.5	B
API18	EcoRV	9.0/6.0	A	API65	EcoRV	10.0	B
API20	EcoRV	4.3/3.0	J	API66	EcoRV	6.7/9.5	E
API21	EcoRV	4.5/4.1	B	API73	EcoRV	9.5/20.0	F
API23	HindⅢ	12.0/6.5	E	API76	EcoRV	12.0/10.0	H
API27	EcoRV	20.0/7.0	B	API81	HindⅢ	6.7	U
API29	HindⅢ	5.0/4.0	G	API82	EcoRⅠ	9.0/9.5	F
API29	HindⅢ	9.0/9.3	U	API86	EcoRV	15.0/12.0	I
API31	EcoRV	8.0/5.0	J	API89	EcoRⅠ	5.0/4.3	D
API32	EcoRV	3.0/4.5	H	API92	EcoRⅠ	11.0/12.0	E
API40	EcoRV	7.0/4.3	D	API94	EcoRⅠ	20.0/10.0	H

注：摘自 Michael J. Havey（1999）。表中"连锁群"摘自 King 等，1998；"U"表示不连锁。

六、洋葱种质资源创新

对洋葱种质资源园艺性状的研究创新主要包括：产量；成熟期和对栽培地区的适应性（包括鳞茎形成对日照长度的要求）；鳞茎大小、形状、颜色及其整齐度；鳞茎外观（表皮、鳞茎脖、无双鳞茎或开裂鳞茎）；鳞茎硬度、可溶性固形物含量、干物质含量、辛辣味、鳞茎肉质的颜色等；贮藏特性（包括休眠性）；抗病虫性；抗抽薹性等。目前，国内尚缺乏较为系统的研究。

洋葱与葱属其他野生种之间的演化关系研究尚不十分清楚。该属栽培品种彼此之间及与野生近缘种之间的杂交亲和能力也不清楚。所以葱属野生种及栽培种丰富的遗传变异如抗病虫害特性还未能在洋葱改良方面得到广泛应用。目前研究表明，*Allium galanthum*、*A. pskemense* 与洋葱（*A. cepa*）杂交表现了较低的亲和性；*A. cschaninii* 与洋葱（*A. cepa*）的杂交是完全不育的。尽管洋葱与这些葱属野生种质可能起源于同一祖先，但种间杂种的不育性使洋葱利用野生近缘种进行遗传改良的难度增大（Mccollum，1974）。

（一）利用远缘杂交创新种质

种间杂交是创造新种质的一条有效途径，国外开展了较多洋葱远缘杂交的研究工作。

其他栽培和野生葱属植物中拥有一些洋葱遗传改进中可能有用的抗病基因，如 A. ampeloprasum 中有抗白腐病抗源，A. roylei 中有抗霜霉病基因源，葱（A. fistulosum）中有对红根腐病（Porter and Jones，1933）、黑穗病（Jones 和 Mann，1963）、葱蛆的抗源。另外，葱较高的可溶性固形物含量和抗冷性（Van Der Meer 和 Van Benekom，1978）等也是洋葱所没有的优良性状。但是因为远缘杂交种来自不同亲本，染色体不能正常配对（Jone，1990），所有研究结果均为远缘杂种 F₁ 高度不育，因而使远缘杂交种与普通洋葱回交，以整合抗性到普通洋葱中去的工作，变得很困难。但是通过染色体加倍可克服这种障碍。将葱和洋葱远缘杂交组合通过人工诱导染色体数目加倍，在减数分裂期来自葱和洋葱的同源染色体可以配对，并产生有生活力的花粉和卵细胞（Jones and Mann，1963），这样的植株称为"双二倍体"。

目前已将 A. roylei 中的抗霜霉病性状通过种间杂交成功地转移到栽培洋葱中。洋葱和葱在分类学上非常近似（Hanelt，1990）。洋葱和葱的种间杂种，通过洋葱作为母本（Currah et. al. ，1984；Emsweller 和 Johns，1935；Van Der Meer and Pelley，1978）或是父本（Corgan 和 Peffley，1986），较易获得 F₁，F₁ 代杂种具有中间形态（较小的鳞茎、葱叶形较占优势，开花时间也介于双亲之间）（Currsh 和 Ockendon，1988；Emsweller 和 Jones，1935；Van Der Meer 和 Van Benekom，1978）。普通洋葱和葱种间远缘杂交获得的 1～2 个双二倍体的远缘杂交种已可作为分蘖洋葱在生产栽培中应用，并对红根腐病表现出很好的抗性。由远缘杂种与普通洋葱回交，使普通洋葱品种具有红根腐病抗性，说明来自葱的染色体上的抗性基因已转移到了洋葱染色体中（Peffley，1984）。Peffley（2000）还报道了洋葱×葱后又与洋葱反复回交的 F₁BC₃ 群体，该群体形似洋葱，育性正常，且拥有葱的优良基因。首次通过洋葱（A. cepa L. ）和葱（A. fistulosum L. ）之间的种间杂种回交得到含有葱基因的鳞茎型洋葱的基因渗入体。Khrusta Leva L. （2000）也首次报道了以 A. roylei（洋葱的野生近缘种）为中间桥梁材料，利用染色体组原位杂交的方法（GISH）将葱的优良基因渐次渗入到洋葱的染色体组中（洋葱×葱×A. roylei）。迄今，已获得洋葱×葱、葱×洋葱、洋葱×A. oschaninii 的杂种后代。

（二）采用诱变和生物技术创新种质

郑海柔（1990）利用 γ-射线的 6 个剂量照射黄皮洋葱离体佛焰苞（品种为 N. 8205），然后接种在 MS＋6 - BA10mg/L＋NAA1mg/L 培养基中培养，结果经 20～50Gy 照射的花序不产生幼苗，而对照、5Gy、10Gy 照射处理的花序幼苗诱导率分别为 75％、41.7％ 和 16.7％。在 5Gy 照射的花序上产生了一株突变株。该突变株表现叶片多（9 片）、根多（7 条）、叶片细，对照植株为 3 片叶、2～3 条根、叶片粗；突变株鳞茎形状也出现变异，从而确认通过诱变获得了新的洋葱种质。李成佐和任永波等（2003）采用 CO_2 和 He - Ne 两种激光的不同剂量，分别辐照两个洋葱品种的湿种子，处理的后代在净同化率、净光合速率、呼吸速率、蛋白质含量等生理生化指标，以及鳞茎鲜重、横径、纵径、单株生物产量等方面均有不同程度的变异，可从其变异后代中选择出高产、优质的优良变异株，进而育成符合育种目标的优良新品种。

在洋葱中至今未见花粉、花药培养获得再生单倍体植株的报道。但已有报道从洋葱的未传粉花蕾、子房和胚珠培养中诱导获得洋葱单倍体植株。第一次报道获得单倍体植株是Campion 和 Keller（1990），他们是用未受粉的胚珠诱导得到单倍体植株的，但诱导率极低，仅为 0.28%。1995 年 Bohance 以胚珠和子房，经两步培养（预培养花，后培养胚珠和子房），得到再生植株，其诱导频率分别为 0.6%、7.6%。经倍性鉴定，有单倍体、双倍体和多倍体。1996 年，Jakse 也经两步培养，诱导了单倍体，其再生频率为 6.04%。此后，Pudephat（1999）同样用两步培养诱导雌性胚获得成功，其诱导频率为 1.8%，经倍性鉴定有 68% 是单倍体。目前，已报道的最好结果是 Bohance（1999）的一步培养，即仅培养花得到单倍体植株，其诱导率高达 22.6%，其中有 90.5% 的再生植株为单倍体，在余下的二倍体植株中有 88.2% 为纯合基因型植株，这项研究简化了诱导程序，提高了诱导频率。洋葱由未传粉子房培养获得的单倍体的频率相对较低，基因型和培养基组成对其影响很大（Smith et al.，1991；Campion et al.，1992；Bohance et al.，1995；campion et al.，1995；Jakise et al.，1996；Geoffriau，1997；Bohance 和 Jakise，1999；Martinez et al.，2000；Michalik et al.，2000）。目前，发达国家已将未传粉子房培养应用于洋葱种质资源的创新研究中。

陈柔如等（1979）用洋葱叶肉原生质体培养，观察到了细胞团。王光远（1986）通过在 MS+2，4 - D 2mg/L+BA0.5 mg/L 培养基上培养原生质体，再生了细胞壁，进而形成愈伤组织，并进一步形成了完整的植株。Hansen 等（1995）通过原生质体悬浮培养也获得了再生植株。Peffley 等（2000）报道了洋葱和蒜的体细胞杂交和杂交的体细胞胚的特征，并确认对称的融合能产生较多的愈伤组织和再生植株。经核 DNA 组成分析表明，大多数再生的植株是杂合的。同时，经核内 DNA 流式细胞光度分析显示，这些杂合的植物 DNA 含量较亲本总数少，从而表明了它们是非整倍体。

（沈火林）

主要参考文献

山东农业大学主编 . 1989. 蔬菜栽培学各论（北方本）. 北京：农业出版社

李曙轩主编 . 1990. 中国农业百科全书·蔬菜卷 . 北京：农业出版社

中国农业科学院蔬菜花卉研究所主编 . 2001. 中国蔬菜品种志 . 北京：中国农业科技出版社

安志信，王家贤 . 1985. 葱头的生理基础和栽培技术 . 天津：天津科学技术出版社

赵泓，O. Schrader，R. Ahne. 2003. 洋葱染色体核型的 FISH 分析 . 园艺学报 . 30（4）：463～464

同延龄 . 2005. 三个杂交洋葱品种 . 西北园艺 .（4）：37

陈沁滨，侯喜林，王建军等 . 2006. 洋葱细胞质雄性不育系 101A 的分子鉴定 . 西北植物学报 . 26（12）：2 430～2 433

Mark J. Bassett. 1986. Breeding vegetable crops. AVI Publishing Company，Inc.

Haim D. Rabinowitch，James L. Brewster. 1990. Onions and allied crops. Florida，CRC Press，Inc.

G. Kalloo and B. O. Bergy. 1993. Genetic Improvement of Vegetable Crops. Pergamon Press Ltd

J. L. Brewster. 1994. Onions and Other Vegetable alliums. Pergamon Press Ltd

Mccollum G. . 1974. Chromosome behavior and sterility of hybrids between the common onion (*Allium cepa*) and the related wild *A. oschaninii*. Euphytica，23：699

J. J. King，J. M. Bradeen，O. Bark. 1998. A low‐density genetic map of onion reveals a role for tandem duplication in the evolution of an extremely large diploid genome. Theor Appl Genet，96：52～62

Y. Sato. 1998. PCR amplification of CMS‐specific mitochondrial nucleotide sequences to identify cytoplasmic genotypes of onion (*Allium cepa* L.)．Theor Appl Genet，96：367～370

Alcal J. ，Pike L. M. ，Giovannoni J. J. . 1999. Identification of plastome variants useful for cytoplasmic selection and cultivar identification in onion. J Am Soc Hort Sci. ，124：122～127

Z. Luthar，B. Bohanec. 1999. Induction of direct somatic organogenesis in onion (*Allium cepa* L.) using a two‐step flower or ovary culture. Plant Cell Reports，18：797～802

B. Bohanec，M. Jakse. 1999. Variations in gynogenic response among long-day onion (*Allium cepa* L.) accessions. Plant Cell Reports，18：737～742

Michael J. Havey. 1999. Morphological，Biochemical，and Molecular Markers in onion. Hort. Science，34 (4)：589～593

C. C. Eady，R. J. Weld，C. E. Lister. 2000. Agrobacterium tumefaciens-mediated transformation and transgenic-plant regeneration of onion (*Allium cepa* L.)．Plant Cell Reports，19：376～381

Christopher S. Cramer. 2000. Breeding and genetics of Fusarium basal rot resistance in onion. *Euphytica*，115：159～166

E. B. Peffley，A. Hou. 2000. Bulb‐type onion introgressants posessing *Allium fistulosum* L. genes recovered from interspecific hybrid backcrosses between *A. cepa* L. and *A. fistulosum* L. . Theor Appl Genet，100：528～534

J. Mccollum，D. Leite，M. Pither‐Joyce，M. J. Havey. 2001. Expressed sequence markers for genetic analysis of bulb onion (*Allium cepa* L.)．Theor Appl Genet，103：979～991

A. Rouamba，M. Sandmeier，A. Sarr，A. Ricroch. 2001. Allozyme variation within and among populations of onion (*Allium cepa* L.) from West Africa. Theor Appl Genet，103：855～861

H. Peterka，H. Budahn，O. Schrader，M. J. Havey. 2002. Transfer of a male‐sterility‐inducing cytoplasm from onion to leek (*Allium ampeloprasum*)．Theor Appl Genet，105：173～181

T. Engelke，D. Terefe，T. Tatlioglu. 2003. A PCR-based marker system monitoring CMS‐(S)，CMS‐(T) and (N)‐cytoplasm in the onion (*Allium cepa* L.)．Theor Appl Genet，107：162～167

O. E. Scholten，A. W. Van Heusden，L. I. Khrustaleva，K. Burger‐Meijer. 2007. The long and winding road leading to the successful introgression of downy mildew resistance into onion. Euphytica，156 (3)：345～353

第三十七章

菠　菜

第一节　概　述

菠菜（*Spinacia oleracea* L.）为藜科（Chenopodiaceae）菠菜属以绿叶为主要产品器官的一二年生草本植物，又名波斯草、赤根菜、角菜、菠棱菜。染色体数 $2n=2x=12$。

菠菜含有丰富的维生素 C、胡萝卜素、蛋白质，还含有人体所需的钙、磷、铁等矿物质。每 100g 食用部分含水 94g 左右、蛋白质约 2.3g、碳水化合物 3.2g、维生素 C59mg、钙 81mg、磷 55mg、铁 3.0mg，还含有草酸，若食用过多影响人体对钙的吸收（《中国农业百科全书·蔬菜卷》，1990）。可凉拌、炒食或作汤。欧、美一些国家还用以制罐或脱水加工。

菠菜作为药用，最早见于唐，孟诜的《食疗本草》。《本草纲目》（1578）记载其能"通血脉、开胸膈，下气调中，止渴润燥，根尤良。"现代医学研究表明菠菜具有补血、帮助消化、稳定血糖、通肠导便、防口角炎、延缓衰老、防止畸胎等保健功能。

菠菜质柔味美，是消费者不可或缺的主要绿叶蔬菜之一。近几年中国菠菜种植面积不断扩大，上市量逐年增加，在周年供应中尤其是对改善蔬菜市场的"秋淡季"和"春淡季"供应起到了重要作用。据《中国农业统计资料》（中华人民共和国农业部，2007），2006 年中国菠菜播种面积为 63.09 万 hm^2，平均产量为 25 793.0kg/hm^2，总产量达到 1 627.3万 t。种植面积较大的省（自治区）依次为山东、河南、河北、广东、江苏、湖北、广西和四川。

中国菠菜种质资源较为丰富，据统计全国目前已收集并保存在国家农作物种质资源长期库的菠菜种质资源约有 300 多份。

第二节　菠菜的起源与分布

菠菜原产于小亚细亚和中亚细亚地区，伊朗在 2 000 年前已有栽培。分东西两个方向传播，向东约于公元 7 世纪传入中国，至今已有 1 300 多年的历史，现中国南北各地普遍栽培。300 年前再由中国传往日本和东南亚各国，形成了东方系统的尖叶菠菜。向西传入北非，11世纪再传至西班牙，此后遍及欧洲各国，并逐渐形成了欧洲圆叶系统菠菜。1568年传入英国，19世纪引入美国。目前，世界各国普遍栽培（《中国农业百科全书·蔬菜卷》，1990）。

中国古代，唐以前的文献资料不见关于菠菜的记载，比较多的记述是在唐代贞观时期。有一说是太宗派李义表出使印度，路经尼泊尔，接受了国王赠送的菠菜、酥菜、浑提葱等菜种，即引入中国（也有的说是尼泊尔派来朝贺太宗登基的使者带来的）。《旧唐书》（成书于940—945年）和《唐会要》（宋初王溥撰）都记有："太宗时，尼婆罗献波棱菜，叶类红蓝，实如蒺藜，火熟之能益食味。"据说时间在贞观21年（647）。《北户录》（约860—874）上记为"尼婆国"。唐代《西域传》记有："贞观十一年尼婆罗遣使入献波棱菜。"另一段记述得较详细的是唐代韦绚所撰的《刘宾客嘉话录》，作者自序说，此书是长庆间（821—824）他在白帝城听他老师刘禹锡（772—842）的谈话记下来的。其中有一段："菜之波棱者，本西国种，有僧将其子来，如苜蓿、蒲萄，因张骞而至也。（韦）绚曰：岂非颇陵国将来，而语讹为波棱耶？"至于宋代的一些记载，则大都根据以上诸说而就，并无新的内容。

以上诸说可以归纳为：一是菠菜来自"颇陵"、"尼婆罗"，也就是尼泊尔；二是唐贞观时引入；三是菠薐之名因"颇陵"音转而得，而"颇陵"即尼泊尔。

诸说中只有刘禹锡没有肯定引入时间与产地，只说了"西国种"和"有僧将其子来"。后代诸家，直到1980年5月6日《北京晚报》的《百家言》，有朱石之的《菠菜来自尼泊尔》，肯定了以上诸说。朱文还说："据美国学者劳费尔研究，颇陵是代表某种印度方言中菠菜的译音，不是国名。"以此否定另一些学者认为"颇陵"是波斯（今伊朗）之说。

但是，《本草纲目》（1578）有一句："方士隐（菠菜）名为波斯草云。"此说虽没有交代出处，却直接呼出了波斯之名。另有一段记述是唐代孟诜的《食疗本草》，说："北人食肉、面，食之即平；南人食鱼鳖、水米，食之即冷。故多食冷大小肠也。"前面还引了他关于菠菜主治功效的一段医疗记述，验之于今天，是比较合乎医学科学对菠菜成分和功用分析的。这种认识，绝非短时间所可获得，或总结于前人，或得于自己的体验。另外，他的记述中还反映了菠菜当时已分布于南北许多地方，这又证明在他记述时，菠菜的辗转传播已有较长时间，人们对它已有较多的认识。《食疗本草》成书于武则天垂拱二年（686），孟诜为当时的进士，成书前必经过较长时间的资料收集、积累和编写。这个时间距贞观十一年只不过40余年，前述所有记述都在他之后。因此不难得出推断：菠菜在唐太宗之前或隋或南北朝时就可能已经引入了，也可能与佛教传入同期（"有僧将其子来"），但广泛传播，遍布中国南北，却无人记于文字。

总之，菠菜原产古波斯一带，西入阿拉伯诸国及欧、非，东入印度、尼泊尔及中国。传入中国时可能早已沿"丝绸之路"而来，不一定只是从尼泊尔进入。

由于菠菜抗性强，适应性广，生育期又短，南、北方，春、秋、冬季均可栽培。因此，中国各地几乎都有菠菜的分布，其中尤以华北黄淮地区、华东、华中长江流域分布最为广泛，而华南的热带地区则分布较少。

第三节　菠菜的分类

一、植物学分类

菠菜（*Spinacia oleracea* L.）在植物学分类上属于藜科（Chenopodiaceae）、菠菜属、菠菜种。其下按种子（果实）是否有刺，又分为有刺和无刺两个变种。

（一）有刺变种（var. *spinosa* Moench）

种子（果实）呈棱形，有 2～4 个刺。叶较小而薄，戟形或箭形，先端尖锐，故又称尖叶菠菜。在中国栽培历史悠久，又称中国菠菜。生长较快，品质较差，产量较低；但耐寒力强，耐热性弱，对日照反应敏感，在长日照下易抽薹，适合于秋季栽培或越冬栽培。春播时容易未熟抽薹，夏播生长不良。代表品种有青岛菠菜、合肥小叶菠菜、绍兴菠菜、双城尖叶、铁线梗、大叶乌、沙洋菠菜、华菠 1 号、菠杂 10 号等。

（二）无刺变种（var. *inermis* Peterm）

种子（果实）为不规则的圆形，无刺。叶片肥大，多皱褶，椭圆形或卵圆形，先端钝圆，叶基心脏形，叶柄短，又称圆叶菠菜。耐寒力较弱，但耐热力较强，春播抽薹迟，产量高，品质好，适合于春夏或早秋栽培。代表品种有广东圆叶菠菜、上海圆叶菠菜、法国菠菜、大圆叶、春不老菠菜、南京圆叶菠菜等。

二、栽培学分类

（一）按种子（果实）的外形分类

按种子（果实）外形的不同，可将菠菜分为有刺种和无刺种两个类型。

（二）按叶片的形状分类

根据其叶片形状的不同，可将菠菜分为尖叶型、钝尖叶型、圆叶型和条叶型四大类，各大类又可细分若干型（图 37 - 1）。

1. 尖叶型　此类植株的整形叶均有很长的叶柄，叶尖锐尖，叶片上半部呈锐角三角形，下半部叶缘均裂。按其所裂程度和缺刻的多少分 5 种类型：①一浅裂对生两齿，即于主脉两边对称处有一对生缺刻，缺刻尚未裂至主脉，使叶基形成两对短齿。②二浅裂对生三齿，即于主脉两侧对称处有二对生缺刻，缺刻尚未裂至主脉，使叶基裂成三对短齿。③一深裂对生二齿，即于主脉两侧对称处有一对生缺刻，缺刻裂至主脉或近主脉，叶基具二对齿。④二深裂对生三齿，即在主脉两侧有二对裂至主脉的缺刻。⑤不对称一、二深或浅裂，即在主脉的一边有一缺刻而另一边具两缺刻，或深裂或浅裂。

2. 圆叶型　此类植株的整形叶叶柄均较短，叶尖圆形，叶片上半部呈半圆形，下半部无裂。按所裂程度和缺刻的多少也分 5 类：①全缘无裂无齿；②无裂对生一齿；③一浅裂对生二齿；④一深裂对生二齿；⑤不对称裂。

3. 钝尖叶型　此类植株的整形叶与尖叶型相似，只是叶尖较钝，介于圆叶和尖叶之间。按叶缘缺刻多少及所裂程度也可分 5 类：①一浅裂对生一齿；②二浅裂对生三齿；③一深裂对生二齿；④二深裂对生三齿；⑤不对称裂。

4. 条叶型　此类植株的整形叶叶柄较长，叶片狭长，呈长椭圆形，叶长∶叶宽大于1.7。叶缘变化有全缘无裂无齿条形和无裂叶基对生一齿两类。

图 37 - 1　菠菜叶片的不同类型

此外，按菠菜对温度的适应性，又可分为春播栽培、秋播栽培和越冬栽培品种。春播和秋播多采用抗寒性稍差，但较耐热的圆籽菠菜（也可采用刺籽菠菜）；越冬栽培则须采用抗寒性强的刺籽菠菜。夏播栽培一般难度较大，生产上较少采用，且缺少专用品种。

第四节　菠菜的形态特征与生物学特性

一、形态特征

（一）根

菠菜有较深的主根，直根发达粗壮，呈红色，味甜，可以食用。主要根群分布在土壤表层 25～30cm 处。侧根不发达，故不适宜移栽。

（二）茎

营养生长期间为短缩茎，抽薹前菠菜的叶片簇生在短缩茎上。生殖生长期间花茎伸长，高 60～100cm，花茎柔嫩时也可以食用。

（三）叶

菠菜叶极具遗传变异多样性，其叶片形状有尖叶、圆叶、钝尖叶、条叶等多种类型。这些类型主要是根据植株整形真叶的形状来进行区分的，未考虑同一品种、同一单株上非整形真叶形状的差异。所谓整形叶，据笔者通过对成株不同部位的观察发现，菠菜单株从下至上其真叶叶形呈渐变趋势，即第 1～2 片真叶为原始未分化形，其形状为长椭圆形或卵圆形；第 3～4 片真叶为过渡形，即叶尖圆形，叶缘光滑，两边缘近平行，叶基两边缘稍有凹陷或突起，而且不管是尖叶型还是圆叶型都是如此；第 5～7 片真叶逐渐分化显示为整形叶的雏形；第 7 片以上展开真叶则发展为各品种典型整形叶，未展开心叶则为雏形叶。

此外，菠菜的叶按叶面光滑程度还有皱缩、微皱和平滑之分。据对 318 份菠菜的叶面光滑程度进行分类，其中叶片皱缩的种质资源有 17 份，占总数的 5.35%；微皱的有 107 份，占总数的 33.65%；平滑的有 194 份，占总数的 61%。按叶片颜色的不同，还有浅绿色、绿色和深绿色的区别。据对 318 份菠菜的叶面颜色进行分类，其中浅绿色的种质资源有 26 份，占总数的 8.18%；绿色的有 174 份，占总数的 54.72%；深绿色的有 118 份，占总数的 37.11%。按叶柄的长短不同，又有长叶柄、中长叶柄和短叶柄之分。据对 318 份菠菜进行分类，长叶柄的菠菜有 83 份，占总数的 26.1%；中长叶柄的有 142 份，占总数的 44.65%；短叶柄的有 93 份，占总数的 29.25%。

菠菜的根出叶除叶形和叶面状况变化外，其大小也有很大差异。据抽薹前测量，叶片最长者可达 31cm 以上，而小者才 8cm，叶宽有的在 18cm 以上，但也有 6cm 以下者。

（四）花

菠菜的花为单性花，一般雌雄异株。但也有雌雄异花同株或雌雄同花的。雄花为穗状花序，着生于花茎顶端或簇生于叶腋中，每簇有花 2～20 朵（图 37-2-1）。无论雌花或雄花，都没有花冠，只有花萼。花萼 4～5 裂，雄蕊数与花萼同。花药黄色，成熟时纵裂，同一花内花药开裂时间不同，可延续数日。花粉多，黄绿色，轻而干燥，属风媒花。雌花簇生在叶腋，每叶腋有小花 6～20 朵，雌花子房单生，有 4～6 枚，分裂达基部，无花柱，柱头呈触须状（图 37-2-2）。两性花自交或与同株上雄花交配均能结果。其性型可以分为以下 5 种类型：

1. 绝对雄株　即纯雄株。植株上只生雄花，花茎上的叶片薄而小，上部完全无叶。雄花穗状，密生于茎先端和叶腋间，抽薹早，叶数少，叶丛小。

2. 营养雄株　植株上也仅生雄花，花茎叶与雌株上的叶相似，花茎顶部叶片较发达。雄花簇生于花茎叶腋，抽薹较纯雄株晚，花期长，与雌株花期接近。叶丛发育良好，属高产株型。

图 37 - 2　菠菜的雄花和雌花
1. 雄花　2. 雌花
（王德槟提供）

3. 雌雄异花同株　在同一株上着生有雌花和雄花，能结种子。抽薹期、株态与雌株相似。基生叶和茎生叶均发达，也属高产类型。抽薹晚，花期与雌株相近。依雌花和雄花比例又有几种情况：雄花较多；雌花较多或雌雄花数相等；早期发生雌花、后期发生少数雄花等。

4. 雌雄同花株　同一花内具有雄蕊和雌蕊，这类植株往往同时生有单性的雌花和雄花，能结种子，抽薹期、株态与雌株相近。

5. 雌株　植株上只有雌花，雌花簇生在花茎叶腋。抽薹最晚，比纯雄株晚 7～14d，茎上叶发育良好，直达茎顶，叶丛大而重，为高产株型。

在一般情况下，菠菜雌雄株的比例相等。但依品种不同而有差异，如有刺品种绝对雄株较多，无刺品种营养雄株较多。绝对雄株由于其植株较小，抽薹较早，产量低，供应期短，花期也短，在生产、授粉、采种上实用意义不大。而营养雄株、雌株和雌雄同株，由于其植株大、产量高、抽薹迟，可延长供应，它们的花期相同，花期也长，在生产、授粉、采种上有较重要的实用意义。

另外，当环境条件不适宜菠菜营养生长时，可促进性型分化向雄性方面转化；当环境条件适于营养生长时，则能增加雌株比例。

（五）果实

菠菜的果实在植物学上称"胞果"，内含一粒种子，种子外面有革质果皮，水分和空气不易透入，所以发芽较难。果实因品种不同分无刺和有刺两种：①刺籽，侧面观呈三角形，表面有棱和刺，按刺的多少分为单刺、二刺、三刺、四刺，而且刺还有长短、刚柔之分（图 37 - 3 - 1）。②圆籽，为规则圆形或卵圆形，表面无棱或无突起（图 37 - 3 - 2）。另外还有一种刺圆籽，也呈圆形或卵圆形，表面无棱，但有刺，且有单刺或二刺之分。有刺的品种每500g种子4万～5万粒，无刺种子每500g5万～5.5万粒。菠菜播种用"种子"实为果实，发芽年限3年左右。

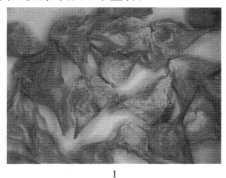 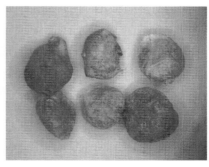

图37-3 菠菜的果实——有刺种和无刺种

1. 有刺种 2. 无刺种

（王德槟提供）

二、生长发育周期

（一）营养生长期

营养生长时期是指从菠菜播种、出苗，到已分化的叶片全部长成为止。菠菜的发芽期从种子播种到两片真叶展开为止（春、夏播约需1周，秋播约需2周），这一阶段的生长进程比较缓慢。最初主要是子叶面积和重量的增加，如果综合条件适宜，在出苗后1～2周内子叶面积和重量以每周2～3倍的速度增长，而真叶的增长量甚微。两片真叶以后，叶数、叶面积、叶重量同时迅速增长。与此同时苗端分化出花原基，叶原基不再增加。当展开的叶数不再增加时（叶数因播期而异，少者6～7片，多者20余片），叶面积和叶重继续增加，当二者增长速度减慢时，即将进入生殖生长期。

（二）生殖生长时期

生殖生长时期是指从菠菜花芽分化到抽薹、开花、结实、种子成熟为止。菠菜是典型的长日照作物，在长日照条件下能够进行花芽分化的温度范围很广，夏播菠菜未经历15℃以下的低温仍可分化花芽。从花序分化到抽薹的天数，因播期不同而有很大差异，短者8～9d，长者140多d。这一时期的长短，关系到采收期的长短和产量的高低。

三、对环境条件的要求

（一）温度

菠菜是绿叶菜类中耐寒力最强者。成株在冬季最低气温为-10℃左右的地区，都可以露地安全越冬。耐寒力强的品种具有4～6片真叶的植株可耐短期-30℃的低温，甚至在

−40℃的低温下根系和幼芽也不受损伤，仅外叶受冻枯黄。具有1～2片真叶的小苗和将要抽薹的成株抗寒力较差。

菠菜种子发芽的最低温度为4℃，最适温度为15～20℃，在适宜的温度下，4d就可以发芽，发芽率达90%以上。随着温度的升高，则发芽率降低，发芽天数也增加，35℃时发芽率不到20%。

在营养生长时期，菠菜苗端叶原基分化的速度，在日平均气温23℃以下时，随温度下降而减慢。叶面积的增长以日平均气温20～25℃时为最快。如果气温在25℃以上，尤其是在干热的条件下，则生长不良，叶片窄薄瘦小，质地粗糙有涩味，品质较差。

（二）光照

菠菜为长日照作物，在12h以上的长日照条件下，随温度提高抽薹日期提早。但温度增高到28℃以上时，即使具备长日照条件，也不会抽薹开花。如果温度相同，则延长日照时数，可加速抽薹开花。长时间低温有促进花芽分化的作用。不同品种在花器发育时对光照和温度要求的差异很大，这是各品种抽薹有早有晚的原因。花芽分化后，花器的发育、抽薹、开花随温度的升高和日照时数的加长而加速。如越冬菠菜经过低温短日照的冬季后转为温度较高、日照较长的春季时，便迅速抽薹。但夏播菠菜未经低温同样可进行花芽分化，这说明低温并非是菠菜花芽分化必不可少的条件，也即菠菜能够进行花芽分化的温度范围比较宽广。

（三）水分

菠菜在生长过程中需要大量水分。在空气相对湿度80%～90%，土壤相对湿度70%～80%的环境条件下，其营养生长旺盛，叶肉厚，品质好，产量高。若生长期间缺乏水分，则生长速度减慢，叶组织老化，纤维增多，品质变差。特别是在温度高、日照长的季节，缺水极易使营养器官发育不良，且会促进花器官发育，进而加速抽薹。但水分过多也会使菠菜生长不良，并降低叶片的含糖量，致使风味品质下降。

（四）土壤与营养

菠菜是耐酸性较弱的蔬菜，适宜的土壤pH为5.5～7.0。菠菜以肥沃的保水、保肥力强的沙壤土最适宜。菠菜需要完全肥料，并要求施较多的氮肥。若氮肥不足，则生长缓慢，植株矮小，叶脉硬化，叶色发黄，品质差，容易抽薹。然而，菠菜施肥应根据土壤肥力、肥料种类、栽培季节、日照情况而定，过量施氮肥会增加菠菜硝酸盐和亚硝酸盐的含量，对人体健康不利。

第五节　菠菜的种质资源

一、概况

中国菠菜种质资源比较丰富，被陆续录入《中国蔬菜品种资源目录》（第一册，1991；

第二册，1998）的菠菜种质资源共计有 318 份，其中又有 54 份（有刺种 28 份，无刺种 26 份）被《中国蔬菜品种志》（上卷，2001）所收录。目前中国农作物种质资源长期库保存的菠菜种质资源已增至 333 份。

华中农业大学园林学院蔬菜系很重视蔬菜种质资源的搜集和研究工作，近 20 年来共搜集国内外菠菜种质材料 300 多份，并对菠菜种质资源的地域分布、熟性、株型等进行了观察和研究，还从中发现了一些珍贵的材料，并相继育成了一批不同类型的亲本。

（一）菠菜种质资源的地区分布

笔者对所收集的 318 份菠菜种质资源来源地进行分析的结果是：东北地区（黑龙江 2 份、吉林 3 份、辽宁 4 份）共计 9 份，约占种质资源总数的 2.83％；华北地区（北京 3 份、天津 3 份、河北 23 份、河南 21 份、山东 7 份、山西 6 份、内蒙古 25 份）共计 88 份，约占种质资源总数的 27.67％；西北地区（陕西 4 份、甘肃 7 份、宁夏 2 份、青海 4 份、新疆 10 份）共计 27 份，约占总数的 8.49％；华东地区（湖北 78 份、江苏 6 份、上海 3 份、安徽 8 份、浙江 4 份）共计 99 份，约占总数的 31.13％；华南地区（广东 9 份、福建 14 份、湖南 18 份）共计 41 份，约占总数的 12.89％；西南地区（四川 21 份、云南 9 份、贵州 17 份、重庆 7 份）共计 54 份，约占总数的 16.98％。由上可见，菠菜的种质资源数量分布以华东地区为最多，其次为华北地区，而以东北地区最少。

（二）菠菜的熟性在种质资源中的数量分布

对 146 份菠菜的熟性进行分类调查的结果，其中极早熟的种质资源有 4 份，约占调查总数的 2.74％；早熟的有 38 份，约占总数的 26.03％；中早熟的有 26 份，约占总数的 17.81％；中熟的有 45 份，约占总数的 30.82％；中晚熟的有 18 份，约占总数的 12.33％；晚熟的有 15 份，约占总数的 10.27％。

和其他作物一样，任何蔬菜都可分为早、中、晚熟三类，但绿叶蔬菜无十分明显的产品成熟期，这就为熟性分类带来了困难，菠菜也不例外。菠菜在武汉可进行秋、冬、春三季栽培，通过多年的观察，笔者认为以越冬栽培，并以始抽薹期作为确定熟性的标准较为适宜。将抽薹早定为早熟，反之则定为晚熟。从 200 多份材料的观察结果分析，凡抽薹早者，其营养体大多生长较快，所以产品采收也早。在武汉越冬菠菜的抽薹期，根据 1987—1990 年对 200 多份材料的观察，年前 11 月上旬播种，最早抽薹者在 3 月 20 日前后，最晚抽薹者在 4 月 20 日左右，其间隔时间约为 30d。若以 3 月份抽薹者为早熟，4 月上旬抽薹者为中熟，4 月中旬抽薹者为晚熟，则在 200 多份种质材料中，早熟材料约占 1/3，中熟材料约占一半，晚熟材料约占 1/5。此结果与前述对 146 份菠菜种质资源的熟性调查分类结果基本相符。

（三）菠菜的株型在种质资源中的数量分布

菠菜的株型主要依据其叶柄与茎的夹角大小进行区分。夹角小于 30°的为直立生长型，约占调查总数的 1/3；夹角在 30°～60°之间的为半直立生长型，约占总数的 1/2；夹角大于 60°的为塌地生长型，大约只占总数的 1/5。

（四）性状的鉴定、评价和研究

此外，近年来国内学者也开始对菠菜种质资源的某些主要性状进行了鉴定、评价和研究。李锡香等 1994 年对 42 份来源于神农架及三峡地区的菠菜品种的还原型维生素 C、粗蛋白质和草酸含量范围（占鲜重）进行测定，结果分别为：每 100g 鲜重含维生素 C 4.8～29.4mg，含粗蛋白质 2.10％～5.93％，含草酸 0.64％～1.48％。与全国普遍栽培的 4 个品种比较，维生素 C 含量高的有 5 个品种；粗蛋白质含量高的有 11 个品种；草酸含量低的有 7 个品种。通过系统聚类，划分为 8 个类群，第 6、4、5、3 类在不同方面和不同程度上表现出各自的品质优势。第 8、7、1、2 类的品质不甚理想。赵清岩等（1994）以内蒙古自治区呼和浩特地区大面积栽培的刺籽菠菜和圆叶菠菜 2 个品种（属中国品种群）和来源于欧洲的荷兰阿蒂卡和英国菠菜 2 个品种（属欧洲品种群）为试材。对这些品种可食部分的可溶性糖、维生素 C、粗蛋白、矿质元素、氨基酸、粗纤维及草酸等与品质密切相关的生化成分进行了测试分析，结果表明，决定菠菜品质性状的主要营养成分含量变化规律是：欧洲品种优于中国品种；在中国品种中，圆叶品种优于刺籽品种。在露地栽培条件下，所测的生化成分中，其可溶性糖、维生素 C、铁及草酸含量，在各品种间的差异是显著的。

陈新平等（2000）采用盆栽试验研究了 4 个菠菜品种硝酸盐含量的差异及其原因。结果表明，4 个菠菜品种地上部及根系生物量无显著差异，但在施用氮肥条件下，菠菜不同品种地上部硝酸盐含量差异很大，这种差异是由于不同品种硝酸还原酶活性的差异所造成的，菠菜地上部硝酸盐含量与硝酸还原酶活性呈显著的负相关。林家宝等研究了菠菜性状特征对 NO_3^- 含量变化的关系，指出叶片光滑、色淡的类型要比叶片皱缩、色深的类型 NO_3^- 含量低。通过亲子代硝酸盐含量变异的分析以及对杂交后代群体不同株系硝酸盐含量变化的分布状况，初步认为菠菜硝酸盐含量主要由累加基因所控制，可通过筛选低 NO_3^- 的亲本杂交，有可能获得 NO_3^- 含量低且高产的杂交一代品种。此后的育种实践也验证了上述分析的正确性。

徐跃进等（1996）研究了 65 个菠菜品种的性型表现，结果表明：植株群体雌雄比约为 1∶1。就单个品种而言，有 1/3 的品种雌雄之比不符合 1∶1。对 4 个品种进行了不同播期、氮肥条件下雌雄比观察，发现潍坊尖叶的性型表现仅受遗传因子控制，而其他 3 个品种的性型既受遗传因子控制，也受环境因子影响。短日照、低温、氮肥多的情况下，雌株率高；长日照、高温、氮肥少的情况下，雄株率高。

二、优异种质资源

菠菜有刺和无刺种优异种质资源中均有品质优良者，也不乏抗病品种。优异有刺种一般是较抗寒性强的品种，宜作秋季或越冬栽培，如黑龙江省的双城冻根菠菜等。但也有抗热力强的品种，如浙江省绍兴市的火筒菠（尖叶早菠）、广东省广州市的大叶乌等。而优异无刺种则多为耐热的品种，一般抗寒性较差，如南京圆叶菠菜、广东圆叶菠菜等，多宜作春季或早秋季栽培。但也有一些品种兼有较强的抗寒性，如全能菠菜等。

（一）有刺种

1. 双城冻根菠菜　黑龙江省双城县地方品种。植株较直立，株高 20～33cm，开展度 25～30cm。叶片戟形，长 20～30cm，宽 7～15cm，基部深裂，有 2～3 对裂叶，叶柄长 10～13cm、宽 1～1.5cm，叶面深绿色、稍皱。味浓、甜、品质好。早熟。抗寒性强，抗病，春季抽薹晚，耐贮性好。宜作秋季栽培或越冬栽培。

2. 合肥小叶菠菜　安徽省地方品种。株高约 18cm，开展度 25cm 左右。叶片箭形，长约 12cm，宽 8cm 左右，基部深裂，叶面深绿色、光滑。纤维少，味浓，品质好。早熟。抗寒性强，耐热性弱，春季抽薹早。宜作秋季栽培（在当地可越冬收获）或春季栽培。

3. 绍兴塌地菠（黄山菠）　浙江省绍兴市地方品种。株型松散，塌地生长，株高17～18cm，开展度 20cm 左右。叶片厚，钝三角形，先端较圆，叶面深绿色，霜后转深紫色，光滑，叶缘波形。带甜味，品质好。中晚熟。抗寒性强，不耐热，抽薹迟。宜作越冬栽培（当地 12 月下旬至 2 月上旬播种）。

4. 火筒菠（尖叶早菠）　浙江省绍兴市地方品种。植株半直立，株高 20～30cm，开展度 33～40cm。叶片戟形，长约 9cm，宽 8cm 左右，有一对侧裂叶，叶柄长 16cm，宽 1cm。有涩味，经霜冻后品质较好，味略甜。早熟。耐热力强，抗寒性弱，春季抽薹早，易感霜霉病。宜作春季或秋季栽培。

5. 大叶乌　广东省广州市地方品种。植株半直立，株高约 28cm，开展度 22cm 左右。叶片较厚，长戟形，长约 14cm，宽 9cm 左右，先端渐尖，基部耳状，浓绿色，叶柄粗，长约 18cm 左右。质地软滑，品质好。早熟。抗热力较强，晚播易抽薹，易感染霜霉病。宜作秋季栽培。

6. 铁线梗　广东省广州市地方品种。株高约 44cm，开展度 20cm 左右。叶片较薄，长戟形，长 15cm，宽 11cm，先端渐尖，基部有裂片，叶面深绿色，叶柄细长且质地致密，长 30cm。品质好。早熟。抗霜霉病能力强。当地多作秋季越冬栽培，适播期为 10～11 月。

7. 北京尖叶（刺籽菠菜）　北京市地方品种。植株较直立，株高约 24cm，开展度 36cm 左右。叶片箭形，长约 30cm，宽 10cm 左右，基部深裂有 1～2 对侧裂片，叶面深绿色，背面灰绿色，平滑。叶肉稍薄，叶柄粗，纤维少，味甜，品质好。抗寒性强，耐热性差，春季抽薹早，耐贮藏，宜作秋季栽培和越冬栽培。

此外，还有青岛菠菜、沙洋菠菜以及近年育成的华菠 1 号、菠杂 9 号、菠杂 10 号等一代杂种。

（二）无刺种

1. 东北圆叶菠菜　黑龙江省地方品种，又称无刺菠菜、光头菠菜等。植株半直立，株高 25cm，开展度 20～25cm。叶片肥厚，卵圆形，叶长 13cm、宽 9.5cm，叶柄较粗壮，长 11～16cm、宽 0.7cm，全缘，叶面深绿色、皱缩。质嫩，味甜，品质佳。晚熟。耐肥，抗寒性强，宜作春季或秋季栽培。

2. 广东圆叶菠菜 广东省地方品种。叶片宽而肥厚，椭圆形至卵圆形，先端稍尖，基部有一对浅缺刻，叶面浓绿色。耐热，耐寒性较弱。宜作夏季或秋季栽培。

3. 内菠 1 号 由内蒙古自治区农业科学院蔬菜研究所育成。植株半直立，生长势强，株高约 25cm，开展度 45cm 左右。叶片卵圆形或尖端钝圆，基部呈戟形，长 20cm，宽 15cm，叶面深绿色，光滑。涩味轻，品质佳。丰产。从播种到采收 45～50d，春季抽薹晚，较抗病。宜作春季或秋季栽培。

4. 全能菠菜 由美国引进的圆叶类型新品种。株型直立，株高 40cm。叶片大而肥厚，叶色浓绿。品质佳。单株重 200～400g，生长期短，约 45d。丰产，耐热，耐寒，抽薹晚，适应性广。宜作速冻加工用品种。

5. 南京圆叶菠菜 江苏省南京市 1952 年从原华东农业科学研究所园艺系引入。植株矮小，塌地生长，株高约 21cm，开展度 24cm 左右。叶片卵圆形，长约 12cm，宽 10cm 左右，叶尖钝圆，叶面深绿色，稍皱，叶柄长约 9cm、宽 0.6cm，青白色。味稍淡。中晚熟。抗热，耐寒性较差，不易抽薹。宜作春季或秋季栽培。

6. 成都大圆叶（地爬菠菜） 四川省成都市地方品种。植株半直立，株高约 24cm，开展度 30cm。叶片近圆形，长约 14cm，宽 13cm 左右，基部凹陷，叶柄长 17cm，叶面深绿色、皱。叶肉厚、柔软，味甜，品质好。晚熟。较耐寒，春季抽薹晚，抗病力较弱。当地多于 10 月下旬种播，翌年 2 月下旬始收。

此外，还有上海圆叶菠菜、法国菠菜、大圆叶、春不老菠菜等品种。

第六节　菠菜种质资源研究与创新

一、菠菜细胞学研究

菠菜为藜科（Chenopodiaceae）菠菜属（*Spinacia*）的一个栽培种（*Spinacia oleracea* L.），染色体 2n＝2x＝12。在印度和尼泊尔有其两个二倍体的近缘种，即 *S. tetandra* 和 *S. turkestanica*（《中国蔬菜品种志》，2001）。圆叶菠菜的核型公式为 2n＝2x＝12＝10sm＋2st（SAT），属 3A 型；尖叶菠菜的核型公式为 2n＝2x＝12＝12sm（SAT），也属 3A 型。除圆叶菠菜有一对近端部着丝点染色体外，两者在染色体数目及随体数目与位置、核型类别皆相同，染色体长度比也几乎相等（利容千，1989）。但后来张长顺（1998）在菠菜中还发现了另外一种核型类别，即 2n＝2x＝12＝2m（SAT）＋10sm，属 2B 型。

二、菠菜分子生物学研究

菠菜因叶片稍大、叶色深绿、单细胞所含叶绿体数目较多，且易于水培及叶绿体提取，因此，其种质资源常被广泛用作植物分子生物学与光合作用机理研究的试材。

在植物叶绿体内光系统 Ⅱ（PSⅡ）是个大复合体，含有许多亚基，大部分亚基是嵌膜蛋白，但也有一些是外周蛋白。涉及水裂解的 PSⅡ 功能单位至少应包括反应中心 D1 及 D2 蛋白（与 P680 结合）、cyt559 蛋白、CP47 及 CP43 蛋白（与叶绿体 a 结合）、外周蛋白 33kD 及跨膜蛋白 PsbⅠ 等多肽（刘洪，2001）。目前，在菠菜叶绿体内 PSⅡ 反应中心/

PC47 复合体的二维晶体已被取得，电子衍射的分辨能力可达 8Å，结果证实其 PSⅡ反应中心与紫色细菌反应中心及 PSⅠ反应中心的晶体结构相似。从 D1、D2 蛋白中可观察到有 5 段跨膜螺旋，它不仅与紫色细菌反应中心 L、M 亚基跨膜螺旋的排布相似，而且与 PsaA、PsaB 中 5 段跨膜螺旋的排布相似。从 CP47 蛋白中可观察到有 6 段跨膜螺旋，它与 PSⅠ的 PsaA 亚基 N 端跨膜螺旋的排布相似（Rhee et al，1998）。辛越勇（2000）在菠菜叶绿体内发现：cyt559 由 α、β 亚基组成（分子量分别是：9.4kD 与 4.5kD），含有叶绿素 a 而不含有类胡萝卜素，有 563nm 及 666nm 两个荧光发射峰位，对光抑制作用的发生非常敏感，有定位 PSⅡ反应中心其他蛋白——起锚蛋白的作用及保护 PSⅡ反应中心免受强光破坏——起分子开关的作用。

在植物叶绿体内每个类囊体大约有 10^5 色素分子（Witt，1979），几乎所有的叶绿素都与蛋白质形成叶绿素蛋白复合体（Markwell et al，1979），其中捕光叶绿素 a/b 蛋白复合体（LHC）是类囊体膜蛋白的主要成分之一，它占有体内叶绿素 a 含量的 40% 及全部的叶绿素 b（Thomber et al，1974）。张正东（1984）等在菠菜叶绿体内发现：叶绿素 a 复合蛋白与叶绿素 b 复合蛋白位于类囊体膜的外侧，胰蛋白酶可通过消化引起 LHC 构型的变化来改变色素与色素、色素与蛋白间的相互关系及叶绿素分子的排列方向。娄世庆（1995）等在菠菜叶绿体内发现：捕光叶绿素 a/b 蛋白复合体（LHC）中的 chl a/b 比值为 1.33，并由 27kD 及 25kD 两个多肽组成，其单体、二聚体及三聚体也同样由两多个肽组成。随后，徐伟（1998）等用电子显微术及计算机图像处理系统获得了菠菜叶绿体 LHCⅡ的二维晶体图像。但按二维晶体厚度及蛋白的微分比容来推算，每个 LHCⅡ单体只能含有一个多肽，而不是两个多肽，这可能 LHCⅡ中的两个多肽只有其中之一参与了二维晶体的形成，或其单体中 25kD 及 27kD 两个多肽可以以互相替代的方式存在，这方面的问题还有待于今后去进一步研究。另外，除了主要的捕光色素复合物 LHC 外，在菠菜叶绿体中还存在 CP29 等次要捕光色素亚复合物。

通常，大多数叶绿体蛋白由核基因编码，它们在细胞溶质中先合成蛋白质前体再进入叶绿体内。进入过程由叶绿体内、外膜上的易位复合体（即受体蛋白）调控，具体可分三个步骤：①蛋白质前体先与叶绿体表面上的受体蛋白结合；②在 GTP 的作用下穿过叶绿体外膜；③在 ATP 的作用下穿过双层膜进入叶绿体内。Vigot（2005）等发现：在菠菜叶绿体内至少存在 Toc-34 两种受体蛋白，它们对不同底物具有专一性。

如上所述，对菠菜叶绿体光合作用系统的组成、结构及功能所进行的深入的基础性研究，将有助于揭示作物光合作用机理和提高作物高光效育种和栽培生理的应用水平，对菠菜及其他农作物的种质资源创新也有重要意义。

在酶工程的研究方面，以菠菜为试验材料，对谷氨酰胺合成酶的种类及亚基组成、醛缩酶的存在状态及其活性、ATP 合酶亚基 N 端与 C 端的功能及与植株性别相连锁的同工酶谱带的筛选等方面也有所报道。

谷氨酰胺合成酶（GS）能催化无机氮渗入到氨基酸中生成谷氨酰胺，GS 能与谷氨酸合酶（GOGAT）构成 GS-GOGAT 循环是氨同化的主要途径。植物体内存在 GS1 与 GS2 两种谷氨酰胺合成酶同工酶，GS1 主要存在非光合组织中，而 GS2 却在叶片中占优势。Mcnally（1983）等根据 GS1 及 GS2 在叶片中的存在情况，把所分析的植物分成四种类型：A 类型（只有 GS1 存在）、B 类型（只有 GS2 存在）、C 类型（GS1 及 GS2 同时存在，但 GS2 占优势）、D 类型（GS1 及 GS2 同时存在，但 GS1 占优势）。因波菜被认为只存在 GS2，故被归为 B 类。而近年，周忠新（2004）等在波菜生长发育过程中，发现至少存在 2 种 GS，其中一种 GS 的活性随其发育过程而逐渐升高，而另一种 GS 的活性变化却相反。在来源不同的成熟波菜叶片中也同样被发现存在 2 种 GS（这两种在波菜叶片上被发现的 GS 具体属于哪种类型，还有待于今后去进一步证实）。Ericson（1985）通过动力学的研究，证实波菜中的 GS2 由 8 个亚基组成，每亚基的相对分子量为 44 000。

醛缩酶在光合环中催化 1，6 二磷酸果糖及 1，7 二磷酸景天庚糖的生成反应。袁晓华（1986）等在波菜叶绿体内发现醛缩酶有两种存在状态：可溶性状态（S）（游离在基质中）和结合性状态（M）（与类囊体膜层结合）。这两种状态的氨基酸组成大体相同，并可相互转化，活性也都随波菜生育期的变化而有明显的变化。游离在基质中的该酶活性占总活性的 60%，与类囊体膜结合的该酶活性占总活性的 40%。S 态及 M 态的醛缩酶分子量分别为 108kD 与 104kD。

ATP 合酶（F1F0-ATPase）是生物体中能量转换的关键酶，F1-ATPase 突出在膜外，F0-ATPase 镶嵌在膜内，存在于线粒体内膜、叶绿体类囊体膜及细菌质膜上。倪张林（2004）等在波菜中发现：ATP 合酶的 δ 亚基无论缺失 N 端还是 C 端氨基酸残基对 F1-ATPase 水解 ATP 的活性无明显影响，但 C 端缺失氨基酸残基会明显影响重组类囊体膜循环光合磷酸化的活力恢复，而 N 端缺失氨基酸残基对重组类囊体膜循环光合磷酸化的活力恢复无特别影响。ATP 合酶 γ 亚基 N 端在稳定复合物及协同催化生化反应中起非常重要的作用。

由于波菜为雌雄异株（少数为雌雄同株），这一性状为筛选与其性别相连锁的同工酶酶带提供了条件。植物性别主要由基因调控，同工酶是分子水平的指标，其变化先于植物性别的表现，因此，可利用植物体内同工酶的差异来鉴定雌雄异株植物植株的性别。高式军（2006）等在波菜叶片中筛选到一条与雄性植株连锁的谱带，经过 20 株已开花植株的验证，该标记的准确率达到 95%。

在波菜叶绿体基因定位及其全序列测定方面的研究也有进展。因为叶绿体是植物光合作用的细胞器，具有独立复制遗传物质的能力。大多数高等植物叶绿体 DNA 的序列长度为 120～180kb（Bohnert et al，1982）。至 1986 年，在波菜叶绿体 DNA 上已定位了 13 个多肽编码基因、20 多个 tRNA 基因和一组反相重复的核糖体 RNA 基因（李小兵等，1986）。与 PSⅡ反应中心有关的细胞色素 b559 基因已被定位在细胞色素 f 基因与 P680 细胞色素 a 基因之间的一段 DNA 片段上（Westhoff et al，1985）。Christian（2001）等克隆了整个波菜叶绿体的 DNA 序列，长度为 150 725bp。

以波菜作为试材，与干旱、盐碱或强光等逆境有关的酶类及其基因（如甜菜碱醛脱氢酶、紫黄质脱环氧化酶）的克隆方面也有所报道。

因为许多植物的细胞在干旱或盐碱的环境下会积累甜菜碱。甜菜碱被认为是一种无毒渗透保护剂，使植物细胞在渗透胁迫下仍能维持正常的功能。甜菜碱由胆碱经两步氧化反应生成，催化此反应的酶是胆碱单氧化酶及甜菜碱醛脱氢酶（Rhodes et al，1993；Mccue et al，1990）。1990 年，Weretilnyk 等在波菜中克隆到 1 个 1 812bp 的甜菜碱醛脱氢酶

(BADH) cDNA 基因序列。该基因的阅读框为 1 491bp，编码氨基酸为 497aa，其 5' 端及 3' 端分别含有 67bp、239bp 的非编码区。其编码区含有编码甜菜碱醛脱氢酶 12 个多肽片段的基因序列。值得一提的是，该基因序列的 827～856bp 是编码 Val-Thr-Leu-Glu-Leu-Gly-Gly-Lys-Ser-Pro（10 肽）的基因，而此 10 肽在一般醛缩酶内高度保守。2004 年，张宁等发现：在菠菜中甜菜碱醛脱氢酶 mRNA 的表达量随盐胁迫时间的延长或盐浓度的增高而增强，干旱同样会使 BADH mRNA 的表达量增加，并在一定的时间段内使被诱导的 BADHmRNA 积累量维持在大致恒定的水平上。舒卫国（1997）等对菠菜甜菜碱醛脱氢酶的全基因序列进行了分析测定，与上述已发表的 BADHcDNA 序列相比，翻译的起始密码子 ATG 位于 2 460bp 处，终止密码子 TGA 位于 8 570bp 处，所测序列包含 2 459bp 的 5' 侧翼序列及 2 86bp 的 3' 侧翼序列，位于 8 570bp 处的碱基 T 在上述已发表序列中为 C，相应的氨基酸由丝氨酸变成了苯丙氨酸。所测 BADH 基因中共含 14 个内含子，其拼接点处的序列基本遵循 GT-AG 规律。经序列分析比较后得出：相应基因的编码序列是相对保守的，而基因启动子及内含子在进化过程中变化相对较大。

自从发现叶黄素循环具有热耗散作用后，它引起了生物界广泛的关注。目前，普遍认为叶黄素循环的色素定位在天线色素蛋白复合体上，在跨膜质子梯度形成后，玉米黄质（Z）及环氧玉米黄质（A）能从叶绿体中吸收过多的激发能，并以热能的形式耗散到体外，从而保护光合器官免受强光的破坏。紫黄质脱环氧化酶（VDE）是叶黄素循环的关键酶，它是一种水溶性蛋白，位于类囊体膜内侧。在较低的 pH 条件下，它能在数分钟内把紫黄质（V）转化为 Z 和 A。从菠菜中分离到的 VDE 分子量为 43kD，以质子化（VDE1）或去质子化（VDE2）两种形态分别存在于 pH 较高或较低的环境中（Kawano，2000）。目前，在菠菜上已克隆到了 VDE 基因（Genbank AJ250433）：cDNA 序列长度为 1 686bp，开放阅读框 1 419bp，编码氨基酸 472aa，运转肽 124aa，成熟蛋白 348aa，分子量为 39.6kD，等电点 4.69（林荣呈，2002）。

三、菠菜种质资源创新

李晓丽等（2003）在不同的温度下，用不同浓度的秋水仙素溶液分别以干种子浸泡法、露白种子浸泡法、生长点滴液法对菠菜进行四倍体诱导，结果表明：15℃ 下用 0.40％ 的秋水仙素溶液处理菠菜的露白种子 12h，可得到四倍体。

（汪李平　徐跃进　章时藩）

主要参考文献

汪李平 . 1993. 绿叶蔬菜大棚栽培 . 合肥：安徽科学技术出版社

《蔬菜采种技术》编写组 . 1991. 蔬菜采种技术 . 天津：天津科学技术出版社

吴志行 . 1993. 蔬菜种子大全 . 南京：江苏科学技术出版社

中国农业科学院蔬菜花卉研究所主编 . 1992. 中国蔬菜品种资源目录（第一册）. 北京：万国学术出版社

中国农业科学院蔬菜花卉研究所主编 . 1998. 中国蔬菜品种资源目录（第二册）. 北京：气象出版社

吕家龙主编 . 2003. 蔬菜栽培学各论（南方本，第三版）. 北京：中国农业出版社

李锡香，晏儒来，向长萍等 . 1994. 神农架及三峡地区菠菜种质资源品质评价 . 中国种业 .（2）：29～31

赵清岩，王若菁，石岭等 . 1994. 菠菜不同品种营养成分的研究 . 内蒙古农业大学学报 .（1）：23～26

中国农业科学院蔬菜花卉研究所主编 . 2001. 中国蔬菜品种志 . 北京：中国农业科技出版社

刘洪 . 2001. 菠菜光系统 II 33kD 锰稳定蛋白结构与功能研究 . 四川大学硕士论文

李小兵等 . 1986. 菠菜叶绿体 DNA4. 1kb 的 Sal I 片段的克隆 . 遗传学报 . 13（1）：11～16

辛越勇 . 2000. 光系统 II 反应中心细胞色素 b559 结构与功能的研究 . 中国科学院博士研究生学位论文

利容千 . 1989. 中国蔬菜植物核型研究 . 武汉：武汉大学出版社

林荣呈 . 2002. 水稻、菠菜紫黄质脱环氧化酶基因的克隆、遗传转化及其特性的研究 . 中国科学院研究
　　生院博士学位论文

周忠新等 . 2004. 菠菜叶中存在两种谷氨酰胺合成酶同工酶 . 武汉植物学研究 . 22（6）：572～574

张长顺 . 1998. 五种植物的染色体研究 . 云南师范大学学报 . 14（5）：44

张正东等 . 1984. 菠菜类囊体 LHC 的叶绿素—蛋白中的叶绿素排列和方向的研究 . 植物生理学报 . 10
　　（4）：315～322

张宁等 . 2004. 菠菜甜菜碱醛脱氢酶基因的分离和诱导表达 . 农业生物技术学报 . 12（5）：612～613

娄世庆等 . 1995. 菠菜和黄瓜光系统 II 捕光叶绿素 a/b 蛋白质复合体的比较研究 . 植物学报 . 37（3）：
　　192～197

倪张林 . 2004. 叶绿体 ATP 合酶 CF1 的小亚基结构与功能 . 中国科学院研究生院博士学位论文

徐伟等 . 1998. 黄瓜和菠菜 LHC- II 的二维结晶及其结构的初步分析 . 中国科学（C 辑）. 28（4）：343～
　　348

高式军等 . 2006. 菠菜的性别相关同工酶标记分析 . 河南师范大学学报（自然科学版）. 34（4）：147～
　　150

袁晓华等 . 1986. 叶绿体中醛缩酶的两种存在状态 . 植物生理学报 . 12（3）：209～217

舒卫国等 . 1997. 菠菜甜菜碱醛脱氢酶基因全序列分析 . 科学通报 . 42（22）：2 441～2 445

Bohnert H. J. et al. . 1982. In：Encyclopedia of plant physiology：Nucleic acid and protein in plants（Boul-
　　ter，D et al eds），143：475～530. Berlin Springer

Christian S. L. et al. . 2001. The plastid chromosome of spinach（*Spinacia oleracea*）：complete nucleotide
　　sequence and gene organization，45：307～315

Ericson M. C. . 1985. Purification and properties of glutamine synthetase from spinach leaves. Plant Physiol，
　　79：923～927

Kawano M. and Kuwabara T. . 2000. PH-dependant reversible inhibition of violaxanthin de-epoxidase by
　　pepstain relation to protonation-induced structural change of the enzyme. FEBS Letters，481：101～104

Markwell J. P. et al. . 1979. High plant chloroplast：Evidence that all the chlorophy II exits as chlorophy II -
　　protein complexes. Proc. Natl. Acad. Sci. USA，76：1 233～1 235

McCue K. F. et al. . 1990. Drought and salt tolerance：understanding and application. TIBTECH，8：358～
　　362

Mcnally S. ，Hirel B. . 1983. Glutamine synthetase isoforms in higher plants. Physol Veg. ，21：761～774

Rhee K. H. ，Morris E. P. ，Barber J. et al. . 1998. Three dimentional structure of the plant photosystem II
　　reaction center at 8 Åresolution. Nature，396：283～286

Rhodes D. et al. . 1993. Quaternary ammonium and tertiary sulfonium compounds in higher plants. Annu Rev

Plant Physiol Plant Mol Biol. ，44：357～384

Thornber J. P. ，Highkin H. R. . 1974. Composition of the photosynthetic apparatus of barley leaves and a mutant lacking chlorophy Ⅱ b. Eur. J. Biochem，41：109～116

Vigot A. et al. . 2005. At least two Toc-34 protein import receptor with different specificities are also present in spinach chloroplasts. FEBS Letters，579：1 343～1 349

Weretilnyk E. A. et al. . 1990. Molecular cloning of a plant betaine-aldehyde dehydrogenase，an enzyme implicated in adaptation to salinity and drought. Proc. Natl. Acad. Sci. USA，87：2 745～2 749

Westhoff P. et al. . 1985. Localization of the gene for apocytochrome b-559 on the plastid chromosome of spinach. Plant Molecular Biology，4：103～110

Witt H. T. . 1979. Energy conversion in the functional membrane of photosynthesis. Analysis by light pulse and electric：pulse methods. The central role of the electric field. Biochim. Biophys. Acta，505：355

蔬菜作物卷

第三十八章

莴苣

第一节 概 述

莴苣（*Lactuca sativa* L.）为菊科（Compositae）莴苣属一年生或二年生草本植物，别名千金菜。按食用部分可分为叶用莴苣（生菜）和茎用莴苣（莴苣笋、莴笋）两类，染色体 $2n=2x=18$，是中国重要的蔬菜作物之一。

莴苣的营养丰富，据中国疾病预防控制中心营养与食品安全研究所（《中国食物成分表》，2002）分析，莴笋每 100g 鲜重的食用部分（笋部）含蛋白质 1.0g、脂肪 0.1g、碳水化合物 2.8g、钙 23.0mg、磷 48.0mg、铁 0.9mg、胡萝卜素 0.15mg、硫胺素 0.02mg、核黄素 0.02mg、尼克酸 0.5mg、维生素 C 4.0mg。而每 100g 新鲜叶用莴苣（生菜）含蛋白质 1.3g、脂肪 0.3g、碳水化合物 2.0g、钙 34mg、磷 27mg、铁 0.9mg、胡萝卜素 1.790mg、硫胺素 0.03mg、核黄素 0.06mg、尼克酸 0.4mg、维生素 C 13mg，其中蛋白质、钙、胡萝卜素、硫胺素、核黄素、维生素 C 的含量均超过莴笋，特别是胡萝卜素的含量为莴笋的 12 倍。此外，莴苣的茎、叶中还含有乳白色汁液，其中含有甘露醇、莴苣素（$C_{11}H_{14}O_4$ 或 $C_{22}H_{36}O_7$）等物质，味甘苦，有驱寒、消炎、利尿、清胃热、安眠、镇痛、防癌等作用，故被视为重要的保健蔬菜。叶用莴苣（生菜）含铁、钾量高（而含钠量较低），适于贫血病、肾病、高血压、心脏病患者食用。生菜还含有碘、氟和锌等人体需要的微量元素，因此，经常食用生菜对身体健康大有益处。莴苣还可入药，其味甘苦，性凉，能利五脏，通经脉，清胃热，可治乳汁不通、小便不通、口臭等症。莴苣的香气可驱虫，如有小虫钻入耳内，只要滴入莴苣汁，虫便可驱除（宋元林等，1998）。

莴苣属作物主要分布在北美洲、欧洲、中亚、西亚及地中海地区。茎用莴苣（莴笋）适应性强，中国南、北各地普遍栽培；叶用莴苣（生菜）则在广东省、广西壮族自治区等南方地区栽培较多。近年来，随着人们对莴苣需求的增长，各地利用各种保护设施对不同的莴苣品种排开播种，分期收获，已经可以做到周年供应，满足消费者的需求。目前，莴苣还成了出口创汇的主要品种之一，冷藏保鲜的叶用莴苣叶球或切割产品多销往日本和欧美国家。

中国幅员辽阔，自然地形和气候类型复杂，因此，在长期的自然和人工选择作用下，形成了极其丰富多样的莴苣种质资源。据统计，目前国内拥有各种不同类型莴苣种质资源共有 740 份，其中茎用莴苣（莴笋）532 份，叶用莴苣（生菜）208 份。有 118 份作为主要或重要种质资源被列入《中国蔬菜品种志》（2001），其中茎用莴苣（莴笋）82 份，叶用莴苣（生菜）36 份。

第二节　莴苣的起源与分布

莴苣原产地中海沿岸。栽培莴苣起源于野生的山莴苣，这种野生莴苣分布在欧洲南部、亚洲东部和南部，它的茎、叶有毛刺，味道很苦，在经过长期的人工选择和驯化栽培后，茎叶上的毛刺消失，莴苣素减少，苦味变淡而逐步形成苦味少、质地柔嫩的栽培型莴苣（宋元林等，1998）。

由于东、西方人对莴苣食用部分的选择方向不同，形成了茎用莴苣和叶用莴苣两大类：中国人对山莴苣的选择方向是膨大的肉质茎，由此演化为东方所特有的茎用莴苣（莴笋）；而西方人对山莴苣的选择方向是发达的叶部，从而演化为叶用莴苣，由于主要作生食用，所以又叫生菜。西方现在栽培的茎用莴苣是从东方传入的，而东方栽培的叶用莴苣则多是从西方传入。

莴苣的栽培历史悠久，公元前 4500 年的古埃及墓壁上有关于莴苣叶型的描绘，古希腊、古罗马许多文献上有莴苣若干变种的记述，表明当时莴苣在地中海沿岸栽培已较普遍。16 世纪在欧洲出现了结球莴苣，并有了皱叶莴苣和紫莴苣的记载。1492 年，莴苣传到南美（宋元林等，1998）。约在公元 5 世纪时莴苣传入中国，已有 1 000 多年的栽培历史。宋朝陶谷的《清异录》（公元 950）写道："西国（西域国名）使者来汉，隋人求得菜种，酬之甚厚，故名千金菜，今莴苣也。"以后莴苣在中国迅速发展普及，《本草衍义》（公元 1116 年）谓其"四方皆有"。11 世纪苏轼在《格物粗谈》中已有紫色莴苣的记载。通过人工选择，莴苣在中国又演化出茎用类型——莴笋。

叶用莴苣适应性强，世界各国普遍栽培，主要分布于欧洲、美洲、中亚、西亚及地中海地区（《中国植物志》，第 80 卷，1997）和中国华南地区的广东、广西和台湾等地。茎用莴苣的适应性更强，中国南北各地普遍栽培，在长江流域，茎用莴苣是 3～5 月春淡季市场供应的重要蔬菜之一。中国早期以茎用莴苣栽培为主，叶用莴苣主要分布在华南地区，台湾省种植尤为普遍。20 世纪 80 年代后，随着保护地的发展，莴苣的分布也逐渐辐射到全国各地。其中栽培较多的有江苏、浙江、上海、山东、重庆、福建、广东、广西、北京、台湾等省（自治区、直辖市）；而四川、福建、广西、山西、吉林、内蒙古、新疆等省（自治区）的种质资源较为丰富（《中国蔬菜品种志》，下卷，2001）。

第三节　莴苣的分类

一、植物学分类

莴苣（*Lactuca sativa* L.）为菊科（Compositae）莴苣属（*Lactuca*）植物。据《中国

作物遗传资源》（1994）和其后的《中国蔬菜品种志》（2001）记载，莴苣在中国的主要栽培种有茎用莴苣（*Lactuca sativa* var. *asparagina* Baiey 或 var. *angustana* Irish）、皱叶莴苣（*Lactuca sativa* var. *crispa* L.）、结球莴苣（*Lactuca sativa* var. *capitata* L.）、直立莴苣（*Lactuca sativa* var. *longifolia* Lam. 或 var. *romana* Gars）等 4 个变种。

在植物学分类上，上述四个变种的检索表如下：

A. 基叶狭窄披针形，花茎基部膨大成为食用部分 …… 茎用莴苣（*Lactuca sativa* var. *asparagina* Baiey）

　AA. 基叶宽为匙形、卵形至圆形，先端圆。茎部不膨大，以叶为主要食用部分

　B. 叶有深裂刻，叶面皱缩 ……………………………… 皱叶莴苣（*Lactuca sativa* var. *crispa* L.）

　BB. 叶全缘或稍有锯齿

　　C. 顶生叶形成叶球，呈圆球形或扁圆形 …………… 结球莴苣（*Lactuca sativa* var. *capitata* L.）

　　CC. 叶长，直立，一般不结球或卷心成圆筒形 ……………………………………………………

　　………………………………………… 直立莴苣（*Lactuca sativa* var. *longifolia* Lam.）

二、按产品器官分类

莴苣的栽培学分类，主要依产品器官的不同进行区分，可分为茎用莴苣（莴笋）和叶用莴苣（生菜）两大类。

（一）茎用莴苣（莴笋）

茎用莴苣（莴笋）的肉质茎肥大如笋，肉质细嫩，叶片有披针形、卵圆形，叶色淡绿或紫红，耐寒力较强。

1. 根据莴笋叶片形状分类　根据莴笋叶片的形状可分为尖叶和圆叶两个类型。尖叶莴笋叶披针形，先端尖，叶簇较小，节间较稀，叶面平滑或略有皱缩，叶绿色或紫色。茎部皮色白绿或淡绿，茎似棒状，下部粗，上部渐细。较晚熟，苗期比较耐热，适于秋季栽培或越冬栽培。圆叶莴笋叶长倒卵形，顶部稍圆，叶面微皱，叶簇较大，节间较密，叶淡绿色。茎粗大，下部较粗，顶端渐细。较早熟，耐寒性强，耐热性较差，品质好，多作越冬栽培。

2. 根据莴笋叶片颜色分类　根据莴笋叶片的颜色可分为白叶莴笋、绿叶莴笋和紫叶莴笋。

3. 根据莴笋茎的色泽分类　根据莴笋茎的色泽可分为白笋（外皮绿白）、青笋（外皮浅绿）、紫皮笋（外皮紫绿色）3 种类型。

（二）叶用莴苣（生菜）

叶用莴苣（生菜）以叶片为主要食用器官，茎不发达。它又包括散叶、叶直立和结球 3 种类型（即植物学分类中除茎用莴苣外的 3 个变种）：

1. 皱叶莴苣　又称散叶莴苣（散叶生菜）。这个变种的主要特征是不结球。基生叶长卵圆形，叶柄较长。叶缘波状有缺刻或深裂，叶面皱缩，簇生的叶丛有如大花朵一般，叶色有绿、黄绿、浅紫红、深紫等多种，是区分品种的主要标志。皱叶莴苣变种中的多数品种都有美丽的叶丛，色泽鲜艳多彩，是点缀餐宴的好材料，品质中等。中国广东省广州

市、吉林省长春市等地原有的叶用莴苣品种多属于皱叶莴苣变种，近年来，也引进了少量其他皱叶莴苣新品种，但种植面积较小。

2. 结球莴苣　又称结球生菜。这一变种的主要特征是，它的顶生叶形成叶球，叶球呈圆球状或扁圆球形，与结球甘蓝的外形相似。主要以叶球供食，质地特别脆嫩，是其他叶用莴苣变种所不能比拟的。这个变种中有很多品种，根据叶片质地不同，又分作皱叶结球莴苣、酪球莴苣、直立结球莴苣、拉丁莴苣 4 种类型（浙江农业大学，1985）。它们的特征特性是：

（1）皱叶结球莴苣（软叶结球莴苣）　叶球大，质脆，结球紧实，外叶绿色，球叶白或浅黄色。生长期 90d 左右，适于露地栽培。代表品种有美国的大湖等。

图 38-1　皱叶莴苣

图 38-2　软叶结球莴苣

（2）酪球莴苣（脆叶结球莴苣）　叶球小而松散，叶片宽阔，微皱缩，质地柔软，生长期短，适于保护地栽培。代表品种有美国的大波士顿等。

（3）直立结球莴苣　叶球圆锥形，外叶浓绿或淡绿，中肋粗大，球叶细长，淡绿色，表面粗糙。

（4）拉丁莴苣　形成松散的叶球（与酪球莴苣相似），叶片细长（与直立结球莴苣相似）。

3. 直立莴苣　又称直立生菜。这一变种的主要特征是叶片狭长，直立生长，叶全缘

图 38-3　脆叶结球莴苣

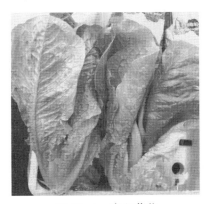

图 38-4　直立莴苣

或有锯齿，叶片厚，肉质较粗，风味较差。这类莴苣不形成叶球，但心叶卷成圆筒状，也称直筒莴苣。

三、其他分类

莴苣还可按照对环境温度、栽培方式、栽培季节的不同要求以及熟性的差异进行栽培学分类。

（一）根据对温度的适应性分类

根据莴苣对温度环境的适应性，可将其分为耐寒性强、一般和较耐热三类。耐寒性强的品种，在北方部分地区，温度低于 0℃时，仍可在露地安全越冬；较耐热的品种在南方广东、福建、台湾省等地的炎热夏季，能良好地生长和发育。

（二）根据不同栽培方式分类

根据莴苣对不同栽培方式的适应性，可将莴苣分为适于露地栽培的品种、适于保护地栽培的品种和露地、保护地兼用型品种三类。适于保护地栽培的品种在改良阳畦、各种塑料拱棚、日光温室和加温温室中生长发育良好，可以获得较高的产量和品质。

（三）根据不同栽培季节分类

根据莴苣生长所适应的栽培季节，茎用莴苣可分为春莴笋、夏莴笋、秋莴笋和秋冬莴笋。一般多以春莴笋、秋莴笋两大季栽培为主，其中春莴笋是主要的茬次。东北各地、内蒙古自治区、青海省等高寒地区以夏莴笋栽培为主；西南山区、华北平原、江淮之间主要为夏莴笋或冬莴笋；长江以南各地则多为春莴笋或冬莴笋。由于保护地的发展，冬季可利用日光温室、春季利用塑料大棚和中棚、夏季利用遮阳网栽培，因此使莴苣的播种期不再有严格的界限，加之与露地栽培的配合和衔接，莴苣已基本实现了周年生产和供应。叶用莴苣（生菜）因既不耐热，又不耐寒，故在中国北方主要以春、秋两季露地栽培为主。但加上保护地春覆盖、秋延后、冬促成等栽培技术措施，基本上也可以做到四季生产和周年供应。

（四）根据熟性分类

莴苣根据其熟性可分为早熟、中熟、晚熟三类。在中国，茎用莴苣（莴笋）从播种至采收 175d 以下的为早熟品种。早熟品种株型小，直立性强，抽薹早，肉质茎生长快、细小，横径停止增粗亦快。生育期在 175d 以上至 190d 以下的为中熟品种。190d 以上的为晚熟品种。晚熟品种茎生长较慢，横径较粗。在中国现有的莴笋种质资源中，早熟、中熟、晚熟品种所占的比例分别为 45.1%、30.5%和 24.4%。叶用莴苣（生菜）从定植至采收在 50d 以下的为早熟品种，50～80d 的为中熟品种，80d 以上的为晚熟品种。在中国现有的生菜种质资源中，早熟、中熟、晚熟品种所占的比例分别为 61.1%、13.9%和 25%。

第四节　莴苣的形态特征与生物学特性

一、形态特征

（一）根

莴苣为直根系，根系浅而密集，未经移栽者主根长可达150cm，移栽者主要根系分布在20～30cm的耕作层中，根系的再生能力和侧根发生能力强。

（二）茎

在生育前期，莴苣的茎为短缩茎。短缩茎随植株的旺盛生长而逐渐伸长，顶端分化花芽后继续伸长。茎用莴苣（莴笋）的茎随植株生长逐渐伸长和加粗。茎顶端分化花芽后，在花茎伸长和加粗的同时，茎部继续加粗生长，最终形成肉质嫩茎（笋），并成为主要食用部分。据陆帼一（1980）对莴笋花芽分化的观察结果，莴笋的肉质嫩茎是包括由胚芽轴发育而成的茎和由花芽分化后生成的花茎两部分构成。因此，莴笋的食用部分包括胚芽轴发育的茎和花茎两部分，两者的比例因品种和栽培季节不同而异。花茎在整个食用部分所占比例，早熟品种比中、晚熟品种大；同一品种中，秋莴苣所占比例比越冬莴苣大。莴苣的茎有绿色、绿白色、紫色等。茎用莴苣（莴笋）的茎有肥大的髓部，充满薄壁细胞；形状有长棒形、长圆锥形。短棒形、鸭蛋形、牛角形、鸡腿形等（图38-5）。叶用莴苣（生菜）的茎不发达，为短缩茎或称为盘状茎，随着植株的旺盛生长而缓慢伸长，加粗；茎端花芽分化后，随着生殖生长的加强而继续伸长、加粗，抽薹后期形成肉质茎。

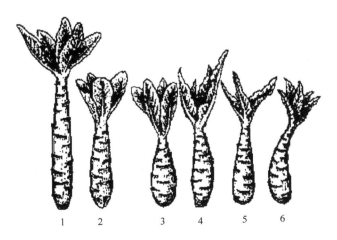

图38-5　茎用莴苣肉质茎的形状

1.长棒形　2.短棒形　3.鸭蛋形　4.鸡腿形　5.长圆锥形　6.牛角形

（陆帼一，1998）

(三) 叶

莴苣的叶片互生于短缩茎上，有披针形、椭圆形、倒卵形等形状，有绿、黄绿或紫等颜色。叶面平展或皱缩，叶缘波状或浅裂至深裂（花叶），外叶开展，心叶松散或抱合成叶球。结球莴苣在莲座叶形成后，心叶内卷发育形成圆球形、扁球形、圆锥形、圆筒形叶球，有的品种形成舒心散叶形叶球。散叶莴苣外叶开展，心叶松散，叶面平展或有皱褶（图 38 - 6）。

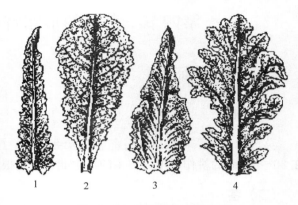

图 38 - 6　茎用莴苣叶片形状
1. 披针形　2. 长倒卵圆形　3. 宽披针形　4. 花叶形
（陆帼一，1998）

(四) 花

莴苣的花茎分枝呈圆锥形，头状花序，花托扁平。每一头状花序中有小花 20 朵左右（图 38 - 7）。头状花序外围有总苞，总苞的苞叶由下至上呈卵圆形至披针形，淡绿色。花瓣淡黄色，内着生 1 枚雄蕊。苞叶数、花瓣数、雄蕊数与小花数相等。子房单室。萼片退化成毛状，称冠毛。日出后开花，1～2h 后花冠紧闭，不再开放。开花后 11～13d 果实成熟。全株的花期可持续 1 个月。自花授粉，有少数为异花授粉，异交率 1‰左右。

(五) 果实

茎用莴苣（莴笋）的果实为瘦果（图 38 - 8），扁平，细长，呈披针形，黑褐色或灰白色。果实两面有浅棱。成熟时果实顶部附有丝状冠毛，形同雨伞，可借风力传播。生产上播种的种子是植物学意义上的果实（瘦果）。莴苣果实的千粒重为 0.8～1.5g。叶用莴苣（生菜）的果实也为瘦果，小而细长，披针形，呈灰黑或黄褐色，在开花后 15d 左右成熟。种子成熟后有一段时间的休眠期，经 1 年左右贮藏可提高发芽率。

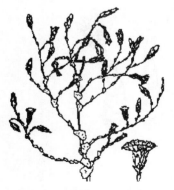

图 38 - 7　莴苣的花茎与花序
（陆帼一，1998）

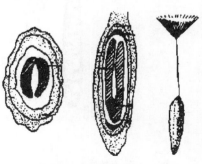

图 38 - 8　莴苣的瘦果
（陆帼一，1998）

（六）种子

莴苣的瘦果内包有 1 粒种子，种皮极薄，剥去种皮后便可看到两片肥大的子叶。胚位于种子的尖端，藏在两片子叶中间。无胚乳。种脐位于种子的基部，发芽孔位于种子尖端，与脐的方向相对。

二、生物学特性

（一）生育周期

茎用莴苣（莴笋）和叶用莴苣（生菜）的生育周期不尽相同，叶用莴苣的生育期分为发芽期、幼苗期、莲座期、结球期和开花结果期，而茎用莴苣在莲座期之后则进入肉质茎膨大期。

现以叶用（结球）莴苣为例：

1. 发芽期 从种子萌动至子叶展开、第一片真叶显露，为发芽期，需 8～10d。

2. 幼苗期 从真叶显露至第一叶序 5 枚叶展开，俗称"团棵"，为幼苗期，需 20～25d。

3. 莲座期 从"团棵"至第二叶序完成，心叶开始卷抱为止，为莲座期。此期是形成叶面积、为产品器官形成奠定基础的时期，需 15～30d。

4. 结球期 莲座叶继续生长扩展，心叶加速卷抱，形成肥大的叶球，为结球期。叶球构成有叶数型和叶重型之别，叶数型叶片多而薄，以叶片数量为主构成产量；叶重型叶片少而厚，单叶较重，产量构成以单叶重为主。

5. 开花结果期 从抽薹、开花至开花后 15d 左右瘦果成熟为开花结果期。实际上进入莲座期后花芽即已开始分化，故营养生长和生殖生长有一段时间的重叠。

茎用莴苣的生育周期与叶用莴苣有所不同。茎用莴苣的莲座期为"团棵"至第三叶序全部展开，心叶与外叶齐平时为进入莲座期的标志。莲座期叶面积迅速扩大，嫩茎开始伸长和加粗。莲座期以后进入肉质茎形成期。此期肉质茎迅速膨大，叶面积迅速扩大，需 30d 左右。此后，花芽在茎顶端开始分化，花茎开始伸长和加粗，成为肉质茎的一部分，并最后进入开花结果期（与叶用莴苣相同）。

（二）对环境条件的要求

莴苣属于半耐寒性的蔬菜，性喜温和、凉爽的气候条件，既不耐炎热又怕严寒。长日照条件能促进花芽分化，良好光照可促进生长。对土壤水分和降雨十分敏感，水分是影响莴苣产量和品质的主要因素。对土壤的质地和养分要求较高，喜好养分丰富、通气性良好的沙壤土；充分的氮、钾供应和平衡，以及钙、镁等微量元素的供应，对良好生长发育和提高品质非常有利。

1. 温度 莴苣为半耐寒性蔬菜，忌高温，耐霜冻。种子的发芽温度为 5～28℃，适温为 15～20℃，超过 30℃，因种皮吸水受阻，将导致发芽不良。所以在夏季高温期进行催芽时，一定要注意提供低温条件。

幼苗期对温度的适应性较强。茎用莴苣幼苗可耐－5～－6℃的低温，但成株的耐寒力减弱。幼苗生长的适宜温度为12～20℃，当日平均温度达24℃左右时生长旺盛，但温度过高将抑制生长，地表温度高达40℃时，幼苗的下胚轴容易受灼伤，并引起"倒苗"。

茎用莴苣茎、叶生长期适宜温度为11～18℃，在夜温较低（9～15℃）、温差较大的情况下，有利于茎部的肥大。如果日平均温度达24℃以上，夜温长时间在19℃以上时，则呼吸强度大，消耗养分多，干物质向食用部分的分配降低，易发生"窜"秧的现象。遇0℃以下的低温，茎部易遭受冻害。

叶用莴苣对温度的适应范围较小。结球莴苣对温度的适应性较茎用莴苣弱，既不耐寒又不耐热，在茎用莴苣幼苗可以露地越冬的地区，叶用莴苣往往不能露地越冬。结球莴苣结球期的适温为17～18℃（涉谷茂，1996），温度过高（21℃以上）不易形成叶球或因球内温度过高而引起心叶坏死或腐烂。高温下茎易伸长，叶片松散，产品含糖量低，品质下降；较低温度下产品质量好，但茎叶生长缓慢，产量下降。散叶莴苣对温度的适应范围介于莴笋与结球莴苣之间。

莴苣开花结实期要求较高的温度，在22.3～28.8℃范围内，温度愈高，从开花到种子成熟所需要的天数愈少。在19～22℃的温度下，开花后10～15d种子成熟；10～15℃的温度下可正常开花，但不能结实。

莴苣从营养生长转向生殖生长，解剖学上的标志是苗端分化为花芽（图38-9）。关于莴苣花芽分化需要的条件，结论不尽一致。有学者认为莴苣春化需要低温，还有的学者（涉谷茂，1951、1952、1957；刘月新等，1959）则认为不一定需要低温，而主要受积温的影响。但越来越多的研究结论认为，莴苣通过阶段发育属于"高温敏感型"。茎用莴苣在日平均温度22～23.5℃、茎粗在1cm以上时，花芽分化最快，早熟品种30d左右，晚熟品种需45d左右。花芽分化后温度较高时抽薹较快，25℃以上10d抽薹；20℃以下20～30d抽薹；15℃以下，则需30d以上抽薹。

2. 光照　莴苣是长日照作物，营养生长期对光照强度要求不严格，喜中等光照，光补偿点为15 000～20 000lx，强光下生长不良，适于保护地弱光条件下栽培。对光照时间的反应极为敏感，在长日照条件下，阶段发育速度随温度的升高而加快。高温长日照条件加速营养生长向生殖生长的转化，促进抽薹开花。在24h长日照，15～35℃温度下都能提早抽薹开花。在短日照条件下，会延迟开花期。刘月新等（1959）的试验也证明，莴苣种子低温春化处理对提早抽薹没有显著影响。而早熟、中熟、晚熟三个类型的品种无论是否经过低温春化，植株在较长的日照条件下（13.9～14.2h）比在短日照（10h）下抽薹显著提早；在24h时的长日照，低温（15℃）或高温（35℃）下生长的植株都提早开花，但是高温长日照比低温长日照抽薹更早。因此认为，莴苣在发育上呈长日照反应，在长日照下发育速度随温度的升高而加快，早熟品种最敏感，中熟品种次之，晚熟品种反应较迟钝。所以栽培夏莴笋不宜选用早熟品种，而应选择中、晚熟品种。

此外，莴苣种子发芽需要一定的光照。在有光条件下比黑暗条件下发芽快。不同的光质对种子发芽的影响不同，红光促进发芽，近红外光和蓝光抑制发芽。

3. 水分　莴苣的根系吸收能力较弱，而叶片面积大，耗水量大，因此对土壤水分要求较严格。莴苣不同的生育期对水分的要求不同。幼苗期应保持土壤湿润，水分过多，茎

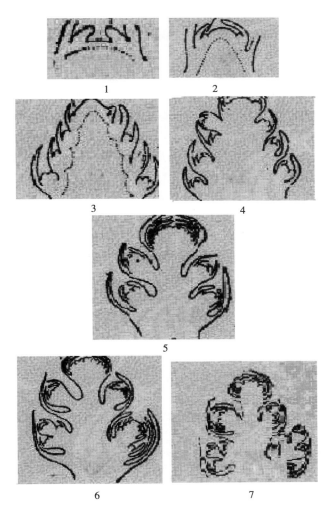

图 38-9　莴苣花序及花芽分化过程
1. 未分化　2. 花序分化期　3~4. 顶花序苞叶原基分化　5. 花芽分化期　6~7. 花冠分化
（《蔬菜栽培学各论》，北方本，1984）

叶徒长，茎细长而叶球松散；水分过少，幼苗生长缓慢，老化、僵化，将严重影响品质。莲座期应适当控制水分，加速根系发育，增加叶片分化，促使莲座叶发育充实，以防止出现徒长现象。叶用莴苣结球后和茎用莴苣茎部肥大期应充分供应水分，以促进叶球或茎部充分肥大。此期缺水，则叶球或茎变小变苦，纤维增多，品质下降，产量降低。采收前期应控制水分，防止叶球或茎开裂和软腐病的发生。开花结果期要求空气干燥，可减轻病害，使种子饱满、产量提高。土壤湿度以田间最大持水量的 70%~80% 为宜，空气相对湿度宜保持在 60%~70%。

4. 土壤与营养　莴苣在有机质丰富、保水保肥力强的黏质壤土或壤土中根系发展快，有利于水分、养分的吸收。在缺乏有机质、通气性差和瘠薄的土壤上根系发育不良，叶面积的扩展受阻碍，结球莴苣的叶球小，不充实，品质差，莴笋的茎瘦小而木质化。莴苣喜微酸性土壤，适宜的土壤 pH 为 6.0 左右，pH 在 5 以下和 7 以上时发育不良。茎用莴苣比叶用莴苣的 pH 适应范围稍广一些，但在偏碱性的土壤中，叶片易枯黄。

莴苣的需肥量较大，对 N、K 吸收较多，其次是 Ca、Mg，而对 P 吸收较少。定植后叶片中各肥料成分含量逐渐增加，但增量不同。其中 P、Mg、N 增量较多，Ca、K 增量较少（范双喜，2003）。叶用莴苣开始结球时，在充分吸收氮、磷的同时，必须保持氮、钾的平衡，促使光合作用产生的干物质向叶球中输送，促使叶球增重。如果氮肥过多，而钾肥不足，则营养物质输送到外叶中的较多，叶球分配的营养物质较少，植株容易徒长，致使叶片变窄、变薄、变长，叶球变松，品质下降。钾肥不足时，茎用莴苣的肉质茎变细，产量下降。据分析（《蔬菜栽培学各论》北方本，第三版，1999），生长期为 210d、产量为 22 500kg/hm² 的叶用莴苣吸收氮 57kg，磷 27kg，钾 110.5kg。研究表明（李孝良等，2003；续勇波等，2003），生产 1 500kg 的莴苣，吸收氮、磷、钾的量分别为 3.8kg、1.8kg 和 6.7kg。

莴苣的生长发育还需钙、硼、镁、铜等微量元素。对钙尤其敏感，当缺钙时，常引起心叶干瘪，严重时大面积干枯，俗称"干烧心"，继而叶球腐烂。缺镁时，则出现叶片失绿。结球莴苣在莲座期进行叶面追肥，补充微量元素，是提高产量和品质的有效措施。

莴苣不同品种矿质养分吸收与分布不同。邱义兰等（2000）试验认为，在相同的栽培条件下，碧玉结球生菜、春秋二白皮等 3 个莴苣品种在不同生长时期对 Fe、Zn、Ca、N 吸收与分布均存在显著差异，在整个生长期内，碧玉结球生菜地上部的 Fe、Zn、Ca、N 含量最高，但对 4 种矿质养分的累积量最低，与春秋二白皮等的差异均达到显著水平，后两个品种之间的差异（除地上部 Ca 含量外）则不显著。3 个莴苣品种地下部的 Fe、Zn、Ca 含量显著高于地上部，但植株对 3 种矿质养分的累积量地上部显著高于地下部。

第五节 莴苣的种质资源

一、概况

中国莴苣的种质资源比较丰富，从莴苣种质资源的地域分布来看，被列入《中国蔬菜品种资源目录》（第一册，1992；第二册，1998）的各种不同类型莴苣种质资源共有 680 份，其中茎用莴苣（莴笋）502 份，叶用莴苣（生菜）178 份。按中国蔬菜栽培分区的数量分布为：①东北单主作区（包括黑龙江、吉林、辽宁）26 份，其中茎用莴苣 2 份，叶用莴苣 24 份，约占总数的 3.82％；②华北双主作区（包括北京、天津、河北、山东、河南）122 份，其中茎用莴苣 91 份，叶用莴苣 31 份，约占总数的 17.94％；③长江中下游三主作区（包括湖南、湖北、江西、浙江、上海、安徽、江苏）168 份，其中茎用莴苣 144 份，叶用莴苣 24 份，约占总数的 24.71％；④华南多主作区（包括海南、广东、广西、福建、台湾）65 份，其中茎用莴苣 14 份，叶用莴苣 51 份，约占总数的 9.56％；⑤西北双主作区（包括山西、陕西、甘肃、宁夏）59 份，其中茎用莴苣 47 份，叶用莴苣 12 份，约占总数的 8.68％；⑥西南三主作区（包括四川、云南、贵州）198 份，其中茎用莴苣 175 份，叶用莴苣 23 份，约占总数的 29.12％；⑦青藏高原单主作区（包括青海省、西藏自治区）9 份，均为茎用莴苣，约占总数的 1.32％；⑧蒙新单主作区（包括内蒙古、新疆自治区）33 份，其中茎用莴苣 20 份，叶用莴苣 13 份，约占总数的 4.85％（吴肇志）。由上述可见，莴苣种质资源以华南最为丰富，其次为华北双主作区和气候较温和的长江中下游三主作区，而青藏高原单主作区则种质资源甚少，仅占 1.32％。

从莴苣种质资源的种类数量来看，被收录到《中国蔬菜品种志》（2001）的茎用莴苣（莴笋，*Lactuca sativa* var. *asparagina* Baiey）有 82 份，其中早熟品种 37 份，占总数的 45.1％；中熟品种 25 份，占总数的 30.5％；晚熟品种 20 份，占总数的 24.4％。叶用莴苣（生菜）品种有 36 份，其中直立莴苣（*Lactuca sativa* var. *longifolia* Lam.）14 份，占总数的 38.9％；皱叶莴苣（*Lactuca sativa* var. *crispa* L.）13 份，占总数的 36.1％；结球莴苣（*Lactuca sativa* var. *capitata* L.）9 份，约占总数的 25％。由此可见，中国所拥有的叶用莴苣种质资源中，以直立和皱叶莴苣的数量最大。

二、莴苣的种质资源

中国地域广大，生态气候条件复杂、多样，各地经长期栽培的自然、人工选择，形成和创造了许多中国特有的莴苣类型和品种，有园艺性状优异、适于鲜食或加工、具有特殊抗性的各种种质资源以及某些有利用价值的近缘种等。

现对茎用莴苣（莴笋）和叶用莴苣（生菜）的种质资源分别叙述如下。

（一）茎用莴苣（莴笋）种质资源

1. 园艺性状优异的茎用莴苣种质资源 尖叶和圆叶莴笋是中国茎用莴苣栽培中的两大主要类型，具有优良园艺性状。以鲜食为主的优异品种有：

（1）尖叶类型莴笋

①南通尖叶莴笋：江苏省南通市地方品种，栽培历史悠久。株高 45cm，开展度 30cm。叶片紫红色，钝尖披针形，叶面皱褶。茎部皮紫红色，肉淡绿色，棍棒状，笋纵径 32cm，横径 3.5～4.5cm，单茎重 380g。

②早熟尖叶莴笋：上海市地方品种。植株叶簇小，株高 40cm，开展度 24cm。叶片小，披针形，淡绿色，叶面微皱。笋长 26cm 左右，横径 4cm，皮、肉均为淡绿色。单笋重 200g 左右，肉质脆嫩。香味浓，品质好。为早熟品种，宜秋播越冬，春季收获，产量 22 500～30 000kg/hm²。

③尖叶鸭蛋笋：安徽省合肥市地方品种，为合肥地区春、秋露地栽培及保护地栽培的主栽品种之一。株高 40～45cm，开展度 50～55cm。叶片披针形，绿色，长 35～40cm，宽 8～10cm，上半部平滑，下半部略有皱褶，先端尖，叶缘有浅缺刻。笋长 40～42cm，中下部膨大，最粗处的横径为 8～10cm，形似鸭蛋，故名尖叶鸭蛋笋。当肉质茎充分膨大时，中上部加粗，形似棒槌，故又名尖叶薹杆笋。外皮及肉均为绿白色，皮薄，质脆嫩，单笋重 500～750g。早熟，丰产，耐热又耐冷，抽薹晚。秋季栽培产量 37 500～75 000 kg/hm²，春季栽培 22 500～30 000kg/hm²。种子黑褐色。

④铁杆莴笋（尖叶青笋）：陕西省潼关市地方品种。株高 60～66cm，开展度 36cm。叶片呈宽披针形，长 30cm 左右，宽 10～13cm，浓绿色，叶面皱褶少，着生较密。笋长

棒形，长约 60cm，横径 4.5～6cm，外皮及肉均为淡绿色。单笋重 1 000g 左右，重者可达 1 500g。肉质致密酥脆，水分少，亦适宜加工制作酱菜。生长期长，为晚熟品种，夏播不易抽薹。主要用作秋播越冬栽培。

⑤尖叶白笋：陕西关中地方品种。植株生长势强，株高 50～66cm，开展度 50～60cm。叶片宽披针形，长约 30cm，宽 8～10cm，淡绿色，叶面有皱褶。笋长圆锥形，下部粗大，上部较细，外皮及肉均为绿白色，长约 40cm，横径 5～6cm，单笋重 500～600g，重者达 1 000g。肉细质脆，水分多，品质好，产量高。抗霜霉病能力较差。为中熟品种，适宜作秋播越冬栽培。

⑥尖叶紫笋：陕西省关中地区地方品种。株高约 40cm，开展度约 55cm。叶片宽披针形，长约 42cm，宽约 14cm，叶面多皱褶，苗期叶片、成株的心叶及大叶片的边缘为紫红色，大叶片的其他部分为深绿色。笋长棒形，一般长 51cm，横径 6cm，外皮及肉均为绿白色，肉质脆，水分较少，品质好，单笋重 1 000g 左右。较抗霜霉病。为中熟品种，适宜作秋播越冬栽培。

⑦内蒙古尖叶莴笋：内蒙古自治区地方品种。植株生长势强，较开张，株高 50cm，开展度 53cm。叶片披针形，叶面微皱，蜡粉较多，浅灰绿色。笋长棒形，长 22～25cm，横径 5～6cm，平均单笋重 500～600g，外皮薄，白绿色，节间稀，质地脆嫩，有清香味，品质好，产量高，一般为 45 000kg/hm² 左右。为中早熟品种。

⑧昆明尖叶莴笋：云南省昆明市地方品种。株高 36cm，开展度 30～35cm。叶披针形，长 25cm，宽 8cm，叶色浅绿，叶面平滑，叶脉白绿色。笋长 24cm，横径 5.3cm，皮色白绿，肉绿色，重 290g。耐寒性较弱，耐贮藏性较差。对霜霉病及菌核病抗性较强。

⑨曲沃下裴尖叶：山西省曲沃县下裴庄地方品种。株高 41cm，开展度 54cm。叶片披针形，浅绿色，叶面平滑，叶先端锐尖，长 33cm，宽 11cm。笋长棒形，外皮白绿色，肉浅绿色，纵径 26cm，横径 5.5cm，单笋重 500g。肉质脆嫩，品质好。晚熟，较耐寒，抗病毒能力强。

⑩尖叶鸡腿笋：甘肃省兰州市地方品种。植株生长势强，株高约 56cm，叶簇较小，开展度约 42cm。叶片呈宽披针形，长 35cm，宽 9cm，黄绿色，叶面微皱。笋短而粗，下部膨大，形似鸡大腿，故名鸡腿笋；外皮绿白色，肉绿色，质地致密脆嫩，品质优良，单笋重 650g 左右。耐寒又耐热。为晚熟品种，适宜作秋播越冬的春莴笋或夏播秋收的秋莴笋栽培。

此外，还有双尖莴笋、重庆尖叶白甲、渡口尖叶莴笋、会东尖叶白皮、银川尖叶笋子、五爱尖叶莴笋、上兰紫尖叶莴笋、石家庄绿尖叶笋等。

（2）圆叶类型莴笋

①中熟圆叶莴笋：上海市地方品种。株高 45cm，开展度 28cm。叶片长倒卵形，尖端钝圆，浅绿色，有皱褶。笋长 24cm，粗 5cm，皮绿白色，肉白色，质脆嫩，水分多，有清香味，品质佳。单笋重 350g 左右，产量 30 000kg/hm² 左右。为中熟品种，宜秋播越冬栽培，春季收获。

②咸宁圆叶莴笋：湖北省咸宁市地方品种。株高 50cm，开展度 40cm。叶片长倒卵形，长 35cm，宽 14cm，叶面光滑，淡绿色，茎基部叶色较白。笋棒槌形，长 25cm，横

径 6cm，皮淡绿色，肉绿白色，单笋重 800g 左右，重者达 1 500g。质地脆嫩，品质好。耐高温，夏秋栽培不易抽薹，抗病性较强，产量高。适应性强，可分期播种，陆续上市。

③杭州杍子重（圆叶莴笋）：浙江省地方品种，为杭州市郊区主栽品种。株高 45～50cm，开展度 36～40cm。叶呈长椭圆形，长 28cm，宽 12cm，先端钝尖，绿色，叶面微皱，边缘波状。笋纺锤形，长 32～38cm，横径 5cm，节间 0.7cm 左右，皮浅绿色，肉绿白色，单笋重 200～250g。茎易开裂，肉质致密，口感脆嫩，味鲜，品质上等。较晚熟，耐肥，耐寒。

④上海早熟圆叶（白肉早莴笋）：上海市地方品种。早熟。株高 41cm，开展度 29cm。叶呈长倒卵形，长 27cm，宽 12cm，浅绿色，叶面皱，边缘波状。笋短棒状，长 22cm，横径 4.5cm，茎皮白绿色，茎肉白色，肉质脆嫩，单笋重 250g。

⑤合肥圆叶鸭蛋笋：安徽省合肥市地方品种。株高 45cm，开展度 50cm 左右。叶呈长倒卵形，长 35cm，宽 12cm，叶面微皱，绿色，叶脉浅绿色。肉质茎长卵形，纵径 27cm，横径 6cm，皮白绿色，肉淡绿色，单茎重 500g。早熟，耐寒性强，耐热性较弱。肉质脆嫩，含水量较多，品质好。

⑥济南圆叶莴笋：山东省地方品种。株高 38cm，开展度 40cm 左右。叶片 35 枚左右，叶呈长倒卵形，长 33cm，宽 12cm，叶面微皱，黄绿色，叶脉白绿色。笋长卵形，长 20cm，横径 5cm 左右，茎皮和肉均为白绿色，单笋重 300g。要求较好的肥水条件。肉质脆嫩，品质好。

⑦石家庄圆叶笋：河北省地方品种，栽培历史悠久。株高 45cm，开展度 50cm 左右。叶长椭圆形，长 30cm，宽 15cm，叶绿色，叶面稍皱，叶脉浅绿色。笋长纺锤形，长 40cm，横径 6cm 左右，茎皮和肉均为浅绿色，单笋重 600g 左右。肉质致密，口感脆嫩，水分较多，品质好。中晚熟，较耐寒，耐热，较抗霜霉病和病毒病。

⑧南京圆叶白皮香：又名鸭蛋头，江苏省南京市地方品种。植株生长势强。叶片宽大，长倒卵形，尖端钝圆，淡绿色，叶面微皱。笋粗似鸭蛋，外皮及肉均为绿白色。品质好，不易裂口。

⑨天津大笋（圆叶大笋）：天津市地方品种。株高 36cm，开展度 48cm 左右。叶片长倒卵圆形，浅绿色，叶面较皱，叶先端钝圆，叶长 30cm，宽 16cm。笋长棒形，外皮白色，肉浅绿色，长 20cm，横径 4.7cm，单笋重 300g。肉质脆嫩清香，品质好。早熟，较耐寒，抗病毒病能力中等。

此外，还有临汾圆叶莴笋、阳高圆叶莴笋、安康红圆叶笋、兰州圆叶笋、乌市大圆叶白皮笋、喀什圆叶笋、普威圆叶莴笋、玉溪圆叶莴笋、建水苦荬叶莴笋（大圆叶莴笋）等。

2. 加工（腌渍、干制）用茎用莴苣种质资源　这一类种质资源大多为晚熟品种，笋体较长，最长可达 50cm，笋肉浅绿色至翠绿色，肉质致密、脆嫩。

（1）南京青皮臭莴苣　江苏省南京市地方品种，栽培历史悠久。植株半直立，株高 46cm，开展度 42cm。叶片绿色，阔披针形，叶面稍皱，有蜡质。笋长圆锥形，外皮开裂，茎浅绿色，肉浅白色，长 36cm，横径 4.6cm，单笋重 320g。晚熟，抗病性中等。质地致密，脆硬，水分少，多作加工腌渍。

（2）邳县薹干菜　江苏省邳县地方品种。株高 73～75cm，开展度 40cm。单株叶片数在 73～75 枚，叶片披针形，长 30cm 左右，宽 5.5～6cm，先端尖，近全缘，叶色绿，表面略皱。笋棍棒状，浅绿色，细而长，长 50cm 左右，基部横径 3～4cm，肉浅绿色，单笋重 325g。早熟，抗病性较强。质地脆嫩，为加工干制专用品种。

（3）秋薹子　安徽省涡阳县义门特产品种。植株叶簇高大。叶片广披针形，绿色，全缘。笋长棒形，外皮浅绿白色，肉绿色，质地致密脆嫩。中熟，适宜于秋季栽培，当地立秋（8 月上旬）前后播种。最适宜加工制成薹干，品质优良。

（4）尖叶薹干　安徽省合肥市地方品种。植株叶簇高大。叶片大，广披针形，绿色或紫色，叶面皱缩，全缘。笋细而长，皮厚，浅紫色，肉翠绿色。质地致密脆嫩，品质优良。晚熟。

（5）上海晚熟尖叶（大尖叶、雪笋）　上海市郊区地方品种。株高 55cm，开展度43～50cm。叶呈阔披针形，长 32cm，宽 9cm，浅绿色，叶面皱，叶柄白绿色。笋长棒状，纵径 35cm，横径 5cm，茎皮和茎肉均白绿色。单笋重 500g。水分多，肉质致密脆嫩，品质上等。晚熟。供生、熟食用，也是加工用的主要品种。

（6）上海晚熟圆叶（矮脚乌莴笋）　上海市郊区地方品种。株高 50cm，开展度 35～41cm。叶长倒卵形，长 27cm，宽 14cm，黄绿色，叶面皱，叶柄浅绿色。笋长棒状，长 30cm，横径 5cm，茎皮绿色，茎肉白绿色，单笋重 500g。水分多，肉质致密脆嫩，品质中等。晚熟。供生、熟食用和加工用。

3. 抗逆茎用莴苣种质资源

（1）耐寒莴笋

①鲫瓜笋：北京市地方品种。株高约 30cm，开展度 45cm。叶浅绿色，长倒卵形，叶面皱缩，稍有白粉。笋中下部稍粗，两端渐细，形似鲫鱼，故名鲫瓜笋。笋长 16～20cm，横径 4～5cm，外皮浅绿白色，肉浅绿色，质地脆嫩，水分多，品质好，平均单笋重 200g 左右。产量 22 500～30 000kg/hm²。早熟，耐寒性强，但耐热性差。

②柳叶笋：北京市地方品种，又称尖叶笋。植株生长势强，株高 40～60cm，开展度 45cm。叶片较直立，叶色浅绿，披针形，似柳叶，故亦名柳叶笋。叶面有浅皱褶，具蜡粉，叶背面蜡粉较多，叶缘浅波状。笋长棒状，长 30～35cm，横径 5cm，外皮浅绿白色，肉浅绿色，质地脆嫩，品质好，单笋重 500g 左右。产量 30 000～45 000kg/hm²。中晚熟，耐寒又耐热，抽薹晚，适于秋季露地栽培。

③牛角笋：安徽省蚌埠市地方品种。植株叶簇高大。叶片大，密生，长披针形，浅绿色，全缘，叶面皱褶。笋长圆锥形，稍弯曲，形似牛角，故名牛角笋。外皮绿白色，肉绿色，品质中等。早熟，耐寒力较强。

④科兴 1 号：叶倒卵圆形，色鲜绿，叶片厚而着生稀。笋粗大，皮薄嫩，茎肉青绿色，味香甜脆嫩，商品性好，单笋重 1 300～1 600g，产量 75 000kg/hm²。耐寒力特强，低温下肉质茎膨大快。

⑤科兴 4 号：叶大，披针形（尖叶），厚而鲜绿。笋粗大，皮薄肉青，香甜脆嫩，商品性极好。肥水管理适当，单笋重可达 1.5～1.8kg，产量 82 000kg/hm²。耐寒力特强，低温下肉质茎膨大快，抗病性好。

此外，还有常州早熟圆叶白皮莴笋、南京尖叶莴苣、湖州莴苣、杭州笔杆种、九江罗汉兜莴笋等。

（2）耐热莴笋

①二白皮莴笋：四川省成都市地方品种。植株叶簇小而直立，叶片倒卵圆形，端部钝尖，基部宽平，浅绿色，叶面微皱褶，叶缘微波状。节间有稀、密两种，节间稀的称二白皮稀节巴，节间密的称二白皮密节巴。笋长圆锥形，皮薄，笋皮绿白色，肉浅绿色，质脆，品质好。耐热，抽薹晚。成都郊区多用密节巴品种作夏季栽培，可在秋淡季上市。也可以用作春、秋、冬三季栽培。此品种被引入上海市、浙江省后，表现良好，已成为当地秋莴笋的主栽品种。

②万年桩莴笋：重庆市地方品种。叶簇直立，叶片披针形，淡绿色，叶面微皱，叶缘有浅齿。笋粗上下几乎一致，节密，皮薄，绿白色，肉绿色，质脆嫩，品质好。晚熟，耐热，抗病，抽薹晚，产量高，宜作秋播越冬的春莴笋栽培。

③大皱叶莴笋：安徽省马鞍山市地方品种。植株长势中等。叶片大，长倒卵形，叶面皱缩，绿色，全缘。笋长棒形，外皮及肉均为浅绿色，皮薄，肉质脆嫩，品质佳。中熟，耐寒又耐热，可作春莴笋及秋莴笋栽培。

④双尖莴笋：贵州省地方品种。叶片披针形，绿色。笋体微弯曲，抽薹晚，抽薹时茎尖分生两个生长点，形成两个尖端，故名双尖莴笋。中熟，耐热力较强，适宜春播夏收或夏播秋收。

此外，还有临海早莴苣、丽水尖叶莴苣莱、莱阳莴笋、北京紫叶笋、成都青麻叶、重庆红莴笋、双尖莴笋等。

（3）抗病莴笋　莴笋的主要病害有莴苣花叶病毒病（Lettuce mosaic virus，LMV）、霜霉病（Downy mildew）、菌核病［Sclerotinia sclerotiorum（Libert）de Bary］、顶烧病（Orgyia postica）等。

①雁翎笋：北京市地方品种。植株生长势强，株高 60cm 左右，开展度 40cm。叶披针形，浅绿色，叶面有皱褶。笋长棒状，长 24cm，横径 5.5cm，外皮绿白色，肉黄绿色，皮薄，质脆，味甜，水分多。单笋重 500g 左右，产量 45 000～52 500kg/hm²。中熟，耐寒又耐热，抗病性强。

②南京白皮青早种：江苏省南京市地方品种。植株叶簇大，节间密。叶片宽披针形，尖端锐尖，淡绿色，叶面多皱褶。笋皮淡绿色，肉青白色，香味浓，纤维少，品质好。早熟，耐霜霉病。宜秋播作春莴笋栽培。

③孝感莴笋：湖北省孝感市地方品种。株高 44～50cm，开展度 55cm。叶片长倒卵形，全缘或浅波状，叶面近中肋处皱缩，叶色绿，中上部叶缘呈淡紫色，中肋淡绿色。笋长圆锥形，中下部较粗，尖端较细，长约 40cm，横径 4.2～4.55cm，外皮绿色，肉绿白色，基部节间略带紫红晕。单笋重 600～750g。质地脆嫩，品质优。抗病，耐寒性较强，适宜作秋播越冬的春莴笋栽培。

④鱼肚莴笋：内蒙古自治区地方品种。株高 30～36cm，开展度 33～40cm。叶片长倒卵形，顶端圆，叶色淡绿，叶面多皱褶，全缘。笋中下部膨大，形似鱼肚，长约 22cm，横径约 5cm，外皮较薄，肉质脆嫩，品质好，单笋重 250～400g，重者可达 500g 以上。

抗寒性强，稍耐热，抗病能力较强。呼和浩特市郊区于 2 月底至 3 月初在温室或阳畦中播种育苗，4 月中旬定植到露地，6 月中下旬收获，产量 22 500～30 000kg/hm²。

此外，抗病性强的莴笋还有南京紫皮香莴笋、南京白皮香莴笋、长葛秋笋、安阳白笋、寿光柳叶莴笋、石家庄绿尖叶笋、太原尖叶大笋、阳高圆叶莴笋等。

（二）叶用莴苣（生菜）种质资源

近年来，叶用莴苣优异种质资源及其创新成就主要体现在抗性（抗病等）品种、高产品种、耐低温、弱光、耐高温品种的育成以及具有专一适应性（如抗抽薹）品种的育成等方面。

1. 园艺性状优异的叶用莴苣

（1）皱叶莴苣（散叶生菜）　也称散叶莴苣。其主要特征是不结球。近年来，中国也引进一些皱叶生菜新品种，但种植面积较小。

①绿波：由辽宁省沈阳市农业科学研究所育成。叶簇半直立，株高 25～27cm，开展度 27～30cm，心叶不抱合。叶卵圆形，浓绿色，叶面皱缩，叶缘波状。生长期 80～90d。叶肥大，肉厚，质地柔嫩。喜肥水，可随时采收供应市场，正常商品成熟期单株重 500～1 000g，产量 22 500～30 000kg/hm²。耐寒力强，耐热力弱，适于北方地区春季小拱棚或露地地膜覆盖栽培。

②西昌斗篷生菜（白转转生菜）：四川省西昌市地方品种。叶簇较直立，株高约 30cm，开展度约 36cm。叶片倒卵圆形，叶面皱缩，无蜡粉，叶缘波状，绿色，中肋白绿色。叶质嫩脆，清香味浓，品质好。抗逆性、抗病性强。

③西昌皱叶生菜：四川省西昌市地方品种。有红生菜和白生菜两种。叶簇半直立，株高 25cm，开展度约 30cm。中肋浅绿色，叶片倒卵圆形，先端钝尖，叶面皱缩，无蜡粉，叶缘有浅锯齿。红生菜叶片绿色带紫晕，中肋浅绿紫色，叶缘微波状，先端近圆形。耐寒和耐热性较强，较抗病，抽薹较早。

④南昌胭脂莴麻：江西省地方品种。株高约 25cm，开展度 27～30cm。叶长倒卵形，长 25cm，宽 15cm，紫红嵌合绿色，叶面皱，叶脉青绿色，单株重 200g 左右。叶质嫩脆，清香味浓，品质较好。耐寒，抗病性强。

⑤商南黄莴苣：陕西省地方品种。株高 15～20cm，开展度 40～50cm。叶呈长卵圆形，长 24cm，宽 16cm，叶黄绿色，叶面皱曲，叶脉浅绿，单株重 500g 左右。叶质嫩脆，微苦，含水分中等，品质好。耐寒，抗病性强。

此外，还有福州匙羹叶莴苣、乌兰浩特散叶生菜、赤峰黄生菜、长春叶用红莴苣、延边小叶生菜、赤峰生菜、哈尔滨大叶生菜等。

（2）结球莴苣（结球生菜）　其主要特征是顶生叶形成叶球。根据其叶片质地不同，又可分为皱叶结球（软叶）莴苣、酪球（脆叶）莴苣、直立结球莴苣、拉丁莴苣 4 种类型。中国生产上使用的通常以脆叶结球莴苣或软叶结球莴苣品种为多。

①大湖 659：由美国引进的早中熟优良品种。叶色嫩绿，外叶少而球大，叶片稍有皱褶，结球紧实，质地脆嫩，单球重 1 000～1 200g。栽培容易，产量较高，品质好，耐贮运。耐寒性、耐热性都较好，对叶枯病抵抗力强，抽薹晚。生长期约 90d，适合于春、秋

季地膜覆盖栽培及保护地栽培。

②奥林匹亚：从日本引进的极早熟脆叶结球型品种。植株外叶叶片浅绿色，较小且少，叶缘缺刻多。叶球浅绿色略带黄色，较紧实，单球重 400～500g。品质脆嫩，口感好。耐热性强，抽薹极晚。生长期 65～70d，从定植至收获 40～45d。适宜于晚春早夏、夏季和早秋栽培。播种期可从 4 月延至 7 月，定植期为 5～8 月，收获期为 6 月中旬至 10 月。产量 45 000～60 000kg/hm²。

③大将生菜：由台湾农友种苗公司育成。该品种外叶少，结球早，球形端正，结球整齐、紧实。叶球大，单球重 1 000g 左右，淡绿色，脆嫩多汁，品质优良。抗枯萎病，耐热性好。适宜全国各地种植。

④北京生菜：由北京市农林科学院蔬菜研究中心育成的脆叶型早熟结球生菜品种。适宜条件下生长期 65d 左右。结球紧实，整齐一致。口感好，品质佳。株型小，适宜密植，单球重 500g 左右。抗病性强，耐热，不易抽薹，适宜全国各地春、夏、秋季栽培。

⑤皇帝：由美国引进的中早熟品种。植株的外叶较小，青绿色，叶片有皱褶，叶缘齿状缺刻。叶球中等大，很紧实，球的顶部较平，为叶重型类型，单球重 1.3kg 左右。质脆嫩爽口，品质优良。耐热，抗病，适应性强。生长期 85d，适于春、夏、秋季露地栽培，也适于冬季和早春保护地栽培。产量 52 500～60 000kg/hm²。

此外，还有 9 号结球莴苣、4 号结球莴苣、马来克、萨林纳斯、青白口结球生菜、泰安结球莴苣等。

（3）直立莴苣（直立生菜）　这类生菜不形成叶球，但心叶卷成圆筒状，也称直筒莴苣。其主要特征是叶片狭长，直立生长。

①牛俐生菜：广东省广州市地方品种。叶片较直立，株高约 30cm，开展度约 45cm。叶片呈倒卵形，青绿色，叶缘波状，叶面稍皱，心叶不抱合。单株重 500g 左右。品质中等。抗性较强。

②花叶生菜：南方品种。叶簇直立，株高约 28cm，开展度 26～30cm。叶片呈椭圆形，浅绿色，叶缘缺刻深，心叶乳黄白色，中肋浅绿色，基部白色。单株重 500g 左右。略有苦味，品质较好，生熟食均可。耐热，病虫害少，适应性强，适于南方地区春、秋及冬季保护地栽培。

③广州软尾生菜：又称东山生菜，广东省广州市地方品种。株高约 25cm，开展度约 27cm。叶片近圆形，淡绿色，有光泽，叶缘波状，叶面皱缩，疏松旋叠，不结球或心叶略抱合。单株重 300g 左右，产量 37 500kg/hm² 左右。耐寒不耐热，适于冬季保护地栽培。

④西昌香生菜：四川省西昌市地方品种。叶簇直立，株高约 30cm，开展度约 18cm。叶片长倒卵圆形，羽状深裂，叶面较平滑，无蜡粉，绿色，中肋白绿色，一般具 8～10 片叶，单株重 50～80g。肉质嫩脆，多汁，清香味浓，品质好。耐热性和耐涝性强，抗病性强，抽薹早。

⑤迟莴苣菜（涪陵六月莴苣）：重庆市地方品种。叶簇较横展，株高约 37cm，开展度约 40cm。叶片倒卵圆形，先端钝尖，叶全缘，叶面较皱，无蜡粉，叶片薄软，白绿色，中肋绿白色。质软，无苦味，清香，品质好。耐热力强，抗病性也强，抽薹晚，收获

期长。

⑥攀枝花红须生菜：四川省攀枝花市地方品种。叶簇半直立，株高约 31cm，开展度约 41cm。叶片长椭圆形，长约 23cm，宽约 11cm，二回羽状全裂，叶面微皱，无蜡粉，绿带紫红色，中肋白绿色。约 33 片叶，单株约重 400g。品质中等。耐热力较强，抗病性也强。

此外，直立莴苣还有宜宾香香菜、攀枝花螺蛳生菜、江津板叶生菜、江津花叶香菜等。

2. 抗逆叶用莴苣

（1）耐寒种质资源

①团叶生菜：北京市地方品种。结球莴苣。叶簇生，叶缘波状。叶球圆形，高 11cm，横径 10cm，单球重 500g 左右，品质较好。耐寒，耐储藏，不耐热，适宜保护地栽培。

②鸡冠生菜：吉林省地方品种。散叶莴苣。株高约 20cm，开展度约 17cm。叶片卵圆形，浅绿色，叶缘有缺刻，上下曲折成鸡冠。单株重约 300g。生长期 50～60d。叶质柔嫩脆爽，适宜生食。抗病，耐寒、耐热。

③前卫 75 号：由美国引进的中早熟品种。结球莴苣。在凉爽天气栽培时，植株较大，生长旺盛，外叶较少，深绿色。叶球圆形，浅绿色，叶片宽大，叶鞘肥厚，为叶重型品种。结球紧实，畸形球少，单球重 600～800g。品质脆嫩，味甜，外观好。耐寒，抗花叶病毒。从定植至初收需 45～50d，适宜冬季及早春保护地栽培。适应性较强，夏季也可以栽培，但是产量较低，且要及时采收，在高温和高湿条件下较易发生顶端灼焦和腐烂。

④特快：引自美国。酪球莴苣（脆叶结球莴苣）。叶簇大，半直立，株型紧凑。叶片大，皱褶多，叶缘波状，叶色亮绿，质地脆嫩，味甜，品质很好。生长迅速，早熟，定植至收获仅需 45d 左右。耐寒性强，且抗顶烧病。

⑤红火花：由日本引进的早熟品种。散叶莴苣。植株生长势强，直立，叶片较宽，从叶缘到内部为赤褐色到浅绿色逐渐变化，叶色亮丽美观，叶面皱缩。宜生食或作配菜。耐寒性、耐热性较强，丰产性好，栽培容易。

（2）耐热种质资源

①凉山香生菜：四川省凉山地区地方品种。散叶莴苣。叶片长倒卵形，羽状深裂，绿色，叶面较平滑。品质好。耐热性较强，早熟，适宜春、夏、秋露地栽培。采收期单株重一般 50～80g。

②红帆紫叶生菜：引自美国。皱叶莴苣（散叶莴苣）。植株较大，散叶。叶片皱曲，色泽美丽，将近收获期时红色渐加深。喜光，不易抽薹，耐热，成熟期早，从播种到收获约 45d，适宜越夏栽培。产量 22 500～30 000kg/hm²。

③萨利娜斯：引自美国，属脆叶类型结球莴苣。植株生长旺盛且整齐。外叶较少，内合，深绿色，叶缘有小缺刻。叶球为圆球形，浅绿色，紧实。单球重约 500g，外观好，品质优良。中早熟，生长期 85d，从定植至收获约 50d，成熟期一致，较耐运输。较耐热，晚抽薹，抗霜霉病和顶端灼焦病，能适应夏季栽培。

④大湖 366：由国外引入，属脆叶类型结球莴苣。株高约 24cm，开展度 43cm 左右。叶片翠绿色，叶缘波状锯齿，叶面微皱。叶球近圆形，浅绿色，叶球紧实，脆嫩爽口，品

质优良，平均单球重 700g 左右，产量约 43 500kg/hm²。耐热，耐湿，抗病。中熟，从定植至收获 50d 左右，适宜保护地栽培。

此外，耐热种质资源还有肯苦沙拉生菜、玛来克、米卡多、岗山沙拉生菜等品种。

（3）抗病叶用莴苣种质资源 叶用莴苣的主要病害有莴苣花叶病毒病（Lettuce mosaic virus，LMV）、霜霉病（Downy mildew）、菌核病〔Sclerotinia sclerotiorum（Libert）de Bary〕、顶烧病（Orgyia postica）等。

①皇后：引自美国。结球莴苣。植株生长整齐一致，叶片中等大小，深绿色，叶缘有缺刻。叶球扁圆形，结球紧实，浅绿色。单球重 550g 左右。质地细嫩而爽脆，风味好。中早熟，生长期 85d，从定植至收获约 50d。耐热性较皇帝品种略差，晚抽薹，较抗莴苣花叶病毒病和顶端灼焦病。

②卡拉思克：由美国引进。结球莴苣。植株外叶较小而紧凑，绿色，叶缘具尖齿状缺刻。叶球扁圆形，比皇帝品种的叶球大且紧实，呈绿色，畸形球少，外观好。为叶重型品种，单球重约 550g。早熟，成熟期较整齐一致，从定植到收获约需 45d。耐热性强，抗花叶病毒病以及顶端灼焦，抽薹晚，非常适合于晚夏和初秋栽培。

③飞马：由美国引进。结球莴苣。植株外叶较多，叶片绿色，叶缘的缺刻较深。叶球中等大，青绿色，比皇帝品种的色泽深，球紧实，品质脆嫩。单球重约 400g，产量约 60 000kg/hm²。早熟，从定植至收获需 45～55d。具有抗花叶病毒病和极耐顶端灼焦的优点，夏季栽培表现耐热性良好。

④恺撒：由日本引进。结球莴苣。植株生长整齐，株型紧凑，适宜密植。叶球高圆形，浅黄绿色，叶球内中心柱极短，品质脆嫩。单球重约 500g，产量 30 000～45 000kg/hm²。极早熟，生育期 80d 左右，从定植至采收需 45～50d。耐热性强，在高温下结球良好，抗病，晚抽薹，耐肥。适宜春、秋季保护地及夏季露地栽培。

（三）主要野生近缘种

对于莴苣野生近缘种，目前仍少有研究。但可以预见，它们中的一些特殊性状，将逐渐被应用到种质资源创新及植物学分类、分子生物学等有关研究中。

1. 阿尔泰莴苣（Lactuca altaica Fisch. et Mey.） 二年生草本，高 40～70cm（生殖生长期花茎高 120cm）。根垂直伸长。茎单生，直立，基部带紫红色，有的有白色硬刺，茎枝黄白色，上部具圆锥花序状或总状圆锥花序状分枝。基部或下部叶披针形或长披针形，长 5～17cm，宽 1～1.5cm，叶基部渐狭无柄，叶缘全缘，极少有凹缺状锯齿或羽状浅裂。中上部叶渐小，线形、线状披针形或长椭圆形，全缘，叶基部箭头形，沿中脉（下部）常有淡黄色的刺毛。头状花序，在茎枝顶端排列成圆锥花序或总状圆锥花序，每一头状花序有 7～15 枚舌状小花，黄色。总苞呈长卵球形，长 1.3cm，宽约 6mm，共有总苞片 5 层。最外层及外层为三角形或椭圆形，长 2～3.5mm，宽 1～1.2mm，顶端急尖或钝；中层呈披针形，长约 8mm，宽约 2mm，顶端急尖；内层为线状长椭圆形，长 1.3cm，宽 1.2mm，顶端短渐尖；全部或部分总苞片有时紫红色，苞片外面无毛。瘦果，倒披针形，扁平，浅褐色，长 3.5mm，宽约 1mm，每面有 6～8 条突起的细肋，上部有短糙毛，顶端急尖成细喙，喙长 3mm，细丝状。冠毛白色，微锯齿状，长约 5mm。花果期在 8～9

月。多分布于新疆维吾尔自治区（阿勒泰、布尔津、塔城、沙湾、玛纳斯、乌鲁木齐、伊宁、巩留、昭苏等市、县），生长于海拔 750～2 000m 的山谷及河漫滩。俄罗斯（欧洲部分、西伯利亚）以及高加索、东地中海地区、哈萨克斯坦、乌兹别克斯坦、伊朗均有分布。

2. 山莴苣（*Lactuca indica* L.） 一年生草本，高 50～80cm。茎单生，直立，无毛或有时有白色茎刺，上部具圆锥状花序分枝（或自基部分枝）。中下部叶片为倒披针或长椭圆形，长 3～7.5cm，宽 1～4.5cm，倒向羽状或羽状浅裂、半裂或深裂（但有时不裂，呈宽线形），无柄，基部箭头状抱茎，顶裂片与侧裂等大，三角状卵形或菱形；或侧裂片集中在叶的下部或基部，而顶裂片较长，呈宽线形，侧裂片 3～6 对，镰刀形、三角状镰刀形或卵状镰刀形。最下部叶片及上部接圆锥花序的叶片与中下部叶片同形或披针形、线状披针形或线形，全部顶裂或侧裂片边缘有细齿、刺齿或全缘，沿中脉（下部）有黄色刺毛。头状花序，多数，在茎枝顶端排成圆锥状花序。总苞（果期）卵球形，长 1.2cm，宽约 6mm，共有苞片约 5 层；最外层及外层小，长 1～2mm，宽 1mm 或不足 1mm；中内层披针形，长 7～12mm，宽至 2mm；苞片顶端急尖，外面无毛。每一头状花序有舌状小花 15～25 枚，黄色。果实为瘦果，倒披针形，长 3.5mm，宽 1.3mm，扁平，浅褐色，上部有稀疏的短糙毛，每面有 8～10 条突起的细肋，顶端急尖成细丝状的喙，喙长 5mm；冠毛白色，微锯齿状，长 6mm。花果期在 6～8 月。分布于新疆维吾尔自治区（塔城、沙湾、玛纳斯、阜康、尼勒克、新源、昭苏、鄯善、吐鲁番等地），生长于海拔 500～1 680m 的荒地、路旁、河滩砾石地、山坡石缝中及草地。陕西省西安市植物园有栽培。欧洲、俄罗斯（欧洲部分、西伯利亚）、高加索、伊朗、哈萨克斯坦、乌兹别克斯坦、印度北部及蒙古均有分布。

3. 裂叶莴苣（*Lactuca dissecta* D. Don） 一年生草本，高 40cm。茎单生，直立，自基部即开始不等二叉式分枝，分枝纤细，茎枝无毛。中下部叶倒披针形，羽状深裂或几乎全裂，长 3～7cm，宽 1～3.5cm；有侧裂片 3～6 对，菱形、扇形、圆形或栉齿状，顶端圆形或急尖；顶裂片菱形，与侧裂片等大或几乎等大，顶端急尖。上部及接花序处的叶更小，披针形或线状披针形，无裂刻，全缘，顶端渐尖，叶面无毛，基部无柄，箭头状或耳状半抱茎。头状花序，多数，在茎枝顶端排成疏松的伞状花序。总苞（果期）卵球形，长 1.2cm，宽约 4mm，约有苞片 3 层。外层小，卵形、椭圆状披针形或长三角形，长 2～3mm，宽 1mm；中层长披针形，长 6mm，宽约 1mm；内层线形或宽线形，长 1.2cm，宽不足 1mm；苞片外面无毛，通常红紫色，顶端急尖。每一头状花序有舌状小花约 15 枚，蓝色或蓝紫色。果实为瘦果，浅褐色，倒披针形，长 2.3mm，宽约 1mm，每面有 3 条突起的细脉纹，有横皱纹，顶端急尖成细喙，喙长 4mm，细丝状；冠毛白色，纤细，单毛状，长 3mm。花果期在 6 月。分布于西藏自治区（聂拉木、樟木等地），生长于海拔 2 000m 的山坡草地。阿富汗、孟加拉国、巴基斯坦、不丹、尼泊尔、锡金均有分布。

4. 飘带果（*Lactuca undulata* Ledeb.） 一年生草本，高 10～35cm 或更高。茎单生，少数簇生，直立，上部呈伞房状或圆锥状花序分枝，茎枝无毛。叶羽状全裂，倒披针形或长椭圆形，长 2～5cm，宽 1～2cm，无柄，基部耳状半抱茎；顶裂片披针形或椭圆形，边缘具锯齿；有侧裂片 2～6 对，椭圆形，边缘有锯齿。基生叶有时不裂或浅齿裂，匙形，基部渐尖；最上部叶及接花序下部的叶线状披针形，有时不裂，全缘或几乎全缘。全部叶片均无毛。头状花序，多数或少数在茎枝顶端排成伞状或圆锥状花序。总苞（果期）长卵形，长 1.8cm，宽 6mm，约有苞片 4 层。外层卵形或长卵形，长 2～4mm，宽1～2mm，顶端急尖；中层长披针形，长约 1cm，宽约 3mm；内层线状披针形，长 1.8cm，宽约 2mm，顶端急尖；苞片外面无毛。每一头状花序有舌状小花 8～12 枚，淡蓝色或紫色。果实为瘦果，扁平，褐色，倒卵形，上部有宽扁的乳突状毛，长 3mm，宽约 1mm，每面有 1 条突起细肋或细脉纹，并有横皱纹，顶端急尖成细喙，喙长 1.2cm，细丝状，喙基每侧各有 1 个下垂的芽状附属物；冠毛白色，单毛状。花果期在 5～9 月。分布于新疆维吾尔自治区（富蕴、阿勒泰、温泉、奎屯、玛纳斯、呼图壁、乌鲁木齐、米泉、阜康、奇台、木垒等地），生长于海拔 500～2 000m 的山坡或河谷潮湿地。东地中海地区、阿富汗、伊朗、约旦、俄罗斯（西伯利亚）及高加索、哈萨克斯坦、乌兹别克斯坦均有分布。

第六节　莴苣种质资源研究与创新

细胞学、分子生物学作为种质资源研究和种质创新的重要手段，对于种质资源的评价与利用、实现育种目标和加速育种进程等，具有重要的理论和实践意义。目前，有关莴苣的细胞学和分子生物学的研究已取得了一些进展。

一、细胞学研究

莴苣的细胞学研究集中在其染色体研究和核型分析方面。由于莴苣属植物具有乳汁，很不容易取到较好分裂相的根尖，因此目前有关莴苣属植物染色体的研究工作受到一定的限制。

王冰等（2005）采用常规制片方法，结合显微摄影技术，对山莴苣（*Lactuca indica* L.）染色体核型等进行了研究。结果表明，山莴苣体细胞染色体数目 2n＝18，核型公式是 K（2n）＝18＝4m＋14sm，染色体相对长度组成为 2n＝18＝8M2＋8M1＋2S，属于 3A 型。全组染色体总长是 60.03μm，长臂总长 40.33μm，核型不对称系数为 67.18%。也有研究报道（孙立彦等，2004），山莴苣（*Lactuca indica* L.）染色体数目为 2n＝18，核型公式为 K（2n）＝18＝2m＋16sm，核型为 2B 型。

朱世新（2004）对莴苣属植物的染色体核型进行了分析研究，它们的染色体相对长度、臂比值和着丝粒位置等参数见表 38-1、表 38-2；核型公式和核型类型等见表 38-3、表 38-4。

表 38-1　野莴苣（*Lactuca serriola* Torner）**的染色体资料**

（朱世新，2004）

序号	相对长度（长臂＋短臂＝全长）	臂比值	着丝粒位置
1	5.04＋10.38＝15.42	2.06	sm
2	4.40＋10.06＝14.46	2.87	sm
3	3.12＋9.44＝12.56	3.03	st

（续）

序号	相对长度（长臂＋短臂＝全长）	臂比值	着丝粒位置
4	3.12＋8.18＝11.30	2.62	sm
5	3.12＋8.18＝11.30	2.62	sm
6	3.12＋6.28＝9.40	2.01	sm
7	3.12＋5.66＝8.78	1.81	sm
8	4.08＋4.40＝8.48	1.08	m
9	3.78＋4.40＝8.18	1.16	m

表 38-2　长叶莴苣（*Lactuca dolichophylla* Kitam.）的染色体资料

（朱世新，2004）

序号	相对长度（长臂＋短臂＝全长）	臂比值	着丝粒位置
1	6.96＋12.18＝19.14	1.75	sm
2	6.08＋10.44＝16.52	1.72	sm
3	5.22＋10.44＝15.66	2.00	sm
4	5.22＋9.56＝14.78	1.83	sm
5	4.34＋6.08＝10.42	1.40	m
6	3.48＋6.08＝9.56	1.75	sm
7	3.48＋4.34＝7.82	1.55	m
8	2.60＋3.48＝6.08	1.34	m

表 38-3　长叶莴苣（*Lactuca dolichophylla* Kitam.）、野莴苣（*Lactuca. serriola* Torner）的细胞学特性

（朱世新，2004）

类群	数目	核型公式	核型	A1	A2	绝对长度范围（μm）
野莴苣	18	2n=2x=18=4m+12sm（4SAT）+2st	3A	1.89	0.67	2.50～6.25
长叶莴苣	16	2n=2x=16=6m+10sm	2B	3.15	0.39	2.00～6.25

国际上有关莴苣属植物染色体也有较多的研究，具体的研究资料见表 38-4。

表 38-4　莴苣属植物的染色体资料

（朱世新，2004）

种名	染色体数 2n=	核型公式	文献
Lactuca sativa L.	18	8m+8sm（2SAT）+2st（SAT） 4m+12m（2SAT）+2st	Gates、Rees，1921；Whitaker、Gagger，1999；Yuan，2002
L. altaica Fishch. et Mey.	18	—	Thompson R. C. et al.，1941
L. dissecta D. Don	16	—	Mehra P. N. et al.，1965
L. serriola Torner	18	—	Tomb et al.，1978；Terakova & Murin，1976；Haque & Godward，1985

从上述莴苣属及近缘植物的细胞学研究资料可以看出，莴苣属的染色体核型具有一些共同的特征：染色体数目 2n＝18 或者 2n＝16，染色体基数为 8 或 9。莴苣属植物在种间存在染色体性状上的差异，长叶莴苣（*Lactuca dolichophylla* Kitam.）有 16 条染色体，只有 m 和 sm 染色体，且 sm 染色体的数目占总染色体的数目近 68%，核型为 2B 型，而野莴苣（*Lactuca serriola* Torner）有 18 条染色体，出现了 2 条 st 染色体，核型为 3A 型，较为不对称。

综上所述，莴苣染色体的形态、数目和核型等的研究，为莴苣属植物遗传和育种工作打下了良好的基础。作为细胞生物学的主要研究内容，莴苣染色体核型分析技术的发展，对莴苣属植物物种的鉴定、种间亲源关系的确定、新种质的寻找和开发、良种培育及驯化等方面具有重要意义。

二、组织培养研究

莴苣组织培养技术体系的建立，为基因工程育种提供了必要的实验系统。据报道，已有以子叶、叶片、下胚轴等作为外植体，进行离体培养得到了再生植株（那杰等，1995；刘凡等，1996；高辉等，2002；Michelmore R. W.，1987）。朱路英等（2002）对不同基因型、激素配比、不同苗龄、外植体类型等影响莴苣组织培养植株再生的主要因素进行了研究，建立了莴苣组织培养高频植株再生体系（图 38-10），为开展基因转移的研究创造了有利的条件。刘莉等（2004）探讨了莴苣组织培养中不同植物生长调节剂对莴苣愈伤组织的诱导及植株再生的影响。结果表明，采用下胚轴为外植体进行愈伤组织诱导，MS＋2,4-D 1.0mol/L＋6BA 0.5mol/L＋NAA0.1mg/L 有利于下胚轴愈伤组织的生成，诱导率达 95%；MS＋6BA1.0mol/L＋NAA0.2mg/L 培养基有利于从愈伤组织上诱导出芽，诱导率可达 100%；幼苗经 1/2MS＋NAA0.5mg/L 培养基诱导生根后成为完整的植株。刘凡等（1996）通过对两种生菜及其不同外植体在培养基上不定芽发生能力的筛选，得到大湖 366 叶片不定芽发生率高达 87% 的培养体系，并且丛生状不定芽可陆续发生。研究表明（Xinrun Z.，1992），生菜的基因型对其再生率的影响较大，不同基因型的生菜芽的再生所需激素种类和浓度不同。高辉等（2002）报道，莴苣下胚轴的愈伤组织诱导，MS＋6BA0.5mg/L＋2,4D1mg/L＋NAA0.1mg/L 效果最好，出愈率达 94%；愈伤组织分化不定芽时，MS＋6BA1.0mg/L＋NAA0.05mg/L 分化频率最高，达 100%；再生苗在1/2MS＋NAA0.5mg/L 中诱导生根成为完整植株。立罗淑等（2005）以叶用莴苣微茎尖

 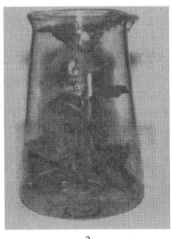 

1　　　　　　　　2　　　　　　　　3

图 38-10　叶用莴苣离体培养和植株再生

1. 莴苣子叶在分化培养基中分化　2. 再生小苗不定根的诱导

3. 移植前在 1/8 培养液中预培养

（引自朱路英等，2002）

为试材，在含有 BA 和 NAA 的 MS 液体培养基上旋转培养，诱导出大量愈伤组织；进一步分化培养，获得大量不定芽并生根；将愈伤组织碎块与根癌农杆菌共培养，对经卡那霉素筛选后所得到的再生植株进行 X-Gluc 染色，蓝色反应阳性率为 80%，建立了叶用莴苣愈伤组织基因转化系统。高辉（2003）在对生菜（*Lactuca sativa*）品种红帆的细胞培养试验中，进行了不同培养基、细胞密度、激素以及光照等因素对细胞培养成为愈伤组织的影响进行了对比试验。结果表明，来源于此生菜品种的愈伤组织的单细胞在 MS 培养基中，并附加 0.5mg/L6-BA 和 0.1mg/L NAA 两种激素，将细胞密度调节至 5×10^4 个/ml，置于暗中，25℃进行培养，愈伤组织生成率最高。其培养过程表明：MS 培养基对生菜细胞培养有着同 B5 培养基相差无几的效果；而细胞密度则是影响生菜细胞培养的一个重要因素，细胞密度与细胞的生长速度成反比；激素是另一个影响生菜细胞生长的重要因素，在较低浓度 6 - BA 和 NAA 的共同作用下，细胞生长旺盛，而光照则会降低细胞的生长速度。

这些莴苣组织培养植株再生研究的意义在于其所建立的莴苣高频植株再生体系可作为基因转移的受体系统应用于莴苣转基因研究工作中。不仅为进一步通过基因工程改良莴苣种质（抗病性、抗逆性、脆度、丰产等）提供良好的基础，而且为分子生物学、遗传学研究提供一个良好的研究材料和系统，并有助于莴苣种质资源的创新。

三、分子生物学研究

（一）莴苣的遗传图谱

莴苣连锁图谱构建是建立分子标记和定位、克隆基因的基础。第一份由 RFLP 和 RAPD 标记组成的莴苣的遗传图谱于 1994 年发表（Kesseli et al.，1994），虽然该图谱并不完整，但是很多生菜的抗病基因都是基于此图谱而被定位于莴苣基因组（表 38 - 6）（Robbins，M. A. et al.，1994；Maisonneuve et al.，1994）。

表 38 - 6　由 RFLP 和 RAPD 标记组成的莴苣的遗传图谱表

作图群体和原始组合	文献来源	主要标记类型
F₂，*L. saligna* CGN 5271×*L. sativa* Olof	M. Jeuken, WUR F₂～BIL2004 _ R18	AFLPs
RIL，*L. sativa* Salinas×*L. serriola* Torner	R. Michelmore, Davis July 2004 version	AFLPs＋ESTs
基于 7 个群体整合的莴苣连锁图谱	R. Antonise, Keygene August 2004 version	AFLPs，SSRs，（RAPD excluded for comparisons）

（二）莴苣花叶病毒（*Lettuce mosaic virus*，LMV）基因组全序列研究

LMV 是莴苣作物的重要病害之一，由蚜虫和种子传播，广泛分布于世界各地，并造成严重危害。感病以后的植株严重矮缩，叶片变小，扭曲皱缩，呈花叶，发病严重的植株几乎枯死。郑滔等（2002）用马铃薯 Y 病毒组成员（1 个来自也门共和国的分离物 LMV-Yar 群）通用引物进行 RT-PCR 扩增，获得此病毒基因组 3'端片段，经序列分析表明为莴苣花叶病毒（LMV），并对莴苣花叶病毒（LMV）进行了基因组全序列测定。结果表

明，此病毒分离物基因组由 10 080 个核苷酸组成，LMV -浙江余杭分离物的基因组结构以及编码的聚合蛋白，与 LMV-0（X97704）、LMV-E（X97705）及 LMV-AF199（AJ228854）编码产物类似，推测经切割可产生 10 个成熟蛋白，从 N -端到 C -端分别为 P1、HC-Pro、P3、6K1、CI、6K2、NIa-VPg、NIa-Pro、NIb 和 CP（图 38 - 11），具典

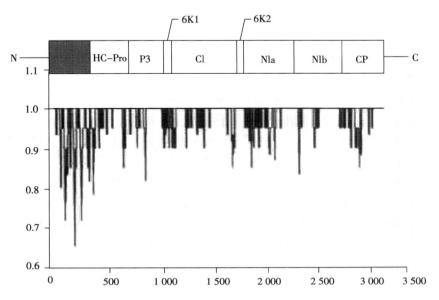

图 38 - 11　莴苣花叶病毒氨基酸序列结构图和 4 种 LMV 分离物
（LMV - 0、LMV - E、LMV - AF199 和 LMV - YH）的氨基酸位点的变异示意图
（郑滔等，2002）

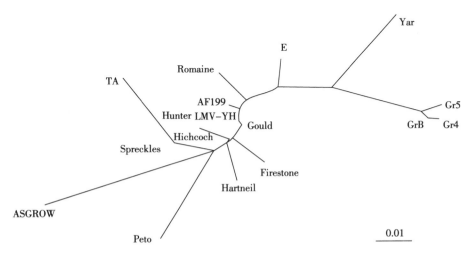

图 38 - 12　莴苣花叶病毒各分离物外壳蛋白氨基酸序列的分子进化树
（郑滔等，2002）

型的马铃薯 Y 病毒组成员基因组结构，与已报道的欧洲、美国和巴西 LMV 核苷酸同源性为 96.77%～98.8%，氨基酸同源性 97.8%～99.0%。根据外壳蛋白氨基酸序列和末端非编码核苷酸序列分析比较及分子进化树（图 38-12）分析，可将全球 LMV 分为西欧、加利福尼亚、希腊和也门 4 个类群。LMV 有可能起源于加利福尼亚州，向西欧、进而向希腊和也门扩展，浙江余杭的 LMV 有可能来源于加利福尼亚州和西欧。不同来源 LMV 的生物学差异主要表现在对各莴苣品种中所含的 mol^1、mol^2 和 Mo^2 的抗性克服能力上。

（三）莴苣基因工程疫苗的研究

利用转基因植物生产疫苗是目前植物基因工程研究中的一大热点。随着现代生物技术的发展，人们试图把植物作为一种生物反应器，生产药用蛋白、抗体和疫苗。人们将各种外源基因导入莴苣并使其表达，以期培育出具有保健医疗功能的转基因莴苣。温晓明（2003）采用农杆菌介导法和基因枪介导法，研究了纳豆激酶（Mattokinasee，简称 NK）基因导入可生食的莴苣（Latucaca）的核基因组和叶绿体基因组，并期望获得转基因莴苣植株，从而建立以莴苣为生物反应器生产可溶解血栓的纳豆激酶，用以治疗常见的血栓症。刘敬梅（2001）等为改良莴苣风味品质研究了甜蛋白基因 MBL Ⅱ 对莴苣的遗传转化。朱路英（2000）将高赖氨酸蛋白基因导入叶用莴苣，获得了转基因植株。王昌正（2003）采用农杆菌介导法和基因枪介导法，研究了乙肝表面抗原基因（HBsAg）导入可生食的莴苣（生菜）（Lactuca sativa）的核基因组和叶绿体基因组，并期望获得转基因莴苣植株，从而建立以莴苣为生物反应器生产可食用的乙肝疫苗。年洪娟（2004）等以 4 日龄的美国大速生生菜无菌苗子叶为外植体，通过根癌农杆菌介导，将胸腺肽基因（thy）导入生菜使其表达，以期培育出可生食的具有保健功能的转基因蔬菜。通过 PCR 和 Southern 杂交分析证明，胸腺肽基因已经整合到生菜基因组中，并经 TR-PCR 检测初步表明，胸腺肽基因可以在生菜中正常转录，而且通过阳性株的无性繁殖可以扩大阳性植株的数量。左晓峰等（2001）用根癌土壤杆菌〔Agrobacterium tumefaciens（Smith et Townsend）Conn〕介导的叶盘法，将人类小肠三叶因子（hlTF）导入生菜（Lactuca sativa L.）中，在含有除草剂的培养基上筛选，获得抗性植株。通过 PCR 和 Southern 印迹分析证明，hlTF cDNA 已整合到生菜基因组中。Western 印迹分析证明 hlTF 在生菜中的表达。ELl-SA 检测表明，hlTF 在生菜新鲜叶片中的表达量为 200～300mg/g，最高达 700mg/g，约占总可溶性蛋白的 0.1%。但这些转基因生菜产生的新蛋白（如胸腺肽蛋白、鲑鱼降钙素蛋白等）在生菜中的表达量、免疫原性以及能否在后代中稳定遗传的研究尚有待进一步进行。

（四）莴苣功能基因克隆

关于莴苣功能基因克隆的研究还非常缺乏，至今有关的研究还鲜见报道。左晓峰等（2001）将人工合成的金属硫蛋白结构域突变体 ββ 基因克隆到植物高效表达载体 pG-PTVd35S 中，用根瘤农杆菌介导的叶盘法转化生菜品种 Salinas 88，得到了抗除草剂的转化植株。PCR 和 Southern 印迹分析表明，ββ 基因已经整合到生菜基因组中。Northern 和

Western 印迹分析表明，*ββ* 基因可以在生菜中正常转录和表达，并能通过有性繁殖传递给后代。不同生长条件下的转基因生菜中，锌的含量都明显高于对照植株。

四、莴苣种质资源创新

中国莴苣种质创新研究工作相对于欧美国家而言起步较晚，但在有关种质资源的搜集和评价鉴定，针对市场需要利用杂交育种、回交育种等手段培育适合中国生产的品种类型，结合生物技术、利用组织培养脱毒、导入外源基因创新种质等方面开展了许多研究，并取得了一些进展。

（一）温室品种的选育

叶用莴苣温室育种工作主要在欧洲开展，品种多为 Butterhead 类型。荷兰、英国、法国等国家纬度高，冬天日照时间短，雨量较大，温度低，需要培育温室栽培的专用品种，先后育成了 Wintersaland、Greenway、Valmaine、Parris 和 Island 等耐低温、高产、品质好的品种，且能抗霜霉病，适宜温室生产。

（二）抗霜霉病品种的选育

随着生产的发展，霜霉病和病毒病危害日益严重，抗病育种成为育种的主要目标之一。原有皇帝及大湖系列品种不抗霜霉病，采用抗病基因克隆、杂交育种等方法，美国育种家育成了 Valverde 和 Calmar 两个抗霜霉病品种，Calmar 及其衍生品种已成为目前美国生菜的主栽品种，其长势比大湖品种更旺。

育种家们主要运用 Dm 基因来选育抗霜霉病的生菜品种，至今大致有 39 个 Dm 基因被定位于生菜遗传图谱并且运用于实际的品种选育工作中。然而，这类基因的抗病性通常具有小种专化性（race-specific），而且都不稳定，大多在渗入感病品种后数年就会失效，因为霜霉病自身也在不断地适应各种新品种。所以，育种工作者现在更多的偏向于寻找一种能够维持持久抗性，并且能够抵抗广谱病菌（race-nonspecific）的途径。QTL（quantitative traits loci，多基因控制性状位点）和无寄主抗性（non-host resistance）的运用已经成为新的选育手段（Crute 和 Norwood，1981；Eenink，1981；Gustafsson，1989；Lebeda，1990；Reinink，1999；M. Jeuken et al.，2002、2004）。

（三）野生种的应用

先锋（Vanguard）品种是栽培生菜与野生种 *Lettuca virosa* 杂交后选育出的品种。先锋具有 *L. virosa* 的深绿色和质地优良的叶片。

（四）早花基因在育种中的应用

正常情况下，莴苣从播种到开花需 100～175d（据品种和环境不同而有变化）。提早开花对以叶球等营养器官为产品的作物是不利的，然而在杂交育种中，提早开花可缩短植株的生育时间，缩短育种周期，从而加速育种进程。莴苣中能应用于杂交育种的早花基因须具备下列 4 个条件：①质量性状遗传；②开花时间必须明显缩短；③早花基因必须是显性或不完全显性，即杂合体能从正常开花的纯合体中识别出来；④早花植株的花器育性正常。现已发现生菜早花基因有两个（Ef_1、Ef_2），早花基因（Ef）对正常开花基因（ef）为显性。当具有 Ef_1 基因时，从播种至开花的时间为 65d，具有 Ef_2 基因时，为 90～100d，当同时具有 Ef_1 和 Ef_2 时，仅需 45d。美国利用早花基因已培育出两个抗花叶病毒病的生菜新品种，育种速度加快了一倍。早花基因在生菜育种中具有广阔的应用前景（沈火林等，1992）。

（五）基因工程技术在莴苣种质创新中的应用

莴苣的自然群体中缺少有效的抗病基因和抗虫基因，因此难于通过杂交育种、杂交优势利用或远缘杂交等育种手段来提高其抗病或抗虫性。近年来，一些分子生物学家开始探索利用基因工程的方法将外源基因（硝酸还原酶基因、甜蛋白基因 MBL Ⅱ、雪花莲凝集素 GNA 等抗性基因）导入莴苣中，以求最终能创新莴苣的种质资源或育成性状优良并具有较强抗病虫能力的莴苣新品种。1987 年，Michelmorel 等首次报道了利用根癌农杆菌介导法转化，获得转基因的叶用莴苣植株，但转化频率不高，且程序复杂。随后有多篇关于转基因莴苣的报道，包括转报告基因（Chupeau etc.，1989；Enomoto etc，1990），还有旨在改变其农艺性状的遗传转化，如增加对病毒的抗性（Dinant etc.，1997；Pang etc. 1996）、培育雄性不育系（Curtis etc.，1996）和降低叶片硝酸盐含量（Curtis etc.，1999）等。近期研究表明，莴苣也经常用于转基因植物的功能和表达研究（Okubara PA. etc.，1997；Kapusta J. etc.，1999；McCabe MS. etc.，2001）。

蚜虫是对莴苣危害最严重的害虫之一。它吸食作物汁液使其生长不良，传播许多植物病毒，同时其吸食造成的伤口还为其他病原体的侵染提供了通道。郭文俊等（1998）研究了将含 CaMV35S 启动子的雪花莲凝集素基因置换 Ti 质粒载体 pBll21 中的 GUS 基因得到了 pBIGNA 质粒，将其导入农杆菌 LBA4404，得到 LBA4404（pBIGNA）菌株。通过该脓杆菌介导转化莴苣子叶，筛选得到了 17 个具有卡那霉素抗性的转化子，其中 3 个转化子 PCR 鉴定的结果为阳性，用 Western 杂交检测了这 3 个转化子中的 GNA 含量，结果表明其中一个转化子中的 GNA 表达量为可溶性蛋白总量的 0.4％。由于 GNA 在 0.1％浓度时就对包括蚜虫在内的刺吸式昆虫具有显著的毒杀作用，因此推测此转基因莴苣可能具有抗蚜虫能力。

Dinant 等（1997）将外壳蛋白基因导入叶用莴苣，以提高莴苣花叶病的抗性。Gilbertson 等（1996）将抗莴苣花叶病毒（LMV）的基因转入叶用莴苣，获得了具 LMV 抗性的转基因植株，但在 R_2 代，80％的植株丧失抗性。Finnergan（1994）、Breen（1996）等认为外源基因在叶用莴苣中的整合、表达及遗传与 T - DNA 的插入方式、插入位点的甲基化、农杆菌株型、选用的启动子以及环境因子有关，这为以后叶用莴苣的遗传转化研究工作的改进提供了理论基础。

（黄丹枫　葛体达）

主要参考文献

中国医学科学院卫生研究所 . 1981. 食物成分表 . 北京：人民卫生出版社

刘日新等 . 1959. 莴苣的生长发育特性和秋莴苣的生产 . 植物生理学通讯 . （1）：28～32

陆帼一 . 1998. 莴苣栽培技术 . 北京：金盾出版社

李孝良，汪建飞 . 2003. 营养条件对无土栽培生菜生长及养分吸收的影响 . 安徽农业科学 . 31（5）：736，756

续勇波，郑毅，刘宏斌，丁金玲，张维理，雷宝坤 . 2003. 设施栽培中生菜养分吸收和氮磷肥料利用率研究 . 云南农业大学学报 . 18（3）：221～227

范双喜 . 2003. 不同营养液浓度对莴苣生长特性的影响 . 园艺学报 . 30（2）：152～156

邱义兰，彭克勤，刘如石，周细红，黎建文，吴志华 . 2000. 莴苣不同品种矿质养分吸收与分布的差异 . 湖南农业大学学报（自然科学版），26（6）：449～452

顾智章 . 1997. 菠菜莴苣高产栽培 . 北京：金盾出版社

沈火林，王志源 . 1992. 生菜育种研究进展 . 中国蔬菜 . （6）：50～52

李梅荣，庄建 . 1995. 兰州地区生菜周年生产栽培管理 . 甘肃农业科技 . （4）：13～14

腾人贵，韩明珠 . 1995. 生菜　莴笋　花椰菜　绿菜花生产160问 . 北京：中国农业出版社

张福墁 . 1995. 生菜高产优质栽培实用技术 . 北京：中国林业出版社

山东农业大学主编 . 1984. 蔬菜栽培学各论（北方本）. 第二版 . 北京：农业出版社

中国科学院中国植物志编辑委员会编 . 1997. 中国植物志 . 第八十卷 . 北京：科学出版社

中国农业科学院蔬菜花卉研究所 . 2001. 中国蔬菜品种志（上、下卷）. 北京：中国农业科技出版社

中国农学会遗传资源学会 . 1994. 中国作物遗传资源 . 北京：中国农业出版社

浙江农业大学主编 . 1985. 蔬菜栽培学各论（南方本）. 第二版 . 北京：农业出版社

山东农业大学主编 . 1984. 蔬菜栽培学各论（北方本）. 第二版 . 北京：农业出版社

山东农业大学主编 . 1999. 蔬菜栽培学各论（北方本）. 第三版 . 北京：中国农业出版社

何启伟 . 1990. 绿叶蔬菜栽培 . 北京：科学技术出版社

姚禾芬，凌丽娟，陈盛录，李式军 . 1994. 无纺布遮阳网浮面覆盖在冬季 . 南京农业大学学报 . 17（2）：121～122

李孝良，汪建飞 . 2003. 营养条件对无土栽培生菜生长及养分吸收的影响 . 安徽农业科学 . 31（5）：736，756

中国农业科学院蔬菜花卉研究所 . 1992. 中国蔬菜品种资源目录（第一册）. 北京：万国学术出版社

中国农业科学院蔬菜花卉研究所 . 1998. 中国蔬菜品种资源目录（第二册）. 北京：气象出版社

毛祖美 . 1992. 早春短命植物区系特点［J］. 干旱区研究 . 9（1）：11～12

刘家贤，耿三省 . 1995. 生菜育种的现状及展望 . 北京农业科学 . 13（3）：21～25

薛云浩，Melton L. D.，Smith B. G.. 2004. 生菜细胞的鉴别与细胞壁提纯 . 郑州工程学院学报 . 25（1）：22～24

那杰，方宏筠，王关林 . 1995. 结球生菜基因转化组织培养受体系统的建立 . 辽宁师范大学学报（自然科学版）. 15（3）：228～231

刘凡，李岩，曹鸣庆 . 1996. 高频率生菜植株再生及转化体系的建立 . 华北农学报 . （1）：109～113

高辉，苟晓松，邓运，李旭锋 . 2002. 莴苣红帆品种下胚轴愈伤组织诱导与植株再生 . 园艺学报 . 29 （5）：486～487

王冰，李坤，尹海波，刘丽，王飞 . 2005. 山莴苣染色体的核型分析 . 中国药学杂志 . 40 （5）：335～337

孙立彦，范成云，周红英，刘振亮，刘春 . 2004. 山莴苣的核型分析 . 泰山医学院学报 . 25 （1）：31～32

朱世新 . 2004. 毛鳞菊属和细莴苣属的系统学研究 . 中国科学院植物研究所博士论文学位论文

朱路英，刘玲，孟祥栋，张振贤 . 2002. 叶用莴苣离体培养和植株再生 . 园艺学报 . 29 （2）：181～182

刘莉，钱琼秋，张忠炎 . 2004. 不同植物生长调节剂对莴苣愈伤组织的诱导与植株再生的影响 . 浙江农业科学 . （4）：173～174

立罗淑，张智俊，秋田求 . 2005. 根癌农杆菌介导的叶用莴苣基因转化系统的建立 . 新疆农业大学学报 . 28 （1）：30～33

郭文俊，李瑶，唐克轩，董铮，叶明鸣，沈大棱 . 1998. 将 GNA 基因导入莴苣（*L. sativa*）及其表达的研究 . 复旦学报（自然科学版）. 37 （4）：564～568

郑滔，陈炯，陈剑平 . 2002. 莴苣花叶病毒浙江余杭分离物基因组全序列及其结构分析 . 病毒学报 . 18 （1）：66～70

温晓明 . 2003. 溶血栓作用的纳豆激酶基因导入莴苣植株的研究 . 广西大学硕士论文学位论文

刘敬梅，陈大明 . 2001. 甜蛋白基因 MBLII 对莴苣的遗传转化 . 园艺学报 . 28 （3）：46～250

王昌正 . 2003. 乙肝表面抗原基因导入莴苣植株的研究 . 首都师范大学硕士论文学位论文

朱路英 . 2000. 高赖氨酸蛋白基因植物表达载体的构建及对叶用莴苣的遗传转化 . 山东农业大学硕士论文

高辉 . 2003. 油菜与生菜的组织培养 . 四川大学硕士学位论文

左晓峰，张晓钰，单龙，肖传英，何笃修，茹炳根 . 2001. 人小肠三叶因子基因在生菜中的整合与表达 . 植物学报 . （43）：1 047～1 051

赵吉强，李霞，李丽霞，程智慧，陈杭 . 2004. 生菜遗传转化受体系统的建立及鲑鱼降钙素基因的导入 . 烟台大学学报（自然科学与工程版）. 17 （4）：116～121

左晓峰，张宇坤，吴贝贝，常兴，茹炳根 . 2001. 小鼠金属硫蛋白突变体 ββ 基因在生菜中的表达及高锌生菜的培育 . 科学通报 . 46 （23）：1 974～1 978

Xinrun Z. , Conner A. J. . 1992. Genotypic on tissue culture responses of lettuce cotyledons. Jounal of Genetics and Breeding, 46：287～290

Enomoto S. , Itoh H. , Ohshima M. and Ohashi Y. . 1990. Induced expression of a chimeric gene construct in transgenic lettuce plants using tobacco pathogenesis～related protein gene promoter region. Plant Cell Rep. , 96～99

Dinant S. , Maisonneuve B. , Albouy J. , ChuPeau Y. , ChuPeau M. C. , Bellec Y. , Gaudefroy F. , Kusiak C. , Souche S. , Robaglia C. and Lot H. . 1997. Coatprotein gene-mediated protection in *Lactuca sativa* against iettuce mosaic potyvirus stains. Molecular Breeding, （3）：75～86

Pang S. Z. , Jan F. J. , Camey K. , Stout J. , Tricoli D. M. , Quemada H. D. and Gonsalves D. Post. 1996. Transcriptional transgene silencing and consequeni tospovirus resistance in transgenic lettuce are affected by transgene dosage and plant development. Plant J. （9）：899～909

Curtis I. S. , He C. , Scott R. , Power J. B. and Davey M. R. 1996. Genomic male sterility in lettuce. a baseline for the production of F_1 hybrids. Plant Science, （113）：113～119

Curs I. S. , Power J. B. de Laat Amm. , Caboche M. , Dabey M. R. . 1999. Expression of a chimeric nitrate reductase gene in transgenic lettuce reduces nitrate in leaves. Plant Cell Reports, 18：889～896

Okubara P. A. , Arroyo-Garcia R. , Shen K. A. , Mazier M. , Meyers B. C. , Ochoa O. E. , Kim S. ,

Yang C. H. , Michelmore R. W. A. . 1997. Transgenic mutant of *Lactuca sativa* （lettuce） with a T~ DNA tightly linked to loss of downy mildew resistance. Mol Plant Microbe Interact. Nov, 10 （8）: 970~ 977

Kapusta J. , Modelska A. , Figlerowicz M. , Pniewski T. , Letellier M. , Lisowa O. , Yusibov V. , Koprowski H. , Plucienniczak A. , Legocki A. B. A. . 1999. Plant-derived edible vaccine against hepatitis bvirus. FASEB J. Oct, 13 （13）: 1 796~1 799

McCabe M. S. , Garratt L. C. , Schepers F. , Jordi W. J. , Stoopen G. M. , Davelaar E. , Van Rhljn J. H. , Power J. B. , Davey M. R. . 2001. Effects of P （SAG12） - IPT gene expression on development and senescence in transgenic lettuce. Plant Physiol. Oct, 127 （2）: 505~516

Michelmore R. W. , Marsh E. , Seely S. , Landry B. . 1987. Transformation of lettuce （*Lactuca sativa*） mediated by agrobacterium tumefaciens. Plant Cell Reports. 6: 439~442

Chu Peau M. C. , Bellini C. , Guerche P. , Maisonneuve B. , Vastra G. and Chupeau Y. . 1989. Transgenic plants of lettuce （*Lactuca sativa*） obtained through electroporation of Protoplasts. Bio/Technology, （7）: 503~508

Kesseli R. V. , Paran I. , Michelmore R. W. . 1994. Analysis of a detailed genetic linkage map of *Lactuca sativa* （lettuce） constructed from RFLP and RAPD marker. Genetics, 136 （4）: 1 435~1 446

Robbins M. A. , Witsenboer H. , Michelmore R. W. , Laliberte J. F. , Fortin M. G. . 1994. Genetic mapping of turnip mosaic virus resistance in *Lactuca sativa*. Theoretical and Applied Genetics, 89 （5）: 583~589

Maisonneuve B. , Bellec Y. , Anderson P. , Michelmore R. W. . 1994. Rapid mapping of two genes for resistance to downy mildew from *Lactuca* serriola to existing clusters of resistance genes. Theoretical and Applied Genetics, 89 （1）: 96~104

蔬菜作物卷

第三十九章

芹　菜

第一节　概　述

芹菜（旱芹）（*Apium graveolens* L.），别名芹、药芹菜、野芫荽，为伞形科（Umbelliferae）芹属二年生草本植物。染色体数 2n＝2x＝22。每 100g 产品含水 93.1g，膳食纤维 1.2g，碳水化合物 3.3g，蛋白质 1.2g，脂肪 0.2g，并含有矿物盐和维生素等多种营养物质，茎叶中含有挥发性芳香油，能促进食欲（《食物成分表》，1991）。芹菜还具有降血压、镇静、健胃、利尿、润肺等保健功能。

芹菜一般指叶用芹菜，包括西洋芹菜（var. *dulce* DC.），此外还有根用芹菜（var. *rapaceum* DC.）即根芹。芹菜在世界各地广泛种植，是世界性重要蔬菜之一。叶用芹菜在欧美国家的栽培种，植株多矮壮粗大，叶柄宽厚，通常称为西洋芹菜（西芹）；叶用芹菜在中国经长期驯化改良形成的栽培种，植株较高，叶柄细长且窄，香气浓，称为本芹。根用芹菜在欧美国家有一定的栽培面积，在中国很少栽培。

芹菜栽培历史悠久，世界各地广为栽培，因而种质资源也较丰富。据国际遗传资源研究所（IPGRI）估计，全世界约有芹菜品种 1 270 个，主要为西芹栽培种。中国据《中国品种资源目录》第一、二册（中国农业科学院蔬菜花卉研究所，1992、1998）所载，共录入芹菜品种资源计 323 份。至 2005 年，保存在国家种质资源长期库的芹菜种质资源将近342 份，主要为本芹栽培种。

芹菜在世界各地均有种植，仅据美国加利福尼亚州 1992 年统计，当年芹菜总的收获面积就达 10 117.15hm²，经济价值约 1.82 亿美元，加利福尼亚州芹菜产量占全美国总产量的 50%～60%。美国芹菜产量足以供应本国需求，部分出口到其他国家。

芹菜由于对不同气候条件的适应性较强，中国南北方都有栽培。据农业部 2003 年统计，中国（未含台湾省）芹菜栽培面积达 542 700 hm²，总产量为 1 795.5 万 t。

芹菜栽培技术简便，生产成本低，产量高，栽培方式多，可排开播种，周年生产。因此，对市场蔬菜的均衡供应和花色品种的调节起着重要的作用。

第二节　芹菜的起源与分布

芹菜起源于欧洲南部和非洲北部地中海沿岸地带，瑞士植物学家德·康道尔（de Candolle）、俄罗斯植物学家瓦维洛夫（Н. И. Вавилов）等在他们的有关著作中均有上述的明确论述。

芹菜的原始种野生于地中海沿岸的沙砾地带。据推测，古代欧洲南部已开始种植。在公元前9世纪荷马创作的古希腊史诗《奥德赛》中首次提到了这种植物。公元前希腊人把芹菜叶子当作月桂树叶用在礼节的花环上。在古希腊罗马时代已用作医药和香料，据传有预防中毒的效果。公元前4世纪至前3世纪，希腊人曾将芹菜称为欧芹，公元前4世纪曾有文字记载芹菜有平展型和缩叶型两种。

13世纪芹菜传入北欧，1548年传入英国，食用芹菜的最早文字记录是在1623年的法国。据传由意大利首先进行食用栽培，而后传入法国，成为当时欧洲人日常生活中不可缺少的香辛蔬菜。从17世纪末到18世纪在意大利、法国、英国进一步对其进行了改良。在上述地区，芹菜被驯化成叶柄肥厚、异味小、品质优良的类型（*A. graveolens* L. var. *dulce* DC.）。

自17世纪末开始施行芹菜的软化栽培，当时在瑞典已有穴仓贮藏栽培，芹菜的叶柄变得更肥厚、脆嫩，药味减少了，已可供作沙拉食用。

芹菜由欧洲引入美国大约也在17世纪，在美国早期栽培的大部分是易软化的黄色种，近年来绿色种已迅速增加，同时还选育出一些中间类型的品种（〔日〕星川清亲，1981）。

芹菜很早就传入印度，而后又传到中国、朝鲜及南洋各岛。在中国，芹菜于汉代由高加索传入，并逐渐培育成叶柄细长的类型。10世纪中国的《唐会要》一书中所述的"胡芹"就是指芹菜（胡昌炽，1954）。明朝，"西洋旱芹"已在中国广为种植（程兆熊，1985）。

日本记载，芹菜于16世纪由朝鲜传入，后来传至长崎近郊，但只有一部分作栽培用。明治以后，随着国外蔬菜的引入而进一步扩大了栽培面积。1935年以后黄色种芹菜的栽培也逐渐盛行起来。此后随着消费水平的逐步提高，品种及生产面积也不断地增加（加藤彻，1985）。

中国芹菜的栽培分布非常广泛。全国各地几乎均有分布，其中尤以山东省为最多，其次为河南省，再次为江苏、河北、广东、四川等省。中国的地方品种绝大多数为本芹，有实心和空心两类。近数十年来，由欧美各国引入的西芹新品种，在中国东南沿海及华北各地也有较多的栽培分布。

第三节　芹菜的分类

一、植物学分类

伞形科植物全世界约200余属，2 500种，广布于全球温、热带，中国约90余属。除芹属（*Apium* L.）的芹菜外，与其有关的还有水芹属（*Oenanthe* L.）的水芹 [*O. stolonifera.*（Roxb.）DC.]，欧芹属（*Petroselinum* Hill）的香芹（*P. crispum* Mill.）、根香芹 [*P. crispum* var. *tuberosum*（Bernh.）Crov.]，鸭儿芹属（*Cryptotaenia* DC.）的鸭儿芹（*Cryptotaenia japonica* Hassk.），蒲芹属（细叶芹属，*Chaerophyllum* L.）的蒲芹（鳞茎细叶芹）（*C. bulbosum* L.）等（《中国植物志》第55卷，1985）。它们与芹菜同科不同属，其形态和生长习性不尽相同，但有相似之处。

芹属（*Apium* L.）约20种，分布于世界温带地区。中国有旱芹（*Apium graveolens* L.）和细叶旱芹（*Apium leptophyllum* L.）两个种（《中国植物志》第55卷，1985），旱芹又有西洋芹菜（var. *dulce* DC.）和根用芹菜（var. *rapaceum* Mill.）两个变种。

叶用芹菜以叶柄供食，在营养生长阶段从短缩的茎上生出带有厚实长叶柄的叶簇。

根用芹菜以根部供食，有球状根，根部特别发达肥大。膨大的肉质根由短缩茎、下胚轴和根上部组成。在解剖学上其根属胡萝卜型，最外层为周皮，向内为次生韧皮部，具发达薄壁组织，是主要食用部分。从球根冠部长出具有细叶柄的叶簇。叶片数较少，叶三裂，叶较西芹小，带红色或褐色。花小，白色，雄蕊5枚，与花冠同数，互生，雌蕊花柱2枚，复伞形花序（颜纶泽，1976）。

近年中国先后从欧、美国家引入根芹菜，已有少量种植。其代表品种有：Smooth Poris、Earily Erfurt、Pragle、Apple Shaped等。

细叶旱芹野生于江苏、福建、台湾、广东等地的草丛及水沟边，为外来种。

此外，水芹属的水芹 [*Oenanthe stolonifera*（Roxb.）DC.] 原产中国、印度、印度尼西亚。在日本、朝鲜及亚洲其他各地都有栽培。水芹为多年生水生宿根植物，有匍匐茎，各节易生根。叶有粗锯齿，为两回羽状复叶，互生，其状甚似旱芹（李朴，1963）。水芹属共有30种，中国产9种及1个变种，可供蔬菜食用的除水芹外，还有西南水芹（*O. dielsii* de Boiss. var. *dielsii* de Boiss.）和细叶水芹（*O. dielsii* de Boiss. var. *stenophylla* de Boiss.）（《中国植物志》第五十五卷，1985）。栽培水芹的代表品种有：圆叶类型的无锡玉祁芹、常熟白种芹，以及尖叶类型的扬州长白芹、庐江高梗芹等（赵有为，1999）。

二、栽培学分类

叶用芹菜多以叶柄形态和生长期长短等进行栽培学分类（根用芹菜因栽培远不如叶用芹菜广泛，一般无明确的栽培学分类）。

（一）按叶柄形态分类

芹菜根据其叶柄长短、肥厚的程度、髓腔状况的不同，可分成本芹和西芹两种类型。

1. 本芹 即本地芹菜，也有人称中国芹菜，是很早就分布在中国各地的地方品种。这个类型的特点是生育期较短，挥发性药香味浓，叶柄细长、多数中空，以熟食为主。

（1）依叶柄颜色的不同，可分为青色芹、白色芹和紫柄芹菜三类：

①青色芹：叶片较大、绿色，叶柄较粗，横径约1.5cm。植株较高大，香味浓，高

产，软化后品质较好。代表品种如河北省青县铁秆青、山东省潍坊青苗实心芹等。

②白色芹：叶较细小、淡绿色，叶柄较细长，横径 1.2cm 左右，浅黄白色，叶柄空心居多，也有少数实心。植株较矮，香味浓，品质好，易软化。代表品种有广东省广州大白芹、江苏省的洋白芹等。

③紫柄芹菜：芹菜中含有花青甙，紫柄芹菜是花青甙显色的品种。紫柄芹菜叶片较厚，颜色深绿。外周叶柄绿色中带有暗紫色，内部叶柄为紫色和紫红色。品种不同，其显色程度也有所不同。

（2）根据髓腔状况又可分为空心和实心两类：

①实心芹菜：叶柄髓腔很小，腹沟窄而深，品质较好，春季不易抽薹，产量高，耐贮。代表品种有天津市的白庙芹，陕西、山东、江苏南京市以及内蒙古自治区集宁市的铁秆青芹和广东省的广州青梗芹等。

②空心芹菜：叶柄髓腔较大，腹沟宽而浅，品质较差，春季易抽薹，但抗热性较强，不耐寒，适于春夏季栽培。代表品种有山东省的福山芹菜、河南省的小花叶、上海市和江苏省南京市的早青芹等。

2. 西芹 该类型品种为近数十年自欧美引入。其特点是生育期较长，植株稍矮，挥发性药香味较淡。叶柄宽且厚，较扁，一般宽可达 2.3～3.0cm，棱较明显，实心，纤维少，脆嫩，可生食或熟食。适于稀植，多数较耐热，耐寒性强，抗病，对气候条件的适应性较强。单株产量高，每株重可达 1kg 以上。其代表品种有 White Plume、Dwarf White Solid、Golder Dwarf、伦敦红 、Florigreen 等。近年引进的栽培品种有美国的美芹、佛罗里达 683、犹他（Utah 52 - 70Rimproved、Utah 52 - 75），意大利的冬芹、夏芹，以及日本的改良康奈尔等。西芹中的黄色类型一般熟性较早，抗逆性较差，生长势较弱，在大陆性气候较强的地区不易栽培（这类品种在日本栽培占主要地位）。

（二）按不同熟性分类

芹菜栽培区域广阔，在不同地域和气候条件下，经过长期的自然和人工选择，其生长期长短不同，因此生产上也常将芹菜品种按不同熟性分为早、中、晚三类。一般西芹生长期稍长，故以晚熟品种居多。本芹生长期稍短，故以早、中熟品种为多。但无论西芹还是本芹均有自己体系中的早熟、中熟和晚熟品种。

本芹早熟品种从定植到收获一般在 60d 以内，如湖南省永州芹菜为 50d，长沙市乳白梗芹菜只需 40d。中熟品种在 60～100d，如陕西省西乡芹菜为 100d。晚熟品种在 100d 以上，如宁夏银川绿芹在 120d 左右，河南省卫辉芹菜则需 200d。

据对 1979—1985 年征集的 209 份芹菜种质资源的调查，芹菜产区河南省 40 个品种中属于早熟类型的有 6 个，中熟类型和晚熟类型各 17 个；四川省 34 个品种中，早熟品种 8 个，中熟品种 21 个，晚熟品种 5 个；湖南省 22 个品种中，早、中、晚熟数量大致均等；安徽省 18 个品种中，早熟品种 2 个，中熟品种 5 个，晚熟品种 11 个。从总的情况看，209 个品种中，早熟品种 45 个，中熟品种 94 个，晚熟品种 70 个（《中国作物遗传资源》，1994）。

西芹品种生长期较长，从定植到收获一般在 150～200d。早熟品种如自然金色软白

(Golden self-blanching)、White Gem 在 150d 左右，中熟品种如 Dwarf White、Golden Dwarf 在 200d 左右，而 Solid White 为一特晚熟品种，生长期长达 240d 以上。

第四节　芹菜的形态特征与生物学特性

芹菜为两年生作物，第一年处于营养生长阶段，形成短缩茎和叶簇。在通过低温春化后于第二年春夏长日照条件下开花结子。根用芹菜除肉质根形态与叶用芹菜不同外，其他主要形态和性状与叶用芹菜均有类似的特征。但叶用芹菜由于栽培广泛，在不同生态环境下、于长期栽培演化过程中，形成了自身种质资源遗传的多样性，不同品种间在植株高度、侧芽数的多少，叶簇的姿态、叶片数、叶片颜色、大小，叶面有无光泽、是否起疱，叶柄的长短、宽窄、花青甙色彩浓度、叶柄的凹陷程度及叶柄是否自退色等方面，均有着明显的差异，表现出丰富多样的形态学特征与生物学特性。

一、形态特征

（一）根

叶用芹菜根属直根系，为浅根系作物。根系生长范围比较小，大部分根系分布在 30cm 范围内，最深不超过 100cm。密集的根群分布在地面以下 7～10cm 处，横向分布范围在 30cm 左右。

根用芹菜的根粗壮、肥大，有圆形、圆锥形等多种，类似于芜菁。

（二）茎

芹菜营养生长期茎短缩，叶片着生于短缩茎的基部。短缩茎是沟通根系与叶柄、叶片的重要组织。通过春化阶段、分化花芽后抽生花茎，短缩茎延伸，生长出很多分枝，每个分枝上着生小叶片和花苞，形成伞形花序，并开花结子。

（三）叶、叶柄

芹菜叶为二回奇数羽状复叶，由叶柄和小叶组成，每片叶由 2～3 对小叶和 1 个顶端小叶组成。小叶 3 裂互生，边缘锯齿状，叶面积较小，叶片有深绿色和浅绿色两种。依照品种不同，叶柄有直立、半直立或匍匐等多种，颜色有绿色、白色、黄色、紫红色之别，横切面多为肾形，叶柄粗细宽窄不同，有细狭的，亦有扁平且宽而肥厚的。此外，叶柄还有空心、实心、半实心之别。叶柄是叶用芹菜营养生长期间最发达的部分，也是食用的主要部位。一般叶用芹菜成株有食用价值的叶柄 8～9 条，叶柄长 60～70cm，叶柄重可占到全株总重量的 80% 左右。

芹菜叶柄上有许多纵向维管束，维管束间充满贮藏营养物质的薄壁细胞，形成薄壁组织和厚角组织，使叶柄直立。薄壁组织含有大量的水分和养分，使叶柄脆嫩。在维管束附近的薄壁组织分布着油腺，可分泌挥发油，使芹菜具有特殊的香味。

（四）花

芹菜属异花授粉作物，自花授粉也能结子，但数量很少，一般靠昆虫、风力传粉受精结子。芹菜的花序为复伞形花序，由多数小白花集聚形成小花伞，小花伞再集合成复伞形成花序，构成大花伞。一般在大花伞周围的小花伞发育较好，一个小花伞能发育 10～20 朵小花。小花白色，由 5 枚花瓣、5 枚萼片、5 枚雄蕊和 2 个结合在一起的雌蕊组成。一般雄蕊先熟，雄蕊成熟 3～5d 后雌蕊成熟。同一个小花的雄蕊花粉不能给雌蕊柱头授粉，所以，小花不能自花授粉。但同一个大花伞可以在许多小花之间相互授粉结子。雌蕊受精能力很强，可以维持 10d 左右的受精时间。一般从开花到种子成熟需要 35～55d。超过 55d 成熟的种子就会枯熟，自行脱落。

（五）果实与种子

果实为双悬果，生产上所采用的芹菜种子实际上是果实。果实成熟后沿中缝裂开形成两个扁形果，每个扁形果各含 1 粒种子，种子很小，一般长 1.5mm、宽 0.8mm、厚 0.8mm，褐色，横切面为五角形，千粒重 0.42g。

二、叶用芹菜形态特征的多样性

（一）株高

据对《中国品种资源目录》（第一册、第二册，1992、1998）所录 323 个芹菜品种的调查，不同品种间芹菜的植株高度存在很大差异，高的可达 120cm，矮的不足 30cm。如浙江省仙居县青秆芹株高 120cm、内蒙古自治区乌兰浩特市空秆芹株高 110cm、山东省日照市黄洋芹株高 100cm、山东省莒南芹菜株高 90cm、河北省邯郸市玻璃脆芹菜株高 80cm、湖南省黔县大叶芹株高 70cm、四川省成都市春不老芹菜株高 60cm、广东省儋州白骨芹株高 50cm、美国西芹犹他株高 40cm、安徽省铜陵市青秆芹株高 30cm、海南省定安县白骨芹株高仅为 27cm。

据对 1979—1985 年征集的 209 份芹菜种质资源的调查，各地芹菜品种高、中、矮的比例各不相同。河南省地方品种植株较高，40 个品种中，植株高（70cm 以上）、中（50～70cm）、矮（50cm 以下）的比例为 15∶16∶9；四川省地方品种则以矮的居多，34 个品种中，高、中、矮的比例为 5∶9∶20；湖南、云南省的地方品种也较矮。从总的来看，209 个品种中，植株高的有 41 份材料，中等的有 73 份，矮的有 95 份（《中国作物遗传资源》，1994）。

（二）植株的侧芽数

芹菜叶柄着生于短缩茎的基部，在发育完全的叶片叶腋间还会发生萌蘖，在短缩茎的基部长出侧芽。侧芽的多少、强弱常影响芹菜的品质。植株侧芽数的多少，不同品种间差异很大。有的品种无侧芽或侧芽数很少，如西芹文图拉；有的品种侧芽数很多，如河北省大名县一串铃芹菜、河南省延津芹菜，侧芽数多在 40 个左右。

（三）叶簇形态

芹菜植株叶片抱合的角度，不同的品种可划分为 5 种形态：

1. 直立　叶片近直立，外周叶柄与地面夹角呈近 90°。如河南省襄阳实秆青芹菜、非洲赞比亚芹菜等。

2. 直立至半直立　外周叶片略倾斜，展开，与地面夹角呈 60°～80°。如山西省长治芹菜、河南省登封芹菜等。

3. 半直立　外周叶片倾斜、展开，与地面夹角呈 40°～50°。如河北省徐水县本地实芹等。

4. 半直立至匍匐　外周叶片较倾斜，展开幅度大，与地面夹角呈 10°～30°。如河南省焦作白芹、黄心芹等。

5. 匍匐　外周叶片较大、倾斜，大幅度展开，与地面夹角小于 10°。如四川省内江市高桩芹等。

（四）叶簇叶片数

芹菜叶簇叶片数一般在 35～40 片，去掉早期脱落叶片，从外叶到心叶一般在 10～20 片叶。荷兰西芹 TS123 叶片数为 23 片，而湖南省沅陵县圆叶芹菜叶片数只有 9 片。

（五）叶簇颜色

叶簇颜色（不包括叶柄）基本为绿色。不同品种间绿色又可分为极浅绿、浅绿、中绿和深绿色。但也有少数黄叶品种，如黄叶黄心芹等。

（六）叶片起疱与否

芹菜叶片表面有的光滑，有的起疱，表现为凹凸不平。不同品种间有 4 种类型：

1. 无或非常轻微　叶片表面光滑、平整，无或极轻微凹凸，如山东省临邑县芹菜等。

2. 轻微　叶片表面有少许凹凸，如台湾省的台湾黄芹等。

3. 中等　叶片表面有凹凸，如山西省太原市古城营实心芹等。

4. 突出　叶片表面凹凸明显，如山东省恒台实心芹等。

（七）末端小叶大小

末端小叶大小是指芹菜奇数二回羽状复叶顶端小叶的叶面积。末端小叶形状是不规则的，可近似地用纵横径（长×宽）表示。一般有：长大于宽，小叶呈细长状，如江苏省连云港市实心芹（7cm×5cm）等；长等于宽，小叶呈正方形，如浙江省象山县玉芹（5cm×5cm）等；宽大于长，小叶呈扁长状，如河南省项城实秆芹（6cm×8cm）等。

（八）小叶叶缘锯齿形状

芹菜复叶上小叶叶片边缘齿状突出物形状、密度不尽相同。在形状上有：

1. 尖锐 齿形较窄，齿尖锐利，如福建省福州市半青芹菜等。

2. 圆钝 齿形较宽，齿尖圆钝，如山东省恒台实心芹等。

叶缘锯齿间密度有稀、中、密之分。小叶裂片间距又有分离、接触、重叠之不同。

（九）叶柄颜色

芹菜叶柄颜色较为丰富，基本上有绿色、黄色、白色和紫色等4种。

1. 绿色 绿色种芹菜其叶柄、叶片均为绿色，绿色深浅又有深绿色、绿色、中绿色和浅绿色之分。本芹品种中绿色种占绝大多数（图39-1）。

2. 黄色 黄色种芹菜叶柄为黄色，叶片多数为淡绿色，但也有少数品种叶片也为黄色（图39-2）。在美国早期栽培的芹菜大部分是易软化的黄色种，如金色自然软白和金色羽毛（Golden Plume）等。

图39-1 绿色叶柄品种

图39-2 黄色叶柄品种

图39-3 白色叶柄品种

图39-4 紫色叶柄品种

3. 白色 白色种芹菜叶柄为白色，叶片为绿色或淡绿色（图 39 - 3）。白色种芹菜是叶柄自退色造成的，著名品种有法国圣洁白芹等。白芹在中国主要分布在四川省，该省34 个品种中就有 20 个是白芹；云南省 8 个品种中有 6 个是白芹；贵州、安徽省、广西壮族自治区的白芹各占 15%～20%不等。从总的分布来看，白芹主要分布在云南、贵州、四川、广西等省、自治区。

4. 紫色 紫柄芹菜叶片较厚，颜色深绿。外周叶柄绿色中带有暗紫色，内部叶柄为紫色或紫红色。品种不同，显色程度不同（图39 - 4）。

（十）叶柄长度、宽度

叶柄长度是指芹菜叶片自短缩茎至第一对小叶间长度。一般讲，植株高的芹菜品种，叶柄也相对较长；植株矮的品种，叶柄也相对较短。本芹品种和西芹相比较，总体上本芹叶柄长度长于西芹。叶柄长的品种有：新疆维吾尔自治区沙车实心芹，叶柄长度为 60cm；河南省郸城实秆芹，叶柄长度为 55cm（图 39 - 5）。叶柄短的品种有：日本白茎芹，叶柄长度为 17cm；非洲赞比亚西芹，叶柄长度为 18cm（图 39 - 6）。

图 39 - 5　长叶柄品种　　　　　　　　　图 39 - 6　短叶柄品种

叶柄宽度是指叶柄长度 1/2 处的宽度。总体上讲，西芹叶柄宽于本芹，优良西芹品种美国文图拉叶柄宽度达 2.0cm。本芹叶柄宽度一般在 1.0cm，叶柄较窄的品种如四川省成都种都雪白芹，叶柄宽度仅为 0.6cm。

（十一）叶柄筋的突起

芹菜叶柄上有许多纵向维管束，维管束在叶柄正面外表皮表现为纵向条纹，俗称为叶柄筋。不同品种的叶柄筋条数不同，突显的轻重也不同。在生产上，将叶柄筋条数少、突显不明显、表皮光滑的称为细皮品种；叶柄筋条数多、突显明显、表皮粗糙的称为糙皮品种。优良细皮品种有河北省无丝芹等，传统的糙皮品种有北京市的大糙皮等。

（十二）叶柄腹沟

芹菜叶柄腹面根据平展或凹陷程度不同，可将品种分为三个类型。平直类型：该类型品种叶柄腹面较平展，叶柄横断面腹面端为直线形，如法国圣洁白芹等。轻凹类型：该类型品种叶柄腹面有轻微凹陷，叶柄横断面腹面端为浅弧形，如美国文图拉等。重凹类型：该类型品种叶柄腹面有较深凹陷，叶柄横断面腹面端为深弧形，如意大利夏芹等。

（十三）叶柄横断面髓腔状况

芹菜叶柄横断面髓腔有空心和实心之分。西芹品种绝大多数为实心，本芹有空心品种和实心品种，又以空心品种较多。据调查，在 1979—1985 年征集的 209 个品种中，叶柄中空的占 147 个，叶柄充实的 57 个，半空半实的 5 个。北京、天津、河北、内蒙古等省（自治区、直辖市）的地方品种以实心芹菜居多；云南、贵州、四川、湖南、安徽及浙江等省的地方品种则以空心芹菜为多（《中国作物遗传资源》，1994）。

三、生物学特性

（一）生长发育周期

1. 营养生长时期

（1）发芽期　从芹菜种子萌动出芽到子叶展开，第一片真叶出现，一般需要 7～15d。

（2）幼苗期　从第一片真叶展平到长出 4～5 片真叶为幼苗期，在 20℃左右的温度下需 45～60d。

（3）叶丛生长初期　从 5 片真叶到 8～9 片真叶，株高 30～40cm，在适温 18～24℃下需 30～40d。

（4）叶丛生长盛期　从 9 片叶到 12 片叶，叶柄迅速肥大，生长量占总生长量的 70%～80%，在 12～22℃温度下需 30～60d。

（5）休眠期　植株（采种株）在低温下越冬（或冬藏），被迫进入休眠。

2. 生殖生长时期　芹菜植株越冬后于第二年春季在长日照和 15～20℃温度下抽薹，开花结实。

（二）对环境条件的要求

1. 温度　芹菜喜冷凉、温和气候，营养生长适温为 15～25℃，25℃以上生长不良，品质下降。种子发芽最低温为 4℃，适宜发芽温度为 15～20℃，7～10d 出芽。幼苗可耐−5～−4℃低温，成株可耐−10～−7℃低温，长江中下游地区可安全越冬。芹菜在低温下通过春化阶段，为绿体春化型，幼苗必须达到一定大小才能接受低温，植株日龄越大，低温处理对开花的促进作用亦越大。一般一定大小的幼苗在 2～5℃下，经过 10～20d 即可完成春化，并在翌年长日照下抽薹开花。因此，春播芹菜过早播种，易引起未熟抽薹。

高温、低温、干旱等条件可造成叶柄维管束、厚壁组织、厚角组织发达，粗纤维增多，品质下降。在栽培条件不利的情况下，如冬季生产时的低气温、生长缓慢、受冻等也都可造成叶柄纤维增多，品质下降，并使植株由外叶向内叶逐渐发生叶柄老化，出现叶柄糠心现象。

2. 水分 芹菜为浅根系蔬菜，吸水能力弱，加之组织柔嫩，所以营养生长需要土壤湿润和较大的空气湿度。生长过程中缺水，往往会使厚角组织加厚，薄壁细胞组织破裂，并使叶柄出现空心，降低品质。

3. 光照 光对芹菜发芽有显著作用，在有光条件下比完全在暗处发芽容易。芹菜为长日照作物，日照的时间和光照的强度对芹菜的生长和形态发育有较大的影响。弱光可促进芹菜纵向生长，即向直立发展，强光可促进芹菜横向发展。芹菜适宜的日照时间为8～12h，日照时间过长或过短对营养生长都不利。营养生长期芹菜适宜中等强度的光照。

4. 土壤与营养 芹菜适宜在富含有机质、保水保肥力强的壤土或黏壤土上种植。芹菜生长发育初期和后期缺氮、初期缺磷和后期缺钾对产量影响最大。缺氮不但使生长发育受阻，而且叶柄易老化、空心。缺硼或温度过高、过低、土壤干燥等原因使硼元素的吸收受到抑制时，叶柄常发生"劈裂"，初期叶缘呈现褐色斑点，此后叶柄因维管束出现褐色条纹而开裂。

第五节　芹菜的种质资源

一、概况

据国际遗传资源研究所（IPGRI）估计，全世界芹菜的种质资源总计有1 270份。美国农业部东北部地区植物引进站收集有100多个品种，大部分为西芹栽培种。美国加州大学蔬菜作物系收集有近300个芹菜品种，几乎包括全部西芹栽培种。目前大约有20多个野生种被报道，但大多数野生种还未被研究利用，它们和栽培种芹菜的遗传学关系尚不十分清楚。另外，有一些野生种正面临或已经灭绝。

芹菜在中国有着悠久的栽培历史，民间保留有一定量的芹菜种质资源。1979—1985年在全国性的种质资源征集工作中，所收集的芹菜品种209份。收集数量最多的为河南省，共40份；其次为四川省34份，湖南省22份，安徽省18份，而收集较少的省只有2～3份。实际上芹菜的种质资源还要丰富些，少数省、自治区、直辖市的收集还不够充分（《中国作物遗传资源》，1994）。"七五"期间（1986—1990）重新进行了全国性征集，共收集芹菜地方品种资源323份。在对收集的品种资源进行繁种和主要性状鉴定后，收录在《中国蔬菜品种资源目录》第一册（1992）和第二册（1998）中。期间所收集到的323份芹菜种质资源包括了一部分从国外引入的品种。20世纪70年代中期以后的几十年间，是现代西芹品种引入中国的一个高峰期，主要从欧美等地引进了一批西芹优良品种，有的品种已在生产上利用，成效显著。例如，中国农业科学院蔬菜花卉研究所自20世纪70年代以来陆续从意大利、美国、荷兰、日本等国引入西芹品种50余个，1978年开始陆续试种，先后筛选出意大利冬芹、夏芹、改良犹他52 - 70R、美芹、脆嫩、佛罗里达683、荷兰芹等优良品种，并进行了区域适应性试验。实践证明，所引进的西芹品种，大多数都适于在中国各地栽培，可供生产上直接推广利用。又如，广东省深圳市农业科学研究中心蔬菜研究所 1984—1985 连续两年试种犹他、脆嫩、康奈尔、金色自白、美芹等 7 个西芹品种，并进行推广。目前改良犹他 52-70R 及佛罗里达 683 已在广东、福建、浙江等地生产上大面积应用。

据统计，目前芹菜种质资源在中国的分布以河南省为最多，其次为四川、湖南、山东、天津、北京和河北等省、直辖市。主要分布在蔬菜栽培区的华北双主作区、长江中下游三主作区以及西南三主作区（表 39-1）。

目前，在各地收集的芹菜品种，已分别由各省（自治区、直辖市）科研单位负责隔离繁殖，所采种子，根据国家入库要求的数量、质量（净度、发芽率、含水量等）集中送交国家种质资源库和中国农业科学院蔬菜花卉研究所蔬菜种质资源中期库各保存一份，其中在中国农业科学院蔬菜花卉研究所蔬菜种质资源中期库保存的种子，可提供给蔬菜育种工作者利用。

另外，根用芹菜由于在中国少有栽培，因此其种质资源数量也较稀少。

表 39-1　中国芹菜种质资源的分布

东北单主作区		华北双主作区		长江中下游三主作区		华南多主作区		西北双主作区		西南三主作区		青藏高原单主作区		蒙新单主作区	
地点	份数	地点	份数	地点	份数	地点	份数	地点	份数	地点	份数	地点	份数	地点	份数
黑龙江	2	北京	14	湖北	9	广东	11	山西	10	四川	55	青海	2	内蒙古	10
吉林		天津	5	湖南	32	广西	2	陕西	5	云南	4	西藏	0	新疆	12
辽宁	2	河北	13	江西	5	福建	7	甘肃	5	贵州	1				
		山东	23	浙江	11	海南	1	宁夏	7						
		河南	57	上海	3	台湾									
				安徽	6										
				江苏	9										
总计	4	总计	112	总计	75	总计	21	总计	27	总计	60	总计	2	总计	22

注：统计资料 323 份芹菜种质资源出自《中国品种资源目录》第一、二册（中国农业科学院蔬菜花卉研究所，1992、1998）；西南三主作区的四川含重庆。该资料由吴肇志统计提供。

二、优异种质资源

（一）本芹

优异本芹种质资源香味较浓，叶柄细长，植株较高，单株重量较轻。本芹中绿秆芹抗寒耐热性好；黄秆芹脆嫩，生长速度快；白秆芹香味浓，易软化栽培。本芹中的空心芹生长速度快，耐热性好，但粗纤维较多，春季种植易抽薹。实心芹叶柄实心，粗纤维较少，脆嫩，不易抽薹，产量高。本芹在中国栽培历史悠久，种植广泛，地方品种丰富，有较多的优异种质资源。

1. 铁秆青　河北省青县地方品种，又称实心芹。植株高大。叶片深绿色，叶柄绿色，断面近圆形，基部较扁，组织紧实，实心，药香味浓，品质较佳，产量高。抗病力强，除严冬不可播种外，其他季节均可栽培，上海、南京、徐州、北京、济南等地栽培普遍。

2. 白庙芹菜　天津市地方品种。植株高大，株高 70～80cm。叶柄长，叶色浓绿，叶柄上部绿色，下部黄绿色，底部白色。实心，纤维少，品质好。适应性强，耐热、耐寒，耐肥、耐贮。一年四季均可栽培,春季栽培不易抽薹。外叶易黄化脱落,上市的商品只有4~5片叶,因而在栽培上靠密植获高产,适于华北、东北等地栽培。

3. 小花叶(胡芹) 河南省柘城县及商丘市栽培较多。株高80~90cm。叶柄绿色中空,叶片较小,浓绿色。根小,植株生长快,单株重400g左右。初采时品质欠佳,经贮藏后品质显著变优,质地细嫩,耐贮性好。

4. 上海黄心芹 上海市地方品种。叶片浅绿色,叶柄黄色实心,心叶黄色,纤维少,香味浓,产量高。品质好,易软化栽培。为上海地区主要栽培品种。

5. 细皮白 又称磁儿白,北京市地方品种。植株直立性强,叶数少,浅绿色。叶柄浅绿白色,光滑,腹沟浅而窄,棱线细而突起,组织充实,易软化,品质优。较耐寒,抗病性较差。

此外,地方优异品种还有内蒙古自治区的实秆芹菜、空秆芹菜,山东省的新泰芹菜、潍坊青苗实心芹菜、崂山赵村实梗芹菜等。由各地先后选育而成的优异品种还有河南省的开封玻璃脆,天津市的津南实芹1号、津南冬芹,山东省的平度大叶黄芹菜,上海市的上农玉芹等。

(二)西芹

优异西芹种质资源叶柄粗壮、实心,单株重量大,香味较淡,质地嫩脆,一般株高60~70cm,单株重1~2kg,生长期较长。优异种质资源主要来自欧美国家。

1. 早期欧美国家的主要优异种质资源

(1) Winter Queen 美国晚熟种。叶和叶柄浓绿色,叶柄稍细,植株高大,生长旺盛产量高。品质优良。

(2) Solid White 英国晚熟品种。植株高约60cm。叶柄浓绿色,肥厚,易于贮藏。

(3) White Gem 英国早熟品种。植株稍矮,株型小,叶直立,适于密植,品质佳。

(4) Golden Dwarf 中熟品种。植株矮小,耐寒。叶绿色,内叶黄白色,品质优良。

(5) White Plume 美国早熟品种。植株矮小,耐寒力弱。叶幼嫩时浓绿色,其后内部叶自行变白色。叶柄柔弱,香气浓,品质甚佳。

(6) 伦敦红 美国矮型品种。叶柄宽,带赤紫色,质脆。是一个优良的紫色品种。

2. 20世纪70年代后引入中国的主要优异种质资源

(1) 意大利冬芹 中国农业科学院蔬菜花卉研究所从意大利引入。植株生长旺盛,株高90cm,开展度32~44cm。叶深绿色。叶柄绿色,长约45cm,宽2cm,厚1.7cm,叶鞘基部宽3.3cm,单株重1kg以上。晚熟,苗期生长缓慢,后期生长快。抗病、抗寒,耐热。

(2) 意大利夏芹 中国农业科学院蔬菜花卉研究所从意大利引入。植株生长势较强,叶直立向上,叶片深绿色,细长,成株收获时叶柄11~12条。晚熟。抗病,抗热,耐寒,能在较高温度下通过春化。

(3) 文图拉 从美国引进。株高约70cm。叶片绿色,较小。叶柄表面光滑有光泽,黄绿色,实心,叶柄基部宽4cm,质地脆嫩,粗纤维极少,品质优良。抗病性强,适于秋季栽培。

（4）佛罗里达683　1981 年从美国引进。株高 70~80cm，开展度 30~35cm。叶柄绿色，长约 30cm，叶鞘基部宽 4cm，品质极佳，单株重在 1kg 以上。晚熟，抗逆性强，不易抽薹。

（5）脆嫩　从美国引进。叶片浅绿色，较小，叶柄实心，嫩脆，粗纤维少，品质好。香味淡，适于生食。

（三）根芹菜

根芹菜的优良种质资源主要来自国外，除前述提到的 Smooth Poris、Earily Erfurt、Pragle、Apple Shaped 等具有代表性的品种外，主要的优异品种有：

1. Luna F₁　荷兰 Bejo 公司育成。高产。根形好，不空心，表皮光滑，颜色纯白。耐贮藏。

2. Brilliant　荷兰 Bejo 公司育成。早熟，高产。根表皮光滑，肉质白色。较长期贮藏后，仍有良好的商品品质。

3. Diamant　荷兰 Bejo 公司育成。根形大小适中，形状好，不空心。品质好，适于鲜销。根部有 3/4 生长在地面上，便于收获。

4. Cobra　荷兰 TS 公司育成。叶粗黑绿色，根圆形，表皮光滑，肉质白色。干物质含量高，贮藏后重量损失少。根球重量可达 1.5kg。

5. TS Albatros　荷兰 TS 公司育成。叶簇短，根圆形，中等大小，表皮光滑，肉质白色。品质好。

6. Kojak　荷兰 Enza Zaden 公司育成。生长迅速，早熟。叶簇黑绿色，肉质白色。适于鲜销。

7. Alba　荷兰 Nunhems 公司育成。短叶柄类型，适于鲜食和加工。根表皮白色，肉质致密无空心。较抗芹菜病毒病。

8. Monarch　荷兰 Nunhems 公司育成。植株中等高度，叶簇黑绿色。根型较大，肉质致密，产量高，蒸煮后肉质仍保持白色，主要用于加工。耐寒，抗芹菜病毒病。

三、抗逆种质资源

在诸多的芹菜种质资源中，一些品种因其具有特殊的生理上的特点，对逆境条件有一定的忍受性，如具有抗寒性、耐热性、抗病性等。

芹菜为半耐寒性蔬菜，一般不能长时间忍耐 −2~−1℃ 的低温，长时间的过低温度（0℃ 以下）则会冻死、枯萎。但也有一些芹菜品种，具有较好的抗（耐）寒性，如天津市的津南实芹 1 号、意大利冬芹、百利西芹等。

在耐热性方面，一般本芹要比西芹耐热，在本芹中空心芹菜又较实心芹菜耐热。芹菜正常生长温度在 18~23℃，超过 25℃，其生长将受到影响。但有些品种温度在 25℃ 以上时地上部叶仍能较好地生长，如津南夏芹等。

（一）抗寒种质资源

1. 津南实芹 1 号　天津市选育品种。抗寒性能优良，四叶一心小苗在 −10~−6℃ 的短时间低温过后也能恢复生长，成株在冬季−2℃短时间低温下不会造成严重冻害。

2. 岚芹 山东省日照市岚山镇地方品种，已有百年以上栽培历史。植株高大，叶柄数较多，叶片小，叶柄空心黄白色，有光泽，富弹性，清脆香甜。中熟。抗寒、耐瘠，适应性强。成株能耐−3℃持续5d的低温而不受冻。产量高达37 500～75 000 kg/hm²。

其他如意大利冬芹、百利西芹、上海大芹等也具有较好的抗（耐）寒性。

（二）耐热种质资源

津南夏芹：天津市津南区双港农业科学试验站选育。为实秆浅绿色品种，在18～23℃温度条件下生长良好。特别是在28℃以上气候条件下，也能较好地生长，耐热性明显优于其他品种。

其他耐热性强的品种还有广州大叶芹、意大利夏芹、保定实心芹等。

（三）抗病种质资源

1. 四季芹 福建省福州市蔬菜研究所选育。较抗软腐病［*Erwinia carotovora* ssp. *carotovora*（Jones）Bergey et al.］、斑枯病（*Septoria apiicola* Speg.）。

2. 改良犹他52−70R 1981年由美国引入。株型紧凑，株高65～70cm。叶深绿色，叶柄长约30cm，基部宽3cm，单株重在1kg以上。晚熟，不易抽薹。抗逆性强，适应性广，对芹菜黑心病抗性好。一般发病率低于6.7%，病情指数为1.7。

第六节　芹菜种质资源研究与创新

芹菜细胞学、分子生物学研究与芹菜种质资源利用关系密切。近年来，欧美学者在芹菜细胞学、分子生物学研究方面取得了一些成效，但在中国尚研究得不多。

一、染色体及 DNA 多态性

芹菜有11条染色体，其中9条次等臂染色体，1条等臂染色体和1条具端着丝粒染色体。在细胞结构方面，一对单独染色体构成核质，包含18S−25S rRNA。基因家族由9.3kbp fandom 重复单元构成。在三种广泛种植的芹菜（*A. graveolens*）品种中无差异。但芹属（*Apium*）各野生种中在单元大小和排列上有差异。

芹菜（*A. graveolens*）种内的 DNA 多态性相对较低。在芹菜和根芹菜中，5种限制酶对其 cDNA 的酶切结果仅产生了23%的多态性位点。用 RAPD 标记得出类似的结论（Yang 和 Quiros，1983）。芹菜限制性片断长度多态性（RFLPs）产生的最大可能是由于碱基对缺失和插入多于碱基替代。

二、主要性状的遗传

与芹菜产品品质有关的主要形态学特征以及与抗病性有关的几种抑病基因的研究，对种质资源利用及创新有重要意义。

(一) 叶柄的中空

有的芹菜植株在幼小时就发生叶柄空心现象，Emsweller 研究认为这一特性属于单因子显性遗传。选用抗或较抗空心的品种来防止品质变劣或用其作亲本培育出抗空心品种极为关键。Honma 等发现 Lhab 15 就是一份较抗空心的种质资源。中空的叶柄广泛存在于欧芹和一些野生芹菜中。

(二) 开花习性

一年生习性是由 Hb 基因决定的一种部分显性单基因特征。Hb 基因座位是由两个同工酶位点和编码植物花青素 A 基因形成的一个连锁群构成 (Quiros et al.，1987)。Bouwkamp 和 Honma (1970) 报道，早抽薹对晚抽薹是显性，是由单基因 Vr 控制的，Hb 和 Vr 基因可能为等位基因。然而，二年生类型的耐抽薹性是一个复杂性状，很可能是多基因及环境因子共同作用形成的。

(三) 抗枯萎病 [*Fusarium oxysporum* (Schl.)]

这种抗性取决于两个基因位点 (Orton et al.，1984)。这两个基因位点有数量上的特征。突变因子 Fu1 起了主要作用，突变因子 Fu2 作为第二位点是各芹菜品种的持久变异因子。

(四) 抗病毒 [CeMV (芹菜花叶病毒)]

在芹菜 (*A. graveolens*) 野生种质中发现了芹菜花叶病毒 (CeMV) 抗源，抗病性由单隐性基因控制。已经鉴定出了可用于分子选择的分子标记。

(五) 叶柄的颜色

花青素决定于染色体单个主要基因 A (Townsend et al.，1946；Arus 和 Orton，1984；Quiros et al.，1987)，这个基因被发现与同工酶 Aco-1 位点连锁。黄色 (Y) 对于绿色为隐性，并且取决于同一基因。这一特性可用来作为杂交种鉴定中的标记性状。

(六) 叶的形状

Bouwkamp 和 Honma (1970) 报道深齿叶为隐性，由基因 dt 决定。

三、生化和分子标记

除了少数形态学标记，在芹菜中还有 4 类可以利用的生化/分子标记。它们是：同工酶 (Arus 和 Orton，1984；Quiros et al.，1989)、冠状蛋白 (Quiros et al.，1987)、限制性片断长度多态性 (RFLPs) (Huestis 和 Quires，1993；Yang 和 Quires，1994) 和 DNA 随机扩增多态性 (RAPDs) (Yang 和 Quires，1993、1994)。

大多数标记被用于芹菜与根芹菜杂交后代群体的连锁图谱构建。Yang 和 Quiros (1994) 构建了一个由 11 个大的连锁群 (A1~A11) 和 9 个小的连锁群 (A12~A20) 组成的连锁图，包括 135 个位点（33 个 RFLPs、128 个 RAPDs、5 个同工酶、枯萎病抗病基因 Fu1 和一年生习性基因 Hb）。该连锁图的覆盖度为 803cM，每两个标记的平均距离为 6.4cM。少数几个连锁标记存在和多于 11 个连锁群的现象说明，相对于芹菜的大基因而言，现有 803cM 图谱还比较稀疏。

抗枯萎病菌（Fu1）和一年生习性（Hb）两个主要特性分别位于 A2 和 A7 上，与 Fu1 最近的 RAPD 标记 07‐900/800 有 12.6cM 的距离，这对于标记枯萎病抗性显然太大了。

同工酶、冠状蛋白和 RAPD 标记用于品种间亲缘关系分析是有用的。

还有这些标记被用于异型杂交的确定（Orton 和 Arus，1984）和种内、种间杂种的鉴别（Quiros et al.，1987）。

四、细胞培养、组织培养、转基因技术及其应用

芹菜在组织和细胞培养中，有很高的胚胎发生适应力，可以从原生质体、细胞和组织等外植体中进行再生。Browers 和 Oorton（1986）介绍了其在试管中培养的最佳培养基，这项技术可应用于 F_2 代种子的微繁殖和大规模扩繁。

目前，花粉培育尚处于微型胚状体分化的起始阶段，得到了 8～16 个细胞的胚状体，但未能进一步生长成植物体。

芹菜通过农杆菌转化，得到稳定的抗卡那霉素转基因植株，抗卡那霉素表象类似于一种单基因显性特征（自交出现 3:1 分离）。转基因芹菜还未有田间实验。

五、芹菜种质资源创新

（一）种间杂交

在芹菜中，很少有人尝试种间杂交，因为不易得到具有所需目标性状的野生种。Ochoa 和 Quiros（1989）成功地进行了芹菜与 *A. chilense* 和 *A. panul* 的种间杂交。两个种间的杂交，无论谁作母本都是可行的。Celery×*A. panul* 和 Celery×*A. chilense* 产生的 F_1 代杂种非常有活力，但是花粉可育性只有 20%。这两个野生种是抗晚疫病（*Septoria apicola* f. sp. *apii*）的重要材料，其不育性有可能是染色体倒置引起的，杂交种的不育性使之不能获得 F_2 代，尽管与芹菜回交可以获得后代。但二次回交后，芹菜的叶柄特征只能部分恢复。另一方面，*A. chilense*×*A. panul* 的 F_1 代是全育的，没有显示染色体异常的现象。这表明两个野生种含有相同的染色体组成，两者十分相近。

Quiros（1990）报道了芹菜和野生种 *A. prostratam* 的成功杂交。这个野生种抗潜叶蝇（Trumble et al.，1990），F_1 代生长良好，但是只有 25% 的花粉可育。杂交种中没有显示减数分裂异常和染色体异常。Pink（1983）用 *A. nodiflorum*（抗晚疫病和潜叶蝇）和芹菜杂交，但对杂交后代的特征没有进行描述。此后，对于种间杂交所做的努力均以失败告终。

（二）属间杂交

目前，至少有 2 篇关于欧芹（香芹菜）（*Petroselinam crispum*）和芹菜进行属间杂交

的报道。Madjarova 和 Bubarova（1978）用 3 个芹菜栽培种和 2 个欧芹栽培种进行杂交实验。选用欧芹 Lister×芹菜 Pioneer 进行杂交，获得一个欧芹新品种——节日 68（Festival 68）。他们也报道了在属间杂交实验中获得新的叶用芹菜，其特征是维生素 C、胡萝卜素、香精、氨基酸含量提高。

第二个报道是 Honma 和 Lacy（1980）将抗晚疫病的欧芹基因转育到芹菜中，然而在后代杂交种中抗病水平较弱。在交叉实验中，他们用欧芹的绿色叶柄作为杂交后代的标记性状，芹菜父本为黄色芹（Golden Spartam）。从芹菜（父本）收集到种子每 1 000 粒中有 3 粒绿茎种子。此后重复实验均告失败。

另有报道，用根芹菜为抗早疫病的抗病材料，欧芹（香芹菜）为抗晚疫病抗源材料，二者杂交后得到了既抗早疫病又抗晚疫病的材料。Honma 等用此材料再与抗抽薹性状结合起来选出了具有复合抗性的优良芹菜新品种。

另外，还应该提及的是：在种质资源改良、创新中，会不断有新品种产生，植物新品种的特异性、一致性、稳定性（DUS）测试是审查新品种的主要方式之一，它将为品种权审批提供科学的决策依据，也是《植物新品种保护条例》顺利实施的重要技术保障。20世纪 80 年代后期发展起来的 DNA 分子标记技术为植物新品种 DUS 测试提供了全新的手段，但由于外观性与 DNA 指纹还不完全吻合等一些技术问题尚未解决，因此国际植物新品种保护联盟（UPOV）仍采用外观形态来描述新品种。1982 国际植物新品种保护联盟（UPOV）颁布了芹菜的 DUS 测试指南（TG/82/4）。芹菜作为一种重要的蔬菜作物在一些发达国家，如美国、荷兰、法国、日本等，已正式列入植物品种保护目录，并制定了相应的 DUS 测试标准。中国 DUS 测试标准目前正在制定中。

（张德纯）

主要参考文献

中国农业科学院蔬菜研究所主编 . 1987. 中国蔬菜栽培学 . 北京：农业出版社

中国农业百科全书编辑委员会 . 1987. 中国农业百科全书·蔬菜卷 . 北京：农业出版社

中国农业科学院蔬菜花卉研究所主编 . 2001. 中国蔬菜品种志 . 北京：中国农业出版社

中国农业科学院蔬菜花卉研究所主编 . 1998. 中国蔬菜品种资源目录 . 北京：气象出版社

中国农学会遗传资源学会 . 1994. 中国作物遗传资源 . 北京：中国农业出版社

吴耕民 . 1914. 蔬菜园艺学 . 北京：中国农业书社

钟惠宏 . 2004. 中国蔬菜实用技术大全（北方卷）. 北京：科学技术出版社

张继波 . 2002. 芹菜新品种高产栽培技术 . 北京：台海出版社

范双喜 . 2003. 蔬菜栽培学 . 北京：中国农业大学出版社

章厚朴 . 1988. 中国的蔬菜 . 北京：人民出版社

胡昌炽 . 1944. 蔬菜学各论 . 台北：台湾中华书局

汪呈因 . 1948. 植物栽培之起源 . 台北：徐氏基金会出版

李朴 . 1963. 蔬菜分类学 . 台北：台湾商务印书馆

颜纶泽 . 1976. 蔬菜大全 . 台北：台湾商务印书馆

程兆熊 . 1985. 中华园艺史 . 台北：台湾商务印书馆

何其仁 . 1989. 蔬菜 . 台湾：地景企业股份有限公司

（日）星川清亲 . 1981. 栽培植物的起源与传播 . 郑州：河南科学技术出版社

（日）加藤•彻 . 1985. 蔬菜生物生理学基础 . 北京：农业出版社

（苏）H. И. 瓦维洛夫 . 1982. 主要栽培植物的世界起源中心 . 北京：农业出版社

Vavilov. N. I. , 1951. The origin variation breeding and immunity of cultivated plants Chron. Bot. , 13：1～
    366

第四十章

蕹　菜

第一节　概　　述

　　蕹菜（*Ipomoea aquatica* Forsk.）为一年生或多年生水生、半水生蔓性草本植物，别名空心菜、竹叶菜、通心菜、藤菜、通菜等，属于旋花科（Convolvulaceae）甘薯属（*Ipomoea* Forsk.），染色体数 $2n=2x=30$。蕹菜以幼嫩茎叶供食。据中国疾病预防控制中心营养与食品安全所（《中国食物成分表》，2002）测定，每 100g 产品中含蛋白质 2.2g、脂肪 0.3g、碳水化合物 3.6g、粗纤维 1.4g、钙 99mg、磷 38mg、铁 2.3mg、胡萝卜素 1.52mg、硫胺素 0.03mg、核黄素 0.08mg、尼克酸 0.8mg、维生素 C25mg。中医认为，蕹菜气味甘、平，无毒，具解毒功效。有人研究（Petelot A.，1953），紫色类型品种的嫩芽中含有类胰岛素物质，适宜糖尿病人食用。蕹菜幼嫩茎叶不仅是一种重要的绿叶蔬菜，部分国家亦将其用于加工制作蔬菜罐头，同时还是一种重要的饲料作物。在环保领域，应用蕹菜净化水质，效果良好。在部分热带地区，蕹菜能够长年生长蔓延，因而也被视为有害杂草或入侵植物。

　　蕹菜具有较强的耐热、耐湿及耐旱能力，不仅适宜旱地和浅水田栽植，而且适宜深水区浮水栽培，具有生长快、产量高、供应期长及营养丰富等优点。在世界范围内，蕹菜栽培区包括：中国、越南、泰国、印度、缅甸、柬埔寨、老挝、马来西亚、印度尼西亚等亚洲国家，以及部分南太平洋岛国及美国的加利福尼亚和得克萨斯等地。蕹菜主要产区在中国、越南和泰国等东南亚国家，如越南 1998 年的蕹菜播种面积为 27 007hm^2。中国主要产区在长江流域及其以南地区，台湾省也是重要产区。蕹菜在黄淮流域乃至长城以北地区亦有少量栽培。据笔者粗略估计，中国蕹菜栽培面积 30 000～40 000hm^2，其中广东省常年栽培面积约 6 700hm^2，台湾省常年栽培面积约 2 600hm^2，上海市 2004 年为 845.5hm^2。

　　中国蕹菜的种质资源比较丰富，在《中国蔬菜品种资源目录》（第一册，1992；第二册，1998）中，共收录了蕹菜种质资源 137 份。列入《中国蔬菜品种志》（上卷，2001）的蕹菜品种有 22 份。

第二节　蕹菜的起源、传播与分布

一、蕹菜的起源

目前，比较普遍的观点认为蕹菜起源于中国南部，但也有人认为东南亚和印度的热带多雨地区也是蕹菜的起源地（《中国农业百科全书·蔬菜卷》，1990）。笔者认为，从蕹菜的记载历史、野生分布情况及种质类型等角度分析，中国应该是蕹菜的主要起源地区。

中国是世界上最早对蕹菜的栽培利用进行文字记载的国家。东晋时期（317—420）的裴渊所著《广州记》中，有"雍菜，生水中，可以为菹也"的记载，其中"雍菜"即现今所谓的蕹菜。由《广州记》可以推知，中国先民采食蕹菜的历史当距今 1600 年以上。唐代（618—907），孟诜的《食疗本草》记载："（雍菜）岭南种之，蔓生，白花，堪为菜。云南人先食雍菜，后食野葛，二物相伏，自然无苦。"陈藏器《本草拾遗》（739）亦有类似记载。唐代（618—907）段公路《北户录》（一本专记岭南物产和风土的书）卷三记载："（蕹菜）叶如柳，三月生，性冷味甜。土人织苇簿，长丈余，阔三、四尺。植于水上，其根如萍，寄水上下，可和畦卖也。"说明唐代已进行蕹菜人工栽培，包括采用浮水栽培技术。明清之间，浮水栽培在岭南地区更是得到了普遍应用，当时福建沿海一带还出现了较大规模的蕹菜专业种植者，而且获利颇丰。

蕹菜在中国的引种历史也说明，中国的南方地区为蕹菜起源地。从文献记载看，明代以前中国蕹菜栽培主要限于岭南地区及海南等地，大约在明代中期才开始引种到长江中下游地区栽培。蕹菜在长江下游地区栽培始见记载的文献为明·正德年间（1506—1552）的《江宁县志》，"蕻菜，叶柔茎虚，脆滑可爱。宿根历冬，藏于土窖，春初始发。盖蔬之极美者也。"其中"蕻菜"即"蕹菜"，本为福建等南方地区的叫法。李时珍《本草纲目》（1578）记载："蕹菜，今金陵及江夏人多莳之。性宜湿地，畏霜雪。九月藏入土窖中，三四月取出，壅以粪土，即节节生芽，一本可成一畦也。"部分蕹菜品种由岭南地区引种到长江中下游地区后，不易开花结子，须以种藤窖藏越冬留种，行无性繁殖。这种方法，现仍为长江流域藤蕹留种的主要方法。蕹菜引种到黄淮流域的历史则更短，至北纬 34°蕹菜栽培的最早记载见于 1923 年的河南省《许昌县志》。

考察发现（刘义满等，1994），在中国云南的西双版纳至今仍有野生蕹菜分布。就种质类型而言，中国云南和岭南地区最为丰富，拥有蕹菜的所有种质类型。从语言学角度和自然地理分析，中国的蕹菜种质资源与东南亚和世界其他许多地区的蕹菜种质资源都具有密切的渊源关系。这些，都可以进一步说明中国南方是蕹菜的重要起源地区。

二、蕹菜的传播与分布

在蕹菜向世界范围的传播中，中国人起了重要作用。夏威夷的蕹菜系中国移民于 1888 年前传入，巴西、圭亚那、中美洲、特立尼达、牙买加、古巴及其他西印度群岛的蕹菜亦均由中国人先后传入。蕹菜英文名中，除 Water Spinach、Water Convolvulus、

Swamp Cabbage、Swamp Morning‐glory、Bindweed Plant 等名称外，还有 Chinese Water Spinach、Chinese Morning‐glory 等名，更直接说明世界上其他地区蕹菜与中国的关系。中国广东省、福建省、海南省、广西壮族自治区、台湾省及香港特区等地蕹菜发音有 Kangkong、Ung‐choi、Ong‐tsoi、Tung Sum Tsoi 等，与东南亚部分地区的发音如 Kankoong（爪哇）、Tangkong、Cancong、Balangog（菲律宾）、Rau Muong（越南）、Pak Bung（泰国）、Phak Bong（老挝）、Tra Kuon（柬埔寨）等亦有相似之处，表明中国蕹菜种质资源与这些地区的蕹菜种质资源存在重要渊源关系。从地理上看，中国具有丰富蕹菜种质资源的西南地区有怒江、澜沧江、把边江、元江等多条河流流入东南亚的缅甸、老挝、越南、泰国、柬埔寨等国家，这也是中国蕹菜种质资源向这些国家传播的一条重要的天然通道。

中国蕹菜向海外传播的主要途径是随船海运。在古代，长途航海中新鲜蔬菜的供应难以保障，而采用盆栽方式种植蔬菜，无疑是船民获取新鲜蔬菜的一种有效途径。这方面，蕹菜具有其他种类蔬菜难以比拟的优点。宋代范正敏《遯斋闲览》（1090）中就有蕹菜"本生东夷古伦国，蕃船以瓮盛之，故名瓮菜"的记载，讲的就是船民在船上盆栽蕹菜的事。再者，蕹菜自古就被视为"南方之奇蔬"（《南方草木状》，304），素为岭南地区居民所喜食，这亦是蕹菜随船传播的重要原因。蕹菜具有耐高温、耐高湿、易管理、生长快、生长采收期长、产量高及品质优等特点，而且具有一定耐盐性，其茎节部位极易萌发不定根，再生能力甚强，很容易在所到之处落地生根、良好生长，这也使得它容易被传播到外地并在当地世代繁衍。

目前，蕹菜在亚洲、非洲、大洋洲及美洲均有分布，主要集中在南北回归线之间。亚洲分布区包括中国南部、东南亚及南亚地区；非洲分布区北至索马里、埃塞俄比亚、苏丹、乍得、尼日尔、马里、毛里塔尼亚，南至莫桑比克、津巴布韦、博茨瓦纳、纳米比亚等地；南太平洋分布区包括澳大利亚的昆士兰州、北部地方和西澳大利亚州以及其他南太平洋岛屿；美洲分布地区包括美国的佛罗里达，南美洲的圭亚那、苏里南、巴西及秘鲁等，中美洲的特立尼达、海地、牙买加、古巴以及其他西印度群岛等地。

第三节　蕹菜的分类

一、植物学分类

蕹菜属于旋花科（Convolvulaceae）甘薯属（*Ipomoea* Forsk.）。世界上的甘薯属植物约有 300 种（《中国高等植物检索表》，1979），分布于热带、亚热带和温带地区，其中仅 2 种水生。中国的甘薯属植物有 20 种，南北均产，大部分产于华南和西南，其中仅蕹菜为水生。蕹菜拉丁学名为 *Ipomoea aquatica* Forsk.，异名有 *Ipomoea reptans*（L.）Poir. 和 *Ipomoea repens* Roth. 等。

二、栽培学分类

根据不同的栽培学分类依据，可将蕹菜分为不同类型。

(一) 以结子性和繁殖方式为依据分为子蕹和藤蕹

因不同品种对日照长度的反应不同及不同地区日照长度存在差异,导致不同品种在同一地区或同一品种在不同地区的结子性出现差异。凡能正常开花结子、生产上以种子留种越冬繁殖的蕹菜称为子蕹,如吉安大叶蕹、鄂蕹菜1号、大圆叶等品种。凡不能正常开花结子或结子量极少、栽培上需以种藤留种越冬繁殖的蕹菜称为藤蕹,如博白水蕹、重庆藤蕹、抚州藤蕹等品种。某些品种在部分地区虽然不能正常开花结子,或结子量极少,但生产上仍可以从外地(气候条件适宜其开花结子)调购种子用于生产,亦称为子蕹。如泰国白梗蕹、柳江细叶蕹等品种在长江中下游流域及其以北地区不能正常开花结子,或结子量极少,但均可从南方调购种子用于播种栽培,因而亦归属于子蕹。《中国蔬菜品种志》(上卷,2001)登录蕹菜品种22个,其中子蕹15个、藤蕹7个,分别占68.18%、31.82%。

(二) 以栽培方式为依据分为旱蕹和水蕹

通常将在旱地栽培的蕹菜称为旱蕹,将在水田栽培或以浮水形式栽培的蕹菜称为水蕹。一般旱蕹采用子蕹品种,水蕹采用藤蕹品种。在中国的广西、广东、福建、海南、贵州、重庆、四川及江西等地有较多水蕹栽培。实际上,不论子蕹还是藤蕹,就其适应性而言,均可作为旱蕹和水蕹栽培。而且,所有蕹菜品种,用其作水蕹栽培时,均可表现出植株生长势旺、产量高、质地脆嫩的特点。

(三) 以花色为依据分为白花蕹和红花蕹

蕹菜按花色分类,实际上是以花冠的冠喉颜色为依据分类。冠喉为白色者,称为白花蕹;冠喉为红色者称为红花蕹(又称紫花蕹,冠喉粉红、浅紫、紫色者均视为此类)。栽培蕹菜品种大多为白花蕹类型。《中国蔬菜品种资源目录》(第一册,1992)登录的42份蕹菜种质资源中,红花蕹只有1份,占2.38%。《中国蔬菜品种志》(上卷,2001)登陆的22个蕹菜品种中,子蕹均为白花蕹,藤蕹中有2个为红花蕹,红花蕹占9.09%。

(四) 以茎色为依据分为白梗蕹、绿梗蕹和紫梗蕹

茎色黄白色或绿白色的品种称为白梗蕹,如泰国白皮蕹、柳州白梗等;茎色浅绿色至深绿色的品种称为绿梗蕹,如吉安大叶蕹、鄂蕹菜1号、重庆水蕹等;茎色粉红、浅紫、紫色的品种称为紫梗蕹(又称红梗蕹),如枣阳红梗蕹、仙桃紫梗蕹、墨江红梗蕹等。大多数栽培品种属于绿梗蕹类型。所有白梗蕹和绝大多数绿梗蕹品种均属于白花蕹类型,所有紫梗蕹品种均属于紫花蕹类型。只有极少数品种的花色为浅粉红或淡紫色,就其花色而言应归为紫花蕹类型,但其茎色为绿色,仅嫩梢节部皮孔呈褐色或红褐色,因而就其茎色而言应归为绿梗蕹类型。

(五) 以种子种皮颜色为依据分为褐子蕹和白子蕹

成熟种子种皮颜色为褐色者,称为褐子蕹;成熟种子种皮颜色为白色者,称为白子蕹。栽培品种大多为褐子蕹类型品种。白子蕹品种如绵阳白子空心菜、普洱红花蕹、广西

白粒蕹、广州白粒蕹、海南中叶白子蕹等。

（六）以叶片大小为依据分为小叶蕹、中叶蕹和大叶蕹

这里所谓的叶片大小通常以产品叶片大小为依据，但小叶、中叶、大叶之间并没有明确的界限。中国华南、西南地区小叶蕹和中叶蕹品种较多，长江中下游地区则以大叶蕹居多。

笔者根据对国家种质武汉水生蔬菜资源圃的 73 份蕹菜种质资源的聚类分析结果，同时考虑其变异系数的大小，以成熟叶的叶片宽为主要依据（其次为叶片长及叶片形状），提出蕹菜小叶类型、中叶类型及大叶类型的划分标准如下：

1. 小叶蕹　叶片宽 5cm 以下、长 15cm 以下者为小叶蕹。部分叶片宽 5～7cm、长 12cm 以下，或叶片宽 3cm 以下，但长 15cm 以上的品种亦归为小叶蕹。小叶蕹叶片一般为狭长披针形，叶形指数多在 3.0 以上，少数呈三角形或三角状卵形。小叶蕹品种在湖北省武汉市等长江流域地区一般不能正常开花结子或结子量较少。品种如勐遮红梗（小叶）、柳江细叶白梗、柳江小叶、百色蕹、博白旱蕹、博白水蕹、博白细叶、茂林小叶、麻村白皮蕹等，其大多来源于广西壮族自治区和云南省。

2. 中叶蕹　叶片宽 5～10cm、长 12～18cm 者为中叶蕹。较典型的中叶蕹品种叶片为三角形或三角状卵形，少数为卵形至阔卵形或近圆形。品种如普洱百花、罗梭江蕹、景洪蕹菜、泰国白皮蕹、柳江中叶、海南中叶蕹、竹叶青通菜、南江中叶、金鸡坡等，主要来源于云南省、广西壮族自治区和海南省等地。

3. 大叶蕹　叶片宽 10cm 以上者为大叶蕹。大叶蕹叶片一般长 14～19cm。典型的大叶蕹品种叶片形状为卵或阔卵形，或近圆形，少数为三角形或三角状卵形。大叶蕹品种在湖北省武汉市等长江流域地区的开花结子能力较强。品种如福建宽叶、南平青梗、吉安大叶、汕头大叶、武汉本地蕹、广西大叶蕹等，其来源范围除岭南地区外，还包含长江流域的湖北、安徽、江西等省。

1996 年，对国家种质武汉水生蔬菜资源圃的 73 份蕹菜种质资源进行调查，不同类型蕹菜种质资源的比例见表 40 - 1。

表 40 - 1　不同类型蕹菜种质资源的比例

（国家种质武汉水生蔬菜资源圃，1996）

分类依据	花色		种皮颜色		叶片大小		
类型	白花蕹	红花蕹	褐子蕹	白子蕹	小叶蕹	中叶蕹	大叶蕹
份数	65	8	70	3	14	17	42
百分数（%）	89.04	10.96	95.89	4.11	19.18	23.29	57.53

第四节　蕹菜的形态特征与生物学特性

一、形态特征

蕹菜植株形态参见图 40 - 1。

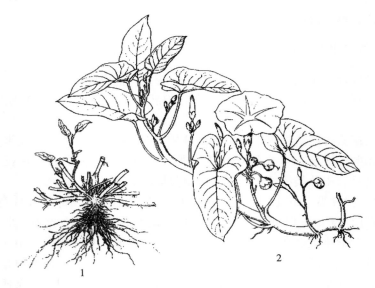

图 40 - 1 蕹菜植株
1. 植株根部 2. 植株地上部分
（仿蒋祖德）

（一）根

蕹菜实生苗根系发达，主根明显，深可达 20～30cm。扦插苗易生不定根，数量多，分布浅。

（二）茎

蔓性，节间中空，前期直立，后期呈匍匐或缠绕状生长，长可达 1～5m。分枝能力强，节部易生不定根。茎粗可达 1.0～1.5cm，茎断面近圆形或圆形，茎色有白色、浅绿、深绿、浅红及紫红色等。有些品种茎上具有刺状瘤。

（三）叶

子叶对生，真叶互生。不同品种间或同一品种植株不同生育期叶形均有较大差异。子叶叶片深裂，呈窄长"V"形。前期真叶多呈长披针形或条形，有的近于线形。成熟叶片形状变化很大（图 40 - 2），有条形、披针形、三角形、长卵形、卵形、阔卵形或近圆形等。叶

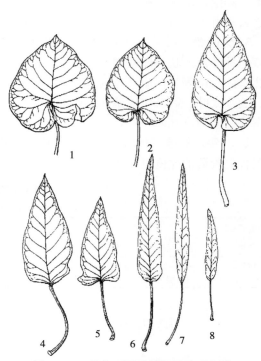

图 40 - 2 蕹菜不同品种间的叶形差异
1. 大圆叶 2. 吉安竹叶菜 3. 普洱红花蕹 4. 南江中叶蕹
5. 博白水蕹 6. 鸡丝细叶 7. 茂林竹叶菜 8. 博白小叶
（仿蒋祖德）

基为楔形、心形、戟形、截形、耳垂形或箭形。叶尖锐尖、钝尖或尖凹。叶缘全缘，极少数品种叶片下部叶缘出现稀疏粗锯齿。叶面平滑或微皱。大叶品种叶片长、宽均可达20cm 以上，而小叶品种叶片有的长不足 10cm、宽不足 1cm。叶色浅绿或深绿。

（四）花

两性。花冠由 5 片花瓣组成，合瓣，漏斗状，花径 5～7cm。花萼 5 枚，绿色，披针形。雌蕊 1 枚，雄蕊 5 枚。雄蕊紧贴雌蕊四周，不等长；花药长卵形，二药合成；柱头球形。花瓣白色，但冠喉有白色、粉红色、浅紫色、紫色等类型，且冠喉白色者柱头白色，冠喉红色或紫色者柱头红紫色。子房上位，长卵形。花序腋生，每花序有花 3～20 朵。一般情况下，5 枚雄蕊中常有一枚雄蕊的花药与雌蕊柱头等高或略高于柱头，并且花药与柱头相依，利于自花授粉。有试验测定，蕹菜自然异交率平均为 3.47%（刘义满，1999）。花粉径向对称，无极性，球形，直径 70.23μm，具散孔 36～42 个或更多，单孔孔径5.77μm。花粉粒外均匀分布刺状突起，长 3.74μm（Anjum Preveen，1999）。

（五）果实与种子

果为蒴果，直径 7～9mm，单果结子 2～4 粒。种子褐色或深褐色，少数为白色，外披短绒毛，半圆形或三角形，长 5.27～5.57mm，宽 4.20～4.56mm，厚 3.43～3.62mm，种脐浅洼状，发芽孔与种脐相邻。胚直形，胚根大而明显，子叶带状，两片子叶分别多次折叠，并由胚乳包裹。千粒重 32～60g，一般大叶蕹千粒重较大（如吉安大叶蕹可高达60g），而小叶蕹千粒重较小（如博白细叶为 32g）。

二、生物学特性

（一）生育周期

1. 发芽期　从种子萌动到子叶展开为发芽期，一般 5～7d。不同成熟度种子之间的发芽率、发芽指数、活力指数、浸出液电导率及田间出苗率等指标均表现显著或极显著差异。褐子蕹的种子浸出液电导率以成熟度高的黑褐色种子最低，以成熟度较低的黄褐色种子最高；发芽率、发芽指数、活力指数及田间出苗率等指标均以黑褐色种子最高，褐色种子居中，黄褐色种子最低（王广印，1994）。浸种时间延长，会导致浸出液电导率增加。活力高的种子，脱氢酶活性亦高（刘志敏，1989）。不同成熟度种子的幼苗质量差异明显（刘义满，1996）。

2. 幼苗期　从子叶展开到开始抽生分蘖为幼苗期。子叶展开后即开始扩展，大约在四叶一心期达到最大。子叶的正常扩展对幼苗主蔓的生长、分蘖的抽生及根、茎、叶鲜重与干重等生长发育指标的增长有显著促进作用，子叶扩展期是幼苗形态建成的关键时期（刘义满等，1998）。罗淑惠（1989）试验，在光照条件下，用 GA_3 诱导可明显增加子叶鲜重和面积。

3. 旺盛生长期　从分蘖抽生到开始现蕾开花为旺盛生长期。此期植株茎蔓由直立生长逐渐转为缠绕生长或匍匐生长。栽培上此期为产量形成阶段。蕹菜单株分蘖数（x_1）与单个分蘖重（x_2）之间、单株分蘖数与单株产量（y）之间、单个分蘖重与单株产量之间的净相关系数分别为$-0.967\,8$、$0.951\,4$、$0.931\,7$，均达极显著水平，三者之间的关系可以用线性回归方程$y=-427.068+12.864\,1x_1+32.536\,1x_2$表示（刘义满等，2000）。

4. 开花结子期　从现蕾开花到种子成熟、植株茎叶枯萎为开花结子期。此期内营养生长与生殖生长同时进行。蕹菜实生苗始花节位一般为第$11\sim14$节，而扦插苗（由株龄近1年的植株上取插条）始花节位平均为第$6\sim8$节（李美娟等，1999）。蕹菜开花结果是一个持续的过程，同一植株上的种子成熟度不一致。同一植株上的开花顺序为下部节位花序先开，上部节位花序后开；同一花序中，为下部花朵先开，上部花朵后开。单花从开花到谢花均在1d内完成，一般在开花受精后$45\sim60$d蒴果与种子成熟。笔者在湖北省武汉地区试验，4月中下旬播种的褐子蕹，12月中旬采收时，高、中、低三种成熟度种子（种皮颜色分别为黑褐色、浅褐色、黄褐色）的重量约分别占总重量的42.5%、45.2%和12.3%。蕹菜开花结子期可持续5个月以上，但9月中旬以后开花的果实和种子不能成熟。蕹菜种子没有休眠期（刘义满，1996）。

无性繁殖的藤蕹品种的生育期大致可分为育苗期、营养生长期、种藤培育期及种藤贮藏越冬期。

（二）对环境条件的要求

1. 温度　蕹菜种子发芽温度下限为$13\sim15$℃，发芽适温$20\sim35$℃。茎叶生长适温$25\sim30$℃，能耐$35\sim40$℃，15℃以下生长缓慢，10℃以下停止生长，遇霜冻则枯萎。

2. 光照　蕹菜为短日照作物，但不同品种对日照长短的敏感性有较大差异。原产中国珠江流域及其以南地区的地方品种，引种到长江流域后，常表现为结子能力下降或不结子。林峰等（1993）研究指出，蕹菜在一定温度（25℃左右）及短日照条件下才能开花结子。如金斧牌泰国蕹菜原产地纬度较福州低8°左右，日照短，其花芽分化所需日照比对照品种福州大管蕹更短。在福州，泰国蕹菜9月28日开花，10月6日结子，翌年1月20日采种，种子产量76.5kg/hm^2；福州大管蕹8月20日开花，8月29日结子，12月30日采种，种子产量825kg/hm^2。遮光覆盖诱导试验结果表明，泰国蕹菜幼苗达12片左右真叶时，才能接受短日照的诱导而转向生殖生长。

3. 水分　用种子播种繁殖时，发芽期和幼苗期对水分要求较严。土壤过于干旱不易萌发，土壤湿度过大，尤其在遇到低温时，则常出现烂种和沤根现象，致使发芽率和成苗率降低。蕹菜喜湿润，其实生苗一旦形成$3\sim5$片展开的真叶，则耐涝渍能力大为增强，甚至可以浮水栽植。蕹菜成株极易抽生不定根，且其内部通气组织十分发达，表现出很强的耐涝、耐旱能力。对于营养生长而言，以土壤湿润或保持一定水层为宜。对于生殖生长而言，则以旱地为宜，但土壤相对含水量不宜低于55%。刘政道（1980、1981）试验，台湾省屏东尖叶青骨和白骨大叶蕹旱地栽培留种时，种子产量均为水田栽培的2倍。

4. 土壤与营养　蕹菜对土壤适应能力较强，水田、旱地均能适应，但以pH$5.3\sim6$的沙壤土至黏壤土为宜。陈玉娣等（1990）用泰国蕹进行的研究表明，从播种到初收的40d内，氮、磷、钾吸收量为钾＞氮＞磷。其对氮的吸收量在播后10d占植株吸收量的1.9%，20d占7.5%，30d占36.1%，40d占54.4%。磷、钾、铜、镁的吸收动态与氮相似。氮、磷、钾吸收比例在生长 20d 时为 3∶1∶5，40d 时为 4∶1∶8。蕹菜浮水栽培时，对水中的硝态氮吸收能力较强。Snyder（1981）的试验中，在向水池中施入一定量 $Ca(NO_3)_2$ 后，种有蕹菜的水池中硝态氮浓度最高不到 40mg/L，仅为未种蕹菜对照水池的 28.6%；5d 后，蕹菜种植池中硝态氮浓度即低于可检出水平 0.5mg/L，而对照池在 15d 后才降到最低水平。刘政道（1977）研究认为，由生长曲线、叶面积变化、叶/（叶＋茎）之比率及蛋白质含量等资料，可以确定在酷热多雨的热带夏季环境中，青骨蕹菜品种（旱地栽培）的适当采收期及其对不同氮素肥料施用量的效用；增施氮肥可以提高青骨蕹菜品种的产量与蛋白质含量，但每公顷施用 200kg 氮肥已足够其理想生长所需。吴川德等（2004）研究了海南旱地蕹菜对尿素氮的吸收利用情况，结果表明：在磷肥（P_2O_5）和钾肥（K_2O）施用量分别为 60、450kg/hm² 条件下，蕹菜产量与施氮量之间的关系符合一元二次多项式 $y=29.412+214.438x-398.736x^2$（$F=112^{**}$），蕹菜最高产量施氮量为 450kg/hm²；从氮肥施用的经济效益、干物质积累情况、总氮吸收量和氮肥利用率综合考虑，则认为蕹菜最佳氮肥施用量应为 300kg/hm²（与刘政道研究结果有所不同）；随着尿素氮用量的增加，蕹菜叶片硝酸还原酶活性下降，蕹菜硝酸盐含量增加，叶柄和茎部是硝酸盐积累的主要部位。在适宜氮肥用量条件下，蕹菜的硝酸盐含量符合 WHO/FAO 规定的新鲜蔬菜硝酸盐含量卫生标准。

第五节　蕹菜的种质资源

一、概况

世界上，蕹菜种质资源最丰富的地区在中国、东南亚和印度等南亚国家。中国的蕹菜种质资源以岭南地区及云南、海南、台湾等省最为丰富。早在 20 世纪 80 年代初，台湾省凤山热带园艺试验站的刘政道就搜集保存了蕹菜品种 40 多个（George H. Snyder 等，1981）。中国内地对蕹菜种质资源的搜集保存主要始于 20 世纪 90 年代初期。《中国蔬菜品种资源目录》（第一册，1992；第二册，1998）共录有蕹菜品种 137 份，就其来源地划分，分别为广东省 43 份、福建省 20 份、广西壮族自治区 18 份、湖北 18 份、安徽省 9 份、江西省 8 份、四川省 7 份、海南 3 份、浙江省 2 份、湖南省 2 份、云南省 1 份、陕西省 1 份、甘肃省 1 份、宁夏回族自治区 1 份，还有泰国 2 份，来源不详者 1 份。《中国蔬菜品种志》（上卷，2001）记载有代表性蕹菜地方品种 22 个，就其来源地而言分别为广东省 4 个、广西壮族自治区 4 个、福建省 2 个、江西省 3 个、湖南省 3 个、四川省 3 个、重庆市 1 个、云南省 1 个、浙江省 1 个。

亚洲蔬菜研究发展中心（AVRDC）共收集保存蕹菜种质资源 68 份（截至 2005 年 1 月），就其来源而言，分别为泰国 27 份、印度尼西亚 13 份、中国 9 份（分别为台湾省 8 份、湖北省 1 份）、越南 7 份、马来西亚 6 份、孟加拉 3 份、老挝 1 份、柬埔寨 1 份及日本 1 份（The AVRDC Vegetable Genetic Resources Information System，2005）。

目前，征集保存的蕹菜种质资源主要是子蕹类型，而藤蕹由于难以越冬保存，其种质资源收集保存者不多。总体来说，对蕹菜种质资源的征集保存工作仍做得不够，如中国的云南省，东南亚的越南、老挝、柬埔寨、菲律宾，南亚的印度、斯里兰卡等蕹菜重要分布地区的蕹菜种质资源均缺乏征集和保存。中国的蕹菜种质资源评价工作主要在湖北省国家种质武汉水生蔬菜资源圃进行，评价内容主要为植物学特征特性、园艺学性状、营养品质性状等。

二、中国具代表性的蕹菜种质资源

具有代表性的、优良的蕹菜种质资源大多源于中国南方，主要为子蕹菜和旱蕹菜，又以白花蕹菜为多，其中江西省的吉安竹叶菜在北方地区也广为栽培，广西壮族自治区的博白水蕹则为中国南方蕹菜产区藤蕹的代表品种，而云南省的普洱红花蕹则为现有紫花蕹中茎蔓颜色最深的品种。

1. 吉安竹叶菜　又名吉安大叶蕹、吉安竹叶菜，江西省吉安市地方品种，长江流域主栽品种。株高 45～55cm，茎绿色。叶片阔卵形或卵形，叶基心形，叶尖锐尖或钝，叶面平滑。叶片长 16.5～20cm，宽 12.7～16cm。叶柄长 16～24cm。花白色。结子性好，每花序结果 3～8 个。种子黑褐色，千粒重 42～60g。品质优良。主要特点是叶片大，蔓性强，分枝多，植株生长势旺，结子能力强，较耐低温，在北方地区栽培时适应性强。

2. 鸡丝蕹　珠江流域地区普遍栽培品种，来源于广东省广州市。株高 50cm。叶片长披针形，长 14～17cm，宽 2～3cm。叶柄长 11.3cm。花白色，每花序结果 2～5 个。种子黑褐色。品质优良。主要特点是前期株型直立性强，适合密植栽培，生长快，质地脆嫩，在长江流域地区具有良好的结子性。

3. 大圆叶　湖北省武汉市蔬菜科学研究所选育。株高 40～50cm，茎绿色。叶片阔卵形或近圆形，叶基心形，叶端突尖或钝，叶面平滑。叶片长 20～26cm，宽 18～22cm。叶柄长 14～21cm。花白色，每花序结果 15～20 个。种子黑褐色，千粒重 37～52g。蔓性强，分枝多，植株生长势旺，质地脆嫩，风味浓。主要特点是叶片大，茎秆粗壮，结子能力极强。

4. 海南中叶蕹　来源于海南省海口市。株高 40～50cm，主茎绿色或浅绿色。叶片三角状或卵形，绿色，叶基浅心形至戟形，叶端突尖，叶面平滑。叶片长 13cm，宽 8.6cm。叶柄长 12.3cm。花白色，每花序结果 3～8 个。种子黑褐色。株型直立，蔓性较弱，分枝性较强，花期晚。为中叶类型蕹菜代表品种。

5. 博白细叶　来源于广西壮族自治区博白县。株高 35cm，主茎浅绿色。叶片浅绿色，窄披针形或短条形，叶基浅心脏形，叶端锐尖，叶面平滑。叶片长 8.4cm，宽 0.87cm。叶柄细短。花白色，每花序结果 1～2 个。种皮黑褐色。株型直立，分枝力强，花期晚。质地脆嫩。为目前所见蕹菜种质资源中叶片最小者，蔓性弱也是其明显特性之一。

6. 博白水蕹　来源于广西壮族自治区博白县。株高 45～50cm。叶片三角状披针形，深绿色，叶基戟形或心性，叶端锐尖，叶面平滑。叶片长 10.0～13.4cm，宽 2.3～5.2cm。叶柄长 7.2～12.3cm。花白色，每花序开花 1～3 朵。花期晚。蔓性强，侧芽萌发率高，植株生长势旺盛，较抗蕹菜白锈病。质地脆嫩，风味浓，品质优良。为中国南方蕹菜产区藤蕹的代表品种。

7. 重庆水蕹　主产于重庆市、四川省及贵州省等西南地区。植株生长势强，分枝多，茎蔓浅绿色，节间长约 2cm。叶片深绿色，卵形，长约 6cm，宽约 3cm。叶柄长约 4cm。一般不开花。质地脆嫩，味清香，品质好。为长江流域藤蕹的代表品种，适应性强。

另外，长江流域藤蕹代表品种还有江西省抚州水蕹、湖南省湘潭藤蕹等，但种植面积和范围相对较小。

8. 柳州白梗蕹　来源于广西壮族自治区柳州市。植株前期株型直立，高 45～50cm，节间较短。分蘗能力强，茎蔓白色，叶浅绿色。叶片长 20.3cm，宽 9.4cm。叶柄长 10.7cm。质地脆嫩。花白色。结子能力较强，每花序结果 4～6 个。为典型的白梗类型蕹菜，分蘗能力强也是其突出特点。

9. 勐遮红梗蕹　来源于云南省勐海县。株高 55cm。茎蔓水红色。叶色深绿，卵状三角形，叶基心形，叶端锐尖，叶面平滑。叶片长 15.6cm，宽 9.1cm。叶柄长 16.5cm。蔓性特强，茎蔓伸长的生长速度约为一般品种的 5 倍左右。分蘗能力弱，单株分蘗数仅为一般品种的 1/4 左右。属野生类型。在湖北省武汉市不开花。主要特点为茎蔓水红色，茎蔓伸长的速度极快。

与其类似的种质资源还有景洪蕹菜，来源于云南省景洪市。株高 50cm，茎蔓绿至浅绿色。叶卵形，绿色，叶端短尖，叶基心形或近截形，叶面平滑。叶片长 14cm，宽 9.8cm。叶柄长 16.5cm。蔓性强，植株生长势旺，分蘗少。其典型性状之一是叶片近基部叶缘有粗波状齿（通常蕹菜叶片叶缘均为全缘）。

10. 粉红小叶　来源于海南省海口市。植株蔓性，较细弱。叶片长卵形，叶端锐尖。叶片长 12cm，宽 7.7cm。种子黑褐色。主要特点为花色淡粉红色，为现有紫花蕹类型中花色最淡的种质资源。茎蔓绿色，仅嫩梢节部皮孔红色或褐色。

11. 普洱红花蕹　来源于云南省普洱市。株高 36cm，蔓性中等。叶片卵状披针形，深绿色，叶端锐尖，叶面平滑。叶片长 13.2cm，宽 8.2cm。叶柄紫色，长 12cm。花紫色。主要特点为茎蔓颜色深紫红色，为现有紫花蕹类型中茎蔓色最深者，同时其种皮颜色为白色。

12. 绵阳白子空心菜　来源于四川省绵阳市。前期株型直立，后期植株匍匐生长，主蔓绿色或浅绿色。叶片长卵形或披针形，叶基耳垂形，叶尖端钝或尖凹。叶片长 12～15cm，宽 3.6～7.8cm。叶柄长 6.5～9.0cm。花白色。种皮白色。主要特点为种皮白色，茎蔓绿色。

第六节　蕹菜种质资源研究与创新

一、核型分析

利容千（1989）对青梗蕹菜和白梗蕹菜两个品种进行研究后发现，蕹菜染色体数为 $2n=2x=30$。青梗蕹菜品种的核型公式为 $2n=2x=30=22m（2SAT）+8sm（2SAT）$，其第 1、4、5、14 对染色体为近中部着丝点染色体，其余为中部着丝点染色体。染色体绝对长度 1.55～0.82μm，长度比 1.89，相对长度 8.50%～4.67%；白梗蕹菜品种核型公式为 2n=2x=30=24m（2SAT）+6sm（2SAT），其第 4、5、14 对染色体为近中部着丝点染色体，其余为中部着丝点染色体。染色体绝对长度为 1.54～0.84μm，长度比 1.83，相对长度 9.14%～4.62%。这两个品种均为第 4、9 对染色体的短臂上带有随体，核型较稳定，均为 1A 型。刁英等（2004）对 5 个品种的蕹菜染色体进行计数，染色体都为 2n=2x=30。他们同时发现大叶空心菜 5 号染色体所带随体在长臂末端，不同于有关随体均在短臂末端的发现，说明蕹菜随体在染色体上的位置有一定的可变性。刁英等还以大叶空心菜为基础建立了蕹菜标准核型和 DAPI 带型，此项工作对蕹菜的细胞遗传学研究的比较分析、蕹菜的育种和种质资源的开发利用均有一定意义。

二、分子生物学研究

有关蕹菜分子生物学的研究还进行得较少。Thai K. Van 等（1998）采用 RAPD 方法研究浮水生长的野生红花蕹和野生白花蕹与栽培蕹菜品种之间的相互关系，不仅对不同种质作出了明确区分，而且初步结果表明，栽培蕹菜品种与野生白花蕹之间的亲缘关系较为密切。

三、蕹菜种质资源创新

目前，蕹菜的种质创新工作主要体现在品种的改良和选育方面。自 20 世纪 70 年代起，台湾省较早开始蕹菜品种选育工作，如陈培昌（1970）对台湾省栽培蕹菜进行过纯化研究，许家言（1982）、范淑贞（1985、1986）等人进行过蕹菜杂交育种研究，刘政道（1992）还专门制定了蕹菜育种程序及实施方法。江西省廖明志于 1977 年从江西省地方优良品种吉安空心菜中选出一变异单株，经多年株系选育，育成新品种赣蕹 1 号。该品种与吉安空心菜相比较，具有早熟、高产、茎白等优点。台湾桃园区农业改良场 1995 年从北部竹叶菜中选出台园 1 号蕹菜新品种，该品种具有早熟、高产、茎刺瘤少、茎秆绿色等特点。湖北省武汉市蔬菜科学研究所于 1996 年通过株系选择，选育出叶片大、茎秆比例高的大圆叶，以及茎秆白色、分蘖性强、株型较直立的白梗 1 号和茎秆深绿、质地脆嫩、株型较直立、叶形较小的青梗细叶 1 号等蕹菜品系。湖北省张育鹏等采用单株—混合选择法，2002 年育成鄂蕹菜 1 号品种，该品种耐寒性较强、茎秆粗壮、分蘖较多、产量高，并对设施栽培的环境具有较强的适应性。

蕹菜主要病害为白锈病（*Albugo impomoeae-aquaticae* Sawada）。台湾省科技人员对蕹菜种质资源白锈病抗性机理研究较多。他们曾用蕹菜白锈病游动孢子感染 22 种蕹菜品系的子叶，初步结果表明，白子蕹菜自交品系以及其与竹叶蕹菜杂交的 F_1 代感病率几乎为 0，为强抗病品系；竹叶蕹菜自交品系感病率为 20%～30%，亦表现一定抗性；其余品系感病率多大于 50%，为易感病品系。子叶气孔密度检测结果显示，白子蕹菜自交品系气孔密度显著低于易感病品系。光合作用速率测定结果显示，白子蕹菜自交品系光合速率较易感病品系为低。

（刘义满　魏玉翔）

主要参考文献

中国医学科学院卫生研究所.1981.食物成分表.北京：人民卫生出版社

陈玉娣，关佩聪.1990.蕹菜的生长和营养吸收特性.长江蔬菜.（5）：38～39

陈玉娣，关佩聪.1993.蕹菜的产量形成与品质及过氧化物酶活性.中国蔬菜.（3）：4～7

李美娟，张龙生，林宗贤.1998.插穗节位对空心菜生长影响之研究.中国园艺（台湾省）.44（3）：311～322

利容千.1989.中国蔬菜植物核型研究.武汉：武汉大学出版社

林峰，林明忠等.1993.泰国蕹菜生育习性研究.福建农业科技，（3）：18～19

李署轩主编.1990.中国农业百科全书·蔬菜卷.北京：农业出版社

刘义满，孔庆东.1994.蕹菜栽培历史及其不同类型间的基本演变关系.农业考古.（3）：234～236

刘义满，叶元英，孔庆东.1996.中国蕹菜种质资源及其研究综述（上）.长江蔬菜.（3）：1～4

刘义满，叶元英，孔庆东.1996.中国蕹菜种质资源及其研究综述（下）.长江蔬菜.（4）：1～4

刘义满.1996.蕹菜种子成熟度对苗床出苗率及幼苗单株重的影响.种子.（5）：45～46

刘义满.1996.子蕹良种繁育技术.中国农学通报，12（3）：35～36

刘义满，孔庆东.1997.蕹菜性状人工杂交遗传分析.长江蔬菜.（10）：23～25

刘义满，彭静，黄新芳等.1998.切除子叶对蕹菜幼苗生长发育的影响.植物生理学通讯.（6）：432～434

刘义满.1999.蕹菜自然异交率测定.长江蔬菜.（2）：28～29

刘义满，柯卫东，彭静等.2000.蕹菜单株产量构成因素的遗传及多元回归与相关分析.华中农业大学学报（增刊）.99～102

刘政道.1977.氮肥施用量对五种热带叶菜类之生育与蛋白质含量之相关研究.中国园艺（台湾省）.23（3）：114～128

刘政道.1988.温度对蕹菜幼苗萌发之影响.中国园艺（台湾省）.34（4）：114～128

刘志敏，沈美娟.1989.蔬菜种子活力的研究.长江蔬菜.（2）：9～10

汤绍虎，孙敏等.1994.蕹菜人工种子研究.园艺学报.21（1）：71～75

王广印，张建伟.1994.蕹菜种皮颜色对种子活力的影响.种子科技.（2）：29～30

吴德水.1995.藤蕹留种与繁殖技术.中国蔬菜.（1）：46～47

中国农业科学院蔬菜花卉研究所主编.1992.中国蔬菜品种资源目录（第一册）.北京：万国学术出版社

中国农业科学院蔬菜花卉研究所主编.1998.中国蔬菜品种资源目录（第二册）.北京：气象出版社

中国农业科学院蔬菜花卉研究所主编.2001.中国蔬菜品种志（上卷）.北京：中国农业科技出版社

刁英，陈思，黄雨蝶等.2005.蕹菜的DAPI显带核型.氨基酸和生物资源.27（1）：32～34

吴川德，阮云泽.2004.海南旱地蕹菜对尿素氮吸收利用的研究.热带农业科学.24（5）：18～21，37

孔庆东主编.2004.中国水生蔬菜品种资源.北京：中国农业出版社

Anjum Perveen. 1999. A Palynological Survey of Aquatic Flora of Karachi‐Pakistan. Tr. J. of Botany, （23）：309～317

Erin Harwood and Mark Sytsma. 2003. Risk Assessment for Chinese Water Spinach（*Ipomoea aquatica*）in Oregon. Center for Lakes and Reservoirs Portland State University Portland，OR 97207

George H. Snyder et al. . 1981 Trials of *Ipomoea aquatica*，nutritious vegetable with high protein - and nitrate - extraction potential. Proc. Fla. State Hort. Soc.，（94）：230～235

Ghosh S. K. . 2005. Tropical Aquatic and Wetland Plants － In Harmony with Mankind. Standard Literature Company. India

Liou T. D. . 1981. Studies on seed production techniques of water convolvulus（*Ipomoea aquatica* Forsk.）. Ⅱ. Effect of planting dates on seed production potentiality of different cultivars of water convolvulus grown under paddy and upland fields. Jour. Agric. Res. China，30（4）：385～394

Petelot A. . 1953. Plantes medicinales du Cambodge，du Laos et du Vietnam. Vol. Ⅱ，＃18. Centre de Rech. Sci. et Tech.，Arch. Des Rech. Agron. Au Camb.，au Laos et au Vietnam，Saigon，284

Thai K. Van and P. T. Madeira. 1998. Random Amplified Polymorphic DNA Analysis of Water Spinach（*Ipomoea aquatica*）in Florida. J. Aquat. Plant Manage，36：107～111

第四十一章

苋　菜

第一节　概　　述

苋菜为苋科（Amaranthaceae）苋属中以嫩茎叶为食的一年生草本植物，学名 *Amaranthus mangostanus* L.，别名苋。染色体数 2n＝2x＝34。其嫩茎叶可炒食或作汤，全株可入药。

苋菜营养丰富，每 100g 嫩茎叶约含水分 90.1g、蛋白质 1.8g、碳水化合物 5.4g、钙 180mg、磷 46mg、胡萝卜素 1.95mg、维生素 C 28mg（《中国农业百科全书·蔬菜卷》，1990）。在氨基酸、脂肪酸及微量元素等的组成和含量方面是一种难得的优质食物及功能食品资源。英国、美国、匈牙利等国建立了提取苋菜叶蛋白的工厂，将苋菜叶蛋白列入各种营养食谱。苋菜还具有较高的药用价值，《本草纲目》（李时珍，1578）载有祛病之功，对心血管病、胃肠炎、便秘、黄疸病及癌症等疾病均有一定的疗效。苋菜作为饲料亦有很高的利用价值（隋益虎，2003）。苋菜耐瘠、耐旱，抗病虫能力强，是一种天然的无公害绿色食品（曲士松等，2000）。现全国各地均有栽培，但在长江流域及其以南地区栽培较多，是一种重要的淡季蔬菜。

中国苋菜种质资源丰富，目前已收集保存苋菜种质资源 450 余份。

第二节　苋菜的起源与分布

对于苋菜的起源有不同说法，一说起源于中国（《蔬菜栽培学各论》，1996）。中国自古栽培苋菜，在汉初的《尔雅》（公元前 2 世纪）中称为"蒉，赤苋"（《中国农业百科全书·蔬菜卷》，1984）。一说起源于印度，现在中国各地均有栽培（《中国植物志》，1980）。

苋属植物世界各地都有分布，栽培的少数种主要分布在中国和印度。苋菜在中国的分布地域广泛，东起江浙沿海各省，西至黄土高原、新疆维吾尔自治区，南自广东省，北到甘肃省等地，几乎到处都有苋菜的分布（《中国蔬菜品种志》，2001）。

<h1 style="text-align:center">第三节　苋菜的分类</h1>

一、植物学分类

苋菜（*Amaranthus mangostanus* L.）在植物分类学上属苋科（Amaranthaceae）苋属。据《中国蔬菜品种志》（2001）记载，中国有苋属植物 13 个种。其中有：苋（*Amaranthus tricolor* L.，即 *A. mangostanus* L.）、千穗谷（*A. hypochondriacus* L.）、绿穗苋（*A. hybridus* L.）、尾穗苋（*A. caudatus* L.）、繁穗苋（*A. paniculatus* L.）、北美苋（*A. blitoides* Watson）、反枝苋（*A. retroflexus* L.）、刺苋（*A. spinosus* L.）、白苋（*A. albus* L.）、凹头苋（*A. lividus* L.）、细枝苋（*A. gracilentus* Kung）、腋花苋（*A. roxburghianus* Kung）、皱果苋（*A. viridis* L.）（《中国植物志》，1980）。

二、栽培学分类

苋菜按其叶片颜色的不同，可以分为 3 个类型：绿苋：叶片绿色，耐热性强，质地较硬。代表品种有上海白米苋、广州柳叶苋及南京木耳苋等。红苋：叶片紫红色，耐热性中等，质地较软。代表品种有重庆大红袍、广州红苋及昆明红苋菜等。彩苋：叶片边缘绿色，叶脉附近紫红色，耐热性较差，质地软。代表品种有上海尖叶红米苋及广州尖叶花红苋等（《中国农业百科全书·蔬菜卷》，1984）。

肖深根等（2000）对 31 个苋菜品种 17 项生物学性状进行分类研究的结果表明：31 个苋菜品种依叶形可分为圆叶型、卵圆型与尖叶型；依叶色可分为红苋、彩色苋与绿苋。根据苋菜叶形、叶色等 17 个生物学性状的测量结果，采用计算机软件聚类法中的类平均法、最长距离法、最短距离法可分为 5 大类，同类之间叶形、叶色大都表现一致。

生产上，则多以叶形、叶色进行组合分类，常称为圆叶红苋、圆叶彩苋、尖叶彩苋、圆叶绿苋、尖叶绿苋等（图 41-1）。这种分类在实际应用中更为直观、实用和方便。

此外，按栽培目的和产品部位的不同，还可分为茎用苋菜（加工"苋菜梗"用）、叶用苋菜和茎叶兼用苋菜等。

1　　　　　　　　　　　2

图 41-1　苋菜不同叶形和颜色

1. 尖叶绿苋菜　2. 白圆叶苋菜　3. 上海红圆叶苋菜　4. 花红柳叶苋菜　5. 全红叶苋菜　6. 一点红苋菜

第四节　苋菜的形态特征与生物学特性

一、形态特征

1. 根　苋菜根系为直根系，较发达，分布深广。

2. 茎　苋菜茎高 80～150cm，绿色或红色，有分枝。

3. 叶　苋菜叶互生，全缘，卵状椭圆形至披针形，平滑或皱缩，长 4～10cm，宽 2～7cm，有绿、黄绿、紫红或杂色。

4. 花　苋菜的花为穗状花序，顶生或腋生，花小，单性或两性，花被片膜质，3 片，雄蕊 3 枚，雌蕊柱头 2～3 个。

5. 果实与种子　苋菜的果实为胞果，矩圆形，盖裂。种子圆形，紫黑色有光泽，千粒重 0.7g 左右。

二、对环境条件的要求

苋菜为一年生蔬菜，适应性较强，长江流域及其以南地区春播和秋播均能良好生长发育，并开花结子。其生育周期可分为营养生长与生殖生长两个阶段，一般为 3～4 个月。

（一）温度

苋菜喜温暖气候，耐热力强，不耐寒冷。生长适温为 23～27℃，20℃ 以下植株生长缓慢，10℃ 以下种子发芽困难。栽培生长期 30～60d。在全国各地的无霜期内，均可采用不同品种分期播种，陆续采收。高温季节栽培可采用耐炎热高温的品种，如吉安打打苋、平湖绿叶茎用苋菜、武汉白苋菜等。

（二）光照

苋菜属短日照作物，在高温短日照条件下，极易抽薹开花。在气温适宜、日照较长的春季栽培，抽薹迟，品质柔嫩，产量高。

（三）水分

要求土壤湿润，不耐涝，对空气湿度要求不严格。

（四）土壤与营养

苋菜对土壤要求不严格，但以偏碱性土壤为好。栽培苋菜宜选地势平坦、排灌方便、杂草少的地块，宜作平畦栽培。为获得优质丰产的产品，应施以充足的肥料尤其是氮肥。

第五节　苋菜的种质资源

一、概况

中国苋菜种质资源相当丰富，据统计，被列入《中国蔬菜品种资源目录》（第一册，1992；第二册，1998）的各种不同类型苋菜共有 400 余份，其中有 52 份被收录入《中国蔬菜品种志》（2001）。其中包括绿苋 22 份，红苋 9 份，彩苋 21 份。现国家农作物种质资源长期库保存有苋菜种质资源 425 份，来源于全国 26 个省（自治区、直辖市），分布较多的有：河南（84 份）、湖北（61 份）、广东（44 份）、四川（39 份）、福建（36 份）、湖南（31 份）、江苏（31 份）、安徽（27 份）等（李锡香，2006）。

二、抗病种质资源

苋菜常见病害有白锈病〔*Albugo bliti*（Biv.）O. Kuntze〕和病毒病（毒原尚不详），其中白锈病是苋菜的主要病害，长江流域及其以南地区常在 6 月发病，此后随高温高湿天气的出现而陆续蔓延。具有较强抗病性的苋菜种质资源如下：

1. 吉安打打苋　浙江省吉安县地方品种，栽培历史悠久。株高 25cm 左右。茎绿色。叶片深绿色，尖纺锤形，长 20cm 左右，宽 3cm 左右，全缘，叶面微皱，叶柄绿色，长 3cm 左右，宽 0.3cm 左右，厚 0.2cm 左右。单株重 10g 左右。早熟，从播种至收获 30～35d。适应性强，抗病，耐高温干旱。品质一般。

2. 平湖绿叶茎用苋菜 浙江省平湖市地方品种。株高 80～90cm，开展度 40～50cm。茎下部紫红色，上部红、绿相间，柱形有棱沟，表面光滑，长 75cm，粗 3cm 左右，单茎重 260g 左右。叶片绿色，卵形，先端尖，基部楔形，长 24cm 左右，宽 15cm 左右，叶面皱褶，总叶数 26～32 片。单株重 400～450g。中熟偏晚，全生育期 80d 左右。耐热，抗病。品质好。食用部位以茎的髓部为主，嫩茎叶为次。

3. 上饶白绵苋 江西省上饶市地方品种。株高 26cm 左右，开展度 23～25cm。茎绿色。叶片卵圆形，绿色，长 9cm 左右，宽 8cm 左右，全缘，叶面微皱，无茸毛。单株重 32g 左右。早中熟，播种至采收 40d 左右。耐热性强，抗病性强。质柔嫩，品质好。

4. 蓝山青苋菜 湖南省蓝山县地方品种。植株直立，株高 30cm。茎较粗壮，浅绿色。叶片披针形，先端尖锐，全缘，叶面微皱，绿色；叶柄纤细，绿白色。单株重 14g。早中熟，从播种至始收 45d。分枝性强，耐热，较耐旱，不耐寒，也不耐涝，抗病虫性较强。质柔嫩。

5. 武汉白苋菜 湖北省武汉市地方品种，栽培历史较久。株高 20～29cm，开展度 20～25cm。叶片呈卵圆形，长约 10cm，宽约 9cm，先端部分稍尖，平展，呈绿色；叶柄长 7～8cm，呈白绿色。单株重 25～40g。生长期 30～40d。耐热力强，抗病，耐肥。叶肉较薄，品质较差。

6. 昆明红苋菜（红小米菜） 云南省昆明市地方品种。株高 24cm，开展度 12～14cm。茎紫红色。叶片长卵圆形，长 6cm，宽 4cm，全缘，叶面微皱，茸毛少，深紫红色。单株重 5.2g。早中熟，播种至收获 50d 左右。耐热性、抗病性较强，品质较好。

7. 文县红苋菜 甘肃省文县早年从四川省引入。叶簇直立，株高 30cm，开展度 23cm。叶片长卵形，长 13cm，宽 4.8cm，叶正面绿色带紫晕，反面绿色，中肋浅红色。侧芽萌发力强。单株重 15g 左右。早中熟，生育期 60d 左右。植株耐热力强，抗病虫，叶质较细，苋味中等。

此外，较抗病的种质资源还有伊宁红苋、南昌碗叶苋、昆明花小米菜、太原红苋菜等。

三、抗逆种质资源

（一）既耐寒又耐热的种质资源

1. 南京秋不老苋菜 江苏省南京市地方品种，栽培历史悠久。植株半直立，株高 29cm，开展度 32cm。叶片长卵圆形，长 10cm，宽 16.4cm，叶面皱，深绿色，背面灰绿，无毛，全缘；叶柄浅绿色，长 6.5cm，宽 0.4cm，厚 0.2cm，上附密短茸毛。单株重 25g。中熟。耐热，耐寒，抽薹迟。品质差。

2. 云和圆叶苋菜 浙江省云和、龙泉地区地方品种。株高 20cm 左右，开展度 20cm。茎绿色。叶片卵圆形，先端凹陷，长 21cm 左右，宽 12cm 左右，绿色，全缘，叶面微皱，叶柄长 6～7cm。适应性强，耐寒性、耐热性均强，喜温暖，要求土壤湿润，忌涝。全生育期 50～60d。品质中上等。

3. 湘潭红铜钱苋　湖南省湘潭市地方品种。植株直立，高 25～30cm，开展度 21cm。茎矮生，浅红色。叶卵圆形，全缘，中间紫红色，边缘绿色，叶面稍皱，叶柄浅红色。单株重 15g。早熟，播种至收获 45～55d。耐热，较耐旱，较耐寒，不耐涝，病害发生少。茎叶柔软，味稍淡，品质中等。

（二）较耐热的种质资源

1. 上海长梗青米苋（摘头米苋）　上海市郊区地方品种。植株直立，茎绿色，较长。叶片呈卵圆形，长 8cm，宽 6cm，先端钝圆，绿色，全缘，叶面微皱，叶柄绿色。收获时单株重约 5g。晚熟，生长期 50d 左右。耐热力强，侧枝生长势强。纤维少，品质中等。

2. 上海黄叶白米苋（白米苋）　上海市郊区地方品种，已有 80 余年栽培历史。株高 17cm 左右，茎直立，黄绿色。叶片卵圆形，长 8cm，宽 7cm，先端钝圆，有一缺刻，黄绿色，全缘，叶面微皱，叶柄短。单株重 5g 左右。晚熟，生长慢，生长期 50d 左右。耐热力强，不耐病，适于夏季栽培。叶肉较薄，质地柔嫩。

3. 安庆九芳苋　安徽省安庆市地方品种。株高 14cm，开展度 9cm。茎绿色，粗 0.2cm，分枝多。叶长卵形，长 8cm，宽 1.6cm，全缘，叶面微皱，绿色。单株重 50g。中熟种，播种至采收 40d 左右。耐热，耐肥。质地嫩，味鲜美，品质好。

4. 合肥青芝麻苋　安徽省地方品种。植株高 20～28cm。叶柄及茎浅绿色。叶片长卵圆形，长 15～20cm，宽 4～5cm，绿色，叶缘波状，叶面皱缩。单株重 60g 左右。早熟，播种至采收需 30d 左右。耐热，耐旱，易抽薹。植株纤维较多，品质较差。

5. 祁阳铜钱苋　湖南省祁阳县地方品种。植株直立，生长势旺，株高 30cm，开展度 21cm。茎矮生，绿色。叶片近圆形，先端有一缺刻，全缘，绿色，叶柄浅绿色，叶面稍皱缩，无茸毛。单株重 50g 左右。中熟偏早，从播种至始收 50d。适应性强，耐热、耐旱、耐涝，较抗病。肉质较粗，品质中等。

6. 重庆白柳叶苋（青柳叶）　重庆市地方品种。叶簇直立，株高 28cm，开展度 24～25cm。叶片宽披针形，长 16cm，宽 4cm，浅绿色，全缘，叶面微皱，无茸毛。播种至收获 40～50d。耐热、耐旱，品质中等。

7. 南昌洋红苋　江西省南昌市郊地方品种。株高 18cm，开展度 25～28cm。茎红色。叶片近圆形，长 10cm，宽 9cm，洋红色，全缘，叶面平滑。单株重 25g 左右。中熟，播种至收获 45d 左右。耐热，抗病，适应性强。叶肉薄，味稍淡，品质较差。

另外，较耐热的种质资源还有武汉白苋菜、广州红苋、南京花苋菜、平湖红叶茎用苋菜、合肥红尖叶苋（鸡毛苋）、成都蛾蛾苋、广州中间叶红、东方紫红茎苋菜等。

四、优异种质资源

具有优良园艺性状和较高生产利用价值的较著名的种质资源有：

1. 合肥绿尖叶苋（绿鸡毛）　安徽省地方品种。株高 25～35cm，开展度 13～19cm。茎及叶柄均为浅绿色。叶片披针形，长 20～25cm，宽 2.5～3cm，正面绿色，背面灰绿色，叶缘波状，叶面皱缩。单株重 50g 左右。早熟，播种至采收需 30d 左右。耐旱。植株柔嫩，纤维少，品质优良。

2. 株洲柳叶苋　湖南省株洲市地方品种。植株高 25cm，开展度 26cm。茎浅绿色。叶片披针形，长 17cm，宽 5cm，浅绿色，全缘；叶柄长 5cm，浅绿色。单株重 15g 左右。早熟，播种后至始收 40 余 d。适应性强，分枝性强，植株生长较快。耐肥、耐热，抗病性强，不耐寒。茎叶柔嫩，品质好。

3. 长汀白苋菜　福建省长汀县地方品种。株高 50cm，开展度 35～40cm。茎绿色。叶片长卵形，长 18cm 左右，宽 9cm 左右，主色绿，次色浅绿，叶面皱缩、无茸毛，全缘。单株重 30g 左右。中熟，播种至采收 45d。耐热性强，抗病性强。品质好。

4. 长泰绿叶苋菜　福建省地方品种，有 30 余年栽培历史。株高 35cm，茎矮生，浅绿色，半直立。叶全缘，叶片绿色，叶柄浅绿色，叶面皱缩，无茸毛，最大叶片长 16cm，宽 7cm，叶柄长 7cm。单株重 120g。早熟，从播种至收获 45～50d。耐旱，抗病虫害。品质好。

5. 河南绿苋　新疆维吾尔自治区哈密市自河南省引入。株高 25cm，开展度 14cm，茎浅绿色。叶片主色绿，次色浅绿，叶长 5.2cm，宽 3.5cm，全缘，叶面微皱，有少量茸毛。单株重 30g。中熟，播种至采收 53d。耐热性较强，抗病性较强。品质较好。

此外，园艺性状优良的种质资源还有：平湖绿叶茎用苋菜、安庆九芳苋、上饶白绵苋、重庆红柳叶苋菜等，耐热、耐旱，质地细嫩，味鲜美；成都大红袍，叶肉较厚，质细嫩，品质好；九江花猪耳苋，耐热性强，抗病性强，质柔嫩，味鲜美，品质佳；武汉红猪耳朵苋菜（瓢叶苋），耐热力强，质地柔嫩，品质好；郑州红苋菜，质地柔嫩，纤维少，品质好；临汾苋菜，耐热，抗病，品质优。

五、特殊种质资源

另外，还有一些叶质软（糯）、品质好、个别性状更为突出的种质资源。

1. 杭州白米苋　浙江省杭州市地方品种，栽培历史悠久。株高 24cm 左右，开展度 14～16cm。茎较粗，分枝力弱。叶片近圆形，先端凹陷，长 6cm 左右，宽 5cm 左右，绿色，全缘，叶面微皱；叶柄绿色，长 4.3cm 左右。中熟，从播种至收获 50～60d。较耐寒，不耐热，在炎热气候下叶背面易生白锈斑。质糯，风味好。

2. 合肥白苋　安徽省地方品种。植株高 40～60cm，开展度 18～25cm。茎及叶柄浅绿色。叶片卵圆形，绿色，全缘，叶面皱缩，叶片长 13～16cm，宽 10～14cm。单株重 45g。中熟，播种至采收需 40d 左右。很耐热，耐寒性稍差，适于夏秋栽培，产量高，夏秋解决"伏缺"多用此品种。质地柔嫩，品质一般。

3. 广州矮脚圆叶　广东省广州市地方品种，栽培历史悠久。株高约 25cm，开展度约 25cm。茎较粗，青绿色，分枝中等。叶片卵圆形，长约 13cm，宽约 11cm，绿色，先端有一缺刻，全缘，叶面微皱；叶柄长约 6cm，浅绿色。单株重 30g。早熟，播种至初收 25～35d，可延续采收约 20d。耐热性强，耐寒性差，抽薹迟。品质优良。

4. 杭州一点红　浙江省杭州地区地方品种，栽培历史悠久。株高 20cm，开展度 12～15cm。茎较粗。叶片近圆形，长 7cm 左右，宽 7cm 左右，边缘绿色，中间紫红色，全缘，叶面皱缩；叶柄淡绿色，长 4.2cm 左右。早熟，播种至采收 30～45d。较耐热，在高温、高湿的天气下叶面易生白色斑点。质糯，品质好。

此外，还有丽水彩苋，稍耐寒，不耐热，分枝性强，品质优；杭州红米苋，耐寒力较强，不耐热，分枝力弱，口感鲜美，品质好；十堰芝麻苋，分枝性强，耐热，但品质较差。

第六节　苋菜种质资源研究

苋菜是双子叶 C_4 植物，叶片具有典型的"Kranz"结构，因而苋菜具有比 C_3 植物更高的光合强度。苋菜是以幼嫩茎叶供食用的，其光合效率的高低直接关系到产量的高低。因此，研究苋菜高光效的生理特性，对苋菜的高产栽培与高光效育种具有重要的指导意义。肖深根等（2000）分析了从全国各地搜集到的 30 个苋菜品种 7 叶期叶片的光合速率、蒸腾速率、水分利用率、叶形指数及叶绿素含量之间的关系。结果表明，30 个苋菜品种的光合速率均极显著高于蕹菜，品种间也存在极显著差异。不同品种或同一品种不同叶片之间，光合速率与蒸腾速率、水分利用率间均存在极显著的相关性，但与叶形指数、叶绿素含量间无显著的相关关系。林植芳等（2000）研究了活性氧对苋菜磷酸烯醇式丙酮酸羧化酶活性的影响。用活性氧 H_2O_2 等处理苋菜部分纯化的 PEP 羧化酶（PEPC）15min 后，活性降低 10%～17%，抑制程度与活性氧种类及其浓度有关。Ayodele（2000）采用 *A. cruentus* 和 *A. hypochondriacus* 进行温室内土壤水分胁迫（0.60MPa）试验，发现营养生长阶段叶面积比对照分别减少了 18% 与 20%，开花期及籽粒形成期胁迫时导致前者籽粒产量分别下降 19%～9%，而后者倒伏。Parvathi（2000）研究表明，光照可增强苋菜磷酸烯醇式丙酮酸羧化酶（PEPC）对碳酸氢盐的亲和力。Bunce J. A.（2001）的研究表明，29h 暗期处理比 5h 的处理其叶片干物质重下降 30%。

周永刚等（2001）通过 PCR 从苋属植物千穗谷（*Amaranthus hypochondriacus*）的总 DNA 中扩增出苋菜凝集素（AHA）的核基因片段。序列分析结果表明，该基因为 2 453bp，含有 1 538bp 的内含子和两个分别为 212bp 和 703bp 的外显子。采取反向 PCR 的方法获得仅含该基因的编码区克隆。以此为基础与二元表达载体 pBin438 构建含内含子与不含内含子 AHA 基因的植物表达载体 pBAHAg 和 pBAHAc 并通过土壤农杆菌介导转化到烟草，对转化再生植株的 PCR 和 DNA 印迹分析（southern blot）表明，AHA 基因已整合到烟草的染色体中，有单拷贝和多拷贝的整合。用与 AHA 蛋白高度同源的 ACA 蛋白的抗血清进行了免疫斑点检测，结果初步表明转基因烟草有 AHA 蛋白的表达，抗虫试验结果表明，转 pBAHAg 和 pBAHAc 烟草对蚜虫的平均抑制率分别达 57.2% 和 48.8%，有的高达 90% 以上，含内含子和不含内含子的 AHA 基因在转基因植株中的抗蚜性不同。该试验展示了通过分子生物学手段，将苋属植物凝集素（AHA）的核基因，转化应用于其他农作物抗虫的成功实践。

（朱为民　万廷慧）

主要参考文献

浙江农业大学 . 1996. 蔬菜栽培学各论（南方本）. 北京：中国农业出版社

杨瑞因，李曙轩 . 1991. 菜用苋菜营养成分变异初探 . 浙江农业大学学报 .（2）：205～207

曲士松，黄宝勇 . 2000. 山东野生苋菜资源 . 中国种业 .（2）：24～25

李时珍 . 1982. 本草纲目 . 第 1 版 . 北京：人民卫生出版社

中国科学院中国植物志编辑委员会 . 1980. 中国植物志（第二十五卷）. 北京：科学出版社

中国农业百科全书编委会 . 1990. 中国农业百科全书·蔬菜卷 . 北京：农业出版社

隋益虎 . 2003. 苋菜的栽培生理研究（综述）[J]. 安徽技术师范学院学报 . 17（3）：231～234

中国农业科学院蔬菜花卉研究所 . 2001. 中国蔬菜品种志（上、下卷）. 北京：中国农业科技出版社

肖深根，刘志敏，宋勇，杨广 . 2000. 苋菜品种资源的分类研究 [J]. 湖南农业大学学报 . 26（4）：274～277

肖深根，刘志敏，宋勇，杨广 . 2000. 苋菜品种资源光合特性研究 [J]. 长江蔬菜 .（10）：33～35

林植芳，彭长连，林桂珠 . 2000. 活性氧对苋菜磷酸烯醇式丙酮酸羧化酶活性的影响 [J]. 植物生理学报 . 26（1）：27～32

周永刚，田颖川，莽克强 . 2001. 苋菜凝集基因的克隆及在转基因烟草中抗蚜性研究 [J]. 生物工程学报 . 17（1）：34～39

Ayodele V. I. . 2000. Influence of soil water stress at different physiological stages on growth and seed yield of *Amaranthus* species [J]. Acta Horticulturae,（2）：767～772

Parvathi K. . 2000. Illumination increase the affinity of phyosphoenolpyruvate carboxylase to bicarbonate in leaves of a C4 plant. *Amaranthus hypochondriacus* [J]. Plant Cell Physiology,（8）：905～910

Bunce J. A. . 2001. Effects of prolonged darkness on the sensitivity of leaf respiration to carbon dioxide concentration in C3 and C4 species [J]. Annals of Botany.（4）：463～468

第四十二章

茼 蒿

第一节 概 述

茼蒿（*Chrysanthemum* sp.）为菊科（Compositae）茼蒿属中以嫩茎叶为食的栽培种，一二年生草本植物，别名蓬蒿、春菊、蒿子秆。染色体数 2n＝2x＝18（《中国农业百科全书·蔬菜卷》，1990），中国栽培的主要有南茼蒿和蒿子秆。

茼蒿具特殊香味，营养丰富，每 100g 嫩叶含有可溶性糖 0.47g、粗蛋白 1.86g、干物质 6.72g、粗纤维素 0.67g、维生素 C25mg、钙 65mg，在绿叶菜中均居前列。此外，它因含有腺素、胆碱等物质而有一定的药用价值。中国传统医学认为茼蒿有清血、养心、降压、润肺、清痰的功效（《中国农业百科全书·蔬菜卷》，1990）。中国古代就有不少关于茼蒿药用价值的记载，唐代医学家孙思邈（581—682）在《千金方·食治》中记载，吃茼蒿可以"安心气，养脾胃，消痰饮，利肠胃"。清代严西亭、施澹宁、洪缉庵合编的《得配本草》（1761）上说，茼蒿"利肠胃，通血脉，除膈中臭气"。但清代《本草逢原》上说，"茼蒿气浊，能助相火，禹锡言多食动风气，熏人心，令人气满"，故一次不可吃得过多。

茼蒿属半耐寒性蔬菜，喜冷凉气候，不耐高温干旱，中国大部分地区都有栽培。长江流域一般春、秋两季播种，华北地区多在早春播种，华南各地则在秋冬季栽培，近年各地还发展了冬春季保护地栽培。茼蒿生长期短，播种后 40～50d 即可收获，可间拔上市或采摘嫩梢，采收期较长，并可与其他蔬菜间混套种，是冬春和春、秋季上市、颇受消费者喜爱的重要绿叶蔬菜之一。

中国茼蒿种质资源比较丰富。据统计，被列入《中国蔬菜品种资源目录》（第一册，1992；第二册，1998）的各种不同类型茼蒿种质资源共有 100 多份，其中有近 30 份作为主要种质资源被列入《中国蔬菜品种志》（2001）。

第二节　茼蒿的起源与分布

一、茼蒿的起源

对于茼蒿的起源有不同说法，一说起源于地中海。据传，公元 5 世纪阿拉伯人将南茼蒿带到广州，现今，南茼蒿已成中国南方各地普遍栽培的春季蔬菜之一。蒿子秆主要为北方栽培的蔬菜（《中国植物志》，1983）。一说起源于中国（《江西蔬菜品种志》，1986）。据前苏联瓦维洛夫（Н. И. вавилов）世界栽培植物八大起源中心说，茼蒿应属于中国起源中心（《中国农业百科全书·蔬菜卷》，1990）。据《嘉裕本草》记载，中国已有 900 余年的栽培历史，分布广泛（《中国蔬菜品种志》，2001）。

二、茼蒿的分布

在中国，茼蒿的分布地域广泛，东起山东、江浙沿海各省，西至黄土高原、新疆维吾尔自治区，南至广东省、广西壮族自治区，北到黑龙江省等地，几乎到处都有茼蒿的分布《中国蔬菜品种志》，2001）。

第三节　茼蒿的分类

一、植物学分类

茼蒿为菊科（Compositae）茼蒿属（*Chrysanthemum*）一二年生草本植物，据《中国植物志》（1983）记载，茼蒿属约有 5 个种，其中 4 个种各地都有引种栽培，多作为蔬菜或观赏用。供菜用的有小叶茼蒿（*Chrysanthemum coronarium* L.）、蒿子秆（*Chrysanthemum carinatum* Schousb.）和南茼蒿（大叶茼蒿 *Chrysanthemum segetum* L. syn. *Ch. coronarium* L. var. *spatiosum* Bailey）。

二、栽培学分类

茼蒿依叶的大小分为大叶茼蒿和小叶茼蒿两类（图 42-1）。大叶茼蒿又称板叶茼蒿或圆叶茼蒿，叶宽大，缺刻少而浅，叶厚，嫩枝短而粗，纤维少，品质佳，产量高，但生长慢，成熟略迟，中国南方栽培比较普遍。代表性品种有广州大叶茼蒿、上饶大叶茼蒿、海宁大蒿菜等。

小叶茼蒿又称花叶茼蒿或细叶茼蒿，叶狭小，缺刻多而深，叶薄，但香味浓，嫩枝细，生长快。品质较差，产量低，较耐寒，成熟稍早，栽培较少。代表性品种有南宁小叶茼蒿、常德花叶茼蒿、四川二叶子茼蒿等（《中国蔬菜品种志》，2001）。

1　　　　　　　　　　　　　　　　　2

图 42 - 1　大叶茼蒿和小叶茼蒿
1. 小叶茼蒿　2. 大叶茼蒿

第四节　茼蒿的形态特征与生物学特性

一、形态特征

茼蒿的根浅生，多须根。营养生长期植株高 20～30cm，春季抽薹开花，花茎高 60～90cm。叶为根出叶，无叶柄，叶较厚，互生，二回羽状深裂。花序为头状花序，单生于茎顶，花黄色或白色。果实为瘦果，褐色，种子千粒重 1.4g 左右。

二、对环境条件的要求

（一）温度

茼蒿属半耐寒蔬菜，喜冷凉温和气候，怕炎热。种子在 10℃即发芽，生长适温 17～20℃，12℃以下生长缓慢，29℃以上生长不良，明显表现为叶小而少，质地粗老。植株能够忍受短期 0℃左右的低温。

（二）光照

茼蒿为长日照作物，能耐弱光，高温、长日照可引起抽薹开花。在日光温室冬春季栽培时，一般不易发生抽薹。

（三）水分

茼蒿属浅根性蔬菜，生长速度快，单株所占土壤营养面积小，故要求充足的水分供应。土壤需经常保持湿润，适宜土壤相对湿度为 70％～80％，空气相对湿度以 85％～95％为宜。

（四）土壤与营养

对土壤要求不甚严格，但以肥沃、pH5.5～6.8 的壤土最适宜茼蒿生长。由于生长期短，且以茎叶为商品，故需及时追施速效氮肥。陈振德等（1999）研究发现，缺氮能使茼蒿中的硝酸盐含量降低。在氮、磷、钾全肥施用的基础上，添加硼砂能降低硝酸盐和亚硝酸盐含量。按纯氮的 0.5%～1.5% 添加脲酶抑制剂氢醌（HQ）能使茼蒿中的硝酸盐含量降低 4.7%～10.7%，亚硝酸盐含量降低 16.3%～20.7%。

第五节 茼蒿的种质资源

一、概况

中国茼蒿种质资源比较丰富，目前，国家农作物种质资源长期库收集保存的茼蒿种质资源有 135 份，其来源分布 26 个省、自治区、直辖市。《中国蔬菜品种资源目录》（第一册，1992；第二册，1998）中已收录各种不同类型茼蒿种质资源共有 124 份，从地域分布来看，以华南地区最多（38 份），长江流域次之（25 份），再次为华北地区（22 份）和西南（17 份）地区。作为主要种质资源被收录到《中国蔬菜品种志》（2001）的共 29 份，其中有大叶茼蒿 15 份，小叶茼蒿 14 份。

二、抗病种质资源

危害茼蒿的主要病害为叶枯病（*Alternaria* sp.），在高温高湿栽培环境下容易发病蔓延。另外，还有病毒病〔*Chrysanthemum virus* B（CVB）〕和霜霉病〔*Peronospora chrysanthemicoronarii*（Saw.）〕。

具有较强抗病性的种质资源如下：

1. 上饶大叶茼蒿 江西地方品种。株高 13cm，开展度 18cm。茎浅绿色。叶倒披针形，长约 16cm，宽 6～7cm，叶面光滑，绿色，叶缘锯齿状，浅裂。单株重 30g。早熟，耐热性较弱，耐寒力强，病虫害少。风味浓，品质好。

2. 海宁大叶蒿菜 浙江省海宁市硖石镇西山蔬菜村于 1962 年从当地地方品种碎叶蒿菜中株选育成。叶簇较直立，茎短缩，整株形似菊花。株高 10～15cm，开展度 18cm。板叶型，叶片肥大，呈倒卵形，长 15cm 左右，宽约 6.5cm，深绿色。早熟，播种后 40d 左右可收获。喜冷凉，耐旱、耐涝，少有病害。叶肉肥厚，品质好。

3. 黄山板叶茼蒿 安徽省黄山市地方品种。株高 16cm。茎短而肥壮，浅绿色。叶片倒卵形，长约 10cm，宽 4cm 左右，叶色浅绿，叶缘呈不规则的锯齿状，浅裂，叶面平滑。单株重约 75g。早熟，播种至收获 30d 左右。耐热性强，耐涝、耐寒性弱，不耐旱，抗病虫。香味浓，风味佳，品质好。

4. 成都大叶子 四川省地方品种，栽培历史悠久。叶簇半直立，株高约 30cm。茎绿色。叶近匙形，羽状浅裂，浅灰绿色，微皱，有蜡粉。单株重约 100g。较耐寒，病虫害少。叶肉厚，质地柔嫩，味淡，有香味，品质好。

5. 常德花叶茼蒿 湖南省常德市地方品种，栽培历史悠久。叶簇直立或半直立，株高 22cm 左右。茎短缩，浅绿色。花叶型，叶片深裂，倒披针形，绿色，叶缘锯齿状，叶面有茸毛。单株重 48g 左右。早熟，适应性强，耐旱，较耐热、耐寒，抗病虫性强。有特殊香味，品质中上。

6. 四川二叶子茼蒿 四川省地方品种，栽培历史悠久。株高约 50cm，开展度约 28cm，分枝力强。花叶型。叶片呈倒披针形，二回羽状深裂，似鸡爪，叶面有蜡粉，灰绿色，较光滑，叶缘锯齿状。单株重 200g 左右。中熟，较耐寒，病虫害少。质嫩，香味浓，品质好。

7. 襄汾茼蒿 山西省襄汾县地方品种，栽培历史悠久。株高 30cm 左右，开展度 18cm 左右，一般有分枝 2～3 个，茎灰绿色。花叶型。叶片倒披针形，深裂，长约 9cm，宽 5.5cm 左右，浅绿色，叶缘锯齿状，叶面平滑，单株叶数 22 片左右。单株重 50g 左右。中熟，较耐热，抗病。味浓，品质中等。

8. 永济茼蒿 山西省永济县地方品种，栽培历史悠久。株高 47cm 左右，开展度 20cm 左右，一般有 4 个分枝。茎灰绿色，横径 1cm 左右。花叶型。叶片倒披针形，深裂，长约 12cm，宽 6cm 左右，浅绿色，叶缘锯齿状，叶面平滑，单株叶数 28 片左右。单株重 80g 左右。早熟，耐热，抗病。味浓，品质优。

9. 伊宁细叶茼蒿 新疆维吾尔自治区伊犁地区地方品种，已栽培多年。株高 33cm 左右，开展度 13～16cm，茎绿色。花叶型。叶片羽状深裂，呈倒披针形，长约 13cm，宽 6cm 左右，绿色，叶缘深锯齿状，叶面平滑。单株重 30g 左右。早熟，喜冷凉，较耐热，抗病性较强。风味浓，品质较好。

10. 哈尔滨尖叶茼蒿 引自山东省，在黑龙江省哈尔滨市等地已栽培多年。株高 20cm 左右，开展度 15cm 左右，茎绿色。叶倒披针形，长 10～15cm，宽 5cm 左右，绿色，叶面平滑，有茸毛，叶缘深缺刻。单株重 20～30g。早熟，播种到收获 40～50d。耐寒性强，抗病性强。风味浓，茎叶柔嫩，有清香味，品质好。

三、抗逆种质资源

（一）既耐寒又耐热的种质资源

1. 常德花叶茼蒿 见本节抗病种质资源部分。

2. 河北细叶茼蒿（小叶茼蒿） 河北省地方品种，栽培历史悠久。株高 45cm 左右，开展度 30cm 左右，植株较直立。茎色浅绿。叶为羽状裂叶，倒披针形，长约 10cm，宽 3cm 左右，叶色绿，叶缘锯齿状，裂刻较深，叶面平滑。单株重 20g 左右。中早熟，耐寒、耐热，苗期较抗猝倒病。风味浓，品质较好。

（二）较耐寒的种质资源

1. 南宁大叶茼蒿 广西壮族自治区地方品种，栽培历史悠久。植株较直立，株高 15cm 左右，开展度 14～15cm。嫩茎浅绿色。板叶型。叶片倒披针形，深绿色，长约 12cm，叶宽 3.5cm 左右，叶缘锯齿状，叶面平滑。单株重 40g 左右。早熟，播种至采收

35d 左右。抗性强。较耐寒，不耐热。肉质嫩，风味中等，无苦味，品质好。

2. 海宁大叶蒿菜 见本节抗病种质资源部分。

3. 攀枝花细叶茼蒿 四川省攀枝花市地方品种，栽培历史悠久。叶簇半直立，株高约 40cm，开展度约 30cm，茎绿色。叶片羽状深裂，绿色，叶面光滑，蜡粉少。单株重 200g。抗寒力强，病虫害少，分枝力强。质地较粗，香味浓，品质中等。

4. 兰州茼蒿 甘肃省兰州市 1958 年从南京引入。株高 30cm 左右，开展度 14cm 左右。茎浅绿色，断面圆形，充实。花叶型。叶片倒披针形，羽状深裂，长约 9cm，宽 5cm 左右，叶面光滑，叶缘深锯齿状。单株重 23g 左右。适应性强，较抗病虫，耐寒。有香味，宜及时采收，若采收过迟则茎内空心，纤维增多，品质下降。

5. 浙江细叶茼蒿（碎叶茼蒿） 浙江省地方品种，栽培历史悠久。植株茎短缩，分枝力弱，株高 20cm 左右。花叶型。叶片倒披针形，长约 20cm，宽 4cm 左右，前端深裂，有裂片 3～4 对，深绿色，叶缘呈不规则稀疏钝锯齿状。单株重 30g 左右。早熟，耐寒，耐旱。香味浓，品质佳。

除上述品种外，较耐寒的种质资源还有上饶大叶茼蒿、成都大叶子、四川二叶子茼蒿、哈尔滨尖叶茼蒿等。

此外，曲士松等（2004）曾把搜集到的 19 份优良茼蒿种质资源于秋冬种植于山东省农业科学院蔬菜研究所日光温室中，以耐寒性选择为主，并结合产量、园艺性状、抗病性等方面的综合表现，从 19 份茼蒿种质资源中筛选出 5 份产量、抗寒性均优异的材料，并分别进行提纯去杂、系内混合授粉采种。翌年秋冬，对初选的 5 份材料进行比较试验，其中广饶茼蒿-2、博兴茼蒿两份材料耐寒性表现优良。

（三）较耐热的种质资源

1. 福州匙叶茼蒿（义菜） 福建省福州市地方品种。株高 18cm 左右，开展度 10cm 左右。茎短缩，绿色。板叶型。叶片长倒卵形，长约 12cm，宽 6cm 左右，较厚，淡绿色，叶缘有稀而整齐的浅缺刻或全缘，叶面稍皱。单株重 58g 左右。早熟，耐热性强，抗病性强。香味淡，纤维少，品质好。

2. 泉州齿叶茼蒿 福建省泉州市地方品种。株高 13cm 左右，开展度 16cm 左右。茎短缩，绿色。板叶型。叶片倒披针形，绿色，长约 10cm，宽 2～3cm，叶缘呈不规则浅锯齿状，叶面稍皱。单株重 50g 左右。早熟，耐热性强，抗病虫性强。香味较浓，品质较好。

3. 南宁小叶茼蒿 广西壮族自治区地方品种，栽培历史悠久。植株较直立，株高 15cm 左右，开展度 12～13cm。嫩茎浅绿色。花叶型。叶片倒披针形，前半部羽状深裂，长约 10cm，宽 3cm 左右，绿色，叶缘锯齿状，叶面平滑。单株重 35g 左右。早熟，播种至采收 35d 左右。抗性强，耐热性弱。肉质嫩，风味浓，无苦味，品质好。

另外，较耐热的种质资源还有黄山板叶茼蒿、襄汾茼蒿、永济茼蒿、伊宁细叶茼蒿等。

四、优异种质资源

具有优良园艺性状和较高生产利用价值的较著名的种质资源有：

1. 广州大叶茼蒿（大花茼蒿） 广东省广州市地方品种，栽培历史悠久。株高 21cm

左右，开展度 28cm 左右，分枝力强。茎青色。板叶型。叶片匙形，较肥厚，长约 18cm，宽 10cm 左右，青绿色，叶缘浅锯齿状，稍卷曲，叶面稍皱。早熟，直播 30～35d 开始采收，育苗移栽 60～70d 开始采收。当地 2 月下旬前后抽薹。品质优。

2. 广州中花茼蒿 广东省广州市地方品种，栽培历史悠久。株高 20cm 左右。开展度 18cm 左右。茎青绿色。板叶型。叶片倒披针形，长约 12cm，宽 5cm 左右，青绿色，叶缘呈不规则锯齿状，稍卷曲，叶面稍皱。单株重 25g 左右。早熟，直播 30～35d 可采收，育苗移栽 65～70d 采收。当地 2 月上旬前后抽薹。品质优。

3. 南京板叶茼蒿 江苏省南京市 20 世纪 50 年代选育。茎短缩，浅绿色，粗壮。植株直立，叶簇平展，株高 15cm，开展度 14cm。板叶型。叶片倒卵圆形，长 12cm 左右，宽约 4.6cm，浅绿色，浅裂，叶面微皱，有蜡质，具光泽，先端内卷成匙状，叶基部呈耳状抱茎，收获时单株有叶片 13 片。单株重 45g。中熟，较耐寒。叶大，肉厚，品质好，产量高。春、秋均可栽培，生长期 50d。

4. 黄山板叶茼蒿 见本节抗病种质资源部分。

5. 上海大叶茼蒿 上海市地方品种，已有 80 余年栽培历史。叶簇半直立，株高 10～15cm，开展度 15～20cm，分枝少。茎色浅绿。叶片绿色，匙形，长 15cm 左右，宽约 4cm，全缘，先端有浅裂刻，叶缘略向下卷，叶面光滑。单株重 15g 左右。早熟，生长期 30～40d，可作春、秋两季栽培。抗寒力强，耐热力弱，产量高。叶肉肥厚，质地柔嫩，香味浓，品质佳。

6. 成都大叶子 见本节抗病种质资源部分。

另外，优异种质资源还包括南宁小叶茼蒿、四川二叶子茼蒿、攀枝花细叶茼蒿、浙江细叶茼蒿（碎叶茼蒿）及永济茼蒿、河北花叶茼蒿等。

五、特殊种质资源

另外，还有一些优良品质更为突出但抗逆性较差或中等的种质资源。

1. 浙江大叶瓣蒿菜（木耳茼蒿） 浙江省地方品种，栽培历史悠久。植株分枝性强，株高 6～11cm，开展度 12～20cm。板叶型。叶片肥厚，呈匙形，长 10～12cm，宽 4～5cm，绿色，叶缘呈稀疏粗锯齿状，叶面平滑，背面叶脉较明显，单株有叶 30 余片。喜冷凉，较耐寒，不耐高温，可春、秋两季生产。从播种到收获 50d 左右。叶肉肥厚，质地柔嫩，香味浓，品质好。

2. 利津茼蒿 山东省利津县地方品种。开花期株高 54cm 左右，开展度约 21cm，茎绿色。花叶型。叶倒披针形，长约 12cm，宽 7cm 左右，绿色，叶缘锯齿状深裂，叶面光滑。适收期单株重 80g 左右。产品形成期间生长较快，直播出苗后 35d 左右开始收获，喜冷凉和潮湿土壤，较耐寒，不耐热，较抗病毒病。嫩茎质地柔嫩，风味浓，品质好，口味佳。

第六节 茼蒿种质资源利用研究

近年来，国内学者对茼蒿种质内所含有的某些特殊化学成分及其利用做了不少研究并取得了可喜成果，这些成果对茼蒿种质资源利用的进一步拓宽具有重要意义。

程霜等（2001）利用气相色谱—质谱联用法对茼蒿挥发油成分进行了分析，经毛细管色谱分离出了 38 种组分，并确认了 32 种成分，检出率达 84.21%，同时还用气相色谱面积归一化法测定了各种成分的相对百分含量，明确其主要成分为 4-甲基-2-戊烯、4-甲基-2，3-二氢呋喃、β-蒎烯、苯甲醛等。

中国科学院上海有机化学研究所吴兢林等科研人员，为寻找无公害农药的化学原料，从处理 270kg 食用的普通蓬蒿菜（即茼蒿）开始反复试验，从中分离到一种有拒食活性的独特成分——茼蒿素，并在国际上首次用新的合成方法人工合成一批茼蒿素类化合物，经国内拒食剂研究权威单位华南农业大学测试，这种人工合成的茼蒿素对菜青虫等蔬菜类害虫的拒食率，高于目前已有的其他农药（张学全，1997）。

蒿楝素是从印楝、茼蒿等植物中提取出来并经科学加工而制成的一种杀虫剂。早在 1 000 多年前人们就发现这两种植物具有药用价值，后经进一步研究，从中提炼出蒿楝素。目前，蒿楝素已被公认为广谱、高效、低毒、易降解、无残留的杀虫剂，且无抗药性（姜礼燔，2005）。

张志祥等（2004）以菜粉蝶幼虫为对象对茼蒿素类似物进行了拒食活性筛选，结果表明，12 号和 20 号化合物的活性最高。生化测试结果表明，在非选择性条件下，12 号和 20 号化合物对菜粉蝶 3 龄幼虫处理后 24h 后的 AFC50 分别为 370.00μg/ml 和 226.93μg/ml；在选择性条件下，对菜粉蝶 4 龄幼虫处理后 24h 后的 AFC50 分别为 398.88μg/ml 和 280.54μg/ml。20 号化合物能明显延迟菜粉蝶卵的孵化，降低菜粉蝶幼虫血淋巴及其蛋白质的含量。盆栽试验结果表明，20 号化合物具有较好的保叶效果并对菜粉蝶幼虫具有较好的防效。

（朱为民 万延慧）

主要参考文献

浙江农业大学 . 1996. 蔬菜栽培学各论（南方本）. 北京：中国农业出版社
李时珍 . 1982. 本草纲目 . 北京：人民卫生出版社
中国科学院中国植物志编辑委员会 . 1983. 中国植物志（第七十六卷）. 北京：科学出版社
中国农业百科全书编委会 . 1990. 中国农业百科全书·蔬菜卷 . 北京：农业出版社
中国农业科学院蔬菜花卉研究所 . 2001. 中国蔬菜品种志（上、下卷）. 北京：中国农业科技出版社
陈振德，何金明，陈建美，蔡葵，王佩圣 . 1999. 施肥对茼蒿硝酸盐和亚硝酸盐含量的影响 [J] . 山东农业科学 .（6）：40
曲士松，孙晋斌，黄宝勇，张杰，徐培文 . 2004. 耐寒茼蒿品种筛选 [J] . 中国蔬菜 .（2）：32～33
程霜，崔庆新，牛梅菊 . 2001. 茼蒿挥发油化学成分分析 [J] . 食品科学 .（04）：11
张学全 . 1997. 上海研制成"绿色农药"茼蒿素 [J] . 农业科技通讯 .（07）：23
姜礼燔 . 2005. 一种新型的杀虫药物——蒿楝素 [J] . 水产科技情报 .（3）：144
张志祥，程东美，徐汉虹，吴毓林，范俊发 . 2004. 茼蒿素类似物对菜粉蝶幼虫的生物活性及作用机理研究 [J] . Entomologia Sinica .（01）：19～26

莲

第一节　概　　述

莲（*Nelumbo nucifera* Gaertn.）属睡莲科（Nymphaeaceae）莲属（*Nelumbo*）多年生水生植物，又称莲藕，染色体数 2n=2x=16。

莲是中国栽培面积最大、种质资源最丰富的一种名特水生蔬菜。它的用途很广泛，不仅可以作蔬菜食用，也可药用，其中观赏莲还是中国十大名花之一。莲以藕和莲子为主要食用器官，莲藕每 100g 鲜重含干物质 13.04～24.19g、淀粉 5.61～16.29g、粗蛋白1.35～2.68g、总糖 1.27～3.71g、维生素 C 25.9mg；据《中国莲》（1987）介绍，莲子每 100g 鲜重含淀粉 38.3～57.8g、总糖 8.5～19.1g、蛋白质 17.13～25.38g。莲子中还含有天门冬氨酸、丝氨酸、谷氨酸、亮氨酸、赖氨酸等 17 种氨基酸。

莲的栽培主要集中于中国、印度、越南、日本、泰国、巴基斯坦等亚洲国家。中国藕莲（以藕为主要产品者）的主要产区在湖北、江苏、浙江、安徽、江西等长江中下游地区。据《中国农业统计资料》（2003）统计，全国莲栽培面积在 270 300hm²，藕的总产量约为 7 342 000t。

莲藕除鲜食外，还可加工成盐渍藕、速冻藕和保鲜藕等产品以供出口，主要销往日本，也有少量销往韩国、东南亚及欧美各国，年出口量在 100 000t 左右。中国最大的莲藕出口基地在江苏省宝应县，每年出口盐渍藕、水煮藕、速冻藕、保鲜藕、藕饮料、藕粉等藕制品在 40 000t 以上。湖北、山东、福建、湖南等省也有莲藕制品出口。莲子主要制成通心莲子出口，大多销往东南亚各国，但年出口量不到 10 000t。莲子还可加工成莲子汁、莲蓉等。花莲种苗仅 5％左右外销，主要销往日本、韩国和欧美各国。此外，莲的叶片还是天然的简易包装材料，其产品荷叶在国外也有一定的市场。

中国莲的种质资源极为丰富，各产区都有不少地方品种，目前由国家种质武汉水生蔬菜资源圃收集、保存的莲藕种质资源就达 500 余份。

第二节　莲的起源与分布

莲是一种古老的被子植物，化石记录的分布表明，在苏格兰侏罗纪的地层中，曾发现莲的花粉化石。白垩纪晚期和第三纪的古新世，莲在欧亚大陆和北美广泛分布，后来由于冰川的影响和澳洲与亚洲大陆的分离形成目前的亚澳—美洲间断分布（倪学明等，1995）。在《古植物学》（1965）中记载，莲属的化石发现于北美北极地区和亚洲黑龙江流域的白垩纪及欧洲和东亚（库页岛），以及日本的渐新世至中新世地层中，日本北海道、京都发掘出更新世至全新世（200万年前）的莲化石。中国柴达木盆地发掘出1 000万年前的莲化石。在《渤海沿岸地区早第三纪孢粉》（1978）一书中记载了中国辽宁省盘山、天津市北大港、山东省垦利、广饶及河北省沧州等地发现两种莲的孢粉化石。在第三纪热带植物地理区内的中国海南省琼山长昌盆地地层中，发现有莲属植物（*Nelumbo protospeciosa* Saporta）的化石。在广西壮族自治区宁明海渊大闸煤矿采集到莲属植物的化石（*Nelumbo* sp.）。在浙江省舟山市普陀山岛的晚更新世湖泊相沉积地层中发现了莲（张明书等，1999）。在江西省临江镇晚始新世临江组内，也发现了 *Nelumbo protospeciosa* Saporta 的化石（李浩敏等，2002）。

　　莲属植物现存2个种，呈亚澳—美洲间断分布。东半球分布的是莲（*N. nucifera* Gaertn.），分布区西起里海附近的科拉河畔、伏尔加河下游，经伊朗、印度、中国的塔里木盆地、祁连山、黄土高原、大兴安岭一线的东南，东到日本的本州；北自俄罗斯远东的结雅河、乌苏里以东地区，经中国、中南半岛、印度尼西亚、伊里安，南至澳大利亚东北部 Darling Downs。大约位于北纬51°至南纬27°30′，东经45°～142°，其中包括伊朗—土兰区、东亚区、苏丹—赞比亚区、印度区、东南亚区、马来西亚区和东北澳大利亚区。西半球分布的是美洲黄莲（*N. lutea* Pers.）。其分布区北起加拿大安大略省的南部（北纬50°附近），经五大湖、美国的东南部及密西西比河流域、西印度群岛，南至哥伦比亚和委内瑞拉的 Manuas（南纬30°8′），包括大西洋—北美区、加勒比区、圭亚那区、亚马逊区、安第斯区。根据分布区可以看出，莲属有两个分布中心，东亚区、中南半岛区、印度区和马来西亚区是 *N. nucifera* 的分布中心，而大西洋—北美区和加勒比区为 *N. lutea* Pers. 的分布中心。

　　中国是莲的起源中心之一，栽培历史悠久，在长期的栽培和驯化过程中，已分化出藕莲、子莲、花莲三大类型。莲也是中国最古老的作物之一，1973年在浙江省余姚县罗江村发掘新石器时期的"河姆渡文化"遗址中曾发现有莲、菱、蒲等花粉化石，经[14]C测定，距今已有7 000多年；在距今5 000多年前的河南仰韶文化遗址中曾出土了炭化莲子。据古籍文献记载，早在3 000多年前已出现有关莲的记载，如《诗经》（公元前6世纪中期）"郑风"与"陈风"篇分别有"山有扶苏，隰有荷华"和"彼泽之陂，有蒲有荷"的颂荷诗句。1923年和1951年在辽宁省新金县普兰店一带的泥炭层中还曾多次发掘到1 000多年以前的古莲子，且仍可发芽生长。此外，考古发掘还证明，在2 000多年前的西汉时期，莲藕已作为蔬菜食用。唐代以前栽培的莲藕主要为深水藕；南宋典籍记载有利用水田栽培的浅水藕；此后，史料中还不时提到利用水稻田栽培浅水藕的事实。子莲的栽培历史亦较久远，据同治八年《广昌县志》和福建省《建宁县志》（魏文麟等，2001）记载，二县种植子莲始于南唐梁代，至今已有1 000余年历史。但子莲的大面积种植则始于清代。花莲的种植主要以观赏为目的，最早大多引种到帝王的园林湖池中，距今也已有2 400多年的历史。

　　莲在中国分布很广，南自海南省三亚市（北纬 18.2°），北至黑龙江省抚远县（北纬 48.2°），东自台湾省（东经 121.7°），西至天山北麓（东经 85.8°），都有莲的踪迹。其垂直分布大致在海拔 2 780m 范围内。全国南北大小湖泊特别是长江流域、珠江流域都分布有野生莲，南方地区的水田多种有浅水藕。从具体的栽培分布来看，据《中国农业统计资料》（2003），藕莲（以藕为主要产品者）的种植面积以湖北省最大，达 68 000hm²；其次为江苏省，33 800hm²。近年来，河南、山东等省也开始从湖北省武汉市引种藕莲。子莲（以莲子为主要产品者）的主产区分布于江西省的广昌县、福建省的建宁县和湖南省的湘潭市一带，其产品分别被称为"赣莲"、"建莲"和"湘莲"。近年来，湖北、浙江、安徽等省也大量引种子莲。花莲的种植区主要以武汉、杭州、南京、重庆、北京、苏州、佛山等大中城市为主，大多种植在城市的园林风景区。

第三节　莲的分类

一、植物学分类

　　莲是最古老的双子叶植物之一，但又具有单子叶植物的某些特征。莲属是单子叶植物纲或双子叶植物纲，或是介于二者之间的一个特殊类群，现在还没有一致的观点。自 1736 年瑞典植物学家林奈把莲列入睡莲科以后，传统的植物学分类认为莲属于双子叶植物毛茛目（Ranales）睡莲科（Nymphaeaceae）莲属（*Nelumbo*）。Caspary（1888）建立莲亚科，并把莼菜亚科、睡莲亚科一起放在睡莲科中。Bessey（1915）则将其独立分为三个科，并把莼菜科、莲科归于毛茛目，而把睡莲科列于罂粟目。但 Hutchinson（1926）则不同意将莲属上升为莲科，仍将其归入睡莲科。李惠林（1955）认为，睡莲科（广义）之所以被归纳为一个科，主要是基于水生环境而出现的相同特征，他把睡莲科独立分离为三个目，即莲目、毛茛目和芡实目。Takhtajan（1969）赞同将莲属独立成为莲科和莲目，但保留睡莲目。Ito（1987）通过分支分类学分析，认为应把睡莲科（广义）划分为莲科、睡莲科和金鱼藻科。目前，将莲属从睡莲科中分离出来成立莲科（Nelumbonaceae）已经被广泛接受（李惠林，1955；Takhtajan，1969、1980；韦平和等，1994；倪学明等，1994）。

　　莲属植物有两个种，一个是莲（*N. nucifera* Gaertn.），另一个是美洲黄莲（*N. lutea* Pers.），二者的分布虽被太平洋所隔，但形态差异并不明显。前者株型有大、中、小型，叶色绿，椭圆形；而后者株型较小，叶色深绿，近圆形。前者根状茎从大到小都有，繁殖成活率高；后者根状茎较小，皮黄，繁殖成活率低。二者最大的差异是花色和花形，前者花径有大有小，花型有单瓣、半重瓣、重瓣、重台（雌蕊瓣化）、千瓣等，花色有红、白、粉红等（唯缺黄色）；后者花径较小，单瓣，仅有黄色。但是，这两个种种间杂交结实率与种内品种间杂交结实率无显著差异，且后代能正常结实。Langlet 等（1927）曾观察它们的染色体数，证明它们都是二倍体，体细胞染色体数为 2n＝16（x＝8）。

　　Lesetal（1991）研究表明，莲和美洲黄莲的叶绿体基因 rbcL 序列在 1 183bp 仅有一个碱基对的差异，相似度达 99.9%。莲的叶绿体基因 rbcL 序列的高度相似与血清学观察结果相符。因此，黄秀强等（1992）认为，莲属两个种的染色体组同源，并能相互杂交可育，完全不存在生殖隔离，仅存在地理隔离。虽然在形态、花色、花型等方面存在一定的差异，但严格地讲在生物学上应属于同一个种，二者的差异仅仅是基因型的差异，并建议将美洲黄莲作为莲的一个亚种来处理，定名为 *Nelumbo nucifera* Gaertn. spp. *lutea* Pers. CHH Comb. nov. 。

美洲黄莲可与莲杂交，为莲的花莲育种特别是选育带黄色基因的品种提供了宝贵的材料。

近年，随着对莲收集范围的扩大，也收集了在泰国、新加坡、印度尼西亚等热带地区广泛分布的莲。这些热带地区的莲在形态特征如株型、叶型、花型等方面与中国的莲十分相近，但是它们在当地一年四季都可以生长开花，根状茎在泥中生长不膨大结藕。引种到武汉地区后，一直生长开花到 11 月中下旬，平均温度降至 5℃以下叶片才受冻死亡。但根状茎不膨大结藕，以细长的根状茎在泥中过冬。热带莲与中国的莲可以相互杂交，其后代的花期都延长，根状茎或膨大或不膨大，其遗传规律还有待进一步研究。中国的莲与热带莲在生理和根状茎形态上表现出的巨大差异远远超过了与美洲黄莲的差异，因此笔者认为，热带莲可以作为莲的另一个亚种。当然这需要进行更多的细胞学和分子生物学方面的研究。

热带莲在花色上有红、粉红、白等色，在花型上有单瓣、半重瓣、重瓣等。热带莲在分布国家多处野生状态，只有少数地区对野生资源进行驯化栽培，以采收莲花供佛或观赏，也有一些地区采收其细长的根状茎（莲鞭）供食用。

二、栽培学分类

莲的栽培品种有三大类型：花莲、子莲、藕莲。花莲以观赏为主要目的，其花色、花型等性状有明显差异。花莲性状的演化趋势是：花型：由单瓣型→半重瓣型→重瓣型→重台型→千瓣型；花色：由红色→粉红色、爪红色、白色、绿色、复色、洒锦色（白色花带红斑）；株型：由大型→大、中、小型。子莲以采收其果实为目的，其果实大小、形状、结实率、心皮数、花数等性状有明显差异。子莲性状的演化趋势是：果实大小：由轻→重；果实形状：由椭圆形、梭形等→圆球形；心皮数：由少→多；花托形状：由碗形、喇叭形等→伞形、扁圆形；果实含糖量：由低→高。藕莲以采收肥大的根状茎——藕作菜用，其根状茎的大小、入泥深浅、产量等性状有明显差异。藕莲性状的演化趋势是：花：由红色→白色；果实：由多→少；花托：由大→小；根状茎：由长→短，细→粗；节间数：由少→多；顶芽：由尖→圆钝；入泥深度：由深→浅；熟性：由晚熟→早、中、晚熟；单支藕重：由轻→重；产量：由低→高。野莲（图 43-1）与栽培莲的性状也有显著的差异，其性状比较见表 43-1。

表 43-1　野莲与栽培莲各种性状比较

性状		野莲	栽培莲
花	花型	单瓣，少重瓣	单瓣、重瓣、重台、千瓣
	花色	红色少，白色、爪红、洒锦色	白色、白爪红、粉红、红色、复色、洒锦色等
	花态	碗形、飞舞形	碗形、飞舞形、碟形、杯状、叠球形
	花蕾形状	长卵形	长卵形、卵形、卵圆形
	花托形状	碗形、喇叭形、扁圆形	碗形、喇叭形、伞形、扁圆形、卵形

（续）

性状		野莲	栽培莲
果实	形状	椭圆形、纺锤形	圆柱形、卵形、圆球形、椭圆形、纺锤形、钟形
藕（膨大根状茎）	节间数	3～4 节	2～8 节
	节间形状	长条形	短筒形、长筒形、长条形、莲鞭形
	藕头形状	锐尖	锐尖、圆钝
	皮色	黄白	黄白、白
	入泥深度	50～60cm	20～50cm
	熟性	晚熟	早熟、中熟、晚熟
株型		大型	大型、中型、小型

注：表中栽培莲包含藕莲、子莲和花莲。

图 43-1　斧头湖野莲群落

在栽培学分类上，藕莲根据其熟性的不同可分为早、中、晚熟品种；根据藕筒形状的不同可分为短筒形和长筒形；根据其皮色的不同可分为白皮品种和黄皮品种。不同地区对不同类型的品种有不同的消费习惯。

子莲以采收莲子为主，花多，莲蓬大，结实率高，果实大；但藕细长，食用价值不大。因此主要根据其花型、花色、果实等的差异进行分类。

花莲主要根据花型、花色、花径等进行分类。分类时，一般以划分为 3～4 级较为合适。但性状级别的划分，则各有不同。

由于不同学者的研究重点不一，常将野莲分别放在各自分类的不同类型中，如叶奕佐（1994）将其放在子莲中，倪学明（1987）、王其超（2005）将其放在花莲中等。笔者则认为野莲是未经人工驯化，尚处于自然状态的一类莲藕，不同栽培类型的莲可能由不同的野莲驯化而来，因此，认为有必要将野莲作为独立的一类列出。

而对于莲、美洲黄莲以及莲与美洲黄莲的杂交种，倪学明（1982、1987）、王其超（2005）等都将其独立作为一类。倪学明将莲与美洲黄莲的杂交莲并列在第一级，王其超将莲、美洲黄莲和中、美杂交莲并列为第一级。笔者在多年的观察和杂交育种中认为，中、美杂交种有些品种性状表现倾向于中国莲，黄色基因表现较少；有些则倾向于美洲黄莲，黄色基因表现较多。目前，杂交种花色有白色、黄色、红黄色、粉红色、红色、橙黄等，花型有单瓣、重瓣、重台等。一些表现为红色或白色花的品种若不知亲本，很难从外观上确定是否是莲与美洲黄莲的杂交种。郭宏波等（2004、2005）对莲与美洲黄莲的RAPD分析结果是将美洲黄莲与莲的花莲类型聚为一类，甚至可以作为花莲的一个特殊品种，不同的莲与美洲黄莲的杂交品种分布在花莲的不同品种群中。由于美洲黄莲主要用于花莲育种，以增加其花色，因此将杂交种单独列为一类似不必要。由此笔者建议，在栽培学分类中将莲与美洲黄莲的杂交种可根据其花型、花色归入花莲的不同品种群中，在这些品种群中增加相应的花色类型。

莲的栽培学分类系统：

Ⅰ 莲（可以形成肥大的根状茎即藕作为休眠器官过冬。野生、栽培都有）
　　Ⅱ 野莲类（生长在自然状态，花多红色单瓣，少白色，少重瓣）
　　　Ⅲ 单瓣
　　　　Ⅳ 白爪红（如乐平野藕）
　　　　Ⅳ 红色（如洪湖野莲）
　　　Ⅲ 重瓣
　　　　Ⅳ 白色（如邱北白花野莲）
　　　　Ⅳ 洒锦色（如邱北洒锦莲）
　　　　Ⅳ 红色（如邱北红花野莲）
　　Ⅱ 子莲类（以采食莲子为主，莲子卵圆形，每公顷产莲子750kg以上）
　　　Ⅲ 单瓣
　　　　Ⅳ 白色（如白花建莲）
　　　　Ⅳ 白色红尖（如建选17号）
　　　　Ⅳ 红色（如湘莲1号）
　　　Ⅲ 半重瓣
　　　　Ⅳ 红色（如百叶莲）
　　Ⅱ 花莲类（花色、花型多样，以观赏为目的。含莲与美洲黄莲杂交种）
　　　Ⅲ 单瓣
　　　　Ⅳ 白色（如一丈青）
　　　　Ⅳ 黄色（如金凤展翅）
　　　　Ⅳ 洒锦色（如单洒锦）
　　　　Ⅳ 白爪红（如厦门碗莲）
　　　　Ⅳ 粉红色（如粉川台）
　　　　Ⅳ 红色（如碧血丹心）
　　　　Ⅳ 复色（如仙女散花）
　　　Ⅲ 半重瓣
　　　　Ⅳ 白色（如星光）
　　　　Ⅳ 黄色（如黄丽）
　　　　Ⅳ 白爪红（如白云碗莲）

　　　　Ⅳ 粉红色（如圆蕾玉杯）

　　　　Ⅳ 红色（如芳菲莲）

　　　　Ⅳ 复色（如春晓）

　　　Ⅲ 重瓣

　　　　Ⅳ 白色（如碧莲）

　　　　Ⅳ 洒锦色（如大洒锦）

　　　　Ⅳ 黄色（如友谊牡丹莲）

　　　　Ⅳ 白爪红（如长寿学者）

　　　　Ⅳ 粉红色（如粉千叶）

　　　　Ⅳ 红色（如红千叶）

　　　　Ⅳ 复色（如燕舞莺啼）

　　　Ⅲ 重台

　　　　Ⅳ 白色（如玉碗）

　　　　Ⅳ 黄色（如牡丹莲 66 号）

　　　　Ⅳ 粉红色（如东方明珠）

　　　　Ⅳ 红色（如睡美人）

　　　　Ⅳ 复色（如红晕蝶影）

　　　Ⅲ 千瓣莲

　　　　Ⅳ 粉红色（如江尾红花藕）

　　Ⅱ 藕莲类（根状茎粗 5cm 以上，以食用膨大根状茎为主）

　　　Ⅲ 早熟

　　　　Ⅳ 短筒形（如鄂莲 1 号）

　　　　Ⅳ 长筒形（如 8143）

　　　Ⅲ 中熟

　　　　Ⅳ 短筒形（如珍珠藕）

　　　　Ⅳ 长筒形（如鄂莲 4 号）

　　　　Ⅳ 长条形（如武植 2 号）

　　　Ⅲ 晚熟

　　　　Ⅳ 短筒形（如 00 - 01）

　　　　Ⅳ 长筒形（如马口白莲）

　　　　Ⅳ 长条形（如麻塔藕）

　Ⅰ 热带莲（在热带地区无休眠期，四季可开花生长；在亚热带或温带有短暂休眠期，但都不形成肥大的根状茎。多为野生）

　　Ⅱ 单瓣

　　　Ⅲ 白色（如清迈野生白花）

　　　Ⅲ 红色（如 Shuphamburi 红花单瓣）

　　　Ⅲ 粉红色（如新加坡莲）

　　Ⅱ 重瓣

　　Ⅲ 白色（如 Satabudha）

　　Ⅲ 粉红色（如 Shuphamburi 粉红重瓣）

　Ⅰ 美洲黄莲（叶深绿色，花黄色，有野生和栽培）

第四节　莲的形态特征与生物学特性

一、形态特征

（一）根

　　莲的根为须根系，成束环生在茎节的四周，每个节上生 6 束，每束有根 10～25 条，平均根长 10～15cm。幼根白色或淡红色，老根褐色或黑褐色。须根主要起吸收和固定植株的作用。

（二）茎

　　莲的茎为根状茎，入泥深 15～50cm，野莲入泥较深（40～50cm）。生长期间的根茎直径 1～2cm，俗称"莲鞭"。在湖北省有食用莲鞭的习惯。从茎节部腋芽萌发可长出新的分枝。节间长 20～80cm，横切面有 7 大 2 小通气孔。生长的后期，莲鞭膨大形成粗壮的藕，一般3～5 节，横径 4～7cm。藕按其着生的位置，有主藕、子藕、孙藕之分，从主藕的节部长出的藕称为子藕，从子藕的节部长出的藕称为孙藕（图 43 - 2）。

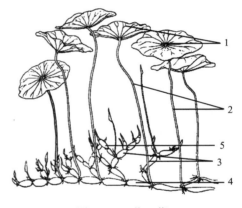

图 43 - 2　莲　藕
1. 叶片　2. 叶柄　3. 子藕　4. 主藕　5. 孙藕
（蒋祖德绘）

　　藕的末尾一节称梢节，其食用价值较低。藕的最前一节称藕头，藕头有圆钝形和尖形之分，圆钝形一般入泥浅，尖形入泥深，其上着

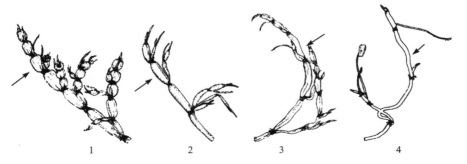

图 43 - 3　不同形态的根状茎
1. 短筒形　2. 长筒形　3. 长条形　4. 莲鞭形

生顶芽。莲的顶芽外被鳞片，里面有一个包裹着鞘壳的叶芽和花芽形成的混合芽及短缩的根状茎。短缩的根状茎的顶端又有一个被芽鞘包裹的新顶芽。每一级藕头的顶芽都有相同的结构，顶芽有黄色和紫红色之分。

藕是莲的休眠器官，又是繁殖器官。藕有白皮、黄皮之分，也有长筒、短筒等的区别，视类型及品种而定。一般藕莲为短筒形、长筒形、长条形，野莲、子莲和花莲为长条形或莲鞭形（不明显或不膨大成藕）（图43-3）。

（三）叶

莲的叶由叶柄和叶片组成。浮于水面上的叶称浮叶，挺出水面的叶称立叶。叶片圆形或椭圆形。叶柄圆柱形，其上密布刚刺，刚刺有紫红色和淡绿色之分。叶柄内有4个大的通气道，并与地下部分器官的气道相通而成为通气系统。叶柄的上部与叶背相连，相连处构成一半环形的"箍"，"箍"浅绿色或红色。叶片正面具有蜡质，气孔仅存在于叶片的上表皮。叶片正面的中心称叶脐，叶脐内具较多排水器。每片叶的叶脉19～22条，从叶脐至边缘呈辐射状排列，除通向叶尖的一条外，其他均为二歧分枝。叶柄的高度通常也称为株高，不同品种差异极大，变化范围在40～300cm不等。同一品种立叶在生长中往往一片比一片高，呈现一定的上升梯度。

叶片正面有绿色和浅绿色之分，背面有绿色和浅紫色之分。有些品种叶片平整，多数品种叶片呈"凹"状。

（四）花

花单生，两性。花与立叶并生。花由花萼、花冠、雄蕊群、雌蕊群、花托和花梗组成。花托是心皮的着生处，受精后，花托膨大称为莲蓬（图43-4）。

花蕾形状为狭卵形、卵形、卵圆形（图43-5）。子莲、藕莲通常为卵形。

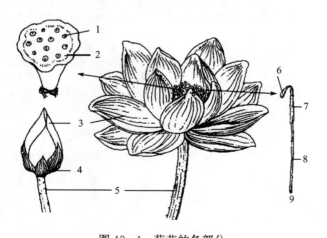

图43-4　荷花的各部分
1. 雌蕊　2. 花托　3. 花瓣　4. 萼片　5. 花梗　6. 附属物
7. 花药　8. 花丝　9. 雄蕊
（仿《中国莲》）

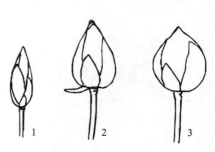

图43-5　莲花蕾形状
1. 狭卵形　2. 卵形　3. 卵圆形
（仿《中国莲》）

　　花型有单瓣（17～21 枚）、半重瓣（30～80 枚）、重瓣（80 枚以上，雄蕊瓣化如图 43-6）、重台（雌蕊泡状或雌蕊瓣化如图 43-7）、千瓣（雄、雌蕊全部瓣化）之分。藕莲、子莲常为单瓣。

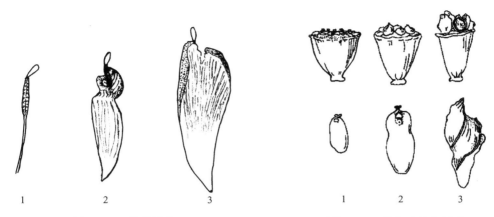

图 43-6　雄蕊瓣化
1. 示雄蕊正常　2、3. 示雄蕊瓣化
（仿王其超）

图 43-7　雌蕊泡状与瓣化
1. 正常　2. 泡状　3. 瓣化
（仿王其超）

　　花色有纯白、洒锦、黄、白爪红、粉红、红、深红、复色等。藕莲通常为白爪红；子莲通常为红色，少有白色；野莲常为红色，少数为白爪红。花态有碟状、碗状、杯状、飞舞状、叠球状等（图 43-8）。藕莲、子莲通常为碗状。

图 43-8　莲花态
1. 碟状　2. 碗状　3. 杯状　4. 飞舞状　5. 叠球状
（仿王其超、周秀文）

　　花托：有喇叭形、倒圆锥形、伞形、扁圆形、碗形等。藕莲通常为扁圆形或碗形，子莲通常为伞形或扁圆形（图 43-9）。

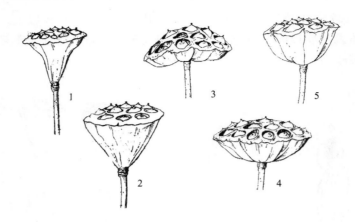

图 43-9　不同的莲蓬形状
1. 喇叭形　2. 倒圆锥形　3. 伞形　4. 扁圆形　5. 碗形
（仿《中国莲》）

（五）果实与种子

莲的果实俗称莲子，属小坚果，老熟后黑褐色或棕褐色，果皮极坚硬。莲子去皮后即为种子，由膜质的种皮、肥大的子叶和胚芽、胚轴及退化的胚根组成。

莲子通常为圆柱形、卵形、钟形、圆球形、椭圆形、纺锤形等。藕莲为椭圆形，野莲常为纺锤形或椭圆形，子莲则为圆球形。

二、对环境条件的要求

（一）温度

莲为喜温植物，日均气温 28～30℃ 最适宜其生长，叶片生长快，开花多。莲的萌发温度要求在日均气温 13℃ 以上，否则将影响幼苗的生长。在莲的生长后期，较大的昼夜温差有利于营养物质的积累和藕的膨大。

（二）光照

莲为喜光作物，喜晴朗天气；阴凉、少光则不利于其生长，叶片易出现病斑。现蕾期若缺少光照，多阴雨，则花蕾易萎蔫死亡。生长中后期在强光照条件下，若温度适宜，则莲的根状茎生长迅速，也有利于子莲的结实和花莲的开花。

（三）水分

莲是水生植物，整个生育期内不能缺水。由于长期适应水中的生长，各器官都发育出发达的通气组织。莲在不同发育期内，对水位的要求不同。在生长初期，水位宜浅，通常以 3～5cm 为宜，以利于升高水温；生长中后期宜深，一般掌握水位在 10～15cm。不同品种对水深的适应性不同。如小型花莲品种只适合在 10cm 以下的水中生长。而一些野生的莲和高大型的藕莲、子莲可在 1.0～1.5m 的水中生长。同一品种的莲在不同水位环境下生长，对其产品有一定影响。如同一品种藕莲在深水的池塘中生长，植株就较为高大，藕的节数变少，节间变长，熟性延迟；而在较浅的水田中生长，则藕的节数变多，节间变短，熟性提前。

（四）土壤与营养

莲喜有机质多而肥沃的壤土，土壤过分贫瘠、板结或黏性过大，都不利于莲的生长发育。若在沙土中种藕，必须施用大量的有机肥，否则藕短小，肉质粗硬，风味差。莲田要求耕层的深度在 50cm 左右，pH 为 6.5～7.5。

第五节　莲的种质资源

一、概况

中国是莲的原产地之一，除了广泛栽培外，野生莲的分布也很广，从南到北的大小湖泊中多有分布。但各地的野生莲由于生长在不同的生态环境下，存在一些差异。其共性是植株高大（180～300cm）；花单瓣（少重瓣），色红（少白色），花冠大，花态碗状；花托有碟形、碗形、喇叭形；心皮数 20～30 枚，莲子多椭圆形；根状茎细长，淀粉含量高；生长势强。一般而言野莲都开红色或粉红色单瓣花，但笔者在江西省乐平县发现有开白花瓣尖红色的野莲。在云南省丘北县生长的野生莲居群全都是重瓣，花色有白色、红色及白色花带红斑（洒锦色）混生在同一湖内，实属罕见。从不同地区的野莲看，有根状茎较粗大者，有花多、心皮数多者。如广西壮族自治区发现的野莲在湖北省武汉地区植株高达 230cm，心皮数 22～33 枚，根状茎长 96cm，粗 4.25cm。湖北省江汉平原的野莲，株高达 178.8cm，心皮数 18 枚左右，根状茎粗 5cm，淀粉含量达 14.69%。在黑龙江省一些地区发现的某些野生红莲心皮数在 41～44 枚之间，这一性状若转移到子莲中，将会使子莲提高产量。而山东省微山湖野莲、湖北省洪湖红莲的心皮数最少为 14 枚，最多有 22 枚，花多且色艳，但根状茎较小。可见野莲在长期的进化过程中已出现各种变异类型。

在 20 世纪 80 年代以前，中国的藕莲品种多由产地农民经多年选育而成。由于相互交流较少，往往形成一些有地方特色的种质资源，如湖北省武汉地区有早、中、晚熟的各种传统品种。早熟的有六月爆、嘉鱼藕；中熟的有湖南泡子、猪尾巴、洲藕；晚熟品种有大毛节、小毛节等。藕的皮色有白色、黄色，藕的节间有长节、短节，开花的数量有多有少，其类型较为丰富。湖北省孝感地区有红泡子、白泡子。江苏省宝应县有红芽藕，其代表品种为红嘴子、大紫红、美人红、小暗红。浙江省藕莲的品种也较多，早熟品种有绍兴小梢种、湖州早白荷、金华小白莲，中熟品种有金华黄芽头、红花改良种、绍兴梢种，晚熟的有湖州迟白荷、金华大白莲等。此外，国内较为著名的地方品种还有江苏省苏州市的早熟品种花藕、中熟品种慢荷及安徽省的晚熟品种雪湖贡藕等。

笔者在收集和整理藕莲种质资源中发现，长江中下游地区的种质资源较丰富，其产量较高，品质也好，藕节均匀，节间长 15～18cm，一般适合水田栽种。而且长江流域的各湖区大量生长着野生莲。但河南、陕西、山东等省则种质资源较少，人工驯化程度不高，其藕节多长条形，节间长达 20～25cm，横径仅 5cm 左右，产量低，入泥深。此外，南方地区的广东、广西、福建等省（自治区）的藕莲，其藕节多短筒或长条形，单支藕较轻，产量仅 15 000kg/hm² 左右。而西南地区各省（贵州、云南、四川）往往有一些特异的种质资源。如云南省思茅地区种植的藕莲为红花莲，产量低，品质差，但是可作为极好的花莲资源利用。在云南省昆明市周边的安宁、姚安、晋宁、宜良、玉溪等近 10 个县、市分布有大面积的千瓣莲，或在池塘中生长，或在水田内栽培，当地每年秋冬挖取，第二年自身萌发生长，而不需重栽。千瓣莲在当地开的花为单花心，而引种到湖北省武汉市后，可开出 1～6 枚花心的花。这是继在湖北省当阳玉泉寺、江苏省昆山地区之后所发现的第三个地方的千瓣莲，也是栽培和应用面积最大的千瓣莲。但近年，由于从湖北省武汉市引种大量高产的藕莲品种，已导致当地的千瓣莲种植面积大幅度减少，今后如不采取适当的保护措施，甚至有灭绝的可能。因此，笔者认为应该建立原生境保护区，保护云南省昆明市周边地区的千瓣莲品种和丘北县普者黑的野莲。

中国台湾省也有莲的栽培。据诸罗、凤山两县志（1964）记载，大约在 100 年前即有栽培，当时只供药用。菜用的莲藕——红花种和白花种，则是在近 80 年前先后从日本和广东经香港引入。因此，台湾目前有两个栽培莲藕品种，一为红花藕，以采收莲子为主，可能是子莲；其二为白花藕，以采收膨大的根状茎为主，即藕莲。

目前由湖北省武汉市蔬菜科学研究所选育的鄂莲 1～5 号、中国科学院武汉植物研究所选育的武植 2 号正在生产上大面积应用。

子莲的种质资源，主要分布在湖南、江西和福建等地。湘莲品种较多，名称不一。杨继儒于 20 世纪 80 年代对湖南子莲地方品种进行了调查，认为湖南湘莲品种有 8 个，按产地进行命名，有湘潭寸三莲、耒阳大叶帕、衡阳乌莲、桃源九溪红、汉寿水鱼蛋、益阳冬瓜莲、华容荫白花和安乡红莲，统称为湘莲。此外，还有两份野生种质资源，红花野莲和白花野莲，其莲子极小，两头尖，黑褐色。根据商品的经济性状和传统商业销售特点，历史上，将湘莲分为白莲、冬瓜莲和红莲三个档次。红莲为野生种，莲子较小，品质差，产量低，一般药用；冬瓜莲为半栽培种，晚熟，深水莲，果实椭圆形，品质优于红莲，产量低；白莲包括寸三莲、大叶帕、乌莲、九溪红、水鱼蛋等，莲子卵圆形，品质优。江西省广昌等地的地方品种统称为赣莲，主要有百叶莲（花型半重瓣）、广昌白花莲等品种。福建省所产子莲，统称建莲，以建宁县出产的西门莲最为著名。西门莲是白花建莲和红花建莲的一个自然杂交的后代，至今已有千余年的栽培历史。建莲的主要品种有红花建莲和白花建莲。近年，湖南、江西、福建等省的有关单位相继选育出湘莲 1 号、太空 3 号、太空 36 号、建选 17 号等新品种也已在生产上大面积应用。

此外，湖北、浙江等地也有一些子莲地方品种，但少有人收集整理。

中国栽培利用莲的历史悠久，各产地广泛分布着各种类型和不同生态型的地方品种。20 世纪 60 年代张行言等开始莲种质资源的调查收集，共收集种质资源 33 份，其中花莲 20 份，藕莲 6 份，子莲 7 份。80 年代初，中国部分科研单位开始进行莲的种质资源征集、保存及利用工作，中国科学院武汉植物研究所 80 年代初共收集了莲种质资源 125 份，其中藕莲 44 份，花莲 71 份，子莲 10 份。湖北省武汉市蔬菜科学研究所 1986 年承担"水生蔬菜资源征集及保存技术研究"国家项目，并在 1990 年建立了"国家种质武汉水生蔬菜资源圃"。目前在国家种质武汉水生蔬菜资源圃内共保存有从国内 18 个省 100 多个县、市征集的莲种质资源 500 余份，其中藕莲、花莲各 200 多份，子莲 20 多份，野莲 20 多份，国外莲资源 10 多份。与此同时，国内其他单位也开展了有关工作，如湖南省园艺研究所对湖南的湘莲种质资源进行了调查和收集；江西省广昌白莲研究所对赣莲种质资源进行了收集和调查；福建省建宁县农业局对福建全省的子莲进行了调查和收集工作。这些基础性工作使人们对中国莲的种质资源有了一个基本的了解。在近年出版的文献中，《中国蔬菜品种资源目录》（1992、1998）共收录了莲种质资源 313 份，《中国蔬菜品种志》（2001）收录了 75 份，《中国水生蔬菜品种资源》（2001）收录有 97 份。湖北省武汉市蔬菜科学研究所在多年调查和研究的基础上，已编成《莲种质资源描述规范和数据标准》（2005）一书，其中规范了莲的 136 个性状及调查方法，为中国莲种质资源的鉴定打下了基础。

笔者对国内有代表性的 97 份藕莲种质资源进行了连续 3 年的园艺性状评估，分别按类型、野生资源、地方品种、改良品种并按生长地区，即长江中下游地区（华中、华东地区）、西南地区、华南地区、华北和西北地区进行了主要园艺性状的比较分析，结果见表43-2 和表 43-3。

表 43-2 不同类型藕莲园艺性状比较

	株高 (cm)	整藕重 (kg)	主藕长 (cm)	第三节长 (cm)	第三节粗 (cm)	第三节重 (kg)	主藕五节以上 支数比例（%）	每 667m² 产量 (kg)
野生资源	172.35	1.66	91.16	21.12	6.14	0.44	16.50	132.14
地方品种	161.70	1.99	89.17	17.60	6.62	0.45	35.14	161.67
选育品种	173.47	3.21	99.40	16.62	7.76	0.58	69.07	202.54
平均	163.89	2.06	90.20	17.89	6.66	0.46	36.18	163.66

表 43-3 不同地区莲藕园艺性状比较

	株高 (cm)	整藕重 (kg)	主藕长 (cm)	第三节长 (cm)	第三节粗 (cm)	第三节重 (kg)	主藕五节以上 支数比例（%）	每 667m² 产量 (kg)
华南地区	181.28	1.59	83.12	18.41	6.41	0.43	20.71	136.81
西南地区	156.64	1.36	91.89	18.73	6.39	0.46	32.48	148.85
长江中下游地区	162.12	2.19	91.64	17.72	6.78	0.47	39.91	167.63
华北地区	158.00	1.70	88.77	18.08	6.17	0.42	30.47	159.24

从不同类型看，选育品种在主要园艺性状方面如整藕重、主藕长、主藕粗、单节重及产量等均表现最好，说明品种改良取得了一定效果，而园艺性状表现最差的为野生种质资源。但野生种质资源在品质性状方面除可溶性糖含量低于改良品种和地方品种外，其干物质、淀粉、维生素 C、蛋白质等含量均高于改良品种和地方品种（柯卫东，2000）。

从不同地区来看，主要性状（整藕重、主藕粗、单节重、产量等）平均表现最好的是长江中下游地区的品种，其次为西南地区，华北地区品种其藕较细长，而长江中下游地区较粗壮，华南地区品种则株高最高。

在日本、印度、缅甸、巴基斯坦、越南、泰国、柬埔寨等亚洲国家都有较多的栽培和野生莲种质资源，国家种质武汉水生蔬菜资源圃仅保存了少数国家的品种，今后应加强国外莲种质资源的收集工作。这些种质资源往往与国内种质资源在特征特性上有很大不同。如泰国有红花单瓣、粉红重瓣、白花重瓣等莲品种，它们或栽培或处于野生状态，其中泰国粉红重瓣品种被引种到武汉后，其生育期比国内品种长，至 10 月时仍在开花，11 月叶片仍保持绿色，休眠前根状茎基本不膨大。

二、优异种质资源

中国是莲种质资源最丰富的国家，有许多优异的种质资源。有些藕莲品种产量高，有些富含淀粉，有些可煨汤，有些可炒食。子莲种质资源中有些果实大，有些单蓬果实多。花莲种质资源更是有丰富多彩的花色、花型。目前，国内对莲种质资源的鉴定还主要停留在园艺性状的鉴定上，对种质资源的抗病虫性、主要营养成分的含量等还需做进一步的工作。

1. 鄂莲 5 号　湖北省武汉市蔬菜科学研究所育成。早中熟。花白色。主藕 5～6 节，长 93.1cm，整藕重 3～4kg，节间均匀且粗壮，表皮黄白色，肉质肥厚。具有抗逆性强、适应性广、高产、优质、既可炒食又可煨汤等优点。每 100g 鲜样含干物质 18.07g，可溶性糖 3.97g，淀粉 10.25g，蛋白质 0.40g，维生素 C 49.13mg。每公顷产藕 37 500～45 000kg。

2. 鄂莲 1 号　湖北省武汉市蔬菜科学研究所育成。1993 年通过湖北省农作物品种审定委员会审定并定名为鄂莲 1 号。早熟。株高 130～150cm。花白色，开花少。主藕横径 7cm。节间较短而均匀，表皮黄白色，整藕重 3.5kg。7 月上中旬可收青荷藕，入泥深 20cm。每 100g 鲜样含淀粉 13.08g，维生素 C 55.33mg。每公顷产藕 37 500kg 左右。

3. 长征泡子　湖北省武汉市地方品种。中晚熟。株高 170cm，叶直径 75cm，开较多白花。主藕 5～6 节，整藕重 3～5kg，皮白，煨汤时质地粉。每 100g 鲜样含淀粉 13.74g，维生素 C 4.34mg。每公顷产藕 30 000～37 500kg。

4. 汉阳州藕　湖北省武汉市蔡甸区地方品种。中晚熟。株高 180cm，叶径 65～80cm。花白色。主藕 5～6 节，长 120～140cm，横径 7～8cm，表面白色，皮孔较少，且不明显。整藕重 3～4kg，主藕 2.5kg。入泥较深，耐深水。品质好，宜煨汤。每 100g 鲜样含淀粉为 12.0g，维生素 C 72.6mg。

5. 大紫红　江苏省宝应市地方品种。株高 200cm 左右。花白色。主藕 3～4 节，少数为 5～6 节，节间长 20～30cm，藕径 6～7cm，整藕重 2～2.5kg，每公顷产藕 22 500～30 000kg。该品种叶芽及顶芽紫红色，适宜浅水或深水栽培。

6. 苏州花藕　江苏省苏州市地方品种。早熟。主藕 4～5 节，整藕重 1.5kg，节间较短，表皮浅黄色。花极少。每公顷产藕 12 000～18 000kg。质脆嫩，少渣，宜生食。

7. 太空 3 号　江西省广昌县白莲研究所通过卫星搭载诱变培育的子莲新品种。株高 150～180cm，叶径 60～70cm，第四片立叶出现时开始现蕾，此后每一叶出现一花。花红色，单瓣，心皮数 18～24 枚。莲蓬碗形，蓬面平，着粒较疏，结实率 82.63%～90.3%。莲子卵圆形，千粒重（干通心莲）1 060g。生育期 190～210d，采收期 105～115d。每公顷产干通心莲 1 300～1 425kg。

8. 建选 17 号　福建省建宁县选育的子莲新品种。花单瓣，白色红尖，心皮 24 枚，莲蓬碗形，结实率 85%～90%。莲子卵圆形，千粒重 1 020g。花期 5 月下旬至 9 月下旬，适宜水田栽培，每公顷产干通心莲 1 200～1 275kg。

三、特殊种质资源

1. 江尾红花藕 原产云南省呈贡县。株高 150～200cm，叶径 30～35cm，叶片不对称，花粉红色，为千瓣莲。该类型品种在云南省昆明市周边地区大量栽培，其花独特，在云南地区一般只开单花心的花，而在湖北省武汉地区则可开具有 1～6 枚花心的花。其整藕重约 2kg，主藕重 1.5kg，藕长 90～100cm，藕径 5～6cm，一般 3～4 节。产量 11 250～15 000kg/hm²。

2. 海口藕 原产海南省海口市。野生，红花。株高 170～200cm，叶径 32～37cm。主藕细长，3～4 节，整藕重 1.2kg，藕长 85～90cm，横径 5.0～5.5cm。该种质的特点是藕身洁白，含水量、含糖量高，味甜，渣极少，是选育水果型藕的好材料。

3. 红嘴子 原产江苏省宝应县。白花较多。株高 120～140cm，叶径 28～32cm。整藕重 1.75kg，长 85～90cm。横径 5～6cm。该品种最大特点是藕芽为红色，而其他品种一般为浅黄色。红芽种质资源目前只在宝应县才有。该性状可作为一标记性状在育种或遗传规律研究中应用。

4. 白花建莲 福建省建宁县地方品种。子莲。株高 142.6cm，叶径 52～63cm，第 4 片立叶出现时开始现蕾，以后每一叶出现一花。花蕾桃形，绿色。花白色，心皮数 16～28 枚。莲蓬伞形，结实率 73.0％～81.4％。莲子卵圆形。生育期 180～200d，采收期 95～105d，每公顷产壳莲（子）约 1 500kg。该品种是目前发现的少有开白花的地方子莲种质材料。

5. 丘北野莲居群 云南省丘北县普者黑位于滇东南文山川，山川秀美，湖水清澈，湖内生长有野莲、野茭白、野慈姑、野荸荠、野菱角等。其生长的野莲具有以下特点：一是多种类型的莲混生在同一生境内。从花的类型来看，有白花重瓣、红花重瓣、洒锦莲等。中国内地湖泊的莲多为一种类型生长于同一生境内，且多为红花单瓣，而邱北野生莲的混生现象实属罕见。普者黑野生莲居群株高 250～300cm，花瓣 60～85 枚，花径 20～24cm，心皮 18～24 个。二是在该湖内发现的洒锦莲与已遗失的小洒锦莲相似，但属野生。三是发现有莲花瓣嵌合体。该种嵌合体的形态特征表现为：同一朵花中，一半的花瓣为白色，另一半为红色，或花相对的一半为红色，相对的另一半为白色。建议国家有关部门在该地建立原生境自然保护区。

第六节 莲种质资源研究

莲体细胞染色体基数 x＝8，2n＝2x＝16，王宁珠（1988）对莲 20 个品种进行染色体数目、形态及核型分析，发现其均为 2 倍体。各品种之间染色体的形态结构、相对长度范围、着丝点的位置等组成的核型大致是相似的。认为染色体组的结构变异与莲的品种之间的变异有一定关系，但规律不明显。

黄秀强等（1991、1992）用幼小花蕾中的心皮作材料，对美洲黄莲和 3 个中国莲品种进行核型分析，发现美洲黄莲的 8 对染色体中，第 2、8 对为中部着丝点，第 3、4、6、7 对为近中部着丝点，第 1、5 对为近端着丝点，随体分别在第 4、5 对染色体上。美洲黄莲具两对随体染色体，与中国古代莲的核型近似，表明二者之间有一定的亲缘关系。从总体上看，美洲黄莲与中国莲的 3 个品种都有 2 对近端部着丝点染色体，两对随体在第 4～7 对染色体上，表现为随体的多样性。所不同的是，中部着丝点染色体和近中部着丝点染色体数的不同。总之，莲属两个种的染色体组型是很近似的。

邹喻苹等（1998）用古太子莲与 4 个中国莲种质资源（河北、哈尔滨红莲为野生种群，江西和湖南为农家栽培品种）为材料进行 RAPD 分析。发现太子莲与哈尔滨红莲居群内表现出高度的遗传一致性，来自河北、江西、湖南的种质资源则表现出不同程度的居群内或品种内分化。通过 UPGMA 聚类，结果认为：太子莲与河北红莲遗传距离最近（0.05），几乎等于河北红花居群内的距离（0.06）。哈尔滨红花与太子莲和河北红花几乎是等距离（0.12）。因此认为太子莲与河北红花具共同祖先，遗传背景十分一致；江西红花和湖南红花遗传距离较近（0.27）（二者可能都为子莲），而与太子莲遗传距离较远（0.67）。由此可知，在莲的野生居群内，遗传变异相对较小，而居群间遗传变异较大。遗传距离的大小与地理的远近成正相关。古代莲与野生莲的背景更相似。

郭宏波等（2004、2005）利用 17 个随机引物对 32 份莲属种质资源进行 RAPD 分析，扩增出 207 条谱带，其中多态带 193 条，占 93.23%，显示该属植物具丰富的遗传多样性。通过聚类，莲属种质资源分为 3 个品种群，即花莲、子莲和藕莲，与传统的园艺学分类相吻合，说明莲的三大类型之间遗传分化已十分明显。在三大类型中，藕莲种质资源间遗传相似度最高，特别是长江中下游地区的种质资源遗传背景较一致。美洲黄莲与中国莲的一个类群——花莲的遗传背景较相似，在 DNA 水平上并未表现出明显的特异性，甚至可以作为中国莲的一个特殊品种。其中美杂交品种与花莲的相似度更高，不同杂交品种分别分布在花莲的不同品种群中。因此，笔者将中美杂交根据其花型、花色归属于花莲的各个类型，并没有把中美杂交莲单独列为一类与莲、美洲黄莲并列。中国野莲分布很广，从南到北的大小湖泊中多有分布，一直认为野莲是现在栽培莲的共同祖先。在上述实验中，所用的 6 份野生资源分别与子莲、藕莲、花莲聚在一起，说明这些野生资源之间的遗传背景差异较大。藕莲、子莲、花莲可能由不同遗传背景的野莲演化而来。在利用野生种质资源进行品种改良时，应根据育种目的的不同，选择不同的野生材料作为亲本。

（柯卫东）

主要参考文献

A. H. 克里什托弗维奇著 . 1965. 古植物学 . 北京：中国工业出版社

倪学明 . 1983. 莲的品种分类研究 . 园艺学报 . 10（3）：207～210

王宁珠，马芳莲，李细兰 . 1985. 莲属（*Nelumbo*）20 个品种染色体数目及其核型分析 . 武汉植物学研究 . 3（3）：209～219

中国科学院武汉植物研究所 . 1987. 中国莲 . 北京：科学出版社

杨继儒．1987．湖南子莲的品种资源．作物品种资源．（4）：4～5

黄秀强，陈俊愉，黄国振．1992．莲属两个种亲缘关系的初步研究．园艺学报．19（2）：164～170

刘政道，林纯瑛．1993．台湾之水生蔬菜．见：台湾蔬菜生产业演进四十年专集

韦平和，陈维培，陈瑞百．1994．睡莲科的核型分析及其分类学位置的探讨．植物学分类学报．32（4）：293～300

寿森燚，曹小芝，董伟敏等．1995．浙江省优良菜用莲藕品种特性．中国蔬菜．（4）：21～23

倪学明，周运捷，於炳等．1995．论睡莲科目植物的地理分布．武汉植物学研究．13（2）：137～146

邹喻苹，蔡美琳，王晓东．1998．古代太子莲及现代红花中国莲种质资源的 RAPD 分析．植物学报．40（2）：163～168

柯卫东，黄新芳，傅新发等．2000．莲藕主要营养品质和农艺性状的遗传分析．武汉植物学研究．18（6）：519～522

柯卫东，傅新发，黄新芳等．2000．莲藕部分种质资源数量性状的聚类分析与育种应用．园艺学报．27（5）：374～376

魏文麟，林碧英．2001．福建的子莲．长江蔬菜．（增刊）：38～40

杨继儒，周付英．2001．湘莲．长江蔬菜（增刊）．40～42

叶静渊．2001．我国水生蔬菜的起源与分布．长江蔬菜（增刊）．4～12

孔庆东主编．2001．中国水生蔬菜品种资源．武汉：湖北科学技术出版社

李承森主编．2003．植物科学进展（第五卷）．北京：高等教育出版社

郑宝东，郑金贵，曾绍校．2003．我国主要莲子品种营养成分的分析．营养学报．25（2）：153～156

柯卫东，李峰，刘玉平．2003．中国莲资源及育种研究综述．长江蔬菜．（4）：5～9，（5）：5～8

郭宏波，柯卫东，李双梅等．2004．不同类型莲资源的 RAPD 聚类分析．植物遗传资源学报．5（4）：328～332

王其超，张行言．2005．中国荷花品种图志．北京：中国林业出版社

郭宏波，柯卫东，李双梅．2005．野生莲资源的 RAPD 分析．植物学通报（增刊）．64～67

柯卫东，黄新芳，刘玉平等．2005．云南部分地区水生蔬菜种质资源考察．中国蔬菜．（2）：31～33

郭宏波，李双梅，柯卫东．2005．花莲种质资源遗传多样性及品种间亲缘关系的探讨．武汉植物学研究．23（5）：417～421

Caspary R. . 1888. Nymphaeaceae. In：Engler & Prantl eds. Die naturlichen pflanzenfamilien. Leipzig：Wilhelm Englmann，3（2）：1～10

Bessey C. E. . 1915. The phylogenetic taxonomy of flowering plants. Ann. Missouri Bot. Gard，2：109～164

Li Hui-lin. 1955. Classification and phylogeny of Nymphaeaceae and allied families. Amer Mid Naturalist，54（1）：33～44

Takhtajan A. . 1969. Flowering plants origin and dispersal. Edinburgh：Oliver and Boyd. ，108～207

Ito M. . 1987. Phylogenetic systematics of the Nymphaeaceae. Bot Mag Tokyo，100：17～35

茭　白

第一节　概　述

　　茭白（*Zizania latifolia* Turcz.），又名篙芭、菰、茭笋等，是禾本科（Gramineae）菰属（*Zizania*）的一种水生草本植物，主要以变态肉质茎供食。染色体数 $2n＝2x＝34$。该属中的另一种 *Z. aquatica* 常作粮食（野稻）种植。据《中国食物成分表》（2002）介绍，每 100g 茭白中含碳水化合物 5.9g、蛋白质 1.2g、脂肪 0.2g、磷 36mg、钾 20mg、钙 4mg、铁 0.4mg 等。茭白在未老熟时，有机氮以氨基酸状态存在，因此味道鲜美。茭白的收获期正值春、秋两个蔬菜淡季，因此茭白的上市增加了蔬菜淡季供应的花色品种。茭白还有止咳、利尿、降血压等药效。

　　茭白分布于印度东部及东亚。中国茭白栽培的总面积在 30 000hm² 以上，在水生蔬菜中种植面积位于前列。除中国种植外，在泰国、越南等东南亚国家也有一定面积的栽培。中国茭白的主要产区分布在淮河流域及其以南地区（华北地区零星栽培，东北地区分布有野生茭草资源），其中尤以长江中下游地区栽培面积最大，栽培技术水平最高。双季茭白的栽培主要集中在江苏省、浙江省和上海市，近 20 年来，安徽、湖北、湖南等省也大量引种双季茭白。而单季茭白在长江流域及其以南的各省均有栽培。目前栽培茭白最多的省份为浙江省，主要分布在余姚市、黄岩市、嘉兴市等地，这些地区不仅在品种上进行了改良，而且在栽培技术上应用了覆盖栽培、高山栽培及冷水灌溉栽培等新技术，从而使茭白产量大幅度提高，使上市期提早或延后，其产品销往全国各地。上海市青浦县也是茭白种植面积较大的地区，20 世纪 90 年代中期其面积约 3 000hm²，其产品主要销往江苏、浙江、安徽等省。江苏省丹阳县则是单季茭白（蒋墅茭）种植面积最大的地区，20 世纪 80 年代就达 1 000hm²。湖北省武汉市洪山区、江夏区、孝感市等地近年也正在发展双季茭白和单季茭白，主要品种为鄂茭 1 号、鄂茭 2 号，种植面积在 1 000hm² 以上，主要在秋季供应武汉市场。江苏省无锡市、苏州市本是中国栽培茭白历史最悠久、品种最多、栽培技术最高的地区之一，但是由于近年城市的发展，大量征用农田，使其种植面积大幅减少，甚至不能满足当地市场需要。福建省及台湾省也有较大面积种植，其主产区在南投县。中国种植茭白海拔最高的地区是云南省富民县款庄乡，款庄乡位于云南中部地区，海拔最高 2 817m，最低 1 455m。一般在 11 月定植，次年 3 月底至 11 月采收。品种为当地地方品种。种植面积约 350hm² （柯卫东、孔庆东等，1993；刘政道，1995）。

中国茭白种质资源丰富，至 2005 年，保存在国家种质武汉水生蔬菜资源圃的茭白种质资源已有 179 份。

第二节　茭白的起源与分布

茭白原产于中国（叶静渊，2001），其食用器官分别是种子（俗称菰米）、由叶鞘包裹的拔节茎（俗称茭儿菜、野茭笋），以及受菰黑粉菌（*Ustilago esculenta* P. Henn）侵染后由茎尖膨大形成的变态肉质茎（即茭白）。

中国最早食用的是菰米，菰米始记文献见于公元前 5—前 3 世纪的《周礼》，"牛宜稌，羊宜黍，豕宜稷，犬宜粱，雁宜麦，鱼宜菰。"表明"菰"是一种谷物，作粮食用，并将"菰"列为六谷之一。在战国时期，"菰"已是中国人民的重要谷类作物之一。但菰的花期长，种子成熟期不一致，加之易自然脱落、产量低等原因，而在此后的发展中不再作为主要粮食作物。

茭儿菜的记载最早见于嘉靖年间（1522—1566）王磐的《野菜谱》，"茭儿菜，生水底，若芦芽，胜菰米。我欲充饥采不能，满眼风波泪如洗。救饥：入夏生水泽中，即茭芽也。生熟皆用。"其后文献多有引录。相对来说，古籍中有关茭儿菜的记载不仅较少，而且较晚。至今，湖北省、江苏省等地仍有初夏采食茭儿菜的习惯。茭儿菜只在野生茭中才能采到。

对茭白的食用最早见于秦汉间成书的《尔雅·释草》篇，有"出隧：蘧蔬"条目。东晋·郭璞（257—324）注云："蘧蔬似土菌，生菰草中，今江东啖之，甜滑。"《晋书·张翰传》（648）记载，西晋八王之乱期间（290—311），文学家张翰在齐王司马冏手下作官时，"因见秋风起，乃思吴中菰菜、莼羹、鲈鱼脍"。这里的"出隧"、"蘧蔬"、"菰菜"均指现的茭白。茭白有双季茭白和单季茭白之分。双季茭白的记载始见于唐代，唐代韩保升："菰根生水中，叶如蔗、荻，久则根盘而厚。夏月生菌堪啖，名菰菜。三年者，中心生白薹如藕状，似小儿臂而白软，中有黑脉，堪啖者，名菰首也。"这里的"中有黑脉"，即指黑粉菌。从中可知，所谓"菰菜"产于夏季，即"夏茭"。而根据茭白的生物学习性可知，能产夏茭者，当为双季茭。南宋咸淳 4 年（1268）江苏省的《毗陵（今常州）志》中称，"茭白春亦生笋"，亦指双季茭。至明代王世懋《学圃余疏》（1587）则明确记载了双季茭的品种，"茭白以秋生，吴中一种春生者，曰吕公茭。以非时为美。"以吕公茭为代表的双季茭的选育成功，当为中国古代先民在茭白育种中的一大成就。实际上，茭白品种中，单季茭比双季茭更为丰富，也是古人用于栽培的主要类型。

以上说明茭白的驯化栽培最早始于太湖地区，中国人民利用茭白不仅历史悠久，而且进行了品种选育的工作。

茭白在中国的分布几乎遍及全国，南始海南，北至黑龙江，东起上海，西到陕西到处都有茭白的栽培。野生茭白则多分布于中国各大小湖泊中。在国外，越南、泰国等东南亚国家有一定分布，栽培面积也较大。

第三节 茭白的分类

一、植物学分类

茭白（Zizania latifolia Turcz.）属禾本科（Gramineae）菰属（Zizania）。

菰属植物种类不多，但各分类学者对其种类划分仍有分歧。如 G. Benthem（1881）及 E. Hackel（1896）认为仅有 1 个种。A. S. Hitchcock（1933）认为有 3 个种、1 个变种。N. N. Tzevelov（1976）也认为有 3 个种、1 个变种。近代还有划分成 4 个种、5 个变种、1 个变型的。陈守良等（1990）则认为菰属植物可划分为 4 个种、2 个亚种，即菰 [Z. latifolia（Griseb.）Turcz. ex Stapf]、得科萨斯菰（Z. texana Hitchc）、水生菰（Z. aquatica L. subsp. aquatica）、矮生菰 [Z. aquatica subsp. brevis（Fass.）S. L. Chen]、湖生菰 [Z. palustris L. ssp. interior（Fass.）S. L. Chen]、沼生菰（Z. palustris ssp. palustris）。

二、栽培学分类

（一）分类依据

1. 野生茭与栽培茭 茭白有野生茭和栽培茭之别。野生茭株型分散，多呈半匍匐生长，水深时，茎叶可随水浮起。被菰黑粉菌侵染者可在秋季孕茭，其所孕的茭白个体小，其肉质茎内被黑粉菌冬孢子充满，这是茭白的原始类型。未被菰黑粉菌侵染的则在 6～8 月开花结子（即菰米）。菰米或茭儿菜均采自野生茭。而栽培茭白，株型紧凑，直立生长，肉质茎肥大，肉质茎内无冬孢子或冬孢子呈点状分布。

2. 光照与孕茭 茭白可根据其对光照敏感程度的不同分为双季茭白和单季茭白。双季茭白属非光敏感型，可在长日照或短日照下孕茭，即夏、秋两季均可孕茭；单季茭白属光敏感型，只能在短日照下孕茭，即只能在秋季孕茭。在中国茭白的栽培中，先有单季茭，后有双季茭。

3. 温度与孕茭 温度影响茭白的熟性，有些品种在高温下孕茭，有些品种只能在较低温度下孕茭。由于单季茭白种质资源较多，早、中、晚熟品种皆有。而双季茭白对温度敏感程度不同，可明显分为两类，对低温（20℃左右）敏感的品种，秋茭迟熟（9 月下旬至 10 月中旬），而夏茭早熟（5 月上中旬）；能在高温下（28℃左右）孕茭的品种，秋茭早熟（9 月下旬），而夏茭迟熟（5 月上旬）。在茭白栽培中，低温型品种一般以夏茭采收为主，秋茭为辅；高温型品种一般夏、秋两季茭白并重。江苏省苏州市地方品种双季茭多为夏茭型品种；无锡市地方品种则多为夏秋兼用型品种。

4. 薹管 即茭白的短缩茎，也即茭白在生长期间（孕茭以前）形成以叶鞘抱合的假茎，其短缩茎节间极短，而孕茭以后，节间开始伸长。不同品种薹管的长短不同。野生茭白的短缩茎即使在孕茭以前，节间也较明显，短缩茎较长。这一性状在栽培型茭白中得以一定的保留，部分品种保留了长在 40～100cm 不等的薹管，节间明显。但绝大多数栽培品种薹管较短（1～30cm 不等）。长薹管的品种只存在于单季茭白中，不同品种的薹管长度均相对稳定。

5. 分蘖力与生长势　茭白不同品种之间，分蘖力和生长势存在较大差异。一般而言，生长势强的品种，植株相对高大（230～250cm），分蘖力弱，但产生游茭的能力强；反之，生长势弱的品种，植株相对矮小（200～230cm），分蘖力强，产生游茭的能力弱。

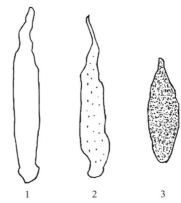

图 44-1　茭白肉质茎纵切面

1. Ⅰ型：双季茭白　2. Ⅱ型：单季茭白

3. Ⅲ型：灰茭或野茭笋

6. 肉质茎内菰黑粉菌冬孢子的存在状态　菰黑粉菌冬孢子堆在肉质茎内的有无及多少在不同品种之间存在差异。野茭笋成熟时，其内布满菰黑粉菌冬孢子（似"灰茭"）。单季茭白在成熟时，有些品种肉质茎内有菰黑粉菌冬孢子，而有些品种在成熟时，只有白色菌丝体，老熟后才形成冬孢子，且呈零星分布。而双季茭始终不产生菰黑粉菌冬孢子，或极少孢子堆（图 44-1）。

7. 其他性状

（1）肉质茎表皮光泽　可分为浅绿色和白色两类。双季茭白多为白色，单季茭白则为白色或浅绿色，而野生茭为浅绿色。

（2）肉质茎形状　可分为纺锤形、蜡台形、竹笋形和长条形（图 44-2）。

（3）肉质茎表皮特征　可分为光滑、略皱及皱 3 种类型。野生茭全为光滑型；单季茭白多数光滑，少数品种略皱；而双季茭白多数为皱或略皱型（图 44-3）。

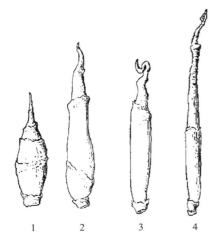

图 44-2　茭白肉质茎形状

1. 纺锤形　2. 蜡台形　3. 竹笋形　4. 长条形

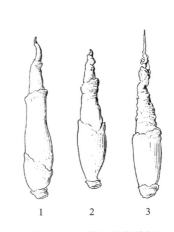

图 44-3　茭白表皮特征

1. 光滑　2. 微皱　3. 皱

（4）节盘形状　茭白肉质茎的茎节称为节盘，一般为圆形或斜形。

（5）叶鞘色　野生茭多为紫红色，少数绿色；而栽培茭多数为绿色，少数紫红色。

（6）叶颈色　野生茭多红色，栽培茭多淡黄色。

（7）相对熟性　种质资源始收期相对于最早熟种质资源始收期的天数。将最早熟资源的始收期定为 1，其他种质资源的相对熟性按延长的天数计。如最早的资源始收期为 9 月 10 日，某资源的始收期为 9 月 26 日，则该资源的相对熟性即为 16。

（8）数量性状　植株高度，叶片长、宽，肉质茎长、宽，单茭重等，这些性状对各品种而言，也都是相对稳定的。

茭白部分性状在自然和人工选择下的演化方向为：

株型：匍匐、分散→直立、紧凑

薹管：长薹管→短薹管

光照：光照敏感型→非光照敏感型

皮色：绿色→白色

菰黑粉菌：冬孢子→少数冬孢子→菌丝体型→无

（二）茭白各大类群的划分

1. 野生茭生态型　多生长在湖边、池塘、泥泽低洼地带。可在 50～150cm 深的水中生长，株高可达 300cm，株型分散，茎可漂浮生长，节间明显，茎节部可发生新的分株，幼嫩时茎部是可以食用的茭儿菜。叶鞘和叶颈通常紫红色，叶片长 100～150cm，宽2.5～3.0cm。若被菰黑粉菌寄生则可形成小的肉质茎（只能在秋季孕茭），肉质茎长 5～15cm 不等，横径 1.5～2.5cm，单茭重 20～30g，肉质茎内尽为菰黑粉菌冬孢子。若未被菰黑粉菌寄生，则可开花结实。

2. 栽培茭生态型　适宜在 1～20cm 深的田中或沟边种植，直立生长，株型紧凑，株高 180～270cm。叶片长 150～210cm，宽 3.0～5.0cm。肉质茎肥大，茭肉内无或有少量菰黑粉菌冬孢子，食用价值较高。

（1）单季茭类群　只能在秋季短日照下孕茭，株高通常 250～270cm。叶片长 190～210cm，宽 4.5～5.0cm，生长势强。肉质茎膨大时，其内菰黑粉菌可形成冬孢子堆或白色菌丝团，白色菌丝团在茭白老化后形成冬孢子堆。

①长薹管品种群。薹管明显，3～4 节，细长，节间明显，每节长 10～15cm，薹管总长 50～100cm。属早熟品种。肉质茎表皮浅绿色，长 15cm 左右，单茭重 50～60g。商品性差，栽培较少。

②短薹管品种群。薹管 2～10 节不等，总长 1～20cm，节间不明显。肉质茎肥大，长 20～35cm，单茭重 80～150g。商品性好，为单季茭的主要栽培品种。

（2）双季茭类群　对日照不敏感，能在夏、秋两季孕茭。薹管长 2～20cm，株高 180～240cm。叶片长 150～190cm，宽 3.8～4.0cm。肉质茎内不形成冬孢子，单茭重 60～120g。商品性好。

①夏茭型。孕茭适温在 20℃ 左右，以采收夏茭为主。生长势强，分蘖力弱，产生游茭的能力强。一般在夏末秋初栽植，当年秋茭产量较低，产量 6 000～9 000kg/hm²，夏茭产量较高，产量约 30 000kg/hm²。夏茭早熟，秋茭迟熟。以江苏省苏州市地方品种为代表，如小蜡台、中蜡台、两头早、中秋茭等。

②夏秋兼用型。孕茭适温在 28℃ 左右，夏、秋茭产量并重。一般分蘖力强，产生游

茭能力弱。通常春栽，秋季采收秋茭，翌年夏季采收夏茭，秋茭早熟，夏茭迟熟。每季茭白产量 18 750～22 500kg/hm²，以江苏省无锡市地方品种为代表，如广益茭、刘潭茭、鄂茭 2 号等。

茭白各大类群演化方向如下：

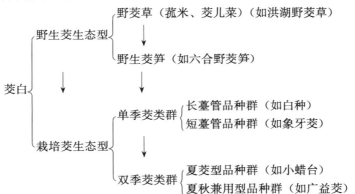

（注：箭头表示演化的方向）

第四节　茭白的形态特征与生物学特性

一、形态特征

（一）根

茭白具发达的须根系，分布在短缩茎的茎节上。植株抽生的根状茎茎节部也分布有须根（图 44-4）。

（二）茎

茭白的茎有 3 种：短缩茎、根状茎和肉质茎。短缩茎呈直立生长，由叶鞘包裹。茭白孕茭后拔节伸长成为薹管，不同品种形成薹管的长度不同。根状茎横生于泥中，是由短缩茎上的腋芽萌动后形成，长 50～100cm，粗 1～3cm，一般具 8～20 节。翌年，生长点向上生长产生分株，茭农称为"游茭"。游茭 3～5 株丛生或单生。不同的品种产生游茭的能力不同。游茭是夏茭产量的重要来源之一。肉质茎是茭白植株的茎端受菰黑粉菌分泌物吲哚乙酸刺激后所膨大形成的变态茎。

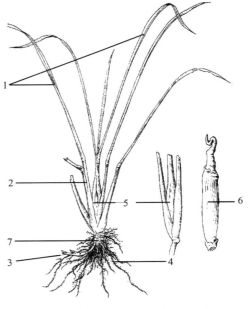

图 44-4　茭　白
1. 叶片　2. 叶鞘　3. 根状茎　4. 根
5. 壳茭　6. 肉质茎　7. 短缩茎

它是茭白的食用器官，一般由 4 节组成。部分品种的叶鞘参与了肉质茎的形成。肉质茎的形态、颜色、光滑度、长短、大小各异，是区别品种的主要特征。

（三）叶

茭白的叶由叶鞘和叶片组成。叶鞘肥厚，相互抱合形成假茎，叶片条形或狭长形。叶鞘颜色有紫红和绿色两种。叶片和叶鞘连接处的外侧称叶颈，俗称"茭白眼"。栽培茭的叶颈通常淡黄色，而野生茭通常紫红色。叶颈内侧有一三角形膜状突起物，称叶舌。

（四）花

野茭草和栽培茭的"雄茭"（未受菰黑粉菌侵染、不孕茭植株的俗称）能在 5～8 月抽穗开花。圆锥花序，雌雄同穗异花，雄性小穗着生于花穗下部，具小柄，无芒，雄蕊 6 枚，紫红色或黄色。雌性小穗位于花序上部，子房上位近球形，柱头白色羽毛状。同一花序上，雌花先开，雄花后开，不同时期抽生的花穗，其雌雄花比率不同（图 44-5）。

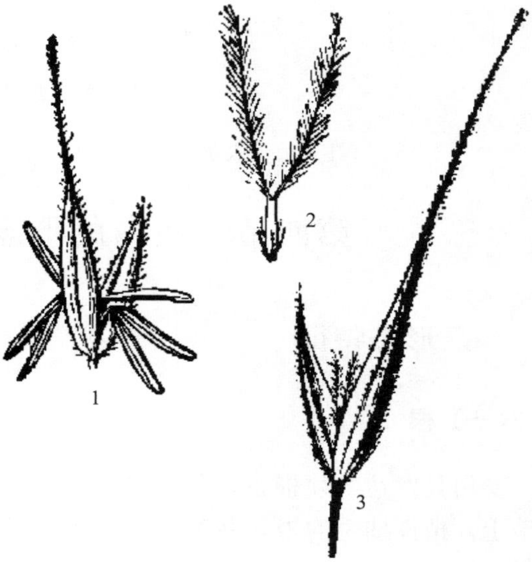

（五）果实

栽培茭白的"雄茭"虽然能开花，但不能形成种子。只有野生茭草才能在开花后结子。种子为颖果，圆柱形，长约 1.0cm，黑褐色。野茭草同一花序上的种子成熟不一致，易脱落。

图 44-5 野茭草的花
1. 雄花　2. 雌蕊　3. 雌花
（仿《中国水生维管束植物图谱》，1983）

二、对环境条件的要求

茭白是一种喜温、喜光的水生植物，温度和光照决定茭白孕茭时期。

（一）温度与光照

茭白的萌芽温度为 5～7℃，分蘖适宜温度为 20～28℃，孕茭适温 18～26℃，低于 10℃或高于 30℃，均不能正常孕茭。昼夜温差大利于肉质茎的营养积累。单季茭只能在短日照下孕茭，但不同品种对温度的反应不同，从而决定了不同的孕茭时期，并导致熟性的差异。双季茭白由于对日照不敏感，只要温度适宜就可孕茭，因此可在夏、秋两季孕茭。不同品种茭白孕茭对温度的反应相对稳定，与生育期的积温无关。

（二）水分

茭白为浅水植物，但全生育期内不能缺水，幼苗期需保持 3～5cm 深的水位，随着植株生长，水位可逐渐加深到 15～20cm，但水位深度均不能超过"茭白眼"。

（三）土壤与营养

适合茭白生长的土壤以有机质达 1.5% 以上，保水、保肥能力好的黏土或壤土为宜。pH 以 6～7 为好。氮、磷、钾的施用比例一般应为 1∶0.8∶1～1.2。

（四）菰黑粉菌

茭白植株只有被菰黑粉菌（*Ustilago esculenta* P. Henn）侵染寄生后其茎尖才能膨大形成肥大的肉质茎。若未被寄生，则是"雄茭"，不能形成肉质茎。植株若被侵染力强的生理小种寄生则可能形成灰茭，肉质茎变小，其内充满菰黑粉菌冬孢子而不能食用。不同类型茭白体内菰黑粉菌的生物学特性有所不同。如栽培茭菰黑粉菌在马铃薯蔗糖琼脂培养基（PSA）上形成的菌落为"光滑型"，无脊状突起，菌落中心突出；而野茭笋或栽培茭的灰茭形成的菌落为"粗糙型"，菌落的表面微皱，呈脊状。不同茭白品种内的菰黑粉菌在不同温度下的生长速度也不一样，24～28℃ 是栽培茭内菰黑粉菌生长的最适温度，这与茭白的孕茭温度一致。在茭白种质资源保存中，除应保存茭白植株外，还应保存菰黑粉菌的不同菌株。

茭白被菰黑粉菌寄生后，茎端膨大形成可食用的肉质茎。菰黑粉菌在肉质茎内有以下几种表现类型（植物病理学上称病症）（图 44 - 6）。

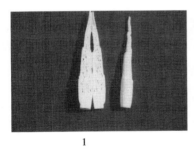 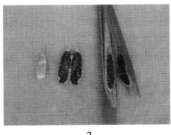 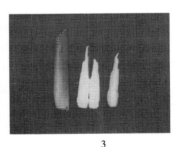

1　　　　　　　　2　　　　　　　　3

图 44 - 6　芝麻茭、灰茭和正常茭
1. 芝麻茭　2. 灰茭　3. 正常茭

1. Ⅰ型　菌丝在茭肉内不形成冬孢子，茭肉幼嫩洁白，或在一个肉质茎内仅形成 1～10 个冬孢子堆，极难发现。双季茭都属于这种类型（Ⅰ型）。小蜡台、中蜡台、中秋茭、两头早等品种从未发现过冬孢子堆，称Ⅰ- 1 型；而广益茭、刘潭茭等品种内形成极少数冬孢子堆，称Ⅰ- 2 型。

2. Ⅱ型　肉质茎内散布有冬孢子堆，切面如湖北特产"孝感麻糖"上分布的"芝麻"，这种类型俗称"芝麻茭"。单季茭白大多属该类型，称Ⅱ型。其中又有两种情况：

（1）Ⅱ- 1 型　肉质茎形成时，冬孢子堆即形成，如高庙茭、庐江单季茭等。

（2）Ⅱ-2型　肉质茎形成时，冬孢子堆尚未形成，在纵、横切面上肉眼可见白色菌丝堆，肉质茎老化后，才形成冬孢子堆，如象牙茭、无为茭等品种。

菰黑粉菌冬孢子在肉质茎内一般呈均匀分布，有些品种在横切面上呈辐射状排列，如十里香。不同品种冬孢子堆的大小也存在一定差异，大的冬孢子堆长度可达 0.5~1.0cm，小的冬孢子堆仅 0.1cm。这些性状在各品种间是相对稳定的。

3. Ⅲ型　肉质茎全部为冬孢子占满，不可食用，称为"灰茭"，为Ⅲ型。单季茭、双季茭中都可能出现。一旦变为灰茭则不能恢复为正常茭。野生茭白形成的肉质茎全部是灰茭。

以上三种冬孢子在肉质茎内的分布类型是稳定的，每一个品种都归属于一种特定类型，可以稳定遗传。Ⅰ型、Ⅱ型之间不能相互转化，但都可转化为Ⅲ型，即Ⅰ型→Ⅲ型←Ⅱ型。

第五节　茭白的种质资源

一、概况

湖北省武汉市蔬菜科学研究所至今已收集保存中国近 200 份茭白种质资源，其中，双季茭白种质资源不足 30 份，其余皆是单季茭白或野生种质资源。茭白的种质资源主要分布在黄河以南地区，北方只有少数地区栽培茭白，而且品种多由南方引入。长江流域种质资源丰富，特别是江苏、浙江、安徽、湖北、湖南、云南、广西等省、自治区。野生茭白在各大湖泊几乎都有分布。黄河以北地区的湖泊也有野生茭草的分布（北到黑龙江省的桐江）。

长江中下游目前仍是全国茭白种质资源最丰富的地区。双季茭白多分布在江苏、浙江、上海、安徽等省、直辖市。品种最集中的是在江苏省苏州地区，双季茭白有 9 个代表品种，分别是两头早、大蜡台、中蜡台、小蜡台、大头青、中秋茭等，且早、中、晚熟配套。苏州地区的双季茭通常以采收夏茭为主，8 月定植。一般而言，这些品种植株高大，薹管较长，分蘖力弱，产生游茭的能力强，秋茭在 9 月下旬到 10 月上旬上市，夏茭在 5 月上中旬上市，孕茭适温在 20℃左右。苏州地区的单季茭白品种有 5 个。第二个茭白种质资源较丰富的地区是江苏省的无锡市，代表品种是广益茭和刘潭茭，还有稗草茭、红壳茭等品种。无锡市虽与苏州市相邻，但其种植制度不同，多在春季 4 月上旬种植，也为两季采收，但夏、秋茭并重。这些品种植株相对较矮，薹管较短，分蘖力强，产生游茭能力弱。秋茭在 9 月下旬上市，夏茭在 5 月下旬到 6 月上旬上市，孕茭适温在 25 ℃左右。除江苏省外，茭白种质资源较集中的地区还有浙江省。据《浙江省蔬菜品种志》（1994）记载，共有茭白品种 14 个，其中单季茭白 7 个，以象牙茭、美女茭为代表，双季茭白 7 个，以宁波四九茭、河姆渡茭、梭子茭为代表。此外，种质资源较丰富的安徽省有芜湖茭、桐城茭等双季茭白品种，有无为茭等单季茭白品种。湖北、湖南、江西等省有大量类型多样的单季茭白。如湖北省云梦的大型茭白，单茭重可达 150~200g，以及鄂西山区的特异茭白种质资源秭归的屈原茭、秭归茭，其表皮洁白，质地致密，10 月 20 日才上市，可延长茭白的供应期。湖南省的邵阳茭白在有些年份单茭重可达 400～500g。江西省的南昌茭早熟性好，九江的十里香不感染锈病。但上述这些地区均未发现双季茭白地方品种。广西壮族自治区、广东、贵州、云南省也都有较多单季茭白种质资源，这些南方的种质资源在武汉多表现为晚熟。其中云南省的茭白种质资源较特异，如安宁县八街乡的茭白品种为双季茭白，在当地单茭重可达 300～400g；又如富民县的款庄茭在当地 3～11 月份可陆续上市。这些地区的茭白多表现为白皮、光滑，而长江中下游平原地区的茭白多为绿皮。不同地区的绿皮单季茭白除在茭白个体大小、孕茭迟早上存在差异外，其他特征特性较相似。台湾省据刘政道（1993）介绍，共有青壳、赤壳和白壳 3 个品种，其中以青壳和赤壳栽培面积较大。

在茭白种质资源征集和保存方面，扬州大学农学院、苏州市蔬菜科学研究所和无锡市蔬菜科学研究所于 20 世纪 80 年代主要收集江浙一带茭白种质资源，共收集 20 多份。湖北省武汉市蔬菜科学研究所从 20 世纪 80 年代初开始茭白种质资源的收集和鉴定工作，目前共收集国内茭白种质资源近 200 份，均保存在国家种质武汉水生蔬菜资源圃内，为全国保存茭白种质资源数量和类型最多的单位。《中国蔬菜品种志》（2001）中收录了茭白种质资源 54 份，《中国水生蔬菜品种资源》（2004）中收录了 62 份，《中国蔬菜品种资源目录》（1998）中收录了 125 份。

在多年调查和研究的基础上，湖北省武汉市蔬菜科学研究所已编成《茭白描述规范和数据标准》一书，其中规范了茭白 121 个性状及调查方法，为中国茭白种质资源的鉴定打下了基础。

在茭白种质资源保存过程中，由于茭白肉质茎的形成是由茭白与菰黑粉菌共同作用的结果，无论哪一方出现变异，都可使茭白发生变异。在茭白地方品种资源中，品种内常有 1～2 种类型的茭白同时存在。一些气候差异较大的地区引种多年，经自然和人工选择后，也会发生一些变异。以下是笔者单位在茭白种质资源保存鉴定中遇到的情况：

（1）在江苏省苏州市征集的吴江茭中有两种形状的肉质茎，一种为长条形，肉质茎长 25～30cm，秋茭晚熟；另一种肉质茎纺锤形，肉质茎长 15cm 左右，粗 4.0cm，秋茭中熟。

（2）在刘潭和广益茭中，出现纺锤形、竹笋形、长条形三种形状，其中竹笋形占 90％以上。竹笋形肉质茎长 20～25cm，单茭重 100g 左右，早中熟。纺锤形肉质茎长10～15cm，单茭重 60～70g，苞叶较多，早中熟。长条形肉质茎品质差，长 30cm 左右，单茭重 80～100g，表皮浅绿，商品性较差，晚熟。

（3）在小蜡台中发现光滑型和表皮略皱两种类型，光滑型商品性较好。

（4）陕西省西安市于 20 世纪 80 年代从江苏省苏州和无锡市引种地方品种中介茭、中蜡台、小蜡台、中秋茭等，种植 8 年后，有些变为早熟品种，且商品性好。如西安中介茭其表皮略皱，植株高大，分蘖力变弱，秋茭熟性较原品种早。

（5）江苏省苏州市蔬菜研究所从地方品种中挖掘出葑红早、杨梅茭等高产、优质的早熟及晚熟品种。

因此，在茭白种质资源的保存过程中，必须年年选种，选用与原品种性状及特性一致的种墩留种。种质资源种植最好是用水泥池隔开，以防根状茎相互穿插而引起混杂，每份种质资源种植应在 10 墩以上。这些变异，除植株本身突变外，可能大多数变异由黑粉菌不同菌株引起。

柯卫东等（1997）从保存在国家种质武汉水生蔬菜资源圃的茭白种质资源中筛选出有代表性的 97 份种质进行综合评估，其中双季茭 24 份，单季茭 73 份，结果见表44-1。

表 44-1　茭白种质资源主要园艺性状

类型	株高（cm）	单茭重（g）	肉质茎长（cm）	肉质茎宽（cm）	生育期（d）	相对熟性
双季茭（24 份）	226.4	102.9	18.9	3.5	174.7	21.2
单季茭（73 份）	246.5	120.9	21.4	3.7	182.0	21.4

从生育期看，双季茭白平均比单季茭白短 7.29d。在单季茭白种质资源中，由南方引入的品种表现迟熟，而由北方（如陕西省）引入的品种表现早熟；从海拔较高的山区引入的品种表现迟熟；而从长江中下游地区引入的品种，早、中、晚熟各种种质资源都有。双季茭白的肉质茎平均比单季茭白轻 20g 左右；单季茭的肉质茎平均长度（33.6cm）比双季茭（18.88cm）长；双季茭白肉质茎粗度平均 3.49cm，最大者为 4.2cm，单季茭白平均 3.67cm，最粗达 4.8cm；双季茭白平均株高 226.43cm，而单季茭白 246.47cm。在双季茭白中，株高相对较矮（230cm 以下）的资源有 10 份，多为江苏省无锡市地方品种，部分为浙江省杭州市地方品种；株高相对较高的多为苏州市地方品种。在 24 份双季茭白中，肉质茎表皮白色者 22 份，浅绿色者 2 份；在单季茭中，表皮白色者 25 份，浅绿色者 68 份。双季茭白中没有菰黑粉菌冬孢子。单季茭白中无冬孢子者仅 3 份，占 4.1%；形成冬孢子的 40 份，占 54.8%；成熟时仅有菌丝体的 30 份，占 41.1%。双季茭白中，多数种质资源表皮略皱，如江苏省苏州市和浙江省地方品种；少数种质资源表皮极皱，如江苏省无锡市地方品种；光滑类型仅 1 份。在单季茭种质资源中，光滑类型有 51 份，占69.9%，而表皮略皱或极皱的较少。

对 13 份双季茭白、50 份单季茭白肉质茎进行了蛋白质、可溶性糖、淀粉、干物质含量的测试分析，结果见表 44-2。

表 44-2　茭白营养成分统计表

类型	干物质（%）	可溶性糖（%）	淀粉（%）	蛋白质（%）
双季茭白（13 份）	7.12	0.99	0.88	0.06
单季茭白（50 份）	7.53	0.92	1.07	0.06

两种茭白类型之间营养成分比较，单季茭白种质资源的变异系数明显高于双季茭白。就单项指标而言，单季茭白干物质平均含量（7.53%）高于双季茭白（7.12%），双季茭白可溶性糖含量（0.99%）高于单季茭白（0.92%），单季茭白淀粉平均含量（1.07%）高于双季茭白（0.88%），单季茭白和双季茭白的蛋白质平均含量相当。

二、优异种质资源

1. 鄂茭 2 号　湖北省武汉市蔬菜科学研究所从陕西省西安市引种的无锡中介茭中发

现的变异单株选育而成。为双季茭白。肉质茎竹笋形，表皮光滑，洁白。夏茭5月下旬至6月上旬上市，商品性好。肉质茎长 18～20cm，宽3.5～4.0cm，单茭重100g。夏、秋茭产量均可达 18 750kg/hm²。每 100g 肉质茎鲜样含可溶性糖 3.22g，干物质 7.52g，淀粉1.09g，蛋白质 0.06g。

2. 鄂茭 1 号 湖北省武汉市蔬菜科学研究所从浙江省杭州市引进的象牙茭中发现的变异单株选育而成。为单季茭白，早中熟。肉质茎竹笋形，表皮洁白光滑，有光泽，长20～25cm，宽 3～4cm，单茭重 100～130g，商品性极好。9月下旬至 10月上旬上市，净茭率高，植株分蘖力较弱，产量为 22 500kg/hm²。每 100g 肉质茎鲜样含可溶性糖 3.46g，干物质 8.35g，淀粉 1.02g，蛋白质 0.06g。较抗胡麻叶斑病。

3. 无为茭 安徽省无为县地方品种。单季茭白，早中熟。株高 255～265cm。叶长170～180cm，宽 4.0～4.5cm。叶鞘长 58～62cm，叶鞘绿色。肉质茎竹笋形，表皮光滑洁白，肉质茎成熟时，茭肉内仅有白色菌丝体。肉质茎质地致密，长 20cm 左右，宽3.5～4.0cm，单茭重 110～130g。

4. 广益茭 江苏省无锡市郊地方品种。为双季茭白，夏茭晚熟，秋茭中熟。分蘖力强，生长势弱。秋茭株高 225～230cm，叶片披针形，叶片长 165～170cm，宽 3.8cm 左右，叶鞘长 55～57cm。夏茭株高 140～150cm。肉质茎竹笋形，表皮白，极皱，有瘤状突起，质地较致密。肉质茎长 18～20cm，宽 3.5～4.0cm，单茭重 90～100g。

5. 黄湾茭 湖北省潜江县地方品种。为单季茭白。肉质茎竹笋形，表皮光滑，浅绿，肉质茎长 12～15cm，宽 3.5cm，单茭重 80～90g。可溶性糖含量为 2.97%。产量15 000～18 750kg/ hm²。

6. 大头青 江苏省苏州市郊地方品种。为双季茭白，夏茭早熟，秋茭晚熟。株高230～250cm。肉质茎蜡台形，表皮洁白光滑，肉质茎长 15cm 左右，单茭重 50～70g。

7. 河姆渡茭 浙江省余姚市农技站从地方品种七月茭变异株中系选育成。该品种出苗早，分蘖强，孕茭早，上市早。肉茭外观洁白光滑，不皱不绿，口味较糯、微甜，肉质细嫩。壳茭产量 22 500～30 000kg/hm²。夏茭上市时间比无锡茭白早 1 周左右，秋茭上市时间则基本相同。

8. 黄岩双季茭 浙江省宁波市黄岩区蔬菜办公室从地方品种四九英中系选育成。属双季茭类型，以采收夏茭为主。适宜保护地早熟栽培，3月上旬至 5月上旬上市。露地栽培于5月中旬至 6月上旬上市。茭肉长 20cm 左右，粗 4cm，夏茭壳茭产量 37 500～45 000kg/hm²。肉质白净细嫩，商品性好，纤维含量少，品质佳。秋茭节位高，茭肉细长，品质一般，产壳茭 7 500～11 250kg/hm²，10月下旬至 11月下旬收获。

三、特殊种质资源

1. 十里香 江西省南昌市郊地方品种。为单季茭白，中熟。分蘖力强，介于野生种和栽培种之间，不感染锈病。株高 210～220cm，株型较分散。叶长 135～145cm，宽3.8～4.0cm。叶鞘长 45～50cm，叶鞘紫红色。肉质茎纺锤形，表皮光滑易绿，肉质茎成熟时茭肉内有少许菰黑粉菌冬孢子，冬孢子在其内分布呈辐射状。节盘圆形。肉质茎长8～10cm，宽 3.6cm 左右，单茭重 60～80g。

2. 澄江茭 云南省澄江县地方品种。为单季茭白，晚熟，茭白成熟期在 10 月中下旬。株高 235cm 左右。叶长 150～160cm，宽 3.6cm。叶鞘长 50cm 左右，叶鞘和叶颈皆为紫红色，为其他品种少见。肉质茎纺锤形，表皮上部略皱，白色，肉质茎成熟时茭肉内仅有白色菌丝体。肉质茎长 17～20cm，宽 3.5～4.6cm，单茭重 130g。

3. 秀林野茭笋 原产湖北省石首市。株型分散，生于湖塘低洼地带。叶鞘紫红色，叶颈紫红色。叶片条形，长 110cm，宽 2.5cm。肉质茎竹笋形，长 10～15cm，宽 2～3cm，肉质茎内尽为冬孢子堆，单茭重 20～25g。若未被菰黑粉菌侵染则可开花结子，属野生茭生态型。

（柯卫东）

主要参考文献

陈守良.1991. 菰属系统与演化研究——外部形态. 植物研究.11（2）：59～73

江解增，曹碚生.1991. 长江中下游茭白品种资源的研究. 中国蔬菜.（6）：30～32

刘政道，林纯瑛.1993. 台湾之水生蔬菜. 见：台湾蔬菜生产业演进四十年专集

孔庆东，柯卫东，杨保国.1994. 茭白资源分类初探. 作物品种资源.（4）：1～4

严龙，1994. 苏南茭白资源初步调查. 中国蔬菜.（2）：38～40

柯卫东，孔庆东，周国林.1995. 我国茭白生产及研究概况. 长江蔬菜.（5）：1～3，（6）：1～3

柯卫东，孔庆东，周国林.1996. 菰黑粉菌不同菌株比较研究. 长江蔬菜.（8）：21～23

柯卫东，孔庆东，彭静.1997. 茭白种质资源的综合评估. 作物品种资源.（1）：9～11

柯卫东，孔庆东，余家林.1997. 双季茭白品种资源材料的系统聚类分析. 华中农业大学学报.16（6）：599～600

柯卫东，孔庆东，彭静.1997. 我国双季茭白品种资源及育种研究. 武汉植物学研究.15（3）：262～268

赵有为主编.1999. 中国水生蔬菜. 北京：中国农业出版社

叶静渊.2001. 我国水生蔬菜的栽培起源与分布. 长江蔬菜，（增刊）.4～12

彭静，柯卫东，叶元英等.2001. 几种水生蔬菜品质分析. 长江蔬菜.（增刊）：58～62

第四十五章

慈　姑

第一节　概　述

慈姑 [*Sagittaria trifolia* Linn. var. *sinensis* (Sims) Makino] 为多年生水生或沼生草本植物，属泽泻科（Alismataceae）慈姑属（*Sagittaria* Linn.）野慈姑（*Sagittaria trifolia* Linn.）的一个变种。又称茨菰、慈菰，俗称剪刀草、燕尾草等，古籍中有"藕姑"等别名。染色体数 $2n=2x=22$。

慈姑以其球茎作为食用器官，可煮食、炒食或制淀粉，产品以鲜销为主，可以从 11 月上旬供应至翌年 4 月份。据《中国食物成分表》（2002）介绍，每 100g 慈姑球茎中含碳水化合物 19.9g、蛋白质 4.6g、脂肪 0.2g、磷 157mg、钾 70mg、钙 14mg、铁 2.2mg 等。慈姑有清热、消毒的功效，是中医常用的解毒药。中国首次从慈姑球茎中分离出慈姑蛋白酶抑制剂（API），在转基因植物中用于害虫防治。

慈姑在中国、日本、朝鲜等东亚国家作蔬菜栽培。中国的慈姑栽培主要集中在长江流域以南各地，如江苏、浙江、广西、广东等省、自治区栽培面积较大。栽培最集中、面积最大的地区是江苏省宝应县，近年来，每年栽培面积在 3 333hm^2 左右。估计全国的栽培面积在 20 000hm^2 左右。

目前中国已收集国内各类慈姑种质资源 110 多份，保存在国家种质武汉水生蔬菜资源圃内。

第二节　慈姑的起源与分布

一、慈姑的起源

慈姑原产中国。中国早在唐代以前的本草类文献中就已有慈姑入药的记载。南北朝时梁人陶弘景编撰的《名医别录》（526 年前后）最早记载了慈姑的生长习性、食用和药用价值。其曰："乌芋，一名藕姑，一名水萍。二月生叶如芋。三月三日采根，曝干。"又谓："藕姑，生水田中。叶有桠，状如泽泻。其根黄，似芋子而小，煮之可啖。疑其有乌者，根极相似，细而美，叶乖异，状如苋草，呼为凫茨，恐此也。"当时称慈姑为"乌芋"、"藉姑"等。到唐代，人们已经认识到慈姑是与泽泻亲缘关系相近的一种植物，但是，却一直将慈姑与荸荠混为一谈。唐代大诗人白居易《履道池上作》诗中有"渠荒新叶长慈姑"，是目前所见到的著录慈姑这一名称的最早史料。北宋《图经本草》（1060）首次将慈姑与荸荠明确予以区分。明代李时珍的《本草纲目》（1578）也对慈姑与荸荠（乌芋）进行了区分。但是，其后人们仍然不时将"乌芋"作为"慈姑"的别名应用。其实，中国对慈姑的认识可追溯到 3 世纪上半叶汉魏之际成书的张揖《广雅》："水芋，乌芋也。"古人之所以将慈姑与荸荠混为一谈，根源可能源于《广雅》。虽然如此，《广雅》毕竟反映了早在汉魏之际，人们对慈姑已经有一定的认识。元代农书《农桑衣食撮要》（1314 年）首次记载了慈姑的栽培方法："三月，种茈菰，无掘地深，用芦席铺填，排茈菰于上，用泥覆。"不过，南宋嘉泰元年（1201），浙江《吴兴志》已记载："茨菰，今下田亦种。"据此推测慈姑的驯化栽培可能发轫于两宋之际。

二、慈姑的分布

野慈姑 Sagittaria trifolia Linn. 除原变种外，还有一个变种、一个变型。

野慈姑（S. trifolia Linn. var . trifolia）（原变种）在中国除西藏自治区等少数地区没有分布外，几乎全国各地都有分布，通常生于湖泊、池塘、沟渠、水田等水域。该变种在亚洲广为分布，在欧洲东部俄罗斯南部和乌克兰东南部也有发现（陈家宽，1989）。用于栽培的慈姑［S. trifolia Linn. var. sinensis（Sims）Makino］主要分布在中国的中部及东南部，尤其在长江以南各省（自治区、直辖市）广泛栽培。日本、朝鲜也有栽培。另有一变型为剪刀草［S. trifolia Linn. var. trifolia f. longiloba（Turre.）Makino］，分布在中国的东北、华北、华东、华中及四川、贵州等省。生长于平原、丘陵或山地的湖泊、沼泽、沟渠、稻田等水域的浅水区。在东南亚地区也有分布。

第三节　慈姑的分类

一、植物学分类

分类学家对慈姑属植物的认识已有很长历史。自林奈建立慈姑属起，多位学者对慈姑属作了修订（Rataj，1973，1972；Bogin，1955），使慈姑属植物的分类大为改观。世界范围内发现的慈姑属植物约 30 种，多数种类集中在北温带，少数种类分布于热带或近于北极圈。中国已知慈姑属有 9 个种，1 个亚种，1 个变种，1 个变型。仅野慈姑（S. trifolia Linn.）与蔬菜栽培相关。其下保留 1 变种，1 变型（《中国植物志》，1992）。慈姑是野慈姑中的一个变种，作为蔬菜栽培。其他变种、变型为其野生近缘植物。

变种、变型检索表

1. 野生植物，植株较小；叶片较薄，顶裂片先端尖，不呈广卵形，与侧裂片之间不明显缢缩；无球茎，或球茎小，长椭圆形；花序小型，分枝 1（～2）轮，或无；侧枝上具 1 轮雌花，或无，花托近球形。

2. 叶片较大，不呈飞燕状，圆锥花序通常具 2～3 枚分枝，侧枝着生雌花 ……………………
…………………………………………… 野慈姑（原变种）S. trifolia Linn. var. trifolia

2. 叶片较小，呈飞燕状，花序多总状，圆锥花序者仅具 1 枚分枝，通常无雌花，稀 1～2 朵雌花……
………………………………… 剪刀草（变型）S. trifolia Linn. var. trifolia f. longiloba

1. 栽培植物，植株高大，粗壮；叶片宽大，肥厚，顶裂片先端钝圆，广卵型，与侧裂片之间明显缢
缩；球茎呈球形至卵圆形，达 5～8cm×4～6cm；花序高大，分枝通常 3 轮，每轮 3 个侧枝；雌花 2～
3 轮；花托扁圆形 …………………………………… 慈姑（变种）S. trifolia Linn. var. sinensis
（引自《中国植物志》，1992）

慈姑（S. trifolia Linn. var. sinensis）与原变种野慈姑（S. trifolia Linn. var. trifolia）的不同在于：慈姑植株高大，粗壮，叶片宽大，肥厚，顶端裂片先端钝圆，卵形至宽卵形；根状茎末端膨大呈球形，可达 5～10cm×4～6cm；球茎可作蔬菜食用。圆锥花序高大，高 20～60cm，有时可达 80cm 以上，分枝（1～）2（～3）轮，着生于下部，具 1～2 轮雌花，主轴雌花 3～4 轮，生于侧枝之上；雄花多轮，位于上部，组成大型圆锥花序。而野慈姑植株高矮、叶片大小及其形状变化复杂。球茎小，无食用价值。陈家宽（1989）观察到，栽培的慈姑逸出后可变成野慈姑，栽种的慈姑可能由于改种其他作物而逃逸到了田边或沟边，长期逃逸出的慈姑形态发生明显的变化，叶片逐渐变窄，花序分枝变少，球茎变小而少食用价值。因此认为，慈姑可能由野慈姑驯化培育而成。

剪刀草（变型）（S. trifolia Linn. var. trifolia f. longiloba）与原变种的不同在于：植株细小；根状茎末端不呈球形；叶片明显窄小，呈飞燕状，全长 15cm，顶裂片与侧裂片宽 0.5～1.5cm；花序多总状，稀圆锥花序者仅具 1 枚分枝，无雌花，罕有 1 轮雌花。

值得注意的是，由于地理条件的限制，有些欧美植物分类学家将野慈姑作为欧洲慈姑（S. Sagittifolia Linn.）的异名，或被世界慈姑属专家根本否定。中国一些学者长期把野慈姑（S. trifolia Linn.）误定为欧洲慈姑者甚多（《中国蔬菜栽培学》，1987；《中国农业百科全书·蔬菜卷》，1990；《中国水生蔬菜》，1999 等），应予以澄清。欧洲慈姑与野慈姑（S. trifolia Linn.）的主要区别在于：欧洲慈姑具沉水叶、挺水叶，挺水叶顶端裂片与侧裂片近等长，内轮花被片基部具紫色斑点，花药紫色等，易于区别。地理上主要分布于欧洲，中国仅在新疆阿勒泰地区采到少量标本。而野慈姑的成年植株无非箭形叶，慈姑的非箭形叶仅出现在生殖生长之前，进入花期后决无非箭形叶。另外，野慈姑的花瓣白色，花药黄色，基部裂片大多长于顶端裂片（《中国植物志》，1992）。

二、栽培学分类

根据慈姑球茎的大小、箭形叶的宽窄等特征，可将慈姑分为栽培慈姑和野生慈姑。栽培慈姑即慈姑（S. trifolia Linn. var. sinensis），野生慈姑即植物分类上的野慈姑（S. trifolia Linn. var. trifolia）和剪刀草（S. trifolia Linn. var. trifolia f. longiloba）（图 45-1、45-2）。并均可根据球茎色泽分为白慈姑、乌慈姑和黄慈姑等。其下再根据球茎形状分为球形、椭圆形等，如图 45-3。

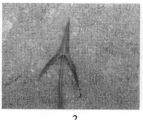
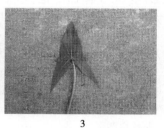

图 45-1　慈姑、剪刀草和野慈姑的叶片
1. 慈姑　2. 剪刀草　3. 野慈姑

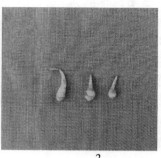

图 45-2　慈姑和野慈姑的球茎
1. 慈姑（巢湖慈姑）　2. 野慈姑（民山野慈姑）

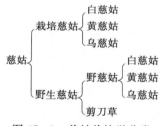

图 45-3　慈姑栽培学分类

第四节　慈姑的形态特征与生物学特性

一、形态特征

(一) 根

根为须根系。在过渡叶伸张的同时，自顶芽上第三节发生白色线状须根，长 10～12cm，粗 0.1～0.2cm，须根发生后 7 d，其上又抽生纤毛状支根，但无根毛。随植株生长，须根数量及长度渐增，须根可长达 40cm，根数在 150 根以上（图 45-4）。

（二）茎

茎分为短缩茎、根状茎、球茎三种。短缩茎为主茎，每长1节，抽生1片叶。根状茎由短缩茎上各节腋芽萌动后穿过叶柄基部向土中生长形成，长40～60cm，每株有根状茎11～13条，多时可达18～19条，入土深浅受气候影响，一般为18～30cm。根状茎在气温低时，顶端膨大成球茎，每株14个左右。球茎呈球形、椭圆形等，球茎皮色分为白色、黄白色或乌色等，肉质白色、乌色，具顶芽，稍弯曲。

（三）叶

密集互生于短缩茎上，挺水，具长柄，长60～130cm。叶片长30～50cm，宽15～25cm。球茎萌发初期的叶为叶柄状、匙形叶等过渡类型叶，后为箭形叶。

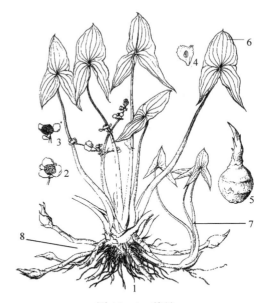

图 45 - 4　慈姑
1. 植株　2. 雄花　3. 雌花　4. 果实　5. 球茎
6. 叶　7. 分株　8. 根状茎

同一植株上不同形态的叶出现先后有一定的规律，而并非不同水深环境对叶形的塑造所起作用。

（四）花

花序圆锥形，雌雄同株异花，雄上雌下，每轮有花3朵，少数为2、4或5朵，有时出现雌雄花长在同一轮的现象。花瓣白色，3枚。花萼片3枚，内折。雄蕊多数，花丝丝状。雌花心皮多数，集成球形，离生，子房上位，1室1胚珠，胚珠倒生。同株雌花先开，雄花后开。

（五）果实

结实后形成多数密集瘦果，扁平，倒卵形，具翅，背翅多少不整齐；果喙短，自腹侧斜上。种子褐色，具小凸起。种子发芽率低，实生苗当年所结球茎小。生产上用球茎进行无性繁殖。

二、对环境条件的要求

（一）温度

慈姑为喜温作物，当温度稳定在14℃以上时，球茎开始萌发，植株生长适宜温度为20～30℃。当平均气温降到20℃以下时，根状茎顶端膨大形成球茎。气温降至14℃以下，新叶停止生长；当气温下降至8℃时，植株地上部分枯死。

（二）光照

慈姑喜光，要求充足光照。长日照有利于茎叶生长，短日照有利于球茎形成。

（三）水分

慈姑为浅水植物，生长期间一般要求 10～15cm 深的水位。苗期要求 3cm 左右浅水，旺盛生长期逐渐加深至 13～15cm，结球期要求水位降至 7～10cm。

（四）土壤与营养

慈姑为耐肥作物，要求土壤深耕熟化、肥沃，一般以富含有机质的壤土或黏壤土为宜。

第五节　慈姑的种质资源

一、概况

在中国，慈姑种质资源一直由栽培者自己保存。在长江中下游及其以南地区，各地都有地方特色的栽培品种。而野生种质资源分布更广，各地的沟渠、池塘、水田边等都可以找到。从 20 世纪 80 年代初起，武汉市蔬菜科学研究所开始在全国范围内广泛征集慈姑种质资源，并开展慈姑种质资源保存和研究工作。截至 2005 年，共收集保存慈姑种质资源 99 份，其中野生及近缘种慈姑 44 份，保存在国家种质武汉水生蔬菜资源圃内。这些种质资源包含传统的著名地方品种、不知名称的地方种质资源及野生、野生近缘种，如江苏省的侉老乌、苏州黄、浙江省的沈荡慈姑、广西壮族自治区的南宁慈姑、湖北省的谢湾慈姑等。通过评估，发现一些抗黑粉病种质资源和特异种质资源。

在收集的种质资源中，栽培慈姑有 55 份，其中白慈姑 12 份，黄慈姑 12 份，乌慈姑 31 份。野生慈姑 44 份，其中野慈姑 39 份，剪刀草 1 份，野生近缘种 4 份。通过对 54 份慈姑种质资源的田间鉴定发现（表 45 - 1），慈姑一般植株高大，平均株高 129.2cm；叶片宽大肥厚，顶裂片长 24.9cm，宽 19.0cm，下裂片长 25.5cm，宽 14.0cm，总叶宽 26.8cm；球茎大，纵径 4.7cm，横径 4.4cm，单球重 55.3g。在栽培慈姑中白慈姑的株高最高，叶片箭形，少阔箭形，顶裂片，下裂片窄，球茎多圆形，少椭圆形，单球重最轻；黄慈姑株高中等，叶片阔箭形，顶裂片、下裂片较宽，球茎多椭圆形，少球形；乌慈姑最矮，叶片多阔箭形，顶裂片、下裂片最宽，球茎多球形、扁球形，单球重最大，较抗黑粉病。野慈姑植株矮小，叶片细箭形、箭形或戟形，顶裂片宽，下裂片宽变异较大，分株多，球茎多球形，单球重小，有些种质资源不结球茎，对黑粉病抗性最强。

表 45-1　不同类型慈姑种质资源主要园艺性状比较

类型名称	株高(cm)	每株分株数	叶形	叶顶裂片(cm)		叶下裂片(cm)		叶宽(cm)	球茎形状	球茎纵径(cm)	球茎横径(cm)	单球重(g)	黑粉病病情指数
				长	宽	长	宽						
野慈姑	100.8	4.5	细箭形、箭形、戟形	20.9	18.0	24.0	12.0	23.3	卵圆形、圆球形	2.3	2.0	9.5	7.5
慈姑	129.2	0.3	箭形、阔箭形	24.9	19.0	25.5	14.0	26.8	扁球形、圆球形、卵圆形、纺锤形	4.7	4.4	55.3	29.3
栽培乌慈姑	125.3	0.2	箭形、阔箭形	26.7	20.7	25.7	14.9	27.8	扁球形、圆球形	4.2	4.5	58.3	23.2
栽培白慈姑	135.9	0.1	箭形、阔箭形	23.9	17.2	25.9	12.7	26.0	圆球形、卵圆形	5.0	4.1	46.7	50.8
栽培黄慈姑	131.9	0.5	箭形、阔箭形	22.8	17.5	25.0	13.4	22.8	圆球形、卵圆形、纺锤形	5.1	4.3	54.8	29.3

《中国蔬菜品种资源目录》（1998）中收录了该圃保存的慈姑种质资源 79 份，具体分布情况如下：湖北省 21 份、江西省 4 份、江苏省 9 份、浙江省 3 份、广西壮族自治区 14 份、陕西省 1 份、云南省 12 份、河南省 4 份、安徽省 6 份、河北省 2 份、山东省 1 份、贵州 2 份。《中国蔬菜品种志》（2001）收录了慈姑种质资源 24 份，其中 19 份为《中国蔬菜品种资源目录》（1998）已收录的种质资源，新增的有 5 份，其中浙江省 1 份、福建省 2 份、广东省 2 份。《中国水生蔬菜品种资源》（2004）中共收录了上述慈姑种质资源 37 份。目前，武汉市蔬菜科学研究所正在开展慈姑离体保存技术研究，已成功培育出慈姑的试管苗和试管慈姑。

二、抗病种质资源

慈姑主要病害有慈姑黑粉病〔*Doassansiopsis horiana*（P. Henn.）〕、慈姑斑纹病（*Cercospora sagittariae* Ell. et Kell.）等，其中慈姑黑粉病是慈姑的首要病害，是制约慈姑优质高产的主要因子，许多栽培地区常因此病造成 20％左右的减产，严重的可达 50％以上。在自然条件下，野生慈姑比栽培慈姑抗病，乌慈姑比白慈姑抗病，栽培白慈姑和栽培黄慈姑一般都易感染黑粉病。5 份来自广西壮族自治区的野生慈姑材料在自然条件下完全不感染黑粉病，这 5 份材料分别是：广西 S-81 慈姑、广西 S-85 慈姑、广西阳朔心大坪慈姑、南宁荔浦慈姑，全部为乌慈姑。

三、优异种质资源

中国劳动人民在长期的栽培实践中，通过长期的自然和人工选择，培育了一些在生产上广泛应用的优异慈姑品种，如乌慈姑类型侉老乌、黄慈姑类型苏州黄、白慈姑类型沈荡慈姑、南宁白慈等，这些品种的共同特征是产量高，品质好，深受消费者喜爱。

1. 侉老乌　又名刮老乌，属乌慈姑类型，原产江苏省宝应县，苏北地区栽培较多，广泛分布江苏各地。中熟，生育期 200d 左右。植株粗壮，株高 150cm。叶箭形，深绿色，长 57cm，宽 30cm。球茎圆球形，表皮乌色，纵径 4.0cm，横径 4.2cm，单个球茎重 20～25g，顶芽粗壮，多向一侧弯曲。球茎肉质浅乌色，较致密，淀粉含量较高，略带苦味。耐贮藏。产量 12 000～15 000kg/hm²。较抗慈姑黑粉病（图 45‐5）。

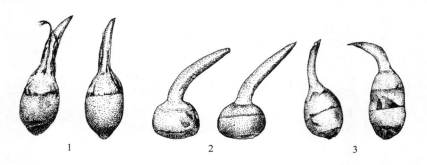

图 45‐5　苏州黄、刮老乌和南宁白慈

1. 苏州黄　2. 刮老乌　3. 南宁白慈

（仿《中国蔬菜品种志》，2001）

2. 苏州黄　属黄慈姑类型，原产江苏省苏州市，现广泛分布于江苏南部等地。晚熟，生育期 220d。株高 140cm。叶箭形，绿色，长 45cm，宽 26cm。球茎长卵形，表皮淡黄色，纵径 5.7cm，横径 4.5cm，单个球茎重 25～40g，顶芽扁而肥大，稍弯曲。肉质黄白色，细致，无苦味，产量 9 000～11 250kg/hm²。

3. 沈荡慈姑　属白慈姑类型，原产浙江省海盐县沈荡镇。晚熟，生育期 220d。株高 100～130cm。叶片尖箭形，长 30cm，宽 20cm，淡绿色。球茎椭圆形，纵径 5.5cm，横径 4cm，单个球茎重 30～35g。表皮和肉均为黄白色，质柔软，少有苦味，品质好。产量 12 000～15 000kg/hm²。

4. 南宁白慈　属白慈姑类型，原产于广西壮族自治区南宁市。晚熟，生育期 220d。株高 140cm。叶片宽箭形，长 51cm，宽 27cm，淡绿色。球茎椭圆形，纵径 5.4cm，横径 4.1cm，单个球茎重 20～30g。表皮和肉均为白色，无苦味。产量 10 500～13 500 kg/hm²。

5. 呈贡慈姑　属乌慈姑类型，原产于云南呈贡。晚熟，生育期 220 d。株高 116cm。叶片阔箭形，顶裂片长 20.4cm，顶裂片宽 19.3cm，下裂片长 23.2cm，下裂片宽 11.0cm，深绿色。球茎乌蓝色，扁圆形，纵径 5.3cm，横径 5.6cm，单个球茎重 100g 左右。产量 12 000～15 000kg/hm²。

四、特殊种质资源

广西 S‐81 慈姑：属野生乌慈姑类型，原产广西壮族自治区。生育期 188d，早熟。株高 80～85cm。箭形叶的上裂片略呈戟形，较特殊。单个球茎平均重 5.2g，球茎圆球形，表皮浅乌色。抽生根状茎的能力特别强。

第六节　　慈姑种质资源研究

　　慈姑属植物的染色体研究始于 O. Liehr。1916 年 O. Lieher 观察了 S. *Sagittifolia* Linn. 的染色体，确定 2n = 22。黄国振等（1980）、李林初（1985）报道的 S. *Sagittifolia* Linn. 核型，应均系栽培种慈姑 S. *trifolia* Linn. var. *sinensis*（Sims）Makino。陈家宽（1986）对慈姑的染色体也进行了研究。以上中国学者研究所得出的慈姑的染色体的核型分别为：$2n=2x=22=2m+2sm+2st+16t$、$2n=2x=22=2m+8t$、$2n=2x=22=2m+2sm+18st$（2st），核型类型为 3B。上述核型公式不一致，主要是由 2～10 号染色体的观察差别造成的。造成差别的原因有两个：一是在染色体制片过程中的预处理不同，导致染色体收缩不同，尤其对近端部着丝点影响最大；二是它们的短臂都很短，测量上稍有不同，臂比误差会很大（陈家宽，1989）。尽管如此，慈姑的核型公式基本上是一致的。在慈姑染色体的研究中，黄国振（1980）还发现了染色体的分段现象。这种分段现象是有规律的，在同源染色体间断痕出现的位置与次数是相似的，而在非同源染色体间有明显的差别。在细胞分裂周期中，从前期到后期的各分裂时间内均可观察到染色体的分段现象。

　　分子生物学研究方面，中国科学院上海生物化学研究所近年在世界上首次从慈姑球茎中分离出慈姑蛋白酶抑制剂基因（API）。API 基因具有抑制多种蛋白酶（胰蛋白酶、胰凝乳蛋白酶、激肽释放酶、弹性蛋白酶和 LYS 羧肽酶等）的功能，抗虫广谱性更强，是抗虫植物基因工程的理想材料，已成功导入棉花、小白菜（普通白菜）等作物中，获得很好的抗虫效果（张智奇等，1999；黄骏麒等，2001）。

（柯卫东　黄新芳）

主要参考文献

裴鉴，单人骅 . 1952. 华东水生维管束植物 . 北京：科学出版社

曹侃，赵有为，翁训珠 . 1962. 慈姑生物学特性及其丰产栽培技术的初步研究 . 园艺学报 . 1（3～4）：305～312

黄国振，杜冰群，吴玉兰等 . 1980. 慈姑染色体的组型分析及其分段现象 . 遗传学报 . 7（4）：354～360

颜素珠 . 1983. 中国水生植物图说，北京：科学出版社

李林初 . 1985. 泽泻和慈姑核型的比较研究 . 武汉植物学研究 . 3（4）：297～302

中国农业科学院蔬菜花卉研究所主编 . 1987. 中国蔬菜栽培学 . 北京：农业出版社

陈家宽 . 1989. 中国慈姑属的系统与进化植物学研究 . 武汉：武汉大学出版社

中国科学院中国植物志编辑委员会主编 . 1992. 中国植物志（第八卷）. 北京：科学出版社

中国农业科学院蔬菜花卉研究所主编 . 1998. 中国蔬菜品种资源目录（第二册）. 北京：气象出版社

黄新芳，孔庆东，柯卫东等 . 1998. 华夏慈姑种质资源及其研究（上）. 长江蔬菜 . （11）：1～3

黄新芳，孔庆东，柯卫东等．1998．华夏慈姑种质资源及其研究（下）．长江蔬菜．（12）：1～3

张智奇，周音，钟维瑾等．1999．慈姑蛋白酶抑制剂基因转化小白菜获抗虫转基因植株．上海农业学报．15（4）：4～9

赵有为主编．1999．中国水生蔬菜．北京：中国农业出版社

黄新芳，柯卫东，周国林．2000．慈姑种质资源对黑粉病抗性的自然鉴定．长江蔬菜．（2）：24～26

黄骏麒，龚蓁蓁，吴敬音等．2001．慈姑蛋白酶抑制剂（API）基因导入棉花获得转基因植株．江苏农业学报．17（2）：65～66

中国农业科学院蔬菜花卉研究所主编．2001．中国蔬菜品种志（下卷）．北京：中国农业科技出版社

叶静渊．2001．我国水生蔬菜的栽培起源与分布．长江蔬菜．（增刊）：4～12

刘玉平，柯卫东．2004．慈姑的组织培养．植物生理学通讯．38（3）：244

朱红莲，柯卫东等．2006．慈姑茎尖的组织培养与快速繁殖．中国蔬菜．（3）：15～17

孔庆东主编．2005．中国水生蔬菜品种资源．武汉：湖北科学技术出版社

Small J. K., Alismataceae N. Am.. 1909. Flora, 17 (1)：48～62

Bogin C.. 1955. Revision of the genus *Sagittaria*（Alismataceae）. Men N. Y. Bot, gard., 9 (2)：179～233

Rataj K.. 1972. Revision of the genus *Sagittaria* Ⅰ. Old world species. Annot Zool Bol., 76：1～31

Rataj K.. 1973. Revision of the genus *Sagittaria* Ⅱ. The species of West Indies, Central and South America. Annot Zool Bol., 78：1～61

Chafoor A.. 1974. Alismataceae. In：Fl W. Park, 68：1～12

Cook C. D. K.. 1990. Aquatic Plant Book. The Haque：S P B Academic Publishing

Hu J., Quiros C. F.. 1999. Identification of broccoli and cauliflower cultivars with RAPD markers. Plant Cell Rep., 10：505～511

第四十六章

菱

第一节 概　　述

菱（Trapa spp.）为一年生草本浮水植物，属菱科（Trapaceae）菱属（Trapa），别名：菱角、龙角、沙角、水栗等，染色体数 2n=2x=36。菱的果实可作水果或蔬菜，生、熟食皆可，还可加工制作罐头、果汁、菱粉及酿酒等。菱粉可作食品原料，也可作织物及棉纱的浆料。除果实外，幼嫩的水中茎也可作为蔬菜食用。据《中国食物成分表》（2002）记载，每 100g 鲜菱果实中含水分 73.0g，蛋白质 4.5g，脂肪 0.1g，碳水化合物 21.4g，粗纤维 1.7g，钙 9mg，磷 49mg，铁 0.7mg。菱自古以来就被作为食疗佳品，李时珍的《本草纲目》（1578）中有"菱实粉粥，益肠胃，解内热"的记载。菱肉中还含有麦角甾四烯和 β-谷甾醇，具有一定的抗癌作用。

菱既可深水种植，也可浅水栽培，在世界上分布范围很广，从热带到温带的河、湖地带，都有野生菱，中国和印度进行了驯化和栽培利用，北美和澳大利亚有引种栽培。据估算，目前中国每年种植面积约在 40 000hm² 以上，主要集中在长江中下游及其以南诸省。

中国菱种质资源十分丰富，目前保存在国家种质武汉水生蔬菜资源圃的菱种质资源已有 100 份左右。

第二节　菱的起源与分布

菱起源于欧洲和亚洲的温暖地区（《中国农业百科全书·蔬菜卷》，1990）。1981 年浙江水文地质工程大队在浙江省宁海县岳井公社岳井大队进行水文地质探测时，从距地表 78m 深的地下发掘出距今 2 万～3 万年的炭化四角菱。浙江省余姚河姆渡遗址（距今 7 000年）、嘉兴马家浜新石器遗址（距今 6 000年）及距今 5 000多年的吴兴钱山漾古文化遗址均出土了炭化菱角，出土的菱角有两角菱和圆角菱。叶静渊（2001）认为中国是菱的原产地之一。

菱在中国栽培历史相当悠久，于春秋时期已经开始。传说江苏省苏州市的菱湖是春秋时（公元前 770—前 476 年）吴王曾在该湖种菱而得名，至今已有 2 500 年左右的历史。

历史上有关菱栽培技术记载的文献很多，《齐民要术》（6 世纪 30 年代）在"养鱼篇"附带简约地叙述"种芰法"："秋上子（指菱的果实菱角——引者）果熟时，收取，散著池中，自生矣。"这是有关菱的栽培方法的最早的文字记载。江、浙一带多处新石器时期遗址出土有菱。先秦时期，江、浙一带的先民开始驯化栽培菱应是情理之中的事（叶静渊，2001）。

此后，在江南一带人们不仅掌握了植菱的方法，而且开始进行菱的品种改良。如在唐代，现江苏省苏州地区培育成了著名的折腰菱。至宋代，有关栽培菱品种的记述就更多，苏州地区除折腰菱外，还有馄饨菱，当时的馄饨菱是无角类，与现在栽培的馄饨菱系同名异物。该品种直至民国年间在江、浙两省的太湖地区不少县市尚有栽培，现今在浙江省嘉兴地区栽培的南湖菱很可能是由古籍中所载 馄饨菱逐渐演化而来的。此外，如浙江省湖州地区有两角的果菱、湖趺菱、青菱，四角的太州菱；杭州地区也有馄饨菱、沙角菱、大红菱等。至明清，太湖地区出现了更多新品种，清代雍正年间《陈墓镇志》记载："菱有红白二种，红者名老来红，白者名馄饨菱、沙白菱；又一种特大色红，名雁来红；黑者名乌菱。"除此以外，尚有水红菱、鹦哥青、蝙蝠菱、鳖爪菱等品种。遗憾的是许多品种已陆续遗失，保存到现在的仅有馄饨菱、水红菱、沙角菱、邵伯菱等。

菱属植物分布于欧洲、亚洲、非洲以及北美 、澳洲等地的热带、亚热带和温带地区。从印度到中国、越南、日本，从波兰到希腊、土耳其，从乌克兰到意大利、法国、西班牙，从南非到突尼斯，从坦桑尼亚到几内亚等地都有菱的踪迹。在中国北起黑龙江南至海南、东到台湾、西及新疆，各省、自治区、直辖市几乎都有菱的分布，各地的湖塘内都有大量存在，并且有多种菱生活在同一生境内。

菱在中国南方广泛栽培，如江苏、浙江、安徽、江西、湖南、湖北、四川、广东、广西、上海、福建、台湾等省、自治区、直辖市都有种植；在山东、河南、河北等省也有少量栽培。栽培品种中，以长江中下游各省最为丰富，其中尤以江苏、浙江、湖北、湖南等省栽培面积较大。而菱的野生种则各地都有分布。

第三节　菱的分类

一、植物学分类

菱属（*Trapa* ）自 1753 年确立以来，它的归属与分类一直是一个富有探索性的问题。由于菱属植物的茎、叶、花的形态在各种间区别不大，但果实形态多样，加之分类的划分标准不一，因此各学者处理的结果很不一致。在菱属确立之初，当时将它归在柳叶菜科（Onagraceae）内，后 Dumortier（1829）和 Raimann（1893）将它从柳叶菜科中独立出来确立菱科，分别定名为 Trapaceac 和 Hydrocaryaleae。此后，Ercltman（1952）的孢粉学和 Ram（1956）的胚胎学研究支持了菱应独立成科的观点。现在，菱科（Trapaceac）已为多数植物分类学家所承认。

自菱属建立以来，共记入近百种植物。不少学者从形态学、解剖学、孢粉学等方面对其进行了研究，但菱属植物内种的划分仍有较大争议，至今尚无能被普遍接受的处理意见。目前主要有两种分类处理：一个是以 V. Vassiljev（1949、1965）为代表的细分观点，认为全世界有 70 余种。该分类对菱属下的分类阶元设置过多，又根据个体发育过程中及受环境饰变影响而产生的形态变异现象来划分种及种以下的类群，致使菱属属下分类出现诸多同物异名的现象。另一个是以 T. G. Tutin（1973）为代表的粗分观点，该分类将菱属 13 个种合并为一个复合种 *Trapa natans* Linn.。T. G. Tutin 等认为菱属植物变异多样，种间有许多中间类型，难以区分为不同的种。C. D. K. Cook（1990）记载菱属含 20 种植物或一多形种，其余多为同物异名。

在国内，颜素珠（1983）在《中国水生高等植物图说》中记载，菱科仅一属，菱属植物有 30 种，中国有 11 种，即东北菱（*T. manshurica* Fler.）、细果野菱（*T. maximowiczii* Korsh.）、野菱（*T. incisa* Sieb. et Zucc.）、耳菱（*T. potaninii* V. Vassil.）、冠菱（*T. litwinowii* V. Vassil）、格菱（*T. pseudoincisa* Nakai.）、菱角（*T. japonica* Fler.）、弓角菱（*T. arcuata* S. H. Li et Y. Linn. Chang）、二角菱（*T. bispinosa* Roxb.）、红菱（*T. bicornis* Osbeck）、和南湖菱（*T. acornis* Nakai.）。

熊治廷等（1985）对湖北省菱科植物进行了数量分类研究，采用聚类分析的方法，将湖北地区 17 个类型的菱科植物分为 5 个种、8 个变种。

丁炳扬（1991）对浙江省产的 9 种菱属植物花粉形态进行了较系统的光镜和扫描电镜的观察研究。他根据花粉形态和花、果形态，将浙江省产的 9 种菱属植物分为三类：①野菱类：包括野菱（*T. incisa* Sieb. et Zucc.）、四瘤菱（*T. mammillifera* Miki）、耳菱（*T. potaninii* Vassil）、格菱（*T. pseudoincisa* Nakai.）等四种。均为野生，花粉体积较大，果具纵棱和瘤状突起，果颈较长。②乌菱类：包括乌菱（*T. bicornis* Osbeck）、二角菱（*T. bispinosa* Roxb.）、四角菱（*T. quadrispinosa* Roxb.）和南湖菱（*T. acornis* Nakai.）四种。通常均为栽培，花粉形态较野菱略小。它们的果实大，不具瘤状突起，无纵棱或有不明显纵棱，果颈短而不明显。③细果野菱类，仅一种细果野菱（*T. maximowiczii* Korsh），野生，分布广，花粉体积最大，花和果实小型，无瘤状突起或纵棱，花瓣粉红色。

丁炳扬认为野菱类是较原始的类群，而无角菱处于较高进化水平，其中野菱中四瘤菱处于较低进化水平。果实形态的演化趋势是：四角尖锐具倒刺→短钝无倒刺甚至退化，果体瘤状突起和纵棱明显→不明显或无；花粉形态的演化是：体积大→小，脊状附属物高→低，直而光滑→弯曲或扭曲有节突→成瘤状突起。

于丹（1994）认为细分的观点会使菱属植物的分类造成混乱，而合并为一个复合种无疑会使种的界限模糊不清，而菱属植物的许多重要性状十分稳定，如果实形状、角刺数目、果体雕饰、叶形状、大小、颜色、叶柄气囊形状及大小等，均可作为菱属分类依据，并可据此将分布于中国东北地区的菱属植物类群划分为 6 个种，即东北菱（*T. manshurica* Fler.）、耳菱（*T. potaninii* Vassil.）、细果野菱（*T. maximowiczii* Korsh.）、冠菱（*T. litwinowii* V. Vassil.）、双角菱（*T. bispinosa* Roxb.）和格菱（*T. pseudoincisa* Nakai.）。

《中国植物志》（2000）记载，中国菱属植物有 15 个种、11 个变种，有些中文名与颜素珠（1983）的记载不一致，如将二角菱称为菱、南湖菱称作无角菱等，除上述的种以外，其中增加了四角大柄菱（*T. macropoda* Miki var. *macropoda*）、四角菱（*T.*

quadrispinosa Roxb. var. quadrispinosa)、四瘤菱（T. mammillifera Miki）、八瘤菱（T. octotuberculata Miki）等，但未记载耳菱（T. potaninii V. Vassil）。

胡仁勇等（2001）对中国 12 个省的菱属植物的 13 个种、37 个居群，用 31 个性状进行了 Q、R 聚类分析，得出了与孢粉学相似的结果。37 个居群可分为三类：第一类，包括 4 个居群，仅含细果野菱（T. maximowiczii）一种（图 46-1）。第二类，包括除细果野菱以外的其他野生类型，有野菱（T. incisa）、短茎东北菱（T. manshurica f. kormarovii）、格菱（T. pseudoincisa）、四瘤菱（T. mammillifera）、丘角菱（T. japonica）、冠菱（T. litwinowii）、东北菱（T. manshurica）和耳菱（T. potaninii）等（图 46-2）。第三类为栽培类型，有四角菱（T. quadrispinosa）、乌菱（T. bicornis）、二角菱（T. bispinosa）、南湖菱（T. acornis）等（图 46-3）。

图 46-1　细果野菱

保曙琳等（2004）对长江中下游地区菱属植物进行了 DNA 分子鉴别，认为栽培类的乌菱、二角菱、四角菱以及南湖菱之间的差异应为种内差异，把栽培类作为野生居群的变种比较合理，聚类的结果也可以看出不同果体特征和不同居群的菱可以聚为一类，菱属植物有可能起源于同一种野生类群，而且具有种内较高的遗传稳定性。

从以上分析可以看出，对于菱属植物，国内外学者对种的划分至今仍存在较大分歧。有些栽培品种对照以上的分类系统，仍然很难明确地进行归类。姜维梅（2004）认为菱属角的数目不能作为种间划分的依据，而只能作为种以下类群的划分依据。其野外考察时甚至发现四角的野菱与两角的格菱同时出现在同一植株上。丁炳扬（1996）观察到菱属的传粉模式是以自花授粉为主，异花授粉仅起辅助作用，同时也可能存在着一定程度的无融合生殖。于丹（1994）认为东北的无刺格菱变种可能是个杂种，是由池塘中栽培的无角菱（T. acornis）与格菱（T. pseudoincisa）杂交的产物。国外对于菱属杂交种已有过报道。笔者在多年的观察中也发现过类似情况，如南湖菱（无角）有时也有一些果实长出 4 个尖端圆钝的果角，在水红菱（四角）中偶尔也出现两角的菱，这可能是不同种质间杂交的结果。因此笔者认为把果的角数作为种间分类的一个主要依据值得商榷。

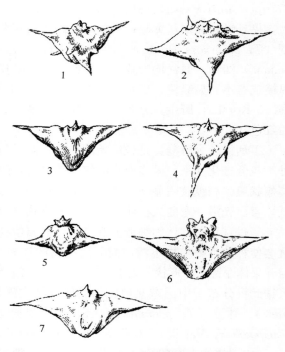

图 46-2　部分野生菱

1. 耳菱　2. 东北菱　3. 菱　4. 野菱　5. 格菱
6. 冠菱　7. 弓菱

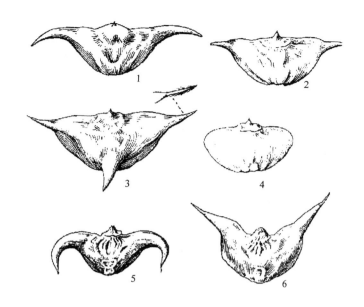

图 46-3 栽培菱
1. 嘉鱼菱（两角青菱） 2. 小白板（两角红菱） 3. 水红菱（四角红菱）
4. 南湖菱（无角菱） 5. 联城红菱（两角红菱） 6. 孝感红菱（两角红菱）

二、栽培学分类

鉴于目前菱属的植物学分类尚无定
论，为避免引起混乱和错误，笔者认为对栽培品种可暂不进行种的划分而视为一个种。在栽培学上，可以根据不同的分类依据将菱分为不同的几种类型，如：根据果的角数多少可以分为四角、两角和无角 3 种类型；根据果皮色的不同分为红菱和青菱 2 种类型；根据熟性的差异分为早熟、中熟和晚熟 3 种类型等。栽培学分类系统分类的层次与标准如下：Ⅰ级：果的角数：四角、两角、无角；Ⅱ级：果的皮色：红色、青色；Ⅲ级：果角尖端的形状：锐尖、圆钝；Ⅳ级：果角的姿态：上弯、斜上举、上举后下弯、平伸、平伸后下弯、斜下伸、下弯等；其他：熟性、果实大小、叶片形状及颜色等。

栽培菱的栽培学分类：

Ⅰ 四角菱
　Ⅱ 红菱（包括紫红色、粉红色）：如水红菱
　Ⅱ 青菱（包括绿色、白绿色、绿泛粉红色）：如邵伯菱

Ⅰ 两角菱
　Ⅱ 红菱（包括紫红色、粉红色）：如小白板
　Ⅱ 青菱（包括绿色、白绿色、绿泛粉红色）：如嘉鱼菱

Ⅰ 无角菱
　Ⅱ 青菱（包括白绿色）：如南湖菱

第四节　菱的形态特征与生物学特性

一、形态特征

(一) 根

根有两种，一种为土中根，是从胚根上和茎基部的几个茎节上向下发生的细长似弦线状的须根，并深入水底泥中吸收养分；另一种为同化根，由托叶边缘演生而来，生于沉水叶痕两侧，对生，呈羽状丝裂，绿色，既能进行光合作用，又能吸收水中养分（图 46 - 4）。

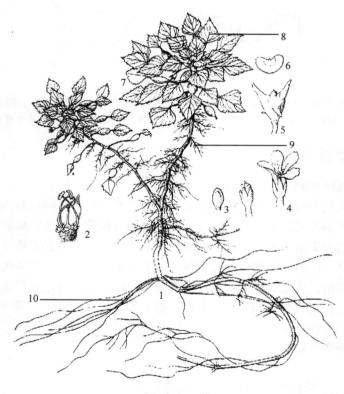

图 46 - 4　菱
1. 植株　2. 去花瓣花（示雌、雄蕊）　3. 花蕾　4. 花
5. 果实　6. 果肉　7. 菱盘　8. 叶片　9. 水中根　10. 土中根

(二) 茎

茎细长，可达 2~5m，绿色或紫红色。接近水面时，节间短缩，密集，变粗，其上轮生叶片，形成叶簇，通常称菱盘。主茎上的分枝称一级分枝，一级分枝上的分枝称二级分枝。每个分枝的顶端可形成一个菱盘。

（三）叶

有沉水叶和浮水叶两种。沉水叶初为线形，无叶柄，以后出现许多过渡型叶片，逐渐长出叶柄，发育成浮水叶。浮水叶的叶片有菱形、圆菱形、椭圆形、卵状三角形等形状；叶缘有锯齿形、圆齿形等类型；叶表有的为绿色，有的则带紫褐色斑；叶柄有黄绿色、紫褐色等颜色；叶柄中上部膨大成海绵质气囊，有椭圆形、纺锤形等形状，有的品种气囊不明显。托叶2枚，生于沉水叶和浮水叶的叶腋，卵状披针形，膜质，早落。着生在水下的常演化为羽状丝裂的同化根。

（四）花

花小，两性，单生于叶腋，白色或粉红色，由下向上顺序发生，伸出水面开花，具短柄。花萼宿存或早落，与子房基部合生，裂片4枚，排成两轮，其中2枚或4枚膨大成为刺角，或全部退化。花瓣4枚，雄蕊4枚，子房半下位。

（五）果实

果实为坚果，革质或木质，在水中成熟，有刺角0、2或4个，由萼片发育而来。果的顶端具果喙。胚芽、胚根和胚茎三者共同形成一个锥状体，藏于果颈和果喙的空腔内（图46-5）。具种子1枚，子叶2片，通常一大一小，其间有一细小子叶柄相连，大子叶倒钝三角形，富含淀粉，小子叶极小，膜片状，着生于胚芽和胚根之间。无胚乳。

图46-5 菱果实各部位名称
1. 肩角　2. 腰角　3. 果冠
4. 果颈　5. 果体瘤状物

果实的形状、大小、刺角的形状及果实外观的形状、纹饰等是菱角种及种以下分类的主要依据。

菱果实的形状：有近锚形、三角形、菱形、弓形、弯牛角形、元宝形等（图46-6）。

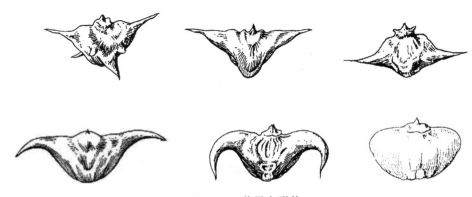

图46-6 菱果实形状

果角的数目：有四角、两角、无角等。

果角的形状和姿态多种多样，如肩角有：上弯、斜上举、上举后下弯、平伸、平伸后下弯、斜下伸、下弯等形状；腰角有：上弯、平伸、斜下伸、下弯等形状。肩角和腰角组合到一起，就形成了极其丰富的果角姿态。果角尖端分锐尖和圆钝两种类型，锐尖类型中又有倒刺和无倒刺两种情况。

果表的颜色：有紫红色、粉红色、绿色、白绿色、绿泛粉红等色。

果体的瘤状物：有 0 个、2 个、4 个、6 个及 8 个等不同数目。

果实表面的纹饰：有多种多样，十分丰富。

二、对环境条件的要求

（一）温度

菱为喜温、喜光作物。种子在日平均气温 14℃ 以上开始萌发，植株营养生长阶段以 20～30℃ 较适宜。开花、结果期则以 25～30℃ 为宜。若水温超过 35℃，就会影响受精和种子发育，造成不结实或畸形果；当日均温度低于 15℃ 时，则茎叶将枯死。

（二）光照

全生育期要求光照充分，阳光直射。

（三）水分

苗期要求浅水，一般以 30～60cm 为宜。随着植株的生长和茎的伸长，浅水品种可逐渐加深到 1～1.5m，耐深水品种可逐渐加深到 2～3m。

（四）土壤与营养

菱主要通过根系从土壤中吸收矿物营养，因此要求土壤较疏松，有机质丰富，淤泥层宜在 20cm 以上。在生长期中不宜过多偏施氮肥，以免出现徒长，降低抗病力。

第五节　菱的种质资源

一、概况

中国是菱的起源地之一，种质资源十分丰富，但很多种质资源处于野生或半野生状态。野生菱一般分布在湖泊、池塘或沟渠，往往在一个湖泊中分布有几种或十几种菱，这些菱通常群居生长，表 46 - 1 是湖北省主要湖泊的菱种类分布。在菱的群落里往往伴生有其他水生植物。

表 46 - 1　湖北省主要湖泊菱种质资源分布情况

	洪湖	梁子湖	长湖	西凉湖	斧头湖	青菱湖	黄家湖	花马湖	汤逊湖	海口湖	太白湖	武山湖
细果野菱 *T. maximowiczii* Korsh.			√		√					√	√	
野菱 *T. incisa* Sieb. et Zucc.	√	√	√	√	√	√	√		√	√	√	√

（续）

	洪湖	梁子湖	长湖	西凉湖	斧头湖	青菱湖	黄家湖	花马湖	汤逊湖	海口湖	太白湖	武山湖
四角菱 *T. quadrispinosa* Roxb.	√								√			
T. bicornis var. *quadrispinosa*					√							
四瘤菱 *T. mammillifera* Miki										√		
耳菱 *T. potaninii* V. Vassil		√				√				√		
东北菱 *T. manshurica* Fler.						√	√					
菱 *T. natans* L.						√	√					
格菱 *T. pseudoincisa* Nakai.	√	√	√			√	√			√		
扁角格菱 *T. pseudoincis* Nakai var. *complana* Z. T. Xing					√							
丘角菱 *T. japonica* Flerow.					√							
冠菱 *T. litwinowii* V. Vassil	√	√				√				√		
双角菱 *T. bispinosa* Roxb.	√	√		√		√	√	√（菱）		√	√	√
T. bicornis var. *bicornis*					√（菱）							
乌菱 *T. bicornis* Osbeck	√					√			√			
红菱（无角菱）*T. acornis* Nakai.					√	√						

注：由于菱种分类和命名的混乱，各湖泊植被群落的调查者对菱的命名也不尽相同，有的学名相同中文名不同，有的中文名相同而学名不同。此表中以学名为准，学名相同中文名不同的在（　　）中标出。

近年来，由于湖区开发和围网养殖，造成许多湖泊中菱的种类急剧减少，甚至整湖的菱种质资源被清除干净。如湖北省的上涉湖，以前菱的种类十分丰富，现在已难觅菱的踪迹，仅在岸边残留有一些老的菱壳。目前在主管部门资助下，在湖北省梁子湖已建立近 14hm² 的野菱原生境保护区，这对野菱种质的保护将有重要意义。望今后在具代表性的不同生态地区也能建立菱的原生境保护区。

中国菱的栽培品种主要集中在长江中下游地区，少数在华南地区。但是各地区之间品种的引进和交流一直较少进行，许多地方品种仅在某一地区种植。由于分布面狭窄以及种植上的变迁，致使一些历史上的著名品种逐渐遗失，如折腰菱等。国内对栽培菱种质资源的研究还较薄弱，近年已对菱属植物的分类作了一些有价值的研究，但有关菱的抗病性、抗虫性等研究仍未见报道。

菱的栽培地区主要集中在长江中下游的湖北、湖南、江苏、浙江等省。据《浙江品种志》（1994）记载，浙江省的栽培菱品种有 6 个，有主产嘉兴、湖州市的南湖菱；主产杭嘉湖及绍兴、诸暨、上虞、余姚地区的扒菱；主产杭州、绍兴、余渚江地区的馄饨菱，主产杭州、绍兴市的水红菱；主产绍兴市的舵背白、一点红等。据《苏南品种志》（1984）记载，苏南地区共有地方品种 16 个，主要栽培品种有：产于苏州市的水红菱；产于里下河地区的小青菱；产于江都县邵伯镇的邵伯菱；产于吴江、吴县、宜兴市等地的大青菱；产于无锡市的四角菱；产于连云港市的两角菱、四角菱、鸡头菱等。安徽省的主要栽培品种有合肥市荷包菱、四角红菱、两角红菱、两角青菱等。广东省广州市的主要栽培品种有广州红菱和广州青菱。湖南省长沙市的主要栽培品种有长沙四角红菱。湖北省的主要栽培品种有孝感红菱、嘉鱼菱和汉川红菱，特别是嘉鱼菱，果大、味美，各地广泛引种。各地诸多的菱种质资源被列入《中国蔬菜品种资源目录》（1998）的有 33 份，其中栽培品种 7

份，野生种质 26 份；被列入《中国蔬菜品种志》（2001）的有 32 份，其中栽培品种 19
份，野生种质 13 份；被列入《中国水生蔬菜品种资源》（2004）的有 27 份，其中栽培品
种 17 份，野生种质 10。目前国家种质武汉水生蔬菜资源圃共保存菱种质资源 103 份，
其中野生种质资源 82 份，栽培品种 21 份。

由于菱为浮水生长，花较小，杂交套袋极不方便，因此国内目前尚无有关栽培菱品种
改良的报道。但通过不同品种和不同类型种质资源的杂交，不仅可以改良品种，而且可以
研究菱的遗传规律（特别是果角数、果皮色等性状），对分类学上种的划分具有重要意义。

菱除栽培品种外，还有大量的野生种分布于全国各地的湖泊、池塘、沟渠中，一般皆
可食用。

二、优异种质资源

菱种质资源中，有一些种质具品质好，或熟性早，或单果大，或易采收等性状。现对
几个综合性状较好的优异种质资源进行简要的介绍。

1. 苏州水红菱　源于江苏省苏州市，属四角红菱。早熟。果肉含水量较多，甜、脆，
宜生食，老果煮熟后也较粉，果壳薄而较软，品质优。菱盘直径 45cm 左右。叶片圆菱形，
叶面绿带紫褐色斑，长 5.9cm，宽 8.2cm。叶柄红褐色，长 15.7cm，横径 0.8cm，气囊长
3.2cm，横径 1.4cm。花白色，花梗横径 0.4cm。果四角锐尖，果皮紫红色，肩角短粗、上
翘，腰角斜下伸，果梗粗 1.1cm，果高 2.6cm、宽 5.7cm，平均单果重约 18g，单果肉重约
10.4g。分枝性中等。采收期 8 月上旬至 10 月上旬，产量 6 000～7 500kg/ hm² （图 46 - 7）。

2. 邵伯菱　源于江苏省江都市邵伯镇，属四角青菱。中熟。果壳较薄，肉质糯性，
味甜，宜熟食，品质好。菱盘直径约 48cm，叶片圆菱形，叶面绿色，叶片长 6.8cm，宽
9.2cm。叶柄黄绿色，长 17.0cm ，横径 0.8cm，气囊长 3.2cm，横径 1.4cm。花白色。
果四角锐尖，果皮淡绿色，果肩高，肩角斜下倾，腰角斜下伸，果高 2.0cm、宽 5.4cm，
平均单果重约 9g，单果肉重约 5.8g。分枝性较强。采收期 8 月中旬至 10 月上旬，产量为
4 500～7 500kg/ hm² （图 46 - 8）。

图 46 - 7　水红菱

图 46 - 8　邵伯菱

3. 嘉鱼菱　源于湖北省嘉鱼县，属两角青菱。晚熟。单果大，果肉淀粉含量高，品
质好，宜熟食。成熟时不易落果，可减少采收次数，节省用工。菱盘直径 37cm 左右。叶

片圆菱形，叶面绿色，长 5.5cm，宽 8.8cm。叶柄黄绿色，长 13.3cm，横径 0.6cm，气囊长 3.2cm，横径 1.5cm。花白色。果两角，粗长且下弯，尖端锐尖，果皮青绿色，较厚硬，果高 3.3cm、宽 10.8cm，平均单果重约 23.4g，单果肉重约 9.6g。分枝性中等。收获期 8 月下旬至 10 月上旬，产量 6 000～7 500kg/ hm² （图 46 - 9）。

4. 孝感红菱　源于湖北省孝感市，属两角红菱。早熟。果肉甜脆，可生食或菜用，品质较好。菱盘直径 37cm 左右。叶片圆菱形，叶面绿色，长 5.5cm，宽 7.2cm。叶柄绿泛红褐色，长 14.2cm，横径 0.6cm，气囊长 3.0cm，横径 1.5cm。花白色，花梗横径 0.3cm。果两角，果皮紫红色，两角斜上举后下弯，尖端锐尖，果高 2.4cm、宽 5.6cm，果梗横径 0.9 cm，平均单果重约 9.9g，单果肉重约 5.7g。分枝性中等。收获期 7 月下旬至 10 月上旬（图 46 - 10）。

图 46 - 9　嘉鱼菱

图 46 - 10　孝感红菱

5. 南湖菱（别名和尚菱、圆角菱）　源于浙江省嘉兴市南湖，属无角菱。中熟。果肉较甜、脆，带糯性，适于采收嫩果供生食。菱盘直径 42cm 左右。叶片圆菱形，叶面绿色，长 6.6cm，宽 9.7cm。叶柄黄绿色，长 17.1cm，横径 0.7cm，气囊长 3.0cm，横径 1.2cm。花白色，花梗横径 0.5cm。果的四角均退化，仅剩痕迹，一侧较平，一侧较凸，外形像元宝，果皮白绿色，较薄，易剥，果梗横径 1.1 cm，果高

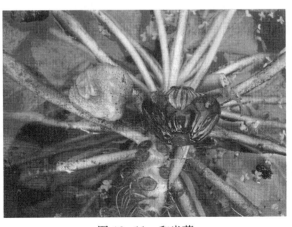

图 46 - 11　和尚菱

2.6cm、宽 4.2cm，平均单果重约 13.8g，单果肉重约 7.4g。分枝性中等。8 月中旬至 10 月上旬采收，每周采收 1 次，注意轻轻采摘，可收菱角 10 250～13 500kg/ hm² （图46 -11）。

6. 浙江青菱 （别名畅角菱）　源于浙江省杭嘉湖地区，属二角青菱。中熟，耐深水。肉质白，品质中等，可生食，宜熟食。菱盘直径 40cm 左右。有绿叶 30～36 片，叶菱形，长 6cm，宽 8cm，叶面绿色，叶缘齿状。叶柄和叶脉青色，长 22cm，横径 0.6cm，气囊长 4cm，横径 1.4cm。果有四角，肩角平伸，腰角向下斜，表皮青白色，壳较厚，果高 3cm、厚 2.4cm，单果重 14g，肉重 9.5 g 左右。最适水深 1.5～2.0m，耐最大水深 3m。8 月下旬至 10 月上旬采收，产量6 000～10 500kg/ hm²。

三、特殊种质资源

大冶细果野菱：源于湖北省大冶市，属细果野菱种。早熟。淀粉含量极高，果肉粉，果较小。菱盘小，直径 13cm 左右。叶片菱形，叶面绿带紫褐色斑，长 2.3cm，宽 2.4cm。叶柄黄绿至红褐色，长 4.9cm，横径 0.2cm，气囊长 1.8cm，横径 0.9cm。花较小，粉红色，花梗横径 0.1cm。果小，四角尖细，果皮白绿泛粉红色，较薄，硬度中等，果梗横径 0.1cm，果高 0.9cm、宽 1.8cm，平均单果重约 0.3g，单果肉重约 0.18g。分枝性较强。

第六节　菱种质资源研究

丁炳扬等 （1991） 对浙江菱属植物花粉形态进行了研究，发现菱属植物花粉粒为近球形或近长球形 （P/E＝1.09～1.24），极面观为钝三角形，赤道面观为近圆形或椭圆形，大小为 72.6～98.4μm×61.5～81.8μm。具 3 沟（角孔型，从极面观沟位于三角形的三个角上），沟狭椭圆形或狭长圆形，长 20.6～27.5μm，宽 10.5～14.7μm。在赤道面有 3 条很清楚的外壁物质折叠而成的子午线像脊状的附属物，沿萌发孔向两极延伸并汇合。在正对萌发孔处，脊状附属物一般较平坦而具瘤状突起，但在两极处及附近则明显突出，其高低、形状及纹饰各种间有变化。外壁其余部分均密布细小瘤状纹饰，并散布少数显著突出的乳头状突起，外壁厚 3～4μm （不包括脊状附属物），外层较内层厚，在萌发孔处无内层。

保曙琳等 （2004） 对长江中下游地区菱属植物进行了 DNA 分子鉴别，结果获得 rDNA ITS1 、ITS2 和 5.8 S rDNA 完整序列，10 个居群菱的 ITS1 与 ITS2 序列的长度分别为 234～236bp 和 220～221bp，5.8S 区均为 164bp，不同居群的碱基差异为 0.22％～2.94％。这种较小的差异性反映了菱种内遗传的稳定性。变异位点数为 16 个，信息位点数 6 个。在信息位点和序列对位排列图中，野生居群与栽培类菱有 3 个具有鉴别意义的碱基位点。

（柯卫东　彭静）

主要参考文献

宋秀珍，胡家祺，方北冀．1981．关于南湖菱的生物学特性和栽培技术初步探讨．浙江农业科学．（6）：302～304

颜素珠．1983．中国水生高等植物图说．北京：科学出版社

熊治廷，王徽勤，孙祥钟等．1985．湖北菱科的数量分类研究．武汉植物学研究．3（1）：45～53

中国农业科学院蔬菜研究所．1987．中国蔬菜栽培学．北京：农业出版社

冯灿，王学雷，王增学等．1989．长湖水生维管束植物群落研究．武汉植物学研究．7（2）：123～130

丁炳扬，方云仁，张慧明等．1991．浙江菱属植物花粉形态研究．植物分类学报．29（2）：172～177

李曙轩．1992．中国农业百科全书·蔬菜卷．北京：农业出版社

冯灿，李鸿钧，於炳等．1992．鄂东花马湖水生高等植物研究 Ⅱ．水生植被．武汉植物学研究．10（1）：43～53

Cook. C. D. K.．王徽勤等译．1993．世界水生植物．武汉：武汉大学出版社

于丹．1994．中国东北菱属植物的研究．植物研究．14（1）：40～47

陈家宽，周进．1995．湖北斧头湖浮叶水生植物群落学研究 I．菱群落的结构．水生生物学报．19（1）：40～48

金明龙，丁炳扬．1995．湖北汤孙湖菱属植物果实性状的变异式样及其分类学意义．绍兴师专学报．15（5）：90～97

丁炳扬，胡仁勇，史美中等．1996．菱属植物传粉生物学的初步研究．杭州大学学报（自然科学版）．23（3）：275～279

于丹，康辉，谢平等．1996．青菱湖和黄家湖水生植物多样性的比较分析．生态学报．16（6）：565～575

夏如冰．1996．古代江南菱的栽培与利用．中国农史．15（1）：102～106

李伟．1997．洪湖水生维管束植物区系研究．武汉植物学研究．15（2）：113～122

中国农业科学院蔬菜花卉科学研究所．1998．中国蔬菜品种资源目录（第二册）．北京：气象出版社

赵有为．1999．中国水生蔬菜．北京：中国农业出版社

中国植物志编辑委员会．2000．中国植物志．北京：科学出版社

简永兴，王建波，何国庆等．2001．湖北省海口湖、太白湖与武山湖水生植物多样性的比较研究．生态学报．21（11）：1815～1824

叶静渊．2001．我国水生蔬菜的栽培起源与分布．长江蔬菜．（增刊）：4～12

中国农业科学院蔬菜科学花卉研究所．2001．中国蔬菜品种志．北京：中国农业科技出版社

胡仁勇，丁炳扬，黄涛等．2001．国产菱属植物数量分类学研究．浙江大学学报（农业与生命科学版）．27（4）：419～423

柯卫东，黄新芳，李双梅等．2001．水生蔬菜种质资源研究概况．长江蔬菜（增刊）．15～24

彭映辉，简永兴，泥乐意等．2003．西凉湖水生植物多样性研究．广西植物．23（3）：211～216

孔庆东．2004．中国水生蔬菜品种资源．北京：中国农业出版社

保曙琳，丁小余，常俊等．2004．长江中下游地区菱属植物的 DNA 分子鉴别．中草药．35（8）：

926～930

姜维梅，丁炳扬．2004．国产菱属植物亲缘关系的 RAPD 分析．浙江大学学报（农业与生命科学版），30（2）：191～196

Vassiljev V.．1949．*Trapa* in Flora URSS．Acad. Sci. URSS，Mosqua，15：638～662

Ram M.．1956．Floral morphology of *Trapa bispinosa* Roxb. with a discussion of the systematic position of the genus．Phytomorph，（6）：312～323

Vassiljev V.．1965．Species novae Africanicae generis *Trapa* L.．Nov. Sist. Vyss. Rast，175～194

Tutin T. G.．1968．Flora Europaea（M）．Cambridge：Cambridge University Press，2：303，452

Kak A M.．1988．Aquatic and wetland vegetation of western Himalayas［J］．J Econ Tax Bot.，12（2）：447～451

第四十七章

黄花菜

第一节 概 述

黄花菜（*Hemerocallis citrina* Baroni），又称金针菜、柠檬萱草，为百合科（Liliaceae）萱草属多年生宿根草本植物。原产中国，主产于湖南、四川、甘肃等省（刘金郎，2005），主要通过分根进行无性繁殖。中国种植的主要品种属于二倍体，染色体数为$2x=2n=22$。作为中国特产蔬菜，最早可见于《诗经》（公元前 6 世纪中期）："焉得谖草，言树之背"。魏（220—265）时嵇康《养生论》有"萱草忘忧，亦为食之"。古时"谖"、"萱"通用，都指现在的黄花菜，同时萱草、忘忧、疗愁、丹棘、鹿葱、宜男等也都是指黄花菜。由此可见，中国 2 000 多年前就栽培黄花菜了。

黄花菜甘、凉，有毒，能利尿消肿、清热、抗菌，这同黄花菜所含有的化学物质有关。黄花菜的根含有多种蒽醌类化合物和有毒的萱草根素（hemerocallin），花中含有 58种挥发性的化学物质，如 t-β-罗勒烯、芳樟醇、吲哚、α-金合欢烯、橙花叔醇等。黄花菜以干食为主，食用时需将黄花菜的花蕾加工制成干制品。《本草纲目》（1578）所描述的"今东人采其花跗干而货之"即可为证。而黄花菜鲜食时，则需将含苞未放的花蕾用清水浸泡、沸水烫漂，除去秋水仙碱，以防中毒，然后才能焙炒。

黄花菜的营养价值很高，富含蛋白质、糖、各种矿物盐和维生素。据《中国野菜》（2004）记载，每 100g 金针菜干花含蛋白质 13.5g、脂肪 1.8g、膳食纤维 12.4g、碳水化合物 50.6g、钙 285mg、磷 201mg、铁 10.2mg、硫胺素 0.06mg、核黄素 0.29mg、尼克酸 3.5mg，以及多种维生素。研究还发现，每 100g 秋季萌发的嫩叶也含蛋白质 4.88g、脂肪 0.41g、维生素 C74.74mg、钙 110mg、磷 3.89mg、铁 4.19mg 等，营养也颇丰富（陈莉等，2004）。

中国的黄花菜现已远销东南亚、非洲及欧美。据不完全统计，目前全国黄花菜的栽培面积约 10 万 hm²，年出口量 1 万余 t。其中，湖南邵东县和甘肃庆阳市是黄花菜生产和出口主要产地，2001 年邵东县黄花菜的栽培面积约 3 773hm²，总产量达 5 962t，出口量就占全国的 1/4。2004 年庆阳市黄花菜的总面积 4.43 万 hm²，年产干菜 2.1 万 t，栽培面积及总产量均居全国各产地之首（李瑞琴 等，2005）。

中国黄花菜种质资源也较丰富，但收集、研究起步较晚，目前被列入《中国蔬菜品种志》（2001）的种质资源只有 16 份。

第二节 黄花菜的起源与分布

黄花菜原产亚洲和欧洲，中国是原产地之一（《中国蔬菜品种志》，2001）。从黄花菜野生群体的分布来看，黄河和长江流域是其起源中心（刘永庆 等，1990）。湖南省的栽培黄花菜品种变异较大，同工酶酶谱的多样性明显。其他省份收集到的品种的同工酶谱比较简单，变化较小。此外，湖南省栽培黄花菜的地方品种数量共有 30 余份，约占全国的一半以上。所有这些均表明长江流域不仅是黄花菜的原产地，也是其系统演化地。

黄花菜在中国分布极广，西起甘肃，东至台湾，从云贵高原到东北三省都有其分布；垂直分布到海拔 2 000m，是世界上萱草品种资源最丰富的国家。中国主要产区在湖南、陕西、江苏、甘肃、安徽、浙江、湖北、四川、河南、山西、云南等省，其中最有名的四大产区为江苏省宿迁、湖南省邵东、陕西省大荔和甘肃省庆阳。

第三节 黄花菜的分类

一、植物学分类

据《中国植物志》（1980）记载，萱草属约有 14 个种，中国有 11 个种，其中可以作为黄花菜食用的有 4 个种：黄花菜（*Hemerocallis citrina* Baroni）、北黄花菜（*H. lilio-asphodelus* L. Emend. Hyland.）、小黄花菜（*H. minor* Mill.）和萱草 [*H. fulva* (L.) L.]。其二倍体植株的染色体数都是 2n ＝ 2x ＝ 22。下面是部分萱草属植物的分种检索表（《中国植物志》，1980）。

萱草属（*Hemerocallis* L.）的分种检索表

1. 苞片披针形或很小，宽 2～ 5（～7）mm，至少在同一花序上大多数苞片如此；花疏离，决不簇生。
　2. 花通常 3 至多朵，如为 1～2 朵花则花淡黄色；花的长度不及花葶长度的 1/5。
　　3. 花淡黄色。
　　　4. 花被管长 3～5cm（河北、山西和秦岭以南各省、自治区，不包括云南）………… 1. 黄花菜
　　　4. 花被管长 1～2.5cm，极少能接近 3cm。
　　　　5. 花序明显分枝，具 4 至多朵花（东北、华北、山东、陕西、甘肃省）……… 2. 北黄花菜
　　　　5. 花序几乎不分枝，具 1～2 朵花，极少有 3 朵花（东北、华北、陕西、甘肃省）………
　　　　　　…………………………………………………………………………… 3. 小黄花菜
　2. 花橘红色、橘黄色至暗金黄色。
　　6. 花橘红色至橘黄色；根中下部有纺锤状膨大。
　　　7. 花橘红色至橘黄色，在内花被裂片下部有"∧"形彩斑；花被管长 2～4cm（秦岭以南
　　　　各省、自治区野生，全国栽培）…………………………………………………… 4. 萱草

二、栽培学分类

对黄花菜的栽培学分类很少有人研究。栽培上一般只按品种的不同熟性将其分为早熟、中熟和晚熟三种类型。早熟类型如湖南省的四月花等，多于 5 月下旬开始摘花，收获期较早；中熟类型如陕西省的沙苑金针菜，四川省的渠县黄花菜，江苏省的大马嘴，浙江省的仙居花、蟠龙花，湖南省的茶子花、猛子花等，多于 6 月上中旬摘花，收获期稍晚；晚熟类型如湖南省的荆州花、长嘴子花、茄子花等，多于 6 月下旬开始摘花，收获期最晚。

此外，也可按栽培的不同目的分为观赏品种或菜用品种。菜用品种按产品来源又可分为野生黄花产品和栽培黄花产品两类，前者多来自野生的萱草，后者则来自栽培的黄花菜品种。

第四节　黄花菜的形态特征与生物学特性

一、形态特征

(一) 根

黄花菜无主根，根丛生，圆柱状，黄白色。分为肉质根和须根，肉质根每年春季从新生的基节上发出，初发时白色，以后外表皮逐渐变成淡黄褐色，内部纯白色，多分布在 30~60cm 深的土层内，深的可达 2m 左右。黄花菜栽培到一定年限或管理不善时，地上部分蘖成密集的株丛（俗称"毛蔸"），地下部分则发出粗短肥大的纺锤形肉质根，称为"根豆"。这时，花蕾减少，采摘期缩短，产量下降，需进行更新。须根着生于肉质根上，淡黄褐色，分布在 30cm 左右深的土层中，能吸收水分和无机盐。纺锤状和圆柱状的肉质根是黄花菜主要的营养物质贮藏器官（图 47-1），纤细的须根是吸收器官。

(二) 茎

茎短缩于土中，在湖南省等气候温和地区每年发两次叶，即冬苗、春苗。采割苗以后，若自然条件适宜，能从主茎的叶腋发出 1~2 个侧芽，冬苗期间形成两个新植株，第二年可抽生花茎。如因长期干旱，没有形成冬苗，第二年也可抽出花茎，但不增加地上部分蘖。新生的黄花菜若自然条件不适宜，或栽植过迟，当年没有形成冬苗，须经一年培育，第三年才抽出花茎。花茎于 5~6 月间自植株一侧第 8、9 片叶腋间抽出，高 100~165cm，基部三菱柱形，上部近圆柱形，有中空、髓质等不同类型。花茎顶端分生出 4~8 个侧枝，也有多达 10 个以上者，每个侧枝上着生 10 个左右的花蕾（图 47-2）。

(三) 叶

叶着生于短缩茎，带形至剑形，先端细尖，基部渐狭，背面主脉脊起，每个植株着生 16~20 片叶。叶长 82~132cm，宽 1.6~2.6cm，色深绿或黄绿。花茎上的苞片短小，长

6～10cm，尖角形（图 47 - 3）。在气候温和地区（如湖南省），每年可发新叶两次。第一次 2 月中旬萌发，至 9 月上旬与花茎同时枯死，随即发出第二次新叶——冬苗，初霜时枯死。冬苗期间是植株积累养分的重要阶段，大部分须根在这期间发生。培育好冬苗，对提高黄花菜产量关系很大。

图 47 - 1　黄花菜的根系
1. 纤细根　2. 条状肉质根
3. 纺锤根
（引自《黄花菜》，1992）

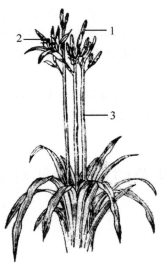

图 47 - 2　黄花菜植株地上部
1. 花蕾　2. 已开放的花　3. 花薹
（引自《黄花菜》，1992）

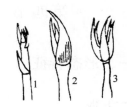

图 47 - 3　不同品种花薹苞片形态
1. 中秋花　2. 茶子花　3. 土黄花
（引自《黄花菜》，1992）

（四）花

圆锥花序，每枝花茎相继形成 12～60 个花蕾。花蕾采摘期的长短，因品种而异，一般为 30～50d，有些品种长达 60d 以上。花蕾呈黄色，长约 14cm，有花柄，花被基部合生成筒状，上部分裂为 6 个裂片，裂片长 8～9cm。幼小花蕾的表面有蜜腺分布点，常诱集蜜蜂、蚂蚁采食，也易引起蚜虫危害。子房 3 室，雄蕊 6 枚，着生于裂片基部，向上弯曲，花丝长约 9cm。雌蕊一个，通过花被筒，再经过雄蕊中部，柱头长度与花药接近或略高，花柱全长与花蕾几乎相等。花蕾与花枝连接处，有一凹陷的痕沟，其明显程度是鉴别品种的依据之一（图 47 - 4）。花蕾大多数从下午 3～7 时开始咧嘴开放。采摘的黄花必须是成熟而又未开的花蕾。花蕾的大小及每天开放时间与降水有关。在花蕾生长期，如遇降雨，则提前开放。雨后数日内，花蕾肥大，含水量高。

（五）果实与种子

蒴果长圆形，具 3 棱，长 3～5cm，成熟时三瓣裂，每个蒴果内含种子数粒到 20 多粒。种子成熟后，黑色，呈不规则

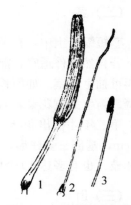

图 47 - 4　黄花菜的花蕾
1. 花蕾　2. 雌蕊　3. 雄蕊
（引自《黄花菜》，1992）

的菱形，表面凹凸不平。自花蕾开放到种子成熟，需经 40～60d。

二、对环境条件的要求

(一) 温度

黄花菜地上部分不耐寒，遇霜即枯萎。但其短缩茎和根可耐−10℃低温，在严寒地区也能在土壤中安全过冬。叶丛生长适温为 14～20℃。抽薹和开花期间在高温和昼夜温差大的条件下，则植株生长旺盛，花薹粗壮，发生花蕾多。

(二) 水分

植株根系发达，肉质根含有较多的水分，所以耐旱能力较强。抽薹前需水量较小，抽薹后要求土壤湿润，尤以盛花期需水量大，此时供水充足则花蕾多发生，发育速度快，形成的花蕾肥大，花蕾开放时间也较早。早期干旱常使小花蕾不能正常发育，引起脱落，以至于其采收期缩短，产量降低，品质变差。若长期干旱，水分供应不足，则植株叶片萎缩，小花蕾不能正常发育而自然脱落，有些晚熟品种，甚至抽不出花茎。反之，如果田间积水，则会严重妨碍根系生长，造成烂根。地势低洼，排水不良，或地下水位过高，容易导致病害或死苗。

(三) 光照

黄花菜对光照强度的适应范围较广，半阴地也可栽培。但以阳光充足的地块，植株长势旺盛。花期遇较强日照，则形成的花蕾早、多而肥大；如花期遇连续阴雨，则花蕾容易脱落。有研究指出（李军超、苏陕民，1994），黄花菜在相对光照强度为 12%～100% 的范围内都能够正常生长，且不影响经济产量，即使在 1% 的光强下 40d 也不死亡。随着生态环境相对光强的降低，植株花葶高度增加，单叶面积增大，单株叶片数量减少，总生物量增量减少，地上部分生物量与地下部分生物量的比值升高。

(四) 土壤与营养

黄花菜对土壤的要求不严，在 pH 6～8 的土壤中均能良好生长。土质疏松、土层深厚的地块有利于其根系旺盛生长。栽培时应深翻土地，多施有机肥，但不宜多施氮肥。为防止叶片徒长，可适当施用硼肥。土壤中严重缺钾，将导致落蕾增多，病害加重，产量锐减。

由于黄花菜以花蕾作为产品，磷素营养对花芽形成有重要作用。周裕荣等（1996）发现，黄花菜植株对磷素的吸收量为：秋苗期＞春苗期＞抽薹期＞盛蕾期＞抽薹前期，吸收的磷大多分布于根系，叶片中含量很少。同时，幼嫩叶片中的 ^{14}C 同化产物不向其他部位运输，功能叶片中的 ^{14}C 除供应自身需要外，还向幼嫩部位及邻近叶片运输，但不向其他分蘖运输。蕾期的 ^{14}C 同化产物优先向大花蕾分配，花瓣内的 ^{14}C 含量最高。

第五节　黄花菜的种质资源

由于黄花菜的繁殖主要采取分株繁殖，没有遗传物质重组的过程，因此栽培黄花菜自驯化以来遗传物质变异不大，现存栽培黄花菜品种基本保存了其野生种质的特性。但是由于长期的地理隔离，即使野生的黄花菜也出现了一些生态型差异，如湖南、湖北省的野黄花菜出苗早，苗期长，地下茎发达，花葶矮小粗壮弯曲，苞片呈近正三角形，花蕾数较少，花被橘红色，内花被有"∧"形斑，结实性极差。同时，由于长期栽培驯化，栽培黄花菜也正向着某种特性的方向发展，如各地大多数优良品种都表现为葶高适中、早熟、蕾大、色浅，相应部位叶片过氧化物酶同工酶酶谱缺少 C 区域，或该区域的酶活性极弱等。

　　同时，中国各地的黄花菜栽培品种较多，但是同物异名或同名异物现象严重。目前，全国黄花菜品种约有 50 多个，其中列入《中国蔬菜品种志》（2001）的品种为 16 个。周天林等（1994）将从湖南、四川、甘肃等 10 多个省（自治区）收集到的 33 个栽培和野生品种、材料进行比较研究，并将其整理归并为 25 个不同品种。作为黄花菜主要的生产和出口基地，湖南省邵东地区所拥有的栽培品种最为丰富，主要有：衡阳花、黑嘴子花、牛角花、紫兰花、荆州花、重阳花、五月花、茶子花、早花、细叶子花、高垄花、炮筒子花、无名花、茄子花、长嘴子花、冬茅花、老来青、四月花等。黄花菜生产和出口的另一个主要基地甘肃省庆阳县，其黄花菜的干菜以条长、肉厚、色鲜味醇、营养丰富、不松散享誉国内外，主要栽培品种有马莲花、线黄花、苏黄花和小黄花等。其他产地也都各自拥有一些主栽地方品种，如山西省北部地区的大同黄花菜；浙江省缙云县的蟠龙花、仙居县的仙居花、衢县的衢县花；江苏省宿豫县的大鸟嘴等。这些品种在当地都具有良好的适应性。

　　根据黄花菜产区湖南省邵东县和甘肃省庆阳县的长期种植经验，结合品种丰产性和抗病能力进行评价，筛选出具有较高推广价值的四月花、长嘴子花、白花、猛子花、茄子花、冲里花、荆州花等优良抗病品种以及其他优异品种，现简介如下［下列品种均属于黄花菜种（*H. citrina* Baroni）］：

　　1. 四月花　湖南省地方品种，又叫芒种花和早汉花。早熟，5 月底至 6 月上旬即可采摘。叶片肥大，叶色浓绿。花瓣表面有较多的紫红色小斑点，花茎高度中等，内中空。采摘期短，仅 30 d 左右。加工后的干花为黄褐色，且尖端呈黑褐色，外形、色泽欠佳。但四月花抗病力强，不易呈"毛兜"。鲜花上市正值蔬菜淡季，销售价格高。

　　2. 白花　湖南省邵东县优良品种。叶色黄绿，株型紧凑，花葶高而粗壮，一般高150cm 左右。分蘖与抽葶能力均较强，分蘖快，葶数多，分枝及萌蕾力均较强。蕾柄较脆，成熟的鲜蕾黄白色，加工后金黄色，干花率高达 20%，品质较好。适应性广，抗病力强，抗锈病、叶枯病，耐旱、涝，耐瘠薄。6 月中旬开始采收，9 月中旬结束，一般采收期为 80～90d，最长的可达 100d 以上。壮龄植株一般产量 2 250～4 500kg/hm²。

　　3. 猛子花　湖南省地方品种，又称棒棒花、棒槌花。叶色浓绿，叶片宽长，株型紧凑，分蘖和抽葶能力较强，成葶率高。花葶高而粗壮，葶高 160cm 左右，分枝及萌蕾能力都较强。花蕾长 12～13cm，蕾柄脆，易于采摘。花蕾黄绿色，内侧有褐色斑点，蕾嘴褐色，加工后花蕾呈黄褐色。6 月中旬至 8 月下旬采收，采摘期 70d 左右，壮龄期产量2 250～3 750kg/hm²。

　　4. 长嘴子花　湖南省邵东县优良品种，因该品种需在早晨采花，又称早黄花。叶片绿色，质软向下斜披。株型较松散，分蘖力较弱。花薹高 120～130cm。花蕾长可达 14～15cm，成熟的花蕾淡黄色，蕾嘴部淡绿色，加工后整个花蕾呈淡黄色。6 月下旬开始采收，9 月上旬结束，产量 3 000～4 500kg/hm²。抗叶斑病能力较弱，对叶枯病、锈病的抗性较强。

5. 茄子花　湖南省邵东县优良地方品种。叶色黄绿，叶片宽大。花薹粗壮，薹高 120cm 左右，花薹上部充实，中下部空，这是与其他品种的主要区别。此外，花薹上的分枝向内弯曲，形状略像鸡爪，故也称鸡爪花。花蕾长 10cm 左右，黄绿色，一侧稍带黄褐色，蕾嘴紫褐色，花蕾柄脆，加工后花蕾为金黄色。当地 6 月下旬开始采摘，8 月下旬结束，采收期 60d 左右，产量 2 250～3 750kg/hm²。

6. 祁珍花　俗名冲里花，系湖南省祁东县农业局以白花品种变异株为材料，于 1985 年培育而成的中晚熟黄花菜优质品种。薹高适中，花薹高 160cm 左右。采摘期长，可持续 80～90d。产量高，产干菜 4 500kg/hm² 以上。高抗黄花叶斑病、叶枯病和锈病，耐渍、耐旱、耐寒、耐热。花蕾绿黄色，气味芬芳，商品性好。

7. 荆州花　湖南省地方品种。叶呈绿色，较柔软。花薹较高，花蕾长 13cm 左右，花被表面均为黄色，尖端略带紫红色，花蕾坚实，花瓣较厚。自 6 月下旬始摘至 8 月下旬结束，产量高，可产干花 2 250～3 000kg/hm²。抗逆性强，较抗叶斑、叶枯病，小花蕾脱落率低，不易呈"毛蔸"，分蔸较慢。但干花蕾尖端为黑褐色，欠美观，花薹高不易采摘，花蕾不易折脱。

8. 马蔺黄花　甘肃省庆阳县的主栽品种。植株健壮，有基出叶 14～20 片，长 80～130cm，宽 1.5～3.5cm。花薹高 90～130cm，顶端有 3～4 个分枝，长 8～12cm，每花薹上着生花蕾 20～64 朵，最多者可达 100 朵。花蕾长 15cm，顶端有黑色斑点，花瓣 6 片，长 10cm，花药黄色。花筒长 4～5cm，干菜身条较粗，肉质较薄，每千克有 1 600 条上下。抗旱、抗寒性强，一般可产干花 600～825kg/hm²，高者可达 1 500kg/hm²。

9. 高葶黄花　有基出叶 12～14 片，长 120cm，宽 2.0～2.5cm。花薹高 180cm，顶端有分枝 3～4 个，每花薹上着生花蕾 30～35 朵，花蕾长 13cm，花筒长 3cm，嘴部无黑色斑点，花蕾黄色稍带翠绿色。一般可产干花 600～750kg/hm²，高者可达 1 500kg/hm²。

10. 线黄花　甘肃省庆阳县地方品种。有基出叶 12～16 片，叶长 50～100cm，顶端有分枝 2～3 个。每花薹上着生 20～30 朵花蕾，花蕾长 10～12cm。通身淡黄色，无黑嘴，花瓣 6 片，长 7～8cm，花药黄色。花筒长 3～4cm，干菜身条较细，肉质较厚，每千克 2 000 条左右。抗旱、抗寒，品质极佳，唯产量较低，干花产量 450～825kg/hm²，高者约 1 500kg/hm²。

11. 矮箭中期花　湖南省祁东县主栽品种。中熟。株型较松散，分蘖能力弱。叶片宽大，淡绿色。花薹高且粗，一般高约 150cm。花蕾着生密，成熟的花蕾背部黄绿色，腹部黄色，蕾嘴紫褐色。蕾长 10cm 左右，加工后的干花金黄色。投产较早，花蕾于 6 月上中旬开始采摘，7 月下旬结束，采收期约 45d，产量高，干花产量可达 1 500kg/hm²。

12. 短棒黑嘴黄花　有基出叶 8～10 片，长 80～120cm，宽 1.5～2.0cm。花薹高 100～130cm，顶端有分枝 2～3 个，长 14～17cm。每花薹上着生花蕾 30～35 朵，花蕾长 10cm，花筒长 2.5～3.0cm，花蕾短而粗，蕾嘴都有黑色斑点，花色淡黄。干花产量

$600\sim750kg/hm^2$，高者可达 1 500kg/hm²。

13. 茶子花 湖南省地方品种。因花薹上的小花枝向四周展开，又称为"扫子花"。中熟。叶色淡绿，质地硬，稍直立，叶较长。花薹矮，高 125~132cm。花蕾肥大柔软，略呈浅黄绿色，花瓣较薄，尖端为绿色，蒸制后，干燥较快，遇雨淋洗变成黄白色，宜在 13：00~17：00 时采摘。其优点是：品质好，干成品为淡黄色或黄白色，外形美观；分蘖快，栽后进入盛产期早，收益好；采摘方便，工效高。但抗逆性不强，易遭病虫害，易发生叶枯病和锈病。寿命较其他品种短，容易呈"毛兜"，采摘期萌蕾率比荆州花低。

14. 细叶子花 湖南省地方品种。又称八月花、重阳花、中秋花。晚熟，采摘期为 7 月下旬至 9 月上旬，较中熟品种迟 20d 左右，采摘时间宜在 14：00~18：00 时。出苗期比其他品种早。叶绿色，狭长若剑。花薹细，高度中等。花蕾较肥大，黄绿色，尖端绿色，花瓣表面的纵沟较其他品种明显。蒸制加工后，干花黄白色，外形美观，甚似茶子花。由于采摘期迟，若遇干旱，产量较低，且花薹抽生不整齐，花蕾脱落率高，寿命短，易呈"毛兜"。

第六节　黄花菜种质资源研究与创新

一、细胞生物学研究

由于黄花菜种质资源的同物异名和同名异物现象普遍，近年人们已经重视利用细胞学和分子生物学的方法进行黄花菜种质资源的系统发育关系研究。

黄花菜有丝分裂染色体核型分析表明：不同产地的黄花菜的核型不同，萱草存在不同倍性。刘永庆等（1990）分析了不同黄花菜品种染色体的核型，发现黄花菜染色体的相对长度变幅为 $4.87\sim15.57$，最长与最短染色体长度比界于 $1.96\sim2.11$，Stebbins 的核型有 2B 和 2A 型两种。李洁等（1995）报道了不同产地两种夏绿型黄花菜（$H.\ citrina$ Bar.）的核型公式，来自第二军医大学药圃的 A11 的核型公式为：$2n＝2x＝16m＋4sm＋2st$，染色体总长为 $61.23\mu m$，属于 Stebbins2B 型；来自杭州植物园的 A25 的核型公式为 $2n＝2x＝18m＋4sm$，染色体总长为 $55.28\mu m$，属于 Stebbins2A 型。萱草（$H.\ fulva$ L.）既有二倍体又有同源三倍体，来自杭州植物园的 A29 为二倍体，核型公式为：$2n＝2x＝16m$（2SAT）$＋6sm$，染色体总长 $66.04\mu m$，属于 2A 型；来自复旦大学花房的夏绿型的 A3 和常绿型的 A7 是三倍体，核型公式分别为 $2n＝3x＝27m$（3SAT）$＋6sm$ 和 $2n＝3x＝21m＋9sm＋3st$，染色体总长度分别为 $93.15\mu m$ 和 $68.57\mu m$，都属于 2A 型。因此，黄花菜植物的系统进化水平不一致。对同源四倍体黄花菜花粉母细胞减数分裂行为的研究发现，同源四倍体的减数分裂行为很不正常，在双线期和终变期的染色体构型中，除了四价体外，还出现三价体、二价体和单价体，在中期Ⅰ和后期Ⅰ均观察到落后染色体，并且还观察到染色体桥和断片，以及染色体不同步和不等分离等现象。这种不正常的减数分裂导致了四倍体黄花菜的部分不育。

利用过氧化物酶同工酶、酯酶同工酶和淀粉同工酶的谱带表型，可以有效地鉴别 8 个黄花菜品种（胡雄贵等，2003）。周天林等（1994）研究发现，凡形态上差异较大者，过氧化物同工酶酶谱差异也大；形态上无明显差异者，过氧化物酶同工酶酶谱也基本相同，表现了很强的对应性。刘永庆和沈美娟（1990）在利用同工酶分析栽培黄花菜品种与野生黄花菜的亲缘关系时发现，黄花菜与长管萱草的系统发育过程基本一致，进化水平较低，黄花菜盛苗结束期叶片过氧化物酶同工酶酶谱清晰稳定，栽培品种间所存在的多型现象可用作品种鉴定。

二、组织培养与种质资源创新

中国是黄花菜的起源地之一，野生种质资源相对较丰富。黄花菜的品种改良主要是对现有地方栽培品种或半栽培品种进行选优去劣。其方法主要是单株选择、混合选择及两者结合的改良混合选择。通过杂交育种创造的新品种还非常有限，但是，随着生产规模的扩大，黄花菜的锈病、叶斑病、叶枯病等病害正在逐年加重。如湖南省邵东县栽培品种茶子花由于抗病性较差，发病早且严重，其产量优势很难发挥，因此，近年通过组织培养途径进行黄花菜快速繁殖和种质资源创新的研究越来越引起人们的重视。

已有的通过组织培养创新的黄花菜种质资源主要有离体再生植株、单倍体和四倍体材料。范银燕等（1994）利用黄花菜心叶、花被筒、花薹、花丝等作为外植体在不同培养基上培养，发现花薹是最佳外植体，它的出愈（伤组织）率高，植株再生能力强，分化的幼芽健壮，由此快繁出一批再生植株。周朴华等（1986）以栽培品种长嘴子花的5~9cm的未受精的子房为材料，进行子房培养，首次获得单倍体植株。后来又以花柄、花茎等为外植体，利用秋水仙素诱发湖南省黄花菜地方良种长嘴子花的染色体加倍，育成国际上第一个食用黄花菜同源四倍体新品系HAC-大花长嘴子花。该同源四倍体具有二倍体长嘴子花的干花淡白色、无褐嘴、外观美、味甜而脆、品质好等特点，而且，百蕾干重达47.8g，比对照品种（30.7g）增加17.1g（周朴华等，1995），具有很好的生产应用前景。

（陈劲枫）

主要参考文献

刘金郎.2005.黄花菜不同品种杂交亲和力研究.北方园艺.（5）：64~65
赵金光，韦旭斌，郭文场主编.2004.中国野菜.吉林：吉林科学技术出版社
陈莉，梁红，江丽蓉.1994.黄花秋法嫩叶主要营养成分测定.绵阳农专学报.11（4）：51~52
李瑞琴，车宗贤，任惠玲.2005.甘肃省庆阳市黄花菜产业发展现状及对策探讨.陕西农业科学.（4）：78，139
李军超，苏陕民.1994.黄花菜耐阴特性的初步研究.生态学报.14（4）：444~446
周裕荣，陈明莉.1996.黄花菜对^{32}P的吸收运转及分配研究.西南农业大学学报.18（5）：416~420
周天林，王开贞，张国柱，杜元寿.1994.33个黄花菜品种及3种野生黄花菜的过氧化物酶同工酶分析.西北植物学报.14（6）：122~126
范银燕，崔根芳.1994.黄花菜无性系快速繁殖技术研究.山西农业科学.22（4）：22~24

周朴华，范鸿芝，王凤翔等.1986.从黄花菜未受粉子房培养出单倍体植株.湖南农学院学报.（4）：89～92

刘选明，周朴华，何立珍等.1995.四倍体黄花菜花蕾性状和营养成分分析.园艺学报.22（2）：191～192

李洁，张少艾.1995.萱草属（*Hemerocallis* L.）若干野生种、园艺品种染色体核型的比较研究.上海农学院学报.13（3）：208～217

胡雄贵，洪亚辉，张学文等.2003.不同黄花菜品种同工酶分析.湖南农业大学学报（自然科学版）.29（6）：506～508

刘永庆，沈美娟.1990.黄花菜品种资源研究.园艺学报.17（1）：45～50

陈劲枫，张兴国编著.1992.黄花菜.见：多年生经济蔬菜.北京：科学技术文献出版社

第四十八章

百　合

第一节　概　述

百合为百合科（Liliaceae）百合属（*Lilium*）多年生宿根草本植物，别名夜合、中蓬花、蒜脑薯、山蒜头等，古名番韭。主要食用部位是鳞茎，花也可供食用。染色体基数 x＝12，大多数种类为二倍体，2n＝2x＝24，卷丹、兰州百合等为三倍体。

食用百合营养价值高。因种类不同，各种营养成分含量有明显差异，品质和风味也不一样，有的甜味较浓，有的略苦。根据甘肃省农业科学院（1983 年）对中国三个主要栽培种（兰州百合、宜兴百合、龙牙百合）的营养分析，每 100g 百合食用部分含蛋白质 3.1～5.6g，蔗糖 3.67～10.39g，还原糖 1.54～3.0g，果胶质 3.80～5.61g，淀粉 11.10～19.45g，脂肪 0.08～0.18g，钙 35～50mg，钾 380～640mg，磷 50～90mg，粗纤维 0.86～1.11g，还含有 17 种氨基酸，多种维生素、百合苷等。百合鳞茎可预防和治疗肺结核、高血压、神经衰弱等，还有抗癌作用。百合不但可做成多种色佳味美的菜肴，而且还能加工成百合干、百合粉、饮料、罐头食品等。

中国栽培食用百合历史悠久。成书于 2 200 多年前的《神农本草经》就有关于百合的记载。古文《尔雅》（公元前 2 世纪）说："百合小者如蒜，大者如碗，数十片相累，状如白莲花，故名百合，言百片合成也。"唐朝初年（公元 618 年）的《千金翼方》描述了百合的栽培技术。明代中叶编纂的《平凉县志》记载："蔬则百合、山药甚佳"，距今也已 500 多年了。

近年来，种植百合经济效益颇高，在许多地区，把发展百合生产作为调整产业结构、增加农民收入的一项重要举措。中国种植百合较多的省份有甘肃、江苏、浙江、江西、湖南、福建、山西、安徽、山东等九省，其中商品生产基地面积较大的为甘肃省兰州、平凉，江苏省宜兴，浙江省湖州，湖南省邵阳，江西省万载和山西省平陆等地。据笔者初步统计，目前全国食用百合种植面积约有 4.5 万 hm²，年总产量 6.75 亿 kg。

中国百合种类丰富，全世界百合属植物有 94 个种，起源于中国的有 47 个种、18 个变种，其中 36 个种、15 个变种为中国所特有。可作为食用百合栽培的，现有 13 个种、5 个变种、30 多个品种。

第二节　百合的起源与分布

一、百合的起源

百合原产亚洲东部和北美洲，主要分布在中国、日本及北美洲和欧洲等温带地区（《中国蔬菜品种志》，2001）。又据前苏联瓦维洛夫（1926）世界栽培植物八大起源中心学说，百合应属于中国中心起源（《中国农业百科全书·蔬菜卷》，1990）。中国、日本及朝鲜野生百合分布甚广。中国各地荒山遍野都有百合的踪迹，可食用的野生百合遍及南北28个省、自治区、直辖市，垂直分布最高海拔在4 300m左右。Wilson 在《东亚百合纪实》（1925）中详述了中国百合的广泛分布及繁多种类。中国人民经过长期驯化选育，逐步将野生百合培育成栽培的食用百合。

二、百合野生近缘植物的主要种类及分布

目前的食用百合栽培种类都是野生百合经过长期驯化与选择而来，而且现有野生百合中还有可以开发为食用栽培的种类，所以，研究中国野生百合的主要种类与分布是很有意义的。

根据《中国植物志》（1980）及此后的相关研究述及，野生百合在中国28个省、自治区、直辖市都有分布。其自然分布跨越寒带、温带、暖温带和亚热带，垂直分布多在海拔1 000～4 000m，自然生境多为阴坡和半阴半阳的山坡、林缘、林下、岩石缝与草甸中。中国主要有如下五个分布区：

（一）西南山区

该区主要包括四川省西部、云南省西北部横断山地区和西藏自治区东南部、喜马拉雅山区，区内海拔高度1 500～4 300m。约有36种百合分布在这里，其中26种为本区特有种，是中国野生百合最主要的集中分布区。该区百合的代表种是玫红百合（*L. amoenum* Wilson ex Sealy）、大理百合（*L. taliense* Franch）、尖被百合［*L. lophophorum* (Bur. Et Franch.) Franch.］、乳头百合（*L. papilliferum* Franch.）、单花百合（*L. stewartianum* Balf. F. et W. W. Sm.）等。

（二）中部山区

该区包括陕西省南部秦巴山区、甘肃省南部岷山与秦岭山区、湖北省西部神农架山区和河南省西部伏牛山区，区内海拔高度一般在1 000～2 500m。约有13种百合，是中国野生百合第二个集中分布区。主要代表种是川百合（*L. davidii* Duchartre）、宜昌百合［*L. Leucanthum* (Baker) Baker］、宝兴百合（*L. duchartrei* Franch.）、绿花百合（*L. fargesii* Franch.）、野百合（*L. brownii* F. E. Brown ex Miellez）等。

（三）东北部山区

该区主要包括辽宁省、吉林省、黑龙江省南部的长白山和小兴安岭山区，区内海拔高

度在 1 000～1 800m 之间。约有 8 种百合，是中国野生百合第三个集中分布区。其代表种是毛百合（*L. dauricum* Ker-Gawl.）、东北百合（*L. distichum* Nakai）等。

（四）华北山区

该区主要包括河北省西部、河南省西北部太行山区和山西省黄土高原地区，区内海拔高度多在 600～1 000m 之间，分布有山丹（*L. pumilum* D.C.）、渥丹（*L. concoLor* Salisb.）等 5～6 种百合。

（五）中国东南、华中浅山丘陵地区

该区主要包括东南沿海各省与江西省、湖南省、湖北省的浅山丘陵地区，区内海拔高度一般为 100～800m 之间，分布有湖北百合（*L. henryi* Baker）、南川百合（*L. rosthornii* Diels）、淡黄花百合（*L. sulphureum* Baker）、台湾百合（*L. formosanum* Wallace）等 6～7 种。

另外，青海省、新疆维吾尔自治区两地仅有野生百合 2 个种和 1 个变种，海南省没有野生百合分布，台湾省分布有 3 种野生百合。

三、食用栽培百合的主要种类与分布

中国可作食用栽培的百合现有 13 个种、5 个变种、32 个品种。广为栽培的有三大百合品种，即兰州百合、宜兴百合、龙牙百合。食用百合主要集中分布在如下三个地区：

（一）黄土高原区

本区包括甘肃省、山西省、陕西省。百合主产区在甘肃省兰州市及近邻的临洮县高寒阴湿山区、甘肃省平凉市的高寒阴湿山区与河谷川水地区、山西省平陆县丘陵塬区。区内海拔高度一般在 800～2 200m，气候冷凉湿润或温暖湿润，年平均气温 5.3～12.5℃，无霜期 123～186d，7 月平均气温 17.0～22.5℃，年降水量 460～700mm。土壤 pH8.1～8.4。栽培的主要品种是属川百合（*L. davidii* Duch.）种的平陆百合等及属川百合一个变种〔*L. davidii* Duch. var. *willmottiae*（Wilson）Raffil〕的兰州百合、平凉百合等，其次有属卷丹（*L. Lancifolium* Thunb.）的平凉药百合，属山丹（*L. pumilum* C.D.）的高崖百合、中条百合等。该区百合子球播种后，一般需生长 2～3 年才能成商品百合，故 2～3 年采收一次。

（二）太湖湖滨区

本区包括江苏省、浙江省。主产区在江苏省宜兴市与浙江省湖州市的湖滨地区。海拔高度 2～250m。气候为亚热带湿润季风气候，年平均气温 15～18℃，1 月 0℃以上，7 月 25℃左右，全年无霜期 240～280d，年平均降水量 1 000～1 200mm。土壤属夜潮生冲积沙壤土，pH 为 5.7～6.3。区内栽培的南京百合、宜兴百合的聚果种与橘子种、湖州的苏白百合、长白百合 5 个品种，都属卷丹的一个变种。这里百合播种期为 8 月下旬至 10 月上旬，第二年 7 月下旬至 8 月上旬收获，每年收获一次。

（三）中南浅山区

本区包括湖南省、江西省与广西壮族自治区的部分浅山丘陵地区。其主产区在湖南省邵阳市、龙山县，江西省万载县、泰和县与广西壮族自治区资源县等地。海拔高度 400～800m，属亚热带湿润季风气候，年平均气温 16～18℃，1 月 3～5℃，7 月 26℃左右，年无霜期 240～260d，年平均降水量 1 200～1 500mm。这里种植百合土壤多为酸性沙质壤土，pH 为 5.6～6.3。本区栽培种类较多，有百合（*L. brownii* var. *viridulum* Baker）、白花百合（*L. brownii* var. *colochesteri* Wils.）、卷丹、天香百合（*L. auratum* Lindley）等。但除属百合的龙牙百合之外，其他种类只有少量零星种植。龙牙百合在各地的长期栽培中形成了一些地方品种，例如万载百合、邵阳百合。龙牙百合又分为高片、中片、矮片、柳叶等品种。该区百合一般在 9 月下旬至 11 月上旬播种，第二年 7 月下旬至 8 月下旬收获，一年收获一次。

另外，在河南省栾川县，山东省莱阳市、沂源县，安徽省皖南山区以及福建、湖北、四川、云南省等地都有少量食用百合栽培，也形成了一些地方品种，如卷丹 4 号、小卷丹百合、栾川百合、沂水大百合等。

第三节　食用百合的分类

根据《中国植物志》记载，中国现有百合种质资源各个种的鳞茎大都可以食用。不过作为食用百合栽培，有资料记载的有百合科百合属的 13 个种、5 个变种，栽培面积大的只有川百合、卷丹、百合等 3 个种或变种。目前，对食用百合进行栽培学分类尚未见报道，本节主要介绍食用百合的植物学分类。

一、食用百合分类系统

食用百合的 13 个种、5 个变种、30 多个品种分属百合科百合属（*Lilium*）四个组：

（一）百合组 Sect. *Lilium*

特征是：叶散生；花喇叭形，花被先端外弯，雄蕊上部向上弯。共有 5 个种、1 个变种、12 个品种：

1. 野百合 *Lilium brownii* F. E. Brown ex Miellez
2. 百合（变种）*Lilium brownii* var. *viridulum* Baker
包括龙牙百合、邵阳百合、万载百合、龙牙高片百合、龙牙矮片百合、柳叶百合等。
3. 岷江百合 *Lilium regale* Wilson
4. 麝香百合 *Lilium longiflorum* Thunb.
5. 天香百合 *Lilium auratum* Lindley
6. 淡黄花百合 *Lilium sulphureum* Baker

（二）钟花组 Sect. *Lophophorum*

特征是：叶散生；花钟形，花被片先端不变或稍弯，雄蕊向中心靠拢。共有 2 个种。

1. 毛百合 *Lilium dauricum* Ker-Gawl.
2. 渥丹 *Lilium concolor* Salisb.

（三）卷瓣组 Sect. *Sinomartagon*

特征是：叶散生；花不为喇叭形或钟形，花被片反卷或不反卷，雄蕊上端常向外张开。本组共有 5 个种、4 个变种、20 个品种。

1. 药百合（变种）*Lilium speciosum* Thunb. var. *gloriosoides* Baker
2. 湖北百合 *Lilium henryi* Baker
3. 大花卷丹（变种）*Lilium leichtlinii* Hook. var. *maximowiczii*（Regel）Baker
4. 山丹 *Lilium pumilum* DC.

包括高崖百合、中条百合等。

5. 川百合 *Lilium davidii* Duchartre

包括平陆百合、栾川百合等。

6. 兰州百合（威氏百合）*Lilium davidii* var. *willmottiae*（Wilson）Raffil.

包括平凉百合、兰州百合等。

7. 条叶百合 *Lilium callosum* Sieb. et Zucc.
8. 卷丹 *Lilium lancifolium* Thunb.

包括南京百合、湖州百合、平凉药百合等。

9. 宜兴百合（变种）*Lilium lancifolium* var.

包括宜兴百合、聚果种百合、橘子种百合、苏白百合，长白百合等。

（四）轮叶组 sect. *Martagon*

特征是：叶轮生；花不为喇叭形或钟形，花被反卷或不反卷，有斑点。有 1 个种。
东北百合 *Lilium distichum* Nakai

二、分种检索表

参照《中国植物志》（1980）的模式，笔者综合有关资料，现列出食用百合分种检索表如下：

分 种 检 索 表

1. 叶散生。
  2. 花喇叭形无斑点；花被片先端外弯，雄蕊上部上弯。
    3. 蜜腺两边有乳头状突起；茎上部叶腋间无珠芽；花丝中部以下密被柔毛。
      4. 叶倒披针形至条形，宽（0.6～）1～2cm ·············· 野百合 *L. brownii* F. E. Brown ex Miellez
      4. 叶倒披针形至倒卵形 ···························· 百合（变种）*L. brownii* var. *viridulum* Baker.

  5. 叶条形，叶宽 2～3mm，下面中脉或边缘有乳头状突起 ………… 岷江百合 *L. regale* Wilson

 3. 蜜腺两边无乳头状突起；茎上部叶腋间无珠芽；叶披针形。

  4. 花白色，基部带绿晕，长 10～15cm，径 10～12cm ………… 麝香百合 *L. longiflorum* Thunb.

  4. 花白色，具红褐色斑点，长 15cm 左右，径 23～30cm ………… 天香百合 *L. auratum* Lindley

 3. 茎上部叶腋间常有珠芽。

  4. 花无毛，花被片长 17～19cm ……………………………… 淡黄花百合 *L. sulphureum* Baker

2. 花钟形，花被片先端不弯或舟状弯曲，雄蕊向中心靠拢。内轮花被片蜜腺两边有非紫红色乳头状突起。

  5. 花直立；叶基部不具白绵毛；茎有乳头状突起；花柱稍短于子房 ……………………………
  …………………………………………………………………………渥丹 *L. concolor* Salish

  5. 叶基部有一簇白绵毛；茎无乳头状突起；花柱长于子房 2 倍以上 ……………………………
  ………………………………………………………………… 毛百合 *L. dauricum* Ker-Gawl.

2. 花不为淡喇叭形或钟形，花被片反卷或不反卷，雄蕊上端常向外张开。

 6. 花被片反卷，花被片蜜腺两边无乳头状突起，有流苏状突起，花被片边缘呈波状，花白色；中有柄 ………………………… 药百合（变种）*L. speciosum* var. *gloriosoides* Baker

  7. 花黄色或橘黄色，花被片全缘 ………………………………… 湖北百合 *L. henryi* Baker

 6. 花被片反卷，花被片蜜腺两边有乳头状突起。

  7. 茎上部的叶腋间无珠芽。

   8. 叶披针形、矩圆形。

    9. 花红色，有紫色斑点，花被片有流苏状突起 …………………………………………
    ………………… 大花卷丹（变种）*L. leichtlinii* var. *maximowiczii* (Regel) Baker

   8. 叶条形。

    10. 蜜腺两边有乳头突起，但无鸡冠状突起。

     11. 苞片先端不增厚。

      12. 花紫红色或鲜红色，通常无斑点或偶见几个斑点………………………………………
      ………………………………………………… 山丹 *L. pumilum* DC.

      12. 花淡紫红色、橙黄色、火红色、有斑点。

       13. 茎密被小乳头状突起；花橙黄色，有紫黑色点，花柱长约为子房的 2 倍以上…
       ……………………………………………… 川百合 *L. davidii* Duchartre

       13. 茎密被小乳头状突起；花火红色，有黑褐色斑点………………………………
       ………………… 兰州百合（变种）*L. davidii* var. *willmottiae* (Wilson) Raffil.

     11. 苞片先端厚；花较小，花被片红色、淡红色，几无斑点，花柱比子房短…………
     ………………………………………………… 条叶百合 *L. callosum* Sieb. et Zucc.

  7. 茎上部的叶腋间具珠芽；花橙色、红色，有紫黑色斑点 ………………………………
  …………………………………………………………… 卷丹 *L. lancifolium* Thunb.

  7. 茎上部的叶腋间生紫褐色珠芽；花红色，有紫色小斑点 ………………………………
  ………………………………………… 宜兴百合（变种）*L. lancifolium* var.

1. 叶轮生

 2. 叶通常一轮；花被为钟形，花被片反卷，蜜腺两边无乳头状突起，花被淡橙红色，有斑点；雄蕊向西方散开；鳞片白色，有节 ……………………………… 东北百合 *L. distichum* Nakai

第四节　百合的形态特征与生物学特性

一、形态特征

（一）根

百合的根为须根，有肉质根与纤维根二种（图 48-1）。

肉质根着生于鳞茎盘下，一般每个鳞茎约有 60 多条，分布在 15～40cm 深的土层中。肉质根的寿命为 1～3 年。新根表皮光滑、白色鲜嫩，下部生有侧根和根毛；次年根皮色变暗，出现环状皱纹；最后根的表皮暗褐色，萎缩失水，变成枯黄空秕或囊状。

纤维根生在地上茎基部入土部分，较纤细。主要分布在离地表 3～15cm 的土层中。每年在百合出苗后 15～30d 发生，秋季随地上茎枯萎而干枯。

（二）茎

百合的茎有鳞茎和地上茎两种。茎是反映品种特征差异与多样性的主要部位（48-2）。

图 48-1　百合的根系

1. 纤维根　2. 肉质根

（引自《百合栽培》，1983）

图 48-2　百合的茎

1. 地上茎　2. 鳞茎

（引自《百合栽培》，1983）

鳞茎多在地下 10～17cm 深处。鳞茎形状多样，有球形、扁球形、卵形、平顶扁球形、尖顶扁球形、圆锥形、椭圆形等。鳞茎由鳞叶（即鳞片）层层抱合而成。鳞叶是叶鞘膨大长成的，它的顶端存留的干膜状小叶才是已退化的真叶叶片；颜色有白或微黄色或浅紫红色等，有的品种鳞片端有红色细点。鳞片一般宽 1.0～3.5cm，长 2～6cm。着生鳞叶的短缩茎称为鳞茎盘。盘上有顶芽，有的鳞叶腋间有侧芽（腋芽）。每个腋芽周围被鳞叶层层抱合成为鳞瓣。顶芽、腋芽可抽生地上茎。每个鳞茎有的只有一个顶芽（俗称独头百合），但多数有 2～4 个鳞瓣（多头百合），还有少数有 5 个以上鳞瓣（千子头百合）。鳞茎的大小和重量因品种与生长年限而异，一般成品百合鳞茎高 3～7cm，周径 12～25cm，单重 120～250g，个别高达 1kg 以上。

地上茎由顶芽或腋芽伸长而成，直立，不分枝，株高 60～200cm，其中花茎长 20～40cm。茎秆光滑或有白色茸毛，有的具小乳头状突起；皮绿色或紫褐色、或绿色具褐色斑点、或绿色带紫色条斑等。有的种类在茎的叶腋间产生气生鳞茎，称珠芽；也有的在茎基入土部分产生小鳞茎，称为小子球。珠芽和小子球可供繁殖用。还有些种类不产生珠芽和小鳞茎，仅用鳞瓣、鳞片繁殖。

（三）叶

百合叶有鳞叶、基生叶、茎生叶三种形态（48-3）。

鳞叶在鳞茎形成中已作了介绍。基生叶是新生小鳞茎（直径 1cm 左右）中心的一二个鳞片的尖端延伸生长，并破土长出的，形状如柳叶的绿色叶片，其寿命约 1～3 个月。茎生叶着生在地上茎上，散生、互生，稀轮生或密生。叶片形状多样，有条形、披针形、条状披针形、卵圆形、长卵圆形等。叶色绿、深绿或黄绿。叶全缘，无柄或有短柄。叶片大小、数目因品种与栽培条件而异，一般长 10～18cm，宽 0.8～2.0cm，每株约有 50～300 枚。有的品种可用叶片扦插繁育小鳞茎。

（四）花

花序单生或成总状、伞状，花向上、平伸或下垂。花形钟状、喇叭状、漏斗状。花被反卷或平张，共 6 片，分两轮排列；每片长 6～18cm，宽 1.5～4.5cm，先端尖，中间宽，基部渐窄；颜色有红、橘黄、黄、

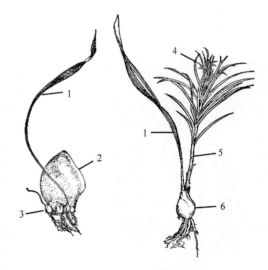

图 48-3　百合的叶
1. 基生叶　2. 旧鳞片　3. 小鳞茎
4. 茎生叶　5. 地上茎　6. 鳞茎
（引自《百合栽培》，1983）

乳白、白、淡紫红色等，有的还着生紫红色斑点或蜡白色基部带绿晕、乳白色边缘带红晕等。雄蕊 6 枚，中部与淡绿色花丝相连，呈丁字形；雌蕊花柱较细长，柱头头状，子房上位（图 48-4）。

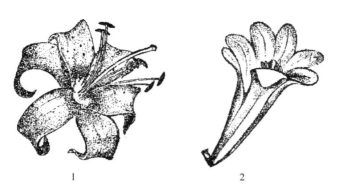

图48-4 百合的花

1. 反卷形花 2. 喇叭形花

（引自《百合栽培》，1983）

（五）果实与种子

食用百合仅有个别栽培品种不结实，绝大多数品种都结实。果实为蒴果，近球形或长椭圆形，三室裂。每室具两列种子，有60多粒。种子片状，钝三角形，褐色，千粒重2～4g（图48-5）。种子可用于繁殖。

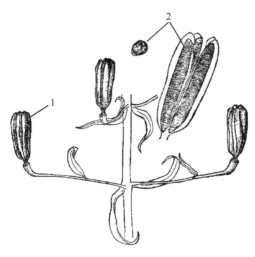

图48-5 百合的果实和种子

1. 果实 2. 种子

（引自《百合栽培》，1983）

二、生物学特性

（一）栽培品种的生长发育特性

1. 根系的生长 百合的肉质根为深层根，是根系的主要部分。自播种后至出苗为其生长初期，种球上原有的细嫩肉质根发生侧根与根毛，同时长出新的肉质根；自出苗后至现蕾为生长高峰期，约有 3 个月时间。纤维根为浅层根，出苗后 15～30d 开始发生，到现蕾期达到高峰，形成最大根幅，其后生长减缓，到叶片开始枯黄时停止生长。

2. 鳞茎的生长发育 百合由小鳞茎形成到生长为成品所需的时间，因种类不同和栽培地区生态条件的差异而定。一般情况，兰州百合在中国北方需 4～6 年，卷丹、龙芽百合在南方只需 2 年左右。

小鳞茎的产生方式因种类不同而异，有的品种在茎入土部分长出，有的品种可用珠芽（气生鳞茎）培育，还有的品种能用种子繁育，但所有的种类都可用鳞片培育。鳞片在适宜的条件下，其基部剥伤处维管束周围的细胞恢复分生能力，形成愈伤组织，15d 后出现突起物，30d 左右，小鳞茎清晰可见。鳞片、地中茎及珠芽长出的小鳞茎，开始与母体的维管束连接，从母体吸取养分，不断增大。当小鳞茎长约 8mm、宽约 5mm 时，从底部长出几条小肉质根，再过 30d 左右从尖端长出 1～3 片柳叶状的基生叶。小鳞茎遂逐渐脱离母体成为独立的个体，又经 2～3 月生长，即可完成小鳞茎的形成。此时，小鳞茎单重约 3～12g。

第二年早春小鳞茎幼芽萌发，长出地上茎、发生纤维根、肉质根，然后地上、地下部分迅速生长，同时生出腋芽并长成鳞瓣。秋末地上茎叶枯死，鳞茎休眠越冬。在南方地区鳞茎单重可达 25～50g，即已达到播种用种球标准，但在北方则需再经 1～2 年的生长才能达到标准。

生产上多采用鳞瓣繁殖，即把成品百合，单重 150g 以上，包含有 2～4 个鳞瓣的大鳞茎，分成 2～4 瓣，每瓣单重约 50g，作为繁殖用的种鳞瓣。

百合子球一般在秋末冬初播种，越冬前茎盘下开始生长肉质根，开春后出土，地上部分开始生长发育。同时，鳞茎产生 1～4 个或多个腋芽，并逐步发育成新的鳞瓣。母体旧鳞叶由于地上、地下部生长发育消耗其所含养分而逐步开裂萎缩直至消失，新鳞茎逐渐形成。在现蕾开花后鳞茎迅速肥大，地上部停止生长，鳞茎仍继续积累养分使鳞叶充实肥厚，直到地上茎全部枯死。在南方一年便可长成商品鳞茎，北方则需 2～3 年才长大成熟。其产量约为播种量的 3～4 倍。

3. 地上部分生长发育 从春天萌芽出苗到秋天茎叶枯黄，约需 150～180d。大致可分为 4 个阶段：第一阶段为幼苗期，从幼芽萌动出苗到苗高 30cm 左右，大约需 60～70d，一般从 3 月初开始，到 5 月初结束。幼苗一出土，茎、叶便同时生长，经 15～20d 苗高可达 10～15cm，再经过 40～50d，苗高即达 30cm 左右。第二阶段为生长盛期，从茎高 30cm 左右到现蕾（茎高约 70～90cm），约需 30～40d，一般是在 5 月上旬至 6 月上旬，此期茎高、叶片迅速增加，叶面积指数急剧提高，光合效率与植株内营养物质转化速率呈直线上升。有的品种珠芽开始出现，第一颗珠芽叶位一般在 40～50 片叶。地上茎粗壮的珠芽叶位就高，反之，茎细弱的珠芽叶位低。珠芽约经 1 个月成熟，若不采收，珠芽就会脱落。第三阶段为现蕾开花期，从看见幼蕾到开花，约需 50～60d，一般是在 6 月中旬至 7 月下旬。此期茎高继续增高，从 80cm 长到 100cm 以上，总叶片数达到最高，一般在 90～100 片。有的地方为了减少养分消耗，常在 5 月下旬至 6 月上旬采用打顶的方法，摘除花蕾。有珠芽的品种也可从 6 月中旬开始摘除。第四阶段为茎叶枯黄期，从叶片开始枯黄到地上茎的叶片全部枯萎，约经 30～50d，一般从 7 月下旬开始，到 9 月下旬结束。此时营养生长过程全部完成。

(二) 对环境条件的要求

1. 温度　百合的适应性较强，中国南北各地均可栽培。品种间对温度要求有一定差别，但一般均耐冻，怕热。早春 10cm 地温 5℃时鳞茎幼芽即萌动，12℃开始出土，14℃以上大量出土。出苗后不耐霜冻，气温低于 10℃，生长受抑制。地上茎在 16～24℃时生长最快，气温高于 28℃生长不良，长期高于 33℃，茎叶枯黄死亡。花期平均气温以 24～29℃为宜。百合地上茎叶不耐霜冻，一般在早霜来临后即枯死。地下鳞茎耐低温，通常能忍耐−10℃的低温，兰州百合鳞茎在新疆维吾尔自治区气温为−30℃左右时，仍能在土壤中安全越冬。

2. 光照　百合耐阴性较强，适宜遮阴的自然日照，一般以裸地自然日照的 70％～80％为宜。但各品种各生育期对光照要求不同。一般在幼苗期与生长盛期喜光，光照强生长发育好；现蕾后由于自然光照太强，应适当遮阴，但也不能过阴。百合为长日照作物，其鳞茎形成要求有较长日照，每天日照时数宜在 12h 以上。

3. 水分　百合生长的适宜土壤水分一般以土壤含水量在 15％左右为佳。水分过多，湿度过大，易造成土壤通气不良，如雨涝积水，则易使鳞茎与根系缺氧，影响生长，严重时发生腐烂，导致死亡。百合对空气湿度反应不敏感，所以在空气湿润的南方和空气干燥的北方，均可正常生长。

4. 土壤与营养　百合喜肥沃疏松的土壤，一般以沙质壤土为宜。鳞茎在沙质壤土中生长好，肥大，色洁白。黏重土壤由于通气排水不良，易影响生长，并导致鳞茎小，产量低。大多数种类的百合适宜酸性土壤，以 pH5.7～6.5 为宜。兰州百合、平凉百合、平陆百合较耐碱，土壤 pH 在 7.8～8.2 时仍能良好生长。

百合喜肥，需较多的肥料才能保证其优质高产。据买自珍等人（1993）研究结果，食用百合吸收氮有两个高峰期：一在出苗后 25d 左右，即幼苗期；二在出苗后 75d 左右，即现蕾期。对磷的吸收也有两个高峰：一是在出苗 25d 左右；二是出苗后 45d 左右。对钾的吸收只有一个高峰，一般在出苗后 30～35d，即孕蕾期。氮、磷、钾在百合植株内的分布，幼苗期以叶片内最多，茎秆内次之，鳞茎中最少；随着百合生长，鳞茎中的比重迅速上升，到枯萎期约高达 85％。百合各生育阶段吸收氮、磷、钾的比值差异不大，大约为1：0.6：1。

第五节　百合的种质资源

一、概况

中国是百合科百合属植物的自然分布中心，是食用百合栽培的起源地与世界唯一的大规模生产基地。百合种类多，分布广泛。但是，以往对食用百合种质资源的研究比较分散，不系统。被收录到《中国蔬菜品种志》（2001）的仅有 4 个品种。近年来，对百合种质资源的研究出现了新进展，各地陆续报道了一些百合品种。据笔者不完全统计，全国共有食用百合种质资源 40 份左右，其中甘肃省 5 份、江西省 4 份、湖南省 4 份、云南省 4 份、江苏省 3 份、浙江省 3 份、山西省 3 份、山东省 2 份、四川省 2 份、福建省 2 份、湖北省 2 份、河南省 2 份、安徽省 2 份、广西壮族自治区 1 份、黑龙江省 1 份。食用百合按风味品质可划分甜百合、苦百合二大类，上述种质资源中甜百合约占 3/4，苦百合约占 1/4。

二、抗病种质资源

对食用百合生产危害较大的有两种病害：一是百合病毒病。在过去 50 年，对百合病毒病研究取得了很大的进展。国外的研究报道很多，中国报道较少。危害百合的病毒主要有：百合温和花叶病毒（LMMV）、百合丛簇病毒（LRV）、环斑病毒（TOMRSV）和瓜类（黄瓜）花叶病毒（CMV）。19 世纪后期，欧洲栽培百合的大多数品种由于病毒病蔓延而濒临灭绝。中国的岷江百合（*L. regdle*）引入欧洲后，才使当地百合有了抗病毒种质，使百合栽培得以重新恢复和发展。二是百合鳞茎腐烂病（*Penicillium cyclopium*）。荷兰植物育种与繁殖研究中心（CPRODLO）对引起百合鳞茎腐烂的最主要病原菌尖孢镰刀菌开展了综合研究，结果发现，以毛白合（*L. dauricum*）的抗性最强，其次为麝香百合（*L. longiflorum*）。

1. 岷江百合　野生近缘种。鳞茎宽卵圆形，高约 5cm，直径 3.5cm。地上茎约 50cm，有小乳头状突起。叶散生、多数、狭条形，长 6～8cm，宽 2～3mm，具 1 条脉。花 1 至数朵，喇叭形，白色，喉部为黄色，开放时很香，花期在 6～7 月。高抗多种百合病毒病。原产四川省，分布于海拔 800～2 500m 的山坡岩石边、河旁。

2. 毛百合　野生近缘种。鳞茎卵状球形，高约 1.5cm，直径约 2cm。地上茎高 50～70cm，有棱。叶散生，在茎顶端有 4～5 枚叶片轮生，基部有一簇白绵毛，边缘有小乳头状突起，还有稀疏的白色绵毛。花 1～2 朵，顶生，钟形，橙红色或红色，有紫红色斑点，花期在 7 月。对尖孢镰刀菌的抗性最强。产于云南省西北部和四川省西部，分布于海拔 2 800m 左右的林缘。

3. 麝香百合　野生近缘种。鳞茎球形或近球形，高 2.5～5cm，鳞片白色。地上茎高 45～90cm，绿色，基部为淡红色。叶散生，披针形或矩圆状披针形，长 8～15cm，宽 1～1.8cm。花单生或 2～3 朵，喇叭形，白色，筒外略带绿色，长达 19cm，花极香，含有芳香油。花期在 6～7 月，果期 8～9 月。抗尖孢镰刀菌。产于台湾省。目前，全国大多数省、自治区、直辖市有少量栽培，供观赏用，鳞茎可食用。

三、抗寒种质资源

百合喜冷凉气候，且耐寒。地下鳞茎忍耐低温的能力强，一般在 −10～−5℃ 的土层中能安全越冬，有的种类在极端最低气温达 −30.5℃ 的地方，仍能在土壤中安全越冬。但百合地上茎叶耐寒能力较弱，北方在早霜来临时便枯死。抗寒的种类主要有：兰州百合、东北百合、川百合、山丹、条叶百合、岷江百合、毛百合等。抗寒性最突出的是兰州百合和东北百合。

1. 兰州百合　优良栽培种。鳞茎近圆球形，肥大，商品鳞茎高 6～7cm，横径 8～

10cm，鳞片长约 6cm、宽约 3cm，鳞茎单重平均约 200g，大的达 500g。鳞茎色泽洁白，肉质肥厚，甘甜味美。4～6 年生的地上茎高约 100cm，绿色，表皮光滑无茸毛，茎入土部分产生小鳞茎。叶为条形，着生比较密集，绿色，叶长 11cm，宽 0.4～0.5cm，叶腋间不生珠芽。花 1～20 朵，总状花序，可以食用，似黄花菜。花被火红色，基部有褐色突起斑点，背面中肋凸起，梗上有小叶一枚，花下垂，开放后花被向外反卷，有香味，花期在 7～8 月。抗寒性强。现主要在甘肃省栽培，全国各地多有引种，在食用百合中分布最广。

2. 东北百合 野生近缘种。鳞茎卵圆形，高 2.5～3cm，直径 3.5～4cm；鳞片披针形，鳞片长 1.5～2cm，宽 0.4～0.6cm，白色，有节。地上茎高 60～120cm，有小乳头状突起。叶一轮共 7～9 枚（最多 20 枚）生于茎中部，还有少数散生叶，倒卵状披针形至矩圆状披针形，叶长 8～15cm，宽 2～4cm，无毛。花 2～12 朵，总状花序，淡橙红色，具紫红色斑点；花被片稍反卷，长 3.5～4.5cm，宽 0.6～1.3cm；子房圆柱形，长 0.8～0.9cm，宽 0.2～0.3cm，花柱长约为子房的两倍，柱头球形，3 裂。蒴果倒卵形，长 2cm，宽 1.5cm。花期 7～8 月，果期 9 月。分布在东北三省，生于海拔 200～1 800m 的山坡林下、林间、路边或溪边。

四、耐热种质资源

百合植株地上部在 16～24℃时生长最快，开花期日平均气温为 24～28℃时生长旺盛，气温高于 30℃时生长受到影响，如持续高温，多数种类的植株则开始发黄、枯萎。有些百合种类耐热能力较强，在 30℃气温条件下能正常生长发育。耐热的种类主要有宜兴百合、龙牙百合、卷丹、淡黄花百合等。

1. 宜兴百合 优良栽培种。鳞茎扁圆形，白色微黄，鳞茎高约 4cm，横径 5～6cm，每个鳞茎含鳞瓣 3～5 个，单重 70g 左右；鳞茎肉质绵软，略带苦味，食用时需加糖。地上茎高约 70cm，紫褐色，布有白色茸毛。5 月上旬茎中上部的叶腋间产生紫褐色珠芽，6 月下旬珠芽开始成熟，自行脱落，单重 2～3g。花橘红色，下垂，花被 6 片，正面有黑色斑点；花开放后向外反卷超过花柄，花药丁字形着生，深紫红色。主要分布在太湖流域的江苏省宜兴与浙江省湖州等地，江西、安徽、甘肃诸省均有种植。

2. 龙牙百合 优良栽培种。鳞茎近圆形，颜色洁白，抱合紧密，每个鳞茎含鳞瓣 2～4 个，鳞片肥大，长 8～10cm，宽约 2cm，因鳞片狭长肥厚，色白如象牙，故名龙牙百合；鳞茎平均单重约 250g，味淡，甜味不浓，但无苦味。地上茎高 1m 以上，表皮绿色，光滑无茸毛。叶片大而着生较稀，呈披针形，长 10～19cm，宽 2～5cm，叶腋间不着生珠芽。花一般 2～4 朵，最多的达 24 朵，与茎平行或稍下垂，花形似喇叭，花长 10～12cm，先呈蜡白色，后变粉红色，基部带绿色。花期在 5～6 月，有清香味。原主产于湖南省邵阳、邵东、隆回和江西省万载等县、市，近年来以较快的速度向周边地区发展，从而形成了目前以湖南省为中心，包括湖北、广东、四川、贵州及广西壮族自治区在内的全国最大的食用百合新产区。

3. 淡黄花百合 野生近缘种。鳞茎球形，高 3～5cm，直径 5.5cm；鳞片卵状披针形或披针形，长 2.5～5cm，宽 0.8～1.6cm。茎高 80～120cm，有小乳头状突起。叶散生，披针形，长 7~13cm，宽 1.8~3.2cm，上部叶腋间具珠芽。花通常 2 朵，喇叭形，有香味，白色；花被片长 17~19cm，外轮花被片矩圆状倒披针形，宽 1.8~3.2cm，内轮花被片匙形，宽 3.2~4cm；花丝长 13~15cm，无茸毛；花药长矩圆形，长 2cm；子房圆柱形，长 4~4.5cm，宽 0.2~0.5cm，紫色；花柱长 11~12cm，柱头膨大，径约 1cm。花期在 6~7 月。分布在云南、贵州、四川省和广西壮族自治区，生长于海拔 90~1 890m 的路边、草坡或山坡疏林下。

五、耐碱种质资源

百合要求土壤保持适宜的酸碱度，以利于根系生长发育和养分的吸收利用。若酸碱度过低，则对镁、铝、铁等离子的吸收过量；若酸碱度过高，则对磷、镁、铁等离子的吸收量不足，并将导致缺素症的出现。百合一般要求偏酸性土壤，适宜的 pH 为 5.5~6.8。由于中国北方的土壤偏碱性，分布在这里的百合已适应在偏碱性的土壤中正常生长发育，主要是渥丹、山丹（细叶百合）、兰州百合、平凉百合、平陆百合等。尤其是兰州百合、平凉百合等栽培品种能在 pH 8.4 左右的条件下种植，并可实现优质高产。

1. 平凉百合　优良栽培种。鳞茎近桃形，成品鳞茎高约 6.5cm，横径 6~7cm；鳞片长约 5.5cm，宽约 3cm；鳞茎单重平均 160g 左右；色泽洁白，甘甜味美，绵软细腻，无纤维。3~4 年生的地上茎高 80~100cm，绿色，无茸毛，茎入土部分产生小鳞茎，每株约生 12~20 个。叶条形，着生密集，绿色，叶长 9~10cm，宽 0.4~0.5cm，叶腋间不生珠芽。花 3~16 朵，总状花序，可食用。花被橘红色，花下垂，开放后花被向外反卷。花期在 6~7 月。主要分布甘肃、宁夏、陕西等省、自治区。

2. 平陆百合　优良栽培种。鳞茎扁圆形，抱合紧实，色泽洁白，肉质肥厚，糖分含量高，无苦味，无纤维。鳞茎有高瓣形、低瓣形两种。两年生的地上茎高 50cm，绿色，无茸毛，地上茎入土部分产生小鳞茎较多，可达 20 个左右。叶条形。花色金黄，花期在 6~7 月。原产山西省平陆县杜马乡一带。

3. 渥丹　近缘野生种。鳞茎卵球形，高 2~2.5cm，宽 1~3cm，白色。地上茎高 30~50cm，少数近基部带紫色，有小乳头状突起。叶散生，条形，长 3.5~7cm，宽 0.3~0.6cm，脉 3~7 条，边缘有小乳状突起，两面无毛。花 1~5 朵，排成伞形或总状花序；花梗长 1.2~4.5cm；花直立，深红色，有光泽，无斑点；花被片矩圆状披针形，长 2.2~4cm，宽 0.4~0.7cm，蜜腺两边具乳头状突起；雄蕊向中心靠拢，花丝长 1.8~2cm，花药长矩圆形，长约 0.7cm；子房圆柱形，长 1~1.2cm，宽 0.25~0.3cm；花柱稍短于子房，柱头稍膨大。蒴果矩圆形，长 3~3.5cm，宽 2~2.2cm。花期 6~7 月，果期 8~9 月。分布在山西、陕西、河南、河北、山东和吉林等省。生长于海拔 350~2 000m 的山坡草丛、路旁、灌木林下。

六、耐旱种质资源

分布在中国华北山区和西北黄土高原的百合种质资源，长期适应于当地半干旱生态条件，具备较强的耐旱能力，在年降水量 400~600mm 的旱作农业区，生长发育良好。其代表种类有山丹、高崖百合、兰州百合、平凉百合、中条百合等。

1. 高崖百合 优良栽培种。鳞茎扁圆，似蒜头，抱合坚实。一个大鳞茎分 2 个小鳞茎，定植后 2 年，最大的可达 900g。鳞茎色白微黄，高 8.2cm，横径 12cm；鳞片长 9cm，宽 3.4cm，厚 0.4cm，味淡微苦。地上茎高 65cm，绿色无光泽，其入土部多数不生小鳞茎。叶线形，叶尖呈镰刀形，自茎下方着生、旋转而上。花大红色，总状花序，花瓣反卷。结蒴果 30 个左右，多者达 59 个。花期在 6 月下旬至 7 月上旬。原产山西省平陆县城关镇高家崖村一带，种植历史已有 100 年左右。

2. 山丹 野生近缘种。鳞茎圆锥形或长卵形，高 2.5～4.5cm，横径 2～3cm；鳞片长圆形或长卵形，长 2～3.5cm，宽 0.7～1.2cm，白色。茎高 15～60cm，有小乳头状突起，有的带紫色条纹。叶条形，散生于茎中部，无柄，长 3～10cm，宽 0.15～0.3cm，中脉突出，边缘有乳头状突起。花 1 朵至数朵，排成总状花序，下垂，鲜红色或紫红色；花被片反卷，长 3～4.5cm，宽 0.5～0.7cm，无斑点或有少数斑点，蜜脉两边有乳头状突起；花丝长 1.2～2.5cm，无茸毛，花药长椭圆形，长约 1cm，黄色，花粉近红色；子房圆柱形，长约 0.9cm，花柱比子房长 1.5～2 倍。蒴果矩圆形，长 2cm，宽 1.2～1.8cm。花期在 7～8 月，果期 9～10 月。分布在华北、西北及东北地区。

七、特异种质资源

中国百合种质资源丰富，栽培历史悠久，在漫长的岁月中，经长期的自然和人工选择，还形成了不少特异的种质资源。表现突出的有：

一是甜百合类型中最好的品种——兰州百合。其产品肉质肥厚，色泽洁白如玉，甘甜味美，毫无苦味。而且其适应性极强，抗寒、耐旱、耐碱。

二是卷丹。一般百合都是二倍体，仅有卷丹等个别种类为三倍体。三倍体百合将在今后的百合育种上发挥重要作用。

三是沂水大百合。这是山东省沂水食用百合研究开发中心在广泛收集百合种质资源的基础上，采用传统育种方法与现代新技术相结合，于近年选育出的速生高产新品种。其一年内在中国北方可由单重 50g 左右的种球长成单重 800g 的大百合，鳞茎直径达 15～18cm。新疆维吾尔自治区及黑龙江、江苏、安徽、广东省等地已试种成功。

第六节 百合种质资源研究

一、组织培养研究

组织培养是生物技术在百合上应用最成功、最广泛的一个方面，国内外均进行了大量研究，在百合的快速繁殖、脱病毒、胚培养等方面，已有了较为成熟的技术。目前，组织培养成功的百合属的种及品种已超过几百种。百合组织培养最早由 Dobreaux 等人（1950）首次用纯白百合（*Lilium candidum*）的花蕾诱导出小鳞茎。随后 Robb（1957）进行了两个种百合鳞片的培养。日本的卡托（Kato. Y，1977）以叶片为外植体诱导出大花卷丹（*L. leichtlinii* var. *maximowiczii*）的小植株。前苏联的斯凯维切尼克（Skevchenk S. V.，1978）用百合花药诱导培养成功百合小植株。荷兰的斯莫尔（Smal

A.，1980）把百合胚培养应用于百合育种。1981年兰州大学以兰州百合的花药、花丝等诱导成完整小植株。黄济明（1979—1984）对25个种或品种进行了组培试验，证明百合的珠芽、鳞片、鳞茎盘、根、茎、叶、茎尖、花梗和未成熟胚等外植体均可诱导形态发生。新美芳二（1980）、相增海（1983）、赵祥云（2000）等的研究结果也证实了这一点。目前，百合组培最常用的外植体为鳞片。李宝华等（1992）对平陆百合组培中发生小鳞茎的条件进行了观察和分析，他认为鳞片中偏下部位发生小鳞茎的能力最强。

　　百合组培快速繁殖使用的基本培养基有MS、LS、SH、N6、B5、Hyponex等，其中最常用是MS培养基。Joung等（1995）研究了基本培养基对百合小鳞茎形成的影响，MS培养基较Hyponex培养基诱导的小鳞茎多，且再生植株叶绿素含量较高。Lim等（1998）以MS为基本培养基，探讨光照、糖浓度、总盐浓度对百合小鳞茎形成的影响，在16h光照、30g/L蔗糖的条件下，1.5MS促进小鳞茎的数量增加；而在连续黑暗、90g/L蔗糖的条件下，1/4MS则获得最大的鳞茎生长。

　　离体培养技术还可除去病毒，获得无毒百合苗。Cohen等（1996）报道，以色列成功建立了百合的脱毒体系。赵祥云等（2005）研究利用百合植株的茎尖或珠芽生长点等外植体，接种到MS加激素的培养基上，直接诱导出了无病毒种苗。

二、细胞学研究

　　郑国锠等（1985）研究了百合花粉细胞融合期腺苷三膦酸酯活性的细胞化学定位及其染色体质胞间转移的关系。此后，徐涛等对百合花粉母细胞骨架进行了观察，发现在减数分裂期百合花粉母细胞存在1个精细胞非染色质纤维。杨中汉等发现兰州百合花粉体外萌发过程中质膜ATP植酸酶活性变化与花粉生长速度一致。刘兴梁等研究了兰州百合与王百合线粒体在生殖细胞及体细胞中的分布和细胞质中DNA的状况，提出兰州百合、王百合质体和线粒体是单亲母系传递的。陈仲颖等（1996）从低温贮藏6个月的兰州百合花粉中制备出12%的生活精细胞，研究了兰州百合精细胞与动物精子抗体间的关系，提出植物精细胞中有与动物精子相同或相似的抗源决定簇，它们主要分布于精细胞表膜上，并为精细胞所特有。刘选明等（1997）首次报道了四倍体龙芽百合体细胞形态发生的激素调控及不同形态发生类型中酯酶、淀粉酶与过氧化物酶酶谱带动态变化。张政铨等（1986）发现百合鳞茎、地上茎、叶和幼胚等组织细胞中存在"内生菌"。

　　中国在栽培百合及野生百合的染色体核型研究方面，谢晓阳等（1993）、图力吉尔等（1996）、才淑英等（1995）、杨利平等（1996）先后取得了许多成果。在染色体水平上分析了中国百合的遗传多样性，并发现不同产地间同一种百合染色体的核型公式及染色体形态均无明显区别，因此用染色体来鉴定种是可靠的。现将食用百合染色体核型研究进展汇总于表48-1。

表48-1　食用百合染色体核型研究汇总表

种　名	核型公式	核　型	染色体基数（x）	倍　性
川百合	2n＝2x＝24＝4m＋8st＋12t	3B	x＝12	二倍体
	n＝3x＝36＝3m＋3sm＋9st＋21t	3A	x＝12	三倍体

（续）

种　名	核型公式	核　型	染色体基数（x）	倍　性
兰州百合	2n＝2x＝24＋2m（2SAT）＋2sm＋4st（2sAT）＋14t＋2T	3B	x＝12	三倍体
卷丹	2n＝3x＝36＝6m＋12sm＋12st（SAT）＋6t	2A 1B	x＝12	三倍体
麝香百合	2n＝2x＝24＝2m＋2sm＋8st＋12t	3B	x＝12	二倍体
百合	2n＝2x＝24＝2m＋2sm＋8st＋12t	3B	x＝12	二倍体
山丹	2n＝2x＝24＝2m＋2sm＋4st＋16t	3B	x＝12	二倍体

三、分子生物学研究

（一）分子标记

近年来，分子标记技术开始应用于百合。一是蛋白质或等位酶标记。在蛋白质多态性基础上发展起来的分子标记称为蛋白质标记。周厚高等（1999）利用9个等位酶系统的14个基因位点资料对8个百合品种的亲缘关系进行了分析，等位酶数据分类分析结果与形态学分类结果基本一致。Booy等（1998）应用等电聚焦技术分析百合鳞片蛋白质的多态性，建立了鉴别百合栽培品种的程序。84%的百合栽培品种显示了独特的谱带，谱带的特征不受鳞茎生长和贮藏环境的影响。

二是DNA分子标记。它是在DNA水平上对遗传多态性的直接反映。自20世纪90年代以来，由于PCR技术广泛应用，RAPD、RFLP等DNA分子标记技术得到了迅速发展，在百合上也得到初步应用。赵祥云等（1996）采用RAPD分子标记对13个百合品种和1个野生种间的遗传关系进行了研究，从13个百合品种和1个野生种中分别提取了DNA，进行PCR‐RAPD分析，每个品种都得到了各自独特的带谱，并计算出百合品种间的遗传关系。荷兰的植物育种与繁殖中心（CPRODLO，1996）开发了RAPD分子标记系统，找到了与镰刀菌抗性基因连锁的RAPD分子标记并构建了百合的遗传图谱。Havuki等（1997）用20种限制性内切酶对9个百合品种的叶绿体DNA的rbc1基因和核DNA的rRNA基因进行PCR‐REL分析，并将这些百合分为6个组。

（二）基因工程

基因工程在百合育种上具有独特的优势，但是百合基因工程起步较晚，仅国外有少数成功报道。目前的研究主要集中在以下方面：

1. 遗传转化技术　常采用以下几种方法：

一是农杆菌介导法。百合是单子叶植物，传统观念认为单子叶植物不是农杆菌的有效寄主。近年，利用这种方法进行百合遗传转化取得了成功。1992年Coben等首次报道了用农杆菌介导法对百合进行遗传转化，开展鳞片切段与农杆菌菌株C58共培养，得到了瘤状突起，并在愈伤组织中检测到冠瘿碱基因的表达。Lanbgveld等（1995）把几种农杆菌菌株接种到百合植株上，百合的茎间产生了肿瘤组织，使GUS标记基因得以表达。

二是电激法。Miyoshi等（1995）以百合花粉原生质体为受体，用电激法导入GUS

基因，得到瞬时表达。Wu 等（1992）将百合的鳞片组织质壁分离，通过电激法将 GUS 和 EFP 基因直接导入，在百合鳞片组织中得到 GUS 和 GFP 基因瞬时表达。

三是基因枪法。CPRODLO（1996）应用基因枪法将报告基因 GUS、NPTⅡ导入百合花粉，授粉后得到了表达 GUS、NPTⅡ的转基因植株。以色列农业研究组织（1997）以百合愈伤组织为受体，导入 XUidA、PAT 基因，得到了转基因植株。日本广岛大学（1995）以花粉为受体，用基因枪法导入了 GUS 报告基因。

2. 基因表达调控 Leede 等（1992）采用不同的启动子（CaMV35S、TR2、ACt1、LAT52、chiAPA2）驱动 GUS 基因转化百合花粉，仅 TR2 在百合花粉中显示活性。Miyoshi 等（1995）报道了番茄的 LAT52 启动子和玉米的 Zm13 启动子在百合花粉中的表达。Tsuchiya 等（1996）构建了 CaMv35SAct1、Adh1 启动子和蓖麻催化酶基因内含子驱动的 GUS 基因，转化百合鳞片和未成熟的胚胎，其 Act1 启动和修饰的 CaMV35S 启动子 GUS 基因的瞬时表达，受胚龄、培养时间和培养条件等影响。

分子生物学技术在百合上的应用才刚刚起步，离实用化阶段还有一定距离，尤其在基因工程方面，如何从百合中克隆有用的基因，建立高效、重复性好、无基因型依赖性的转化系统，今后仍需进行大量深入的研究。

（邱仲华　邱云雁）

主要参考文献

汪发缵，唐进.1980.中国植物志.第14卷.北京：科学出版社

中国农业科学院蔬菜花卉所主编.2001.中国蔬菜品种志.北京：中国农业科技出版社

赵祥云等.2000.中国百合二十年研究进展.见：中国花卉科技二十年.北京：科学出版社

刘建常等.2000.兰州百合及其栽培.兰州：甘肃科学技术出版社

王康才.1999.百合栽培新技术.北京：中国农业出版社

刘阳婵等.2000.平陆百合.北京：中国农业出版社

刘德军等.2001.百合.北京：中国中医药出版社

宋元林等.2001.特种蔬菜栽培.北京：科学技术文献出版社

李斌超等.2002.百合高效栽培技术.郑州：河南科学技术出版社

樊鸿修.1983.百合栽培.北京：农业出版社

朱业斌.1999.万载龙芽百合及其栽培技术.江西园艺.（3）：36～37

李润根等.1995.万载百合及其栽培技术.中国蔬菜.（4）：42～43

肖国滨.2001.红壤地区百合高产栽培技术.农村发展论坛.（6）：21

吴家林.2000.龙芽百合特征特性及高产栽培技术.福建农业科技（增刊）.113～114

王兆禄等.1986.宜兴百合生长发育特性及其增产技术的初步研究.中国蔬菜.（3）：30～33

陈远帆等.1993.太湖百合.生物学杂志.（5）：24～25

王甫才等.1997.湖州百合立地条件及异地试种表现.浙江农业科学.（3）：148～150

吕建华等 . 2000. 百合高产栽培技术 . 河南农业科学 . （11）：37

赵学杏 . 2001. 皖南山区食用百合栽培技术要点 . 安徽农业 . （9）：14

张建民等 . 1999. 百合高产优质配套栽培新技术 . 湖南农业科学 . （5）：22～23

秦晓辉 . 2000. 武陵山区百合优质高产栽培技术 . 湖南农业科学 . （6）：26～27

周伟新等 . 1995. 高寒地区百合引种试验及栽培技术初报 . 新疆农垦科技 . （1）：16

杨云光等 . 2000. 川百合的特征特性及栽培技术 . 农业科技通讯 . （4）：16～17

杨茂华 . 2000. 无量山百合高产优质栽培 . 云南农业 . （12）：9

王月霞 . 1995. 兰州百合引种初报 . 江苏农业科学 . （2）：52～53

敖永长 . 1992. 兰州百合引种栽培试验研究 . 沈阳农业大学学报 . （3）：196～199

买自珍 . 1993. 食用百合需肥规律的研究 . 宁夏农林科技 . （1）：19～22

李宝平 . 1991. 平陆百合快速繁殖技术研究 . 山西农业科学 . （12）：28～29

王刚等 . 2002. 兰州百合和野百合组织培养及快速繁殖研究 . 西北师范大学学报（自然科学版）. （1）：
　69～71

杜捷等 . 2003. 兰州百合继代培养过程中的染色体变异 . 西北师范大学学报（自然科学版）. （2）：61～69

谢晓阳等 . 1993. 三倍体川百合的核型与酯酶同工酶鉴定 . 云南植物学研究 . （15）：57～60

图力吉尔等 . 1996. 吉林产五种百合的核型研究 . 武汉植物研究 . （14）：6～12

李卫民等 . 1991. 中药百合的核型分析 . 中国中药杂志 . （5）：268～270

郑国锠等 . 1985. 百合花粉母细胞间细胞融合期间三磷酸酶的细胞化学定位及其染色质胞间转移的关系 .
　植物学报，（27）：26～32

陈仲颖等 . 1996. 兰州百合精细胞表膜上存在着被牛精子抗体识别的抗源决定簇 . 植物学报 . （38）：
　612～616

杨利平等 . 1996. 10 种百合属植物的传粉生物学 . 植物研究 . （18）：63～67

陆美莲等 . 2002. 生物技术在百合上的应用 . 仲恺农业技术学院学报 . （4）：69～76

张云等 . 2001. 百合品种改良与生物技术研究进展 . 北京林业大学学报 . （23）：56～59

莽克强伦等 . 1998. 农业生物工程［M］. 北京：化学工业出版社

Cohen A.，Meredith C. P.，Saniewski M.，et al. 1992. Agrobactenunt mediated transformation of *Lilium*
　［j］. Acta Hort.，325：611～618

Langeveldsa，Gerrits M.，Derrrrs F. L. M. et al. 1995. Transformation of Iily by grobactenum［j］. Eu-
　phytica，85（1）：97～100

Miyoshiii H.，Uxami T.，Tanakai. 1995. High level of GUS gene expression driven by pollerrspecific pro-
　motrs in electroporated Iily pollen protoplasts［J］. Sex plant Rep.，8（4）：205～209

Wufs，Fengty. 1999. Delivery of plasmid DNA into intact plant by electoporation of plasmolyzed cells
　［J］. Plant Cell Rep.，18（5）：381～386

Nishihara M.，Ito M.，Tanaka Ⅰ. et al. 1993. Expression of the beta glucuronidase gene in pollen of Iily
　（*Lilium longiftorum*），tobacco（*Nicotiana tabacum*），*Nicotian rustica*，and peony（Paeorua lactiflo-
　ra）by particle bombardment［J］. Plant Phvsiol.，102（2）：357～361

Langeveldsa，Marinovas，Gerrits M. M. et al. 1997. Ceeie transformation of Iily［J］. Acta Hort.，
　430：290

Leede P. L. M.，Venbce，Binorj. et al. 1992. Introduction and differential use of various promoters inpol-
　len grains of *Nicotiana glutinosa* and *Lilium longiflorum*［J］. Plant Cell Rep.，11（1）：20～24

Tsuchiya T.，Takumi S.，Shimada T. 1996. Transiet expression of a reporter gene in bulbscales and im-
　mature embryos of three *Lilium conditions*［J］. Physogi Plarr Tarum.，98（4）：699～704

Tanaka T. , Nishihara M. , Seki M. et al. . 1995. Successful expression in pollen of various plant species of vitro synthesized mRNA introduced by particle bombardment. Plant Mol Biol. , 28（2）：337～341

Watad A. A. , Yun D. J. , Matsumoto T. . 1997. Microprojectile bombardment-mediated transformation of *Lilium* longiflorum. Plant Cell Rep. , 17（4）：262～267

Langeveld S. A. , Gerrits M. M. , Derks F. L. M. et al. . 1995. Transformation of lily by Agrobacterium. Euphytica. , 85：1～3，97～100

Cohen A. , Meredith C. P. , Saniewski M. et al. . 1992. Agrobacterium-mediated transformation of Lilium. Acta Hort. , 325：611～618

Miyoshi H. , Usami T. , Tanaka I. . 1995. High level of GUS gene expression driven by pollen-specific promoters in electroporated lily pollen protoplasts. Sex Plant Reprd. , 8（4）：205～209

枸 杞

第一节 概 述

枸杞（*Lycium chinense* Mill.）为茄科（Solanaceae）、茄族（Solaneae Reichb.）、枸杞属（*Lycium* L.）多年生灌木，染色体数 $2n=2x=24$。因其棘如枸之刺，茎如杞之条，故兼用二名谓之"枸杞"。别名：华杞子、枸芽子、天精草。为中国之特有蔬菜。枸杞以嫩茎叶（供菜用）和果实（主要供药用和保健用）为主要食用器官，嫩茎叶在供食时可用开水略烫后凉拌，也可洗净后直接炖肉、炒食、煲汤、腌渍或脱水加工制成方便菜等。枸杞菜营养丰富，每 100g 鲜菜含碳水化合物 5.21g，蛋白质 5.01g，脂肪 0.46g，维生素 C12.1mg，氨基酸总量 4.19mg，钙 97.83mg，磷 74.16mg，铁 7.25mg。尤以含钾最为丰富，每 100g 鲜菜可达到 480mg，还含有锌、硒等微量元素（宁夏食品测试中心，2001）。枸杞芽、茎叶、果实均有一定的药用价值，明代李时珍在《本草纲目》（1578）中对其药理及食疗有较为详尽的记载："窃谓枸杞苗叶味苦甘而气凉，乃天精。食之茎叶及子轻身益气，补五劳七伤，壮心气，去皮肤骨节间风，消热毒，散疮肿。和羊肉作羹，益人，除风明目，以饮代茶，止渴，消热烦，益阳事，解面毒，汁注目中，去风障赤膜昏痛，去上焦心肺客热。"

由于中国气候类型的多样性，枸杞在长期的自然和人工选择作用下，形成了丰富的种质资源，被列入《中国植物志》（1978）的有 7 个种、3 个变种，被列入《广州蔬菜品种志》（1993）和《宁夏枸杞种质资源圃》的枸杞种质资源共有 48 份，二倍体（染色体 $2n=2x=24$）和四倍体（染色体 $2n=4x=48$）的中间材料有 240 余份。

枸杞在中国有悠久的栽培历史，由于其耐寒、耐旱、耐盐碱，又较耐湿，对栽培环境有较强的适应性，所以南北各地、平原山区均有种植，但西北和华南地区栽培面积较大，已成为两地大众喜食的特色蔬菜之一。

据 2004 年宁夏枸杞协会统计，菜用枸杞在全国的种植面积约 1 100hm²，年产鲜菜 25 000t。由于近年脱水方便菜市场看好，栽培面积正在逐年扩大。

第二节　枸杞的起源与分布

一、枸杞的起源

枸杞原产中国，分布于温带和亚热带地区的东南亚、朝鲜、日本及欧洲的一些国家。多生于山坡、荒地、林缘、田边及路旁（《中国农业百科全书·蔬菜卷》，1990）。

枸杞被人们所利用的历史很悠久。中国最早的一部诗集《诗经》（公元前 11 世纪至前 477）"小雅"中就有"陟彼北山，言采其杞"的诗句，其意是"登上北山头，为把枸杞采。"在公元 766 年的唐代中叶，《郭橐驼种树书》中记载："以西枸杞，收子及掘根种于肥壤中，待苗生，剪为蔬食，甚佳。"元代鲁明善著《农桑衣食撮要》（1314）中载："杞苗生，频浇之，春间嫩芽叶可作菜食。"可见枸杞作为蔬菜被人们食用已有长达 2 000 多年的历史。至今南方一些地区仍将枸杞嫩茎叶作蔬菜，其中尤以广州近郊最为普遍。当地按其叶片的宽窄还将其分为大叶枸杞和细叶枸杞。

二、枸杞的分布

枸杞野生种的分布比较分散，主要有云南枸杞，分布在中国西南地区海拔 1 360～1 450m 的丛林中；截萼枸杞，分布在山西省、内蒙古自治区海拔 800～1 500m 的山坡或路边；新疆枸杞，分布于新疆维吾尔自治区、青海省海拔 1 200～2 700m 的山坡或沙滩。此外，北方枸杞也有野生分布，主要分布于宁夏、内蒙古、甘肃、青海、新疆和山西、陕西等省（自治区）的半干旱盐碱荒地和山坡。

枸杞栽培种的分布则较为集中，主要分布在中国的西北和华南地区。近年，在东北、华北和西南地区引种获得成功，亦有了少量种植。

枸杞的栽培种曾于 1740—1743 年间从中国引入法国，后来在欧洲、地中海及其沿岸国家以及俄罗斯的南部广为栽种（秦国峰，1980）。

第三节　枸杞的分类

一、植物学分类

对于分布在中国的枸杞属植物，1934 年王云章作了初步整理和分类。1978 年中国科学院植物研究所路安民对枸杞属植物的分类作了专题研究，比较全面地将该属分为 7 个种、3 个变种，其中包括 1972 年秦国峰在宁夏进行野生种调查时发现的 1 个新变种。

（一）枸杞属的野生种

1. 云南枸杞（*L. yunnanense* Kuang et A. M. Lu）　丛生直立灌木，高 50cm 左右，枝灰褐色。叶单生或簇生，狭卵形或矩圆状披针形。

2. 截萼枸杞（*L. trancatum* R. C. Wang）　灌木，高 1～1.5m，分枝圆柱状，灰白

色，少棘刺。叶单生或簇生，条状披针形或披针形。

3. 黑果枸杞（*L. ruthenicum* Murr.）　多棘刺灌木，高 20～30cm，多分枝，枝白色或灰白色，每枝节有长 0.3～1.5cm 的短棘刺。叶同时簇生，为条状披针形或条状倒披针形。

4. 新疆枸杞（*L. dasystemum* Pojark.）　多分枝灌木，高达 1.5m，枝条坚硬，灰白色。单叶互生，倒披针形或椭圆状倒披针形。其变种为红枝枸杞（*L. dasystemum* Pojark. var. *rubricaulium* A. M. Lu），与新疆枸杞（*L. dasystemum* Pojark.）的不同之处是：老枝灰褐色，生于海拔 2 900m 的灌木丛中。

5. 柱筒枸杞（*L. cylindricum* Kuang et A. M. Lu）　灌木，分枝多之字状折曲，白色或淡黄色。叶单生或簇生，披针形。

（二）枸杞属的栽培种

1. 宁夏枸杞（*L. barbarum* L.）　丛状灌木，或因人工栽培整枝而成小乔木，高 0.8～2m，分枝细密，灰白色或灰黄色。叶互生或簇生，披针形或长椭圆状披针形。其变种为黄果枸杞（*L. barbarum* Linn. var. *auranticarpum* K. F. Ching），不同于宁夏枸杞之处是：枝条多棘刺，叶狭窄，条形或条状披针形。

2. 枸杞（*L. chinense* Mill.）　自然生长为多分枝灌木，高 0.5～1m，枝淡灰色。单叶，互生或 2～4 枚簇生，卵形或卵状披针形。其变种为北方枸杞［*L. chinense* Mill. var. *potaninii*（Pojark.）A. M. Lu］，该变种不同于枸杞（*L. chinense* Mill.）之处是：叶通常为宽披针形或披针形。

二、栽培学分类

按产品部位和用途可将其分为果用枸杞和菜用枸杞。果用枸杞主要是西北地区广为栽种的宁夏枸杞（*L. barbarum* L.），以获取药食两用的成熟果实为主；菜用枸杞主要有广东等地栽培的枸杞（*L. chinense* Mill.），以获取作为蔬菜的嫩茎叶为主（《中国农业百科全书·蔬菜卷》，1990）。又可按其叶的宽窄大小分为大叶枸杞和细叶（窄叶）枸杞两种类型（《中国蔬菜品种志》，2001）。一般认为菜用枸杞由野生种驯化转为栽培种。近年由宁夏枸杞研究所育成的大叶枸杞为宁夏枸杞（果用枸杞，*L. barbarum* L.）与枸杞（菜用细叶枸杞，*L. chinense* Mill.）的人工杂交种，暂定名宁杞菜 1 号，其表现为：多枝丛生，枝青灰色。叶宽且大，长椭圆披针形或披针形。

第四节　枸杞的形态特征与生物学特性

一、形态特征

（一）根

根系较发达，具有主根、侧根和须根。主根是由种子的胚芽发育而成，所以只有种子繁殖的实生苗才有主根。利用器官（茎、叶、根）繁殖的无性苗没有明显的主根，只有侧根与须根。枸杞成株（2年以上）主根可深入到地下 60～80cm，侧根和须根可横向扩展到 80～100cm，其主要吸收根群分布在地下 30～50cm 的土层。大叶菜用枸杞由无性繁殖成苗，侧根数量多、粗壮发达，每株丛多达 16 条以上，但入土较浅，多集中在 20～30cm 的耕层内。

（二）茎

栽培的枸杞，其茎有矮生直立生长型和矮生丛状生长型两类。果用枸杞多为矮生直立生长型，生产者为了促使其多结果，常人为地对其茎顶进行剪截而分生了较多的侧枝，因此有相对稳定的形状，较便于管理；菜用枸杞则多为矮生丛状生长型，主要是由于人为地不断采剪其嫩茎所致。枸杞的嫩茎，绿或深绿色有浅纵条纹，老枝灰白色。枸杞茎任其生长，一个生育季节可延长至 1m 以上，秋后可由茎顶生长点分生侧枝并开花结果。菜用枸杞主茎的根茎部位分蘖力较强，在周年生育期内，可发生春、夏、秋三次分蘖，每个主茎每一次分蘖 3～5 枝。分蘖能力的强弱一般与品种、株龄（2～5 年生分蘖力最强）、营养状况以及外界气温、田间施肥水平、繁殖方法、田间管理水平等密切相关。分蘖特性对枸杞丛状栽培极为重要，尤其是对多年生枸杞的复壮及持续获得高产具有重要意义。

（三）叶

叶为单叶互生或 2～4 枚簇生，一般每茎节有叶 1～2 片。叶有叶柄和叶片，绿或深绿色。大叶枸杞叶披针形或卵状、长椭圆状披针形，一般长 1.5～6.5cm，宽 0.4～2.5cm，栽培条件优越时叶长可达 10cm 以上、宽达 4cm 以上；细叶枸杞一般叶长 1.5～8cm，宽 0.25～0.65cm，有的可达到 3cm，长披针形，顶端极尖，质地稍厚。枸杞叶表面被有薄蜡层，显示了耐干旱的特性。菜用枸杞的嫩茎叶可多次收获，连续生长（图 49-1）。

图 49-1　枸杞的植株和果实

（四）花

为完全花。秋季，在自然生长植株的成熟枝条上可现蕾开花，花在长枝上单生或双生于叶腋，在短枝上则与叶同簇生。花梗长 1～2cm；花萼钟状，长 3～4mm，通常 3 中裂或 4～5 齿裂，裂片有缘毛；花冠漏斗状，长 9～12mm，淡紫色；雌蕊着生于花冠中部，花柱伸出稍高于雄蕊，花开放时，花柱由于花冠裂片平展而稍伸出花冠，上端弓变，柱头绿色。为常异花授粉作物。

（五）果实与种子

果实为浆果，红色，椭圆、棒状或长卵形，一般鲜果纵径 0.85～1.52cm，横径 0.51～0.84cm，果肉厚 0.10～0.12cm，鲜果千粒重 305～510g。每果内子房 2 室，含种子 25～40 粒，种子扁肾脏形，长 2.5～3mm，黄色，千粒重 0.73g。种子寿命 1～5 年，使用寿命 1～3 年。

二、生物学特性

枸杞为多年生丛状灌木，野生株体的有效生命年限 30 年以上，栽培株体的有效生产年限 20 年以上，因此其生育周期具有多年生蔬菜的特点，而对环境条件的要求，则具有较广泛的适应性。

（一）生育周期

枸杞在周年生育期内可分为营养生长期与生殖生长期两个阶段，栽培达到一定年限后，进入衰老期。

1. 营养生长期　从播种、种子萌发至花芽分化，又可分为发芽期、幼苗期、营养生长期和越冬休眠期。

（1）发芽期　从种子萌动至第一片真叶出现。在适宜温度下催芽需 24～30h，直接入土播种需 7～10d 发芽出土。此期主要是人为地创造适宜条件促进种子顺利发芽和出土。栽培上尤其要注意苗畦的精耕细耙，保证播种质量，保持土壤适宜的温、湿度条件，促使出苗整齐、苗全、苗壮。

（2）幼苗期　从第一片真叶出现至植株长出 6～8 片叶，苗高 15～20cm，约需 10d 时间。此期地下主根不断生长，根系逐渐形成。但利用无性器官繁殖的苗株属皮下生根型，由愈伤组织膨大处发生新根生长点，相继形成须根系。此期的管理主要是培育壮苗，适当浇水，多中耕，使幼苗达到适于定植的生理苗龄标准。栽培上应严格控制杂草，适当追肥浇水，促进幼苗苗壮生长。

（3）营养生长期　当苗高生长至 30cm 以上时，即可于茎基部 10cm 高处平茬（剪去梢部），将幼苗定植于菜圃，经过短期的缓苗，此后根系和根颈生长点的分蘖不断萌生，逐渐形成小株丛，株体也进入了旺盛生长期。此期的管理目标是：加强肥水供给，促使植株旺盛生长，早分蘖、多分蘖，于越冬前积累较多的养分，以加强越冬能力，为翌年获得高产打好基础。栽培上应适时进行土壤耕作，灭草除虫，分次追肥、浇水和喷施叶面肥，为株丛健壮生长提供良好的环境条件。

（4）越冬休眠期 从冬前地上部株丛枯萎至翌年早春株体萌芽返青。冬前，当外界气温降到 5℃ 以下时，株体茎叶的营养物质陆续转运贮存到茎基和根系，此后气温进一步下降到 −5～−6℃ 时，地上部逐渐枯萎，叶片脱落，株体遂进入休眠状态。此期的管理目标是：使植株适时进入休眠状态，并安全越冬。栽培上需注意：晚秋应进行土壤耕作，疏松土壤，及时浇冻水；翌年早春还需适时、适量地浇好返青水，以利植株安全越冬和顺利返青。

2. 生殖生长期 菜用枸杞由于在春、夏生长季节连续采收，茎叶连续生长，故一般不开花结果。果用枸杞或自然生长的植株至秋季株体的茎逐渐半木质化或木质化，茎节开始分枝并现蕾开花结果；晚秋果实成熟，即可采收果实，获取种子。

3. 衰老期 菜用枸杞为多年生灌木，由于由野生驯化转为栽培，所以株体对环境的适应能力比一般蔬菜强。其本身也具有较强的更新复壮能力，地下部根系在土壤中具有较强的穿透力，可不断地发生新根；同时地上部（尤其是根颈处）可不断地形成分蘖，从而使植株能保持旺盛的生活力。但栽培上枸杞却不能无限期地永久生长，一般 15～20 年以后分蘖能力开始减弱，生长势逐渐衰退，产量逐渐降低，植株即进入衰老阶段。菜用枸杞寿命的长短，主要取决于保持根系良好发育和分蘖力健旺的栽培环境和栽培技术，例如：栽培密度的大小，每年采收次数的多少以及浇水、追肥、耕作、病虫害防治是否适当等，都将不同程度地影响枸杞的栽培寿命。

（二）对环境条件的要求

1. 温度 枸杞耐低温、耐霜，当气温降到 −5℃ 以下时，地上部叶片才开始枯萎脱落，地上部木质化茎枝和地下部根系能耐 −41.5℃ 的低温。种子在 3～4℃ 时即可萌动，适宜发芽温度为 15～18℃。越冬枸杞株体在早春温度上升到 4～5℃ 时开始返青、生长，生长的适宜温度为 12～25℃，温度超过 25℃ 时其光合速率急剧下降，超过 28℃ 时地下部根系进入夏季休眠，地上部株丛则生长停滞。秋季结果期温度降低至 18～22℃ 时适宜果实成熟。

2. 光照 枸杞属喜光作物，生长发育需要足够的光照。如光照过弱，易使株体同化作用减弱，生长减缓，茎细叶小，分蘖减少，产量下降。枸杞的光饱和点为 20 000～40 000lx，补偿点为 1 500lx。

3. 水分 枸杞根系发达，侧根多，比较耐旱而不耐涝。种子发芽时需吸足水分。株体生长适宜的田间持水量为最大田间持水量 70% 左右，空气相对湿度为 60% 左右。枸杞喜水又厌水，若土壤缺水则生长受阻，嫩茎叶的纤维含量高，影响产品质量，产量下降；但土壤水分过量，又易造成有效土层内含氧量降低，影响根系生长，甚至出现涝害。菜用枸杞建园以在地下水位 1.2m 以下的地块最为适宜。

4. 土壤与营养 枸杞对土壤有较强的适应性，无论是沙土、壤土、黏土或其他易耕土壤一般均可栽培，但不能在低湿地和重黏土中栽培。栽培上为了获得高产、优质，仍多选择土壤肥沃、有效土层深厚、有机质丰富、保水保肥力强的壤土种植。枸杞栽培的适宜土壤 pH 为 7～8，这种中性偏碱性土壤，适于土壤微生物的活动。枸杞比较耐盐碱，在土壤含盐量 0.5% 以下均能正常生长。对贫瘠土壤有一定的适应性，同时也较耐肥。由于周年进行生产，及时合理地供肥更显重要。枸杞丰产栽培的适宜土壤营养为：在 1～40cm 深的有效土层内，全氮含量 0.05%～0.10%，全磷含量 0.11%～0.20%，全钾含量 1.0%～2.0%，有机质 1.0%～1.5%。经原子示踪监测，株体对氮、磷、钾的吸收比例为 1∶0.64∶0.41（《枸杞规范化栽培及加工实用技术》，2005）。处在不同生育期和不同栽培年限的枸杞株体，其需肥量有所不同。

此外，多年生枸杞的株体随着株龄的增大，对微量元素的吸收也趋于敏感，其中尤以锌、硼、铁、钙最为重要，及时补给微量元素对分蘖的茎粗和叶片增大有明显的促进作用。

第五节　枸杞的种质资源

一、概况

枸杞属（*Lycium* Linn.）植物是一个经济意义较大的类群。1934 年中国的植物学家王云章曾对中国产枸杞属植物种质资源作了初步的整理。其后，俄罗斯植物分类学者 A·保雅柯娃于 1950 年撰写了《中亚和中国产红果类枸杞属植物的种类》一文，对于分布在中国和中亚具红色果实的枸杞进行了系统的整理。此后，中国科学院植物研究所匡可任、路安民又对枸杞属植物作了进一步研究，并通过野外和栽培产区的实地观察，分析种内变异状况和种间界线，将枸杞属植物分为 7 个种，3 个变种《中国植物志》（1978）。20 世纪 60～70 年代，宁夏回族自治区农林科学院秦国峰通过野外和栽培区的实地观察，根据植株的形态特征，又将栽培枸杞初步划分为 3 个类型、12 个品种：硬条形——白条枸杞、白花枸杞、卷叶枸杞和黄果枸杞；软条形——尖头黄叶枸杞、圆头黄叶枸杞、尖头黄果枸杞、紫柄枸杞；半软条形——麻叶枸杞、大麻叶枸杞、小麻叶枸杞、圆果枸杞，并较为全面地衡量了各品种的经济性状（《枸杞研究》，1982）。从枸杞种质资源的地域分布来看，被列入《中国植物志》和《枸杞研究》的种质资源，按自然野生的分布为：分布于中国西部（陕西省北部和宁夏、甘肃、青海、西藏、新疆各省、自治区）及中亚、高加索等地区的有黑果枸杞；分布于中国西藏、山西、内蒙古的有截萼枸杞；分布于中国新疆、甘肃、青海和中亚地区的有新疆枸杞；分布于中国青海省的有红枝枸杞；分布于宁夏、内蒙古、河北、山西、甘肃、新疆、青海的有宁夏枸杞和黄果枸杞；分布于新疆维吾尔自治区的有柱筒枸杞；分布于河北、山西、陕西省等地的有北方枸杞；产于云南省的有云南枸杞。果用枸杞栽培区所利用的种质主要是宁夏枸杞（*Lycium barbarum* L.），现已遍布西北、东北与华北等地。菜用枸杞栽培区主要是枸杞（*Lycium chinense* Mill.），有大叶类型和细叶类型，多分布在广东、广西、福建和江苏、江西、湖南、湖北、河北、宁夏、陕西、甘肃、内蒙古、新疆等省、自治区。近 20 多年来宁夏回族自治区科技工作者利用枸杞丰富的种质资源成功地培育出宁杞 1 号、宁杞 2 号、四倍体枸杞、三倍体枸杞、宁杞菜 1 号等品种、品系，并搜集了大量的枸杞种质资源，现均保存在“枸杞种质资源圃”内，共计 2 000 余份。

二、优异种质资源

枸杞优异种质资源指具有优质、果菜产品产量高、适应性强且抗逆性也较强，在生产实践中大面积种植或推广的类型和品种。

(一) 菜用枸杞

优异菜用枸杞大多具有较宽大的叶片，较强的发枝力、分蘖力和抗逆能力，并具有较高的生产力和较浓的风味品质。

1. 大叶类型 西北、华南地区地方品种。株丛高 30~65cm。叶片宽长披针形至卵形、椭圆形，叶脉网状明显，深绿色，长 2~5cm，宽 0.5~2.5cm，最长可达 10cm、宽 7cm。株丛周年产菜，耐热、耐湿，抗病力较强，分蘖力较强（单丛分蘖 20 个以上），冬季基本不休眠，多适宜于保护地栽培。

宁杞菜 1 号：宁夏回族自治区农林科学院育成，西北、华北、东北、华南均有一定面积引种栽培。株丛高 30~40cm，茎粗叶厚，茎深绿。叶披针形或长椭圆披针形，长3.1~6.7cm，宽 0.8~2.3cm，叶脉明显，主脉紫红色，叶绿色。生长旺盛，分蘖力强，产量高且营养成分含量丰富。耐旱、耐寒，抗病，适宜于保护地和露地栽培（图 49-2）。

广州大叶枸杞：从东莞引入，已在广州栽培 50 余年。株高 65cm 左右，开展度 55cm，茎粗 0.7cm，青绿色。叶近椭圆形，长约 8cm，宽 7cm，绿色，叶背浅绿色。茎节无刺或有软刺。易出生侧枝，耐寒，耐风雨，但耐热性稍差。

2. 细叶类型 华中（江西、湖北）、西北（甘肃、陕西、宁夏）等地都有分布。株丛高 20~70cm。叶肉质、细长，长披针形，叶长 1.5~3cm，宽 0.2~0.3cm，最长可达 5cm、宽 3cm，叶色绿，叶片表面附有薄蜡层。质地脆嫩，纤维少。耐旱，抗寒，抗病，分蘖力中等，生长势一般，适宜于露地栽培。

图 49-2 宁杞菜 1 号

广州细叶枸杞：广东省地方品种。株高 70cm 左右，开展度 25cm。嫩茎青绿色，收获时青褐色，粗 0.6cm。叶披针形，长 5cm，宽 3cm，绿色，叶背浅绿色。茎节有刺或无，易出生侧枝。耐寒，耐风雨，不耐热。味浓，品质优良。

(二) 果用枸杞

优异果用枸杞大多具有果实大，色泽鲜艳，千粒重大，可溶性物质含量高等特点，同时其植株具有较高的成枝率，并能获得较高产量。

1. 宁夏枸杞 宁夏回族自治区、甘肃省地方品种。灌木，经人工栽培后成小乔木，株高 80~200cm。枝灰白色，枝上有不生叶的短棘刺和生叶、花的长棘刺。叶互生或簇生，披针形或椭圆状披针形。花萼钟状，2 中裂。花冠漏斗状，花紫色，开放时平展，雄蕊的花丝基部稍上处及花冠筒内壁同一水平上生有一圈密绒毛。花果期 5~10 月。果实红色，椭圆形、卵形或矩圆形，长 8～20mm，直径 5～10mm。鲜果千粒重 250～550g，可溶性固形物 21.5％。种子扁肾脏形，棕黄色，每果含种子 25 粒左右。叶果比 1.88：1，成枝率 35.0％。在－41.5℃的低温下可安全越冬，在土壤含水量 5％时能维持正常的新陈代谢，在 pH 为 8.2～8.6，含盐量 0.09％～0.11％的土壤条件下亦可进行正常生产。因种子繁殖易产生变异，故多采用无性繁殖。花、根、茎叶、果实均可入药，果实可食用，叶可制茶，嫩茎叶可作蔬菜食用。目前，宁夏枸杞在生产上广泛利用的优异品种主要有大麻叶、黄果、黄叶、圆果、尖头圆果、白花、白条、卷叶、紫柄、小麻叶等。

2. 宁杞 1 号　从地方品种中经自然选优选出的品种。果形圆柱状，鲜果千粒重 650g。叶果比 0.94：1，成枝率 15.7％。耐旱、耐寒，抗虫、抗病力较强。

三、特殊种质资源

在中国丰富的枸杞种质资源中，有一种较特殊的类型——黑果枸杞。其株丛小，分蘖多，果实紫黑色，球状，粒小，鲜果千粒重只有 90.66g。但抗逆性强，尤其是抗病、抗虫、耐干旱、耐盐碱等性能，非常突出；同时该品种是传统藏药的入药枸杞，又是提取生物色素的重要原料植物。

另有宁夏枸杞的变种——黄果枸杞，为小灌木，枝短多棘刺，叶狭窄，果实橙黄色、卵状，可溶性固形物含量高达 24.5％，比常规品种 17.8％高出 6.7％。

鉴于黑果枸杞和黄果枸杞所具有的突出性状，作为有潜力的育种材料已开始被枸杞育种工作者所重视。

第六节　枸杞种质资源研究与创新

一、枸杞的细胞学研究

20 世纪 80～90 年代葛传吉（1999）、崔秋华（1988）分析了枸杞的染色体核型，发现枸杞体细胞染色体数目 2n＝24，核型公式为 2n＝24＝22m（2SAT）＋2sm，各染色体长度变化不大，最长者是 3.76μm，最短为 2.59μm，其中有 1 对具随体的染色体。简永兴等（1997）对野生枸杞及其栽培品种大叶枸杞的染色体核型进行了研究，二者 12 号染色体均具随体。前者染色体数目为 24，是二倍体，核型为 1B 型，核型公式为 2n＝2x＝24＝18m＋6sm；后者染色体数目为 48，是四倍体，核型为 2B 型，核型公式为 2n＝4x＝48＝36m＋12sm。黄阜峰（1999）对枸杞染色体的比较分析，发现该种染色体长度在 4.5～8.9μm 之间，总绝对长度为 82.7μm，平均绝对长度为 6.9μm，染色体数目 2n＝24，有 9 对染色体为中央着丝粒染色体（m），2 对染色体为亚中部着丝粒染色体，1 对为亚部着丝粒。其核型属于较对称、较原始的 2A 类型，核型公式为 2n＝18m＋4sm＋2st。可见，在野生枸杞和栽培枸杞中，存在着染色体数量和结构的变异。

二、枸杞的组织培养研究

(一)组织培养

枸杞组培技术的研究始于 20 世纪 80 年代,在枸杞植株器官(叶片、花药、茎尖、下胚轴、幼嫩子房、叶柄、髓组织)、胚乳、细胞及原生质体等不同水平上均已能再生出植株。

牛德水(1990)在 MS 培养基上诱导宁夏枸杞下胚轴切段形成愈伤组织,并进行细胞悬浮培养。先形成胚性细胞团,再由胚性细胞团块形成一个或几个胚状体。比较适宜胚状体发生的激素是 0.2mg/L2,4 - D。用 0.2mg/L6 - BA 代替 2,4 - D,则胚状体可以进一步发育并形成小植株。

马和平等(2005)以宁杞 2 号枸杞为试验材料,取出未成熟胚进行诱导,在胚成苗后进行继代和生根培养。培养结果表明:以 MS 为基本培养基,附加 6 - BA 1.0 mg/L 和 IBA 0.5 mg/L 对体细胞胚胎诱导最有效;在 2,4 - D 为 1.0mg/L 和 1.5mg/L 时的培养基上胚性愈伤组织诱导率较高,分别为 51.0% 和 56.7%;黑暗低温(10℃)处理 5d,不但可以促进细胞胚胎的发生,而且可以提高其发生的频率(60.0%)。

曹有龙(1996)分别用花粉、髓组织分离出单细胞,通过悬浮培养获得再生植株。杨汉民(1991)研究了体细胞胚的诱导条件和形态发育过程,从枸杞叶片上成功诱导出体细胞胚和再生植株。

(二)单倍体植株的培养

单倍体植株在枸杞品种选育及遗传分析中具有重要意义。单倍体植株在枸杞上的获得主要通过花粉和花药培养。樊映汉(1998)采取含单核晚期花粉的花药培养,在 MS＋KT 0.2mg/L＋IAA 2.0mg/L,MS＋KT 0.5mg/L＋2,4 - D 0.2mg/L,MS＋KT 1.0mg/L＋2,4 - D 2.0mg/L 培养基上诱导形成较多胚状体,不经转培即能发育形成绿苗。经根尖染色体检查,n＝12,证明为来自花粉的单倍体植株。将子叶期的胚状体转移至含 1.0mg/L 6 - BA 和 0.1mg/L NAA 分化培养基,再将其转至生根培养基上,形成了大量生根单倍体植株。枸杞属植物花粉植株诱导,以胚状体途径为主(顾淑荣,1981),幼苗的增殖和染色体加倍是通过花粉胚子叶下胚轴的培养同时进行的。由花粉胚下胚轴愈伤组织分化形成的植株,叶片较大,生长较快,经根尖染色体检查 2n＝24,证明为自然加倍的纯合二倍体。

(三)多倍体植株的培育

枸杞同源四倍体诱导研究已开展了 20 余年。秦金山等(1985)采用宁夏枸杞未受粉的子房为材料,接种到改良 MS 培养基上,附加 6 - BA 1.0mg/L 和 NAA 0.5mg/L。接种后的材料置于 0~4℃条件下预处理 48h,然后在室温下培养。在获得的再生植株中,经根尖细胞染色体检查,有四倍体和非整倍体。四倍体植株的形态特征表现了多倍体植物通常具有的"巨型性"。牛德水(1986)用生长点诱变获得了四倍体植株。艾先元等(1991)

用秋水仙素处理枸杞茎尖组织，通过组织培养获得同源四倍体枸杞苗。从秋水仙素处理效果、加倍类型及产生倍性细胞的比例看，利用 0.1％ 的秋水仙素处理效果最好。对不同浓度秋水仙素处理存活的 12 株试管苗进行茎尖细胞染色体检查，其中 3 株为四倍体（$2n=4x=48$），9 株是嵌合体苗。3 株四倍体试管苗已经扩繁培育成一批四倍体枸杞无性系，表现了多倍体植株特有的"巨型"特征，叶片略有下垂，根系少而粗。

无籽枸杞是由四倍体与二倍体杂交而成。马爱如等（1987、1988）用秋水仙碱 0.2％ 浓度的水溶液处理芽长 1～2cm 的种子 24h，诱导同源四倍体，进而与二倍体杂交，获得了同源三倍体宁夏枸杞植株。钟胜元等（1993）利用秋水仙碱＋二甲基亚砜处理枸杞发芽种子获得了四倍体，并与二倍体杂交获得三倍体杂交苗，其中 1 个三倍体株系已进行鉴定，其主要成分含量高，枸杞多糖含量比现有枸杞多糖含量提高 11.3％，无籽，有利于枸杞深加工。安巍等（1998）也采用倍性育种方法，成功地培育出三倍体无籽枸杞，并对三倍体的形态特征、生长特性、营养成分、适应性和抗性以及配套栽培技术进行了较为全面的深入研究。

顾淑荣等（1987）以枸杞未成熟胚乳为外植体，在添加 1mg/ml 2，4-D 和 0.1mg/ml KT 的 MS 培养基上，诱导产生愈伤组织，其频率为 23.8％。并获得了不同倍性的胚乳植株，同时首次培育胚乳植株开花结实，使胚乳植株完成了生活周期。王莉等（1985、1986）离体培养枸杞胚乳，诱导得到了四倍体水平（$2n=40～48$）和三倍体水平（三倍体细胞占 50％）的枸杞胚乳植株。顾淑荣等（1985、1998）用未成熟胚乳培养，也获得了三倍体植株。

三、枸杞的细胞工程研究及体细胞突变体筛选

（一）单细胞和原生质体培养

1. 单细胞培养　近年来，国内外学者已经建立了枸杞细胞系，进行了单细胞分离培养，并诱导形成了完整的植株。牛德水等（1983、1998）以种子下胚轴作为外植体，用 MS 培养基，附加 0.2mg/L 2，4-D 和 500mg/L LH，诱导产生愈伤组织和继代培养。当愈伤组织直径达 1.5～2.0cm 时，开始悬浮培养，所用培养基成分相同，只是不加琼脂。经过半年以上悬浮继代培养，再进行单细胞培养，最终获得了完整的植株，为枸杞的研究和改良，特别是细胞突变体的筛选打下了基础。曹有龙等（1996、1998）用枸杞髓组织培养，分离单细胞，进行悬浮培养并获得了单细胞再生植株。其中尤以 MS＋6-BA 0.1mg/L＋NAA 0.5mg/L 诱导的愈伤组织颗粒小，分散性能好；经 2～3 次继代培养后，进行振荡悬浮培养，收集单细胞转入 MS＋6-BA 0.5mg/L 液体分化培养，8～16d 后，获得大量胚状体；然后转入固体培养基中，获得绿色小芽，再转入生根培养基中，20d 后得到了完整的植株。

2. 原生质体培养　原生质体培养可以用于体细胞杂交、基因转化及细胞学研究。枸杞原生质体培养已有分化成苗的报道。从新生的幼嫩叶片愈伤组织、种子下胚轴愈伤组织都可得到原生质体并诱导出愈伤组织。孙勇如等（1982）以枸杞（*Lycium chinense* Mill.）幼嫩叶片诱导愈伤组织，以 MS＋2，4-D 2mg/L＋KT 0.3mg/L＋LH 500mg/L

用作继代培养，继代 4 个月左右，每 15～20d 转移 1 次愈伤组织，用酶液处理 16h 左右后可得到大量原生质体。田惠桥等（1993）由枸杞（*Lycium barbarum* L. cv. Ningqi No. 1）种子下胚轴原生质的愈伤组织转移到 MS＋BA 0.1mg/L＋NAA 0.05mg/L 的培养基上诱导成芽，再将带不定芽的愈伤组织转移到 1/2MS＋BA 0.1mg/L＋IBA 0.2mg/L 的生根培养基上，形成了再生植株。

（二）体细胞突变体筛选

1. 抗病性筛选　曹有龙等用植物毒素及组织培养的方法，进行了枸杞离体抗根腐病变异体的筛选研究。曹有龙等（1998）采用宁杞 1 号的髓组织进行离体培养，诱导产生胚性愈伤组织，用 ^{60}Co-γ 射线的半致死剂量处理一批胚性愈伤组织，随即转入诱导培养基中使其恢复增殖，14d 后将存活的胚性愈伤组织转移至含 60% 枸杞根腐病病菌制成的毒素诱导培养基中，28d 后再将少数存活下来的愈伤组织转移至含 30% 的同样培养基中培养，此后每 21d 转 1 次，共进行继代培养 14 次，经不断选择，选出了耐 30% 毒素的愈伤组织变异体。然后接种于含 30% 毒素的分化培养基 MS＋6-BA 0.2mg/L 上培养，28d 后再接种在 MS＋NAA 0.2mg/L 上诱导生根，最后获得了抗性再生植株。经苗期生理生化指标分析，室内叶片经过根腐菌分生孢子液接种鉴定，表明再生植株是抗病变异体。

2. 抗盐性筛选　王仑山等（1995）用枸杞（*Lycium barbarum* L.）无菌苗下胚轴于 MS＋2,4-D 0.25mg/L＋LH 500mg/L 的诱导培养基上产生胚性愈伤组织，经 0.34% 的 EMS（半致死剂量）处理恢复增殖 14d，将存活组织转接到含有 1.5%NaCl 的诱导培养基上培养 28d，再将少数存活的转移到含 1.0% NaCl 的同样培养基上继续培养，选出了愈伤组织变异系。经 14 代选择培养后转入无盐培养基中继代培养 4 次，获得了耐盐性稳定的变异体。变异体在含 1.0% NaCl 后分化培养基 MS＋6-BA 0.5mmg/L 上分化出再生植株。经叶片耐盐性等多种生理指标鉴定，说明所筛选的耐盐愈伤组织及再生植株是抗盐变异体。

四、基因工程

枸杞易被蚜虫危害，枸杞叶、果易患炭疽病。为了减少病虫害导致的严重损失，避免化学防治对产品和环境的污染，曹有龙、罗青、曲玲等开始探索利用基因工程的方法将外源抗病虫基因导入栽培枸杞中，以求最终能创新枸杞的种质资源或育成性状优良并具有较强抗病虫能力的枸杞新品种。他们于 2001 年报道，已将抗蚜虫基因（雪花莲外源凝集素酶基因）转入枸杞植株体内并获得了转基因幼苗。王惠中（1991）以枸杞幼茎、下胚轴为外植体，经农杆菌介导，成功地将外源基因导入宁夏枸杞，并在植株水平上表达出相应的抗卡那霉素性状。赵亚华（1998）利用基因工程手段将小鼠金属硫蛋白基因整合到枸杞细胞染色体上并使之表达，成功地培育出富集锌的转基因枸杞。

（李润淮　安巍　李云翔　石志刚　焦恩宁）

主要参考文献

路安民.1982.中国枸杞属的分类研究.枸杞研究.宁夏：宁夏人民出版社

秦国峰.1982.枸杞类型与品种分类的初步研究.枸杞研究.宁夏：宁夏人民出版社

李润淮,石志刚,安巍等.2002.菜用枸杞新品种宁杞菜1号.中国蔬菜.（5）：48

李润淮.2000.枸杞高产栽培技术.北京：中国盲文出版社

胡朝宗.1997.菜用枸杞栽培技术研究.浙江林学院学报.14（1）：101～105

张德纯等.1998.北京地区菜用枸杞的保护地栽培.中国蔬菜.（4）：45～46

韩世群.1999.滩涂野生枸杞菜用栽培初探.江苏农业科学.（3）：60～62

庄程彬.2000.寒地菜用枸杞的栽培.农村实用科技信息.（6）：12～13

马爱如.1987.诱导枸杞多倍体研究.湖北农业科学.（6）：26～27

秦金山等.1985.枸杞同源四倍体的诱导及应用.遗传学报.12（3）：200～203

牛德水.1986.四倍体枸杞培育成功.植物学报.（4）：7～8

王慧中,黄发灿,李安生等.1991.枸杞转基因植株的再生.生物工程学报.（3）：220

牛德水.1983.枸杞细胞系的建立及单细胞培养再生植株遗传.植物遗传学报.（5）：24～26

崔秋华.1988.枸杞染色体核型分析.吉林农业大学学报.（10）：2～10

孙勇如.1982.枸杞的原生质体生成愈伤组织.植物学报.（24）：477～479

杨汉民.1991.枸杞体细胞胚的诱导与形态发生.植物学报（增刊）.56～60

曹有龙.1997.枸杞髓细胞悬浮培养植株再生研究.宁夏农学院学报.（18）：47～52

曹有龙,罗青.2001.抗蚜虫转基因枸杞研究.宁夏农林科技.（3）：1～3

冯显逵.1993.宁夏枸杞形态解剖特征观察.宁夏农林科技.（3）：21

黄阜峰.1999.枸杞的核型研究.湖北林业科技.（3）：16～17

樊映汉,臧淑英,赵敬等.1998.两种枸杞植物花药培养单倍体的诱导［A］.见：白寿宁.宁夏枸杞研究［C］.银川：宁夏人民出版社

江丽虹,杨汉民.1992.枸杞再生植株不同发育途径中染色体变异的研究［J］.兰州大学学报（自然版）.28（2）：141～145

秦金山,王莉,陈素萍等.1998.枸杞同源四倍体新物种类型的建立［A］.见：白寿宁.宁夏枸杞研究［C］.银川：宁夏人民出版社

艾先元,石巍峻,刘雅琴.1991.枸杞茎尖培育四倍体初报［J］.宁夏农林科技.（5）：30～32

顾淑荣,桂耀林,徐廷玉.1998.枸杞胚乳植株的诱导及染色体倍性观察［A］.见：白寿宁.宁夏枸杞研究［C］.银川：宁夏人民出版社

顾淑荣,桂耀林,徐廷玉.1985.枸杞胚乳植株的诱导［J］.植物学报.27（1）：30

牛德水,邵启全,张敬.枸杞悬浮培养条件下的胚状体发生［A］.见：白寿宁.宁夏枸杞研究［C］.银川：宁夏人民出版社

曹有龙,贾勇炯,罗青等.1998.枸杞髓部细胞悬浮培养及胚状体发生［A］.白寿宁.宁夏枸杞研究［C］.银川：宁夏人民出版社

田惠桥,肖翊华,刘文芳.1993.枸杞下胚轴原生质体培养再生植株［J］.实验生物学报.26（1）：40

笋 用 竹

第一节 概 述

竹（*Phyllostachys* Sieb. Et Zucc）是禾本科中最大的、多年生常绿植物，集经济效益和生态效益于一体，被公认为 21 世纪世界上最重要的植物资源之一。竹也称竹子，竹子的幼芽即竹笋，是中国传统的美味食品。竹笋高含氨基酸，对毛竹笋、雷竹笋、毛环竹笋、水竹笋等 9 种竹笋测得的结果表明（徐圣友等，2005），新鲜笋肉中含有 17 种氨基酸，人体所必需的氨基酸占氨基酸总量的 12.49% ～43.35%，其人体所必需氨基酸含量与蘑菇相当，高于普通蔬菜。同时，由于竹笋具有高蛋白、低脂肪的特点，加上食物纤维十分丰富，能有效地促进肠道蠕动，缩短排泄物在体内的滞留时间，减少肠道吸收排泄物内的有毒物质，具有高度的保健功能，故被誉为保健食品。传统的中医药把竹笋列入"药膳"。在经济发达的西方国家，因其出众的减肥功能，被列为"美容食品"。

竹种繁殖主要靠种子、竹鞭和竹秆，由于多数重要竹种开花结实周期长，故普遍以无性繁殖方式繁衍。竹类植物原始类型通常是合轴丛生，其中散生竹染色体数目稳定，$2n=4x=48$；丛生竹染色体数目不甚稳定，多为 $2n=6x=72$。全世界共有竹 70 多属、1 200 多个种。中国是世界上最主要的产竹国，种质资源最丰富，素有"竹子王国"之称，涉及 39 个属的 500 余个种。分布北起辽宁省，南至海南省，东迄台湾省、西达西藏自治区的广阔领土，竹林面积（不包括山地竹薮和以树木为主的竹木混交林）达 421 万 hm^2（傅懋毅、杨校生，2003）。

近年，中国竹笋产量和笋用竹栽培面积有很大的增长（李世东等，1998）。据不完全调查，2000 年中国竹笋产量达到 210 万 t。到 2010 年竹笋产量预计可达到 320 万 t，笋制品产量则将由 20 万 t 提高到 80 万 t，新造竹林约 66.7 万 hm^2，因此，竹笋生产已经成为林业发展中的一个新兴产业和新的经济增长点。

中国竹类种质资源最为丰富，有些种类为特有种质资源。据不完全统计，中国竹种约有 500 种之多，但被开发为笋用的竹种只有 20 种左右。

第二节　竹子的起源与分布

竹子起源于热带，广泛分布于水热条件良好的亚热带地区，少数小型耐寒竹类可延伸至海拔 3 600m 的高山和温带低海拔山地。全世界 80% 的竹类分布于亚洲，尤以东南亚各国最为丰富，且多为价值很高的大型丛生竹类；在温带和寒温带地区只有少量分布。因此，亚洲热带—东南亚温暖、湿润季风地带，是世界上竹类种质资源最为丰富和利用价值最高的起源中心和现代分布中心（王慷林等，1993）。

中国地处世界竹类起源与分布中心，栽培历史悠久。考古发现在新石器时期就出现了竹器。殷商时期的甲骨文和金文记载有箕、第、簏、笋等含"竹"字头的文字，表明竹类植物在很早就已经被广泛使用。《诗经》（公元前 6 世纪中期）中曾多次提到竹，"卫风"写道："瞻彼淇澳，绿竹猗猗"。这些优美的诗篇歌咏了当时黄河中游淇河流域和河南北部众多的竹园。

由于中国地理位置处于亚洲热带北缘，且其西南、东南部气候温暖、湿润的地区正处于世界竹类起源和现代分布中心的区域之内，因而竹种繁多。中国竹类植物大致分布在北纬 18°～38° 和东经 92°～122° 之间，包括南自海南岛，北达黄河流域，东起台湾省，西至西藏自治区的错那和雅鲁藏布江下游的广大地区。其中，长江以南地区的竹种资源最丰富，而云南又是亚洲竹类的起源中心，当然也是世界竹类的起源中心之一，其竹类种质资源对周围地区都产生了重要影响（辉朝茂、杨宇明，2003）。

一、中国竹子的分区

由于气候、土壤、地形的变化，中国竹种的分布具有一定的区域性。薛纪如等将中国竹林划分为五大区（张文科，2003）：

（一）北方散生竹区

包括甘肃省东南部、四川省北部、陕西省南部、河南、湖北、安徽、江苏及山东省南部、河北省西南部等地区。位于北纬 30°～40° 之间，年平均温度 12～17℃，年降水量 600～1 200mm。该区主要为散生竹种。依据竹类水平分布，该区又可分为 3 个自然的亚地区：①北亚热带湿润气候淮河、汉水上游竹区；②暖温带半湿润气候黄河中下游竹区；③暖温带半干旱气候陕甘宁竹区。代表竹属是刚竹属（*Phyllostachys*）、大明竹属（*Pleioblastus*）、箭竹属（*Fargesia*）、青篱竹属（*Arundinaria*）、赤竹属（*Sasa*）等。

（二）江南混合竹区

包括四川省西南部、云南省北部、重庆、贵州、湖南、江西、浙江、安徽省南部及福建省西北部。约相当于北纬 25°～30° 之间，年平均温度 15～20℃，年降水量 1 200～2 000mm。该区是中国竹林面积最大的地区，竹子种质资源最丰富；也是中国毛竹分布的中心地区，竹业较发达。代表竹属有刚竹属（*Phyllostachys*）、大明竹属（*Pleioblastus*）、短穗竹属（*Ologoatachyum*）、大节竹属（*Indosasa*）等。

（三）西南高山竹区

主要包括地处横断山区的西藏自治区东南部、云南省西北部和东北部、四川省西部和南部。该区位于北纬 10°～20° 之间，年平均温度 8～12℃，年降水量 800～1 000mm。该区主要以箭竹属和玉山竹属（*Yzc-shania*）等合轴散生型高山竹类为主，一般分布在海拔1 500～3 600m 或更高地带。

（四）南方丛生竹区

位于北纬 10°～20° 之间，年平均温度 20～22℃，年降水量 1 200～2 000mm。根据竹种组成和生存条件的不同又分为两个亚区：①华南亚区，包括台湾、福建省沿海、广东省南岭以南及广西壮族自治区东南部，处于南亚热带季风常绿阔叶林地带和热带季雨林及雨林地带，是刺竹属（*Bambusa*）分布中心。该区还有思劳竹属（*Schizostachyum*），东部的福建省还有复轴混生型唐竹属（*Sinobambusa*）竹种。②西南亚区，包括广西壮族自治区西部、贵州省南部及云南省，主要竹种有牡竹属（*Dendrocalamus*）、空竹属（*Cephalostachyum*）、泰竹属（*Tyrsostachys*）等丛生竹类，尤以牡竹属种类最多，是该属的分布中心。

（五）琼滇攀援竹区

包括海南省中南部、云南省南部和西部边缘、西藏自治区东南察隅、墨脱等地。此区竹类的主要特点是具有多种攀援性丛生竹类，主要有藤竹属（*Cephalostachyum*）、思劳竹属（*Schizostachyum*）及刺竹属（*Bambusa*）的一些种类。

二、中国笋用竹的分布

目前，世界上许多产竹的国家和地区都把竹笋当作蔬菜食用。世界竹笋有三大产地，即中国、日本和东南亚，其中产笋数量和品种以中国最多。中国主要的笋用竹种及其分布如下：

（一）刚竹属（*Phyllostachys*）的分布

毛竹（*P. heterocycla* var. *pubescen*）：长江中下游各省；

斑竹（*P. bambusoides* f. *lacrima-deae*）：长江流域及黄河下游；

甜笋竹（*P. elegans*）：浙江、湖南、广东省；

淡竹（*P. nigra* var. *henonis*）：长江流域；

水竹（*P. heteroclada*）：长江以南各省；

刚竹（*P. sulphurea* cv. viridis）：长江流域及山东、河南、陕西省；

早竹（*P. praecox*）：浙江、江苏、安徽；

石绿竹（*P. arcana*）、白哺鸡竹（*P. dulcis*）、乌哺鸡竹（*P. vivax*）：浙江、江苏省；

曲秆竹（*P. flexuosa*）：河南省；

红哺鸡竹（*P. iridescens*）、花哺鸡竹（*P. glabrata*）、尖头青竹（*P. acuta*）：浙江省。

（二）慈竹属（*Neosinocalamus*）的分布

慈竹（*N. affinis*）：广西壮族自治区、湖南、湖北、四川、云南省。

（三）牡竹属（*Dendrocalamus*）的分布

梁山慈竹（*D. farinosus*）：广西壮族自治区、贵州、四川省。

（四）绿竹属（*Dendrocalamopsis*）的分布

吊丝单竹（*D. vario-striata*）：广东省、广西壮族自治区；

大头典竹（*D. beecheyanus* var. *pubencens*）：广东省、广西壮族自治区；

马尾竹（*D. beecheyana*）：广东省；

麻竹（*D. latiflorus*）：广西壮族自治区、广东、福建、台湾、贵州、云南省；

绿竹（*D. oldhami*）：广西壮族自治区、广东、福建、台湾、浙江省。

（五）簕竹属（*Bambusa*）的分布

簕竹（*B. blumeana*）：广西壮族自治区、广东、福建、台湾省；

车筒竹（*B. sinospinosa*）：广西壮族自治区、广东、四川、贵州省；

鱼肚腩竹（*B. gibboides*）：广东省。

（六）大明竹属（*Pleioblastus*）的分布

慧竹（*P. hindsii*）：东南沿海各省；

（七）寒竹属（*Chimonbambusa*）的分布

方竹（*C. quadrangularis*）：湖南、四川、浙江、山东省。

（八）大节竹属（*Indosasa*）的分布

甜大节竹（甜竹）（*I. angustata*）：广西壮族自治区。

第三节　笋用竹和竹笋的分类

中国竹类种质资源虽然丰富，但是作为食用笋而被开发利用的仅 20 余种，与中国 500 余种竹子的数量相比，只占 4%。目前大多数竹种尚处于野生状态，仍有待开发。《中国植物志》（1996）根据营养体特征将竹亚科分成 37 个属。据不完全统计，目前中国笋用竹种主要涉及 6 个属：刚竹属、慈竹属、簕竹属、大明竹属、寒竹属和大节竹属。

一、主要笋用竹种分属（以营养体特征为主要分类依据）检索表

主要笋用竹种分属检索表

1. 地下茎为合轴型。
  2. 地下茎因秆柄不甚延伸，无明显的假鞭，地面秆一般为较密的单丛。
    3. 中等或大型的竹类。竿每节分多枝，其主枝显著或不甚明显。
      4. 秆直立，梢端微弧弯或下垂如钓丝，但并不是攀援或蔓生性的。
        5. 秆节仅具 1 芽。
          6. 秆和大枝的某些节上具有枝刺，后者是其节间极为短缩而成，质地坚硬或较柔软，有些枝刺尚可再分出次级刺以形成枝刺簇丛 ·················· 箣竹属
          6. 植株上不具枝刺。
            7. 箨鞘质地坚韧，呈皮革质或软骨质，脱落性。
              8. 箨片基底较箨鞘顶端为窄乃至甚窄，其箨片多能开展或外翻。叶片的小横脉隐约存在。
                9. 秆壁较薄，箨耳不明显。
                  10. 箨鞘先端略有波曲，呈"山"字形，整个鞘口宽度约为箨片基底的 1 倍左右；秆的节间长度中等。鳞被、雄蕊及柱头等项数目有一定的变化·········· 慈竹属
1. 成长的植株具有细型地下茎（包括单轴或复轴两类型之一），有地中横走的真鞭，后者的各节均覆有鳞片（鞭箨），此外还有鞭芽和环列的根突，它们以后各自生出 1 条粗根。
  2. 竿每节分 2 枝或更多枝。
    3. 秆每节分 2 枝。
      4. 秆在有分枝的节间之一侧具有贯串其全长的纵沟槽；具 2 枝，粗细各一，与秆呈一定的夹角而向上斜举；箨环无箨鞘基部残留物。雄蕊 3 枚 ··············· 刚竹属
    3. 秆每节 3 枝乃至多枝。
      4. 秆每节通常分 3 枝，但以后其数目可增多或否。
        5. 秆节具 3 芽。
          6. 秆箨为完整性脱落，或某些种类中为宿存性（因其质薄，能存留在秆不分枝的节间经年后始腐败）。
            7. 秆基部数节上生有环列的刺状气生根；秆环和枝环虽均隆起，但尚不呈算珠状，秆和大枝也不在环脊处平整逐节折断，秆在有枝条的节间之一侧具贯串其全长的 3 沟槽和 2 纵脊；箨片一般很微小甚至易忽略；出笋期在秋冬，笋肉能因为酶的作用而氧化变黑 ····················· 寒竹属
      5. 秆节仅具 1 芽。
        6. 秆箨宿存或迟落。
          7. 秆箨迟落，致使箨环上常存有箨鞘的基部残余而形成木栓质环圈 ·············· 大明竹属
          7. 秆箨宿存性。秆分枝节待至后期终于具有粗细不等的多枝；秆壁横切面上的典型维管束为半开放型 ··················· 大明竹属
        6. 秆箨早落性。
          7. 秆壁横切面上的典型维管束为半开放型（或兼有开放型）。
            8. 秆有分枝的节间之一侧扁平或至少大部分为扁平（尤以秆上部节间如此）。
              9. 秆环甚隆起，相邻的上下节间彼此稍作"之"字形曲折，故全秆并不通直（尤以

竿上部如此）；秆同一节上的枝条近同粗，枝平展 …………………… 大节竹属

二、竹笋的分类

按产品食用方式的不同，竹笋可分为鲜食竹笋和加工竹笋两大类，加工竹笋又有脱水干制、腌渍、罐藏笋等不同产品。

按上市供应期的不同，竹笋又可分为冬笋、春笋和夏笋三类。冬笋主要在冬季上市供应，例如江、浙一带广泛栽培的毛竹，于冬季竹笋还未露出地面时，即从地下刨出，鲜销上市。冬毛笋一般节间短，个体较春毛笋小，较春毛笋更幼嫩，品质更佳，耐运输，主要供鲜食。春笋主要在春季上市供应，例如长江流域广泛栽培的早竹类笋用竹，包括早竹、淡竹、石竹、白哺鸡竹、乌哺鸡竹等，它们都属散生类型中小型笋用竹，其竹笋多于3～4月间收获上市，此时正值蔬菜供应的春淡季，故极受消费者欢迎。春笋若不及时收获，则极易影响品质，常使笋基部纤维老化不堪食用。夏笋主要在夏季上市供应，例如珠江流域以及福建和台湾省广泛栽培的麻竹类笋用竹，包括麻竹、绿竹、大头甜竹、吊丝球竹、车筒竹等，它们都属丛生类型笋用竹，其竹笋多盛产于7～8月，此期正临蔬菜供应的夏淡季，因此也很受市场青睐。夏笋一般不耐运输，产品多就地销售。

第四节　竹子的形态特征与生物学特性

一、形态特征

竹子的地上部有秆、枝、叶、花、果等器官，地下部有地下茎和根。竹笋是竹子短缩肥大的芽。

（一）地下茎

竹子的地下茎在土壤中横向生长，有明显的节，节上生根，节侧有芽，并可以萌发为新的地下茎或发笋出土成竹。按照植物学的观点，地下茎是主茎，竹秆是分枝。

竹子的地下茎包括三种类型（图50-1），并各具有不同的分生繁殖特点和形态特征。

1. 单轴型　地下茎细长，横走地下，称为竹鞭。竹鞭有节，节上生根，称为鞭根。每节着生一芽，交互排列，芽或抽成新鞭，或发育成笋，散生。具有这种繁殖特点的竹子称为散生竹，如刚竹属、唐竹属等。健壮的竹鞭是这类竹种营养繁殖成功的前提。

2. 合轴型　地下茎粗大短缩，节密而多，顶芽出土成笋。秆基状似烟斗，堆集成群，常不能长距离蔓延生长。顶芽抽笋长成的新竹一般都靠近老秆，密集丛生成丛生竹，如

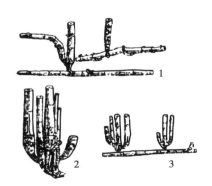

图50-1　竹的3种地下茎

1. 单轴散生型　2. 合轴丛生型　3. 复轴混生茎型

（引自陈劲枫，1992）

籁竹属、慈竹属、牡竹属等竹种。这类竹种进行营养繁殖时，其种株必须具有健壮的笋芽。

3. 复轴型 兼具单轴型和合轴型的繁殖特点。既有长距离横向生长的竹鞭，竹鞭芽可抽笋长竹，稀疏散生，又可从秆基芽眼萌发成笋，形成成丛竹秆。具有这种繁殖特性的竹子称混生竹，如苦竹属、赤竹属、方竹属等竹种，既可呈散生，也可呈丛生。

（二）竹笋

竹笋外被坚韧的笋箨（笋壳），内有柔嫩笋肉。纵切竹笋，可见中部的紧密重叠的横隔，从横隔的数目可以预知竹秆节数。笋肉包裹在横隔周围。笋箨包裹在笋肉外围，是一种变态叶（图50-2）。笋用竹的笋肉、横隔和笋箨的柔嫩部分滋味鲜美。

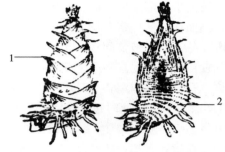

图50-2 竹笋（毛竹笋）外观及剖面
1. 笋箨 2. 横隔
（引自陈劲枫，1992）

（三）竹秆

竹秆是竹子的主体，分秆柄、秆基、秆茎三部分（图50-3）。

1. 秆柄 竹秆的最下部分，与母竹的秆基或竹鞭相连，细小，短缩，不生根，有10多节组成，是竹子地上部和地下部连接和输导的枢纽。

2. 秆基 竹秆的入土生根部分，由数节至10多节组成，节间短缩粗大。丛生竹种的秆基在竹秆分枝的两侧，有互生大型芽4～10枚，可以萌笋长成竹。复轴型的竹种大型芽数量较小，2～6枚，既可萌笋，也可抽鞭，竹鞭上也可以抽生鞭根。散生竹种的秆基一般没有或具少数发育不完全的大型芽。

秆基各节密集生根，称为竹根，形成竹子的独立根系。秆基、秆柄和竹根合成为竹蔸。

3. 秆茎 竹秆的地上部分，端正圆直而中空有节，上部分枝着叶。每节两环，下环为箨环，又叫桥鞘环，是竹箨脱落后留下的环痕；上环为秆环，是居间分生组织停止

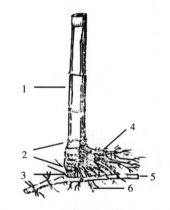

图50-3 竹秆基（散生竹）形态
1. 秆茎 2. 秆基 3. 秆柄
4. 竹根 5. 竹鞭 6. 鞭根
（引自陈劲枫，1992）

生长后留下的环痕。两环之间称为节内，两节之间称为节间。相邻两节间有一内生木质横隔，称为节隔。竹秆的节、节间形状和节间长度因竹种不同而异。

（四）竹枝

竹枝中空有节，枝节由箨环和秆环组成。按竹秆正常分枝情况，可分为下列4种类型：

1. 一枝型 竹秆每节单生一枝，如箬竹属的竹种。

2. 二枝型 竹秆每节生2枝，全生长期只发生一次，长短大小有差异，如刚竹属的竹种。

3. 三枝型 竹秆每节生3枝，具一中心主枝，如唐竹属、方竹属的竹种。也有些竹

种在竹秆中下部各节每节生3个枝，在其上各节、次主枝之侧又生2～4根侧枝，形成一节5～7枝，如箬竹属、茶秆属的竹种。

4. 多枝型 竹秆每节多枝丛生，如慈竹属、簕竹属、单竹属、牡竹属等竹种。

（五）竹叶与竹箨

小枝每节一叶，交错排列成2行，每叶包括叶鞘和叶片两部分。叶片常有叶柄，叶鞘和叶柄连接处内侧有凸起的叶舌，外侧边缘舌状凸起不太明显，称之为外叶舌。内外两叶舌合成一环状构造，叶柄从中长出。叶鞘顶端的两侧常具有耳状突起，称之为叶耳。叶耳上常有毛或纤毛，叶鞘两边缘也常有纤毛。叶片多呈披针形，大叶片长可达40cm余，宽可达10cm多；小叶片长不到5cm，宽不逾1cm。叶缘一面具细锯齿，平行脉，中脉隆起，中脉两侧尚有若干对侧脉，侧脉之间还有更细的侧脉，其间还有横向细脉相连，构成小格。丛生竹的小格近正方形，散生竹的小格则成正方形。叶片厚度和数目因竹种不同而异。

竹箨也称竹笋壳（图50-2），着生于箨环上，是特化了的叶，起着保护节间生长及支持幼秆的作用。当笋长成竹子后，笋壳有的脱落（如刚竹属的竹种），有的不脱落，在竹秆上腐烂（如条竹属的竹种）。箨包围着秆的部分叫箨鞘，箨鞘上部承载着一披针形至三角形的叶状物称为箨叶（或叫箨片），箨叶与箨鞘相连处的内侧着生箨舌，箨舌上常具长短不同的纤毛。箨鞘两肩着生箨耳，箨耳上着生燧毛，有的竹种无箨耳，仅有肩毛。箨是竹子分类的重要依据，在鉴定属、种和认识笋的品种时起着重要的作用。

（六）花、小穗与花序

1. 花 子花有外稃和内稃各1枚。外稃多脉，内稃背有两脊，等长或略短于外稃。花由鳞被、雄蕊、雌蕊三部分组成。鳞被3片，位于花之基部，介于内外稃与雄蕊之间，常呈披针形或半卵圆形，微小，膜质透明有细脉，边缘常生纤毛。雄蕊通常3枚或6枚，花丝细长，花药2室，花丝分离，开花时伸出花外。雌蕊通常1枚，子房1室，花柱1～3枚，柱头2～3裂，常呈羽毛状。

2. 小穗 在禾本科植物中，典型的小穗实质就是一个穗状花序，包括：1个短轴和生于其上的无柄小花，以及生于诸小花之下的零至数枚（常2枚）颖片。

3. 花序 小穗是花序的基本组成单位。竹类植物有真花序和假花序之分。真花序的小穗着生在花序轴上，花序轴结构均匀一致，小穗常具柄，小穗的颖片内一般无潜伏芽，不能再长出新的小穗。假花序由着生于营养枝节上的无柄假小穗所组成（图50-4）。

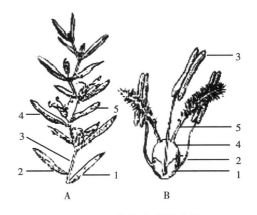

图50-4 竹类小穗及小花

A. 小穗　1. 第一颖　2. 第二颖　3. 小穗轴

4. 外稃　5. 内稃

B. 小花　1. 鳞被　2. 花丝　3. 花药

4. 子房　5. 花柱

（引自陈劲枫，1992）

（七）果实

通常为颖果，亦有浆果、坚果或"囊果"等其他类型。正常情况下只含 1 粒种子，果无柄，成熟时与颖片、稃片、鳞被等一齐脱落。

二、对环境条件的要求

竹笋的产量和品质既受遗传因子的控制，也受到环境条件的影响。

（一）温度

在年平均温度为 12～22℃，月平均温度在 −2～10℃ 以上，极端最低温度 −20～2℃ 的地方竹笋才能生长。不同竹种对温度的要求不同。毛竹宜在年平均温度 14～20℃ 的范围内生长，最适年平均温度为 16～17℃，夏季平均温度在 30℃ 以下，冬季平均温度在 4℃ 以上。麻竹在气温 0℃ 就受冻害，−5℃ 时竹秆地上部分全部冻死，−9～−7℃ 时地下部分也会冻死。绿竹、箣竹比麻竹耐冻。

竹笋萌发与温度有密切关系，温度较高，丛生笋的芽萌发较早。10 月份的气温较高，毛竹的笋芽则萌发早；冬季温暖，竹林内的冬笋就特别多。相反，冬季低温，竹笋停止生长，转入休眠，春季竹笋需要解除休眠后才能生长。

不同竹种出笋时对土温要求不同。早竹竹笋要求出土温度较低，一般不到 10℃，毛竹需要旬平均温度 10℃，石竹 13～14℃，哺鸡竹在 15℃ 左右，淡竹则要求 16℃ 以上，刚竹、5 月季竹要求的平均温度高达 18～19℃。另外，竹笋生长速率与温度关系密切。春季竹笋在生长过程中，随着气温的升高，竹笋生长加快，气温降低，竹笋生长减缓。

（二）水分

水分是竹子分布的主要限制因子。竹子适生区年降水量为 500～2 000mm，年平均相对湿度为 65%～82%。在干旱地区，能够适应的竹种不多，仅有一些散生型和混生性竹种。在雨量充沛、温暖湿润的地区，随着降水量的增加，竹种的分布也随之从散生竹过渡到丛生竹。其中，在年降水量 1 400mm 的地区，竹子生长最盛。麻竹、绿竹、箣竹要求降水量在 1 400mm 以上。

水分是影响竹笋生长的主导因子。在孕笋期间，水分直接影响着笋芽的分化。如毛竹在 8～9 月笋芽开始发育，若水分充足，年底冬笋或来年春笋就多。如 8～10 月份降水量在 100mm 以下，冬天又干旱，笋芽发育受阻，则当年或来年的出笋量就显著下降，所以，有农谚说"竹怕秋冬旱，出笋少一半"。在出笋期间，土壤水分充足，出笋就早。在笋生长过程中，充足的水分和温暖的天气，能加速竹笋的居间分生组织的细胞分裂和伸长，促进竹笋生长。如果空气和土壤过于干燥，竹笋生长受阻，甚至因缺水而萎缩死亡，退笋量增加。相反，如果雨水过大，渍水时间过长，则土壤透气性不良，易影响竹鞭正常生理活动，也不利于竹笋的生长。

（三）土壤与养分

竹子最适宜在松软深厚的土壤中生长，适宜的 pH 为 4.5～7。这样的土壤空气容积大，好气性微生物活跃，有机物质分解彻底，使竹子的根系容易吸收养分。土壤质地对根系的影响也不一样。质地较轻的土壤宜于竹子生长，竹子根群发达，根数较多、较重，入土也较深；黏重的土壤，根系较少，较轻，入土也浅。总之，凡是土层薄、石块等杂物多的重黏土和石砾土均不适宜竹子生长。

如同其他植物一样，竹子需要所有的大量元素和一些微量元素，其中，氮、磷、钾和硅等最容易出现匮乏。竹笋的数量和质量取决于竹林本身的生长状况和营养元素的积累情况。在土壤肥沃，生长良好的竹林里，由于母竹和竹鞭生活力强，吸收和贮存的养分丰富，能够充分供应竹笋生长，竹笋质量则好。有研究指出，雷竹的 2 年生竹鞭生长健壮，是主要的发笋鞭；相反，在营养贫乏的竹林里，竹鞭生长细弱，贮存的养分少，大部分竹笋由于缺乏营养而死亡。

在同一鞭段上发笋数多时，靠近母竹的 1～2 支竹笋常生长健壮，其余因养分不足则生长纤弱甚至衰退。后期出土的竹笋，由于母竹和竹鞭所贮存的养分已经大量消耗，因而生长衰弱。另外，由于过量伐竹，造成竹鞭大量伤流，竹笋养分供应不足，也容易导致竹笋减产。

第五节　笋用竹的种质资源

中国竹子种质资源较丰富，涉及笋用竹的主要竹种有：刚竹属、慈竹属、箣竹属、大明竹属、寒竹属、大节竹属等 6 个属的约 20 多个种。

同时，中国笋用竹种质资源具有一定的区域特色，一些笋用竹的产区已经形成一定规模。如地处浙江省杭嘉湖平原西北部的吴兴县是中国毛竹笋（*Phyllostachys heterocycla* var. *pubescen*）的主要产区，经营毛笋生产历史很长，每年为上海、苏州、无锡、常州等城市供应鲜笋，全县分布在青山、梅峰、妙西、南埠、埭溪等五个乡镇的毛笋竹林达 1 333 多 hm²；浙江省杭州市郊的余杭县，是中国小竹笋（*Phyllostachys praecox*）重点产区之一，每年为沪、杭提供大量的鲜竹笋，全县约有 25 个乡镇种植早竹笋；江西省及闽南龙溪地区的九龙江两岸盛产麻笋（*Dendrocalamopsis latiflorus*），是中国麻竹笋重点产区之一，该地区土壤肥沃，雨量充沛，温暖湿润，竹笋产量高；广东省佛山市郊是大头典竹笋（*Dendrocalamopsis beecheyana* var. *pubescens*）的中心产区，为"珠江"牌笋罐头的主要原料；天目山麓的浙江省临安县，是天目笋干的重点产区，年产天目笋干 5 000 万 kg 左右，畅销国内及东南亚各国；东海之滨，四明山麓，又是毛竹笋的另一个重点产区，为中国生产竹笋罐头的主要生产基地。

在中国笋用竹分布地，都有各自的优良笋用竹种，其中，尤以云南省的笋用竹种类最多，其所产竹笋质地细嫩，品质也最优良。各地可鲜食或加工的主要笋用竹竹种有：

（一）刚竹属（*Phyllostachys*）、筇竹属（*Qiongzhuea*）、大节竹属（*Indosasa*）

刚竹属、筇竹属、大节竹属的竹种，春季发笋。主要有：灰金竹（金竹）（*P. nigra*

var. *henonis*)、毛环竹（*P. meyeri*）、早（雷）竹（*P. praecox*）、筇竹（*Q. tumidihoda*）、荆竹（*Q. montigena*）、中华大节竹（大若竹）（*I. sinica*）等。

（二）箭竹属（*Fargesia*）、沙罗竹属（*Schizostachyum*）、香竹属（*Chimonocalamus*）

箭竹属、沙罗竹属、香竹属的竹种，以秋季发笋为特色。主要有：云南箭竹（*F. yunnanensis*）、沙罗竹（*S. funghomii*）、香竹（*C. delicatus*）等。

（三）牡竹属（*Dendrocalamus*）等

牡竹属种，夏季发笋，多为大型热带丛生竹种。主要有：龙竹（*D. giganteus*）、黄竹（*D. membranaceus*）、麻竹（*D. latiflorus*）、野龙竹（*D. semiscandens*）、缅甸龙竹（*D. birmanicus*）、金平龙竹（*D. peculiaris*）、云南龙竹（*D. yunnanesis*），以及硬竹属的长舌巨竹（*Gigantochloa ligulata*）、薄竹属的薄竹（*Leptocanna chinensis*）等。

此外，还有滇东南地区特产的小薄竹（*S. pingbianensis*）等，可在春、夏、秋季连续发笋，为国内外仅有。

另外，福建省东部沿海各县（市）有诸多优良麻竹（*Dendrocalamopsis latiflorus*），如六月麻综合性状好，笋质好，笋肉脆嫩、香甜、爽口，明显优于普通麻竹笋，且抗逆性强，粗生易长，病虫害少，易栽培管理。其出笋快，定植当年每株可长笋 2～4 支，多者 5～6 支，产量高，3～4 年后一般每丛年产鲜笋 45kg 以上；笋体大，单笋重 1.15～3kg，大者超过 6kg；采笋期长，从每年 5 月采收到 11 月，长达 7 个月。六月麻中包括有闽东六月麻、台湾青六月麻、傅石林六月麻等，其中又以闽东六月麻最佳（黄春富，2003）。

第六节　竹子种质资源研究

随着引种试验的广泛开展，由于栽培地区环境的不同，很多笋用竹种产生了不同的栽培类型或变种，这在刚竹属上最为明显。作为中国特有的优良笋用竹种，雷竹（*Phyllostachys praecox*）的栽培类型就有 19 种，它们在氨基酸的总量、各种必需氨基酸的含量上有所不同。其中，安徽雷竹、安徽早竹、金华雷竹和余姚雷竹明显高于其他竹种。但是，由于目前竹种繁殖普遍以无性繁殖方式繁衍，采用常规方法进行遗传变异研究和育种改良有较大的难度，故而竹子的遗传改良的基础和应用研究一直未有实质性的进展，这在一定程度上限制了笋用竹的开发利用。

植物组织培养技术可以为竹笋产业提供新的遗传改良途径和材料。中国的竹子组织培养工作在 20 世纪 90 年代开始起步。迄今为止，中国学者已经在印度箣竹（*Bambusa arundinace*）、黄竹（*Dendrocalamus membranceus*）、勃氏甜龙竹（*Dendrocalamus. brandisii* Ku）、麻竹（*Dendrocalamopsis latiflorus* Munro）等竹种上研究建立起了竹子的离体快繁体系，获得了竹子小植株。要指出的一点是，这些丛生竹种的器官再生能力较强，培养较容易。另外，有关黄竹原生质的分离和悬浮培养也取得了成功，表明通过原生质体培养创制竹子的新种质是可能的。近年，张光楚等（2001）在研究麻竹试管苗的开花现象时发现，竹子开花可以人为调控，这就为竹子的有性杂交育种带来了诱人的前景。

竹子细胞遗传学的研究还非常缺乏，至今，竹子染色体数目的报道还不一致。由于竹子种类繁多，分布广泛，既可以通过无性繁殖繁衍后代和扩大群体，也可以通过有性过程产生新的变异个体。因此，多倍性、非整倍性、混倍性和染色体结构的变异等现象在竹类植物上很普遍。一般认为，竹子的染色体基数为 x＝12，散生竹的染色体为 2n＝4x＝48，丛生竹为 2n＝6x＝72。加强竹子细胞遗传学研究将有助于竹子染色体变异材料的鉴定筛选，同时可望为竹类植物的分类提供依据。

据报道，有关竹类植物的分子生物学研究主要集中在考察竹子不同生长发育过程中蛋白质、同工酶和核酸分子等的活性和含量的变化上。竹笋在采集后，超氧化物歧化酶（SOD）、过氧化氢酶（CAT）和过氧化物酶（POD）等的活性都呈现出先上升后下降的趋势。还有学者研究了雷竹鞭侧芽的吲哚乙酸氧化酶的活性和含量的变化情况，结合POD 酶同工酶和淀粉酶同工酶的变化，认为从潜伏芽、饱满芽到萌发芽，从萌发芽到成笋是两个独立的变化过程。有效地利用这些工作的研究成果将为竹笋种质资源的发掘提供生理生化方面的技术支持。

另外，人们还利用 RAPD 技术来研究竹类植物的系统分类。中国台湾省的 Lai 等（1997）应用 RAPD 技术分析了台湾岛内 176 个毛竹（$P. heterocycla$ var. $lpubescens$）的毛竹属种群的遗传结构，鉴定出 9 个毛竹无性系，其他 8 个无性系可能是由于引种后发生体细胞变异而产生的。丁雨龙（1998）对刚竹属 28 个分类单位进行了叶绿体 DNA 系统聚类分析。吴益民（1998）对 4 种观赏竹的 RAPD 指纹图谱进行研究，发现孝顺竹（$Bambusa glaucescens$）、凤尾竹（$B. glaucescens$ var. $riviereorum$）、绿竹（$B. oldhami$）、白绿竹（$B. multiplex$）4 个品种两两之间的相似系数在 36%～73% 之间，初步构成反映种特征的 RAPD 指纹图谱，为竹种鉴定提供分子水平的科学依据。方伟等（2001）对雷竹（$P. praecox$）的 19 个栽培类型及 2 个近缘种进行了 RAPD 分析，可将雷竹的不同栽培类型及近缘种区分开来，如永嘉雷竹不属于 $P. praecox$ 种系。用 RAPD 技术可对竹类植物种以下等级进行进一步分类。杨光耀等（2000）利用 RAPD 技术分析结果表明：苦竹（$Pleioblastus\ amarus$）与宜兴苦竹（$Pl. yixingenis$）关系密切；大明竹（$Pl. gramineus$）与其他 4 种关系较远；形态分类上将中、日产苦竹分成两类没有得到 RAPD 分析的支持。另外，其在 2001 年用同样的方法探讨了倭竹簇（Shibetaeae）8 个属的属间关系，认为大节竹属（$Indosasa$）和唐竹属（$Sinobambusa$）、方竹属（$Chimonobambusa$）和筇竹属（$Qiongzhuea$）关系密切，这与形态学的分类结果一致；而基于形态研究，在倭竹簇内建立刚竹亚簇（Phyllostachydinae）和倭竹亚簇（Shlbataeinae）或唐竹亚簇（Sinobambusinae）和倭竹亚簇的观点没有得到 RAPD 分析的支持。这一系列的研究工作将有助于人们深入认识竹类植物的起源、进化，并为笋用竹种质资源的发掘提供技术支持和理论依据。同时，可以设想：利用分子标记和特定的育种群体构建竹种的基因连锁群，寻找与竹子特定经济性状紧密连锁的分子标记以及利用分子标记进行辅助选择育种是竹种遗传改良的未来（卓仁英，2003）。

（胡鸿　钱春桃）

主要参考文献

傅懋毅，杨校生．2003．我国竹类研究展望和竹林生境利用．竹子研究汇刊．22（2）：1～8

李世东，节传德．1998．中国竹业发展历程与 21 世纪发展战略 [J]．竹子研究汇刊．17（1）：1～5

王慷林，薛纪如．1993．西双版纳竹类植物分布及其特点 [J]．植物研究．13（1）：80～92

徐圣友，曹万友，宋曰钦等．2005．不同品种竹笋蛋白质与氨基酸的分析与评价．食品科学．26（7）：222～227

辉朝茂，杨宇明．2003．关于云南竹类植物多样性及其保护研究．林业科学．39（1）：145～152

孙家华等．1992．竹笋．北京：科学技术文献出版社

金川，王月英，郑文杰等．2000．我国竹笋研究现状分析与展望．浙江林学院学报．17（1）：75～79

阮俊，吴祖祥，徐位坤等．1996．桂林市竹笋资源及其开发利用．广西植物．16（2）：191～194

何钧潮，方伟，卢学可．1995．雷竹双季丰产高效笋用林的地下结构．浙江林学院学报．12（3）：247～252

张光楚．1985．丛生竹染色体数的研究．竹类研究．（2）：1～7

张光楚等．1993．麻竹离体快速繁殖技术的研究．竹子研究汇报．12（4）：7～15

张桂和．1995．麻竹胚的离体培养和快速繁殖．植物生理学通讯．3（6）：434～435

黄春富．2003．闽东六月麻竹笋密植高效栽培技术．广西热带农业．（4）：31～32

张光楚，王裕霞．2001．竹子试管苗开花的初步研究．竹子研究汇报．20（1）：1～4

阙国宁，诸葛强．1994．黄竹细胞悬浮培养和原生质体分离．林业科学研究．7（1）：44～47

方伟，何祯祥，黄坚钦等．2001．蕾竹不同栽培类型的 RAPD 分子标记研究．浙江林学院学报．18（1）：1～5

刘力，林新春，叶丽敏．2001．雷竹不同栽培类型竹笋的蛋白质组成．浙江林学院学报．18（3）：271～273

李秀兰，林汝顺，冯学琳等．2001．中国部分丛生竹类染色体数目报道．植物分类学报．39（5）：433～442

杨光耀，赵奇僧．2001．用 RAPD 分子标记探讨倭竹族的属间关系．竹子研究汇刊．20（2）：1～5

席玙芳，罗自生，程度等．2001．竹笋采后活性氧代谢对木质化的影响．中国农业科学．34（2）：197～199

吴益民，黄纯农．1998．两种竹子的 RAPD 指纹图谱的初步研究．竹子研究汇刊．17（3）：10～14

卓仁英．2003．竹子生物技术育种研究进展．浙江林学院学报．20（4）：424～428

张文科编著．2003．竹．北京：中国林业出版社

第五十一章

食用蕈菌

第一节　概　　述

食用蕈菌泛指可供食用的（包括药用）、其子实体肉眼可见、徒手可采的真菌。食用蕈菌种类繁多，按照现代分子生物学技术和观念进行分类，估计全球存在的大型真菌有14万种，目前已知的至少有1.4万种（Hawksworth，2001），其中可食种类有3 000余种，但可人工栽培或发酵利用的只有90种左右（卯晓岚，2000）。中国是食用蕈菌资源最为丰富的国家之一，已知种类约有1 701种（卯晓岚，1998），目前已人工栽培的约有40种。

食用蕈菌具高蛋白、低脂肪，含多种维生素和矿物质，富含膳食纤维，其营养丰富，味道鲜美，风味独特，深受世人喜爱。随着对食用蕈菌保健功能研究的深入开展，人们发现食用蕈菌具有提高人体免疫力、抗肿瘤、抗病毒、软化血管、预防血栓形成、清除血液垃圾、降血脂、延缓衰老等诸多功效。其食用和医用价值，非常符合当代人类对天然食品和功能食品的需求，因此，被联合国粮食与农业组织（FAO）推荐为21世纪的健康食品，成为世界卫生组织（WHO）提倡的"一荤一素一菌（菇）"健康膳食的三大柱石之一。近年，全球食用蕈菌的生产和消费不断递增，总产量已由1980年的121万t，增加到2003年的1 000万t以上。食用蕈菌生产大国有中国、美国、德国、英国、法国、日本、韩国、波兰、意大利等，但欧美国家的生产种类除少量平菇外，几乎全是双孢蘑菇，远没有中国丰富。非洲近年在联合国国际开发署（UNDP）的支持下，食用蕈菌的栽培也已经起步。

中国食用蕈菌产业的迅速发展起始于20世纪80年代，其总产量已由1978年的40万t（折成鲜重计，当年统计干鲜合计6万t）增加到2003年的600多万t（折成鲜重计，当年统计干鲜合计400万t），产值逾300亿元。目前，中国食用蕈菌产量约占全球总产量的60%以上，近10年来年出口量在60万t（折成鲜重计）左右，年创汇约6亿美元。中国食用蕈菌国际贸易量占亚洲的80%，占全球的40%。栽培种类也由20年前的10种增加到40种左右（黄年来，2000）。中国已经成为名副其实的食用蕈菌生产和消费大国。

食用蕈菌生产可以不占用耕地，可利用多种农林工业副产品——秸秆皮壳、枝杈木屑、废纸废棉、酿造渣糟等废弃物，其副产品又可为农牧业所利用，故被誉为环保生态型产业，同时也是中国农村产业结构调整，利于农民增收的好项目。目前，中国直接从事食用蕈菌产业的人员已逾 2 000 万，间接从业人员 500 万左右。

食用蕈菌是全球消费的食品，除大部分作为蔬菜直接食用外，还有相当一部分经加工作为食品、保健品、调味品的添加剂或风味剂。如中国传统糕点茯苓饼、草菇酱油和香菇酱油、太阳神猴头菇口服液等。另外，食用蕈菌在传统中医药中还是常用药材。近年，又有一些食用蕈菌产品经深加工后制成药品，如以香菇为原料提取的香菇多糖，以槐耳为原料生产的槐耳冲剂和还尔金，以猴头为原料制取的猴菇菌片，以云芝为原料制取的云芝肝泰和云芝多糖胶囊，以蜜环菌为原料制取的蜜环菌片、蜜环菌糖浆和健脑露等。据统计，1999 年中国食用蕈菌保健品和药品的产值在 300 亿元以上（林树钱，2000），全球食用蕈菌食品添加剂、保健食品和医药市值在 140 亿美元左右（Zeisel，1999）。

由于食用蕈菌本身及其产业所具有的特点很符合当前社会和经济发展的需求，因此食用蕈菌的发展具有广阔和美好的前景，预计在今后相当长的一段时间里，食用蕈菌产业仍将保持稳定、持续的发展，并将为人类提供更多的优质食用蕈菌健康食品。自 20 世纪 40 年代以来的 60 多年间食用蕈菌产量全球年递增在 6.2%～18.6% 之间，业内人士预测未来几十年内食用蕈菌的产量仍将保持 10% 甚至更高的年递增率。

第二节　食用蕈菌的起源与分布

一、人类对食用蕈菌的认识

中国是历史悠久的文明古国，数千年来，历代人民在各自生活的地区对大型真菌的形态和生活习性都有过仔细的观察，并有许多记载和描述。对食用蕈菌的认识可以追溯到公元前 770—前 221 年间的春秋战国时代，当时就观察到了伞菌子实体的出现与消亡。公元前 475—前 221 年的战国时期《列子》一书就有"朽壤之上，有菌芝者"的记载。公元前 239 年的《吕氏春秋》记载了食用蕈菌的美味。公元 220—280 年，三国时期魏国著名诗人曹植以灵芝的动人形象作诗赞誉魏王朝初期雄踞中原，群贤毕至的盛况。以后的《齐民要术》（贾思勰，6 世纪 30 年代或稍后）、《农书》（王祯，1313）、《菌谱》（陈仁玉，1245）、《本草纲目》（李时珍，1578）、《广菌谱》（潘子恒，1522—1566）、《吴蕈谱》（吴林，1683）等都有有关食用蕈菌的记载。

二、食用蕈菌的栽培起源

人类在长期采食食用蕈菌之后，为了提高利用率，逐渐从野生发展到人工栽培。中国是食用蕈菌人工栽培最早的国家，多种食用蕈菌的栽培起源于中国，如黑木耳、金针菇、香菇、草菇、银耳等。从下列常见食用蕈菌的栽培历史记载表中可以看出，目前较大规模种植和工业化生产的食用蕈菌，大多起源于中国（表 51-1）。

表 51 - 1　常见食用蕈菌栽培的历史记载

种　类	用　途	栽培起始年代和国家	备　注
柱状田头菇（*Agrocybe cylindracea*）	食用	公元前 50 年，南欧	
黑木耳（*Auricularia auricula*）	食用兼医用	600 年，中国	
毛木耳（*Auricularia polytricha*）	食用	1975 年，中国	
金针菇（*Flammulina velutipes*）	食用	800 年，中国	
香菇（*Lentinus edodes*）	食用兼医用	1000 年，中国	
茯苓（*Poria cocos*）	医用	1232 年，中国	
猪苓（*Grifola umbellata*）	医用	中国	
双孢蘑菇（*Agaricus bisporus*）	食用兼医用	1600 年，法国	
灵芝（*Ganoderma* spp.）	医用	1621 年，中国	
草菇（*Volvariella volvacea*）.	食用	1700 年，中国	
银耳 *Tremella fuciformis*	食用兼医用	1894 年，中国	
平菇（*Pleurotus ostreatus*）	食用兼医用	1900 年，德国	
阿魏侧耳（*Pleurotus eryngii* var. *ferulae*）	食用	1958 年，法国	
滑菇（*Pholiota nameko*）	食用	1958 年，日本	
猴头（*Hericium erinaceus*）	食用兼医用	1960 年，中国	
大球盖菇（*Stropharia rugoso-annulata*）	食用	1960 年，德国	
鲍鱼菇（*Pleurotus* spp.）	食用	1969 年，中国台湾	
巴西蘑菇（*Agaricus blazei*）	食用兼医用	1970 年，日本	
鸡腿菇（*Coprinus comatus*）	食用兼医用	1970 年前后	
斑玉蕈（*Hypsizigus marmoreus*）	食用	1973 年，日本	
凤尾菇（*Pleurotus pulmonarius*）	食用	1974 年，印度	
杏鲍菇（*Pleurotus eryngii*）	食用	1977 年，法国	
假蜜环菌（*Armillaria tabescens*）	医用	1980 年	工业发酵
榆黄蘑（*Pleurotus citrinopileatus*）	食用	1981 年，中国	
云芝（*Trametes vesicolor*）	医用	1981 年，中国	工业发酵
竹荪（*Dictyophora* spp.）	食用	1982 年，中国	
亚侧耳（*Hohenbuehelia serotina*）	食用	1982 年，中国	
长根菇（*Oudemansiella radicata*）	食用	1982，中国	伴栽天麻，工业发酵
蜜环菌（*Armillaria mellea*）	医用兼食用	1983 年，中国	
灰树花（*Grifola frondosa*）	食用兼医用	1983 年，日本	
绣球菌（*Sparassis crispa*）	食用	1985，中国	
金耳（*Tremella aurantialba*）	食用兼医用	1986 年，中国	
羊肚菌（*Morchella* spp.）	食用	1986 年，美国	
白灵侧耳（*Pleurotus nebrodensis*）	食用	1987 年，中国	
榆离褶伞（*Lyophyllum ulmarium*）	食用	1987 年，日本	
蛹虫草（*Cordyceps militaris*）	医用兼食用	1987 年，中国	固体栽培，工业发酵
冬虫夏草（*Cordyceps sinensis*）	医用	中国	工业发酵
榆耳（*Gloeostereum incarnatum*）	食用兼医用	1988 年，中国	
洛巴口蘑（*Tricholoma lobayense*）	食用	1990	
灰褐口蘑（*Tricholoma gambosum*）	食用	1991 年，中国	

注：表中食用蕈菌栽培含工业发酵。

三、食用蕈菌的发展与分布

　　人类对食用蕈菌的认识和利用虽然历史悠久，最早的人工栽培可追溯到 1 400 年前，但是真正开始科学种植食用蕈菌不过是近 100 年的事。1893 年法国 Costentin 和 Matruchot 用蘑菇孢子培养法，1902 年 Dugger 用组织分离法培育纯菌种获得了成功，从此法国进入了采用现代技术种植蘑菇的新时期。此后栽培技术逐渐传至英国、荷兰、意大利、美国等，以后又传到亚洲。20 世纪 30 年代末美国又试验成功标准菇房，并迅速得到推广，从而使双孢蘑菇栽培实现了工业化生产。自 20 世纪 40 年代以来，全球食用蕈菌生产和消费逐年递增，但是发展不很平衡。1940—1960 年，食用蕈菌生产主要在欧洲和北美，约占世界总产量的 90％以上，产量年均递增 7％左右；然而自 20 世纪 70 年代以后，东南亚食用蕈菌产业开始迅速发展，产量年均递增 12％左右。同时，中国的食用蕈菌产业也进入了飞速发展的时期，其栽培面积和产量成倍增长，备受世人瞩目。

多年来，欧洲和北美栽培种类几乎全部是双孢蘑菇，品种单一。但是，20 世纪 70 年代东南亚食用蕈菌产业的发展，打破了这一局面，食用蕈菌栽培的种类日趋多样化，亚洲特产香菇、草菇、金针菇等已经走向和正在走向世界，它们不再只是亚洲人民的美食，也成了欧美国家人民喜爱的食品。

长期以来中国的食用蕈菌一直处于半人工栽培状态，产地几乎完全在山区，均为冬季砍树，春季砍花，自然接种的落后生产方式。大约在 1935 年才首次引进双孢蘑菇菌种并进行试种，1949 年以后开始推广纯菌种人工接种技术，20 世纪 70 年代末才完全实行了纯菌种人工接种的现代种植方法，此后中国掀起了食用蕈菌生产热潮。在短短的 20 多年里，食用蕈菌产量由 1978 年的 40 万 t 增加到 1995 年的 300 万 t，2003 年又增加到 600 多万 t。

四、中国栽培食用蕈菌的分布

中国幅员辽阔，气候多样，用于栽培食用蕈菌的原料广泛，可栽培的食用蕈菌种类繁多。经过近 20 多年的发展，食用蕈菌栽培遍及大江南北，分布于广大山村城乡，目前栽培的 40 种食用蕈菌中，平菇、香菇、黑木耳、毛木耳、双孢蘑菇、金针菇、滑菇、草菇、银耳、白灵菇、杏鲍菇、茶树菇、灰树花、真姬菇、竹荪、灵芝、猴头、茯苓、天麻等已经形成商业化生产规模。食用蕈菌的主产地有福建、浙江、山东、河南、河北、辽宁、江苏、湖北、四川等省。主要栽培蕈菌的分布省、自治区、直辖市为：平菇：江苏、四川、河北；香菇：福建、浙江、河南、湖北；黑木耳：湖北、河南、陕西、黑龙江；毛木耳：福建、湖南、浙江、河南；双孢蘑菇：福建、浙江、山东、四川；金针菇：河北、上海、福建；滑菇：辽宁、河北；草菇：广东、湖南、河北、山西；银耳：福建、河南、四川；白灵菇：北京、新疆、河南；杏鲍菇：福建、山西、辽宁、山东；茶树菇：福建、江西；灰树花：河北、浙江；真姬菇：上海、福建、辽宁、广东（深圳）；竹荪：福建、贵州、四川；灵芝：福建、安徽、山东、四川；茯苓：浙江、湖北、河南、安徽；天麻：陕西、河南、湖北、湖南等地。

第三节　食用蕈菌的分类

一、分类地位

食用蕈菌是真核生物，属于真菌界，是大型真菌。其中多数是担子菌，少数属于子囊菌。目前工业化商业栽培的都是担子菌，人工栽培的几十种，多集中在伞菌目（Agaricales）的侧耳科（Pleurotaceae）、白蘑科（Tricholomataceae）、蘑菇科（Agaricaceae）、光柄菇科（Pluteaceae）、鬼伞科（Coprinaceae）、粪锈伞科（Bolbitiaceae）、球盖菇科（Strophariaceae）等；非褶菌目（Aphyllophorales）的多孔菌科（Polyporaceae）、猴头科（Hericiaceae）、灵芝科（Ganodermataceae）等；木耳目（Auriculariales）的木耳科（Auriculariaceae）；银耳目（Tremellales）的银耳科（Tremellaceae）；鬼笔目（Phallales）的鬼笔科（Phallaceae）等，其中尤以伞菌目的最多。主要栽培食用蕈菌的分类地位见表 51-2。

表 51-2　主要栽培食用蕈菌的分类地位

目	科	属	种	商品名称或俗名
伞菌目（Agaricales）	侧耳科（Pleurotaceae）	侧耳属	糙皮侧耳（*Pleurotus ostreatus*）	平菇、灰平菇
			佛州侧耳（*Pleurotus ostreatus* var. *florida*）	平菇、白平菇
			白黄侧耳（*Pleurotus cornucopiae*）	姬菇、袖珍菇、珊瑚菇
			肺形侧耳（*Pleurotus pulmonarius*）	凤尾菇，袖珍菇
			鲍鱼菇（*Pleurotus abolanus*）	鲍鱼菇
			盖囊菇（*Pleurotus cystidiosus*）	鲍鱼菇
			阿魏侧耳（*Pleurotus eryngii* var. *ferulae*）	阿魏菇
			白阿魏侧耳（*Pleurotus nebrodensis*）	白灵菇
			刺芹侧耳（*Pleurotus eryngii*）	杏鲍菇
			金顶侧耳（*Pleurotus citrinopileatus*）	榆黄蘑
		亚侧耳属	亚侧耳（*Hohenbuehelia serotina*）	元蘑、冻菌、北风菌
		香菇属	香菇（*Lentinula edodes*）	香菇、香蕈、冬菇
	白蘑科（Tricholomataceae）	奥德蘑属	长根菇（*Oudemansiella radicata*）	
		金针菇属	金针菇（*Flammulina velutipes*）	
		口蘑属	褐灰口蘑（*Tricholoma gambosum*）	
		离褶伞属	榆干离褶伞（*Lyophyllum ulmarium*）	真姬菇
			真姬离褶伞（*Lyophyllum shimeji*）	真姬菇
		玉蕈属	斑玉蕈（*Hypsizigus marmoreus*）	真姬菇、蟹味菇
		蜜环菌属	蜜环菌（*Armillaria mellea*）	
	蘑菇科（Agaricaceae）	蘑菇属	双孢蘑菇（*Agaricus bisporus*）	白蘑菇、洋蘑菇
			大肥菇（*Agaricus bitorquis*）	高温蘑菇
			巴西蘑菇（*Agaricus blazei*）	姬松茸
	光柄菇科（Pluteaceae）	草菇属	草菇（*Volvariella volvacea*）	兰花菇、麻菇
			银丝草菇（*Volvariella bombycina*）	
	鬼伞科（Coprinaceae）	鬼伞属	毛头鬼伞（*Coprinus comatus*）	鸡腿菇
	粪锈伞科（Bolbitiaceae）	田头菇属	柱状田头菇（*Agrocybe cylindracea*）	杨树菇、茶薪菇、茶树菇、柳环菌、柳松菇
	球盖菇科（Strophariaceae）	球盖菇属	环柄球盖菇（*Stropharia rugoso-annulata*）	大球盖菇
		环锈伞属	滑菇（*Pholiota nameko*）	珍珠菇、滑子蘑
			多脂鳞伞（*Pholiota adiposa*）	黄伞

（续）

目	科	属	种	商品名称或俗名
非褶菌目（Aphyllophorales）	多孔菌科（Polyporaceae）	树花属	灰树花（*Grifola frondosa*）	莲花菌、栗蘑
		卧孔菌属	茯苓（*Poria cocos*）	
			猪苓（*Grifola umbellata*）	
		栓菌属	云芝（*Trametes vesicolor*）	
	猴头菌科（Hericiaceae）	猴头菌属	猴头（*Hericium erinaceus*）	
	灵芝科（Ganodermataceae）	灵芝属	灵芝（*Ganoderma lucidum*）	红芝、赤芝
			中华灵芝（*Ganoderma sinense*）	紫芝、黑芝
			薄盖灵芝（*Ganoderma tenus*）	泰山芝、红芝
			松杉灵芝（*Ganoderma tsagae*）	韩国芝、红芝
木耳目（Auriculariales）	木耳科（Auriculariaceae）	木耳属	黑木耳（*Auricularia auricula*）	云耳、细木耳
			毛木耳（*Auricularia polytricha*）	黄背木耳、白背木耳、粗木耳
银耳目（Tremellales）	银耳科（Tremellales）	银耳属	银耳（*Tremella fuciformis*）	白木耳
			金耳（*Tremella aurantialba*）	
鬼笔目（Phallales）	鬼笔科（Phallaceae）	竹荪属	长裙竹荪（*Dictyophora indusiata*）	
			短裙竹荪（*Dictyophora duplicata*）	
			棘托竹荪（*Dictyophora echinovolvata*）	

二、主要类群

在实际应用中，食用蕈菌常按不同的需要划分类群，如按形态结构划分、按子实体质地划分、按用途划分等。

（一）按形态结构划分的类群

按形态结构，食用蕈菌可以划分为伞菌、管孔菌和耳类等几大类群。

1. 伞菌　子实体具有伞状结构，伞状子实体分化有菌盖和菌柄两大基本结构，菌盖下方生有刀片状菌褶和菌孔，菌褶两侧或菌孔内着生有性孢子——担孢子。栽培的食用蕈菌多数为伞菌，如常见的香菇、双孢蘑菇、金针菇等。

2. 管孔菌　这类食用蕈菌形态多样，有扇形、块状、头状或不规则状等，质地有肉质、半纤维质和木栓质等。但是，它们形态学上的共同特点是没有典型的伞状结构，菌盖上的繁殖结构均为管孔状。栽培的食用蕈菌如子实体扇形的灰树花、子实体头状的猴头、子实体木栓质的灵芝等。

3. 耳类　子实体多呈叶状和耳状，有的呈脑状，多为胶质，其有性孢子都着生在子实体表层的担子上，如黑木耳、榆耳、银耳、金耳等。

4. 其他　除上述三大类群外，还有一些食用蕈菌很难按形态来分类，它们的子实体形态多样或不规则，如钟形的菌盖上布满凹凸不平的子实层、酷似羊肚的羊肚菌，菌盖酷似马鞍形的马鞍菌，不规则的各种块菌等。这些蕈菌，多为子囊菌，而非担子菌，一般较难驯化和人工栽培。

（二）按子实体质地划分的类群

按子实体质地，食用蕈菌可以划分为肉质蕈菌、胶质蕈菌和木栓质蕈菌三大类。

1. 肉质蕈菌　伞菌多为肉质。不论人工栽培还是野生种类，多数均为肉质蕈菌。

2. 胶质蕈菌　各种耳类均为胶质蕈菌。

3. 木栓质蕈菌　均为医用蕈菌，如云芝、灵芝等。

（三）按用途划分的类群

常分为食用、医用和食医兼用三类。由于药食同源，因此这种划分方法，有时也难于明确界定其类别。很多种食用蕈菌既可作蔬菜食用，又可入药，还可作为保健品，甚至可作为医药的原料制成药剂。如传统的香菇是上等蔬菜，但又可以作原料提取香菇多糖制成药剂，医治肿瘤。猴头是著名的山珍美食，但又可作为保健品，还可以制成药剂用来治疗消化系统的疾病。即使是不能直接作为蔬菜食用的医用蕈菌有时也常作为补品食用，如灵芝常用来煲汤，补养身体。

第四节　食用蕈菌的形态特征

食用蕈菌子实体千姿百态，千差万别，但是它们均由菌丝体和子实体两大基本部分组成，而菌丝体和子实体的形成期也正是它们的营养生长阶段和生殖生长阶段。但有的种类在营养生长阶段的菌丝体上可形成无性孢子，有的由营养生长转向生殖生长之前还形成菌核或菌索。

一、菌丝体

食用蕈菌的菌丝体由无数条管状的菌丝及其分支组成，这些管状菌丝由众多的管状细胞连接而成。在光学显微镜下，在细胞的连接处有分隔细胞的隔膜（图 51-1）。多数种类的隔膜外有一扣状物——锁状联合。

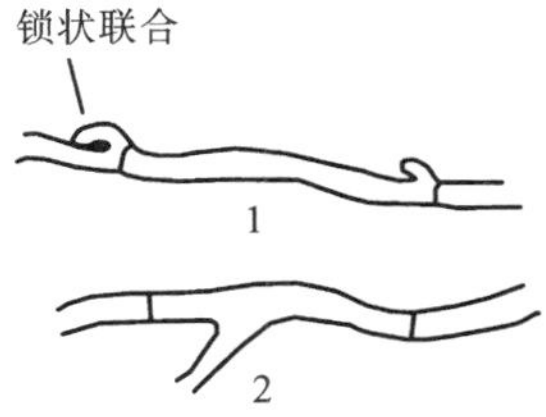

图 51-1　食用菌菌丝的形态结构
1. 有锁状联合的菌丝
2. 无锁状联合的菌丝

二、菌核与菌索

（一）菌核

在特定环境条件下，菌丝紧密结合，细胞脱水，细胞质浓缩，细胞聚集形成组织化结构，这一结构即菌核。成熟的菌核呈褐色或近黑色，坚硬。有的食用蕈菌被人类利用的正是其菌核。产生菌核的食用蕈菌有茯苓、猪苓、灰树花、羊肚菌等。

（二）菌索

在特定条件下，菌丝聚集成绳索状，以利输送养分和抵御不良环境条件。菌索也常称菌丝束和根状菌索。

三、子实体

子实体是食用蕈菌的繁殖器官，也是绝大多数栽培食用蕈菌的产品和利用部分。各类食用蕈菌中伞菌子实体结构最为复杂，伞菌也是食用蕈菌中种类最多的类群，这里仅以伞菌子实体为例，简要介绍食用蕈菌子实体的形态结构：伞菌的子实体通常由菌盖、菌柄、菌托和菌环四个基本部分组成（图51-2）。有的菌盖和菌柄上生有鳞片、纤毛、膜、丝、疣等附属物。

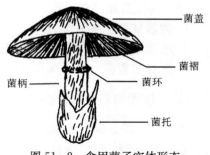

图51-2　食用菌子实体形态
结构模式图

（一）菌盖

菌盖是子实体的帽状部分，由菌肉和菌褶两部分组成。菌褶上着生其繁殖单元——担孢子。

（二）菌柄

伞菌类食用蕈菌多数都有菌柄，菌柄的形态和质地因种类而异，分中生、偏生、侧生、分枝生等，也可分为松软、坚硬、中空、中实等。菌柄的形态和质地常作为分类的重要依据。

（三）菌托与菌环

菌托位于子实体的基部，由外菌幕破裂而成，也称脚苞。菌环由内菌幕破裂而成。

第五节　食用蕈菌的生物学特性

食用蕈菌是一类没有叶绿素，不能行光合作用的异养生物，其生理代谢过程与绿色植物完全相反，绿色植物以无机物为原料建造自身，而食用蕈菌正好是靠其自身的降解酶系统将绿色植物建造成的有机体分解，并以此为营养再建其菌体自身。

一、生态与营养类型

根据野生自然环境生态条件的不同，食用蕈菌可分为森林蕈菌、草地蕈菌、土生蕈菌和粪生蕈菌四大类。根据营养要求的不同，又可分为腐生蕈菌、寄生蕈菌、兼性腐生蕈菌、弱寄生蕈菌、共生蕈菌等5种营养类型。

（一）腐生蕈菌

腐生蕈菌只能从枯死的植物上获得营养并形成子实体。人工栽培的食用蕈菌绝大多数都是腐生菌，如平菇、香菇、金针菇等。根据它们在自然状态下利用的基质和出菇要求的不同，又分为木腐菌、草腐菌、粪生菌、土生菌4个基本类型。

1. 木腐蕈菌　在自然状态下，它们只发生在枯死的木本植物残体上，如香菇、滑菇、灰树花等。

2. 草腐蕈菌　在自然状态下，它们只发生在枯死的草本植物残体上，如草菇、银丝草菇等。

3. 粪生蕈菌　在自然状态下，它们只发生在自然发酵过的牛粪、马粪的粪堆上，如双孢蘑菇、大肥菇等。

4. 土生蕈菌　在自然状态下，它们发生于林地、坡地、河边、沟旁等地面，其子实体所着生的地面下即有其生存所需的枯枝、落叶、腐根等基质，如羊肚菌。

（二）寄生蕈菌

寄生蕈菌只能从活的机体上获得营养并形成子实体，在食用蕈菌中主要是虫生蕈菌虫草类，如冬虫夏草、蛹虫草等。

（三）兼性腐生蕈菌

以腐生为主要营养方式，但同时也可寄生的种类为兼性腐生蕈菌，如蜜环菌。

（四）弱寄生蕈菌

在枯死的树木枝条上易于定植生存，以在枯死的树木枝条上腐生为主，也能在未完全死亡的宿主体上定植并生长繁殖，如黑木耳、榆耳。

（五）共生蕈菌

必须与活的生物共同生活和生长发育，才能形成子实体。有的必须与动物共生，如与白蚁共生的鸡枞；有的要与植物共生，如多种牛肝菌、松茸、乳菇等。这类蕈菌有的尚不能人工培养，有的虽然可培养其菌丝体，但在腐生条件下，其子实体不能形成。目前，共生蕈菌尚无完全能人工栽培者。

二、营养来源

食用蕈菌的营养完全来自基质。目前所利用的多种作物秸秆皮壳、木屑树枝、麦麸米糠等都是栽培食用蕈菌的优良基质。栽培食用蕈菌生长发育所需要的营养主要是碳源、氮源、矿物质和维生素 4 大类。

（一）碳源

碳元素是食用蕈菌生长发育需要的最大量元素。食用蕈菌与绿色植物不同的是不能利用空气中的二氧化碳建造自身，其所需的碳源都来自有机物，主要有植物残体中的木质素、纤维素类，还有淀粉、糖和各种有机酸等。

（二）氮源

氮源是碳源以外需求量最大的营养要素。食用蕈菌最好的氮源是普遍存在于各种培养料中，特别是麦麸、米糠和各种饼肥中的有机氮源。多数食用蕈菌还能吸收多种氮肥，如尿素、磷酸二铵等。当有机氮源和无机氮源同时存在时，则优先利用有机氮源。

（三）矿物质

食用蕈菌生长发育需要多种矿物质。这些矿物质中，大量元素主要是钙、镁、磷、钾和硫，微量元素主要是铁、锌等。栽培中适量加入大量矿质元素，有利于促进子实体形成。微量元素一般不需额外加入。

（四）维生素

维生素在食用蕈菌的生长发育中起着重要作用，特别是维生素 B_1 在香菇和双孢蘑菇子实体形成期间可促进菌丝体中的养分向子实体运输。麦麸和玉米粉中都含有丰富的维生素，不但是很好的氮源，也是很好的维生素来源。

三、生长发育对环境条件的要求

影响食用蕈菌生长发育的环境条件主要是温度、湿度、氧气和二氧化碳浓度、光照和酸碱度。

（一）温度

温度是环境条件诸因子中最活跃的也是最重要的因素，它直接影响食用蕈菌的自然分布，影响栽培的进程，决定生产周期的长短和栽培的成败，也是产品质量和产量的决定性因素之一。食用蕈菌不同种类和不同品种对温度的要求不同，同一品种不同生长发育时期所要求的温度也不同。总的说来，食用蕈菌对高温的耐受力较差，多数食用蕈菌在40℃下几个小时就可能死亡。相反，对低温的耐受性较强，多数食用蕈菌在基质中的菌丝体可在−30～−20℃下越冬。对食用蕈菌的菌丝生长来说，多数种类的生长温度范围在5～35℃，适宜生长温度在20～30℃，最适生长温度在25℃左右。低温种类的适宜生长和最适生长温度较低，高温种类的适宜生长和最适生长温度较高。各种食用蕈菌对温度的具体要求将在以下相关部分介绍。

1. 食用蕈菌的温度类型 根据子实体形成和发育所需温度，可将食用蕈菌分为高温蕈菌、中温蕈菌和低温蕈菌三大基本类型。高温蕈菌子实体形成和发育的适宜温度在25℃以上，如鲍鱼菇、草菇和灵芝等；中温蕈菌子实体形成和发育的适宜温度在13～23℃，如平菇、香菇等；低温蕈菌子实体形成和发育的适宜温度低于15℃，如滑菇和金针菇等。

2. 不同发育时期对温度的要求 食用蕈菌在不同发育时期对温度要求不同。多数中温和低温蕈菌菌丝体生长的适宜温度在25℃左右，子实体形成适宜温度一般要低于菌丝体生长适温5～10℃。高温蕈菌多数菌丝体和子实体形成温度差别不大。

（二）湿度

湿度主要指基质的含水量和空气相对湿度（RH）。不同发育时期要求的湿度不同。多数种类菌丝生长要求基质含水量在55%～75%，子实体形成则要求基质含水量稍高一些，不同种类和不同品种之间有所差别。子实体原基形成和分化要求空气相对湿度90%～

98％，子实体生长发育则要求 80％～95％。

（三）氧气和二氧化碳浓度

食用蕈菌是好氧生物，特别是生殖生长阶段，需要充足的氧气，否则子实体发育不良，极易形成畸形菇。二氧化碳则刺激菌丝的生长，也刺激菌柄的伸长，子实体生长期要求充分的通风，以排除二氧化碳，保证氧气充足。一般而言，子实体形成期间空气中二氧化碳浓度不可超过 6％。

（四）光照

食用蕈菌的菌丝生长不需要光照。但是绝大多数子实体形成和发育需要散射光。光照不足子实体形成推迟，发育不良。多数种类子实体发育期间适宜光照强度在 50～300lx，个别种类要求 600～2 000lx。

（五）酸碱度（pH）

食用蕈菌对酸碱度的适应范围较广，多在 pH4～8，但是总的来说喜欢偏酸的基质环境，多以 pH4.5～6.5 为最适。

（六）其他

食用蕈菌生长发育除上述基本环境条件外，有的还需要特殊的生物因子——伴生菌，如银耳和金耳等。另外，食用蕈菌子实体对空气中的硫化物、一氧化碳等都较敏感，当空气中这些有害气体达到一定浓度时，则子实体发育停滞或表现畸形。

四、生长与繁殖

与一般植物不同的是食用蕈菌由菌丝进行营养生长，吸收和积累养分；由子实体进行生殖生长和有性繁殖。

（一）营养生长

食用蕈菌的营养生长通过菌丝细胞对基质进行分解及其养分的吸收，食用蕈菌的营养生长就是菌丝的生长。菌丝在生长过程中，从基质中吸收大量的营养，在建造自身的同时也积累了大量养分，为子实体形成奠定物质基础。

从理论上讲，食用蕈菌的菌丝具有无限生长的潜能，只要有适宜的环境条件，菌丝就可以无限地生长。不论在自然状态还是栽培条件下，食用蕈菌的营养生长都占有了其生活史的大部分时间。

（二）生殖生长

食用蕈菌的生殖生长表现为子实体的形成和发育。在栽培上即为出菇和菇的生长。食用蕈菌在生殖生长中，子实体本身不能分解基质，不能自己制造生长发育所需的各种养分和结构物质，而完全来自分布于基质中的菌丝。

(三) 繁殖

食用蕈菌的繁殖有有性繁殖和无性繁殖两种方式。有性繁殖经历细胞融合→核融合→减数分裂→担孢子,核融合及其以后各细胞学行为均在子实体的担子上进行。无性繁殖在营养生长阶段进行,形成各种类型的无性孢子,如分生孢子、粉孢子、节孢子、厚垣孢子等。菌丝无限的延续生长及其继代培养也可看作是人工栽培食用蕈菌的无性繁殖。

(四) 繁殖与变异

繁殖与变异是密切相关的,有繁殖就有变异。总的来说,无性繁殖变异较小,有性繁殖变异几率较大。有性繁殖中的变异发生于减数分裂过程中。

(五) 营养生长与变异

尽管从理论上说营养生长过程中不产生变异,但实际上,食用蕈菌在营养生长中时常有变异发生,而且常是负向的变异,即实际生产中所见到的优良性状的退化,如出菇推迟、产量降低等。

第六节 食用蕈菌遗传学与生物技术研究

食用蕈菌遗传学的研究首先要基于对其生活史和有性繁殖特点的认识,由于其染色体微小,在脉冲电泳(CHEF, contour-clamped homogeneous electric fields)问世之前和分子生物学兴起之前,食用蕈菌的遗传学研究非常困难。现有的任何细微的遗传学研究结果都需要作大量的分离、操作、统计和分析,由于研究手段的缺乏,有关食用蕈菌遗传学的研究远不及栽培作物那么系统、详细和深入。一般用于食用蕈菌遗传学研究较多的材料是裂褶菌(*Schizophyllus commune*)和灰盖鬼伞(*Coprinus cinereus*)。近年来,随着人们对食用蕈菌的经济价值以及对人体健康重要性认识的提高,逐渐开展了栽培蕈菌的遗传学研究,并将生物技术的新观念、新方法应用到研究中。

一、生活史及其有性繁殖特征

食用蕈菌从担孢子萌发开始到再形成担孢子,经历这样一个周期即完成了其生活史。前人研究已明确,在这一生命循环中食用蕈菌历经了这样几个阶段:担孢子萌发生成初生菌丝、由亲和性的初生菌丝结合形成次生菌丝、次生菌丝经一定时期的营养生长后在适宜条件下形成子实体原基、子实体原基生长发育成为子实体、在子实体上形成担孢子(图51-3)。

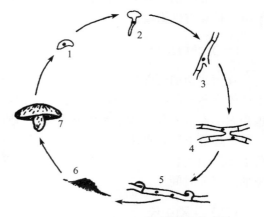

图 51-3 多数食用菌生活史示意图
1. 担孢子 2. 担孢子萌发 3. 初生菌丝
4. 有亲和性的初生菌丝融合
5. 次生菌丝 6. 子实体原基 7. 子实体

食用蕈菌的生活史，按有性繁殖情况的不同可以分为以下两种类型：

（一）单孢可育

这种情况是一个担孢子萌发形成的菌丝经一定时期的营养生长后，在适宜环境条件下可以形成子实体，并产生有性孢子——担孢子。这种单孢可育又可分为两种情况：多核出菇和双核出菇。多核出菇是指单核的担孢子萌发的菌丝具多核，这些多核菌丝经一定时期的营养生长后最终形成子实体；双核出菇是指单核的担孢子萌发的菌丝具双核，这些双核菌丝经一定时期的营养生长后最终形成子实体。以上这种情况也称同宗结合（homothalism）。

（二）单孢不育

这种情况是一个担孢子萌发形成的菌丝不能形成子实体，不能完成其生活史，而必须由不同担孢子萌发具亲和性的菌丝，在其结合后形成次生菌丝，并经一定时期的营养生长才能形成子实体，产生担孢子，完成其生活史。这种情况也称异宗结合（heterothalism）。

二、担子菌的性与遗传

食用蕈菌均为经有性繁殖完成生活史的菌类，研究表明其有性繁殖有同宗结合（homothalism）和异宗结合（hemothalism）两大基本类型。

同宗结合又可分为初级同宗结合（primary homothalism）和次级同宗结合（secondary heterothalism）。初级同宗结合的种类，单核的担孢子萌发产生多核菌丝，这些多核菌丝不需与来源于不同担孢子的菌丝结合，自身经一定时期生长即可形成子实体和担孢子；次级同宗结合的种类，担孢子双核，双核的担孢子萌发形成双核菌丝，这些双核菌丝不需与来源于不同担孢子的菌丝结合，自身经一定时期生长即可由双核菌丝形成子实体和担孢子。

食用蕈菌中同宗结合的种类较少，对这种性遗传机制研究也较少。对真菌性的发现已有百年时间（Blakeslee，1904）。Bensaude（1918）和Kniep（1920）发现异宗结合是由交配基因控制的，每个交配型基因位点都有一系列的复等位基因。Raper（1958）和他的合作者对担子菌的性进行了深入的研究，证明染色体上的交配基因由亚单位构成，亚单位之间可以交换。研究表明，某些异宗结合的种仅有一个交配型基因，表现为二极性（bipolarity）；某些种有两个交配型基因，表现为四极性（tetrapolarity）。二极性和四极性的种中都存在着复等位基因。

三、无性繁殖与准性生殖

食用蕈菌生长很快，据测定，在室温条件下，多数担子菌每隔2～3min核就分裂一次。在快速生长状态下的生物染色体发生突变的几率远大于普通生长速度下的生物，因此，食用蕈菌种内和品种内遗传多样性非常丰富，特别是人工栽培种更是如此。在多年的人工选择下，各种符合人类需求性状的品种越来越多。但食用蕈菌快速生长及其导致的遗传多样性在为人类带来巨大利益的同时，也造成了菌种繁殖、保藏及栽培过程中菌种易退化、均一性和稳定性易变化等诸多问题的发生。据日本的研究，双核菌丝细胞的突变率高达 1/366（黄年来，1992）。

担子菌遗传现象中除上述交配基因控制的结合性外，双—单交配（布勒现象）是研究担子菌遗传的重要方面。双—单交配现象是异宗结合种的双核菌丝与单核菌丝交配后产生三核体，三核体通过有丝分裂导致染色体重组，从而发生遗传变异。这一现象也称准性生殖。

四、遗传多样性与遗传背景的相似性

食用蕈菌的遗传多样性极为丰富。总的来说，栽培年代越久远，多样性越丰富，但是由于强制的单一方向的人工选择，遗传背景的相似性也越高。

栽培食用蕈菌丰富的遗传多样性表现在品种性状的多样，如同一种内品种色泽、质地、出菇温度、出菇周期等方面的不同。但栽培品种间遗传分析表现出的高度相似性又表明其遗传信息背景的狭窄和基因多样性的贫乏。目前，栽培种和野生种种质资源的匮乏已经成为优良品种选育的最大的困难，因此，食用蕈菌野生种质资源的收集和遗传学研究分析等工作的开展，已迫在眉睫。

五、基因工程研究

近年分子生物学研究及其技术的新进展，为食用蕈菌的遗传学研究、基因工程等提供了可供借鉴的技术和方法，分子生物学技术日益广泛地被应用到食用蕈菌中来，（刘祖同、罗信昌，2002）。李南羿等（2001）采用 λ 噬菌体载体和大肠杆菌寄主细胞克隆体系构建了草菇基因组 DNA 文库。吕作舟等（1992、1993）构建了平菇的基因组 DNA 文库。

六、同工酶分析技术

由于食用蕈菌子实体形态易受环境条件的影响，自 20 世纪 80 年代以来，同工酶分析被广泛应用于食用蕈菌的种质研究和菌株鉴定。在已知的数十种同工酶中，多样性最为丰富的当数酯酶，被广泛应用于栽培种类的种质鉴定。酯酶同工酶已被公认为是食用蕈菌种质分析的标志酶。

七、DNA 指纹技术的应用

（一）RFLP 技术

李英波等（1995）对 32 个野生和栽培香菇进行 RFLP 分析，香菇的种质差异普遍存在于菌株间而与地理位置没有相关性。张金霞等（2004）应用 RFLP 技术，对中国特有的白灵侧耳商业菌种进行了种质分析，将中国栽培的主要品种分为 4 个，并与其形态学的鉴定结果相一致，其电泳图谱有望成为白灵侧耳商业菌种的身份证。

（二）RAPD 技术

张引芳（1994）、王镭和谭琦（1997）与黄志龙等（2002）应用 RAPD 技术对香菇的野生种及栽培种进行品种鉴定取得了良好的效果，与传统的鉴定方法相比，需时短、方法简便、准确快捷。张瑞颖等（2005）应用酯酶同工酶、IGS 和 RAPD 图谱对 43 个香菇菌株进行了鉴定分析，结果表明 RAPD 分辨力最高，D 值（分辨力）达到 0.967，相当于酯酶同工酶、IGS 和 RAPD 三个方法的综合分辨力。

（三）ITS 和 IGS - RFLP 分析技术

张金霞等（2006）通过对刺芹侧耳、阿魏侧耳和白灵侧耳的 ITS 序列分析，结合交配试验，将新疆阿魏上分离到的侧耳鉴定为刺芹侧耳阿魏变种和白灵侧耳两个种。通过 IGS - RFLP 分析，对中国广泛栽培的 19 个杏鲍菇菌株进行鉴定，澄清了同物异名菌株，并将中国栽培的杏鲍菇分为 9 个品种，其鉴定结果和栽培试验相一致。

（四）ISSR 分析技术

随着分子指纹技术的发展，ISSR 分析技术越来越多地被应用到食用蕈菌的种质鉴定和菌株标记及其品种权保护。目前荷兰和中国已经开展了应用 ISSR 分析技术对香菇、黑木耳等食用蕈菌菌株的鉴定。此项技术在食用蕈菌品种的快速鉴定和品种权的保护方面，有着良好的应用前景。

（五）脉冲电泳（CHEF）技术

食用蕈菌的染色体个体小，难以应用细胞学方法进行分析，这也限制了其遗传学研究的深入。脉冲电泳为食用蕈菌的遗传研究提供了可用的技术。陈明杰等（1995）利用脉冲电泳进行草菇染色体核型鉴定，获得了 9 个染色体 DNA 谱带的电泳核型，其结果与细胞学研究相一致。Larraya 等（1999）应用脉冲电泳明确了糙皮侧耳（*Pleurotus ostreatus*）的染色体数目为 11 个。

第七节　人工栽培的食用蕈菌

一、糙皮侧耳（*Pleurotus ostreatus*）及其近缘种

（一）起源与分布

糙皮侧耳（*P. ostreatus*）俗称平菇，其人工栽培 20 世纪 70 年代始于德国。中国几乎同一时期开始栽培。糙皮侧耳自然分布广泛，从热带到寒带都有分布，中国主要分布在河北、北京、河南、山东、江苏、湖南、福建、台湾、内蒙古、吉林、黑龙江、辽宁、新疆、西藏等省、自治区、直辖市，是中国栽培的主要食用蕈菌之一。其产量居食用蕈菌之首，据统计，2003 年产量逾 200 万 t。主要产区在河北、河南、江苏、山西及山东等地。目前平菇已成为中国城乡居民的日常菜蔬。

被俗称为平菇的除糙皮侧耳外，还有佛州侧耳（*P. ostreatus* var. *florida*），由于其色泽较浅，甚至在较高温度和较弱光照条件下呈乳白色，故又常称为白平菇。该种于 20 世纪 70 年代引自德国。此外，还有近缘种凤尾菇（*P. pulmonarius*）和白黄侧耳

（*P. cornucopiae*），白黄侧耳俗称姬菇、小平菇。佛州侧耳和凤尾菇的栽培品种均由香港中文大学张树庭于 20 世纪 70 年代分别从德国和印度引进，白黄侧耳栽培品种于 20 世纪 80 年代由日本引进。佛州侧耳中国未见有分布的报道；凤尾菇在中国河南、陕西、广东、新疆、西藏等地均有分布；白黄侧耳在河北、山东、吉林、黑龙江、江苏、四川、安徽、河南、江西、新疆、云南等地也均有分布。

（二）形态特征

糙皮侧耳及其近缘种佛州侧耳、白黄侧耳和凤尾菇的菌丝体均为白色，菌丝有锁状联合。

1. 糙皮侧耳 子实体丛生。菌盖直径 5～21cm，灰色至灰白色、青灰色，初扁半球形，后平展，有后沿。菌肉白色、厚。菌褶白色，稍密至稍稀，延生，在柄上交织。菌柄侧生，短或无，内实，白色。孢子光滑，无色，近圆柱形，7～11μm×2.5～3.5μm（图 51-4）。

2. 佛州侧耳 子实体丛生。菌盖直径 3～12cm，棕褐色至乳白色，初扁半球形、后平展。菌肉白色，厚度中等。菌褶白色，稍稀，延生。菌柄侧生，稍长，内实，白色。孢子光滑，无色，近圆柱形，6～9μm×2.5～3μm。

3. 凤尾菇 子实体散生或单生。菌盖直径 4～12cm，棕褐色至浅棕色，初扁球状，幼小子实体棒状或仿球状，后菌盖伸展为扇形，边缘平滑或呈波状。菌肉白色。菌褶白色，稍密，延生，不等长。菌柄短，白色，有绒毛，内实。孢子无色、透明、光滑，近圆柱形，8.1～10.7μm×3～5.1μm（图 51-5）。

图 51-4 糙皮侧耳
1. 子实体 2. 孢子

图 51-5 肺形侧耳
1. 子实体 2. 孢子

图 51-6 白黄侧耳
1. 子实体 2. 孢子 3. 担子

4. 白黄侧耳　子实体近覆瓦状丛生。菌盖直径 5～13cm，深灰色至灰白色、青灰色，初扁半球形，伸展后中下凹，边缘薄。菌肉白色，较薄。菌褶白色，较宽，稍密，延生，在柄上交织。菌柄偏生或侧生，较长，内实，白色，光滑，基部常常相连。孢子光滑，无色，长方椭圆形，7～11μm×3.5～4.5μm（图 51-6）。

（三）生物学特性

糙皮侧耳及其近缘种佛州侧耳、凤尾菇和白黄侧耳均为木腐菌，栽培上可利用的培养料种类很多，如棉籽壳、玉米芯、稻草、麦秸、豆秸、木屑、废棉、酒渣（糟）等多种农林、轻工副产品和废弃物都可被利用。

糙皮侧耳及其近缘种佛州侧耳、凤尾菇和白黄侧耳抗逆性都比较强，易于栽培。除形态学上的差异外，其他特性非常相近，口感也很相近。为简明起见，特列表表述（表 51-3）。

表 51-3　糙皮侧耳及其近缘种生物学特性

项　目	糙皮侧耳	佛州侧耳	凤尾菇	白黄侧耳
菌丝生长最适温度（℃）	24～26	26～28	25	25
子实体生长温度范围（℃）	7～26	12～28	16～25	8～20
子实体生长适宜温度（℃）	13～18	15～24	17～23	12～16
最适基质含水量（%）	60±2	63±2	60±2	60±2
pH 范围（最适）	3.5～9（5.4～6）	3.5～9（5～7.8）	3.5～9	3.4～9
通风	中等	较多	中等	较少
光照（lx）	50～300	50～300	50～300	50～300

（四）有关的遗传与生物技术研究

糙皮侧耳及其近缘种佛州侧耳、凤尾菇和白黄侧耳都是四极性异宗结合种，结实性由两对交配基因控制。研究较为深入的是糙皮侧耳和佛州侧耳。近代应用分子生物学技术研究表明，由于其分布广泛，种群隔离，在形态学上种内存在着丰富的遗传多样性，种内变种、品种繁多。应用脉冲电泳技术估算出了糙皮侧耳（*P. ostreatus*）、佛州侧耳（*P. florida*）、肺形侧耳（*P. pulmonarius*）、凤尾菇（*P. sajor-caju*）和紫孢侧耳（*P. sapidus*）的染色体数目，并计算出它们基因组大小分别为 31.3Mb、26.6Mb、30.0Mb、20.0Mb 和 26.1Mb。中国的食用蕈菌育种科学工作者将其与近缘种白黄侧耳（*P. cornucopiae*）、佛州侧耳（*P. florida*）杂交，均获得了具杂交优势的优良品种。Larraya 等（1999）应用脉冲电泳技术明确了糙皮侧耳（*P. ostreatus*）的染色体数目为 11 对，大小在 1.4～4.7Mb。Larraya 等（2000）根据对 RAPD 和 RFLP 的 178 条带、两个漆酶（laccase）、两个锰过氧化物酶（manganese peroxidase）基因、交配型基因位点（mating type loci）、酯酶同工酶（est）、rRNA 基因序列核和 80 个同源单核体 DNA 重复序列的分析，绘制了糙皮侧耳（*P. ostreatus*）的基因连锁图。因菌丝生长速度与产量和抗菌能力相关，Larraya 等（2002）对糙皮侧耳（*P. ostreatus*）菌丝生长速度进行了研究。结果表明，糙皮侧耳菌丝生长速度基因是数量性状，并对其进行了 QTL（数量性状基因座子）定位。

二、香菇

（一）起源与分布

香菇栽培起源于中国浙江省庆元、景宁、龙泉一带，相传是当地龙岩村吴三公发明，并经菇民们不断摸索、总结和改进，形成野外段木栽培技术。元朝农学家王祯在《王祯农书》（1313年）中有香菇栽培的详细记载："今山中种香蕈，亦如此法，但取向荫地，择其所宜木、枫、槠、栲等树，伐倒，用斧碎砍成段，以凸覆之。经年树朽，以蕈碎剉，匀布坎内，以蒿叶及土覆之，时用泔浇灌，越数时，则以槌棒击木树，谓之'惊蕈'。雨露之余，天气蒸暖，则蕈生矣。虽窬年而获利，利则甚博、采讫、遗种在内，来岁仍复发，相地之宜，易岁代种。"从这段记载可以看出，那时香菇的栽培技术已经基本定型，栽培地区从浙江省已经扩散到福建、江西和安徽省。据此推算，中国香菇栽培至少有800年以上的历史。后来栽培技术传至日本。

20世纪初，中国留日学者胡昌炽、李师颐等将日本种菇新技术介绍到国内。20世纪70年代中国开始进行大面积香菇代料栽培技术的推广，80年代代料香菇产量超过了段木香菇。中国代料香菇栽培技术居世界领先地位，目前几乎全部香菇均来自代料栽培。

世界上栽培香菇较多的国家除中国外，还有日本和韩国，欧美各国也开始了栽培。

香菇在世界上的自然分布很广，日本、韩国、菲律宾、泰国、新西兰等国均有分布。中国主要分布在浙江、福建、安徽、江西、湖北、湖南、广东、广西、四川、云南、贵州、台湾等省（自治区）。主产区在浙江、福建和河南三省。

（二）形态特征

香菇菌丝体白色，绒毛状，菌丝有锁状联合。子实体单生、群生或丛生。菌盖直径5～12cm，可大至20cm，扁半球形，后渐平展，肉质，茶褐色、紫褐色或黑褐色，有纤毛状鳞片。菌肉厚，白色。菌褶弯生、白色、稠密，不等长。菌柄中生至偏生，白色，内实，半肉质至纤维质，常弯曲，3～8cm×0.5～1.5cm，菌柄中下部常覆有鳞片。菌环薄，且易消失。孢子印白色；孢子无色，光滑，椭圆形，4.5～5μm×2～2.5μm（图51-7）。

（三）品种多样性

香菇栽培历史悠久，人工驯化和选择使得栽培品种多样性增加。香菇可以按多种需要划分品种类型，按适宜的基质可分为段木品种、代料品种和段木代料兼用品种三大类；按出菇温度要求的不同可以分为低温、中温、高温和广温品种四大类型；按子实体大小的差异可以分为大叶品种、中叶品种和小叶品种三大类型；按产品适宜的销售形式可以分为干制品种和鲜销品种两大类型（张金霞，1999）。

图51-7　香　菇
1. 子实体　2. 孢子　3. 锁状联合

（四）生物学特性

1. 营养要求　香菇为木腐菌，以木质纤维素为主要营养物质，可吸收多种糖类、有机酸和醇类，并且需要适当含量的有机氮源，适宜的碳氮比（C/N）为 25～40：1。此外，还需要适量的钙、镁、磷等矿物质和维生素。

香菇可利用的碳源很广，葡萄糖、蔗糖、麦芽糖、淀粉都是其很好的碳源。在段木栽培中，适宜香菇栽培的树种有几十种，其中资源丰富的适宜树种主要有麻栎、枹树、蒙栎、栓皮栎、白栎、锥栗、毛栗、白桦、黑桦、多种鹅耳枥、多种枫香树等。代料栽培时，可利用的树种更多，除前述树种之外，金缕梅科、大戟科、杨柳科、榆科、椴树科、槭树科、胡桃科、杜英科、鼠李科、漆树科、蔷薇科、悬铃木科和豆科等科内多种树种的木屑都可以利用（杨新美，1988）。

2. 温度　菌丝生长温度范围 5～33℃，适宜温度 20～28℃，最适温度 23～26℃。子实体形成所要求温度因品种的不同而异，低温品种 5～15℃，中温品种 10～20℃，高温品种 15～25℃，广温品种 8～28℃（张金霞，1999）。多数品种子实体形成需要温差或低温刺激，但也有一些品种对温差不敏感。

3. 湿度　段木栽培接种期基质含水量以 40%～45% 为适，代料栽培以 60% 左右为适。子实体形成所要求的空气相对湿度为 90%～95%，子实体发育的适宜空气相对湿度为 80%～90%。

4. 光照　菌丝生长不需要光。子实体形成需要散射光刺激，但不需直射光。光有利于菌盖的伸展和加厚，没有光照，子实体不能形成，光照不足则子实体盖小、柄长、色淡、肉薄，菇味清淡、质劣。

5. pH　菌丝生长的 pH 范围为 3～7.5，以 4.7～4.8 为最适；子实体形成的适宜 pH 为 3.7～3.8（杨新美，1988）

6. 氧气和二氧化碳　香菇是好氧性真菌，栽培场所要求通风良好，及时补充其生长所需的氧气，排除二氧化碳。氧气不足时，子实体发育不良，菌盖小而薄，甚至畸形。二氧化碳刺激菌柄的伸长，抑制菌盖生长和发育。

（五）有关的遗传与生物技术研究

香菇属于典型的四极性异宗结合的高等担子菌。自 1931 年加拿大真菌学家布勒发现双—单杂交这一现象以来，日本和中国在香菇上也发现了这一现象。在香菇的遗传育种研究上，首先建立了对称和非对称基因组混合培育香菇遗传新品系的方法。在单单杂交或双单杂交后，成功地筛选出新的双核体品系，并采用不同交配型原生质体单核体杂交，获得了融合的成功。此后，一些相关研究亦逐步展开。

余韶颜和吴经伦（1993）、董昌金和熊汉中（1998）利用 RAPD 和酯酶同工酶技术对香菇野生和主栽品种间的遗传差异和亲缘关系及多态性等进行研究。结果表明，香菇野生菌株不同种间酶带有差异，主栽品种间相似系数较高，这一研究结果为香菇杂交育种的亲本选择提供了依据。黄志龙（2002）、郑海松等（2002）利用分子生物学技术对香菇栽培菌株进行了分子鉴别。

（六）可食用的近缘种

香菇的可食近缘种主要有：大杯香菇，又称大杯伞（*Lentinus giganteus*）；爪哇香菇，又称大斗菇（*Lentinus javanicus*）；豹皮香菇，又称洁丽香菇（*Lentinus lepideus*），以及虎皮香菇，又称斗菇（*Lentinus tigrinus*）等。其中大杯香菇（*L. giganteus*）口感好，具特殊风味，已经人工驯化栽培。其他4种风味一般，仅宜幼小时食用，基本无栽培价值。这4种都是木腐菌，可引起林木腐朽。

三、黑木耳（*Auricularia auricula*）

（一）起源与分布

黑木耳栽培始于中国，大约在1 400年前开始栽培。目前除青海省、内蒙古和宁夏回族自治区外，均有野生黑木耳分布。主产区在黑龙江、湖北、河南、陕西等省，近年黑龙江省产量已占全国总产的40%～50%。

（二）形态特征

黑木耳菌丝白色，绒毛状，有锁状联合，后期常分泌褐色素。子实体单生或聚生，单生呈叶状或耳状，聚生为菊花状或牡丹花状，直径3～12cm，厚0.8～1.2mm，红褐色至黑褐色，胶质，柔韧，中凹，背面有绒毛，有脉状网纹，腹面光滑。干燥后强烈收缩变硬，色泽转深，腹面光亮，背面绒毛呈灰褐色至青褐色。干子实体具很强的吸水性，吸水率可达干重的8～22倍。子实体从背面至腹面依次为背毛层、致密层、亚致密上层、中间层、亚致密下层、子实层（hymenium）。担子柱形，有3个横隔，50～65 μm×3.5～5.5μm。孢子无色，光滑，腊肠形，9～17.5μm×5～7.5μm（图51-8）。

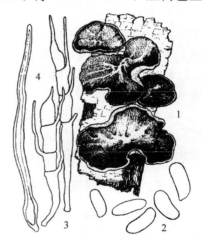

图51-8　木　耳
1. 子实体　2. 孢子　3. 担子　4. 背毛

（三）生物学特性

1. 营养要求　黑木耳是典型的木生腐生菌，以木质纤维素为主要营养物质，并且需要适当含量的有机氮，一定量的钙、镁、磷等矿物质和维生素。

进行段木栽培时可用的适宜树种有几十种，其中资源丰富的适宜树种主要有壳斗科的麻栎、枹树、栓皮栎、米槠等，桦木科的白桦、黑桦，杨柳科的大青杨、山杨、垂柳、朝鲜柳、旱柳等，榆科的春榆、榆等，胡桃科的胡桃楸，槭树科的东北槭、鸡爪槭等，悬铃木科的三球悬铃，漆树科的黄连木，椴树科的紫椴等。进行代料栽培时，棉籽壳、甘蔗渣、大豆秸等都可以利用。

2. 温度　菌丝生长温度范围4～39℃，适宜温度22～32℃，最适温度24～28℃；子实体形成温度16～28℃，最适温度22～27℃。

3. 湿度　段木栽培接种期基质含水量以 40%～45% 为适，代料栽培以 60% 左右为适。子实体形成所要求的空气相对湿度为 90%～95%，子实体发育的适宜空气相对湿度 75%～95%，但需要干湿交替的环境。

4. 光照　菌丝生长不需要光，子实体形成需要散射光刺激，但不需直射光。光有利于子实体的伸展加厚和色素的形成，没有光照，子实体不能形成，光照不足则子实体薄、色淡，质劣。

5. pH　菌丝生长所要求的 pH 范围为 3.5～8.5，又以 pH4.5～7.5 为适。

6. 氧气　黑木耳是好氧性真菌，其栽培场所的通风要求高于多数食用蕈菌。氧气不足时，子实体发育不良，不开片，或耳片僵缩。

(四) 有关的遗传与生物技术研究

木耳是典型的异宗结合真菌，交配系统是由单因子控制的二极性系统。由不同担孢子萌发生成的两种不同极性的单核菌丝，形态上无差别，但在遗传特性上有明显差别。只有两个不同极性的单核菌丝相结合，才能融合形成具有结实能力的双核菌丝。在生长过程中菌丝大量繁殖，菌丝与菌丝接触处，细胞相互融合成为一个整体。菌丝体转向生殖生长时充满胶质的菌丝体逐渐发育成子实体的原基，这时大量的养分运送到子实体，使子实体迅速长大，直到成熟。

在木耳的种质研究中，同工酶技术也得到广泛的应用。郭建春和孙英华 (1994) 应用电泳技术对黑木耳、毛木耳、紫木耳之间亲缘关系进行研究，结果表明，紫木耳酯酶同工酶、过氧化物酶同工酶与黑木耳相似，进而确定紫木耳并非独立种，而是黑木耳之变种。边银丙 (2003) 对黑木耳种内杂交子代同工酶基因座的遗传分析，结果表明，黑木耳 EST、MDH 和 FDH 3 个酶系统分别由 7 个、5 个和 4 个基因座控制，其多态性基因座分别为 4 个、1 个和 0 个，其中两个基因座 (EST-5、EST-6) 之间存在紧密连锁关系。

随着生物技术的迅速发展，分子生物学技术在木耳的研究中也得到了应用。阎培生和罗信昌 (1999) 应用 rDNA 特异性扩增片段的 RFLP 技术对木耳属内的种进行研究，结果表明，供试的 4 种限制酶中，仅 MSp1 可将盾形木耳和角质木耳区分开，而不能将其他种区分开，显示了 28srDNA 序列在木耳属不同种间的保守性。通过同源单核体交配型混合集群 RAPD 分析，将分为两个交配型、A1、A2 两个基因池。用 33 个单引物、20 个双引物对其进行扩增、分析，发现引物 OPE19 能在这两个基因池间产生多态性，其中一条特异性谱带仅存在于 A2 基因池，在 A1 基因池中不存在。推测这一条谱带可能是与 A2 交配型基因连锁的分子标记，从分子水平上证明了黑木耳单因子控制二极性异宗结合的遗传学特点。边银丙和王斌 (2000) 对黑木耳应用脉冲电泳技术进行核型分析，认为黑木耳基因组中至少包含 9 条染色体，基因组大小在 22Mb 以上。沈天峰等 (2001) 对木耳属 4 个野生菌株的 RAPD 图谱分析显示出其菌株间类源关系的相近性及 DNA 同质性，为进一步界定其系统分类地位提供了重要的科学依据。

(五) 可食用或具栽培价值的近缘种

具食用或栽培价值的黑木耳的近缘种有：毛木耳，又称粗木耳、白背木耳、黄背木耳、紫木耳（*Auricularia polytricha*）；角质木耳（*Auricularia cornea*）；皱木耳，又称沙耳（*Auricularia delicata*）；褐黄木耳，又称琥珀木耳（*Auricularia fuscosuccinea*），以及盾形木耳（*Auricularia peltata*）等。其中毛木耳（*A. polytricha*）已经商业栽培。毛木耳较黑木耳抗逆性强，耐高温，产量高，易栽培。

毛木耳（*A. polytricha*）的生物学特性：

（1）形态特征　菌丝白色，粗绒毛状，有缩状联合。子实体单生或聚生，浅杯状、叶状或耳状，直径6～23cm，厚1～1.5mm，葡萄酒红色至红褐色，胶质，背面有绒毛，有脉状网纹，腹面光滑。干燥后收缩变硬，色泽变深，背面绒毛呈土灰色。担子棒状，有3个横隔，52～65μm×3～3.5μm。孢子无色，光滑，近圆筒形，弯曲，12～18μm×5～6μm。（图51-9）。

（2）营养要求　与黑木耳基本相同，可用于代料栽培的培养料更广泛。

（3）环境条件　菌丝生长的适宜温度为25～32℃，子实体生长的适宜温度为24～27℃。代料栽培基质含水量以60%左右为适，子实体形成和发育的适宜空气相对湿度为85%～95%。

菌丝生长不需要光，子实体形成需要散射光刺激，但不需直射光。菌丝生长的pH范围为2.8～9，又以5～5.4为适。

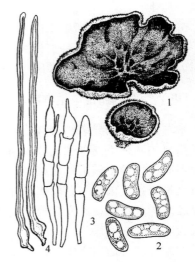

图51-9　毛木耳
1. 子实体　2. 孢子　3. 担子　4. 背毛

四、双孢蘑菇（*Agaricus bisporus*）及其近缘种

（一）起源与分布

双孢蘑菇栽培1600年始于法国，此后栽培技术逐渐传至英国、荷兰、意大利、美国等，以后又传到亚洲，1935年中国首次引进双孢蘑菇菌种并进行试种。现在双孢蘑菇已经成为世界性栽培和消费的食用蕈菌，主产国有美国、中国、法国、荷兰、意大利、英国等。中国主产区在福建、山东、河南、浙江等地。

双孢蘑菇分布广泛，几乎呈全球分布，欧洲、美洲、亚洲、非洲等均有自然分布。中国黑龙江、河北、青海、新疆等地都有其分布的记载。

（二）形态特征

栽培品种的菌丝乳白至微黄色，无锁状联合。子实体单生。菌盖直径5～16cm，初半球形，后平展，白

图51-10　双孢蘑菇
1. 子实体　2. 孢子　3. 担子

色，光滑。菌肉白色。菌褶初粉红色，后变褐色至黑褐色，密，离生，不等长。菌柄肉质，长 4.5～9cm，粗 1.5～3.5cm，白色，光滑，圆柱形，中实。菌环单层，膜质，白色，生于菌柄中部。孢子印深褐色；孢子褐色，椭圆形，光滑，一个担子多数着生 2 个担孢子，孢子 6～7.5μm×5.5～6μm（图 51-10）。

（三）生物学特性

1. 营养要求　双孢蘑菇为粪生腐菌，只能利用发酵腐熟的草本植物材料作营养来源，不能分解木质素。

2. 温度　菌丝生长适温 20～24℃，子实体形成和发育适温 13～17℃。

3. 湿度　菌丝生长的适宜基质含水量为 65％左右，子实体形成和生长的适宜湿度 85％～95％。

4. pH　菌丝生长适宜 pH 为 6.8～7，子实体发生适宜 pH 为 5.5～8，覆土的适宜 pH 为 7.5～8。

5. 光照和通风　菌丝和子实体生长都不需要光。子实体形成需要良好的通风。

（四）有关的遗传与生物技术研究

双孢蘑菇是一种以二极性次级同宗配合方式进行繁殖的食用真菌。尽管已有 300 多年的栽培历史，但是对其遗传基础的研究和了解直到 20 世纪才开始。双孢蘑菇的双核孢子多数为自体可育的异核体，使得在育种实践及基础遗传学研究中所需的单核体很难获得；同时，同、异核菌丝在形态上也难以区分。近几十年新的生物技术特别是分子生物学技术的出现，为双孢蘑菇的遗传学研究提供了便捷的方法。Kerrigan 于 1993 年建立了包括同工酶、RFLP、RAPD、rDNA 重复序列以及少量外部表型性状等多种标记的双孢蘑菇遗传连锁图，为进一步分析双孢蘑菇的遗传行为、定位克隆有关基因提供了一个很好的参照系。

马爱民和潘迎捷（1998）、王泽生等（2001），应用分子生物学技术分析双孢蘑菇亲本与子代菌株间的遗传相关性，结果表明，单孢同核体的 RAPD 图谱较异核体有单一化的倾向，同时，随着遗传代数的增加，杂种子代与出发异核亲本间的遗传差异增大。另外，酯酶同工酶图谱表明，杂交子代具有两个亲本的高产、优质特征标记带型，证明酯酶同工酶标记是双孢蘑菇新菌株特性预测或鉴定的有效指标。宋思扬等（2000）应用 RAPD 技术得到了与子实体品质相关的大小为 2 000bp 的 DNA 片段的克隆，并应用点杂交及 RFLP 技术对其区分菌株的有效性进行了检测。陈美元和廖剑华（1998）应用 RAPD 技术对双孢蘑菇杂交型、高产型、优质型三种类型菌株进行分析，在 72 个随机引物中，有 6 个引物可很好地区分三类菌株，为双孢蘑菇菌株特性的早期预测提供了 DNA 水平的标记。王泽生等（2001）通过大规模的 RAPD 扩增，找到一个随机引物 U18，能区分正常与丛生双孢蘑菇菌株，通过克隆，得到大小为 735bp 的片段，序列测定表明，该片段编码了二氢硫辛酰胺脱氢酶 C 末端 173 个氨基酸。曾伟和王泽生（1999）应用 RAPD 方法分析双孢蘑菇及大肥菇的种内及种间多态性，证实双孢蘑菇的遗传保守性和种内高度相似性；而依赖天然杂具四孢特性的大肥菇其种内相似程度较低。同时还分析评价了蘑菇属中的这两个不同种之间的亲缘关系，为种间杂交选材提供了理论依据。

（五）种内变种和品种形态的多样性

双孢蘑菇自然分布广泛，且由于多年的生理生态隔离，已进化分为 3 个变种（*A. bisporus* var. *bisporus*，*A. bisporus* var. *burnettii*，*A. bisporus* var. *eurotetrasporus*）。据美国对北半球野生种质的调查和分析表明，这 3 个变种的生理、生态、形态等方面有着显著的差别。

栽培品种除了园艺性状的差别外，其水平色泽也不同。按照子实体色泽的不同，双孢蘑菇分为白色、奶油色和棕色三类。其中白色品种是商业栽培中应用量最大的类型，目前，全球 95% 的双孢蘑菇都是白色品种，少数是奶油色和褐色品种。但是，由于褐色品种质地紧密、口感嫩爽，销量也在逐年增加，其中的大号商品其售价远高于白色品种，具良好的市场前景。近年中国有关企业已经引进褐色品种，并进行了工业化栽培。

（六）可食用的近缘种

双孢蘑菇可食用的近缘种很多，目前栽培的种有大肥菇（*Agaricus bitorquis*）、美味蘑菇（*Agaricus edulis*）和巴西蘑菇（*Agaricus blazei*），野生种有野蘑菇（*Agaricus arvensis*）、蘑菇（*Agaricus compestris*）等。这些近缘种子实体外观与双孢蘑菇都较相似，菌盖半球形至平展，菌褶初近白色，渐变为粉红色、肉色、褐色至深褐色，有菌环，孢子褐色。

1. 大肥菇 子实体个体较大。菌盖直径 6～20cm，白色，成熟后变为暗黄色至深蛋壳色。菌柄短，长 4.5～9cm，粗 1.05～3.5cm。菌环双层，膜质，生于菌柄中部。担孢子 4 个，近球形至广椭圆形，6.0～7.5μm×5.5～6.0μm（图 51-11）。出菇温度高于双孢蘑菇，是夏季双孢蘑菇的替代品种。栽培方法与双孢蘑菇相同。

2. 美味蘑菇 菌盖直径 3～10cm。菌肉纯白色，菌盖和菌柄伤后微红褐色。菌环双层，膜质，生于菌柄下部。担孢子 4 个，近球形或卵圆形，光滑，4.5～7.0μm×4.2～6.0μm。出菇可适应高达 30℃ 的温度，是夏季栽培的适宜品种。栽培方法与双孢蘑菇相同。

3. 巴西蘑菇 菌盖直径 6～12cm，中部平或稍凹，被淡褐色至浅褐色纤维状鳞片，边缘常带有菌幕残片。菌肉白色，伤处变橙褐色，有明显气味。菌柄长 6～13cm，粗 1～2cm。菌环膜质。孢子 4 个，近球形和卵圆形，光滑，45.2～6.6μm×3.7～4.5μm，无锁状联合。

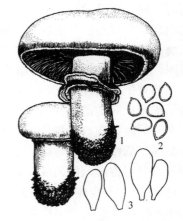

图 51-11 大肥菇
1. 子实体 2. 孢子 3. 褶原囊体

温度要求较高，出菇适温 22～25℃。栽培方法与双孢蘑菇相同。原产于巴西，近年在中国已经成功栽培（图 51-12）。

4. 野蘑菇 子实体中等到大型。菌盖直径 6～20cm，近白色，中部污白色，光滑，边缘常开裂。菌肉白色。菌褶不等长。菌柄长 4～12cm，粗 1.5～3.0cm，上下等粗，与菌盖同色。菌环双层，膜质，较厚大，生于菌柄上部。担孢子 4 个，椭圆形至卵圆形，光滑，7.0～9.5μm×4.5～6.0μm（图 51-13）。

5. 蘑菇 子实体中等到稍大。菌盖直径 3～13cm，白色至乳白色，有时中部下凹。菌肉白色。菌褶不等长。菌柄白色，短粗，长 1～9cm，粗 0.5～2.0cm，上下等粗。菌环单层，膜质，生于菌柄中部。担孢子 4 个，椭圆形至广椭圆形，6.5～10μm×5～6.5μm（图 51-14）。

图 51-12 巴西蘑菇

图 51-13 野蘑菇
1. 子实体 2. 孢子 3. 褶原囊体

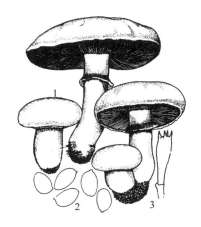

图 51-14 蘑 菇
1. 子实体 2. 孢子 3. 担子

五、金针菇 （*Flammulina velutipes*）

（一）起源与分布

金针菇栽培于公元 800 年始于中国，20 世纪 60 年代日本成功地完成了工业化栽培技术研究。金针菇主产国主要是中国和日本，韩国、美国、加拿大等国也有栽培。金针菇自然分布广泛，中国从南到北几乎都有分布。

（二）形态特征

子实体小型，丛生。菌盖直径 1～7cm，幼时扁平球形，后渐平展，黄褐色、淡茶黄色至淡黄色，光滑，湿时稍具黏性，有皮囊体。菌肉白色或带淡黄色，柔软。菌褶弯生，白色或带淡黄色，稍疏至密集。菌柄 3.5～12cm×0.3～1.5cm，等粗或上方稍细，上部色浅，下部色深并具同色绒毛，中心绵软，后变空。栽培品种在适宜环境条件下，商品菇菌盖直径多为 0.7～1.2cm，菌柄长 10～16cm。孢子印白色；孢子无色，圆柱形，平滑，7～11μm×3～4μm（图 51-15）。

图 51-15 金针菇
1. 子实体 2. 孢子 3. 盖囊体

（三）生物学特性

1. 营养要求 金针菇为木腐菌，可利用多种木本和草本植物材料作营养来源，但是分解木质纤维素的能力较差，使用木屑作基质时，以自然堆积 3 个月以上的陈木屑为好。另外，要求碳氮比低于其他多数食用蕈菌。

2. 温度 菌丝生长适温 20～24℃，子实体形成和发育适温 8～14℃。

3. 湿度 菌丝生长的适宜基质含水量 65％左右，子实体形成和生长的适宜湿度 85％～95％。

4. pH 菌丝生长适宜 pH5.2～7.2。

5. 光照和通风 菌丝和子实体生长都不需要光，但是光能刺激子实体形成。子实体形成需要一定的通风，空气中较高浓度的二氧化碳有利于菌柄的发育，子实体发育期间适宜的二氧化碳浓度为 0.114％～0.152％。

（四）品种多样性

金针菇栽培品种有黄色、淡黄色和白色三大类型。

（五）有关的遗传与生物技术研究

金针菇是双因子控制的异宗结合的食用蕈菌。Brodie（1936）和武丸恒雄（1954）都研究过金针菇菌丝的去双核化，发现金针菇双核菌丝和单核菌丝都可以产生单核分生孢子。Singer（1986）指出，由于金针菇的担孢子是双核的，才把金针菇从 *Collybia* 属中分出，放入 *Flammulina* 中。近年的研究表明（许祖国，1992；邱贵根等，1994；谭金莲和刘长庚，1997），金针菇为单孢子双核，双核率在 80％～98.89％。白色类型品种孢子略大于黄色类型品种，并且金针菇担孢子具有后熟性。刘胜贵和刘卫今（1995）用 Giemsa 染色对金针菇染色体计数和担孢子形成过程中细胞核行为进行了研究，证明金针菇的染色体数为 12；金针菇减数分裂不同步，从菌褶分化完成到子实体完全成熟的过程中，不断有新的双核担子产生，发生核配直到释放担孢子。

单孢子实体是金针菇研究的主要材料，张平和张志光（1998）对单孢子实体进行了研究，结果表明：菌株间担孢子萌发相差很大，单孢菌丝结实率也不同。潘保华和李彩萍（1994）报道，单孢结实可作为选配金针菇杂交组合的一个指标。江玉姬等（2001）对金针菇的原生质体单核化研究表明：两个亲本的不亲和性因子 A 和 B 都存在 3 个复等位基因。彭卫红等（2001）对金针菇进行转核研究，利用原生质体融合技术，获得融合子。

余知和与朱兰宝（1998）对金针菇粉孢子生物学的研究表明：单核菌丝和双核菌丝都产生粉孢子，粉孢子很容易萌发；单核菌丝产生的粉孢子，其极性与亲本菌丝相同，双核菌丝产生的粉孢子也为单核，粉孢子分两种交配型。

杨晓仙和李育岳（1991）、胡国元和朱兰宝（1999）、姜性坚和张晓元（1997）用同工酶电泳技术进行了金针菇的菌株鉴定和菌株间亲缘关系分析。

Kong et al.（2001）研究发现了白色菌株交配型是 A1A2B1B2，黄色菌株交配型是 A3A4B3B4，黄色对白色是不完全显性。采用分离群体分组分析法（bulked segregant analysis，简称 BSA），找到了与黄色性状连锁的 RAPD 标记。研究表明 RAPD 技术可以用于菌株鉴定和指导金针菇的杂交育种工作。

六、草菇（*Volvariella volvacea*）及其近缘种

（一）起源与分布

草菇自然分布于热带和亚热带地区，中国广东、广西、湖南、福建等地都有分布。草菇栽培 300 年前起始于中国广东韶关地区的南华寺，主要栽培区域在南方各省。国外草菇栽培较多的有越南、马来西亚、泰国、印度等东南亚国家。

（二）形态特征

菌丝灰白至土黄色，其上常生有大量锈红色的厚垣孢子，无锁状联合。子实体单生、丛生或群生。菌盖 5～20cm，灰色，有放射状条纹，有光泽，中央色泽较深，四周色泽较淡，有黑褐色纤毛。菌肉白色，松软。菌褶离生，初白色，后渐变为粉红色，密集，长短不等。菌柄近白色，内实，肉质，下粗上细，长 5～18cm。菌托杯状，白色至灰色。孢子印粉红色至肉桂色；孢子椭圆形，$6～8\mu m \times 4～5\mu m$，内含一个油滴，有囊状体（图 51-16）。

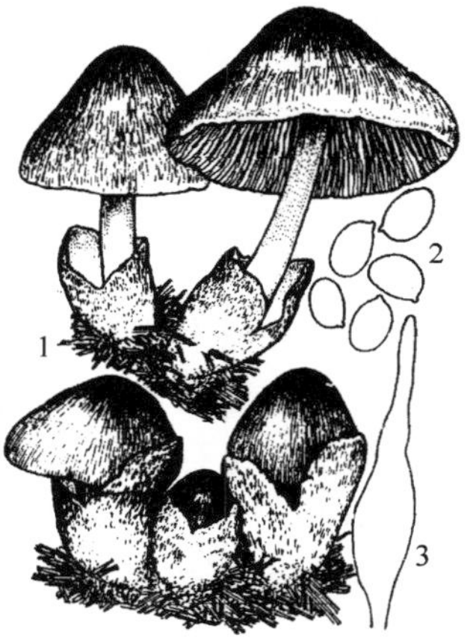

图 51-16　草　菇
1. 子实体　2. 孢子　3. 褶原囊体

（三）生物学特性

1. 营养要求　草菇为草腐菌，以纤维素和半纤维素为主要营养物质。菌丝生长阶段没有木质素分解酶，因此不能利用木质素，只有草本植物材料才可作为栽培基质。常作为栽培基质的材料有稻草、废棉、棉籽壳、发酵过的麦秸等。

2. 温度　菌丝生长温度范围 12～44℃，适宜温度 28～36℃，最适温度 32～35℃，子实体形成温度 22～35℃。菌丝和子实体均不耐低温，作为菌种的菌丝体保藏的适宜温度 13～16℃，大大高于多数其他食用蕈菌的 4℃；子实体也不可低温贮藏，在低温下细胞脱水并丧失食用价值。

3. 湿度　菌丝生长的基质含水量以 70%～75% 为宜。子实体形成和发育的空气相对湿度为 90%～95%。

4. 光照　菌丝生长不需要光，子实体形成需要散射光刺激，但不需直射光。光照不足时，子实体色泽淡，质地疏松。

5. pH　菌丝生长的 pH 范围为 5～8.5，又以 7.5 为最适；子实体形成的适宜 pH 为 7.6～8，高于多数其他食用蕈菌。

6. 氧气和二氧化碳　草菇是好氧性真菌，栽培场所要求通风良好，及时补充其生长所需的氧气，排除二氧化碳。氧气不足时，子实体发育不良，甚至畸形。

（四）有关的遗传与生物技术研究

草菇的交配系统属于初级同宗配合类型，生活史复杂，菌丝没有锁状联合，杂种选择

缺乏标记，因此草菇杂交育种中杂合子的鉴定较为困难。陈明杰和赵绍惠（1996）构建了草菇基因文库，通过对草菇基因文库的分析和鉴定，发现了在草菇基因文库中含有高比例的重复序列，针对草菇有性后代中存在着较大范围的遗传变异，提出了草菇核酸中含有高比例的重复序列是导致草菇有性后代变异的一个重要因素。

谢宝贵等（2001）选用 10 个草菇菌株作为亲本，进行单孢杂交，并采用同工酶技术鉴定了 3 个杂交种。陈明杰和余智晟（2000）通过草菇组织分离物与出发菌株的菌丝生长速度、出菇性状、同工酶酶谱、RAPD 和 ITS 的 DNA 指纹图谱的比较，进行综合种质分析，结果表明组织分离物与出发菌株存在着显著差异。

（五）具栽培价值的近缘种

具栽培价值的草菇近缘种有银丝草菇（*Volvariella bombycina*），其色泽较草菇淡，出菇温度要求较低，栽培方法与草菇基本相同。

七、银耳（*Tremella fuciformis*）

（一）起源与分布

银耳也称白木耳，是野生于枯木上的胶质蕈菌，主要分布在四川、云南、贵州、湖北、陕西、福建省等地的山林地区，安徽、江苏、浙江、广西、广东、湖南、山西、青海、台湾等地也有分布，其中尤以四川省通江银耳和福建省漳州雪耳最为著名。通江银耳发现于 1832 年，银耳栽培 1894 年起始于中国四川通江（杨庆尧，1978）。近年，福建古田已成为银耳主产区。银耳是中国特产，国外几乎没有商业栽培。

（二）形态特征

菌丝白至乳白色，芽孢子乳白色，有锁状联合。子实体纯白色，胶质，半透明，试验栽培品种子实体聚生为菊花状和牡丹花状，聚生的子实体群展幅 5～16cm，干燥时强烈收缩并变为浅黄色。担子近球形，$12～13\mu m×10\mu m$；担孢子近圆形，$6～7.5\mu m×4～6\mu m$（图 51-17）。

（三）生物学特性

1. 营养要求　银耳虽然是木腐菌，但是分解木质素的能力很弱，在自然界，必须由其伴生菌——香灰菌为之分解木材，提供可溶性营养物质，银耳才能更好地生长发育，完成其生活史。栽培中银耳能较好利用的培养料主料有棉籽壳、木屑和蔗渣等，辅料有麦麸、米糠、黄豆粉、玉米粉等。

2. 温度　菌丝生长适宜温度 20～28℃，最适温度24～26℃；子实体形成适温 20～23℃。

3. 湿度　菌丝生长的基质含水量以 58%～60% 为

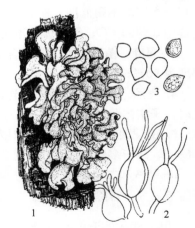

图 51-17　银　耳
1. 子实体　2. 担子　3. 孢子

宜。子实体形成和发育的适宜空气相对湿度为85%～95%。

4. 光照 菌丝生长不需要光，子实体形成需要散射光刺激。对光强度不甚敏感，在50～600lx的光照条件下都能很好地生长。

5. pH 菌丝生长的pH以5～6.0为适。

6. 氧气和二氧化碳 银耳是好氧性真菌，栽培场所要求通风良好，及时补充其生长所需的氧气，排除二氧化碳。氧气不足时，子实体发育迟缓，原基分化推迟，不开片。

7. 生物因子 研究表明，银耳几乎没有分解纤维素和木质素的能力，也不能分解淀粉，其可吸收利用的养分来源完全依赖于其伴生菌——香灰菌。香灰菌具较强的木质纤维素分解能力，先行将木质纤维素分解为银耳可利用状态的养分。不论银耳的自然生长还是人工栽培，香灰菌都是必不可少的。

八、滑菇（*Pholiota nameko*）

（一）起源与分布

滑菇也称滑子蘑、珍珠菇。滑菇栽培1958年始于日本，中国主要栽培区域在东北各省和河北省承德等较冷凉地区。国外滑菇栽培较多的有日本，韩国也有少量栽培。滑菇自然分布于中国广西壮族自治区以及黑龙江、台湾、云南、四川、浙江省等地。

（二）形态特征

菌丝白色至乳白色，有锁状联合。子实体丛生。菌盖直径2.5～8cm，初为半球形，后平展，浅黄至褐黄色，后期有放射状条纹，表面有黏液。菌肉淡黄色。菌柄中生，桶状，长3～6cm，粗0.3～1.8cm，上下等粗，内实或稍空。菌环膜质，易消失。孢子印深褐色；担孢子椭圆形、圆柱形或近圆柱形，肉桂色，双层壁，5～6μm×2.5～3μm（图51-18）。

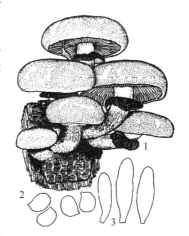

图51-18 滑 菇
1. 子实体 2. 孢子 3. 褶缘囊体

（三）生物学特性

1. 营养要求 滑菇为木腐菌，可利用多种阔叶树木屑进行栽培，棉籽壳、蔗渣、高粱壳、大豆秸等也都是其很好的栽培基质。其生长要求基质含氮量低于其他多数食用蕈菌，基质中麦麸含量以10%～15%为宜。

2. 温度 菌丝生长适宜温度22～28℃，子实体形成温度因品种的不同而异。极早生品种为7～20℃，早生品种5～15℃，中生品种7～12℃，晚生品种5～10℃。

3. 湿度 菌丝生长的基质含水量以60%～65%为宜。子实体形成和发育的适宜空气相对湿度为85%～90%。

4. 光照 菌丝生长不需要光，但是发菌期适度散射光有利于子实体形成。子实体形成需要散射光。

5. pH 菌丝生长的适宜 pH 为 5.6。

6. 氧气和二氧化碳 滑菇是好氧性真菌，栽培场所要求通风良好，宜及时补充其生长所需的氧气，排除二氧化碳。

（四）具栽培价值的近缘种

具栽培价值的滑菇近缘种有黄伞（*Pholiota adiposa*）、库恩菇（*Kuehneromyces mutabilis* 即 *Pholiota mutabilis*）。

1. 黄伞 子实体单生或丛生。菌盖直径 3～12cm，初扁半球形，后平展，黏，鲜黄色、谷黄色至黄褐色，有鳞片，菌肉淡黄色或白色。菌褶黄色至锈褐色，直生或近弯生，不等长。菌柄长 5～20cm，粗 0.5～3cm，圆柱形，与菌盖同色，有褐色反卷的鳞片，半纤维质。菌环淡黄色，膜质，易脱落。孢子印深褐色；担孢子锈褐色，椭圆形或长椭圆形，平滑，7.5～9.5μm×5～6.3μm。黑龙江、吉林、河北、山东、陕西、甘肃、四川、云南、青海省以及广西、新疆、西藏等地广泛分布。

2. 库恩菇 子实体丛生。菌盖直径 2～6cm，初扁半球形，后平展，半透明状，肉桂色，边缘有线条。菌肉白色或带有褐色。菌褶直生或稍下延，初近白色，后锈褐色。菌柄长 3～10cm，粗 0.5～0.8cm，圆柱形，上下等粗，与菌盖几乎同色，内松软，后中空。菌环与菌柄同色，膜质，易脱落，菌环以下部分有鳞片。担孢子淡褐色，椭圆形或卵形，平滑，6～98μm×4～5μm。自然分布于中国吉林、山西、青海、云南、福建省等地。欧美国家已栽培多年。

九、猴头（*Hericium erinaceum*）及其近缘种

（一）起源与分布

猴头栽培 1960 年始于中国，主要栽培地在浙江、福建、黑龙江等地。猴头自然分布于黑龙江、吉林、甘肃、河北、山西、河南、浙江、福建、四川省以及广西壮族自治区等地。

（二）形态特征

菌丝乳白色至微黄色，有锁状联合。子实体单生或对生，肉质，块状或头状，直径5～20cm，新鲜时乳白色至浅米黄色，干燥后浅黄色至浅褐色，基部狭窄，柄短，有密集下垂的长刺，刺长 1～3cm。担孢子无色，光滑，球形或近球形，内有油滴，6.2～7μm×5.4～6.2μm（图 51-19）。

（三）生物学特性

1. 营养要求 猴头为木腐菌，可利用多种阔叶树木屑进行栽培，棉籽壳、蔗渣、玉米芯、大豆秸

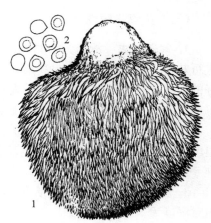

图 51-19 猴 头
1. 子实体 2. 孢子

等也都是其很好的栽培基质。

2. 温度　菌丝生长适宜温度 22～24℃；子实体形成所要求温度 12～24℃，最适温度 16～21℃。

3. 湿度　菌丝生长的基质含水量以 60％～65％为宜。子实体形成的适宜空气相对湿度 90％～95％，子实体发育的适宜空气相对湿度为 80％～88％。

4. 光照　菌丝生长不需要光，子实体形成需要弱散射光。

5. pH　菌丝生长的适宜 pH 为 3.8～4.6。

6. 氧气和二氧化碳　猴头是好氧性真菌，栽培场所要求通风良好，通风不良时菌刺不分化。

（四）具栽培价值的近缘种

猴头的近缘种有假猴头菌（*Hericium laciniatum*）、分枝猴头菌（*Hericium ramosum*），均可人工栽培。假猴头菌子实体中到大型，白至淡黄色，基部连续多分枝，分枝的顶端小枝纤细，菌刺长 1～5cm，孢子光滑，无色，内含一油滴，椭圆形或近球形，2.8～4.5μm×2.6～4.3μm。分枝猴头菌与假猴头菌形态相似，也有分类学家认为二者为同种。

十、鸡腿菇（*Coprinus comatus*）

（一）起源与分布

鸡腿菇又称毛头鬼伞。鸡腿菇栽培 1970 年前后始于欧洲，近年中国广为栽培。鸡腿菇的自然分布广泛，黑龙江、吉林、河北、山西、甘肃省以及内蒙古、新疆维吾尔自治区等地都有分布。

（二）形态特征

菌丝白色、乳白色至微黄色，有锁状联合。子实体丛生或群生，肉质。菌盖表面浅褐色，并随菌盖的伸展裂成较大形鳞片，初钟形或近柱形，直径 2～5cm，高 5～11cm，后渐开展，直径 5～20cm，开伞后菌褶从边缘向中央溶化成墨汁状液体。菌肉白色。菌褶黑灰色至黑色。菌柄白色，柱形，向下渐粗，长 7～25cm，粗1～2cm，内松软至空心。菌环与菌盖边缘连接，并常随菌柄的伸长而移动。担孢子黑色，光滑，椭圆形，12.5～16μm×7.5～9μm（图 51-20）。

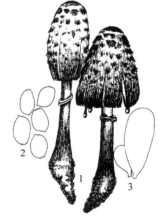

图 51-20　鸡腿菇
1. 子实体　2. 孢子　3. 囊体

（三）生物学特性

1. 营养要求　鸡腿菇为木生土生菌，可利用多种阔叶树木屑、棉籽壳、蔗渣、玉米芯、大豆秸等农副产品废料进行栽培。

2. 温度　菌丝生长适宜温度 24～27℃；子实体形成温

度范围 10～25℃，适宜温度15～22℃，最适温度 17～18℃。

3. 湿度 菌丝生长的基质含水量以 65%～70%为宜。子实体形成的适宜空气相对湿度 90%～95%，子实体发育的适宜空气相对湿度为 85%～92%。

4. 光照 菌丝生长不需要光，子实体形成需要弱散射光。

5. pH 菌丝生长的适宜 pH 为 5～6.5，出菇期覆土的适宜 pH 为 7～7.5。

6. 氧气和二氧化碳 鸡腿菇是好氧性真菌，栽培场所要求通风良好，二氧化碳浓度应低于 0.1%。

（四）具栽培价值的近缘种

具栽培价值的近缘种有小孢毛鬼伞（*Coprinus ovatus*），子实体形态与鸡腿菇极其近似，只是个体较小，菌盖白色，鳞片小而少，商品形态更好。自然分布于河北、辽宁、山西、甘肃、青海、四川省以及西藏自治区等地。

十一、茶薪菇（*Agrocybe cylindracea*）

（一）起源与分布

茶薪菇又称杨树菇、柱状田头菇、茶树菇、柳松菇等。茶薪菇栽培始于南欧，1950 开始采用近代方法栽培，近年中国广为栽培。其自然分布广泛，江西、福建、台湾、贵州、云南、浙江省以及西藏自治区等地都有分布。

（二）形态特征

菌丝白色或乳白色，后期常分泌褐色素，有锁状联合。子实体丛生或单生。菌盖多为半圆形，初中央凸出，后平展、中央浅凹，直径 2～8cm。菌柄淡黄褐色，长 5～12cm，粗 0.5～2cm，中心实。菌环上位着生，白色，膜质，后期消失。孢子浅褐色，椭圆形，8～10.4μm×5.2～6.4μm（图 51 - 21）。

（三）生物学特性

1. 营养要求 为木生腐生菌，可利用多种阔叶树木屑、棉籽壳、蔗渣、玉米芯、大豆秸等农副产品废料进行栽培。

2. 温度 菌丝生长适宜温度 25～27℃；子实体形成温度 10～30℃，但不同菌株最适出菇温度不同，有的菌株为 13～18℃，有的则为 16～25℃。

3. 湿度 菌丝生长的基质含水量以 65%～70%为宜。子实体形成的适宜空气相对湿度 90%～95%，子实体发育的适宜空气相对湿度为 85%～92%。

4. 光照 菌丝生长不需要光，子实体形成需要光比其他菇类要强，一般以 500lx 以上为佳。

图 51 - 21 茶薪菇
1. 子实体 2. 孢子 3. 褶缘，褶侧囊体

5. pH　菌丝生长的适宜 pH 为 6.0 左右，其适应范围较窄。

6. 氧气和二氧化碳　茶薪菇是好氧性真菌，栽培场所要求通风良好，二氧化碳浓度应低于 0.02%。

十二、杏鲍菇（*Pleurotus eryngii*）

（一）起源与分布

杏鲍菇又称刺芹侧耳。杏鲍菇栽培 1972 年始于欧洲，近年中国广为栽培，菌种均引自国外。杏鲍菇的自然分布主要在地中海和中东地区，中国新疆维吾尔自治区也有分布。

（二）形态特征

菌丝白色，有锁状联合。子实体单生、丛生或群生，肉质。菌盖表面浅褐色至深土黄色，初扁半球形，成熟时浅凹圆形至扇形，表面有丝状光泽和放射状条纹。菌肉白色，有杏仁味。菌褶延生，密集，乳白色，不等长。菌柄偏生或侧生，罕见中生，长 2～8cm，粗 1～3cm，近白色，中实，幼时肉质，老后半纤维质。孢子印白色；担孢子椭圆形至近纺锤形，光滑、无色，9.58～12.5μm×5～6.25μm（图 51-22）。

图 51-22　杏鲍菇

（三）生物学特性

1. 营养要求　杏鲍菇为木腐菌，具弱寄生性，可利用多种阔叶树木屑、棉籽壳、蔗渣、玉米芯等农副产品废料进行栽培。

2. 温度　菌丝生长适宜温度 24～27℃，子实体形成适宜温度因品种不同而异，高温品种多在 16～22℃，低温品种 12～17℃。

3. 湿度　菌丝生长的基质含水量以 60%～65% 为宜。子实体形成的适宜空气相对湿度 85%～92%，子实体发育的适宜空气相对湿度为 80%～90%。

4. 光照　菌丝生长不需要光，子实体形成需要弱散射光。

5. pH　菌丝生长的适宜 pH 6.5～7.5。

6. 氧气和二氧化碳　杏鲍菇是好氧性真菌，栽培场所要求通风良好，二氧化碳浓度应低于 0.07%。

（四）变种和品种的多样性

刺芹侧耳由于寄主广泛，寄主生存的生态条件差异大，导致种群内不同条件下自然群体的生态、形态和生理特征的多样性，因此，常被称为刺芹侧耳种族群（species-complex）。按照传统的侧耳属内种的分类观念，根据寄主的不同，这个种族群内包含了数个变种。这些变种的寄主植物不同，子实体形态也存在显著的差别。幼小子实体的菌盖有圆形、扇形、贻贝状等，色泽有暖灰色、米黄色、浅米色等；成熟子实体的色泽有暖棕色、浅米色、米棕色。菌盖大小差异很大，成熟的子实体小的直径仅 4cm，大的可达 12.5cm。菌褶乳白色、象牙色、浅米色至橘黄色。菌柄侧生、偏生、中生。担孢子大小差别也很大，长 6.5～13.5μm，宽 3.0～5.0μm。在交配试验中，不同生态类型和变种之间的亲和性不同，常出现不完全交配现象（Zervakis et al.，1996）。

目前人工栽培的主要变种为 *Pleurotus eryngii* var.*eryngii* 和 *Pleurotus eryngii* var. *ferulae*，前者完全引自地中海地区和中国台湾，后者经由中国新疆野生种质资源驯化选育而成。二变种间在实验室条件下可交配，交配率为 25%～56%，但是杂交后代的孢子可育性大大降低，可育孢子仅 30%（Hilber，1982）。中国种质 *P. eryngii* var. *ferulae* 与意大利种质 *P. eryngii* var. *eryngii* 交配率为 56.25%，与 Hilber（1982）报道的结果相近。ITS 序列分析表明，新疆阿魏上的刺芹侧耳阿魏变种（*P. eryngii* var. *ferulae*）序列与 GenBank 注册的刺芹侧耳（*Pleurotus eryngii*）完全相同（张金霞，2004）。

刺芹侧耳的美味使其成为重要的栽培食用蕈菌。宿主植物的多样性，自然分布的广泛，遗传背景丰富，有利于商业品种的选育。英国、日本、中国台湾等先后开展了刺芹侧耳的育种，选育出了适合各种商业需求的优良品种。栽培试验和遗传学分析表明，中国栽培的至少有 9 个品种（黄晨阳等，2005）。商业性状种质的差异主要表现在形态、质地、风味和生理特性的不同。按大小其栽培品种被分为大型、中型和小型，按形态被分为柱形和保龄球形，按色泽被分为深色种和浅色种；质地上，有的紧密，有的疏松，有的味道清淡，有的具浓郁的杏仁香味；栽培中生理特性的差异表现为适宜生长温度的不同。

（五）分子遗传学上的多样性

应用 RFLP 技术对中国栽培菌株进行分析表明，IGS—RFLP 图谱是杏鲍菇进行种质分析简便易行和准确有效的技术，相同品种的酶切位点相同，有相同的 IGS—RFLP 图谱，而不同品种则呈现其特有的 IGS—RFLP 图谱，这种差异性与园艺性状的区别相符合。

十三、白灵菇（*Pleurotus nebrodensis*）

（一）起源与分布

白灵菇又称白灵侧耳、白阿魏菇。白灵菇栽培 1986 年始于我国新疆，近年已广为栽培。白灵菇的自然分布主要在新疆维吾尔自治区的木垒、阿勒泰、塔城等地，与新疆阿魏（*Ferula sinkiangensis*）的分布密切相关，自然发生于枯死和半枯死的新疆阿魏茎下部或根上。

（二）形态特征

菌丝白色，有锁状联合。子实体单生或丛生，扇形、贝状、浅漏斗状，肉质。菌盖、菌肉和菌柄均白色，菌褶初白色，后期带浅粉黄色，延生，不等长。菌柄偏生或侧生，长 2～8 cm，粗 2～3cm，中实，质地脆嫩。担孢子无色，光滑，椭圆形至近柱状，9～13.5μm×4.5～5.5μm（图 51-23）。

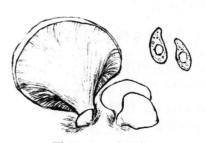

图 51-23 白灵菇

（三）生物学特性

1. 营养要求　白灵菇为木腐菌，具弱寄生性，可利用多种阔叶树木屑、棉籽壳、玉米芯等农副产品废料进行栽培。

2. 温度　菌丝生长适宜温度 22～26℃；子实体形成需要温差刺激，原基形成适宜温度 12～16℃，子实体生长发育适宜温度 12～20℃。

3. 湿度　菌丝生长的基质含水量以 60%～65% 为宜。子实体形成的适宜空气相对湿度 85%～92%，子实体发育的适宜空气相对湿度为 80%～85%。

4. 光照　菌丝生长不需要光，子实体形成和正常发育需要散射光。

5. pH　菌丝生长的适宜 pH5.5～6.5。

6. 氧气和二氧化碳　白灵菇是好氧性真菌，栽培场所要求通风良好，二氧化碳浓度应低于 0.07%。

7. 其他　子实体形成需要一定时间的生理后熟，一般情况下只出菇一潮，采取覆土等技术措施可出菇两潮。

（四）栽培品种及其遗传学多样性

研究分析表明，中国白灵菇栽培品种有 4 个，其形态、生理、商品性状都有显著差别。从形态上分为掌状、贝壳状、浅漏斗状三大类，生理上分为长周期和短周期两大类，商品性状上分为致密品种和疏松品种两大类。其分子遗传学研究表明，白灵菇的 ITS 区域由 638 个碱基组成（GenBank No.：AY311408），IGS1 区域 920bp，以相同大小的多拷贝存在。不同品种间 IGS2 的长度具显著的多态性，以大小不同的多拷贝存在（张金霞等，2004）。不同品种 IGS2-RFLP 图谱不同，是种质分析的清晰标记。

（五）近缘种

白灵菇的近缘种主要是刺芹侧耳阿魏变种 *Pleurotus eryngii* var. *ferulae*，二者形态相近，在中国新疆，二者同发生在新疆阿魏（*Ferula sinkiangensis*）上，在新疆统称为阿魏菇。试验表明二者不能交配，分子遗传学研究表明，二者的 ITS 大小相同，但是序列有异，差异率高达 3%，远高于种内 1% 差异率的极限（Zhang JX et al.，2006）。

十四、竹荪（*Dictyophora* spp.）

（一）起源与分布

竹荪栽培 20 世纪 80 年代始于中国，近年南方诸省广为栽培，人工栽培种有长裙竹荪（*Dictyophora indusiata*）、短裙竹荪（*Dictyophora duplicata*）和棘托竹荪（*Dictyophora echino‐volvata*）等 3 种。长裙竹荪自然分布于中国热带和亚热带地区；短裙竹荪分布于河北、辽宁、黑龙江、吉林、江苏、浙江、四川等地；棘托竹荪主要分布于湖南和贵州等地。

（二）形态特征

菌丝在黑暗条件下白色，见光变为粉红色或桃红色，有锁状联合。

1. 长裙竹荪 子实体中等至较大，单生，高 12～20cm。菌托白色至淡紫色，直径 3～5.5cm。菌盖高、宽均 3～5cm，钟形，具显著网格，孢子液暗绿色、微臭，顶端平，有穿孔。菌裙白色，长 10cm 以上，网眼多角形，直径 5～10mm。柄白色中空，海绵质，基部粗 2～3cm，向上渐细。孢子椭圆形，3.5～4.5μm×1.7～2.3μm（图 51-24）。

2. 短裙竹荪 子实体较大，单生或群生，高 12～18cm。菌托粉灰色，直径 4～5cm。菌盖高、宽各 3.5～5cm，钟形，内含绿褐色臭而黏的孢子液，顶端平，有一穿孔。菌裙白色，长 3～5cm，网眼圆形，直径 1～4cm。柄白色中空（图 51-25）。

3. 棘托竹荪 子实体较小，单生或群生。菌蕾卵状，白色至浅灰褐色，2～3cm×2～2.5cm。菌盖帽状、钟形，具显著网格，橄榄褐色、黑褐色，有一穿孔。菌裙白色，长至菌托处。菌柄白色，中空，海绵质，高 9～15cm，粗 2～3cm。担子长棒状，有 4～6 个担孢子；担孢子不规则棒状、肾状或长卵状，微弯曲，3～4μm×1.3～2μm（图 51-26）。

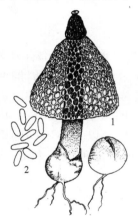
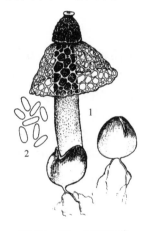
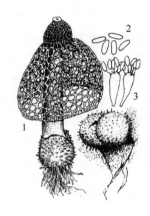

图 51-24 长裙竹荪
1. 子实体 2. 孢子

图 51-25 短裙竹荪
1. 子实体 2. 孢子

图 51-26 棘托竹荪
1. 子实体 2. 孢子 3. 担子

（三）生物学特性

1. 营养要求 竹荪为木生土生菌，可利用多种阔叶树木屑、棉籽壳、蔗渣、玉米芯等农副产品废料进行栽培。

2. 温度 菌丝和子实体生长适宜温度都在 22～23℃。

3. 湿度 菌丝生长的基质含水量以 65%～70%为宜。子实体形成的适宜空气相对湿度 80%，卵形子实体破裂和菌柄伸长需空气相对湿度 85%，菌群开散需空气相对湿度 95%以上。

4. 光照 菌丝生长不需要光，子实体形成需要散射光，菌裙开散需要较强的光照。

5. pH 菌丝生长的适宜 pH5.5～6.0。

6. 氧气和二氧化碳 竹荪是好氧性真菌，栽培场所要求通风良好。

7. 其他　竹荪子实体的形成需要覆土，没有覆土，子实体不能形成。

十五、灰树花（*Grifola frondosa*）

（一）起源与分布

灰树花，又称贝叶多孔菌，俗称莲花菌。灰树花栽培 20 世纪 70 年代始于日本，近年中国广为栽培，日本已经实现了工业化栽培。灰树花的自然分布主要在河北、吉林、浙江、福建、广西、四川、云南等地，日本、北美和欧洲也有分布。

（二）形态特征

菌丝白色，有锁状联合。子实体丛生或群生，有柄，菌柄多次分枝，形成丛生的覆瓦状菌盖。菌盖肉质，扇形和匙形，宽 2～7cm，厚 2～27mm，灰色，有纤毛或绒毛。菌肉白色，厚 1～3mm。菌管长 1～4mm，管口多角形。孢子印白色；担孢子无色，光滑，卵形至椭圆形，5～6μm× 3.5～5μm（图 51 - 27）。

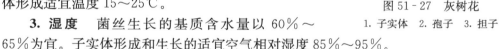

图 51 - 27　灰树花
1. 子实体　2. 孢子　3. 担子

（三）生物学特性

1. 营养要求　灰树花为木生土生菌，可利用多种阔叶树木屑、棉籽壳、玉米芯等农副产品废料进行栽培。

2. 温度　菌丝生长适宜温度 24～28℃，子实体形成适宜温度 15～25℃。

3. 湿度　菌丝生长的基质含水量以 60％～65％为宜。子实体形成和生长的适宜空气相对湿度 85％～95％。

4. 光照　菌丝生长不需要光，但散射光培养有利于形成子实体。

5. pH　菌丝生长的适宜 pH5.5～6.5。

6. 氧气和二氧化碳　灰树花是好氧性真菌，栽培场所要求通风良好。二氧化碳浓度过高时，子实体不易分化，菌柄加长，可食用比例减少。

十六、真姬菇（*Hypsizygus marmoreus* 和 *Lyophyllum* spp.）

（一）起源与分布

真姬菇栽培 1972 年始于日本，现已实现工业化栽培，中国近年也开始了工业化栽培。目前栽培上称作真姬菇的有 3 个种，即斑玉蕈（*Hypsizygus marmoreus*）、榆干离褶伞（*Lyophyllum ulmarius*）和真姬离褶伞（*Lyophyllum shimeji*）。中国目前工业化栽培的主要是斑玉蕈，多集中在上海、深圳等大城市。斑玉蕈自然分布于福建、云南省以及西藏自治区等地。榆干离褶伞主要分布在黑龙江、吉林、青海省等地。

（二）形态特征

1. 斑玉蕈 子实体群生或丛生。菌盖直径 4～15cm，扁半球形，逐渐平展，肉质，表面近污白色至浅灰白黄色，中央有浅褐色隐印斑纹。菌肉白色。菌褶近白色，近直生，不等长。菌柄细长，长 3～11cm，粗 2～3cm，中实，质地脆嫩。担孢子无色、光滑，椭圆形至近柱状，9～13.5μm×4.5～5.5μm（图 51-28）。

2. 榆干离褶伞 子实体群生或丛生。菌盖直径 7～15cm，扁半球形，逐渐平展，肉质，中部浅赭石色，时有龟裂，边缘浅黄色。肉质肥厚，白色。菌褶白色或近白色，弯生。菌柄常偏生，弯曲，白色，中实，长 3～9cm，粗 1～2cm。担孢子无色，球形或近球形，5～6μm（图 51-29）。

图 51-28 斑玉蕈
1. 子实体 2. 孢子

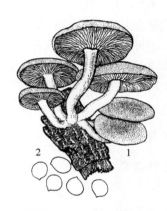

图 51-29 榆干离褶伞
1. 子实体 2. 孢子

3. 真姬离褶伞 子实体较小至中等。菌盖直径 3～7cm，扁半球形，逐渐平展，肉质，暗灰褐色、浅灰褐色，表面平滑。菌肉白色。菌褶白色至污白色，直生或弯生，不等长。菌柄长 3.5～8cm，幼时粗壮，稍弯曲，污白色或乳白色，上部有颗粒，具条纹，实心。担孢子无色，光滑，球形，4～6μm。

（三）生物学特性

1. 营养要求 真姬菇为木腐菌，可利用多种阔叶树木屑、棉籽壳、蔗渣、玉米芯等农副产品废料进行栽培。

2. 温度 菌丝生长适温 20～24℃，子实体生长适宜温度 12～16℃。

3. 湿度 菌丝生长的基质含水量以 65％～68％为宜。子实体形成的适宜空气相对湿度 85％～95％。

4. 光照 菌丝生长不需要光，子实体形成需要散射光。

5. pH 菌丝生长的适宜 pH6.5～7.5。

6. 氧气和二氧化碳 真姬菇是好氧性真菌，栽培场所要求通风良好。

7. 其他 真姬菇子实体的形成需要一定时间的生理后熟。

十七、鲍鱼菇（*Pleurotus abolanus*）

（一）起源与分布

鲍鱼菇栽培20世纪70年代始于我国台湾省，并已实现商业化生产，内地于1972年开始开发研究。鲍鱼菇自然分布于福建、浙江、台湾省等地。

（二）形态特征

鲍鱼菇子实体单生或丛生。菌盖4～20cm，暗灰褐色，中央稍凹。菌褶间距稍宽，延生，乳白色，成熟时菌褶边缘呈暗黑色，褶片下沿与菌柄交结处形成明显的灰黑色圈，下延时呈网络状。菌柄内实、致密，偏心生或侧生，长3～8cm，粗1～3cm，白色至灰白色。孢子印白色；担孢子10.5～13.5μm×3.8～5.0μm，圆柱形，光滑，透明；缘囊体23～28μm×7.1～8.5μm，棍棒状至近柱状，壁稍厚；侧囊体38～50μm×6～8μm，梭形、棍棒状或担子状，薄壁，透明。菌盖表面有大量的刚毛状盖囊体。鲍鱼菇菌丝体上常有细小白色柱状孢梗束，孢梗束顶端有黑色的分生孢子团（图51-30）。

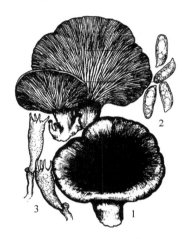

图51-30 鲍鱼菇
1. 子实体 2. 孢子 3. 担子

（三）生物学特性

1. 营养要求 鲍鱼菇为木腐菌，可利用木材和秸秆中的单糖、纤维素、半纤维素、木质素等，但与侧耳属中糙皮侧耳、白黄侧耳、凤尾菇等其他种相比，鲍鱼菇分解木质素的能力较弱。因此，生产中多以棉籽壳、蔗渣、玉米芯等农副产品废料进行栽培，但以木屑为主料效果更好。

2. 温度 菌丝生长和子实体生长适温相近，都在25～30℃之间，但以25～28℃为最适。

3. 湿度 鲍鱼菇是喜湿蕈菌，抗旱能力较差，菌丝生长的基质含水量以60%～65%为宜。由于夏季栽培，发菌期气温较高，料中水分蒸发多，因此，配料时含水量应适当提高，一般以65%～68%为宜。子实体形成的适宜空气相对湿度90%左右。

4. 光照 菌丝生长不需要光，子实体形成需要散射光，但是，夏季栽培需注意因光照过强所导致的升温效应。

5. pH 菌丝生长的适宜pH6.0～7.5。

6. 氧气和二氧化碳 鲍鱼菇是好氧性真菌，栽培场所要求通风良好，特别是夏季，通风良好可有效预防污染的发生。

（四）具栽培价值的近缘种

鲍鱼菇的近缘种盖囊菇（*Pleurotus cystidiosus*），也称盖囊侧耳、泡囊侧耳，已人工栽培。其子实体外观和生物学特性与鲍鱼菇极其相似，也产生黑色分生孢子，只是其担孢子较大，为 11～17μm×4.5～5.0μm，有囊状体为 24～57μm×8.5～17μm。

十八、金耳（*Tremella aurantialba*）及其近缘种

（一）起源与分布

中国于 20 世纪 80 年代进行金耳驯化栽培研究，90 年代初形成较成熟的栽培技术，目前已经可行代料栽培和段木栽培，其栽培主要集中在山西和云南等地。

（二）形态特征

子实体胶质，中等或较大，7～15cm，呈脑状或裂瓣状，新鲜时金黄色或橙黄色，干燥后较硬。体内分布有韧革菌（*Stereum hirsutum*）菌丝，担子纵裂，上担子长达 125μm，下担子宽约 10μm，担孢子圆形至椭圆形，3～5μm×2～3μm（图 51-31）。

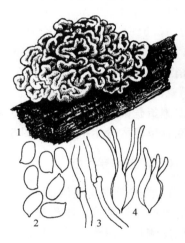

图 51-31　金　耳
1. 子实体　2. 孢子　3. 菌丝　4. 担子

（三）生物学特性

1. 营养要求　金耳为木腐菌，但是自身几乎不能够直接分解利用木质纤维素类的大分子作碳源，只能利用葡萄糖、半乳糖、乳糖、麦芽糖、蔗糖等和一些较简单的多聚糖类作碳源，因此，其生长发育需要与韧革菌伴生，需要韧革菌为其先行将基质的木质纤维素类物质降解为较简单的糖类供其吸收、生长。金耳可以利用蛋白质、氨基酸等有机氮和铵盐、硝酸盐等无机氮，不能利用脲。

2. 温度　菌丝体生长适宜温度 23～25℃，子实体形成和发育适宜温度 8～20℃。

3. 湿度　菌丝生长的段木适宜含水量 40％左右，代料含水量 55％～65％；子实体生长发育的适宜空气相对湿度 75％～90％。

4. 光照　菌丝生长不需要光，子实体的形成必须有光刺激。

5. pH　金耳喜偏酸的基质环境，以 pH5.8～6.2 为最适。

6. 氧气和二氧化碳　金耳为好氧性真菌，子实体形成和发育要求氧气充足。

7. 其他　金耳的生长需要伴生菌——韧革菌先行分解基质中的木质纤维素等大分子，它与伴生菌韧革菌的关系类似于银耳和香灰菌，但较银耳和香灰菌的关系更紧密，韧革菌不但要为金耳先行分解基质，还参与金耳子实体的形成和发育，并与金耳子实体同步生长。

（四）近缘种

近缘种有金色银耳（*Tremella aurantia*）、橙耳（*Tremella cinnabarina*）、茶耳（*Tremella foliacea*）、血耳（*Tremella sanguinea*）等，均可食用，有的种尚具一定医用

价值，但尚未进行人工栽培。子实体均胶质，担子纵裂。

1. 金色银耳　外观与金耳几乎完全相同，担孢子较金耳大，为 $6\sim7\mu m\times4.5\sim6\mu m$，体内无韧革菌菌丝。

2. 橙耳　子实体较小，$0.5\sim7$ cm，瓣状开裂呈片，橙黄色至硫黄色，或褪至淡黄白色。下担子顶生，$11\sim16.5\mu m\times8\sim13\mu m$，上担子长 $14\sim19\mu m$，担孢子卵圆形至近球形，有小尖，$6\sim8.3\mu m\times4.5\sim8\mu m$。

3. 茶耳　子实体硬胶质，新鲜时红栗褐色至肉桂色，宽 $3\sim12cm$，高 $6cm$，由叶状薄片组成。担孢子 $8\sim12\mu m\times7\sim10\mu m$。吉林、河北、云南、四川、青海、广东、广西、湖北、湖南、安徽、西藏、陕西、贵州等地均有分布。

4. 血耳　子实体由许多弯曲的瓣状耳片组成，暗褐红色至黑褐色，较薄，有弹性，宽 $2\sim6cm$，高 $4cm$。担孢子卵圆形，光滑，无色，$9.5\sim16\mu m\times9\sim1\mu m$。湖北省神农架有较多分布。

十九、榆黄蘑（*Pleurotus citrinopileatus*）

（一）起源与分布

榆黄蘑栽培起始于中国，20 世纪 70 年代开始商业化栽培，产区主要在黑龙江、吉林和辽宁省。榆黄蘑在河北、内蒙古、黑龙江、吉林、广东、西藏、江西等省、自治区都有分布。

（二）形态特征

菌丝白色，有锁状联合。子实体丛生。菌盖直径 $3\sim$ 10 cm，鲜黄色，浅漏斗状。菌肉和菌褶均白色。菌褶延生。菌柄白色，多分枝，偏生或近中生。孢子印白色；孢子圆柱形，$7.5\sim9\mu m\times2\sim4\mu m$（图 51 - 32）。

（三）生物学特性

1. 营养要求　榆黄蘑与平菇相似，为木腐菌，栽培可利用的培养料种类很多，如阔叶木屑、棉籽壳、玉米芯、稻草、麦秸、豆秸、废棉、酒渣（糟）等多种农林轻工副产品和废弃物。抗逆性也比较强，易于栽培。

2. 温度　菌丝生长适温 $20\sim30℃$，最适温度 $25\sim$ $28℃$；子实体形成和发育的适温 $18\sim25℃$。

3. 湿度　菌丝生长的基质含水量以 $60\%\sim65\%$ 为宜。子实体形成的适宜空气相对湿度 90% 左右。

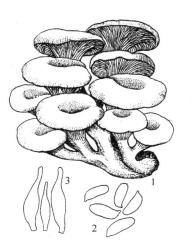

图 51 - 32　榆黄蘑
1. 子实体　2. 孢子　3. 囊体

4. 光照　菌丝生长不需要光，子实体形成需要散射光，子实体发育需要光线较强，光照不足时，色泽暗淡。

5. pH　菌丝生长的适宜 pH 为 $6.0\sim7.0$。

6. 氧气和二氧化碳　榆黄蘑是好氧性真菌，特别是子实体对二氧化碳敏感，栽培场所要求通风良好，通风不足时，子实体极易畸形。

二十、元蘑（*Hohenbuehelia serotina*）

（一）起源与分布

元蘑也称亚侧耳，俗称冻菌、冬菌、黄蘑，是中国重要的野生食用蕈菌资源，野生于河北、黑龙江、吉林、山西、广西、陕西、四川、云南等地。黑龙江省应用微生物研究所于 20 世纪 80 年代将其驯化栽培。

（二）形态特征

子实体丛生或呈覆瓦状，中等偏大。菌盖扁半球形至平展，3～12 cm，浅黄绿色，黏。菌褶稍密，白色至浅黄色，近延生。菌柄无或很短，侧生。孢子印白色；孢子无色光滑，腊肠形，4.5～5.5μm×1～1.64μm。囊状体梭形，中部膨大，29～45μm×10～15μm（图 51 - 33）。

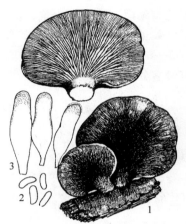

图 51 - 33 元 蘑
1. 子实体 2. 孢子 3. 囊体

（三）生物学特性

1. 营养要求 元蘑为木腐菌，可利用多种阔叶木木屑、棉籽壳、豆秸、玉米芯等农林副产品进行栽培，可很好地利用木糖、葡萄糖和蔗糖，也可很好地利用蛋白质和氨基酸等有机氮源。

2. 温度 菌丝生长适温 22～28℃，子实体生长适温 10～20℃。

3. 湿度 基质适宜含水量 60％～70％，子实体形成期间适宜空气相对湿度 85％～90％。

4. 光照 菌丝生长不需要光，子实体形成需要 200～300lx 的散射光。

5. pH 适宜 pH 为 5.5 左右。

6. 氧气和二氧化碳 子实体生长期间需要通风良好，及时补充氧气，排除二氧化碳。

二十一、牛舌菌（*Fistulina hepatica*）

（一）起源与分布

牛舌菌又称肝色牛排菌，是寒温带至亚热带地区广泛分布的美味食用蕈菌，20 世纪 90 年代浙江省庆元县姚传榕进行人工栽培获得成功。福建、浙江、四川、云南省以及广西壮族自治区等地均有分布。

（二）形态特征

子实体单生，肉质，松软，韧、多汁，幼嫩时粉红色至血红色，成熟后暗褐色。成熟子实体舌状、匙形或肝脏形，13cm×15cm，或更大。菌肉淡红色，下有菌管，菌管初白色，后肉红色。孢子近球形或卵形，粉红色，4～5μm×3～4μm（图 51-34）。

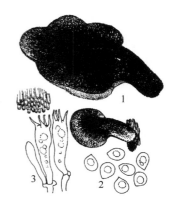

图 51-34 牛舌菌
1. 子实体 2. 孢子 3. 担子

（三）生物学特性

1. 营养要求 牛舌菌是木腐菌，在含有 1.25％橡树单宁的培养基上生长良好，栽培中可很好地利用含单宁的壳斗科树种木屑，没有单宁时生长不良。因此，栽培时必须在培养料中添加含有单宁的壳斗科树种木屑。

2. 温度 菌丝生长适温 22～27℃，子实体形成和发育适温 18～24℃。

3. 湿度 菌丝生长适宜的基质含水量范围较广，在40％～80％范围内都可生长，代料栽培时以含水量60％为适。

4. 光照 菌丝厌光，有光条件下易干枯萎缩。子实体形成需要光，光照不足时色泽暗淡。

5. pH 牛舌菌生长的基质适宜 pH 为 4.4～6.4。

6. 氧气和二氧化碳 子实体生长期间需要通风良好，及时补充氧气，排除二氧化碳，否则，子实体易畸形。

二十二、榆耳（*Gloeostereum incarnatum*）

（一）起源与分布

榆耳又称胶韧革菌，俗称榆蘑，分布于辽宁、吉林等地。1988 年中国农业科学院土壤肥料研究所张金霞驯化代料栽培成功。

（二）形态特征

子实体单生或丛生，无柄，边缘上卷，3～15cm×4～5cm，厚 1.0～3.0 cm，胶质，柔软。菌盖有松软而厚的绒毛层。绒毛污白色、黄色至肉红色。子实体表面污白色、米黄色或橘黄色，其上密布小疣。菌肉浅橘红色。子实体为单菌丝系统，有锁状联合。担孢子椭圆形或腊肠形，光滑，薄壁，2.5～3.0μm×6.0～6.5μm（图 51-35）。

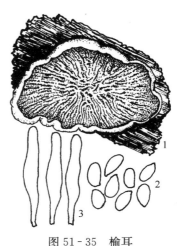

图 51-35 榆耳
1. 子实体 2. 孢子 3. 囊体

（三）生物学特性

1. 营养要求 榆耳为木腐菌，但是不能利用木质素，只能利用纤维素和半纤维素作碳源。糊精、可溶性淀粉、蔗糖、甘油、甘露醇等是其培养的最佳碳源，酵母膏、蛋白胨等是其良好的氮源，而豆饼粉、麦麸则是其良好的经济氮源。

2. 温度 菌丝生长适温 23～28℃，子实体形成和发育适温 10～22℃，高温下培养不利于子实体的形成。

3. 湿度 菌丝生长的适宜基质含水量 60％～65％，子实体形成和发育的适宜空气相对湿度 85％～95％。

4. 光照 菌丝生长不需要光，强光抑制菌丝生长。子实体形成对光刺激敏感，是子实体形成的必需条件，20～60lx 的光照就足以诱导子实体的形成。光有利于子实体正常色泽的形成。

5. pH 基质适宜 pH 为 5.5～7.0，超出这一范围，不利于子实体的形成。

6. 氧气和二氧化碳 子实体生长期间需要通风良好，及时补充氧气，排除二氧化碳，否则，子实体易受霉菌侵染而腐烂。

二十三、大球盖菇（*Stropharia rugosoannulata*）

（一）起源与分布

大球盖菇又称皱环球盖菇、酒红色球盖菇，于 1969 年在德国首先栽培，20 世纪 90 年代引进中国，现已有一定栽培面积。台湾、四川、陕西、甘肃、云南、吉林、西藏、香港等地均有其自然分布。

（二）形态特征

子实体丛生，中等至较大。菌盖直径 5～15 cm，扁球形至平展，褐色、灰褐色、锈褐色至葡萄酒红色，新鲜时稍黏，边缘常附有菌幕残片。菌肉白色。菌褶灰白紫色至灰紫黑色，直生。菌柄长 5～12cm，粗 0.5～2 cm，近圆柱形，基部稍膨大。有菌环，菌环白色或带黄色细条，膜质，双层。孢子棕褐色，光滑，具麻点，椭圆形（图 51-36）。

图 51-36 大球盖菇
1. 子实体 2. 孢子 3. 囊体

（三）生物学特性

1. 营养要求 大球盖菇为草腐菌，不能利用木质类基质，麦秸、稻草是其良好的栽培原料。此外，大球盖菇对氮源要求不高，可完全用麦秸、稻草栽培，若加入少量麦麸或米糠，即可有效地提高产量。

2. 温度 菌丝生长适温 24～28℃，子实体形成和发育适温 12～25℃。

3. 湿度 大球盖菇较喜湿，菌丝生长的适宜基质含水量为 70％～75％，子实体生长发育的适宜空气湿度为 90％～95％。

4. 光照 菌丝生长不需要光，子实体形成需要散射光刺激，适度的散射光有利于子实体正常色泽的形成。

5. pH 大球盖菇生长的适宜 pH 为 5～7。

6. 氧气和二氧化碳 子实体发育期需要足够的通风，空气中二氧化碳浓度不可超过 0.1％。

二十四、人工栽培医用蕈菌资源

（一）灵芝（*Ganoderma* spp.）

灵芝是灵芝属内的一大类群，包含数个种，是著名药用真菌，具有固本强心、保肝和镇静的作用。在祖国大陆和台湾省以及韩国、日本等地广泛进行人工栽培。目前人工栽培种有灵芝（*Ganoderma lucidum*）、松杉灵芝（*Ganoderma tsugae*）、薄盖灵芝（*Ganoderma tenus*）、紫芝（*Ganoderma sinense*）等。栽培条件下子实体中等大至大。菌盖直径5～15cm，半圆形、肾形，极少数近圆形，木栓质。菌肉白色至淡褐色，菌管初期白色，后变为浅褐色、褐色。菌柄侧生，少为偏生，红褐色、紫褐色，有光泽。孢子褐色，卵形，9～12μm×4.5～7.5μm（图51-37）。灵芝是一种木腐菌，出菇温度要求较高，属于高温出菇蕈菌，菌丝体和芝体形成适温均在25～28℃之间。

（二）茯苓（*Poria cocos*）

茯苓是中国传统药用蕈菌，在云南、安徽、湖北、河南、四川、贵州、浙江、福建、台湾、广西等省、自治区均有分布，尤以"闽苓"、"安苓"、"云苓"为著名中药材。茯苓食用的部分为菌核，菌核直径20～50cm，球形、卵圆形或块状等多种不规则形状，新鲜时稍软，淡灰色、棕色至黑褐色，干时硬，表面深褐色，粗糙（图51-38）。子实层白色，老后变浅褐，管孔多角或不规则或齿状。孢子长方形或近圆形，7.5～8μm×3～3.5μm。茯苓菌属于典型的腐生菌，从腐解松属植物的纤维素和半纤维素过程中获得碳源。结苓最适宜的温度为28～35℃。

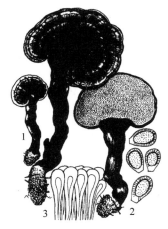

图51-37　灵　芝
1. 子实体　2. 孢子　3. 盖表层细胞

图51-38　茯苓（菌核）

（三）蜜环菌（*Armillariella mellea*）及天麻

蜜环菌可食，味美可口，是高山草地上的优质食用蕈菌，在西藏、四川、青海、甘肃、陕西、河北、吉林、黑龙江、河南、云南等省、自治区都有分布。菌盖初扁半球形，后平展，直径 4～10cm，黄色，干燥后近白色，边缘内卷。菌肉厚，白色。菌褶弯生，淡黄色。菌柄圆柱形，菌环淡黄色，易脱落。孢子椭圆形，$6 \sim 7\mu m \times 4\sim 4.5\mu m$（图 51-39）。蜜环菌与天麻共生，凡有天麻生长的地方一定会有蜜环菌。天麻以蜜环菌菌丝内的养分为营养而生长发育，反过来，随天麻的生长发育，新生子麻不断长大或抽薹开花，而蜜环菌又以天麻为营养源，并大量生长，二者实为互惠共生。蜜环菌生长的适宜温度为 25℃左右，最适 pH5.0。天麻生长最适温度 20～25℃，pH 以 5～6 为宜。

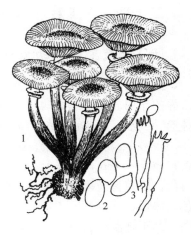

图 51-39　蜜环菌
1. 子实体　2. 孢子　3. 担子

采用工业发酵方法生产的药用蕈菌有槐栓菌（*Trametes robiniophila*）、云芝（*Coriolus versicolor*）、安络小皮伞（*Marasmius androsaceus*）、冬虫夏草（*Cordyceps sinensis*）、蛹虫草（*Cordyceps militaris*）、白僵菌（*Beauveria bassiana*）、雷丸（*Omphalia lapidescens*）、裂褶菌（*Schizophyllum commune*）、竹黄（*Shiraia bambusicola*）、红缘拟层孔菌（*Fomitopsis pinicola*）、斑褐孔菌（*Fuscoporia punctata*）、白耙齿菌（*Irpex lacteus*）、蝙蝠蛾拟青霉菌（*Paecilomgces hepialli*）、蝙蝠蛾被孢霉（*Mortiserslla hepiali*）、古尼拟青霉菌（*Paecilomyces gunnii*）、麦角菌（*Claviceos purpurea*）等。

第八节　中国野生食用蕈菌资源

一、主要种类和分布

世界上有记载的大型真菌约 1.4 万种（Hawksworks，2001），中国已有描述和记载的可食（药）种有 871 种，其中 86 种食用蕈菌成功地进行了人工驯化栽培，还存在着大量的野生食用蕈菌资源有待进行驯化研究。其中主要的野生种类有牛肝菌、块菌、冬虫夏草、鸡油菌、铆钉菇、羊肚菌、松茸、珊瑚菌、红菇、松乳菇、马勃、松口蘑等。

二、正在驯化的主要种类和分布

（一）松茸（*Tricholoma mutsutake*）

松茸是一种菌根菌，虽然日本等国进行了几十年的研究，但一直未能实现人工栽培，只是采用半人工栽培，其产量甚微。中国主要在云南、四川、西藏、贵州、吉林、安徽、黑龙江、辽宁、台湾等省、自治区均有分布。

（二）美味牛肝菌（*Boletus edulis*）

子实体较大，肉肥厚，柄粗壮，产量高，食味香甜可口，营养丰富，是一种分布广泛的世界性著名食用蕈菌。云南、四川、西藏、贵州、黑龙江、辽宁、吉林、内蒙古、河南、甘肃、陕西、湖南、福建、台湾、安徽、江苏、广东等省、自治区均有分布。

（三）鸡油菌（*Cantharellus cibarius*）

是著名的世界性食用蕈菌，香气浓郁，鲜美可口，营养丰富。该菌具有抗癌活性，对癌细胞有一定的抑制作用。云南、四川、西藏、贵州、甘肃、陕西、湖南、湖北、福建、安徽、浙江、江苏、河北、黑龙江、辽宁、吉林、河南、台湾等省、自治区均有分布。

（四）羊肚菌（*Morchella* spp.）

羊肚菌是著名的世界性美味食用蕈菌，其肉质脆嫩，香甜可口，是食用蕈菌中的珍品之一。云南、四川、西藏、贵州、湖南、甘肃、河南、山西、青海、新疆、辽宁、吉林等省、自治区均有分布。据报道，美国已将其驯化栽培，欧洲一直采用橡树育苗人工侵染法进行人工栽培。

（五）块菌（*Tuber* spp.）

该菌清香可口，是欧美地区喜食的菌类之一，包含有数个种，中国分布的种有印度块菌（*Tuber indicum*）和中国块菌（*Tuber sinense*），自然分布在云南和四川省。

三、野生蕈菌资源开发与生态环境保护

食用蕈菌生存方式多样，有腐生（木生、草生）、寄生、兼性寄生、兼性腐生、共生、伴生等，其中又以共生方式种类最多。在自然界，这种生存方式普遍发生在森林和草原，影响森林和草原的发育，与森林资源和草业资源有着密不可分的关系。木腐菌、兼性寄生菌和兼性腐生菌可造成森林病害、林木腐朽，并导致森林毁坏；共生菌可使树木增强抗病性和抗逆性，利于树木成长和森林发育。例如，没有了共生的菌根真菌，就不会有发育良好的森林及其森林生态环境。食用蕈菌适宜以农林业的下脚料如棉籽壳、稻草、锯木屑、甘蔗渣、树枝丫、作物秸秆等为原料进行栽培，有利于资源的再利用，同时栽培食用蕈菌的基质废料又可以加工成为农作物理想的有机肥料，促进农业的良性循环。

（张金霞　黄晨阳　郑素月）

主要参考文献

边银丙，王斌．2000．黑木耳进行电泳核型分析．菌物系统．19（1）：78～80

边银丙，吴康云，伍昌胜．2003．黑木耳种内杂交子同工酶基因座的遗传分析．遗传学报．30（1）：76～80

陈美元，廖剑华．1998．双孢蘑菇三种类型菌株的 RAPD 扩增研究．食用菌学报．5（4）：6～10

陈明杰，余智晟．2000．草菇组织分离物的遗传变异研究．食用菌学报．7（1）：11～14，7（2）：1～4

陈明杰，赵绍惠，张树庭．1995．草菇染色体核型的鉴定．食用菌学报．2（1）：1～6

陈明杰，赵绍惠．1996．用分子生物学技术对草菇进行菌株鉴别．真菌学报．15（2）：129～134

董昌金，熊汉中．1998．二十个香菇品种间酯酶同工酶的研究．食用菌．（1）：8～10

郭建春，孙英华．1994．黑木耳、毛木耳、紫木耳之间亲缘关系的研究．热带作物学报．15（1）：109～114

胡国元，朱兰宝．1999．金针菇品系间酯酶同工酶标记筛选研究．生物学杂志．16（1）：13～14

黄年来．1992．关于食用菌的品种和品种登记制度．中国食用菌．11（6）：10～11

黄年来．2000．我国食用菌产业的现状与未来．中国食用菌．19（4）：3～5

黄志龙，谢宝贵，谢福泉等．2002．15个代料栽培香菇菌株的分子鉴别．食用菌学报．9（3）：5～8

江玉姬，谢宝贵，吴文礼．2001．金针菇的原生质体单核化．福建农业大学学报．30（1）：44～47

姜性坚，张晓元．1997．金针菇菌株的酯酶同工酶分析．食用菌学报．4（4）：37～42

李南羿，姚占芳，陈明杰．2001．草菇噬菌体基因文库的构建．食用菌学报．8（2）：15～18

李英波，罗信昌，李滨等．1995．香菇菌株的限制性片段长度多型性．真菌学报．14（3）：209～217

林树钱等．2000．中国药用菌生产和产品开发．北京：中国农业出版社

刘胜贵，刘卫今．1995．金针菇染色体计数和担孢子形成过程中细胞核行为的初步研究．怀化师专学报．14（2）：61～63

刘祖同，罗信昌．2002．食用蕈菌生物技术及应用．北京：清华大学出版社

吕作舟，马爱民，杨新美．1993．平菇基因组文库的构建．中国食用菌．12（1）：13～14

吕作舟，马爱民．1992．平菇基因组文库的构建．中国食用菌．11（6）：15～16

马爱民，潘迎捷．1998．双孢蘑菇原生质体同核体及杂交异核体的RAPD分析．食用菌学报．5（3）：1～5

卯晓岚等．1998．中国经济真菌．北京：中国科学出版社

卯晓岚等．2000．中国大型真菌．郑州：河南科学技术出版社

潘保华，李彩萍．1994．金针菇单孢结实性的研究及其应用．中国食用菌．13（3）：21～22

彭卫红，肖在勤，甘炳成．2001．金针菇转核育种研究．食用菌学报．8（3）：1～5

邱贵根，张诚，涂寿兰等．1994．金针菇担孢子核荧光染色观察．江西农业学报．6（2）：153～155

沈天峰，王朝江，罗信昌等．2001．木耳属四个野生菌株的RAPD图谱分析．食用菌学报．8（4）：1～4

宋思扬，曾伟，陈融等．2000．一个与双孢蘑菇子实体品质相关的DNA片段的克隆．食用菌学报．7（3）：11～15

谭金莲，刘长庚．1997．金针菇担孢子特性研究．湖南农业大学学报．23（6）：548～551

王镭，谭琦．1997．从DNA水平上分析香菇不同菌株的遗传差异．食用菌学报．4（4）：21～24

王泽生，陈美元，廖剑华．2001．双孢蘑菇丛生菌株变异分子机理的初步研究．食用菌（增刊）．82～83

王泽生，廖剑华，陈美元等．2001．双孢蘑菇杂交菌株As2796家系的分子遗传研究．菌物系统．20：233～237

谢宝贵，羿红，黄志龙等．2001．草菇杂交育种及同工酶分析．福建农业大学学报．30（3）：372～376

许祖国．1992．金针菇孢子及其释放特性的观察．食用菌，14（2）：14

阎培生，罗信昌．1999．木耳属真菌rDNA特异性扩增片段的RFLP研究．菌物系统．18（2）：206～213

杨庆尧．1978．食用菌生物学和栽培．上海：上海科学技术出版社

杨晓仙，李育岳．1991．金针菇不同菌株酯酶同工酶测定．微生物学研究与应用．（4）：6～8

杨新美．1988．中国食用菌栽培学．北京：农业出版社

余韶颜，吴经伦．1993．21 株香菇菌株的酯酶同工酶研究．食用菌．15（4）：7 ～8

余知和，朱兰宝．1998．金针菇粉孢子的生物学研究．菌物系统．17（1）：75～82

曾伟，王泽生．1999．双孢蘑菇及大肥菇的种内及种间多态性 RAPD 分析．菌物系统．18（1）：55～60

张金霞，黄晨阳，张瑞颖等．2004．中国栽培白灵侧耳的 RAPD 和 IGS 分析．菌物学报．23（4）：
　514～519

张金霞．1999．食用菌生产技术．北京：中国标准出版社

张平，张志光．1998．金针菇单核子实体研究．食用菌．20（2）：17

张瑞颖，黄晨阳，左雪梅等．2005．香菇菌株分子鉴别技术的分辨率比较．菌物学报．24（4）：517～524

张引芳．1994．应用 RAPD 方法鉴别香菇菌株的研究．食用菌学报．1（1）：22～27

郑海松，陈明杰，谭琦．2002．25s rRNA 基因部分序列比较在香菇栽培菌种鉴定上的应用．食用菌学
　报．9（1）：10 ～12

Bensaude M.．1918．Recherches sur le cycle evolutif et la sexualite chez les Basidiomycetes．Ph. D. Thesis，
　University of Paris，Nemours，France

Blakeslee A. F.．1904．Sexual reproduction in the Mucorineae．Proc. Americ. Acad. Arts Sci.，40：
　205～319

Brodie H. J.．1936．The occurrence and function of oidia in the Hymenomycetes．Am J Bot.，23：309～
　327

Hawksworth D. L.．2001．The magnitude of fungal diversity the 1. 5 million species estimate revisited．
　Mycol Res.，105：1 422～1 432

Hilber O.．1982．Die Gattung Pleurotus（Fr.）Kummer unter besonderer Berücksichtigung des Pleurotus
　eryngii-Formenkomplexes．Bibliotheca Mycologica 87．Vaduz：J. Cramer

Kniep H.．1920．Über morpologische und physiologische geschlechts differenzierung（Untersuchungen an
　Basidiomyzeten）．Verh Phys Med Ges. Wurzberg．46：1～18

Kong W. S.，You C. H.，Yoo Y. B. et al.．2001．Genetic analysis and molecular marker related to
　fruitbody color in *Flammulina velutipes*．Proceeding of the Fifth Korea-China Joint Symposium on
　Mushroom，p. 167～181

Larraya L.，Idareta E.，Arana D. et al.．2002．Quantitative trait loci controlling vegetative growth rate in
　the edible basidiomycete *Pleurotus ostreatus*．Appl Environ Microbiol，68（3）：1 109～1 114

Larraya L.，Pérez G.，Peñas M. et al.．1999．Molecular karyotype of the white rot fungus *Pleurotus
　ostreatus*．Appl Environ Microbiol，65（8）：3 413～3 417

Larraya L.，Pérez G.，Ritter E. et al.．2000．Genetic linkage map of the edible basidiomycete *Pleurotus
　ostreatus*．Appl Environ Microbiol，66（12）：5 290～5 300

Raper J. R.，Baxter M. G.，Middleton R. B.．1958．The genetic structure of the incompability facters in
　Schizophyllum commune Proc Nat Acad Sci U. S. A.，44：889～900

Singer R.．1986．The Agaricales in modern taxonomy．4th ed．Koeltz Scientific Books，Koenigstein．

Zeisel S. H.．1999．Regulation of "Nutriceuticals"．Science，285：1 853～1 855

Zervakis G.，Balis C.．1996．A pluralistic approach on the study of *Pleurotus* species，with emphasis on
　compatibility and physiology of the European morphotaxa．Mycol. Res，100：717～731

蔬菜作物卷

各种蔬菜每100g食用

蔬菜名称	产地	热量		水分 (g)	蛋白质 (g)	脂肪 (g)	膳食纤维 (g)	碳水化合物 (g)	灰分 (g)	胡萝卜素 (μg)
		(kJ)	(kcal)							
萝卜（白萝卜）		84	20	93.4	0.9	0.1	1.0	4.0	0.6	20
萝卜（卞萝卜）		109	26	91.6	1.2	0.1	1.2	5.2	0.7	20
萝卜（青萝卜）		130	31	91.0	1.3	0.2	0.8	6.0	0.7	60
萝卜（心里美）		88	21	93.5	0.8	0.2	0.8	4.1	0.6	10
萝卜（水萝卜）		84	20	92.9	0.8	…	1.4	4.1	0.8	250
萝卜（小水萝卜）		79	19	93.9	1.1	0.2	1.0	3.2	0.6	20
胡萝卜（红）		155	37	89.2	1.0	0.2	1.1	7.7	0.8	4 130
胡萝卜（黄）		180	43	87.4	1.4	0.2	1.3	8.9	0.8	4 010
胡萝卜（脱水）	甘肃兰州	1 339	320	10.9	4.2	1.9	6.4	71.5	5.1	17 250
芜菁（蔓菁）	北　京		32	90.5	1.4	0.1	0.9	6.3	0.8	
芜菁甘蓝（洋蔓菁）	湖　南		20	92.9	0.9	0	1.1	4.0	1.1	10
根恭菜		314	75	74.0	1.0	0.1	5.9	17.6	0.6	—
美洲防风	美　国		76	79	1.7	0.5		17.5		(30IU)
牛蒡			38	87	4.3	0.1	1.4	6.7	2.4	390 000
婆罗门参	美　国		13	78	2.9	0.6		18.0		(10IU)
菊牛蒡（鸦葱）				78	3.1		3.2			6 540
根芹菜					1.5	0.3		3.5		
马铃薯	甘肃兰州	318	76	79.8	2.0	0.2	0.7	16.5	0.8	30
马铃薯薯丝（脱水）		1 435	343	10.1	5.2	0.6	3.3	79.2	1.6	—
姜		172	41	87.0	1.3	0.6	2.7	7.6	0.8	170
芋头		331	79	78.6	2.2	0.2	1.0	17.1	0.9	160
山药		234	56	84.0	1.9	0.2	0.8	11.6	0.7	20
山药（干）	河北安国	1356	324	15.0	9.4	1.0	1.4	69.4	3.8	—
魔芋精粉（鬼芋粉）		155	37	12.2	4.6	0.1	74.4	4.4	4.3	
豆薯		230	55	85.2	0.9	0.1	0.8	12.6	0.4	
菊芋	甘肃张掖	234	56	80.8	2.4	微	4.3	11.5	1.0	—
甘露子（酱腌）		155	37	75.6	2.2	0.3	1.9	6.3	13.7	—
韭菜		109	26	91.8	2.4	0.4	1.4	3.2	0.8	1 410
韭芽［韭黄］		62	22	93.2	2.3	0.2	1.2	2.7	0.4	260
大葱（鲜）		126	30	91.0	1.7	0.3	1.3	5.2	0.5	60
洋葱		163	39	89.2	1.1	0.2	0.9	8.1	0.5	20

部分所含营养成分表

硫胺素 (mg)	核黄素 (mg)	尼克酸 (mg)	抗坏血酸 (mg)	维生素E (mg)	钾 (mg)	钠 (mg)	钙 (mg)	镁 (mg)	铁 (mg)	锰 (mg)	锌 (mg)	铜 (mg)	磷 (mg)	硒 (μg)
0.02	0.03	0.3	21	0.92	173	61.8	36	16	0.5	0.09	0.30	0.04	26	0.61
0.03	0.04	0.6	24	1.80	167	68.0	45	22	0.6	0.10	0.29	0.04	33	1.07
0.04	0.06	—	14	0.22	232	69.9	40	12	0.8	0.12	0.34	0.02	34	0.59
0.02	0.04	0.4	23	⋯	116	85.4	68	34	0.5	0.08	0.17	0.06	24	1.02
0.03	0.05	—	45	—	—	9.7	—	—	—	0.05	0.49	0.01	—	—
0.02	0.04	0.4	22	0.78	286	33.5	32	17	0.4	0.09	0.21	0.03	21	0.65
0.04	0.03	0.6	13	0.41	190	71.4	32	14	1.0	0.24	0.23	0.03	27	0.63
0.04	0.04	0.2	16	—	193	25.1	32	7	0.5	0.07	0.14	0.03	16	2.80
0.12	0.15	2.6	32	⋯	1 117	300.7	458	82	8.5	0.75	1.85	0.81	118	4.06
0.07	0.04	0.3	35				41		0.5				31	
	0.07	0.3	38		239	5	45		0.9				30	
0.05	0.04	0.2	8	1.85	254	20.8	56	38	0.9	0.86	0.31	0.15	18	0.29
					541	12	50		0.7				77	
0.30	0.50	1.1	25				240	130	7.6				106	
0.04	0.04	0.3	11		380		47		1.5				66	
		1.0	51											
0.05	0.06		8				43		0.7				115	
0.08	0.04	1.1	27	0.34	342	2.7	8	23	0.8	0.14	0.37	0.12	40	0.78
0.14	0.05	1.0	17	⋯	80	21.1	41	39	3.4	0.28	0.39	1.54	38	2.17
0.02	0.03	0.8	4	⋯	295	14.9	27	44	1.4	3.20	0.34	0.14	25	0.56
0.06	0.05	0.7	6	0.45	378	33.1	36	23	1.0	0.30	0.49	0.37	55	1.45
0.05	0.02	0.3	5	0.24	213	18.6	16	20	0.3	0.12	0.27	0.24	34	0.55
0.25	0.28	—	—	0.44	269	104.2	62	⋯	0.4	0.23	0.95	0.63	17	3.08
微	0.10	0.4	—	⋯	299	49.9	45	66	1.6	0.88	2.05	0.17	272	350.15
0.03	0.03	0.3	13	0.86	111	5.5	21	14	0.6	0.11	0.23	0.07	24	1.25
0.01	0.10	1.4	—	—	458	11.5	23	24	7.2	0.21	0.34	0.19	27	1.31
0.03	0.08	0.7	5	0.83	260	2 839.0	54	59	6.4	0.86	0.64	0.17	52	1.96
0.02	0.09	0.8	24	0.96	247	8.1	42	25	1.6	0.43	0.43	0.08	38	1.38
0.03	0.05	0.7	15	0.34	192	6.9	25	12	1.7	0.17	0.33	0.10	48	0.76
0.03	0.05	0.5	17	0.30	144	4.8	29	19	0.7	0.28	0.40	0.08	38	0.67
0.03	0.03	0.3	8	0.14	147	4.4	24	15	0.6	0.14	0.23	0.05	39	0.92

蔬菜名称	产地	热量		水分 (g)	蛋白质 (g)	脂肪 (g)	膳食纤维 (g)	碳水化合物 (g)	灰分 (g)	胡萝卜素 (μg)
		(kJ)	(kcal)							
葱头（白皮，脱水）	甘肃高台	1381	330	9.1	5.5	0.4	5.7	76.2	3.1	30
大蒜（紫皮）		569	136	63.8	5.2	0.2	1.2	28.4	1.2	20
蒜苗（蒜薹）		155	37	88.9	2.1	0.4	1.8	6.2	0.6	280
薤	广 西			87	1.6	0.6		8.0		1 460
分葱（小葱）		100	24	92.7	1.6	0.4	1.4	3.5	0.4	840
胡葱（红皮葱）	甘肃高台	192	46	86.2	2.4	0.1	1.3	8.9	1.1	50
细香葱	上 海		34	90	2.5	0.3	1.1	5.4	0.7	460
韭葱	美 国		52	85	2.2	0.3		11.2		(40IU)
大白菜（青白口）		63	15	95.1	1.4	0.1	0.9	2.1	0.4	80
小白菜（青菜、油菜）		63	15	94.5	1.5	0.3	1.1	1.6	1.0	1 680
乌塌菜		105	25	91.8	2.6	0.4	1.4	2.8	1.0	1 010
菜薹（菜心）		105	25	91.3	2.8	0.5	1.7	2.3	1.4	960
红菜薹	湖北武汉	121	29	91.1	2.9	—	0.9	4.3	0.8	80
叶用芥菜		100	24	91.5	2.0	0.4	1.6	3.1	1.4	310
大叶芥菜（盖菜）		59	14	94.6	1.8	0.4	1.2	0.8	1.2	1 700
茎用芥菜（青菜头）	重 庆	21	5	95.4	1.3	0.2	2.8	0	0.7	280
根用芥菜（大头菜）		138	33	89.6	1.9	0.2	1.4	6.0	0.9	...
结球甘蓝		92	22	93.2	1.5	0.2	1.0	3.6	0.5	70
球茎甘蓝		126	30	90.8	1.3	0.2	1.3	5.7	0.7	20
花椰菜		100	24	92.4	2.1	0.2	1.2	3.4	0.7	30
青花菜	广 东	138	33	90.3	4.1	0.6	1.6	2.7	0.7	7 210
芥蓝		79	19	93.2	2.8	0.4	1.6	1.0	1.0	3 450
抱子甘蓝	美 国		45	85	4.9	0.4		8.3		(550IU)
羽衣甘蓝	美 国		53	83	6.0	0.8		9.0		(1万 IU)
菠菜	甘肃兰州	100	24	91.2	2.6	0.3	1.7	2.8	1.4	2 920
菠菜（脱水）		1 184	283	9.2	6.4	0.6	12.7	63.0	8.1	3 590
牛俐生菜	广 东	63	15	95.7	1.4	0.4	0.6	1.5	0.4	360
莴笋		59	14	95.5	1.0	0.1	0.6	2.2	0.6	150
芹菜（白茎）		59	14	94.2	0.8	0.1	1.4	2.5	1.0	60
蕹菜		84	20	92.9	2.2	0.3	1.4	2.2	1.0	1 520
苋菜（青）		105	25	90.3	2.8	0.3	2.2	2.8	1.7	2 110
冬寒菜		126	30	89.6	3.9	0.4	2.2	2.7	1.2	6 950
落葵		84	20	92.8	1.6	0.3	1.5	2.8	1.0	2 020
茼蒿		88	21	93.0	1.9	0.3	1.2	2.7	0.9	1 510
芫荽		130	31	90.5	1.8	0.4	1.2	5.0	1.1	1 160
茴香（小茴香）		100	24	91.2	2.5	0.4	1.6	2.6	1.7	2 410
荠菜		113	27	90.6	2.9	0.4	1.7	3.0	1.4	2 590
菜苜蓿	甘肃临夏	251	60	81.8	3.9	1.0	2.1	8.8	2.4	2 640
番杏				94.0	1.5	0.2		0.6		4 400 (IU)
马齿苋				92.0	2.3	0.5		3.0		2 230
紫苏										
榆钱菠菜				82.0	5.1	1.0		7.0		
薄荷										1 440
蕺菜					2.2	0.4	18.4	6.0		2 590
蒲公英										4 200

（续）

硫胺素 (mg)	核黄素 (mg)	尼克酸 (mg)	抗坏血酸 (mg)	维生素 E (mg)	钾 (mg)	钠 (mg)	钙 (mg)	镁 (mg)	铁 (mg)	锰 (mg)	锌 (mg)	铜 (mg)	磷 (mg)	硒 (μg)
0.16	0.16	1.0	22	…	740	31.7	186	49	0.9	0.62	1.02	0.45	78	3.91
0.29	0.06	0.8	7	0.68	437	8.3	10	28	1.3	0.24	0.64	0.11	129	5.54
0.11	0.08	0.5	35	0.81	226	5.1	29	18	1.4	0.17	0.46	0.05	44	1.24
0.2	0.12	0.8	14				64		2.1				32	
0.05	0.06	0.4	21	0.59	143	10.4	72	18	1.3	0.16	0.35	0.06	26	1.06
0.01	0.12	0.5	8	—	329	3.4	24	18	…	0.10	0.13	0.34	53	6.86
0.04	0.04	0.5	14				54		2.2				61	
0.11	0.06	0.5	17		347	5	52		1.1				50	
0.03	0.04	0.4	28	0.36	90	48.4	35	9	0.6	0.16	0.61	0.04	28	0.39
0.02	0.09	0.7	28	0.70	178	73.5	90	18	1.9	0.27	0.51	0.08	36	1.17
0.06	0.11	1.1	45	1.16	154	115.5	186	24	3.0	0.36	0.70	0.13	53	0.50
0.05	0.08	1.2	44	0.52	236	26.0	96	19	2.8	0.41	0.87	0.18	54	6.68
0.05	0.04	0.9	57	0.51	221	1.5	26	15	2.5	—	0.90	0.12	60	8.43
0.03	0.11	0.5	31	0.74	281	30.5	230	24	3.2	0.42	0.70	0.08	47	0.70
0.02	0.11	0.5	72	0.64	224	29.0	28	18	1.0	0.70	0.41	0.10	36	0.53
…	0.02	0.3	7	1.29	316	41.1	23	5	0.7	0.10	0.25	0.05	35	0.95
0.06	0.02	0.6	34	0.20	243	65.6	65	19	0.8	0.15	0.39	0.09	36	0.95
0.03	0.03	0.4	40	0.50	124	27.2	49	12	0.6	0.18	0.25	0.04	26	0.96
0.04	0.02	0.5	41	0.13	190	29.8	25	24	0.3	0.11	0.17	0.02	46	0.16
0.03	0.08	0.6	61	0.43	200	31.6	23	18	1.1	0.17	0.38	0.05	47	0.73
0.09	0.13	0.9	51	0.91	17	18.8	67	17	1.0	0.24	0.78	0.03	72	0.71
0.02	0.09	1.0	76	0.96	104	50.5	128	18	2.0	0.53	1.30	0.11	50	0.88
0.10	0.16	0.9	102		390	14	36		1.5				80	
0.16	0.26	2.1	186		378	75	249		2.7				93	
0.04	0.11	0.6	32	1.74	311	85.2	66	58	2.9	0.66	0.85	0.10	47	0.97
0.20	0.18	3.9	82	7.73	919	242.0	411	183	25.9	1.61	3.91	2.08	222	7.02
微	0.10	0.2	20	…	100	80.0	70	29	1.2	0.15	0.43	0.08	31	1.55
0.02	0.02	0.5	4	0.19	212	36.5	23	19	0.9	0.19	0.33	0.07	48	0.54
0.01	0.08	0.4	12	2.21	154	73.8	48	10	0.8	0.17	0.46	0.09	103	—
0.03	0.08	0.8	25	1.09	243	94.3	99	29	2.3	0.67	0.39	0.10	38	1.20
0.03	0.12	0.8	47	0.36	207	32.4	187	119	5.4	0.78	0.80	0.13	59	0.52
0.15	0.05	0.6	20	…	280	14.0	82	30	2.4	2.50	1.37	0.13	56	2.41
0.06	0.06	0.6	34	1.66	140	47.2	166	62	3.2	0.43	0.32	0.07	42	2.60
0.04	0.09	0.6	18	0.92	220	161.3	73	20	2.5	0.28	0.35	0.06	36	0.60
0.04	0.14	2.2	48	0.80	272	48.5	101	33	2.9	0.28	0.45	0.21	49	0.53
0.06	0.09	0.8	26	0.94	149	186.3	154	46	1.2	0.31	0.73	0.04	23	0.77
0.04	0.15	0.6	43	1.01	280	31.6	294	37	5.4	0.65	0.68	0.29	81	0.51
0.10	0.73	2.2	118	…	497	5.8	713	61	9.7	0.79	2.01	—	78	8.53
0.04	0.13	0.5	30				58		0.8				28	
0.03	0.11	0.7	23											
							85		1.5				56	
							280		22.0				100	
	0.09		46				105		450				2.8	
	0.21		56				74		40				53	
	0.60		52				12.1		223				4.0	

蔬菜名称	产地	热量		水分 (g)	蛋白质 (g)	脂肪 (g)	膳食纤维 (g)	碳水化合物 (g)	灰分 (g)	胡萝卜素 (μg)
		(kJ)	(kcal)							
苦菜	山东青岛	146	35	85.3	2.8	0.6	5.4	4.6	1.3	540
蒌蒿	江苏				3.6				1.5	1 400
马兰头		105	25	91.4	2.4	0.4	1.6	3.0	1.2	2 040
桔梗										8 400
黄瓜		63	15	95.8	0.8	0.2	0.5	2.4	0.3	90
黄瓜（温室）	北京		11	96.9	0.6	0.2	0.3	1.6	0.4	130
冬瓜		46	11	96.6	0.4	0.2	0.7	1.9	0.2	80
节瓜	广东	50	12	95.6	0.6	0.1	1.2	2.2	0.3	—
南瓜		92	22	93.5	0.7	0.1	0.8	4.5	0.4	890
西葫芦		75	18	94.9	0.8	0.2	0.6	3.2	0.3	30
金瓜	上海	59	14	95.6	0.5	0.1	0.7	2.7	0.4	60
笋瓜	安徽合肥	50	12	96.1	0.5	—	0.7	2.4	0.3	100
西瓜（京欣1号）		142	34	91.2	0.5	微	0.2	7.9	0.2	80
甜瓜（香瓜）		109	26	92.9	0.4	0.1	0.4	5.8	0.4	30
哈密瓜	北京	142	34	91.0	0.5	0.1	0.2	7.7	0.5	920
越瓜		75	18	95.0	0.6	0.2	0.4	3.5	0.3	20
丝瓜		84	20	94.3	1.0	0.2	0.6	3.6	0.3	90
苦瓜		79	19	93.4	1.0	0.1	1.4	3.5	0.6	100
瓠瓜		59	14	95.3	0.7	0.1	0.8	2.7	0.4	40
佛手瓜	山东崂山	67	16	94.3	1.2	0.1	1.2	2.6	0.6	20
蛇瓜	山东崂山	64	15	94.1	1.5	0.1	2.0	1.7	0.4	20
番茄		79	19	94.4	0.9	0.2	0.5	3.5	0.5	550
番茄（温室）	北京		17	95.2	0.6	0.2	0.3	3.3	0.4	310
长茄子		79	19	93.1	1.0	0.1	1.9	3.5	0.4	180
茄子		88	21	93.4	1.1	0.2	1.3	3.6	0.4	50
茄子（绿皮）		105	25	92.8	1.0	0.6	1.2	4.0	0.4	120
辣椒（红小）		134	32	88.8	1.3	0.4	3.2	5.7	0.6	1 390
灯笼椒（柿子椒）		92	22	93.0	1.0	0.2	1.4	4.0	0.4	340
酸 浆				93.0	1.1	0.1		4.3		38 000
菜豆		117	28	91.3	2.0	0.4	1.5	4.2	0.6	210
长豇豆		121	29	90.8	2.7	0.2	1.8	4.0	0.5	120
毛豆（青豆）		515	123	69.6	13.1	5.0	4.0	6.5	1.8	130
豌豆		439	105	70.2	7.4	0.3	3.0	18.2	0.9	220
蚕豆		435	104	70.2	8.8	0.4	3.1	16.4	1.1	310
扁豆		155	37	88.3	2.7	0.2	2.1	6.1	0.6	150
菜豆（干豆）	江苏				18.1	4.3		4.4		
刀豆		146	35	89.0	3.1	0.2	1.8	5.3	0.6	220
多花菜豆	黑龙江哈尔滨	92	22	92.2	2.4	0.3	1.6	2.3	1.2	160
四棱豆	山东				2.4			3.5		
莲藕		293	70	80.5	1.9	0.2	1.2	15.2	1.0	20
茭白		96	23	92.2	1.2	0.2	1.9	4.0	0.5	30
慈姑		393	94	73.6	4.6	0.2	1.4	18.5	1.7	—
水芹	北京		20	93.9	2.2	0.3	0.6	2.0	1.0	
荸荠		247	59	83.6	1.2	0.2	1.1	13.1	0.8	20

（续）

硫胺素（mg）	核黄素（mg）	尼克酸（mg）	抗坏血酸（mg）	维生素E（mg）	钾（mg）	钠（mg）	钙（mg）	镁（mg）	铁（mg）	锰（mg）	锌（mg）	铜（mg）	磷（mg）	硒（μg）
0.09	0.11	0.6	19	2.93	180	8.7	66	37	9.4	1.53	0.86	0.17	41	0.50
			49				730		2.9				102	
0.06	0.13	0.8	26	0.72	285	15.2	67	14	2.4	0.44	0.87	0.13	38	0.75
	0.62		216				27.7		135				2.3	
0.02	0.03	0.2	9	0.46	102	4.9	24	15	0.5	0.06	0.18	0.05	24	0.38
0.04	0.04	0.3	6				19		0.3				29	
0.01	0.01	0.3	18	0.08	78	1.8	19	8	0.2	0.03	0.07	0.07	12	0.22
0.02	0.05	0.4	39	0.27	40	0.2	4	7	0.1	0.10	0.08	0.02	13	—＋
0.03	0.04	0.4	8	0.36	145	0.8	16	8	0.4	0.08	0.14	0.03	24	0.46
0.01	0.03	0.2	6	0.34	92	5.0	15	9	0.3	0.04	0.12	0.03	17	0.28
0.02	0.02	0.6	2	0.43	152	0.9	17	8	0.9	微	0.17	0.04	10	0.28
0.04	0.02	—	5	0.29	96	—	14	7	0.6	0.05	0.09	0.03	27	—
0.02	0.04	0.4	7	0.03	79	4.2	10	11	0.5	0.05	0.10	0.02	13	0.08
0.02	0.03	0.3	15	0.47	139	8.8	14	11	0.7	0.04	0.09	0.04	17	0.40
...	0.01	...	12	...	190	26.7	4	19	...	0.01	0.13	0.01	19	1.10
0.02	0.01	0.2	12	0.03	136	1.6	20	15	0.5	0.03	0.10	0.03	14	0.63
0.02	0.04	0.4	5	0.22	115	2.6	14	11	0.4	0.06	0.21	0.06	29	0.86
0.03	0.03	0.4	56	0.85	256	2.5	14	18	0.7	0.16	0.36	0.06	35	0.36
0.02	0.01	0.4	11	...	87	0.6	16	7	0.4	0.08	0.14	0.04	15	0.49
0.01	0.10	0.1	8	...	76	1.0	17	10	0.1	0.03	0.08	0.02	18	1.45
0.10	0.03	0.1	4	...	763	2.2	191	47	1.2	0.16	0.42	0.04	14	0.30
0.03	0.03	0.6	19	0.57	163	5.0	10	9	0.4	0.08	0.13	0.06	2	0.15
			12						0.3				22	
0.03	0.03	0.6	7	0.20	136	6.4	55	15	0.4	0.14	0.16	0.07	2	0.57
0.02	0.04	0.6	5	1.13	142	5.4	24	13	0.5	0.13	0.23	0.10	2	0.48
0.02	0.20	0.6	7	0.55	162	6.8	12	13	0.1	0.07	0.24	0.05	2	0.64
0.03	0.06	0.8	144	0.44	222	2.6	37	16	1.4	0.18	0.30	0.11	95	1.90
0.03	0.03	0.9	72	0.59	142	3.3	14	12	0.8	0.12	0.19	0.09	2	0.38
0.15	0.03	3.5	4				8		0.3				34	
0.04	0.07	0.4	6	1.24	123	8.6	42	27	1.5	0.18	0.23	0.11	51	0.43
0.07	0.07	0.8	18	0.65	145	4.6	42	43	1.0	0.39	0.94	0.11	50	1.40
0.15	0.07	1.4	27	2.44	478	3.9	135	70	3.5	1.20	1.73	0.54	188	2.48
0.43	0.09	2.3	14	1.21	332	1.2	21	43	1.7	0.65	1.29	0.22	127	1.74
0.37	0.10	1.5	16	0.83	391	4.0	16	46	3.5	0.55	1.37	0.39	200	2.02
0.04	0.07	0.9	13	0.24	178	3.8	38	34	1.9	0.34	0.72	0.12	54	0.94
0.56	0.14						139		7.7				454	
0.05	0.07	1.0	15	0.31	209	5.9	48	28	3.2	0.45	0.84	0.09	57	0.88
0.07	0.08	1.4	11	2.39	240	3.3	69	35	1.9	0.12	0.38	0.61	56	1.10
			19	（0.1）										
0.09	0.03	0.3	44	0.73	243	44.2	39	19	1.4	1.30	0.23	0.11	58	0.39
0.02	0.03	0.5	5	0.99	209	5.8	4	8	0.4	0.49	0.33	0.06	36	0.45
0.14	0.07	1.6	4	2.16	707	39.1	14	24	2.2	0.39	0.99	0.22	157	0.92
							160		8.5				61	
0.02	0.02	0.7	7	0.65	306	15.7	4	12	0.6	0.11	0.34	0.07	44	0.70

蔬菜名称	产地	热量		水分（g）	蛋白质（g）	脂肪（g）	膳食纤维（g）	碳水化合物（g）	灰分（g）	胡萝卜素（μg）
		(kJ)	(kcal)							
菱	北京		115	69.2	3.6	0.5	1.0	24	1.7	10
豆瓣菜	广东	71	17	94.5	2.9	0.5	1.2	0.3	0.6	9 550
芡实	北京		144	63.4	4.4	0.2	0.4	31.1	0.5	微
莼菜（瓶装）	浙江杭州	84	20	94.5	1.4	0.1	0.5	3.3	0.2	330
蒲菜	北京		12	95.0	1.2	0.1	0.9	1.5	1.3	1.0
竹笋	上海	79	19	92.8	2.6	0.2	1.8	1.8	0.8	—
黄花菜		833	199	40.3	19.4	1.4	7.7	27.2	4.0	1 840
芦笋		75	18	93.0	1.4	0.1	1.9	3.0	0.6	100
百合	甘肃兰州	678	162	56.7	3.2	0.1	1.7	37.1	1.2	—
枸杞	广东	184	44	87.8	5.6	1.1	1.6	2.9	1.0	—
香椿（香椿头）		197	47	85.2	1.7	0.4	1.8	9.1	1.8	700
黄秋葵	北京	155	37	86.2	2.0	0.1	3.9	7.1	0.7	310
菜玉米（笋）	山东				3.0	0.2		1.9		
菜蓟（朝鲜蓟）				84	2.8	0.2		2.0		100（IU）
辣根	北京		92	73.1	3.2	0.2	2.3	19.3	1.9	
食用大黄					0.6	0.1		3.7		100（IU）
黑木耳		858	205	15.5	12.1	1.5	29.9	35.7	5.3	100
银耳		837	200	14.6	10.0	1.4	30.4	36.9	6.7	50
双孢蘑菇	福建晋江	92	22	92.4	4.2	0.1	1.5	1.2	0.6	—
香菇（干）		883	211	12.3	20.0	1.2	31.6	30.1	4.8	20
香菇（鲜）	上海	79	19	91.7	2.2	0.3	3.3	1.9	0.6	—
草菇	广东	96	23	92.3	2.7	0.2	1.6	2.7	0.5	—
平菇（鲜）		84	20	92.5	1.9	0.3	2.3	2.3	0.7	10
猴头菇（罐装）		54	13	92.3	2.0	0.2	4.2	0.7	0.6	—
金针菇		109	26	90.2	2.4	0.4	2.7	3.3	1.0	30
金针菇（罐装）	浙江	88	21	91.6	1.0	⋯	2.5	4.2	0.7	—
绿豆芽		75	18	94.6	2.1	0.1	0.8	2.1	0.3	20
黄豆芽		184	44	88.8	4.5	1.6	1.5	3.0	0.6	30
蚕豆芽			138	63.8	13.0	0.8	0.6	19.6	2.2	30
豌豆芽			31	91.9	4.5	0.7	0.9	1.6	0.4	262
萝卜芽			26	92.9	2.5	0.5	0.9	2.8	0.4	356
荞麦苗			23	93.6	1.7	0.6	0.9	2.8	0.4	674
向日葵芽			23	93.3	2.5	0.7	1.2	1.7	0.5	191
黑豆芽			44	88.6	6.2	1.2	1.1	2.2	0.7	143
香椿苗			26	91.1	4.3	0.7	1.2	2.0	0.7	255
树芽香椿			47	85.2	1.7	0.4	1.8	9.1	1.8	700
菊苣芽球			17	94.8	1.7	0.1	0.4	2.9	0.6	230
花椒脑			65	81.4	6.0	0.5	1.8	9.0	1.3	3 100
姜芽			19	94.5	0.7	0.6	0.9	2.8	0.5	—

注：引自《中国蔬菜栽培学》，2008。

（续）

硫胺素 （mg）	核黄素 （mg）	尼克酸 （mg）	抗坏血酸 （mg）	维生素 E （mg）	钾 （mg）	钠 （mg）	钙 （mg）	镁 （mg）	铁 （mg）	锰 （mg）	锌 （mg）	铜 （mg）	磷 （mg）	硒 （μg）
0.23	0.05	1.9	5				9		0.7				49	
0.01	0.11	0.3	52	0.59	179	61.2	30	9	1.0	0.25	0.69	0.06	26	0.70
0.4	0.08	2.5	6				9		0.4				110	
…	0.01	0.1	…	0.90	2	7.9	42	3	2.4	0.26	0.67	0.04	17	0.67
0.03	0.04	0.5	6				53		0.2				24	
0.08	0.08	0.6	5	0.05	389	0.4	9	1	0.5	1.14	0.33	0.09	64	0.04
0.05	0.21	3.1	10	4.92	610	59.2	301	85	8.1	1.21	3.99	0.37	216	4.22
0.04	0.05	0.7	45	…	213	3.1	10	10	1.4	0.17	0.41	0.07	42	0.21
0.02	0.04	0.7	18	—	510	6.7	11	—	1.0	0.35	0.50	0.24	61	0.20
0.08	0.32	1.3	58	2.99	170	29.8	36	74	2.4	0.37	0.21	0.21	32	0.35
0.07	0.12	0.9	40	0.99	172	4.6	96	36	3.9	0.35	2.25	0.09	147	0.42
0.05	0.09	1.0	4	1.03	95	3.9	45	29	0.1	0.28	0.23	0.07	6	0.51
0.05	0.08		110				37		0.6				50	
0.08	0.04	0.8	10				44		1.4				80	
(0.06)	(0.03)	(0.5)	(95)				160		0.7				59	
0.03	0.07		9				96		0.8				18	
0.17	0.44	2.5	—	11.34	757	48.5	247	152	97.4	8.86	3.18	0.32	292	3.72
0.05	0.25	5.3	—	1.26	1 588	82.1	36	54	4.1	0.17	3.03	0.08	369	2.95
…	0.27	3.2	…	…	307	2.0	2	9	0.9	0.10	6.60	0.45	43	6.99
0.19	1.26	20.5	5	0.66	464	11.2	83	147	10.5	5.47	8.57	1.03	258	6.42
微	0.08	2.0	1	…	20	1.4	2	11	0.3	0.25	0.66	0.12	53	2.58
0.08	0.34	8.0	—	0.40	179	73.0	17	21	1.3	0.09	0.60	0.40	33	0.02
0.06	0.16	3.1	4	0.79	258	3.8	5	14	1.0	0.07	0.61	0.08	86	1.07
0.01	0.04	0.2	4	0.46	8	175.2	19	5	2.8	0.03	0.40	0.06	37	1.28
0.15	0.19	4.1	2	1.14	195	4.3	—	17	1.4	0.10	0.39	0.14	97	0.28
0.01	0.01	0.6	…	0.98	17	238.2	14	7	1.1	…	0.34	0.01	23	0.48
0.05	0.06	0.5	6	0.19	68	4.4	9	18	0.6	0.10	0.35	0.10	37	0.50
0.04	0.07	0.6	8	0.80	160	7.2	21	21	0.9	0.34	0.54	0.14	74	0.96
0.17	0.14	2.0	7				109		8.2				382	
0.12	0.33		12.0	0.74	161	8.5	2.8	4.1	3.9	0.13	0.39	0.44	68	0.61
0.10	0.11		12.3	0.83	84	10.3	10.0	14.8	6.2	0.31	0.23	0.54	91	1.06
0.16	0.14		10.2	0.37	41	10.4	2.2	15.4	1.5	0.40	0.11	0.13	64	0.13
0.26	0.32		8.3	0.66	67	4.8	1.6	18.8	…	0.19	0.25	0.28	64	0.53
0.08	0.02		9.2	0.65	235	18.6	1.6	12.4	～	0.36	0.24	0.29	112	1.26
0.08	0.06		28.2	0.60	126	20.4	21.5	23.3	～	0.23	0.28	0.21	85	0.68
0.07	0.12		40	0.99	172	4.6	96	36	3.9	0.35	2.25	0.09	147	0.42
—	—		13	—	245	2.9	17	16	0.6	0.19	0.24	0.08	32	—
—	—		45	—	448	16.4	98	60	2.4	0.52	1.36	0.42	109	—
…	0.01		2	…	160	1.9	9	24	0.8	3.38	0.17	0.03	11	0.10

食用蕈菌

担子菌纲	**Basidiomycetes**

（一）银耳科 Tremellaceae

    1. 银耳   *Tremella fuciformis* Berk.

    2. 金耳   *Tremella aurantialba* Bandoni et Zhang

    3. 茶耳   *Tremella foliacea* Pers. ex Fr.

    4. 血耳   *Tremella sanguinea* Peng.

（二）木耳科 Auriculariaceae

    1. 黑木耳   *Auricularia auricula*（L. ex Hook.）Underw.

    2. 毛木耳   *Auricularia polytricha*（Mont.）Sacc.

（三）猴头菌科 Hericiaceae

    猴头菇   *Hericium erinaceus*（Bull.）Pers.

（四）多孔菌科 Polyporaceae

    1. 猪苓   *Polyporus umbellatus*（Pers. ex Fr.）Pilat（*Grifola umbellata*）

    2. 灰树花   *Grifola frondosa*（Dicks. ex Fr.）S. F. Gray

（五）鸡油菌科 Cantharellaceae

    红鸡油菌   *Cantharellus cinnabarinus* Schw.

（六）牛肝菌科 Boletaceae

    美味牛肝菌   *Boletus edulis* Bull. ex Fr.

（七）光柄菇科 Pluteaceae

    1. 草菇   *Volvariella volvacea*（Bull. ex Fr.）Sing.

    2. 银丝草菇   *Volvariella bombycina*（Schaeff. ex Fr.）Sing.

    3. 灰光柄菇   *Pluteus cervinus*（Schaeff. ex Fr.）Quel.

（八）侧耳科 Pleurotaceae

    1. 糙皮侧耳（灰平菇）   *Pleurotus ostreatus*（Jacq ex Fr.）Quel.

    2. 凤尾菇   *Pleurotus sajor-caju*（Fr.）Sing.

        ［肺形侧耳（凤尾菇）*Pleurotus pulmonarius*］

    3. 佛州侧耳（白瓶菇）   *Pleurotus ostreatus* var. *florida*（*Pleurotus florida*）

　　4. 黄白侧耳（美味侧耳、　　*Pleurotus cornucopiae* （Paul. ex Pers.）Roll.
姬菇）

　　5. 刺芹侧耳（杏鲍菇）　　*Pleurotus eryngii* （DC. Fr.）Quel.
　　阿魏侧耳（阿魏菇）　　var. *ferulae* Lanzi. （*Pleurotus ferulae* Lanzi.）
　　6. 盖囊侧耳（鲍鱼菇）　　*Pleurotus cystidiosus* O. K. Miller. （*Pleurotus abolanus*）
　　7. 金顶侧耳（榆黄蘑）　　*Pleurotus citrinopileatus* Sing.
　　8. 白阿魏侧耳（白灵侧　　*Pleurotus nebrodensis* （Inzenga）
耳、白灵菇）

　　　　　　　　　　［*Pleurotus eryngii* （DC. Fr.）Quel. var. *nebrodensis* （Inzenga）］

（九）蘑菇科　　　　　　Agaricaceae
　　1. 双孢蘑菇（蘑菇）　　*Agaricus bisporus* （Lange）Sing.
　　2. 大肥菇　　　　　　*Agaricus bitorquis* （Quel.）Sacc.
　　3. 姬松茸（巴西蘑菇）　　*Agaricu sblazei* Mürvill
　　4. 美味蘑菇　　　　　*Agaricus eduris* Vitt.

（十）粪锈伞菌科　　　　Bolbitiaceae
　　茶薪菇（杨树菇）　　*Agrocybe cylindracea* （DC. ex Fr.）R. Maire

（十一）白蘑科（口蘑科）　Tricholomataceae
　　1. 香菇　　　　　　*Lentinus edodes* （Berk.）Sing.
　　2. 金针菇　　　　　*Flammulina velutipes* （Curt. ex Fr.）Sing.
　　3. 鸡枞菌　　　　　*Termitomyces albuminosus* （Berk.）Heim
　　4. 松口蘑（松茸）　　*Tricholoma matsutake* S. Ito et Imai
　　5. 斑玉蕈（真姬菇）　　*Hypsizygus marmoreus* （Peck）Bigelow

（十二）牛舌菌科　　　　Fistulinaceae
　　牛舌菌　　　　　　*Fistulina hepatica* （Schaeff.）Fr.

（十三）球盖菇科　　　　Strophariaceae
　　滑菇　　　　　　　*Pholiota nameko* （T. Ito）S. Ito et Imai.

（十四）鬼笔菌科　　　　Phallaceae
　　1. 长裙竹荪　　　　*Dictyophora indusiata* （Vent. ex Pers.）Fischer
　　2. 短裙竹荪　　　　*Dictyophora duplicata* （Bosc）Fischer

（十五）鬼伞科　　　　　Coprinaceae
　　毛头鬼伞（鸡腿菇）　　*Coprinus comatus* （Mull. ex Fr.）S. F. Gray

（十六）灵芝科　　　　　Ganodermataceae
　　1. 灵芝　　　　　　*Ganoderma lucidum*
　　2. 中华灵芝　　　　*Ganoderma sinense*

蕨类植物

　　薄囊蕨纲　　　　　　**Leptosporangiopsida**
　　　　凤尾蕨科　　　　　　**Pteridiaceae**
　　　　蕨菜　　　　　　　*Pteridium aquilinum* （L.）Kuhn. var. *latiusculum* （Desv.）
　　　　　　　　　　　　Underw.

被子植物

一、双子叶植物纲　　　**Dicotyledoneae**

（一）藜科	Chenopodiaceae	
1. 菠菜	*Spinacia oleracea* L.	2n＝2x＝12
有刺菠菜	var. *spinosa* Moench	
无刺菠菜	var. *inermis* Peterm	
2. 莙菜（甜菜）	*Beta vulgaris* L.	2n＝2x＝18
叶甜菜	var. *cicla* L.	
根甜菜	var. *rapacea* Koch.	
3. 榆钱菠菜	*Atriplex hortensis* L.	2n＝2x＝18
（二）番杏科	Aizoaceae	
番杏	*Tetragonia expansa* Murray	2n＝4x＝32
（三）落葵科	Basellaceae	
1. 红落葵	*Basella rubra* L.	2n＝4x＝48
2. 白落葵	*Basella alba* L.	2n＝5x＝60
3. 广落葵	*Basella cordifolia* Lam.	
4. 藤三七	*Anredera cordifolia*（Ten.）Steenis	
（四）苋科	Amaranthaceae	
1. 苋菜	*Amaranthus mangostanus* L.	2n＝2x＝34
2. 青葙	*Celosia argentea* L.	
（五）豆科	Leguminosae	
1. 菜豆	*Phaseolus vulgaris* L.	2n＝2x＝22
矮生菜豆	var. *humilis* Alef.	
2. 多花菜豆	*Phaseolus coccineus* L.	2n＝2x＝22
	（*Phaseolus multiflorus* Willd.）	
红花矮生变种	var. *rubronanus* L. H. Bailey	
白花矮生变种	var. *albonanus* L. H. Bailey	
白花、白籽蔓生 　　变种	var. *albus* L. H. Bailey	
	（白花菜豆 var. *albus* Alef.）	
3. 大菜豆（利马豆）	*Phaseolus limensis* Macf.	2n＝2x＝22
4. 小菜豆	*Phaseolus lunatus* L.	
5. 豇豆	*Vigna unguiculata*（L.）Walp.	2n＝2x＝22
普通豇豆	ssp. *unguiculata*　（L.）Verdc.	
短荚豇豆	ssp. *cylindrica*（L.）Van Eselt ex Verdc.	
长豇豆	ssp. *sesquipedalis*（L.）Verdc.	
6. 蚕豆	*Vicia faba* L.	2n＝2x＝12
大粒	var. *major*	
中粒	var. *equine*	
小粒	var. *minor*	
7. 菜用大豆（毛豆）	*Glycine max* Merr.	2n＝2x＝40

8. 豌豆	*Pisum sativum* L.	2n＝2x＝14
粮用豌豆	var. *arvense*（L.）Poir.	
菜用豌豆	var. *hortense* Poir.	
软荚豌豆	var. *macrocarpon* Ser.	
9. 蔓性刀豆	*Canavalia gladiata*（Jacq.）DC.	2n＝2x＝22
10. 矮刀豆	*Canavalia ensiformis*（L.）DC.	
11. 藜豆	*Stizolobium capitatum* Kuntze	
	［*Mucuna pruriens*（L.）DC. var. *utilis*（Wall. ex Wight）	
	Baker ex Burck］	
12. 黄毛藜豆	*Stizolobium hassjoo* Piper et Tracy	
13. 四棱豆	*Psophocarpus tetragonolobus*（L.）DC.	2n＝2x＝18
14. 扁豆	*Lablab purpureus*（L.）Sweet	2n＝2x＝22
	（*Dolichos lablab* L.）	
15. 豆薯	*Pachyrhizus erosus*（L.）Urban.	2n＝2x＝22
16. 葛	*Pueraria thomsonii* Benth.	2n＝2x＝24
17. 土圞儿	*Apios americana* Medic.	2n＝22
18. 苜蓿（菜苜蓿）	*Medicago hispida* Gaertn.	2n＝2x＝14

（六）锦葵科　　　　　　Malvaceae

1. 黄秋葵	*Abelmoschus esculentus*（L.）Moench	
2. 冬寒菜	*Malva verticillata* L.	
	（*Malva crispa* L.）	

（七）十字花科　　　　　Cruciferae

1. 芸薹	*Brassica campestris* L.（*Brassica rapa* L.）	
（1）白菜（不结球白菜）	ssp. *chinensis*（L.）Makino	2n＝2x＝20
普通白菜(小白菜)	var. *communis* Tsen et Lee（var. *erecta* Mao）	
乌塌菜	var. *rosularis* Tsen et Lee（var. *atrovirens* Mao）	
菜薹	var. *tsai-tai* Hort.（var. *purpurea* Mao）	
	（或菜薹 var. *utilis* Tsen et Lee，var. *parachinensis* Bailey；	
	紫菜薹 var. *purpurea* Bailey）	
薹菜	var. *tai-tsai* Hort	
多头菜	var. *multiceps* Hort.［var. *nipponsinica* Hort.；	
	var. *nipponsinica*（L. H. Bailey）］	
油菜	var. *utilis* Tsen et Lee（var. *oleifera* Makino）	
（2）大白菜	ssp. *pekinensis*（Lour.）Olsson	2n＝2x＝20
	［或 *Brassica rapa* ssp. *pekinensis*（Lour.）Hanelt］	
散叶大白菜	var. *dissoluta* Li.	
半结球大白菜	var. *infarcta* Li.	
花心大白菜	var. *laxa* Tsen et Lee	
结球大白菜	var. *cephalata* Tsen et Lee	
（3）芜菁	ssp. *rapifera* Metzg	2n＝2x＝20

（或 *Brassica rapa* L. ssp. *rapifera* Metzg）

2. 芥菜　　　　　　　　　*Brassica juncea*（L.）Czern. et Coss.

$2n=2x=36，2n=4x=36$

根芥菜（大头芥）	var. *megarrhiza* Tsen et Lee
茎芥菜（茎瘤芥）	var. *tumida* Tsen et Lee（var. *tsatsai*. Mao）
笋子芥	var. *crassicaulis* Chen et Yang
抱子（芽）芥	var. *gemmifera* Lee et Lin
大叶芥	var. *rugosa* Bailey
小叶芥	var. *foliosa* Bailey
白花芥	var. *leucanthus* Chen et Yang
花叶芥	var. *multisecta* Bailey
长柄芥	var. *longepetiolata* Yang et Chen
凤尾芥	var. *linearifolia* Sun
叶芥菜（分蘖芥）	var. *multiceps* Tsen et Lee
宽柄芥	var. *latipa* Li
叶瘤芥	var. *strumata* Tsen et Lee
卷心芥	var. *involuta* Yang et Chen
结球芥	var. *capitata* Hort et Li
薹芥菜	var. *utilis* Li.

3. 甘蓝　　　　　　　　*Brassica oleracea* L.　　　　　　$2n=2x=18$

结球甘蓝（普通甘蓝）	var. *capitata* L.
赤球甘蓝	var. *rubra* DC.
皱叶甘蓝	var. *bullata* DC.
羽衣甘蓝	var. *acephala* DC.
孢子甘蓝	var. *germmifera* Zenk.
花椰菜	var. *botrytis* L.
青花菜	var. *italica* P.
球茎甘蓝	var. *caulorapa* DC.

4. 芥蓝　　　　　　　　*Brassica alboglabra* L. H. Bailey

（或 *Brassica oleracea* var. *alboglabra* Bailey）

$2n=2x=18$

5. 芜菁甘蓝　　　　　　*Brassica napobrassica* Mill.　　　$2n=2x=38$

6. 萝卜　　　　　　　　*Raphanus sativus* L.　　　　　　$2n=2x=18$

中国萝卜（长羽裂萝　var. *longipinnatus* Bailey
卜）

四季萝卜（樱桃萝卜）　var. *radiculus* Pers.

7. 辣根　　　　　　　　*Armoracia rusticana*（Lam.）Gaertn.　$2n=4x=32$

8. 豆瓣菜　　　　　　　*Nasturtium officinale* R. Br.

$2n=2x=32，34，36，48，60$

9. 荠菜　　　　　　　　*Capsella bursa-pastoris* L. Medic.　　$2n=4x=32$

10. 蔊菜　　　　　　　*Rorippa dubia*（Pers.）Hara

11. 沙芥　　　　　　　*Pugionium cornutum*（L.）Gaertn

12. 山葵	*Eutrema wasabi*（Siebold）Maxim.	
13. 独行菜	*Lepidium sativum* L. Willd.	
14. 芝麻菜	*Eruca sativa* Mill. var. *sativa*	2n＝2x＝22

（八）葫芦科　　　　　　　　　　Cucurbitaceae

1. 黄瓜	*Cucumis sativus* L.	2n＝2x＝14
2. 甜瓜	*Cucumis melo* L.	2n＝2x＝24
野甜瓜	ssp. *agrestis*（Naud.）Greb Die kulturpf	
闻　瓜	ssp. *dudaim*（L.）Greb Die Kulturpf	
蛇甜瓜	ssp. *flexuosus*（L.）Greb. Die Kulturpf	
薄皮甜瓜	ssp. *conomon*（Thunb.）Greb Die Kulturpf	
越瓜	var. *conomon*（Thunb.）Greb	
梨瓜（中国甜瓜）	var. *chinensis*（Pang）. Greb.	
厚皮甜瓜	ssp. *melo* Pang.	
阿达纳甜瓜	var. *adana*（Pang.）Greb	
卡沙巴甜瓜	var. *cassaba*（Pang.）Greb	
粗皮甜瓜	var. *cantalupa*（Pang.）Greb	
瓜旦甜瓜	var. *chandalak*（Pang.）Greb	
夏甜瓜	var. *ameri*（Pang.）Greb	
冬甜瓜	var. *zard*（Pang.）Greb	
	［var. *inodorus*（Jacq.）Naud.］	

［《中国蔬菜栽培学》（2008）记载为：越瓜 *Cucumis melo* var. *conomon* Makino；菜瓜（蛇形甜瓜）
Cucumis melo L. var. *flexuosus* Naud.］

3. 冬瓜	*Benincasa hispida* Cogn.	2n＝2x＝24
节瓜	var. *chieh-qua* How.	
4. 瓠瓜	*Lagenaria siceraria*（Molina）Standl.	2n＝2x＝22
瓠子	var. *clavata* Hara	
长颈葫芦	var. *cougourda* Hara	
圆扁蒲（大葫芦）	var. *depressa*（Ser.）Hara	
细腰葫芦	var. *gourda*（Ser.）Hara	
观赏腰葫芦	var. *microcarpa*（Naud.）Hara	
5. 南瓜（中国南瓜）	*Cucurbita moschata* Duch. ex Poir.	2n＝2x＝40
圆南瓜	var. *melonaeformis* Bailey	
长南瓜	var. *toonas* Mak.	
6. 笋瓜（印度南瓜）	*Cucurbita maxima* Duch. ex Lam.	2n＝2x＝40
7. 西葫芦（美洲南瓜）	*Cucurbita pepo* L.	2n＝2x＝40
8. 灰籽南瓜（墨西哥南瓜）	*Cucurbita mixta* Pang.	2n＝2x＝40
	（*C. argyrosperma* Huber）	
9. 黑籽南瓜	*Cucurbita ficifolia* Bouchè	2n＝2x＝40
	（*C. ficifolia* Huber）	
10. 西瓜	*Citrullus lanatus*（Thunb.）Matsum et Nakai	
		2n＝2x＝22

普通西瓜	ssp. *vulgaris* (Schrad.) Fursa	
普通西瓜	var. *vulgaris* Fursa	
毛西瓜	ssp. *lanatus* Fursa	
饲用西瓜（小西瓜）	var. *citroides* (Bailey) Mansf.	

11. 普通丝瓜　　　*Luffa cylindrica* (L.) M. J. Roam.　　2n＝2x＝26

12. 有棱丝瓜　　　*Luffa acutangula* (L.) Roxb.　　2n＝2x＝26

13. 苦瓜　　　　　*Momordica charantia* L.　　2n＝2x＝22

14. 佛手瓜　　　　*Sechium edule* (Jacq.) Swartz　　2n＝2x＝26

15. 蛇瓜（蛇豆）　*Trichosanthes anguina* L.　　2n＝2x＝22

（九）伞形科　　　　Umbelliferae

1. 胡萝卜　　　　*Daucus carota* L. var. *sativa* DC.　　2n＝2x＝18

2. 美洲防风　　　*Pastinaca sativa* L.　　2n＝2x＝22

3. 芹菜　　　　　*Apium graveolens* L.　　2n＝2x＝22

　　叶用芹菜（西洋芹菜）　var. *dulce* DC.

　　根芹菜　　　var. *rapaceum* DC.

4. 茴香（小茴香）*Foeniculum vulgare* Mill.　　2n＝2x＝22

　　意大利茴香（大茴香）　var. *azoricum* (Mill.) Thell.

　　球茎茴香　　var. *dulce* Batt. et Trab.

5. 芫荽　　　　　*Coriandrum sativum* L.　　2n＝2x＝22

6. 香芹（荷兰芹）*Petroselinum crispum* Mill. Nym. ex A. W. Hill

　　　　　　　　　　　　　　　　　　　　2n＝2x＝22

　　根香芹　　　var. *tuberosum* (Bernh.) Crov.

7. 水芹　　　　　*Oenanthe stolonifera* (Roxb.) DC.

　　　　　　　　　［*Oenanthe javanica* (Bl.) DC.］　　2n＝2x＝22

8. 莳萝　　　　　*Anethum graveolens* L.　　2n＝2x＝10

9. 鸭儿芹　　　　*Cryptotaenia japonica* Hassk.　　2n＝2x＝22

10. 欧当归　　　　*Levisticum officinale* W. D. J. Koch

（十）蔷薇科　　　　Rosaceae

1. 草莓（凤梨草莓）*Fragaria ananassa* Duch.　　2n＝8x＝56

（十一）菱科　　　　Trapaceae

1. 二角菱　　　　*Trapa bispinosa* Roxb.　　2n＝2x＝36

2. 四角菱　　　　*Trapa quadrispinosa* Roxb.　　2n＝2x＝36

3. 乌菱　　　　　*Trapa bicornis* Osbeck　　2n＝2x＝36

4. 南湖菱（无角菱）*Trapa acornis* Nakai.　　2n＝2x＝36

（十二）茄科　　　　Solanaceae

1. 茄子　　　　　*Solanum melongena* L.　　2n＝2x＝24

　　圆茄　　　　var. *esculentum* Nees

　　长茄　　　　var. *serpentinum* Bailey

簇生茄（矮茄、卵茄）	var. *depressum* Bailey	
番茄（属）	*Lycopersicon* Miller	2n＝2x＝24
2. 普通番茄	*Lycopersicon esculentum* Mill.	
普通番茄	var. *esculentum*	
樱桃番茄	var. *cerasiforme*（Dun.）Gray	
3. 醋栗番茄	*Lycopersicon pimpinellifolium*（Jusl.）Mill.	
4. 契斯曼尼番茄	*Lycopersicon cheesmanii* Riley	
5. 多毛番茄	*Lycopersicon hirsutum* Humb. & Bonpl.	
6. 潘那利番茄	*Lycopersicon pennellii*（Corr）D'Arcy	
7. 克梅留斯基番茄	*Lycopersicon chmielewskii* Rick，Kes.，Fob. & Holle	
8. 小花番茄	*Lycopersicon parviflorum* Rick，Kes.，Fob. & Holle	
9. 秘鲁番茄	*Lycopersicon peruvianum*（L）Mill.	
10. 智利番茄	*Lycopersicon chilense* Dun.	
11. 辣椒	*Capsicum annuum* L.	2n＝2x＝24
樱桃椒	var. *cerasiforme* Irish	
圆锥椒（朝天椒）	var. *conoides* Irish	
簇生椒	var. *fasciculatum* Sturt.	
长形椒（牛角椒）	var. *longum* Sendt.	
灯笼椒（甜椒）	var. *grossum* Sendt.	
12. 小米椒	*Capsicum frutescens* L.	
13. 马铃薯	*Solanum tuberosum* L.	2n＝4x＝48
14. 枸杞	*Lycium chinense* Mill.	2n＝2x＝24
		2n＝3x＝36
		2n＝4x＝48
15. 宁夏枸杞	*Lycium barbarum* L.	2n＝2x＝24
16. 酸浆	*Physalis alkekengi* L.	2n＝2x＝24
挂金灯（红果酸浆）	var. *francheti*（Masf.）Makino	
17. 灯笼果（小果酸浆）	*Physalis peruviana* L.	
18. 毛酸浆（黄果酸浆）	*Physalis pubescens* L.	
19. 香艳茄	*Solanum muricatum* Ait.	
20. 树番茄	*Cyphomandra betacea*（Cav.）Sendtn.	
21. 少花龙葵	*Solanum photeinocarpum* Nakamura et Odashima	

（十三）唇形科　　　　　　　　Labiatae

1. 甘露子（草石蚕）	*Stachys sieboldii* Miq.	
2. 薄荷（中国薄荷）	*Mentha haplocalyx* Briq.	2n＝2x＝12，60，72，54，64，92
3. 欧薄荷	*Mentha longifolia*（Linn.）Huds.	
4. 罗勒	*Ocimum basilicum* L.	2n＝2x＝48
5. 留兰香	*Mentha cpicata* Linn.	
6. 紫苏	*Perilla frutescens*（L.）Britt	
耳齿变种	var. *auriculato-dentata* Wu et Li	

尖叶紫苏（野生紫苏）	var. *acuta*（Thunb.）Kudo	
7. 裂叶荆芥	*Schizonepeta tenuifolia*（Benth.）Briq.	
8. 熏衣草	*Lavandula angustifolia* Mill.（*L. spica* L.）	
9. 迷迭香	*Rosmarinus officinalis* L.	
10. 鼠尾草	*Salvia officinalis* L.	
11. 百里香	*Thymus vulgaris* L.	
12. 牛至	*Origanum vulgare* L.	
13. 香蜂花	*Melissa officinalis* L.	
14. 藿香	*Agastache rugosa*（Fisch. et Mey.）O. Kuntze	

（十四）棟科 Meliaceae

香椿	*Toona sinensis* Roem.	2n＝56，52

（十五）旋花科 Convolvulaceae

1. 蕹菜	*Ipomoea aquatica* Forsk.	2n＝2x＝30
2. 甘薯	*Ipomoea. batatas* Lamk.	

（十六）菊科 Compositae

1. 莴苣	*Lactuca sativa* L.	2n＝2x＝18
皱叶莴苣	var. *crispa* L.	
直立莴苣	var. *romana* Gars（var. *longifolia* Lam.）	
结球莴苣	var. *capitata* L.	
茎用莴苣（莴笋）	var. *asparagina* Baiey（var. *angustana* Irish）	
2. 茼蒿	*Chrysanthemum* sp.	2n＝18，2n＝36
3. 小叶茼蒿	*Chrysanthemum coronarium* L.	
4. 南茼蒿（大叶茼蒿）	*Chrysanthemum segetum* L.	
	（*Ch. coronarium* L. var. *spatiosum* Bailey）	
5. 蒿子秆	*Chrysanthemum carinatum* Schousb	
6. 菊芋	*Helianthus tuberosus* L.	2n＝6x＝102
7. 苦苣	*Cichorium endivia* L.	
碎叶苦苣	var. *crispa* Hort.	
阔叶苦苣	var. *latifolia* Hort.	
8. 菊苣	*Cichorium intybus* L.	
9. 苦荬菜	*Ixeris denticulata*（Houtt.）Stebb.	
10. 苣荬菜	*Sonchus arvensis* L.	
11. 苦苣菜	*Sonchus oleraceus* L.	2n＝4x＝32
12. 牛蒡	*Arctium lappa* L.	2n＝2x＝32
13. 婆罗门参	*Tragopogon porrifolius* L.	2n＝2x＝12
14. 菊牛蒡（黑婆罗门参）	*Scorzonera hispanica* L.	2n＝2x＝14
15. 菊花脑	*Chrysanthemum nankingense* H. M.	2n＝2x＝18
		2n＝4x＝36
16. 紫背天葵（红凤菜）	*Gynura bicolor* DC.	
17. 菜蓟（朝鲜蓟）	*Cynara scolymus* L.	2n＝2x＝34

18. 蒌蒿　　　　　　　　　*Artemisia selengensis* Turcz.　　　　　　2n＝2x＝16

19. 马兰（马兰头）　　　　*Kalimeris indica*（L.）Sch. -Bip.

20. 蒲公英　　　　　　　　*Taraxacum mongolicum* Hand. -Mazz.

21. 蜂斗菜　　　　　　　　*Petasites japonicus*（Sieb. et Zucc.）F. Shidt.

　　　（曾被误称为款冬）

22. 款冬　　　　　　　　　*Tussilago farfara* L.

23. 果香菊　　　　　　　　*Chamaemelum nobile*（L.）All.

24. 菊花（食用菊）　　　　*Chrysanthemum morifolium* Ram.

　　　　　　　　　　　　［*Dendranthema morifolim*（Ramat.）Tzvel.］

25. 白苞蒿（珍珠菜）　　　*Artemisia lactiflora* Wall. ex. DC.

（十七）桔梗科　　　　　　Campanulaceae

　　桔梗　　　　　　　　　*Platycodon grandiflorus*（Jacq.）A. DC.

　　　　　　　　　　　　　　　　　　　　　　　　　　　2n＝2x＝18

（十八）马齿苋科　　　　　Portulacaceae

　　1. 马齿苋　　　　　　　*Portulaca oleracea* L.

　　2. 土人参　　　　　　　*Talinum crassifolium* Willd.

（十九）三白草科　　　　　Saururaceae

　　蕺菜（鱼腥草）　　　　*Houttuynia cordata* Thunb.

（二十）睡莲科　　　　　　Nymphaeaceae

　　1. 莲藕　　　　　　　　*Nelumbo nucifera* Gaertn.　　　　　　　2n＝2x＝16

　　2. 黄色莲　　　　　　　*Nelumbo lutea* Pers.

　　3. 芡实　　　　　　　　*Euryale ferox* Salisb.　　　　　　　　2n＝2x＝58

　　4. 莼菜　　　　　　　　*Brasenia schreberi* J. F. Gmel.　　　　2n＝6x＝72

（二十一）蓼科　　　　　　Polygonaceae

　　1. 食用大黄　　　　　　*Rheum rhaponticum* L.　　　　　　　　2n＝4x＝44

　　2. 酸模　　　　　　　　*Rumex acetosa* L.

（二十二）败酱科　　　　　Valerianaceae

　　苦菜（窄叶败酱）　　　*Patrinia heterophylla*

　　　　　　　　　　　　　ssp. *angustifolia*（Hemsl.）H. J. Wang

（二十三）仙人掌科　　　　Cactaceae

　　1. 霸王花（量天尺）　　*Hylocereus undatus*（Haw.）Britt. et Rose

　　2. 仙人掌　　　　　　　*Opuntia ficus-indica*（L.）Mill.

（二十四）五加科　　　　　Araliaceae

　　辽东楤木（龙牙楤木）　*Aralia elata*（Miq.）Seem.

（二十五）椴树科　　　　　Tiliaceae

　　长蒴黄麻（菜用黄麻）　*Corchorus olitorius* L.

（二十六）白花菜科　　　　Capparidaceae

　　白花菜　　　　　　　　*Cleome gynandra* L.

（二十七）紫草科　　　　　Boraginaceae

　　琉璃苣　　　　　　　　*Borago officinalis* L.

二、单子叶植物纲 Monocotyledoneae

（一）泽泻科 Alismataceae

1. 野慈姑   *Sagittaria trifolia* Linn. $2n＝2x＝22$

2. 慈姑   var. *sinensis*（Sims）Makino

（二）百合科 Liliaceae

1. 韭菜   *Allium tuberosum* Rottl. ex Spreng. $2n＝4x＝32$

2. 宽叶韭（根韭）   *Allium hookeri* Thwaites $2n＝2x＝22$

3. 葱   *Allium fistulosum* L. $2n＝2x＝16$

     大葱   var. *giganteum* Makino

     分葱   var. *caespitosum* Makino

     楼葱   var. *viviparum* Makino

4. 洋葱   *Allium cepa* L. $2n＝2x＝16$

     普通洋葱   var. *cepa*

     分蘖洋葱   var. *aggregatum* G. Don

         （var. *multiplicans* Bailey）

     顶球洋葱   var. *viviparum* Metzger

     红葱   var. *proliferum* Regel

5. 大蒜   *Allium sativum* L. $2n＝2x＝16$

6. 薤   *Allium chinense* G. Don $2n＝4x＝32$

7. 胡葱   *Allium ascalonicum* L. $2n＝2x＝16$

8. 细香葱   *Allium schoenoprasum* L. $2n＝2x＝16$

9. 韭葱   *Allium porrum* L. $2n＝4x＝32$

10. 南欧蒜   *Allium ampeloprasum* L.

11. 芦笋（石刁柏）   *Asparagus officinalis* L. $2n＝2x＝20$

12. 黄花菜（金针菜）   *Hemerocallis citrina* Baroni

     $2n＝2x＝22$

13. 北黄花菜   *Hemerocallis lilio-asphodelus* L. Emend. Hyland.

     $2n＝2x＝22$

14. 小黄花菜   *Hemerocallis minor* Mill. $2n＝2x＝22$

15. 萱草   *Hemerocallis fulva*（L.）L. $2n＝2x＝22$，$2n＝3x＝33$

16. 卷丹百合   *Lilium lancifolium* Thunb. $2n＝3x＝36$

17. 野百合   *Lilium brownii* F. E. Brown ex Miellez

     百合（龙牙百合）   var. *viridulum* Baker

18. 毛百合   *Lilium dauricum* Ker-Gawl.

19. 药百合（变种）   *Lilium speciosum* Thunb. var. *gLoriosoides* Baker

20. 川百合   *Lilium davidii* Duchartre $2n＝2x＝24$，$2n＝3x＝36$

     兰州百合（威氏百合）   var. *willmottiae*（Wilson）Raffil. ［var. *unicolor*（Hoog）cotton］

     $2n＝2x＝24$

21. 东北百合   *Lilium distichum* Nakai

（三）莎草科 Cgperaceae

荸荠   *Eleocharis tuberosa*（Roxb.）Roem. et Schult.

（四）薯蓣科　　　　　　　　Dioscoreaceae
  1. 山药　　　　　　　　*Dioscorea batatas* Decne.　　　　　$2n=4x=40$
    长山药　　　　　　var. *typica* Makino
    棒山药　　　　　　var. *rakuda* Makino
    佛掌薯　　　　　　var. *tsukune* Makino
  2. 田薯（大薯）　　　　*Dioscorea alata* L.　　　　　$2n=3x=30$，$2n=8x=80$
（五）姜科　　　　　　　　　Zingiberaceae
  1. 姜　　　　　　　　　*Zingiber officinale* Rosc.　　　　$2n=2x=22$
  2. 蘘荷　　　　　　　　*Zingiber mioga*（Thunb.）Rosc.　　$2n=6x=72$
（六）禾本科　　　　　　　　Gramineae
  1. 刚竹　　　　　　　　*Phyllostachys bambusoides* Sieb et Zucc.
    　　　　　　　　（*Phyllostachys sulphurea* cv. viridis）
    　　　　　　　　　　　　　　$2n=4x=48$，$2n=6x=72$
  2. 毛竹　　　　　　　　*Phyllostachys pubescens* Mazel ex H. De Lehaie
    　　　　　　　　（*Phyllostachys heterocycla* var. *pubescen*）
  3. 早竹　　　　　　　　*Phyllostachys praecox* C. D. Chu et C. S. Chao
  4. 石竹　　　　　　　　*Phyllostachys nuda* McClure
  5. 红哺鸡竹（红壳竹）　*Phyllostachys iridenscens* C. Y. Yao et S. Y. Chen
  6. 白哺鸡竹　　　　　　*Phyllostachys dulcis* McClure
  7. 乌哺鸡竹　　　　　　*Phyllostachys vivax* McClure
  8. 花哺鸡竹　　　　　　*Phyllostachys glabrata* S. Y. Chen et C. Y. Yao
  9. 甜笋竹　　　　　　　*Phyllostachys elegans* McClure
  10. 尖头青竹　　　　　　*Phyllostachys acuta* C. D. Chu et C. S. Chao
  11. 曲秆竹（甜竹）　　　*Phyllostachys flexuosa* A. et C. Rivere
  12. 淡竹　　　　　　　　*Phyllostachys nigra* var. *henonis*（Mitf.）Stapf ex Rendle
  13. 水竹　　　　　　　　*Phyllostachys congesta* Rendle
    　　　　　　　　（*Phyllostachys heteroclada*）
  14. 慈竹　　　　　　　　*Sinocalamus affinis*（Rendle）McClure
    　　　　　　　　（*Neosinocalamus affinis*）
  15. 梁山慈竹　　　　　　*Sinocalamus farinosus* Keng et Keng f.
    　　　　　　　　（*Dendrocalamas farinosus*）
  16. 麻竹　　　　　　　　*Sinocalamus latiflorus*（Munro）McClure
    　　　　　　　　（*Dendrocalamopsis latiflorus*）
  17. 绿竹　　　　　　　　*Sinocalamus oldhamii*（Munro）McClure
    　　　　　　　　（*Dendrocalamopsis oldhami*）
  18. 吊丝球竹　　　　　　*Sinocalamus beecheyanus*（Munro）McClure
    大头典竹　　　　　var. *pubescens* P. E. Li
    　　　　　　　　（*Dendrocalamopsis beecheyanus* var. *pubencens*）
  19. 玉米　　　　　　　　*Zea mays* L.　　　　　　　$2n=2x=20$
    甜玉米　　　　　　var. *rugosa* Bonaf.
    糯玉米　　　　　　var. *sinensis*

20. 茭白	*Zizania caduciflora*（Turcz.）Hand. . Mazz.	
	（*Zizania latifolia* Turcz.）	$2n=2x=34$
21. 香茅	*Cymbopogon citratus*（DC. ex Nees）Stapf	

（七）天南星科 　　　　　　　Araceae

1. 芋	*Colocasia esculenta*（L.）Schott	
		$2n=2x=28$ ，$2n=3x=42$
叶柄用芋	var. *petiolatus* Chang	
球茎用芋	var. *cormosus* Chang	
花茎用芋	var. *Inflorescens*	
2. 花魔芋（磨芋）	*Amorphophallus konjac* K. Koch.	$2n=2x=26$
3. 白魔芋	*Amorphophallus albus* P. Y. Liu et J. F. Chen	
		$2n=2x=26$
4. 疣柄魔芋	*Amorphophallus paeoniifolius*（Dennst.）Nicolson	
5. 田阳魔芋	*Amorphophallus corrugatus* N. E. Brown（*A. tianyangense* P. Y. Liu et S. L. Zhang）	
6. 西盟魔芋	*Amorphophallus krausei* Engler	
7. 攸乐魔芋	*Amorphophallus yuloensis* H. Li	
8. 勐海魔芋	*Amorphophallus kachinensis* Engl. et Genrm.	

（八）香蒲科 　　　　　　　Typhaceae

1. 宽叶蒲菜	*Typha latifolia* L.	$2n=2x=30$
2. 窄叶蒲菜	*Typha angustifolia* L.	

（九）美人蕉科 　　　　　　Cannaceae

蕉芋	*Canna edulis* Ker.	$2n=2x=18$，$2n=3x=27$